大学物理信息化教学丛书

# 大学物理教程(上册)

（第二版）

主　编　程永进　郑安寿　左小敏
副主编　刘忠池　陈琦丽　韩艳玲

科学出版社
北　京

## 内 容 简 介

2017 年由程永进和龙光芝主编的《大学物理教程》(上、下册),已经过多年使用。近年来多媒体教学手段的不断发展,并越来越受到广泛重视。编者团队根据教学实践经验,决定对本套教材进行必要的修订。本次修订主要对第一版中的文字、公式、图表等存在的错误进行修改,表述上进行润色处理,并且根据现行教学大纲,调整上、下册的内容,增加课程思政内容及习题的详细解答;同时通过"互联网+"二维码技术可扫码进行拓展阅读。

全书分上、下两册。上册包括:力学、狭义相对论和电磁学;下册包括:热学、机械振动和机械波、光学和量子物理学基础。

全书可作为高等学校工科各专业、理科非物理类专业的本科生教材,也可作为教师和工程技术人员的参考书,或供自学者使用。

**图书在版编目(CIP)数据**

大学物理教程. 上册/程永进,郑安寿,左小敏主编. —2 版. —北京:科学出版社,2024.2

(大学物理信息化教学丛书)

ISBN 978-7-03-078039-3

Ⅰ.①大… Ⅱ.①程… ②郑… ③左… Ⅲ.①物理学-高等学校-教材 Ⅳ.①O4

中国国家版本馆 CIP 数据核字(2024)第 017914 号

责任编辑:王 晶/责任校对:高 嵘

责任印制:彭 超/封面设计:苏 波

科学出版社 出版

北京东黄城根北街 16 号

邮政编码:100717

http://www.sciencep.com

武汉市首壹印务有限公司印刷

科学出版社发行 各地新华书店经销

*

2017 年 2 月第 一 版 开本:787×1092 1/16

2024 年 2 月第 二 版 印张:18 3/4

2025 年 1 月第三次印刷 字数:477 000

**定价:59.80 元**

(如有印装质量问题,我社负责调换)

# 前　言

物理学是一门研究自然界物质运动和基本规律的学科，是自然科学中最基础的学科之一。物理学的发展对人类的认识和实践有着深远的影响，并不断推动着人类社会的发展和进步。在大学阶段，学习物理学不仅可以提高科学素养，还可以为其他学科的学习打下基础。为满足理工类高素质、创新型人才培养的需要，按照教育部《理工科类大学物理课程教学基本要求》(2023 版)，我们根据多年的教学实践以及教材编写经验，并结合物理学和现代工程技术发展成果，编写了这套教材。

全书旨在帮助学生学习物理学的基本概念、原理和方法，掌握物理学的基本思想和思维方式，提高科学素养和分析解决问题的能力。全书在内容上涵盖了力学、热学、电磁学、光学、量子力学、狭义相对论等物理学的基本领域，注重知识的系统性和连贯性。在编写过程中，我们力求语言简洁明了，重点突出，难点分散，便于学生理解和掌握。同时，全书还注重理论与实践相结合，通过实例解析和实验验证等方式，帮助学生更好地理解和应用物理原理。全书采用国际单位制，物理量的名称和符号均来自国家现行标准。

根据使用全书第一版的师生们的意见和建议，并考虑到信息化教学手段的发展，结合国家线上一流课程建设的实践经验，我们对全书进行了修订。修订的内容包括以下几方面。

(1) 调整了教材的章节内容。调整后全书分上、下两册，上册包括：力学、狭义相对论和电磁学；下册包括：热学、机械振动和机械波、光学和量子物理学。上册内容更加紧凑并具有关联性，下册在学时安排上也更加充裕。

(2) 完善了图文表述的科学性。我们针对教材第一版中存在的一些文字、公式、图表等错误或表述不准确、不流畅、不充分的地方进行了修改和补充，部分章节也补充了一些例题，使文字表述更清晰准确，内容更充实，重点更突出。“ * ”为选学内容。

(3) 补充了思政元素。部分章节补充了课程思政的阅读材料，通过介绍物理学发展史上的大科学家故事、经典实验、科技创新等素材增强学生的科学素养、创新能力，以及爱国主义精神和社会责任感。

(4) 添加了多媒体手段。学生可以通过扫描教材中的二维码进行自主学习，如拓展阅读、习题详解等，充分满足不同层次学生学习的需要。

此次修订由程永进、郑安寿和左小敏担任上册主编，刘忠池、陈琦丽和韩艳玲担任上册副主编；龙光芝、吴妍和陈琦丽担任下册主编，刘忠池、张光勇担任下册副主编。

通过本次修订，我们希望能够使本书更加科学严谨，更加符合现代化教学的要求和学生的实际需求，更好地服务于广大师生。在此，我们感谢所有支持和帮助本书编写的老师和学生。同时，我们也欢迎读者提出宝贵的意见和建议，以便我们不断改进和完善教材。

编　者

2023 年 10 月

# 前言

# 第一版前言

根据教育部《理工科类大学物理课程教学基本要求》(2010 年版)，为了适应物理学和现代工程技术发展，以及培养高素质、创新性人才需要，结合多年的教学实践和编写教材经验，我们编写了这套大学物理教程。不同类型的学校和不同专业对大学物理课程的教学内容和学时安排各有差异，但总的趋势是期望减少课堂教学的学时，增加学生自主学习内容的比例，改革大学物理课程的教学内容和教学方法，提高物理课程的教学质量。因此，在本书的编写过程中，我们力求理论体系基本完备，教学内容少而精炼，理论与实际相结合，便于学生自主学习和知识拓展。书中各篇对物理学的基本概念和规律进行了明晰正确的描述，按照科学思维的方法和逻辑循序渐进的方式进行讲授，注重培养学生科学思维、辩证分析和深入探究的习惯与能力。

全书采用国际单位制，书中物理量的名称和表示符号均采用国家现行标准。

全书分为上、下两册。上册包括：力学、电磁学。下册包括：热学、机械振动和机械波、光学、狭义相对论与量子物理学。本书的教学参考学时为 120 学时，分两学期讲授，建议授课学时分配：上册 56 学时，下册 64 学时。

全书由程永进和龙光芝担任主编，左小敏和陈琦丽任副主编；上册第 1 篇(1～5 章)由左小敏执笔，第 2 篇(6～12 章)由程永进执笔，下册第 3 篇(13～14 章)和第 6 篇(22～25 章)由陈琦丽执笔，第 4 篇(15～16 章)、第 5 篇(17～20 章)和第 6 篇(26 章)由龙光芝执笔，第 6 篇(21 章)由程永进执笔。

由于编者水平有限，编写时间仓促，书中难免有缺点和错误，期望读者不吝赐教，提出宝贵意见。

编　者

2016 年 11 月

# 目　　录

## 第1篇　力　　学

## 第2篇 电 磁 学

# 第1篇 力　学

物质运动的形式多种多样，其中最简单最基本的运动是机械运动，即一个物体相对另一个物体位置的变动，例如天体的运行，车辆的奔驰，组成宏观物体的分子、原子的运动等。宇宙万物无时无刻都处于机械运动之中。

力学是研究物体机械运动规律的学科，是物理学和许多工程技术学科的基础。早在公元前4世纪，古希腊学者柏拉图(Plato)提出圆周运动是天体最完美的运动，以及亚里士多德认为力是产生运动的原因，这可以认为是追溯到最早的人们对力学的认识。力学作为一门科学理论始于17世纪伽利略(Galilean)对惯性运动的描述。到了17世纪末，牛顿(Newton)在前人研究成果的基础上，提出了著名的牛顿运动定律和万有引力定律，奠定了经典力学的基础。经典力学理论是物理学中发展得最早，最为成熟的理论，它有严谨的理论体系和完备的研究方法(观察现象、分析和综合实验结果、建立理想模型、作出推理和预言、以实践来检验和校正结果等)。在18～19世纪的两百年里，牛顿力学取得了巨大的成就，对科学技术的发展起到了很大的推动作用。到了19世纪末20世纪初，由于经典力学的局限性，在高速领域为相对论所取代，在微观领域为量子力学所取代。虽然如此，经典力学在机械制造、土木建筑等技术领域仍保持着主导和基础理论地位。

本篇主要讲述经典力学的基础，首先讲述质点的运动学和动力学基础，并引入和重点阐明动量、角动量和能量的概念以及相应的守恒定律，最后，运用力学定律对特殊系统——刚体的定轴转动进行分析。

# 第 1 章　质点运动学

本章研究如何描述一个质点的运动情况和物体的运动学规律，不涉及引发物体运动状态改变的原因。应用矢量和微积分概念，着重分析描述运动的三个物理量——位矢、速度和加速度的意义及它们之间的相互关系，然后重点研究一种重要的曲线运动——圆周运动，最后对相对运动做简单介绍。

## 1.1 引　言

### 1.1.1　质点

在研究物体的机械运动时，物体的形状大小千差万别。物体运动时，物体上各点的运动情况可能各不相同，运动中物体的形状大小也可能改变。因此要详尽地描述物体的运动几乎是不可能的。为此我们需要建立各种理想模型来简化问题。

如果在研究的问题中物体的形状大小是次要因素，我们就可以忽略物体的形状大小而把物体看成是一个具有一定质量的几何点，称为**质点**。质点是从实际物体抽象出来的一种理想化模型。这个理想模型突出了物体的共性——质量和位置，忽略了个性——形状大小。一般来说，当物体的线度远远小于它的运动轨迹的尺度时，就可以把它当成质点。例如，一列从北京开往广州的火车就可以完全忽略它的长度，把它当成质点。

建立物理模型的过程是一个突出物体的主要特性，略去其次要因素的过程，它抓住了问题的本质，使问题简化。因此，建立模型不仅是物理学中必需的，也是物理学研究中常常采用的一个重要方法。除质点模型外，大学物理学中还有刚体模型、理想气体模型等。

一个物体能否简化成质点不能绝对化，要具体问题具体分析。例如，研究地球绕太阳的公转时，可以把地球当成质点，若要研究地球的自转，则不能当成质点，而要采取其他模型，例如刚体。再如，在研究落体受到空气的阻力问题时，物体的形状和大小是重要的。

在不能把物体视为一个质点的问题中，可以把该物体分割成很多质量微元(简称质元)，而每个质元都足够小，以至于在所讨论的问题中可以视为质点。对于每个这样的质元，可以运用质点力学的规律，把所有质元的运动规律叠加起来就可以得出整个物体的运动规律。质点组力学和本书第 5 章讨论的刚体力学就是这样去处理问题的。

### 1.1.2　参考系　坐标系

宇宙间任何物体都在不停息地运动着。地球以约 30 $\text{km}\cdot\text{s}^{-1}$ 的速度绕着太阳运动，而太阳又以约 250 $\text{km}\cdot\text{s}^{-1}$ 的速度绕着银河系的中心运转，而银河系又相对河外星系在运动，因此，在宇宙间找不到一个绝对静止的物体。世界是物质的，物质是运动的，运动是物质的根本属性和存在形式，这就称为**运动的绝对性**。

另外，物体的位置和位置的变化又是相对的。例如，描述一个物体位置时常用的词如上、下、左、右、前、后等都是相对于另一个物体而言的。因此,要判断一个物体是否运动、如何运动都要选定另一个物体作参考。选择不同的物体作参考,同一个物体的运动往往是不同的,这就称为**运动描述的相对性**。由此看来,要对物体的运动进行描述,必须选定一个(或几个)参考物,并把参考物当成静止不动的,从而描述物体相对于参考物的运动。描述物体运动的参考物常称为**参考系**。例如,研究地球相对于太阳的运动时,常选择太阳作为参考系;研究人造地球卫星的运动时,常选择地球作为参考系;研究河水的流动时,常选择河岸(地面)作为参考系等。

为了定量描述物体相对于参考系的位置,需要在参考系上选用一个固定**坐标系**——固定于参考系上的刚性杆架。常用的坐标系有直角坐标系、极坐标系、柱坐标系和自然坐标系等。图 1.1 中的 $P$ 点分别代表质点在直角坐标系和自然坐标系中的位置(详见后述)。参考系选定后,无论选哪种坐标系,物体的运动规律不会改变;只要坐标系选得合适,便可使运动的描述简单明了。有了坐标系,还应该有计时的钟。物体在运动过程中到达任意位置的时刻,都由近旁配置的许多同步的钟给出。这样我们就能够完全描述物体位置随时间的变化规律了。

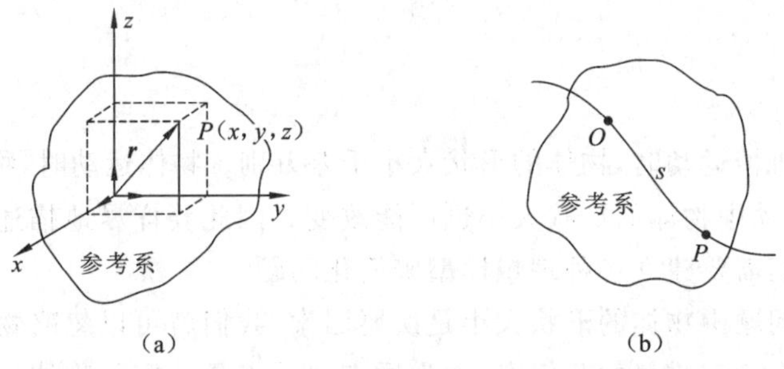


图 1.1 直角坐标系和自然坐标系中质点的位置

(a)为直角坐标系;(b)为自然坐标系

### 1.1.3 时间和空间的计量

1. 时间及时间的计量

时间表征物质运动的持续性。自然界中的实际过程总是沿着一定的方向进行的,是不可逆的。不可逆赋予时间以确定的方向,时间总是单向地流动着,这就是时间的概念。时间的计量主要是一个计数的过程,通常采用能够重复的周期现象来计量时间。地球的自转和公转及月球绕地球的运动是人类最早认识的周期运动,因而自古以来,年、月、日一直是计量时间的单位和标准。为了更细致地计量时间,我国古代将 1 日分为 12 个时辰,近代将 1 日分为 24 个小时。后来在欧洲又更精细地将 1 小时分为 60 分钟,1 分钟又分为 60 秒。秒(s)是目前国际通用的时间单位。

1 s 最早的定义是一年中平均日长(即平均太阳日)的 1/86 400。由于地球自转的不均匀性,这种定义的精度不高。在 1967 年第 13 届国际计量大会上,严格定义了 1 s 是铯 133 原子基态两个超精细能级之间跃迁所对应的辐射周期的 9 192 631 770 倍。

2. 长度及长度的计量

空间反映物质运动的广延性。物质的运动既离不开时间也离不开空间,空间中任意两点间的距离即为长度。长度的计量都是通过与某一长度基准比较而进行的。古代测量长度常以人体的某部分作为单位和标准。近代的长度测量单位是在法国的米制单位基础上发展起来的。米(m)为目前国际通用的长度单位。

1 m 最早的定义是通过巴黎的自北极点至赤道的子午线长的一千万分之一。1983 年,第 17 届国际计量大会正式通过了米的定义:1 m 是光在真空中 1/299 792 458 s 时间内运行的长度。2019 年,国际计量大会对米的定义更新为:当真空中光速 $c$ 以 m/s 为单位表达时选取固定数值 299 792 458 来定义米。

# 1.2　质点运动的描述

## 1.2.1　位置矢量　位移

### 1. 位置矢量

质点在空间做曲线运动时,任意时刻质点在空间中的位置既可用位置坐标$(x,y,z)$来表示,也可以用由原点到质点所在处 $P$ 点的有向线段$\overrightarrow{OP}$来描述,并记为矢量 $\boldsymbol{r}$(见图 1.2)。认为质点处于矢量 $\boldsymbol{r}$ 的末端,质点的位置由矢量 $\boldsymbol{r}$ 唯一地被确定。用来确定质点位置的这一矢量 $\boldsymbol{r}$ 称为质点的**位置矢量**,简称**位矢**或**矢径**。在直角坐标系下,位矢 $\boldsymbol{r}$ 可表示为

$$\boldsymbol{r} = x\boldsymbol{i} + y\boldsymbol{j} + z\boldsymbol{k} \tag{1.1}$$

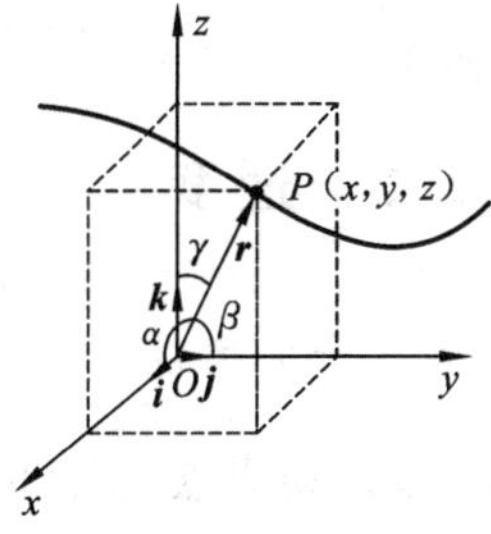


图 1.2　位置矢量

式中:$\boldsymbol{i},\boldsymbol{j},\boldsymbol{k}$ 分别是 $x,y,z$ 三个坐标轴上的单位矢量,且

$$\frac{\mathrm{d}\boldsymbol{i}}{\mathrm{d}t} = \frac{\mathrm{d}\boldsymbol{j}}{\mathrm{d}t} = \frac{\mathrm{d}\boldsymbol{k}}{\mathrm{d}t} = 0 \tag{1.2}$$

位矢的大小为

$$r = |\boldsymbol{r}| = \sqrt{x^2 + y^2 + z^2} \tag{1.3}$$

位矢的方向可由其方向余弦确定

$$\cos\alpha = \frac{x}{r},\quad \cos\beta = \frac{y}{r},\quad \cos\gamma = \frac{z}{r} \tag{1.4}$$

### 2. 质点运动函数

质点位置或位矢随时间 $t$ 的变化关系称为质点运动函数(或称为运动方程)。其数学表示式为

$$\boldsymbol{r} = \boldsymbol{r}(t) = x(t)\boldsymbol{i} + y(t)\boldsymbol{j} + z(t)\boldsymbol{k} \tag{1.5}$$

分量式为

$$x = x(t),\quad y = y(t),\quad z = z(t) \tag{1.6}$$

### 3. 质点轨迹方程

运动质点在空间所经过的路径称为轨迹。

质点的运动轨迹既可能是直线也可能是曲线;既可能是一维的,也可能是二维的或三维的。质点位置坐标之间所满足的关系称为质点的**轨迹方程**,可以通过式(1.6) 消去时间参数 $t$ 而得到。

4. 位移

设运动质点 $t$ 时刻位于 $P_1$ 处,位矢为 $\boldsymbol{r}(t)$,$t+\Delta t$ 时刻质点位于 $P_2$ 处,位矢为 $\boldsymbol{r}(t+\Delta t)$(见图 1.3)。位矢 $\boldsymbol{r}$ 在 $\Delta t$ 时间里的增量 $\Delta\boldsymbol{r}$ 称为运动质点在 $\Delta t$ 时间里的位移,即

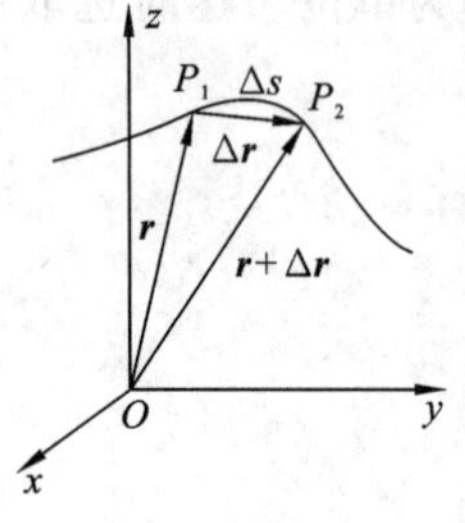

图 1.3　位移和路程

$$\Delta\boldsymbol{r}=\boldsymbol{r}(t+\Delta t)-\boldsymbol{r}(t)$$

在直角坐标系中位移可表示为

$$\Delta\boldsymbol{r}=(x_2-x_1)\boldsymbol{i}+(y_2-y_1)\boldsymbol{j}+(z_2-z_1)\boldsymbol{k} \tag{1.7}$$

$\Delta t$ 时间里运动质点的路程是指质点由 $P_1$ 点到 $P_2$ 点所经历轨迹的长度,即弧长 $\Delta s$(见图 1.3)。显然路程和位移是两个不同的物理概念。

由上面的讨论还可知位矢 $\boldsymbol{r}(t)$ 与时刻 $t$ 相对应,而位移 $\Delta\boldsymbol{r}$ 与时间间隔 $\Delta t$ 相对应,因此位矢与位移虽然都是矢量,但又是两个不同的物理概念。

## 1.2.2　速度

1. 平均速度

设运动质点在 $\Delta t$ 时间内的位移为 $\Delta\boldsymbol{r}$,则运动质点在时间 $\Delta t$ 内位矢随时间变化的平均快慢程度即**平均速度**,表示为

$$\overline{\boldsymbol{v}}=\frac{\Delta\boldsymbol{r}}{\Delta t} \tag{1.8}$$

平均速度是一个矢量,与位移同方向,即 $\overline{\boldsymbol{v}}$ 与 $\Delta\boldsymbol{r}$ 同方向。在直角坐标系下 $\overline{\boldsymbol{v}}$ 可表示为

$$\overline{\boldsymbol{v}}=\frac{x_2-x_1}{\Delta t}\boldsymbol{i}+\frac{y_2-y_1}{\Delta t}\boldsymbol{j}+\frac{z_2-z_1}{\Delta t}\boldsymbol{k}$$

2. 瞬时速度

为了精确地描述质点在时刻 $t$ 的运动状态,需引入瞬时速度的概念。当 $\Delta t\to 0$ 时,平均速度的极限为质点在某一时刻(或某一位置)的**瞬时速度**。即

$$\boldsymbol{v}=\lim_{\Delta t\to 0}\frac{\Delta\boldsymbol{r}}{\Delta t}=\frac{\mathrm{d}\boldsymbol{r}}{\mathrm{d}t} \tag{1.9}$$

可见瞬时速度 $\boldsymbol{v}$ 等于位矢对时间的一阶导数。$\boldsymbol{v}$ 的方向就是 $\Delta t\to 0$ 时 $\Delta\boldsymbol{r}$ 的极限方向,它趋于与曲线上 $P$ 点的切线重合。所以质点在轨道曲线上某点的速度方向就是沿着该点的切线并指向质点前进的方向(见图 1.4)。在直角坐标系下,瞬时速度表达式为

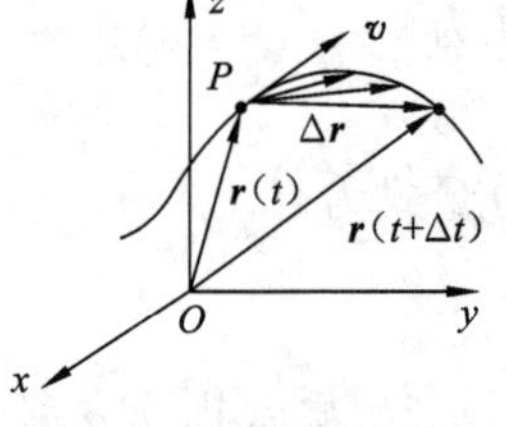

图 1.4　速度

$$\boldsymbol{v}=\frac{\mathrm{d}\boldsymbol{r}}{\mathrm{d}t}=\frac{\mathrm{d}x}{\mathrm{d}t}\boldsymbol{i}+\frac{\mathrm{d}y}{\mathrm{d}t}\boldsymbol{j}+\frac{\mathrm{d}z}{\mathrm{d}t}\boldsymbol{k} \tag{1.10}$$

速度在三个坐标轴上的投影称为分速度,依次为

$$v_x=\frac{\mathrm{d}x}{\mathrm{d}t},\quad v_y=\frac{\mathrm{d}y}{\mathrm{d}t},\quad v_z=\frac{\mathrm{d}z}{\mathrm{d}t} \tag{1.11}$$

瞬时速度的大小称为速率,用 $v$ 表示,即

$$v = |\boldsymbol{v}| = \lim_{\Delta t \to 0} \frac{|\Delta \boldsymbol{r}|}{\Delta t} = \lim_{\Delta t \to 0} \frac{\Delta s}{\Delta t} = \frac{\mathrm{d}s}{\mathrm{d}t} \tag{1.12}$$

速率等于弧长对时间的一阶导数。注意

$$v = |\boldsymbol{v}| = \left|\frac{\mathrm{d}\boldsymbol{r}}{\mathrm{d}t}\right| \neq \frac{\mathrm{d}|\boldsymbol{r}|}{\mathrm{d}t} \quad \text{（为什么，由读者自行考虑）}$$

在直角坐标系下，速率可表示为

$$v = |\boldsymbol{v}| = \sqrt{v_x^2 + v_y^2 + v_z^2} = \sqrt{\left(\frac{\mathrm{d}x}{\mathrm{d}t}\right)^2 + \left(\frac{\mathrm{d}y}{\mathrm{d}t}\right)^2 + \left(\frac{\mathrm{d}z}{\mathrm{d}t}\right)^2} \tag{1.13}$$

速度的方向余弦为

$$\cos\alpha = \frac{v_x}{v}, \quad \cos\beta = \frac{v_y}{v}, \quad \cos\gamma = \frac{v_z}{v} \tag{1.14}$$

**例 1.1**　某人由原点出发，25 s 内向东行 30 m，又 10 s 内向南行 10 m，再 15 s 内向西北行 18 m（见图 1.5）。试求：

(1) 合位移的大小和方向；

(2) 每一段位移中的平均速度，合位移中的平均速度，全路程平均速率。

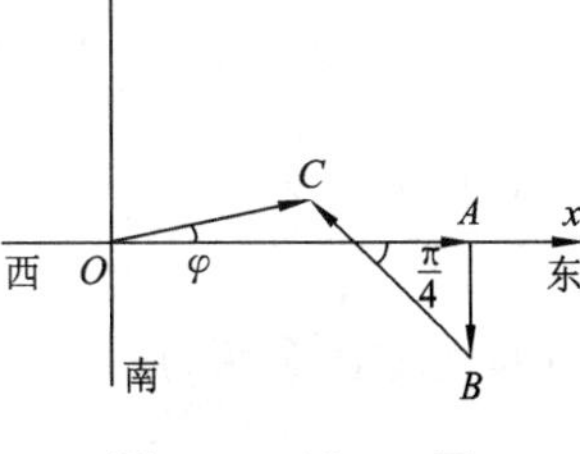


图 1.5　例 1.1 图

**解**　(1) 合位移

$$\begin{aligned}\overrightarrow{OC} &= \overrightarrow{OA} + \overrightarrow{AB} + \overrightarrow{BC} \\ &= 30\boldsymbol{i} + (-10)\boldsymbol{j} + 18\left(-\cos\frac{\pi}{4}\boldsymbol{i} + \sin\frac{\pi}{4}\boldsymbol{j}\right) \\ &= 17.27\boldsymbol{i} + 2.73\boldsymbol{j}\ (\mathrm{m})\end{aligned}$$

合位移的大小　$|\overrightarrow{OC}| = \sqrt{17.27^2 + 2.73^2} = 17.48\ (\mathrm{m})$

合位移的方向　$\varphi = \arctan\dfrac{2.73}{17.27} = 8.98°$（东偏北）

(2) 根据平均速度 $\overline{\boldsymbol{v}} = \dfrac{\Delta \boldsymbol{r}}{\Delta t}$，所以每一段位移中的平均速度及合位移中的平均速度分别为

$$\boldsymbol{v}_1 = \frac{\overrightarrow{OA}}{t_1} = \frac{30}{25}\boldsymbol{i} = 1.2\boldsymbol{i}\ (\mathrm{m \cdot s^{-1}})$$

$$\boldsymbol{v}_2 = \frac{\overrightarrow{AB}}{t_2} = -\frac{10}{10}\boldsymbol{j} = -1.0\boldsymbol{j}\ (\mathrm{m \cdot s^{-1}})$$

$$\boldsymbol{v}_3 = \frac{\overrightarrow{BC}}{t_3} = \frac{18\left(-\cos\frac{\pi}{4}\boldsymbol{i} + \sin\frac{\pi}{4}\boldsymbol{j}\right)}{15} = -0.85\boldsymbol{i} + 0.85\boldsymbol{j}\ (\mathrm{m \cdot s^{-1}})$$

$$\boldsymbol{v} = \frac{\overrightarrow{OC}}{t_1 + t_2 + t_3} = \frac{17.27\boldsymbol{i} + 2.73\boldsymbol{j}}{50} = 0.35\boldsymbol{i} + 0.05\boldsymbol{j}\ (\mathrm{m \cdot s^{-1}})$$

全程平均速率

$$\bar{v} = \frac{\Delta s}{\Delta t} = \frac{30 + 10 + 18}{t_1 + t_2 + t_3} = 1.16\ (\mathrm{m \cdot s^{-1}})$$

### 1.2.3　加速度

如图 1.6 所示，设运动质点 $t$ 时刻的速度为 $\boldsymbol{v}(t)$，$t + \Delta t$ 时刻为 $\boldsymbol{v}(t + \Delta t)$，则 $\Delta t$ 时间内质点速度增量为

$$\Delta \boldsymbol{v} = \boldsymbol{v}(t + \Delta t) - \boldsymbol{v}(t)$$

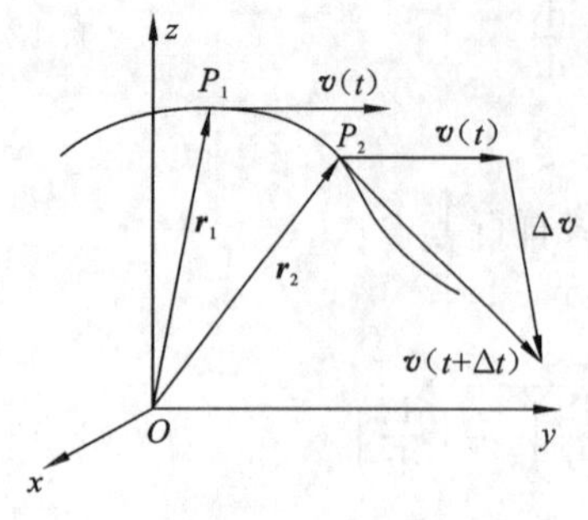

图 1.6　加速度

**平均加速度**为

$$\bar{\boldsymbol{a}}=\frac{\Delta \boldsymbol{v}}{\Delta t}=\frac{\boldsymbol{v}(t+\Delta t)-\boldsymbol{v}(t)}{\Delta t} \tag{1.15}$$

$\bar{\boldsymbol{a}}$ 即运动质点在 $\Delta t$ 时间里的平均加速度,它反映了 $\Delta t$ 时间内速度的平均变化率。当 $\Delta t\to 0$ 时,平均加速度的极限为质点在某时刻的**瞬时加速度**,即

$$\boldsymbol{a}=\lim_{\Delta t\to 0}\frac{\Delta \boldsymbol{v}}{\Delta t}=\frac{\mathrm{d}\boldsymbol{v}}{\mathrm{d}t}=\frac{\mathrm{d}^2\boldsymbol{r}}{\mathrm{d}t^2} \tag{1.16}$$

加速度矢量等于速度对时间的一阶导数,也等于位矢对时间的二阶导数。无论质点速度的大小发生变化还是方向发生变化,都表示存在加速度。在直角坐标系下,加速度的表达式为

$$\boldsymbol{a}=\frac{\mathrm{d}\boldsymbol{v}}{\mathrm{d}t}=\frac{\mathrm{d}^2\boldsymbol{r}}{\mathrm{d}t^2}=\frac{\mathrm{d}v_x}{\mathrm{d}t}\boldsymbol{i}+\frac{\mathrm{d}v_y}{\mathrm{d}t}\boldsymbol{j}+\frac{\mathrm{d}v_z}{\mathrm{d}t}\boldsymbol{k}=\frac{\mathrm{d}^2x}{\mathrm{d}t^2}\boldsymbol{i}+\frac{\mathrm{d}^2y}{\mathrm{d}t^2}\boldsymbol{j}+\frac{\mathrm{d}^2z}{\mathrm{d}t^2}\boldsymbol{k} \tag{1.17}$$

加速度沿三个坐标轴的分量为

$$\boldsymbol{a}_x=\frac{\mathrm{d}v_x}{\mathrm{d}t}=\frac{\mathrm{d}^2x}{\mathrm{d}t^2}\boldsymbol{i},\quad \boldsymbol{a}_y=\frac{\mathrm{d}v_y}{\mathrm{d}t}=\frac{\mathrm{d}^2y}{\mathrm{d}t^2}\boldsymbol{j},\quad \boldsymbol{a}_z=\frac{\mathrm{d}v_z}{\mathrm{d}t}=\frac{\mathrm{d}^2z}{\mathrm{d}t^2}\boldsymbol{k} \tag{1.18}$$

加速度的大小为

$$a=|\boldsymbol{a}|=\sqrt{a_x^2+a_y^2+a_z^2} \tag{1.19}$$

加速度的方向余弦为

$$\cos\alpha=\frac{a_x}{a},\quad \cos\beta=\frac{a_y}{a},\quad \cos\gamma=\frac{a_z}{a} \tag{1.20}$$

加速度的方向为 $\Delta\boldsymbol{v}$ 在 $\Delta t\to 0$ 时的极限方向,一般并不和速度同向。质点做直线运动时,$\Delta\boldsymbol{v}$ 的极限方向也一定沿着该直线,如果速率是增加的,$\Delta\boldsymbol{v}$ 的方向必定与 $\boldsymbol{v}$ 同向,即 $\boldsymbol{a}$ 与 $\boldsymbol{v}$ 同向;反之,如果速率是减小的,$\Delta\boldsymbol{v}$ 的方向与 $\boldsymbol{v}$ 反向,即 $\boldsymbol{a}$ 与 $\boldsymbol{v}$ 反向。质点做曲线运动时,$\Delta\boldsymbol{v}$ 的方向不但取决于质点是做加速运动还是减速运动,而且与曲线的弯曲形状有关。由图 1.7 可以推断出,$\Delta\boldsymbol{v}$ 的极限方向总是指向曲线凹侧。如果速率是增大的,则 $\boldsymbol{a}$ 与 $\boldsymbol{v}$ 成锐角;如果速率是减小的,则 $\boldsymbol{a}$ 与 $\boldsymbol{v}$ 成钝角;如果速率不变,则 $\boldsymbol{a}$ 与 $\boldsymbol{v}$ 成直角。例如,图 1.8 所示地球表面附近的斜抛运动也说明了以上结论。

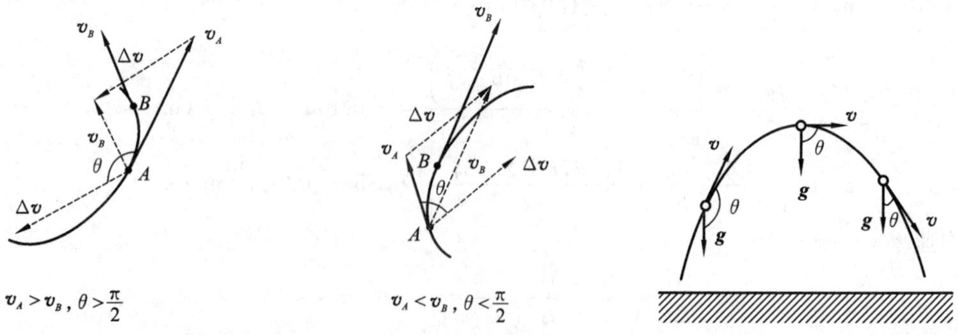

图 1.7　加速度的方向

图 1.8　斜抛运动中加速度与速度的夹角

## 1.3　质点运动学的两类问题

质点运动学的问题大致可分成两类。

### 1.3.1　第一类问题

第一类问题是已知质点的运动方程求质点运动的速度和加速度。这类问题可根据速度和加速度的定义，采用对时间求导的方法解决。

**例 1.2**　已知一质点在 $Oxy$ 平面内运动，运动方程为 $x=2t, y=19-2t^2$。

(1) 计算并图示质点的运动轨道；

(2) 计算第 1 s 到第 2 s 内质点的平均速度；

(3) 计算质点的速度和加速度；

(4) 在什么时刻位置矢量恰好和速度矢量垂直？这时它们在 $x,y$ 坐标上的分量各是多少？

(5) 什么时刻质点离原点最近？算出这一距离。

**解**　(1) 已知质点运动方程

$$\begin{cases} x=2t \\ y=19-2t^2 \end{cases}$$

消去 $t$，得

$$y=19-\frac{1}{2}x^2$$

轨道为顶点处于(0,19)的抛物线(见图 1.9)。

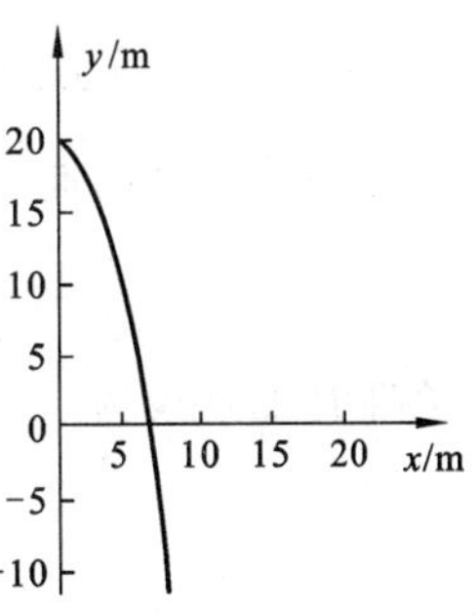

图 1.9　例 1.2 图

(2) 位矢为 $\boldsymbol{r}=2t\boldsymbol{i}+(19-2t^2)\boldsymbol{j}$，在第 1 s 到第 2 s 内的平均速度为

$$\overline{\boldsymbol{v}}_1=\frac{\Delta \boldsymbol{r}}{\Delta t}=\frac{\boldsymbol{r}(2)-\boldsymbol{r}(1)}{2-1}=2\boldsymbol{i}-6\boldsymbol{j}\ (\text{m}\cdot\text{s}^{-1})$$

大小为　$|\overline{\boldsymbol{v}}_1|=\sqrt{2^2+6^2}=6.32\ (\text{m}\cdot\text{s}^{-1})$

方向为　$\varphi=\arctan\frac{-6}{2}=-71.6°$

即 $\overline{\boldsymbol{v}}_1$ 与 $x$ 轴正向方向夹角为 71.6°。

(3) $\boldsymbol{v}=\frac{\mathrm{d}\boldsymbol{r}}{\mathrm{d}t}=\frac{\mathrm{d}x}{\mathrm{d}t}\boldsymbol{i}+\frac{\mathrm{d}y}{\mathrm{d}t}\boldsymbol{j}=2\boldsymbol{i}-4t\boldsymbol{j}\ (\text{m}\cdot\text{s}^{-1})$，$\boldsymbol{a}=\frac{\mathrm{d}\boldsymbol{v}}{\mathrm{d}t}=(-4)\boldsymbol{j}\ (\text{m}\cdot\text{s}^{-2})$。

(4) 由题意 $\boldsymbol{r}\cdot\boldsymbol{v}=0$，即

$$[2t\boldsymbol{i}+(19-2t^2)\boldsymbol{j}]\cdot(2\boldsymbol{i}-4t\boldsymbol{j})=4t-4t(19-2t^2)=0$$

得

$$t=0\ (\text{s}),\quad t=3\ (\text{s}),\quad t=-3\ (\text{s})\quad (舍去)$$

故 $t=0$ s 时

$$\begin{cases} x=0 \\ y=19\ (\text{m}) \end{cases}\qquad \begin{cases} v_x=2\ (\text{m}\cdot\text{s}^{-1}) \\ v_y=0 \end{cases}$$

$t=3$ s 时

$$\begin{cases} x=6\ (\text{m}) \\ y=1\ (\text{m}) \end{cases}\qquad \begin{cases} v_x=2\ (\text{m}\cdot\text{s}^{-1}) \\ v_y=-12\ (\text{m}\cdot\text{s}^{-1}) \end{cases}$$

(5)
$$r=\sqrt{x^2+y^2}=\sqrt{(2t)^2+(19-2t^2)^2}$$

令 $\frac{\mathrm{d}r}{\mathrm{d}t}=\frac{8t+2(19-2t^2)(-4t)}{2r}=0$，可得

$$t=0,\quad t=3\ (\text{s}),\quad t=-3\ (\text{s})\quad (舍去)$$

经判断知 $t=3$ (s) 时，$r$ 有极小值，即 $r_{\min}=6.08$ (m)。

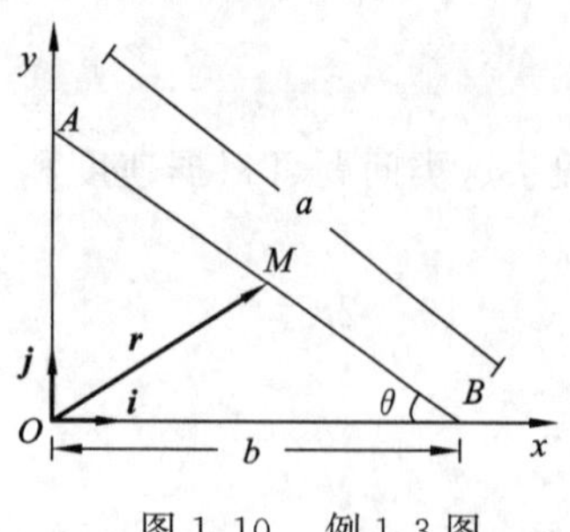

图 1.10　例 1.3 图

**例 1.3**　长度为 $a$ 的梯子 $AB$ 静靠在墙 $OA$ 上(见图 1.10)。若以匀速率 $v_0$ 拉动梯子脚 $B$。

(1) 证明:梯子中点所描述的运动轨迹是以 $O$ 点为中心,半径为$\frac{a}{2}$ 的圆弧;

(2) 求梯子脚 $B$ 离墙的距离为 $b$ ($b<a$) 的瞬间,梯子中点的速度和速率。

**解**　(1) 设 $\boldsymbol{r}$ 为 $AB$ 中点 $M$ 的位置矢量,则由几何关系可知

$$\overrightarrow{OB}=a\cos\theta\boldsymbol{i},\quad \overrightarrow{OA}=a\sin\theta\boldsymbol{j}$$

$$r=\frac{1}{2}a(\cos\theta\boldsymbol{i}+\sin\theta\boldsymbol{j})$$

故

$$r=|\boldsymbol{r}|=\frac{1}{2}a$$

即 $M$ 点的运动轨迹是圆心在 $O$ 点、半径为$\frac{1}{2}a$ 的圆弧。

(2) 中点 $M$ 的速度为

$$\frac{\mathrm{d}\boldsymbol{r}}{\mathrm{d}t}=\frac{\mathrm{d}}{\mathrm{d}t}\left[\frac{1}{2}a(\cos\theta\boldsymbol{i}+\sin\theta\boldsymbol{j})\right]=\frac{1}{2}a\left(-\sin\theta\frac{\mathrm{d}\theta}{\mathrm{d}t}\boldsymbol{i}+\cos\theta\frac{\mathrm{d}\theta}{\mathrm{d}t}\boldsymbol{j}\right)$$

梯子脚 $B$ 的速度为

$$v_0\boldsymbol{i}=\frac{\mathrm{d}}{\mathrm{d}t}(\overrightarrow{OB})=\frac{\mathrm{d}}{\mathrm{d}t}(a\cos\theta\boldsymbol{i})=-a\sin\theta\frac{\mathrm{d}\theta}{\mathrm{d}t}\boldsymbol{i}$$

或

$$v_0=-a\sin\theta\frac{\mathrm{d}\theta}{\mathrm{d}t}$$

在 $B$ 离墙的距离为 $b$ 的瞬间

$$\sin\theta=\frac{\sqrt{a^2-b^2}}{a},\quad \cos\theta=\frac{b}{a}$$

故

$$\frac{\mathrm{d}\theta}{\mathrm{d}t}=-\frac{v_0}{a\sin\theta}=\frac{-v_0}{\sqrt{a^2-b^2}}$$

容易求得 $M$ 点的速度

$$\boldsymbol{v}_M=\frac{\mathrm{d}\boldsymbol{r}}{\mathrm{d}t}=\frac{1}{2}v_0\left(\boldsymbol{i}-\frac{b}{\sqrt{a^2-b^2}}\boldsymbol{j}\right)$$

它的大小为

$$v_M=|\boldsymbol{v}_M|=\frac{av_0}{2\sqrt{a^2-b^2}}$$

**例 1.4**　高为 $h$ 的平台上,有一质量为 $m$ 的小车,用绳子跨过滑轮,有人在地面上以匀速度 $v_0$ 向右拉动小车(见图 1.11)。当人从平台正下方向右走 $s$ 距离时,求:

(1) 小车的速度大小 $v_m$;

(2) 小车的加速度大小 $a_m$;

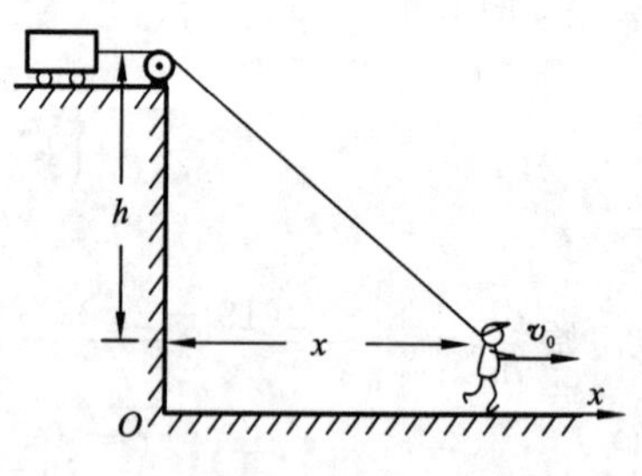

图 1.11　例 1.4 图

(3) 小车移动的距离 $\Delta x_m$。

**解**　(1) 如图1.11建立$Ox$坐标。设绳长为$l$，当人在平台下方时，人的坐标$x_0=0$，车的坐标$x_{m0}=-(l-h)$。任意时刻人的坐标为$x$，车的坐标为

$$x_m=-[l-(h^2+x^2)^{\frac{1}{2}}]$$

任意时刻人的速度为 $v=\frac{\mathrm{d}x}{\mathrm{d}t}=v_0$，车速为

$$v_m=\frac{\mathrm{d}x_m}{\mathrm{d}t}=\frac{1}{2}(h^2+x^2)^{-\frac{1}{2}}\cdot 2x\cdot\frac{\mathrm{d}x}{\mathrm{d}t}=\frac{xv_0}{(h^2+x^2)^{\frac{1}{2}}}$$

当 $x=s$ 时，$v_m=\frac{sv_0}{(h^2+s^2)^{\frac{1}{2}}}$。

(2) 小车的加速度

$$a_m=\frac{\mathrm{d}v_m}{\mathrm{d}t}=\frac{v_0^2}{(h^2+x^2)^{\frac{1}{2}}}-\frac{x^2v_0^2}{(h^2+x^2)^{\frac{3}{2}}}=\frac{h^2v_0^2}{(h^2+x^2)^{\frac{3}{2}}}$$

当 $x=s$ 时，$a_m=\frac{h^2v_0^2}{(h^2+s^2)^{\frac{3}{2}}}$。

(3) 小车移动的距离。由题设 $t=0$ 时

$$x_{m0}=-(l-h)$$

当人走了 $s$ 距离时

$$x_{ms}=-\left(l-\sqrt{h^2+s^2}\right)$$

则有

$$\Delta x_m=x_{ms}-x_{m0}=\sqrt{h^2+s^2}-h$$

## 1.3.2　第二类问题

由以上例题可以看出，如果知道了质点的运动方程，就可以用求导数的方法求出质点在任何时刻的速度和加速度。然而，在许多实际问题中，往往先知道的是质点的加速度，然后要求在此基础上求出质点在各时刻的速度和位置。这就是第二类问题，已知质点的加速度求质点运动的速度和运动方程。求解这类问题需要采用积分的方法并结合质点运动的初始条件求解。下面以匀变速运动为例来说明这种方法。

1. 匀变速运动

加速度 $\boldsymbol{a}$ 为恒矢量的运动称为匀加速运动。由加速度定义 $\boldsymbol{a}=\frac{\mathrm{d}\boldsymbol{v}}{\mathrm{d}t}$，可得

$$\mathrm{d}\boldsymbol{v}=\boldsymbol{a}\mathrm{d}t$$

设初始条件为 $t=0$ 时，速度为 $\boldsymbol{v}_0$，则任意时刻 $t$ 的速度 $\boldsymbol{v}$ 为

$$\int_{\boldsymbol{v}_0}^{\boldsymbol{v}}\mathrm{d}\boldsymbol{v}=\int_0^t\boldsymbol{a}\mathrm{d}t,\quad \boldsymbol{v}=\boldsymbol{v}_0+\boldsymbol{a}t \tag{1.21}$$

式(1.21)称为匀变速运动的速度表达式。由速度定义 $\boldsymbol{v}=\frac{\mathrm{d}\boldsymbol{r}}{\mathrm{d}t}$，可得

$$\mathrm{d}\boldsymbol{r}=\boldsymbol{v}\mathrm{d}t=(\boldsymbol{v}_0+\boldsymbol{a}t)\mathrm{d}t$$

设初始条件为 $t=0$ 时，位矢为 $\boldsymbol{r}_0$，则时刻 $t$ 的位矢 $\boldsymbol{r}$ 为

$$\int_{\boldsymbol{r}_0}^{\boldsymbol{r}}\mathrm{d}\boldsymbol{r}=\int_0^t(\boldsymbol{v}_0+\boldsymbol{a}t)\mathrm{d}t,\quad \boldsymbol{r}=\boldsymbol{r}_0+\boldsymbol{v}_0t+\frac{1}{2}\boldsymbol{a}t^2 \tag{1.22}$$

这就是匀变速运动质点的运动函数。注意到上面的计算中，$\boldsymbol{v}, \boldsymbol{v}_0, \boldsymbol{a}, \boldsymbol{r}, \boldsymbol{r}_0$ 均为矢量。$\Delta t$ 时间内的位移

$$\Delta \boldsymbol{r} = \boldsymbol{r} - \boldsymbol{r}_0 = \boldsymbol{v}_0 t + \frac{1}{2}\boldsymbol{a}t^2$$

在直角坐标系下，$\boldsymbol{v}$ 与 $\boldsymbol{r}$ 的分量表达式分别为

$$\begin{cases} v_x = v_{0x} + a_x t \\ v_y = v_{0y} + a_y t \\ v_z = v_{0z} + a_z t \end{cases} \tag{1.23}$$

$$\begin{cases} x = x_0 + v_{0x}t + \dfrac{1}{2}a_x t^2 \\ y = y_0 + v_{0y}t + \dfrac{1}{2}a_y t^2 \\ z = z_0 + v_{0z}t + \dfrac{1}{2}a_z t^2 \end{cases} \tag{1.24}$$

以上计算表明，只要已知初始条件($\boldsymbol{v}_0, \boldsymbol{r}_0$)，就可以利用速度、加速度的定义式求出质点在任意时刻的速度和位置。式(1.23)和式(1.24)也表明，匀变速运动可以分解为在 $x, y, z$ 三个方向上的三个匀变速直线运动。

2. 匀变速直线运动

设质点沿 $x$ 轴做直线运动(见图1.12)，且加速度 $a$ 为一恒量($a > 0$，表示加速运动；$a < 0$，表示减速运动)。设 $t = 0$ 时，速度为 $v_0$，位置坐标为 $x_0$。由式(1.23)和式(1.24)的第一式可立即得出质点速度和位置随时间变化关系

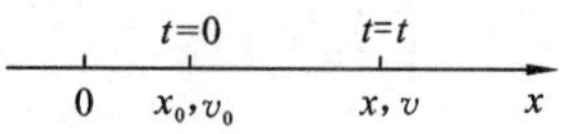

t=0　t=t
0　$x_0, v_0$　$x, v$　$x$

图1.12　匀变速直线运动

$$v = v_0 + at \tag{1.25}$$

$$x = x_0 + v_0 t + \frac{1}{2}at^2 \quad 或 \quad \Delta x = v_0 t + \frac{1}{2}at^2 \tag{1.26}$$

另外，利用 $a = \dfrac{\mathrm{d}v}{\mathrm{d}t} = \dfrac{\mathrm{d}v}{\mathrm{d}x}\dfrac{\mathrm{d}x}{\mathrm{d}t} = v\dfrac{\mathrm{d}v}{\mathrm{d}x}$，有

$$v\mathrm{d}v = a\mathrm{d}x$$

积分

$$\int_{v_0}^{v} v\mathrm{d}v = \int_{x_0}^{x} a\mathrm{d}x$$

得

$$v^2 - v_0^2 = 2a(x - x_0) \tag{1.27}$$

式(1.25)～式(1.27)就是大家在中学物理课程中熟知的**匀变速直线运动**的公式。

3. 抛体运动　运动的合成与分解

质点运动函数 $\boldsymbol{r}(t) = x(t)\boldsymbol{i} + y(t)\boldsymbol{j} + z(t)\boldsymbol{k}$ 表明：由 $\boldsymbol{r}(t)$ 所表示的实际运动，可视为由 $x(t), y(t), z(t)$ 代表的三个独立分运动的合运动。即：一个实际运动总可以看成是几个各自独立进行的分运动叠加而成的。这称为运动的**叠加原理**。

重力场中的抛体运动是一种二维平面运动，质点的运动总是被限制在由初速度方向和重力加速度(竖直)方向所确定的平面内。在忽略空气阻力的情况下，由运动的叠加原理，抛体运动

可有多种分解方法，通常可视为水平方向上的匀速直线运动和竖直方向上的匀变速直线运动的合运动(见图1.13)。

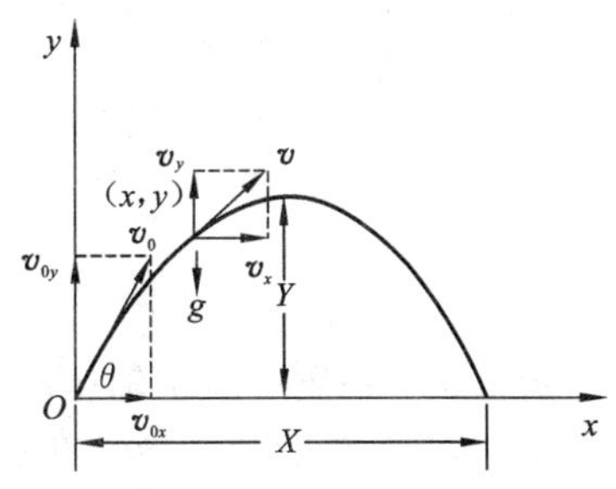

图1.13 抛体运动

设初始条件为 $t=0$ 时，$\boldsymbol{v}=\boldsymbol{v}_0$，$\boldsymbol{r}=\boldsymbol{r}_0=0$，且任意时刻 $t$ 抛体的加速度恒为 $\boldsymbol{a}=\boldsymbol{g}=g(-\boldsymbol{j})$。由式(1.23)可得物体在空气中任意时刻的速度分量为

$$\begin{cases} v_x = v_0\cos\theta \\ v_y = v_0\sin\theta - gt \end{cases} \tag{1.28}$$

式中：$\theta$ 称为抛射角。由式(1.24)可得物体的运动函数为

$$\begin{cases} x = v_0\cos\theta\cdot t \\ y = v_0\sin\theta\cdot t - \dfrac{1}{2}gt^2 \end{cases} \tag{1.29}$$

由式(1.29)消去时间 $t$，可得抛体轨迹方程为

$$y=\tan\theta\cdot x-\frac{g}{2v_0^2\cos^2\theta}x^2 \quad (\text{抛物线}) \tag{1.30}$$

由式(1.28)和式(1.29)，可以求出物体从抛出点出发再回落到抛出点高度所用时间为

$$T=\frac{2v_0\sin\theta}{g}$$

飞行的最大高度为

$$Y=\frac{v_0^2\sin^2\theta}{2g}$$

水平射程为

$$X=v_0\cos\theta\cdot T=\frac{v_0^2\sin2\theta}{g}$$

上述抛体公式都是在忽略空气阻力的情况下得出的。只有在初速度较小的情况下，才比较符合实际情况。

斜抛运动也可以直接用矢量表示。把式(1.29)改写为

$$\boldsymbol{r}=(v_0\cos\theta\boldsymbol{i}+v_0\sin\theta\boldsymbol{j})t-\frac{1}{2}gt^2\boldsymbol{j}$$

式中括号内的矢量和就是初速度 $\boldsymbol{v}_0$，而重力加速度 $\boldsymbol{g}$ 方向与 $\boldsymbol{j}$ 相反，所以上式可写为

$$\boldsymbol{r}=\boldsymbol{v}_0t+\frac{1}{2}\boldsymbol{g}t^2 \tag{1.31}$$

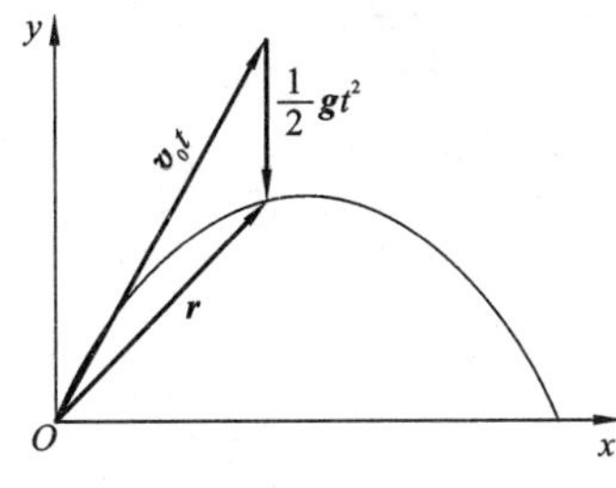

图1.14 斜抛运动的矢量表示

抛体的位矢 $\boldsymbol{r}$ 由 $\boldsymbol{v}_0t$ 和 $\frac{1}{2}\boldsymbol{g}t^2$ 两部分组成，也就是说，斜抛运动也可看作沿初速度方向的匀速直线运动和沿竖直方向的自由落体运动叠加而成，如图1.14所示。

**例1.5** 一个质点沿 $x$ 轴运动，其加速度 $a=4t$，当 $t=0$ 时，物体静止于 $x=10$ m 处。试求质点的速度和位置函数。

**解** 由 $a=\dfrac{\mathrm{d}v}{\mathrm{d}t}=4t$，得

$$\int_0^v \mathrm{d}v=\int_0^t 4t\mathrm{d}t$$

$$v=2t^2$$

由 $v=\dfrac{\mathrm{d}x}{\mathrm{d}t}=2t^2$,得

$$\int_{10}^{x}\mathrm{d}x=\int_{0}^{t}2t^2\,\mathrm{d}t$$

$$x=\frac{2}{3}t^3+10$$

**例 1.6**　一质点沿 $x$ 轴运动,其加速度与速度成正比,方向与运动方向相反,即 $a=-kv$。若 $t=0$ 时,质点位于 $x_0$ 处,速度为 $v_0$,求该质点位置坐标表达式。

**解**　依题意,$a=-kv$,则

$$a=-kv=\frac{\mathrm{d}v}{\mathrm{d}t},\quad \int_0^t\mathrm{d}t=\int_{v_0}^{v}-\frac{1}{k}\frac{\mathrm{d}v}{v}$$

得

$$v=v_0\mathrm{e}^{-kt}$$

由 $v=\dfrac{\mathrm{d}x}{\mathrm{d}t}$,有

$$\int_{x_0}^{x}\mathrm{d}x=\int_0^t v_0\mathrm{e}^{-kt}\,\mathrm{d}t$$

得到位置坐标表达式

$$x=x_0+\frac{v_0}{k}(1-\mathrm{e}^{-kt})=x_0-\frac{1}{k}(v-v_0)$$

也可用以下方法求得 $x$ 的表达式

$$a=-kv=\frac{\mathrm{d}v}{\mathrm{d}t}=\frac{\mathrm{d}v}{\mathrm{d}x}\frac{\mathrm{d}x}{\mathrm{d}t}=v\frac{\mathrm{d}v}{\mathrm{d}x}$$

$$\int_{x_0}^{x}\mathrm{d}x=\int_{v_0}^{v}-\frac{1}{k}\mathrm{d}v$$

得

$$x=x_0-\frac{1}{k}(v-v_0)$$

**例 1.7**　大炮以 $\boldsymbol{v}_0$ 的初速度从山脚向倾角为 $\alpha$ 的斜坡发射炮弹,若要射程最大,求瞄准角应满足的条件(不计空气阻力)。

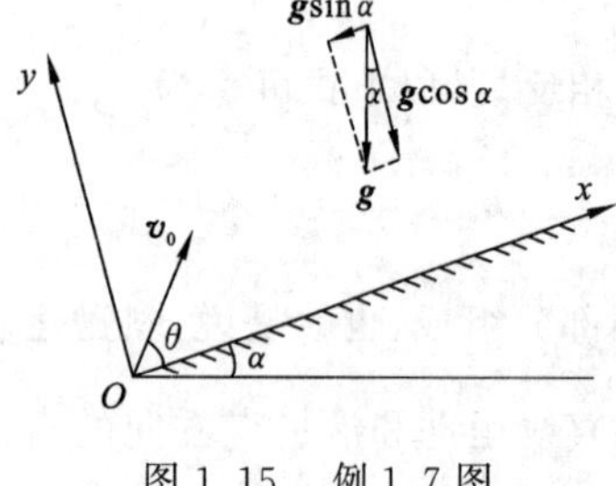

图 1.15　例 1.7 图

**解**　如图 1.15 所示,选取沿斜面的直角坐标系,可写出如下运动方程

$$x=(v_0\cos\theta)t-\frac{1}{2}(g\sin\alpha)t^2 \qquad ①$$

$$y=(v_0\sin\theta)t-\frac{1}{2}(g\cos\alpha)t^2 \qquad ②$$

令式 ② 中 $y=0$,解得

$$t=\frac{2v_0\sin\theta}{g\cos\alpha}$$

这就是完成射程所需时间。将其代入式 ①,得

$$\begin{aligned}x&=(v_0\cos\theta)\frac{2v_0\sin\theta}{g\cos\alpha}-\frac{1}{2}g\sin\alpha\left(\frac{2v_0\sin\theta}{g\cos\alpha}\right)^2\\&=\frac{2v_0^2\sin\theta}{g\cos^2\alpha}(\cos\theta\cos\alpha-\sin\theta\sin\alpha)\\&=\frac{2v_0^2}{g\cos^2\alpha}\cos(\theta+\alpha)\sin\theta\end{aligned}$$

令

$$\frac{\mathrm{d}x}{\mathrm{d}\theta} = \frac{2v_0^2}{g\cos^2\alpha}\cos(2\theta+\alpha) = 0$$

得

$$2\theta+\alpha = \frac{\pi}{2} \quad \text{或} \quad 2\theta+\alpha = \frac{3\pi}{2} \quad (\text{舍去})$$

即当 $\theta$ 满足 $\theta = \frac{\pi}{4} - \frac{\alpha}{2}$ 时，射程最大。

**例 1.8**　一个小球 $A$ 从距地面高 $H$ 的塔顶自由下落，同时在与塔水平距离为 $L$ 处，向着小球 $A$ 所在塔顶以 $v_0$ 的速度斜抛球 $B$。试问需要与地面成多大角抛出，球 $B$ 才能与球 $A$ 相碰，并求相碰时刻和高度。

**解**　如图 1.16 所示，以球 $B$ 抛出点为坐标原点，在图示直角坐标系中，塔顶坐标为 $x_0 = L$，$y_0 = H$。

球 $A$ 做自由落体运动，运动方程为

$$\begin{cases} x_1 = x_0 = L & ① \\ y_1 = y_0 - \frac{1}{2}gt^2 = H - \frac{1}{2}gt^2 & ② \end{cases}$$

球 $B$ 同时从坐标原点做斜抛运动，设抛射角为 $\alpha$，则运动方程为

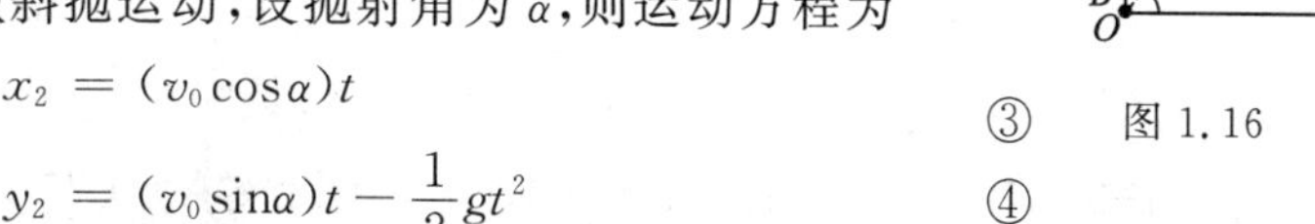

$$\begin{cases} x_2 = (v_0\cos\alpha)t & ③ \\ y_2 = (v_0\sin\alpha)t - \frac{1}{2}gt^2 & ④ \end{cases}$$

图 1.16　例 1.8 图

$A$，$B$ 二球相碰时，二球在同一点，故

$$x_1 = x_2, \quad y_1 = y_2$$

$$L = (v_0\cos\alpha)t \qquad ⑤$$

$$H - \frac{1}{2}gt^2 = (v_0\sin\alpha)t - \frac{1}{2}gt^2 \qquad ⑥$$

由式 ⑤，得 $t = \frac{L}{v_0\cos\alpha}$，代入式 ⑥，得

$$\tan\alpha = \frac{H}{L} \qquad ⑦$$

显然球 $B$ 要与球 $A$ 相遇，抛射仰角 $\alpha = \arctan\frac{H}{L}$，也就是说，必须正对着 $A$ 点抛射。这个结论也可以从另一角度考虑，即由于斜抛运动可分解为斜向的匀速运动与竖直方向自由落体运动的合成，而 $A$，$B$ 两处的小球同时开始运动，故球 $A$ 欲与球 $B$ 相碰，只需 $B$ 处小球正对着 $A$ 点发射即可。

将式 ⑦ 代入式 ⑥，得相碰时刻

$$t = \frac{L}{v_0}\sqrt{1+\tan^2\alpha} = \frac{\sqrt{L^2+H^2}}{v_0}$$

将上式代入式 ② 或式 ④，得相碰高度

$$y = H - \frac{1}{2}g\frac{L^2+H^2}{v_0^2}$$

对此结果可讨论如下：

当$\frac{1}{2}g\frac{L^2+H^2}{v_0^2}>H$时,即当$v_0<\sqrt{\frac{g(L^2+H^2)}{2H}}$时,有$y<0$。这表明相碰处在地平面以下,也就是说,当抛出速率小于$\sqrt{\frac{g(L^2+H^2)}{2H}}$时,球$B$不能在地面以上碰上球$A$。

例1.8也可以用矢量表示方法进行求解。根据式(1.31),球$B$的运动方程可写成

$$\boldsymbol{r}_2=\boldsymbol{v}_0t+\frac{1}{2}\boldsymbol{g}t^2$$

球$A$的运动方程可写成

$$\boldsymbol{r}_1=\boldsymbol{r}_{10}+\frac{1}{2}\boldsymbol{g}t^2$$

式中:$\boldsymbol{r}_{10}$为球$A$的初始位置矢量。

两球相碰,则要求$\boldsymbol{r}_1=\boldsymbol{r}_2$,可得出

$$\boldsymbol{v}_0t=\boldsymbol{r}_{10}$$

此式表明:第一,球$B$初速度$\boldsymbol{v}_0$的方向与$\boldsymbol{r}_{10}$平行,即必须正对着$A$点抛射;第二,可求出相碰时刻$t=\frac{r_{10}}{v_0}=\frac{\sqrt{L^2+H^2}}{v_0}$;第三,相碰时刻不能晚于球$A$落地时刻$\sqrt{\frac{2H}{g}}$,所以球$B$的初速度$v_0>\frac{\sqrt{L^2+H^2}}{\sqrt{\frac{2H}{g}}}=\sqrt{\frac{g(L^2+H^2)}{2H}}$时,球$A$和球$B$才能在地面以上相碰。

## 1.4　圆周运动　曲线运动在自然坐标系中的表示

质点在已知的运动轨道上做曲线运动时,采用自然坐标系,可以方便我们对运动矢量的描述,同时加深对矢量特征的理解。

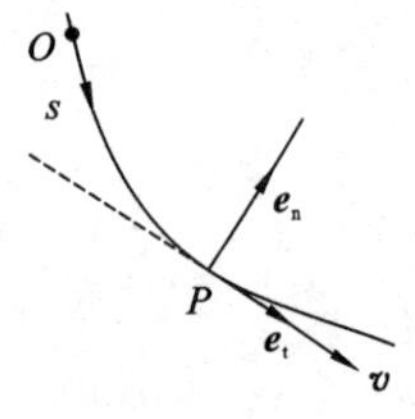

图1.17　自然坐标

如图1.17所示,在质点的运动轨道上,取一个定点$O$作为原点,从$O$点出发,量取质点从$O$到$P$点的一段曲线长度$s$;显然,$s$可以唯一地确定质点的位置$P$。这种沿轨道的自然走向和实际距离来确定质点位置的方法,即自然坐标法;$s$称为**自然坐标**。$s(t)$也就是质点在自然坐标系下的运动方程。

然后,在质点的位置$P$上建立一个局域的坐标系:在$P$点做曲线的切线,取运动趋势为切线的正向(简称切向);过$P$点作切线的垂线,规定指向曲线在该处的曲率中心的方向为法向,并用$\boldsymbol{e}_t$和$\boldsymbol{e}_n$分别表示沿切向和法向的单位矢量,构成**自然坐标系**。

质点做曲线运动时的速度$\boldsymbol{v}$总是沿轨道的切向,没有法向分量,故其速度矢量可写成

$$\boldsymbol{v}=v\boldsymbol{e}_t=\frac{\mathrm{d}s}{\mathrm{d}t}\boldsymbol{e}_t \tag{1.32}$$

质点的加速度相对比较复杂。加速度指速度矢量随时间的变化率。矢量不仅有大小的变化,而且有方向的变化。加速度的方向一般不与速度方向一致,故自然坐标系下加速度不仅有切向分量$\boldsymbol{a}_t$,而且有法向分量$\boldsymbol{a}_n$(见图1.18)。

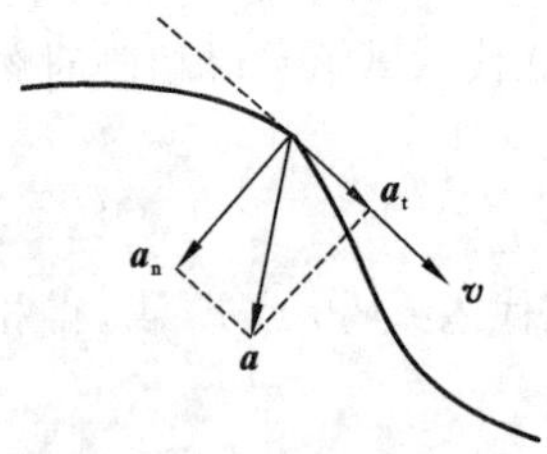

图1.18　自然坐标系下曲线运动的速度和加速度

## 1.4.1 圆周运动中的切向和法向加速度

我们先以圆周运动为例来阐明加速度在自然坐标系中的分解。如图 1.19(a) 所示，设质点做半径为 $R$ 的圆周运动，质点在 $t$ 时刻运动到圆周的 $A$ 点，速度为 $\boldsymbol{v}(t)$；$t+\Delta t$ 时刻运动到 $B$ 点，速度为 $\boldsymbol{v}(t+\Delta t)$。在这段时间内速度增量为

$$\Delta \boldsymbol{v} = \boldsymbol{v}(t+\Delta t) - \boldsymbol{v}(t)$$

该矢量关系如图 1.19(b) 所示。图中 $\overrightarrow{AP}$ 代表速度 $\boldsymbol{v}(t)$，$\overrightarrow{AQ}$ 代表速度 $\boldsymbol{v}(t+\Delta t)$，则 $\overrightarrow{PQ}$ 代表速度增量 $\Delta \boldsymbol{v}$。在 $AQ$ 上取一点 $C$，使线段 $AC$ 的长度等于矢量 $\boldsymbol{v}(t)$ 的大小，设由 $P$ 点指向 $C$ 点的矢量为 $\Delta \boldsymbol{v}_n$，由 $C$ 点指向 $Q$ 点的矢量为 $\Delta \boldsymbol{v}_t$，则 $\Delta \boldsymbol{v}$ 可看成两部分之和

$$\Delta \boldsymbol{v} = \Delta \boldsymbol{v}_n + \Delta \boldsymbol{v}_t$$

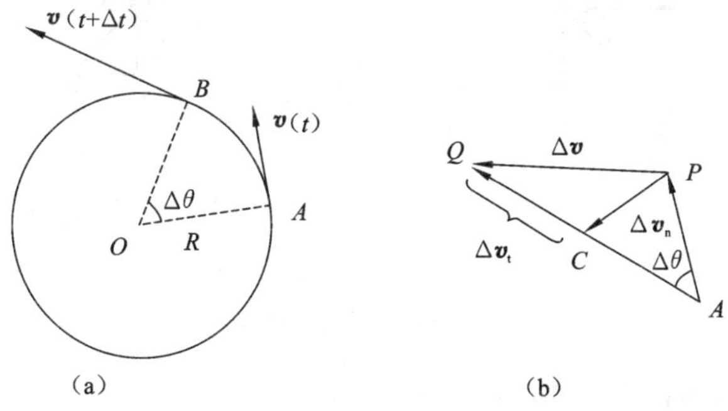


图 1.19 切向和法向加速度

加速度是 $\Delta t \to 0$ 时 $\dfrac{\Delta \boldsymbol{v}}{\Delta t}$ 的极限

$$\boldsymbol{a} = \lim_{\Delta t \to 0} \frac{\Delta \boldsymbol{v}}{\Delta t} = \lim_{\Delta t \to 0} \frac{\Delta \boldsymbol{v}_n}{\Delta t} + \lim_{\Delta t \to 0} \frac{\Delta \boldsymbol{v}_t}{\Delta t} \tag{1.33}$$

当 $\Delta t \to 0$ 时，$\Delta\theta \to 0$，即 $\angle PAC \to 0$，则 $\angle APC \to \dfrac{\pi}{2}$，即 $\Delta \boldsymbol{v}_n \perp \boldsymbol{v}$，由于 $\boldsymbol{v}$ 是沿着 $A$ 点的切线方向，所以 $\Delta \boldsymbol{v}_n$ 在 $\Delta t \to 0$ 时沿轨道在 $A$ 点的法线方向；而 $\Delta \boldsymbol{v}_t$ 在 $\Delta t \to 0$ 时的极限方向就是 $\boldsymbol{v}$ 的方向，即沿轨道在 $A$ 点的切线方向。如图 1.19(b) 可知

$$|\Delta \boldsymbol{v}_t| = |\boldsymbol{v}(t+\Delta t)| - |\boldsymbol{v}(t)| = \Delta v$$

因此可求得式(1.33) 中的第 2 项的大小

$$\left|\lim_{\Delta t \to 0} \frac{\Delta \boldsymbol{v}_t}{\Delta t}\right| = \lim_{\Delta t \to 0} \frac{|\Delta \boldsymbol{v}_t|}{\Delta t} = \lim_{\Delta t \to 0} \frac{\Delta v}{\Delta t} = \frac{\mathrm{d}v}{\mathrm{d}t} \tag{1.34}$$

式(1.33) 中的第 1 项的大小可以这样求得：

当 $\Delta t \to 0$ 时，$\Delta\theta \to 0$，则

$$|\Delta \boldsymbol{v}_n| = v\Delta\theta = v\frac{v\Delta t}{R}$$

因此

$$\left|\lim_{\Delta t \to 0} \frac{\Delta \boldsymbol{v}_n}{\Delta t}\right| = \lim_{\Delta t \to 0} \frac{|\Delta \boldsymbol{v}_n|}{\Delta t} = \frac{v^2}{R} \tag{1.35}$$

用矢量表示为

$$\boldsymbol{a}=\boldsymbol{a}_{\mathrm{n}}+\boldsymbol{a}_{\mathrm{t}}=\frac{v^2}{R}\boldsymbol{e}_{\mathrm{n}}+\frac{\mathrm{d}v}{\mathrm{d}t}\boldsymbol{e}_{\mathrm{t}} \tag{1.36}$$

式中:$\boldsymbol{a}_{\mathrm{n}}=\dfrac{v^2}{R}\boldsymbol{e}_{\mathrm{n}}$ 称为法向加速度,表示速度方向改变的快慢;$\boldsymbol{a}_{\mathrm{t}}=\dfrac{\mathrm{d}\boldsymbol{v}}{\mathrm{d}t}\boldsymbol{e}_{\mathrm{t}}$ 称为切向加速度,表示速度大小改变的快慢。在圆周运动中,$\boldsymbol{e}_{\mathrm{n}}$ 的方向指向圆心;$\boldsymbol{e}_{\mathrm{t}}$ 的方向是圆的切线方向并指向质点前进的方向。

法向加速度 $\boldsymbol{a}_{\mathrm{n}}$ 的表达式表明法向加速度的大小与速率的平方成正比,与圆的半径成反比。对于切向加速度 $\boldsymbol{a}_{\mathrm{t}}$,当$\dfrac{\mathrm{d}v}{\mathrm{d}t}>0$ 时,$\boldsymbol{a}_{\mathrm{t}}$ 与 $\boldsymbol{v}$ 同向,如图 1.20(a) 所示;当$\dfrac{\mathrm{d}v}{\mathrm{d}t}<0$ 时,$\boldsymbol{a}_{\mathrm{t}}$ 与 $\boldsymbol{v}$ 反向,如图 1.20(b) 所示。换句话说,当 $\boldsymbol{a}_{\mathrm{t}}$ 与 $\boldsymbol{v}$ 同向时,速率增大;当 $\boldsymbol{a}_{\mathrm{t}}$ 与 $\boldsymbol{v}$ 反向时,速率减小。

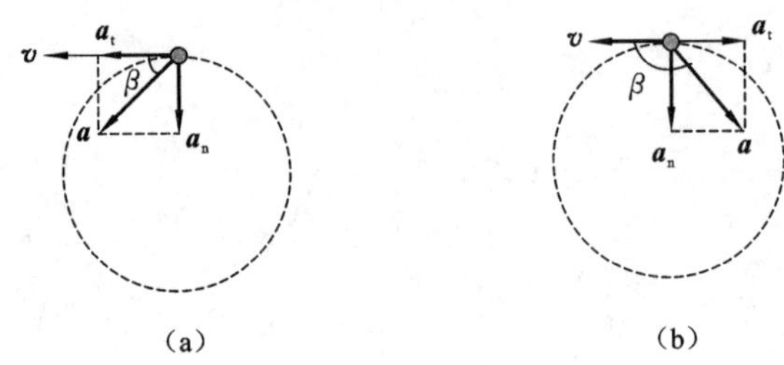


图 1.20　切向加速度

加速度的模在自然坐标系下为

$$a=\sqrt{a_{\mathrm{n}}^2+a_{\mathrm{t}}^2} \tag{1.37}$$

加速度的方向可用 $\boldsymbol{a}$ 与 $\boldsymbol{v}$ 的夹角 $\beta$ 表示 (见图 1.20)

$$\beta=\arctan\frac{a_{\mathrm{n}}}{a_{\mathrm{t}}} \tag{1.38}$$

### 1.4.2　一般曲线运动在自然坐标系中的表示

以上讨论的是在圆周运动中的切向和法向加速度。在一般的曲线运动里,加速度仍然可以表示为法向加速度与切向加速度的矢量和。很容易证明加速度的切向分量仍由式(1.36) 表示,法向分量只需将式(1.36) 中的半径 $R$ 改为曲率半径 $\rho$,方向指向该点的曲率圆的圆心,即曲率中心。

$$\boldsymbol{a}=\boldsymbol{a}_{\mathrm{n}}+\boldsymbol{a}_{\mathrm{t}}=\frac{v^2}{\rho}\boldsymbol{e}_{\mathrm{n}}+\frac{\mathrm{d}v}{\mathrm{d}t}\boldsymbol{e}_{\mathrm{t}} \tag{1.39}$$

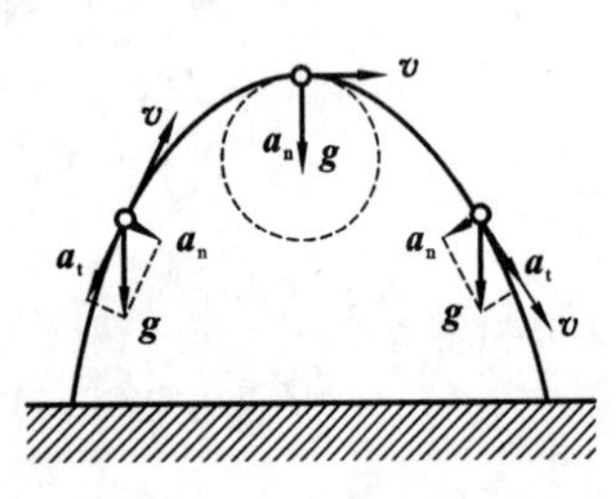


图 1.21　斜抛

图 1.21 是斜抛运动轨迹,在质点上升阶段,重力加速度与速度夹角是钝角,切向加速度与速度反向,因此速率逐渐变小。而在下降阶段,重力加速度与速度夹角是锐角,切向加速度与速度同向,因此速率逐渐变大。在最高点,重力加速度与速度垂直,切向加速度为零,因此在这一瞬间,速率不变。同时在最高点,法向加速度 $\boldsymbol{a}_{\mathrm{n}}=\boldsymbol{g}$ 最大,速率又最小,所以曲率圆半径 $\rho=\dfrac{v^2}{a_{\mathrm{n}}}$ 最小,轨道弯曲最厉害。

### 1.4.3　圆周运动的角量描述

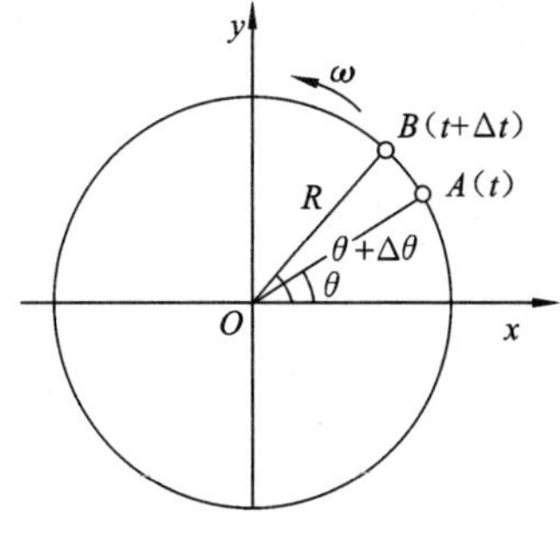

图1.22　角位移

在平面 $Oxy$ 内绕原点 $O$ 做半径为 $R$ 的圆周运动的质点，其位置可用角位置唯一地确定(见图1.22)。设 $t$ 时刻质点位于 $A$ 处，半径 $OA$ 与 $x$ 轴成 $\theta$ 角，$\theta$ 角即角位置。$t+\Delta t$ 时刻质点位于 $B$ 处，角位置为 $\theta+\Delta\theta$。定义 $\Delta\theta$ 为质点在 $\Delta t$ 时间里的角位移。规定从 $x$ 轴正向沿逆时针方向转到质点所在位置时的角位置为正，即当 $\Delta\theta>0$ 时，表示质点逆时针转动。质点运动的快慢可用角速度 $\omega$ 来描述。定义角速度

$$\omega=\lim_{\Delta t\to 0}\frac{\Delta\theta}{\Delta t}=\frac{\mathrm{d}\theta}{\mathrm{d}t}\tag{1.40}$$

即角速度为角位置对时间的一阶导数。角速度变化的快慢可用角加速度描述。定义角加速度 $\beta$ 为

$$\beta=\lim_{\Delta t\to 0}\frac{\Delta\omega}{\Delta t}=\frac{\mathrm{d}\omega}{\mathrm{d}t}=\frac{\mathrm{d}^2\theta}{\mathrm{d}t^2}\tag{1.41}$$

当质点做匀角加速度运动时，设初始条件为 $t=0$ 时，$\omega=\omega_0$，$\theta=\theta_0$，通过简单积分计算可得出下列公式

$$\begin{cases}\omega=\omega_0+\beta t\\ \theta=\theta_0+\omega_0 t+\dfrac{1}{2}\beta t^2\\ \omega^2-\omega_0^2=2\beta(\theta-\theta_0)\end{cases}\tag{1.42}$$

以上表达式说明匀角加速运动与匀变速直线运动规律类似。

### 1.4.4　圆周运动线量与角量的关系

质点沿圆周运动时，它的速率叫作线速度。质点在圆周上走过的路程 $s$ 与角位置 $\theta$ 的关系为 $s=R\theta$。

由速率的定义和角速度的定义，容易得到圆周运动中线量与角量的关系

$$v=\frac{\mathrm{d}s}{\mathrm{d}t}=R\frac{\mathrm{d}\theta}{\mathrm{d}t}=R\omega$$

即

$$v=R\omega\tag{1.43}$$

上式即 $t$ 时刻圆周上某点线速度与角速度关系式。

由切向加速度和角加速度的定义，得到质点切向加速度和角加速度之间的关系

$$a_{\mathrm{t}}=\frac{\mathrm{d}v}{\mathrm{d}t}=\frac{\mathrm{d}(\omega R)}{\mathrm{d}t}=R\frac{\mathrm{d}\omega}{\mathrm{d}t}=R\beta\tag{1.44}$$

利用 $v=\omega R$，还可得到质点法向加速度和角速度关系为

$$a_{\mathrm{n}}=\frac{v^2}{R}=\omega^2R\tag{1.45}$$

**例1.9**　飞轮做加速转动时，轮边缘上一点的运动方程 $s=0.1t^3$，飞轮半径2 m，求：

(1) 该点任意时刻的速率 $v$；

(2) $t=1$ s时的加速度的大小和方向。

**解**　(1) 速率是路程对时间的一阶导数，即

$$v=\frac{\mathrm{d}s}{\mathrm{d}t}=0.3t^2$$

(2) 先分别求出任意时刻的切向和法向加速度

$$a_t = \frac{dv}{dt} = 0.6t, \quad a_n = \frac{v^2}{R} = \frac{0.09t^4}{2} = 0.045t^4$$

$t = 1\,\mathrm{s}$ 时刻，$a_t = 0.6\,(\mathrm{m \cdot s^{-2}})$，$a_n = 0.045\,(\mathrm{m \cdot s^{-2}})$。因此，加速度的大小为

$$a = \sqrt{a_n^2 + a_t^2} = 0.602\,(\mathrm{m \cdot s^{-2}})$$

它与速度的夹角为

$$\beta = \arctan\frac{a_n}{a_t} = \arctan\frac{0.045}{0.6} = 4.29°$$

**例 1.10**　一质点的曲线运动方程为：$x = R\cos\omega t$，$y = R\sin\omega t$。其中 $R,\omega$ 为常数，求质点在坐标系中的矢径 $\boldsymbol{r}$，轨迹方程，任意时刻 $t$ 的速度、加速度、切向加速度和法向加速度。

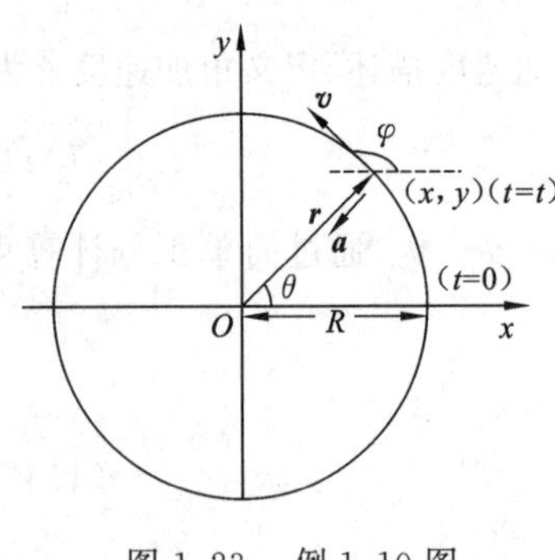


图 1.23　例 1.10 图

**解**　如图 1.23 所示，取直角坐标系 $Oxy$。

(1) 位置矢量

$$\boldsymbol{r} = x(t)\boldsymbol{i} + y(t)\boldsymbol{j} = (R\cos\omega t)\boldsymbol{i} + (R\sin\omega t)\boldsymbol{j}$$

其大小为

$$r = |\boldsymbol{r}| = \sqrt{x^2 + y^2} = R$$

其方向为

$$\tan\theta = \frac{y}{x} = \frac{R\sin\omega t}{R\cos\omega t} = \tan\omega t$$

(2) 消去时间 $t$，得轨迹方程为

$$x^2 + y^2 = R^2(\cos^2\omega t + \sin^2\omega t) = R^2$$

可见轨迹为圆。

(3) 任意时刻 $t$ 的速度

$$\boldsymbol{v} = \frac{d\boldsymbol{r}}{dt} = (-R\omega\sin\omega t)\boldsymbol{i} + (R\omega\cos\omega t)\boldsymbol{j}$$

$\boldsymbol{v}$ 的大小为

$$v = |\boldsymbol{v}| = \sqrt{(-R\omega\sin\omega t)^2 + (R\omega\cos\omega t)^2} = \omega R$$

$\boldsymbol{v}$ 的方向为

$$\tan\varphi = \frac{v_y}{v_x} = \frac{\omega R\cos\omega t}{-\omega R\sin\omega t} = -\cot\omega t, \quad \varphi = \omega t + \frac{\pi}{2} = \theta + \frac{\pi}{2}$$

上式表明：$\boldsymbol{v} \perp \boldsymbol{r}$。

(4) 任意时刻 $t$ 的加速度

$$\boldsymbol{a} = \frac{d\boldsymbol{v}}{dt} = (-\omega^2 R\cos\omega t)\boldsymbol{i} + (-\omega^2 R\sin\omega t)\boldsymbol{j} = -\omega^2\boldsymbol{r}$$

$\boldsymbol{a}$ 的大小为

$$a = |\boldsymbol{a}| = \omega^2 R$$

$\boldsymbol{a}$ 的方向：沿$(-\boldsymbol{r})$方向(即指向圆心)。

(5)
$$a_t = \frac{dv}{dt} = 0, \quad a_n = \frac{v^2}{\rho} = \frac{v^2}{R} = \omega^2 R$$

上式说明：加速度大小不变，方向改变，即质点做匀速率圆周运动。

**例 1.11**　有一个质点从静止出发做半径为 $R = 3\,\mathrm{m}$ 的圆周运动。已知切向加速度 $a_t = 3\,\mathrm{m/s^2}$。求：

(1) 经多长时间加速度恰好与半径成 45° 角?

(2) 上述时间内质点经过的路程和角位移。

**解**　依题意,$t=0, v_0=0, a_t=\frac{dv}{dt}=3\ \mathrm{m\cdot s^{-2}}$,故

$$\int_0^v dv=\int_0^t 3dt \Rightarrow v=3t$$

质点的法向加速度

$$a_n=\frac{v^2}{R}=\frac{9t^2}{3}=3t^2$$

合加速度

$$\boldsymbol{a}=\boldsymbol{a}_n+\boldsymbol{a}_t=3t^2\,\boldsymbol{e}_n+3\,\boldsymbol{e}_t$$

(1) 总加速度与半径成 45° 角时,$a_n=a_t$,即 $3t^2=3, t=1\ \mathrm{s}$. 即经过 1 s 加速度与半径成 45° 角。

(2) 由速率的定义知 $v=\frac{ds}{dt}$,且 $t=0$ 时,$s=0$,所以

$$\int_0^s ds=\int_0^t 3tdt$$

得路程 $s=\frac{3}{2}t^2$。

当 $t=1$ s 时

$$s=\frac{3}{2}\times 1^2(\mathrm{m})=1.5\ (\mathrm{m})$$

角位移

$$\theta=\frac{s}{R}=0.5\ (\mathrm{rad})$$

**例 1.12**　一质点做抛体运动(忽略空气阻力),如图 1.24 所示。试讨论质点在运动过程中:

(1) $\frac{dv}{dt}$ 是否变化?

(2) $\frac{d\boldsymbol{v}}{dt}$ 是否变化?

(3) 求 $A$ 点速度大小为 $\boldsymbol{v}$ 的法向加速度和切向加速度及曲率半径。

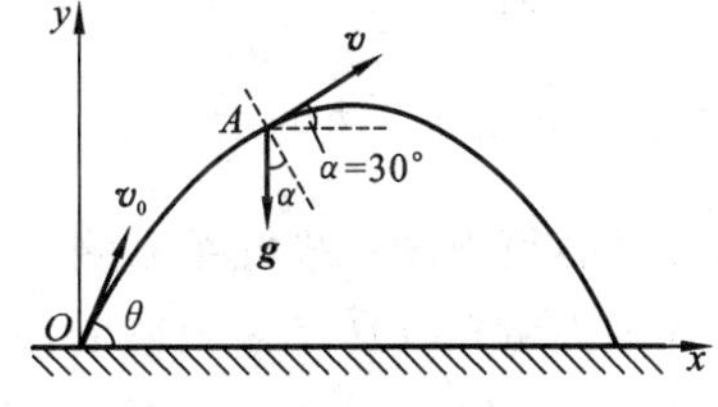

图 1.24　例 1.12 图

**解**　(1) $\frac{dv}{dt}=a_t=g\sin\alpha$。其中 $\alpha$ 为重力加速度 $\boldsymbol{g}$ 与轨迹法线的夹角。由于轨道上不同点 $\alpha$ 角不同,所以 $\frac{dv}{dt}=a_t$ 也随之变化。即速率非均匀变化。

(2) $\frac{d\boldsymbol{v}}{dt}=\boldsymbol{g}$ 为一常矢量。

(3) 轨道上 $A$ 点处:$\alpha=30°$,故

$$a_t=-g\sin 30°=-\frac{g}{2}$$

$$a_n=g\cos 30°=\frac{\sqrt{3}}{2}g$$

总加速度

$$a = g = \left(-\frac{g}{2}e_t + \frac{\sqrt{3}}{2}g\,e_n\right)$$

而

$$a_n = \frac{\sqrt{3}}{2}g = \frac{v^2}{\rho}$$

所以 $A$ 点处轨迹曲率半径 $\rho = \dfrac{2\sqrt{3}v^2}{3g}$。

# 1.5　相对运动

描述运动的物理量位矢 $\boldsymbol{r}$、位移 $\Delta\boldsymbol{r}$、速度 $\boldsymbol{v}$ 及加速度 $\boldsymbol{a}$，对于不同的参考系，有不同的表示形式，这反映了运动描述的相对性。下面我们研究同一质点在两个相互做匀速直线运动的平动参考系中位矢、位移、速度和加速度之间的关系。

## 1.5.1　伽利略坐标变换

如图 1.25 所示，设 $S(O\text{-}xyz)$ 和 $S'(O'\text{-}x'y'z')$ 分别为固定在两个参考系中的直角坐标系，各对应轴相互平行，已知 $S'$ 系相对 $S$ 系以恒定的速度 $\boldsymbol{u}$ 沿 $x$ 轴正向运动，并以 $O$、$O'$ 重合的时刻作为计时起点。取 $S$ 系为基本坐标系，则 $S'$ 系是一个运动坐标系。现分别在 $S$ 系和 $S'$ 系中考察质点 $P$ 的运动。

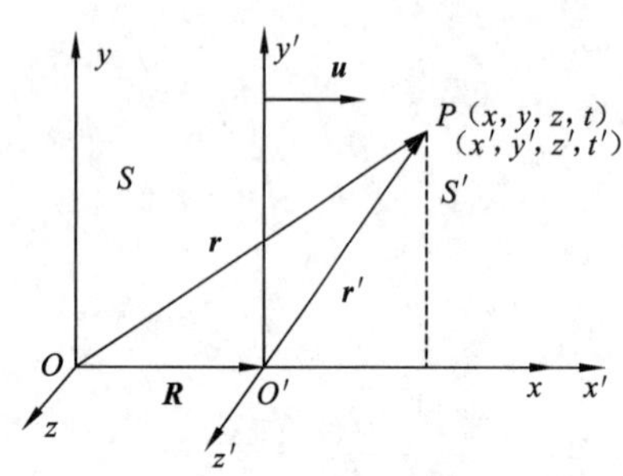

图 1.25　相对运动

假定质点 $P$ 在 $S$ 系和 $S'$ 系中的位矢分别为 $\boldsymbol{r}$ 和 $\boldsymbol{r}'$，并以 $\boldsymbol{R}$ 代表 $S'$ 系原点 $O'$ 对 $S$ 系原点 $O$ 的位矢。从图 1.25 可知

$$\boldsymbol{r} = \boldsymbol{R} + \boldsymbol{r}' \tag{1.46}$$

乍一看来，式(1.46)似乎是极为简单明白的，但该式成立却隐含了一定的条件。这是因为矢量相加运算中，各个相加矢量必须由同一坐标系来测定。而上式中的 $\boldsymbol{r}$ 和 $\boldsymbol{R}$ 是 $S$ 系的观测值，$\boldsymbol{r}'$ 则是 $S'$ 系的观测值，只有 $S$ 系测得 $\overrightarrow{O'P}$ 的量值确实与 $S'$ 系中测得的 $\boldsymbol{r}'$ 相同，上式才成立。所以式(1.46)成立的条件是：不管从哪个坐标系测量空间两点的距离，结果都应相同，这一结论称为**空间绝对性**。另外，对运动的描述还要涉及时间，同一运动经历的时间在 $S$ 系和 $S'$ 系中测得的结果应该相同，用 $t$ 表示在 $S$ 系观测到的时间，$t'$ 表示在 $S'$ 系观测到的时间，则有 $t = t'$。这表明时间与参考系的运动无关，这一结论称为**时间绝对性**。因此，$\boldsymbol{R} = \boldsymbol{u}t = \boldsymbol{u}t'$。

综合质点 $P$ 的空间位置坐标和时间坐标，$S$ 系和 $S'$ 系中描述质点 $P$ 的坐标变换式为

$$\begin{cases} \boldsymbol{r}' = \boldsymbol{r} - \boldsymbol{u}t \\ t' = t \end{cases} \tag{1.47}$$

或写成分量形式

$$\begin{cases} x' = x - ut \\ y' = y \\ z' = z \\ t' = t \end{cases} \tag{1.48}$$

式(1.47)或(1.48)称为**伽利略坐标变换式**。

## 1.5.2 速度变换

若将式(1.46)等号两边分别对时间 $t$ 求导(因为 $t=t'$,在此不再区分),得到质点在 $S$ 和 $S'$ 两坐标系中速度之间的关系

$$\frac{\mathrm{d}\boldsymbol{r}}{\mathrm{d}t}=\frac{\mathrm{d}\boldsymbol{R}}{\mathrm{d}t}+\frac{\mathrm{d}\boldsymbol{r}'}{\mathrm{d}t}$$

即

$$\boldsymbol{v}=\boldsymbol{u}+\boldsymbol{v}' \tag{1.49}$$

式(1.49)就是常用的计算相对速度的公式,称为**伽利略速度变换**。$\boldsymbol{v}$ 是质点相对于基本参考系的速度,称为绝对速度;$\boldsymbol{v}'$ 是质点相对于运动参考系的速度,称为相对速度;$\boldsymbol{u}$ 是由于运动参考系的运动而带动质点的速度,称为牵连速度。式(1.49)表明,绝对速度等于相对速度与牵连速度的矢量和。

我们也经常把速度的表达式带上下标(下标的前一字符表示运动物体,后一字符表示参考系),质点 $P$ 相对于 $S$ 系的速度写作 $\boldsymbol{v}_{PS}$,相对于 $S'$ 系的速度写作 $\boldsymbol{v}_{PS'}$,$S$ 系相对于 $S'$ 系的速度写作 $\boldsymbol{v}_{SS'}$,这样式(1.49)可写成一种更直观更便于记忆的形式

$$\boldsymbol{v}_{PS}=\boldsymbol{v}_{PS'}+\boldsymbol{v}_{SS'} \tag{1.50}$$

比如,考察河面上一艘船的运动如图1.26所示。设船为1,水为2,岸为3,船相对于水的速度为 $\boldsymbol{v}_{12}$,方向垂直于河岸;水的流速即水相对于岸的速度为 $\boldsymbol{v}_{23}$;船对岸的速度为 $\boldsymbol{v}_{13}$。由速度变换原理可知

$$\boldsymbol{v}_{13}=\boldsymbol{v}_{12}+\boldsymbol{v}_{23}$$

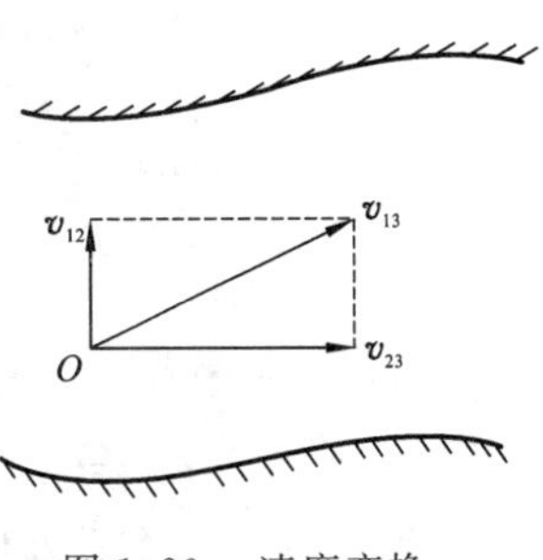

图1.26 速度变换

值得注意的是,速度的合成和速度的变换是两个不同的概念。速度的合成是同一参考系里,质点在不同方向上的分速度和速度的关系;速度的变换涉及有相对运动的两个不同参考系,是质点的速度在不同参考系中的变换关系。

## 1.5.3 加速度变换

如果质点的运动速度是随时间变化的,我们讨论加速度的变换公式。假设 $S'$ 系相对于 $S$ 系做匀加速直线运动,加速度为 $\boldsymbol{a}_{SS'}$,将式(1.50)等号两边对时间 $t$ 求导,可得到质点在两个坐标系中的加速度的变换关系式

$$\frac{\mathrm{d}\boldsymbol{v}_{PS}}{\mathrm{d}t}=\frac{\mathrm{d}\boldsymbol{v}_{PS'}}{\mathrm{d}t}+\frac{d\boldsymbol{v}_{SS'}}{\mathrm{d}t}$$

即

$$\boldsymbol{a}_{PS}=\boldsymbol{a}_{PS'}+\boldsymbol{a}_{SS'} \tag{1.51}$$

同样,$\boldsymbol{a}_{PS}$ 叫作绝对加速度,$\boldsymbol{a}_{PS'}$ 叫作相对加速度,$\boldsymbol{a}_{SS'}$ 叫作牵连加速度。也就是说,对于相对做匀加速直线运动的两个参考系,绝对加速度等于相对加速度与牵连加速度的矢量和。

如果两个坐标系相互做匀速直线运动,即 $\boldsymbol{a}_{SS'}=0$,则

$$\boldsymbol{a}_{PS}=\boldsymbol{a}_{PS'} \tag{1.52}$$

这就是说,在相互做匀速直线运动的参考系中观察同一质点的运动时,所测得质点的加速

度是相同的。

式(1.47)、(1.49) 及式(1.51) 是经典力学中常用的相对运动的基本关系式。这几个公式都是建立在绝对空间和绝对时间的基础之上。绝对空间、绝对时间构成经典力学的**绝对时空观**,它是经典力学理论成立的基本条件,这种观点与大量的日常经验相符合,但是当运动参考系的速度 $\boldsymbol{u}$ 很大时,式(1.47)、式(1.49) 及式(1.51) 均不能给出正确结果,即伽利略变换只有在相对速度 $\boldsymbol{u}$ 远小于光速的参考系中才成立。伽利略变换中隐含的绝对空间和绝对时间的观念,即经典时空观,将被相对论时空观所取代,这将在本书第 6 章讨论狭义相对论的章节中详述。

**例 1.13**　两个质点的位置矢量分别为

$$\boldsymbol{r}_1 = 2t\boldsymbol{i} - t^2\boldsymbol{j} + (3t^2 - 4t)\boldsymbol{k}, \quad \boldsymbol{r}_2 = (5t^2 - 12t + 4)\boldsymbol{i} + t^3\boldsymbol{j} - 3t\boldsymbol{k}$$

求 $t = 2$ s 瞬间,第 2 个质点相对于第 1 个质点的:(1) 相对速度;(2) 相对加速度。

**解**　(1) 当 $t = 2$ s 时,两质点的速度分别为

$$\boldsymbol{v}_1 = \frac{\mathrm{d}\boldsymbol{r}_1}{\mathrm{d}t} = [2\boldsymbol{i} + (-2t)\boldsymbol{j} + (6t - 4)\boldsymbol{k}]\,|_{t=2} = 2\boldsymbol{i} - 4\boldsymbol{j} + 8\boldsymbol{k}$$

$$\boldsymbol{v}_2 = \frac{\mathrm{d}\boldsymbol{r}_2}{\mathrm{d}t} = [(10t - 12)\boldsymbol{i} + 3t^2\boldsymbol{j} - 3\boldsymbol{k}]\,|_{t=2} = 8\boldsymbol{i} + 12\boldsymbol{j} - 3\boldsymbol{k}$$

所以,质点 2 相对于质点 1 的速度为

$$\boldsymbol{v}_{21} = \boldsymbol{v}_2 - \boldsymbol{v}_1 = (8\boldsymbol{i} + 12\boldsymbol{j} - 3\boldsymbol{k}) - (2\boldsymbol{i} - 4\boldsymbol{j} + 8\boldsymbol{k}) = 6\boldsymbol{i} + 16\boldsymbol{j} - 11\boldsymbol{k}$$

(2) 当 $t = 2$ s 时,两质点的加速度分别为

$$\boldsymbol{a}_1 = \frac{\mathrm{d}\boldsymbol{v}_1}{\mathrm{d}t} = [-2\boldsymbol{j} + 6\boldsymbol{k}]\,|_{t=2} = -2\boldsymbol{j} + 6\boldsymbol{k}$$

$$\boldsymbol{a}_2 = \frac{\mathrm{d}\boldsymbol{v}_2}{\mathrm{d}t} = [10\boldsymbol{i} + 6t\boldsymbol{j}]\,|_{t=2} = 10\boldsymbol{i} + 12\boldsymbol{j}$$

所以质点 2 相对质点 1 的速度为

$$\boldsymbol{a}_{21} = \boldsymbol{a}_2 - \boldsymbol{a}_1 = (10\boldsymbol{i} + 12\boldsymbol{j}) - (-2\boldsymbol{j} + 6\boldsymbol{k}) = 10\boldsymbol{i} + 14\boldsymbol{j} - 6\boldsymbol{k}$$

**例 1.14**　一个升降机以加速度 $a = 1.22\ \mathrm{m \cdot s^{-2}}$ 上升,当上升速度为 $v_0 = 2.44\ \mathrm{m \cdot s^{-1}}$ 时,有一螺帽自升降机顶板上松落,升降机顶板与底板距离 $h = 2.74$ m。试求:

(1) 螺帽从顶板落到底板所需时间 $t$;

(2) 螺帽相对于地面下降距离 $d$。

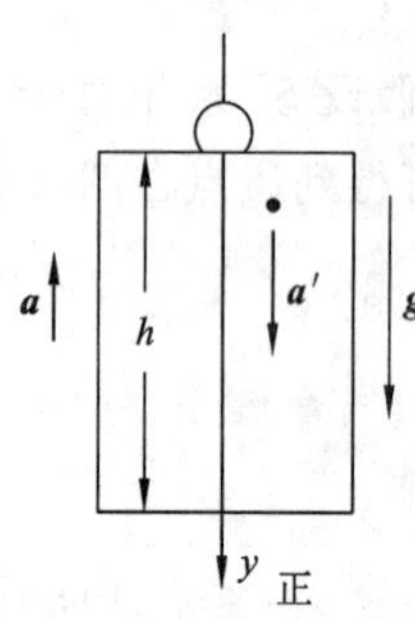


图 1.27　例 1.14 图

**解**　(1) 如图 1.27 所示。在地面上观察,建立如图坐标系,以螺帽脱离瞬间螺帽的位置作为坐标原点,取向下为正,$\boldsymbol{a}$ 是升降机对地面的加速度,设 $\boldsymbol{a}'$ 为螺帽相对升降机的加速度。螺帽相对于地面的加速度为 $\boldsymbol{g}$。根据加速度变换式,有 $\boldsymbol{g} = \boldsymbol{a}' + \boldsymbol{a}$,即

$$\boldsymbol{a}' = \boldsymbol{g} - \boldsymbol{a}$$

因为 $\boldsymbol{a}$ 方向向上,所以螺帽对升降机以加速度$(g + a)$ 下落,故有

$$h = \frac{1}{2}(g + a)t^2$$

$$t = \sqrt{\frac{2h}{g + a}} = 0.705\ (\mathrm{s})$$

(2) 由于 $h$ 为螺帽相对升降机的位移,设 $d$ 为螺帽相对于地面的位移,升降机对地面的位移 $y' = -\left(v_0 t + \frac{1}{2}at^2\right)$,则有 $d = h + y'$,即

$$d = h - \left(v_0 t + \frac{1}{2}at^2\right) = 0.715\ (\mathrm{m})$$

**例 1.15**　在湖面上以 $3\ \mathrm{m \cdot s^{-1}}$ 的速度向东行驶的 $A$ 船上，看到 $B$ 船以 $4\ \mathrm{m \cdot s^{-1}}$ 的速度从北面驶近 $A$ 船。求：

(1) 在湖岸上看，$B$ 船速度如何？

(2) 如果 $A$ 船的速度为 $6\ \mathrm{m \cdot s^{-1}}$(方向不变)，在 $A$ 船上看 $B$ 船的速度又为多少？

**解**　(1) 以 $B$ 船为运动物体，$A$ 船为运动参考系，如图 1.28(a) 所示。设岸用 1 来表示，$A$ 船相对于岸的速度 $\boldsymbol{v}_{A1} = 3\boldsymbol{i}\ (\mathrm{m \cdot s^{-1}})$，$B$ 船相对于 $A$ 船的速度 $\boldsymbol{v}_{BA} = (-4)\boldsymbol{j}\ (\mathrm{m \cdot s^{-1}})$，用 $\boldsymbol{v}_{B1}$ 表示 $B$ 船相对于岸的速度。依据速度变换规律，有

$$\boldsymbol{v}_{B1} = \boldsymbol{v}_{BA} + \boldsymbol{v}_{A1} = 3\boldsymbol{i} - 4\boldsymbol{j}$$

所以

$$v_{B1} = |\boldsymbol{v}_{B1}| = \sqrt{(3)^2 + (-4)^2} = 5\ (\mathrm{m \cdot s^{-1}})$$

$$\tan\theta = \frac{4}{3}, \quad \theta = 53.1°$$

即东偏南 53.1°

用矢量三角形容易得到上述结果。

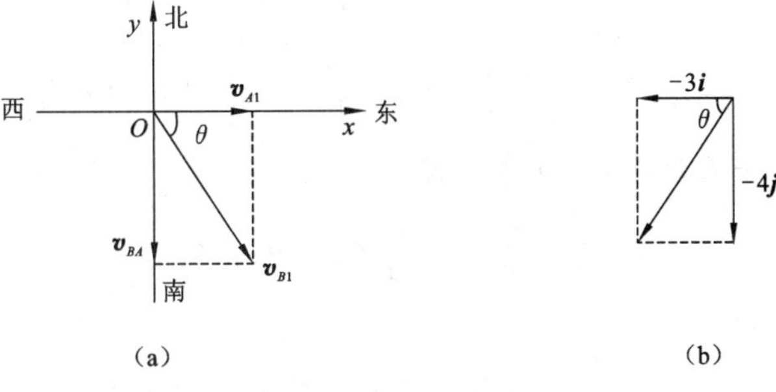


(a)　　(b)

图 1.28　例 1.15 图

(2) 依题意，$\boldsymbol{v}'_{A1} = 6\boldsymbol{i}\ \mathrm{m \cdot s^{-1}}$，此时 $A$ 船上看 $B$ 船的速度为

$$\boldsymbol{v}'_{BA} = \boldsymbol{v}_{B1} - \boldsymbol{v}'_{A1} = (3\boldsymbol{i} - 4\boldsymbol{j}) - 6\boldsymbol{i}$$
$$= -3\boldsymbol{i} - 4\boldsymbol{j}\ (\mathrm{m \cdot s^{-1}})$$

所以

$$v'_{BA} = |\boldsymbol{v}'_{BA}| = \sqrt{(-3)^2 + (-4)^2} = 5\ (\mathrm{m \cdot s^{-1}})$$

$$\tan\theta = \frac{4}{3}, \quad \theta = 53.1°$$

即西偏南 53.1°，如图 1.28(b) 所示。

# 内容提要

1. 质点：对物体抽象描述的理想模型，忽略物体的形状大小而把物体看成是一个具有一定质量的几何点。

2. 位矢(位置矢量)：描述质点空间位置的物理量。质点的位矢是指从坐标原点指向该质点当前所在位置的有向线段，在直角坐标系下表示为

$$\boldsymbol{r} = x\boldsymbol{i} + y\boldsymbol{j} + z\boldsymbol{k}$$

3. 速度：描述物体运动快慢的物理量。

$$\boldsymbol{v} = \lim_{\Delta t \to 0} \frac{\Delta \boldsymbol{r}}{\Delta t} = \frac{\mathrm{d}\boldsymbol{r}}{\mathrm{d}t}$$

4. 加速度：描述物体速度变化快慢的物理量。

$$\boldsymbol{a} = \lim_{\Delta t \to 0} \frac{\Delta \boldsymbol{v}}{\Delta t} = \frac{\mathrm{d}\boldsymbol{v}}{\mathrm{d}t} = \frac{\mathrm{d}^2 \boldsymbol{r}}{\mathrm{d}t^2}$$

5. 运动学中的两类基本问题：

$\boldsymbol{r}(t)$ ⇄（求导 / 积分）$\boldsymbol{v}(t)$ ⇄（求导 / 积分）$\boldsymbol{a}(t)$

6. 圆周运动：

角速度　　$\omega = \dfrac{\mathrm{d}\theta}{\mathrm{d}t}$

角加速度　　$\beta = \dfrac{\mathrm{d}\omega}{\mathrm{d}t} = \dfrac{\mathrm{d}^2\theta}{\mathrm{d}t^2} = \dfrac{v}{R}$

法向速度　　$a_{\mathrm{n}} = \dfrac{v^2}{R} = R\omega^2$，指向圆心

切向速度　　$a_{\mathrm{t}} = \dfrac{\mathrm{d}v}{\mathrm{d}t} = R\beta$，沿切向方向

7. 自然坐标系下平面曲线运动的加速度

$$\boldsymbol{a} = \frac{v^2}{\rho}\boldsymbol{e}_{\mathrm{n}} + \frac{\mathrm{d}v}{\mathrm{d}t}\boldsymbol{e}_{\mathrm{t}} = \boldsymbol{a}_{\mathrm{n}} + \boldsymbol{a}_{\mathrm{t}}$$

8. 伽利略速度变换：

$$\boldsymbol{v}_{PS} = \boldsymbol{v}_{PS'} + \boldsymbol{v}_{SS'}$$

## 思　考　题

**1.1**　回答下列问题：

(1) 位移和路程有何区别？

(2) 速度和速率有何区别？

(3) 瞬时速度和平均速度的区别和联系是什么？

**1.2**　设质点的位矢为 $\boldsymbol{r} = x\boldsymbol{i} + y\boldsymbol{j}$，在计算质点的速度和加速度时，有人先求出 $r = \sqrt{x^2 + y^2}$，然后按 $v = \dfrac{\mathrm{d}r}{\mathrm{d}t}$ 及 $a = \dfrac{\mathrm{d}^2 r}{\mathrm{d}t^2}$ 求出结果；又有人先算出速度和加速度的直角坐标分量，再由公式

$$|\boldsymbol{v}| = \left|\frac{\mathrm{d}\boldsymbol{r}}{\mathrm{d}t}\right| = \sqrt{\left(\frac{\mathrm{d}x}{\mathrm{d}t}\right)^2 + \left(\frac{\mathrm{d}y}{\mathrm{d}t}\right)^2} \quad 及 \quad |\boldsymbol{a}| = \left|\frac{\mathrm{d}^2\boldsymbol{r}}{\mathrm{d}t^2}\right| = \sqrt{\left(\frac{\mathrm{d}^2 x}{\mathrm{d}t^2}\right) + \left(\frac{\mathrm{d}^2 y}{\mathrm{d}t^2}\right)^2}$$

求出结果。你认为两种方法哪种正确，哪种错误？错误的原因何在？

**1.3**　质点沿圆周运动，且速率随时间均匀增大，问 $\boldsymbol{a}_{\mathrm{n}}$，$\boldsymbol{a}_{\mathrm{t}}$，$\boldsymbol{a}$ 三者的大小是否都随时间改变？总加速度 $\boldsymbol{a}$ 与 $\boldsymbol{v}$ 之间的夹角如何随时间改变？

# 习　题

**1.1**　一质点做直线运动，其运动方程式为 $x=6t^2-2t^3$，$x$ 和 $t$ 的单位分别是米和秒，求：

(1) 第 2 s 内的平均速度；

(2) 第 3 s 末的速度；

(3) 第 1 s 末的加速度。

**1.2**　一质点在 $Oxy$ 平面内运动，其运动方程有以下 5 种可能：

(1) $x=t, y=19-\dfrac{2}{t}$；　(2) $x=2t, y=19-3t$；　(3) $x=3t, y=17-4t^2$；

(4) $x=4\sin 5t, y=4\cos 5t$；　(5) $x=5\cos 6t, y=6\sin 6t$。

那么表示质点做直线运动的方程是________，做圆周运动的方程是________，做椭圆运动的方程是________，做抛物线运动的方程是________，做双曲线运动的方程是________。

**1.3**　质点在 $Oxy$ 平面内运动，其运动方程为 $x=10-2t^2, y=2t$。试计算：

(1) 什么时刻，其速度与位矢正好垂直？

(2) 什么时刻，加速度与速度间夹角为45°？

**1.4**　两辆车 $A$，$B$ 在同一公路上做直线运动，方程式分别为 $x_A=4t+t^2$，$x_B=2t^2+2t^3$，若同时发车，则刚离开出发点时，哪辆车行驶在前面？出发后什么时刻两车行驶距离相等？什么时刻 $B$ 车相对于 $A$ 车速度为零？

**1.5**　一质点沿 $x$ 轴正方向向 $A$ 点运动，已知 $OA=l$，设 $t=0$ 时，质点位于坐标原点 $O$，质点在任意时刻的速率正比于它所在的位置至 $A$ 点的距离，比例常数为 $k$，求 $x, v, a$ 随时间的变化规律。

**1.6**　一质点由静止开始做直线运动，初始加速度为 $a_0$，其后加速度均匀增加，每经过 $s$ 秒增加 $a_0$，求质点的速度和位移。

**1.7**　已知质点的运动方程为 $x=3t, y=t^2$，式中 $t$ 以秒计，$x, y$ 以米计。试求：

(1) 质点的轨迹方程，并画出示意图；

(2) 质点在第 2 s 内的位移和平均速度；

(3) 质点在第 2 s 末的速度和加速度。

**1.8**　质点做半径为 $R$ 圆周运动，速率与时间的关系为 $v=ct^2$（式中的 $c$ 为常数，$t$ 以秒计），求：

(1) $t=0$ 到 $t$ 时刻质点走过的路程；

(2) $t$ 时刻质点的加速度的大小。

**1.9**　一质点做圆周运动，设半径为 $R$，运动方程为 $s=v_0t-\dfrac{1}{2}bt^2$，其中 $s$ 为弧长，$v_0$ 为初速度，$b$ 为常数。求：

(1) 任一时刻质点的法向、切向和总加速度的大小；

(2) 当 $t$ 为何值时，质点的总加速度在数值上等于 $b$，这时质点已沿圆周运行了多少圈？

**1.10**　质点沿半径为 0.1 m 的圆周运动，角位置 $\theta$ 满足 $\theta=2+4t^2$，求：

(1) 什么时刻切向加速度与法向加速度相等？

(2) 从 $t=0$ 到上述时刻，质点行驶的路程为多少米？

**1.11**　质点 $M$ 在水平面内运动轨迹如题 1.11 图所示，$OA$ 段为直线，$AB$，$BC$ 段分别为不同半径的两个 1/4 圆周. 设 $t=0$ 时，$M$ 在 $O$ 点，已知运动方程为 $s=10t+2t^3$(SI)，求 $t=2$ s 时刻，质点 $M$ 的切向加速度和法向加速度。

**1.12**　在离水面高为 $h$ 的岸边，有人用绳拉船靠岸，船在离岸水平距离 $r$ 处，如题 1.12 图所示，当人以恒定速率 $v_0$ 收绳时，试求船的速度和加速度的大小。

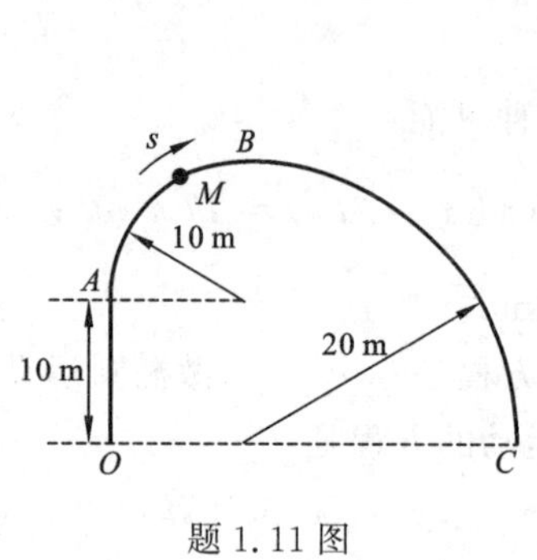


题 1.11 图

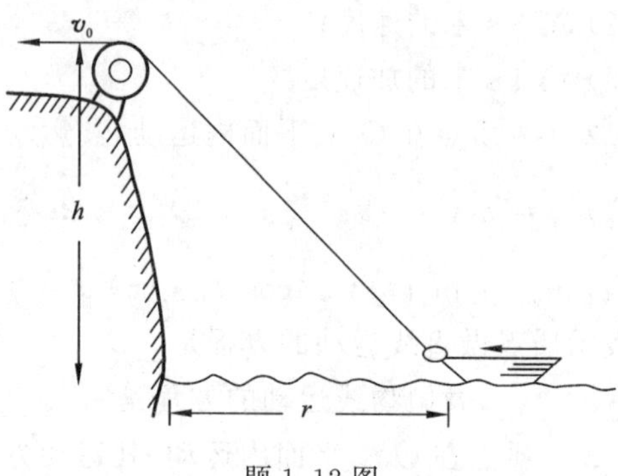


题 1.12 图

**1.13**　一路灯距地面高度为 $h$，身高为 $l$ 的人以速度 $v_0$ 在路灯下匀速慢跑，如题 1.13 图所示，求人的影子中头顶的移动速度 $\boldsymbol{v}$，并求影长增长的速率 $u$。

**1.14**　一个人骑车以 10 m · s$^{-1}$ 的速率自西向东行进时，感觉有南风，当他的速率增至 15 m · s$^{-1}$ 时，感觉有东南风，求风对地的速度。

**1.15**　飞机 $A$ 以 $v_A=1\,000$ km · h$^{-1}$ 的速率(相对地面)向南飞行，同时另一架飞机 $B$ 以 $v_B=800$ km · h$^{-1}$ 的速率(相对地面)向东偏南 30° 飞行。求飞机 $A$ 相对飞机 $B$ 的速度。

**1.16**　如题 1.16 图所示，江水东流的速度 $v_1=4$ m · s$^{-1}$，江中的船想获得相对于岸以垂直方向的运动速度 $\boldsymbol{v}_2$，其大小为 $v_2=3$ m · s$^{-1}$，驶向对岸，那么，此船相对于江面以多大的速率 $v$，朝什么方向(方向用此速度 $\boldsymbol{v}$ 和正北方向的夹角 $\theta$ 表示)航行。

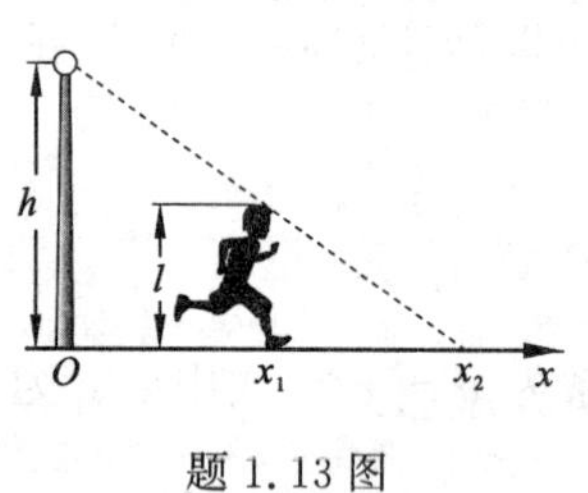


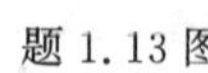

题 1.13 图

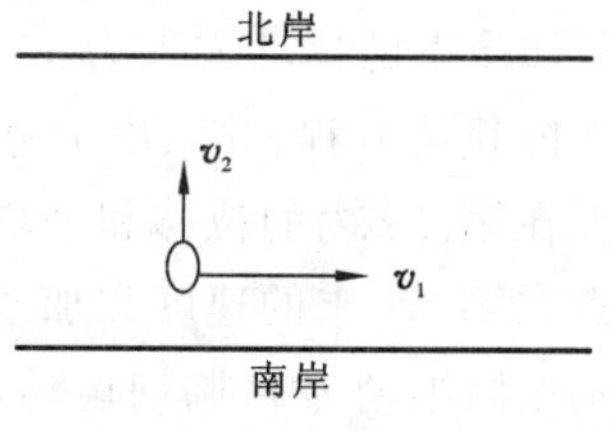


题 1.16 图

**1.17**　雨天一个人骑车以 18 km · h$^{-1}$ 的速度自东向西行进时，看见雨点垂直下落，当他的速率增加至 36 km · h$^{-1}$ 时，看见雨点与他前进的方向成 120° 下落，求雨点相对于地的速度。

【习题参考答案】

【阅读材料】

# 第2章　运动和力

第1章讨论了质点运动学，即对一个质点的运动的描述。本章将讨论质点动力学，即说明质点为什么，或者说在什么条件下做这种或那种运动的原因，其基本理论是牛顿运动三大定律。以牛顿运动三大定律建立起来的力学理论称为牛顿力学或经典力学。本章首先介绍这三大定律及其相联系的概念，然后说明如何利用它们进行分析解决问题。牛顿定律只在惯性参考系中成立，本章还介绍了如何在非惯性参考系内引入惯性力，从而在形式上利用牛顿定律分析解决问题。

## 2.1　牛顿运动定律

牛顿在1687年发表的《自然哲学的数学原理》中提出了牛顿运动三大定律。

### 2.1.1　牛顿第一定律

**牛顿第一定律　任何物体都保持静止或匀速直线运动状态，直到其他物体的作用力迫使它改变这种状态为止。**

牛顿第一定律提出了力和惯性两个重要的概念。古代对力的认识主要是通过平衡，即从静力学角度发展起来的。伽利略通过研究斜面上物体的运动，得出不受加速或减速因素作用的物体将做匀速直线运动的结论。牛顿将这种加速或减速的因素称为力。牛顿第一定律表明，力是物体运动状态改变的原因，而不是维持物体运动的原因。物体在不受外力时具有保持其运动状态不变的性质，称为**惯性**。牛顿第一定律又称为**惯性定律**。

牛顿第一定律是以实验事实为基础，通过抽象和概括总结出来的。因为完全不受外力绝对孤立的物体是不存在的，所以第一定律不能直接用实验证明。

### 2.1.2　牛顿第二定律

**牛顿第二定律　物体受到外力作用时，它所获得的加速度的大小与外力的大小成正比，并与物体的质量成反比，加速度的方向与外力的方向相同。**

牛顿第二定律通常的数学表达式为

$$\boldsymbol{F}=m\boldsymbol{a} \tag{2.1}$$

式(2.1)左边为质点所受外力，如果物体受到多个力的作用，则式(2.1)可写为

$$\sum_i \boldsymbol{F}_i = m\boldsymbol{a} = m\frac{\mathrm{d}\boldsymbol{v}}{\mathrm{d}t} = m\frac{\mathrm{d}^2\boldsymbol{r}}{\mathrm{d}t^2} \tag{2.2}$$

式中：$\sum_i \boldsymbol{F}_i$ 表示物体所受的合外力；$\boldsymbol{a}$ 表示物体的加速度；$m$ 称为物体的质量。

质量这个概念是牛顿首先采用的。物体的惯性不仅表现在物体不受外力时保持其原有运动状态不变，还体现在迫使其运动状态改变的难易程度上。在一定外力作用下，物体的惯性越大，使其运动状态改变就越难，获得的加速度也越小；物体的惯性越小，使其运动状态改变就越

容易,获得的加速度也越大。从第二定律可以看出,当外力一定时,物体获得的加速度与其质量成反比:质量越大,加速度越小;质量越小,加速度越大。在牛顿第二定律中,物体的惯性被质量这个物理量定量描述,质量是物体惯性的量度。所以质量 $m$ 也叫作惯性质量。

在理解和使用牛顿第二定律时,应当注意以下几点。

(1) 矢量性与瞬时性。$\sum_i \boldsymbol{F}_i = m\boldsymbol{a}$ 是矢量方程,应当用矢量求和法则求得物体所受合外力,而且合外力与加速度之间是瞬时关系。当合外力发生改变时,加速度也随之改变。

(2) 力的叠加原理。牛顿第二定律表明,若物体同时受到若干个外力的作用,每一个外力使物体产生各自的加速度,则这几个力作用的总效果与它们矢量和的那一个力的作用效果相同,这称为**力的叠加原理**。

(3) 在直角坐标系中,牛顿第二定律的分量式为

$$\begin{cases} \sum_i F_{ix} = ma_x = m\dfrac{\mathrm{d}v_x}{\mathrm{d}t} = m\dfrac{\mathrm{d}^2 x}{\mathrm{d}t^2} \\ \sum_i F_{iy} = ma_y = m\dfrac{\mathrm{d}v_y}{\mathrm{d}t} = m\dfrac{\mathrm{d}^2 y}{\mathrm{d}t^2} \\ \sum_i F_{iz} = ma_z = m\dfrac{\mathrm{d}v_z}{\mathrm{d}t} = m\dfrac{\mathrm{d}^2 z}{\mathrm{d}t^2} \end{cases} \tag{2.3}$$

上述方程左边依次为三个坐标分量上力的代数和。

在解决圆周运动或一般平面曲线运动问题时,常采用自然坐标系,此时第二定律的分量表达式为

$$\begin{cases} \sum_i F_{in} = ma_n = m\dfrac{v^2}{\rho} \\ \sum_i F_{it} = ma_t = m\dfrac{\mathrm{d}v}{\mathrm{d}t} \end{cases} \tag{2.4}$$

式中:$\sum_i F_{in}$ 为所有外力沿法向分量的代数和;$\sum_i F_{it}$ 表示所有外力沿切向分量的代数和。在解决具体问题时,往往用分量式。

### 2.1.3 牛顿第三定律

**牛顿第三定律　当一个物体对另一个物体有力的作用时,另一个物体同时对这个物体也有力的作用,这一对相互作用力称为作用力与反作用力,它们大小相等、方向相反,且在同一直线上。**

牛顿第三定律的数学表达式为

$$\boldsymbol{F}_{12} = -\boldsymbol{F}_{21}$$

$\boldsymbol{F}_{12}$ 与 $\boldsymbol{F}_{21}$ 代表物体 1 与物体 2 之间的一对作用力与反作用力。

牛顿第三定律又称为作用和反作用定律,是对作用力相互性的说明。在理解第三定律时,应注意以下几点。

(1) 作用力与反作用力同时发生、同时消失,互为存在的条件。

(2) 作用力与反作用力必是同种性质的力。

(3) 作用力与反作用力等值反向,沿同一直线,分别作用在两个物体上。

牛顿第三定律不受相互作用的两个物体运动的限制,不论它们处于静止状态,还是运动状态,上述规律仍然成立。

# 2.2　几种常见的力

要应用牛顿定律解决问题，首先必须能正确分析物体的受力情况。本节先介绍自然界物体之间的相互作用力从基本性质上分为4种，然后简单地总结了在日常生活和工程技术中经常遇到的一些常见力的知识。

## 2.2.1　自然界中的4种基本力

在日常生活中，经常遇到各种形式的力。如重力、静电场力、磁力、弹性力、张力、摩擦力、流体(液体或气体)中的阻力等。重力是万有引力的一个分量。而磁石吸铁，两条通电导线之间的相互作用是电磁力；各种弹性力、摩擦力等，从微观上看，也是原子或分子间电磁相互作用的宏观表现。除万有引力、电磁力外，目前我们知道自然界中还有另外两种基本力，即强相互作用(强力)，存在于质子、中子、介子等强子之间；弱相互作用(弱力)，存在于各种基本粒子之间。这两种力的力程很短，在讨论宏观物体的运动时不必考虑。以上4种基本自然力的特征比较如表2.1所示。

**表2.1　4种基本自然力的特征**

| 力的种类 | 相互作用的物体 | 力的强度 | 力程 |
|---|---|---|---|
| 万有引力 | 一切质点 | $10^{-34}$ N | 无限远 |
| 弱力 | 大多数粒子 | $10^{-2}$ N | 小于$10^{-17}$ m |
| 电磁力 | 电荷 | $10^{2}$ N | 无限远 |
| 强力 | 核子、介子等 | $10^{4}$ N | $10^{-15}$ m |

## 2.2.2　力学中几种常见的力

### 1. 万有引力与重力

万有引力存在于任何两个质量不为零的物体之间，是靠引力场来传递的。两个质点之间的万有引力的大小与它们质量的乘积成正比，与它们距离的平方成反比，其数学形式为

$$f = G\frac{m_1 m_2}{r^2} \tag{2.5}$$

式中：$f$为两质点间相互吸引力的大小；$G = 6.67\times10^{-11}\ \mathrm{N\cdot m^2\cdot kg^{-2}}$称为引力恒量；$r$为两质点间的距离；$m_1$与$m_2$称为两个物体的**引力质量**，它反映了物体的引力性质，是一个物体与其他物体相互吸引程度的量度。实验证明，同一个物体的惯性质量与引力质量相等，可以说它们是同一质量的两种表现，但它们是两个不同的概念。

式(2.5)仅适用于两个质点。对于两个有限大小的物体，它们之间的万有引力等于组成此物体的各个质点与组成另一物体的各质点之间所有引力的矢量和。

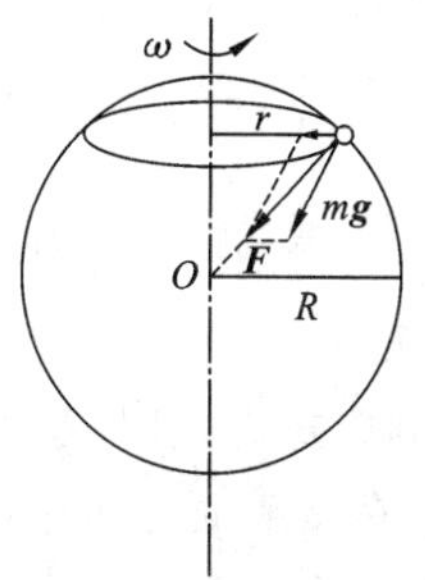

图2.1　重力是万有引力的一个分量

重力是指地球表面附近的物体所受到地球的万有引力作用的一部分(见图2.1)。如果忽略地球自转的影响，认为物体受到的重力近似等于它所受到地球的万有引

力，则重力常记为 $m\boldsymbol{g}$，其中 $\boldsymbol{g}$ 为重力加速度，$m$ 为物体的惯性质量，有

$$G\frac{Mm}{R^2} = mg \tag{2.6}$$

式中：$M$ 为地球质量；$R$ 为地球半径。这里用到了惯性质量和引力质量相等这一事实，并且由式(2.6)得出一个关于地面附近重力加速度的理论公式可近似表示为

$$g = \frac{GM}{R^2} \tag{2.7}$$

2. 弹性力

物体因形变而产生的恢复力，称为弹性力。弹性力作用在相互接触的物体之间，与物体的形变相联系。接触是产生弹性力的前提，物体的形变是产生弹性力的条件。

力学中的弹性力通常表现为如下三种形式。

(1) 弹簧的弹力。当弹簧被拉伸或压缩时，就会产生弹力的作用。弹力总是要使弹簧恢复原长。在弹性限度内，弹力遵守胡克定律。

$$f = -kx \tag{2.8}$$

式中：$k$ 称为弹簧的弹性系数(又称为劲度系数)，它取决于弹簧本身；$x$ 表示弹簧的形变量(相对弹簧原长的位移)；负号表示弹力 $f$ 与 $x$ 方向相反。

(2) 两个物体通过一定面积相接触。这时互相压紧的两个物体都会发生形变，因此相互产生弹力作用。这种弹力通常称为正压力或支持力，用 $\boldsymbol{N}$ 表示。它们的大小取决于相互压紧的程度，它们的方向总是垂直于接触面而指向对方。

(3) 绳对物体的拉力。拉力是由于绳发生了形变而产生的，它的大小取决于绳被拉紧的程度，它的方向总是沿着绳而指向绳要收缩的方向。

当绳被拉紧时，绳的内部各段之间也有相互的弹力作用，这种内部的弹力称为张力，用 $\boldsymbol{T}$ 表示。当绳子静止或者做匀速直线运动，或者绳子本身是不计质量的轻绳时，绳子内部各处张力相等，都等于绳子两端所受的外力。

3. 摩擦力

两个相互接触的物体做相对运动或有相对运动趋势时，在接触面上产生的阻碍它们相对运动的作用力，称为摩擦力。

(1) 滑动摩擦力。当两个物体间有相对滑动时，出现一种阻止物体间相对运动的表面接触力。这个力沿接触面切向并和相对运动速度方向相反，称为**滑动摩擦力**。滑动摩擦力不但与物体材质、表面情况及正压力有关，一般还和相对速度有关。实验证明：当相对滑动速度不是太大或太小时，滑动摩擦力 $\boldsymbol{f}_k$ 的大小与滑动速度无关，仅与正压力 $\boldsymbol{N}$ 成正比，即

$$f_k = \mu_k N \tag{2.9}$$

式中：$\mu_k$ 称为滑动摩擦系数，它与接触面的材料和表面状态有关。请注意，$\boldsymbol{f}_k$ 实际上与宏观接触面积无关。

(2) 静摩擦力。设相互接触的两个物体相对静止，若由于外力的作用而使它们有相对滑动趋势时，则在接触面之间存在的摩擦力称为静摩擦力，其方向与相对滑动趋势方向相反。静摩擦力 $\boldsymbol{f}_s$ 的数值介于 0 与最大静摩擦力之间。实验证明：最大静摩擦力 $f_{s\max}$ 与接触面间的正压力 $\boldsymbol{N}$ 成正比，而与接触面积无关，即

$$f_{s\,max} = \mu_s N \tag{2.10}$$

式中：$\mu_s$ 称为静摩擦系数，它与相互接触物体的材质和表面情况（如粗糙程度、干湿程度）有关。一般情况下，$\mu_k < \mu_s$。由此可见，静摩擦力 $\boldsymbol{f}_s$ 的大小变化范围为 $0 \leqslant f_s \leqslant \mu_s N$。

## 2.3　牛顿运动定律的应用

应用牛顿运动定律解决动力学问题时，可遵循以下基本思路和方法。

(1) 领会题意，选定研究对象。首先必须选择研究对象，把研究对象从和它有牵连的物体中隔离出来。如果问题涉及几个物体，需逐个作为研究对象分别进行分析。有时候也可以是几个物体作为一个整体进行分析。

(2) 分析受力情况。找出研究对象所受的所有外力，画出受力图。在变力问题中，要选择运动过程中的一般时刻进行分析，不要在特殊时刻和位置分析受力。

(3) 分析运动情况。分析认定物体的运动状况，包括它的轨迹、速度和加速度。如果问题涉及几个物体，逐一分析，并注意各物体的运动之间的联系，以及当物体的运动受到某种限制时的约束条件。

(4) 选择适当坐标系，列出各物体运动方程的分量式。根据问题的具体情况选取合适的坐标系，会让运算简化。在选取的坐标系中，根据牛顿第二定律在各方向上列出研究对象的运动方程，以及其他必要的关联性方程。

(5) 解方程，一般先求得字符解，再代入具体数值，求得数字解。求解变力问题时，通常需要求解运动微分方程，要注意具体的初始条件。

(6) 对结果进行分析讨论。讨论结果的物理意义，判断其是否合理和正确。

动力学问题一般有两类：一类是已知力的作用情况求运动；另一类是已知运动情况求力。这两类问题的分析方法都是一样的，都可以按上面的步骤进行，只是未知量不同而已。

**例 2.1**　一个质量为 $m$ 的珠子系在线的一端，线的另一端绑在墙上的钉子上，线长为 $l$。先拉动珠子使线保持水平静止，然后松手使珠子下落。求线摆下 $\theta$ 角时，珠子的速率和线中张力的大小。

**解**　如图 2.2 所示，珠子受力 $\boldsymbol{T}, m\boldsymbol{g}$。对珠子，在任意时刻，当摆下角度为 $\varphi$ 时，牛顿定律的切向分量式为

$$mg\cos\varphi = ma_t = m\frac{dv}{dt} = m\frac{dv}{ds}\frac{ds}{dt} = mv\frac{dv}{ds} \quad ①$$

由
$$ds = l\,d\varphi$$
则
$$mgl\cos\varphi\,d\varphi = mv\,dv$$



图 2.2　例 2.1 图

两边同时积分，由于摆角从 0 变到 $\theta$ 时，速率从 0 变到 $v_\theta$，所以有

$$\int_0^\theta gl\cos\varphi\,d\varphi = \int_0^{v_\theta} v\,dv$$

由此得
$$gl\sin\theta = \frac{1}{2}v_\theta^2$$

从而
$$v_\theta = \sqrt{2gl\sin\theta}$$

对珠子，在摆下 $\theta$ 角时，牛顿第二定律的法向分量式为

$$T_\theta - mg\sin\theta = ma_{\mathrm{n}} = m\frac{v_\theta^2}{l} \qquad ②$$

$$T_\theta = mg\sin\theta + m\frac{2gl\sin\theta}{l} = 3mg\sin\theta$$

**例 2.2**　如图 2.3 所示滑轮系统，滑轮和线的质量及轴处摩擦可忽略，悬线与轮接触处不打滑。试计算 $m_1$ 的加速度和两绳的张力 $T_1$ 和 $T_2$。设 $m_1 > m_2 + m_3$，$m_2 > m_3$。

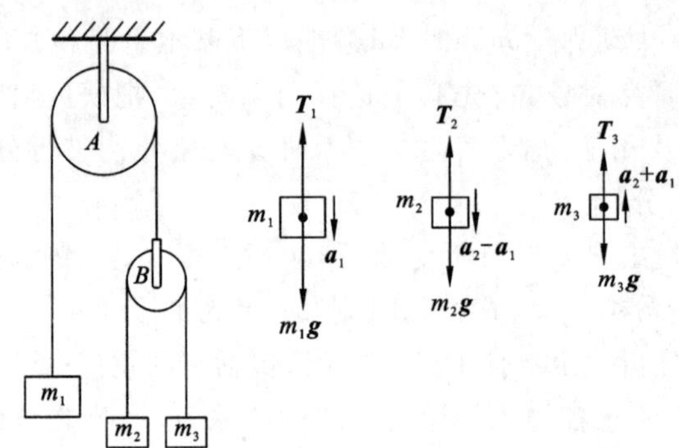


图 2.3　例 2.2 图

**解**　设 $m_1$ 对地的加速度为 $\boldsymbol{a}_1$，$m_2$ 相对滑轮 $B$ 的加速度为 $\boldsymbol{a}_2$，则 $m_2$ 相对地的加速度为 $\boldsymbol{a}_2 - \boldsymbol{a}_1$，$m_3$ 相对地的加速度为 $\boldsymbol{a}_2 + \boldsymbol{a}_1$，注意到 $T_2 = T_3$，由受力图可列出下列方程式

$$m_1 g - T_1 = m_1 a_1 \qquad ①$$

$$m_2 g - T_2 = m_2(a_2 - a_1) \qquad ②$$

$$T_3 - m_3 g = m_3(a_2 + a_1) \qquad ③$$

以滑轮 $B$ 为研究对象，则有

$$T_1 = 2T_2 \qquad ④$$

解以上方程式，得

$$a_1 = \frac{m_1m_2 + m_1m_3 - 4m_2m_3}{m_1m_2 + m_1m_3 + 4m_2m_3}g$$

$$T_1 = \frac{8m_1m_2m_3}{m_1m_2 + m_1m_3 + 4m_2m_3}g$$

$$T_2 = \frac{4m_1m_2m_3}{m_1m_2 + m_1m_3 + 4m_2m_3}g$$

**例 2.3**　质量为 $m$ 的滑块置于光滑斜面 $M$ 上，在外力 $\boldsymbol{F}$ 的推动下，斜面在光滑的水平方向上做匀加速直线运动。求：

(1) 滑块相对于斜面的加速度；

(2) 滑块相对斜面静止，向上滑动及向下滑动的条件。

**解**　(1) 如图 2.4 所示，以地面为参考系，建立图示坐标系，设斜面相对地的加速度为 $\boldsymbol{a}$，滑块相对斜面的加速度为 $a'$，滑块相对地的加速度为 $a_m$。对斜面写出牛顿定律的坐标分量式

$$F - T\sin\theta = Ma \qquad ①$$

$$N - Mg - T\cos\theta = 0 \qquad ②$$

对滑块写出牛顿定律的坐标分量式

$$T\sin\theta = ma_{mx} = m(a + a'\cos\theta) \qquad ③$$

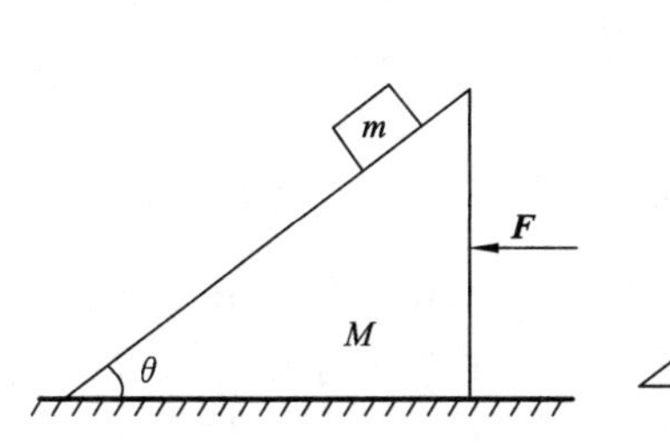

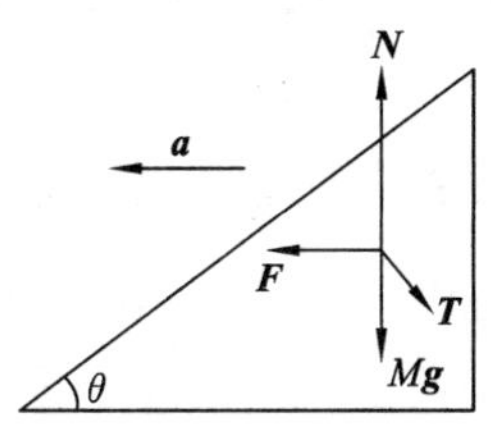

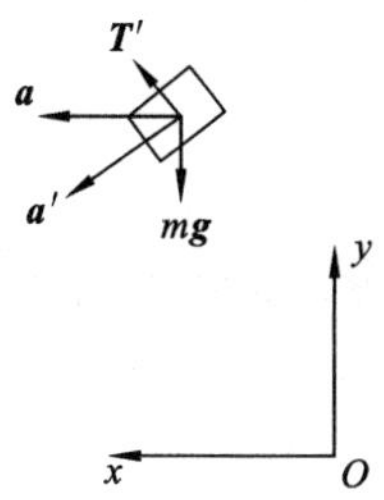


图 2.4　例 2.3 图

$$T\cos\theta - mg = ma_{my} = m(-a'\sin\theta) \tag{④}$$

联立解以上方程，得

$$a' = \frac{(M+m)g\sin\theta - F\cos\theta}{M + m\sin^2\theta}$$

(2) 滑块相对斜面静止时，$a' = 0$，即

$$F = (M+m)g\tan\theta$$

滑块相对斜面向下运动时，$a' > 0$，即

$$F < (M+m)g\tan\theta$$

滑块相对斜面向上运动时，$a' < 0$，即

$$F > (M+m)g\tan\theta$$

**例 2.4**　一条长为 $l$、质量均匀分布的细链条 $AB$，挂在半径可忽略的光滑钉子上，开始处于静止状态。已知 $BC$ 段长为 $L\left(\frac{1}{2}l < L < \frac{2}{3}l\right)$，释放后链条将做加速运动(见图 2.5)。试求当 $BC = \frac{2}{3}l$ 时，链条的加速度和速度。

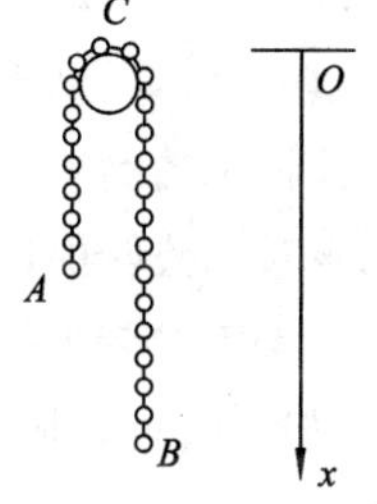


图 2.5　例 2.4 图

**解**　建立图 2.5 所示坐标系，设任意时刻 $BC$ 长度为 $x$，则有

$$\frac{m}{l}xg - \frac{m}{l}(l-x)g = ma$$

得 $a = \frac{2x}{l}g - g$，而

$$a = \frac{dv}{dt} = \frac{dv}{dx}\frac{dx}{dt} = v\frac{dv}{dx} = \frac{2x}{l}g - g$$

故

$$\int_0^v v\,dv = \int_L^{\frac{2}{3}l}\left(\frac{2x}{l}g - g\right)dx$$

积分，得

$$v = \sqrt{2\left(L - \frac{L^2}{l} - \frac{2}{9}l\right)g}$$

由 $a = \frac{2x}{l}g - g$，当 $BC = x = \frac{2}{3}l$ 时，$a = \frac{1}{3}g$。

# 2.4　惯性系与非惯性系

## 2.4.1　惯性系与非惯性系的定义

运动学中，参考系的选取是任意的。应用牛顿运动定律解题时，参考系却不能任意选取，因为牛顿运动定律并不是在所有的参考系中都成立。例如，以加速度 $\boldsymbol{a}_0$ 运动的车厢内，光滑的桌面上有一个相对于车厢静止的小球，小球用一个轻弹簧联结于车的前壁，如图 2.6 所示，若以地面为参考系，则可认为小球受到弹簧的弹力，故随车一起以加速度 $\boldsymbol{a}_0$ 运动，$\boldsymbol{F} = m\boldsymbol{a}_0$，牛顿运动定律成立。如果以车厢为参考系，弹簧伸长，小球沿桌面受到弹力 $F = -kx$ 的作用而处于平衡状态，牛顿运动定律不成立。

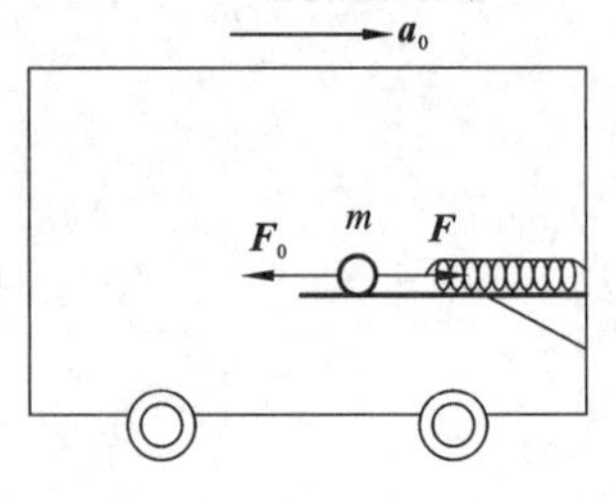


图 2.6　非惯性系(1)

在某个参考系中，如果物体具有不受外力的作用就保持静止或匀速直线运动状态不变的特性，则这个参考系就是惯性系。因此用牛顿第一定律可以定义惯性系。换句话说，凡是牛顿运动定律成立的参考系称为**惯性参考系**(**惯性系**)，而牛顿运动定律不成立的参考系称为**非惯性参考系**(**非惯性系**)。所有相对于惯性系做匀速直线运动的参考系都是惯性系，而相对于惯性系做加速运动的参考系都是非惯性系。具体判断一个实际参考系是否惯性系，只能根据实验检验来确定。例如，**太阳参考系**是以太阳为原点，坐标轴指向其他恒星的参考系。我们之所以认为恒星系是一个很好的惯性系，是由于牛顿运动定律就是在这样的恒星系中，通过对天体运动规律的观察研究总结出来的。**地心参考系**是原点固定在地球中心而坐标轴指向其他恒星的参考系。由于地球绕太阳公转，所以地心参考系不是一个惯性系。但是在可以忽略地球自转和公转的情况下，例如研究较短时间内物体的运动时，可将地心参考系视为惯性系。

**地面参考系**是坐标轴固定在地面上的参考系。由于地球的自转运动，地面参考系也不是惯性系，但是因自转加速度很小，故常把地面参考系作为一个近似的惯性系来看待。

## 2.4.2　惯性力

在非惯性系中，牛顿第一、第二定律不成立，但是如果引进被称为惯性力的假想力，则可借用牛顿运动定律的形式解决非惯性系的问题。

1. 平移惯性力

设非惯性系 $K'$ 相对于惯性系 $K$ 以加速度 $\boldsymbol{a}_0$ 平动。有一个质点，质量为 $m$，实际受合力为 $\boldsymbol{F}$，质点相对于非惯性系 $K'$ 的加速度为 $\boldsymbol{a}'$，相对于惯性系 $K$ 的加速度为 $\boldsymbol{a}$，由运动的相对性可知

$$\boldsymbol{a} = \boldsymbol{a}' + \boldsymbol{a}_0$$

惯性系 $K$ 中，认为质点具有加速度 $\boldsymbol{a}' + \boldsymbol{a}_0$，受到合力为 $\boldsymbol{F}$，由牛顿第二定律

$$\boldsymbol{F} = m\boldsymbol{a} = m\boldsymbol{a}' + m\boldsymbol{a}_0$$

移项，得

$$\boldsymbol{F} + (-m\boldsymbol{a}_0) = m\boldsymbol{a}' \tag{2.11}$$

为能够用牛顿运动定律处理非惯性系中的动力学问题，在非惯性系中可以假想质点除受到实际作用力 $\boldsymbol{F}$ 外，还受到一个大小等于 $ma_0$，方向与 $\boldsymbol{a}_0$ 相反的虚拟力 $\boldsymbol{F}_0$ 的作用。$\boldsymbol{F}_0 = -m\boldsymbol{a}_0$ 称为**平移惯性力**，如图 2.6 所示。引入惯性力的概念后，在非惯性系中，牛顿第二定律的形式不变，仍为

$$\boldsymbol{F}' = \boldsymbol{F} + \boldsymbol{F}_0 = m\boldsymbol{a}' \tag{2.12}$$

式(2.12) 称为**非惯性系中的动力学基本方程**。

2. 惯性离心力

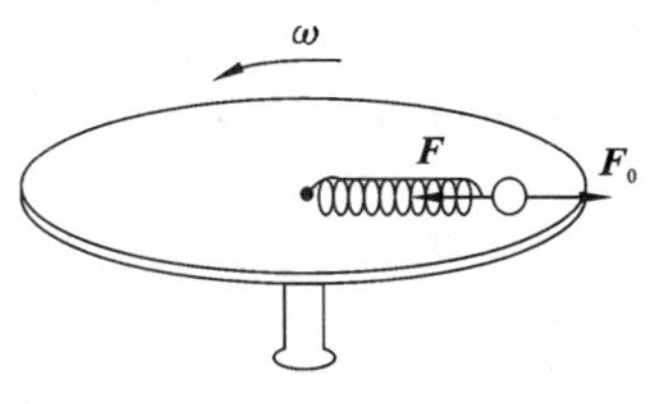

图 2.7　非惯性系(2)

这里只讨论一个最简单的情况。若非惯性系为以匀角速度 $\omega$ 旋转的圆盘，质量为 $m$ 的质点静止于圆盘上，如图 2.7 所示。以地面为参考系，质点受到弹力作用而随盘一起做圆周运动，牛顿运动定律给出

$$\boldsymbol{F} = m\boldsymbol{a}_{\mathrm{n}} = -m\omega^2 r\boldsymbol{e}_r \tag{2.13}$$

式中：$\boldsymbol{F}$ 为质点受到的弹簧弹力；$\boldsymbol{e}_r$ 为由圆心沿半径向外的单位矢量。若以圆盘为参考系，则质点相对于圆盘静止，如果仍然用牛顿第二定律，则必须引入另一个惯性力 $\boldsymbol{F}_0 = m\omega^2 r\boldsymbol{e}_r$。力 $\boldsymbol{F}_0$ 称为**惯性离心力**。因此，在圆盘这样的非惯性系中，对上述质点应用牛顿第二定律，有

$$\boldsymbol{F}_{合} = \boldsymbol{F} + \boldsymbol{F}_0 = (-m\omega^2 r\boldsymbol{e}_r) + m\omega^2 r\boldsymbol{e}_r = 0$$

上式说明在圆盘上考察质点的运动状态，质点由于受到合外力为零而静止于圆盘上。非惯性系中引入惯性离心力后，牛顿第二定律仍然适用(即其形式不变)。值得注意的是，惯性力并不存在，它不是物体之间的相互作用，也没有反作用力。

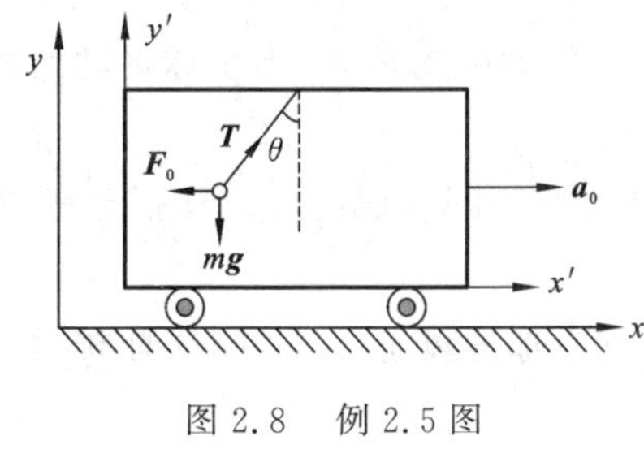

图 2.8　例 2.5 图

**例 2.5**　一车厢在地面上做匀加速直线运动，加速度为 $\boldsymbol{a}_0$，车厢中有一质量为 $m$ 的小球静止地悬挂在车厢顶部，见图 2.8。试以车厢为参考系求出悬线与垂直方向的夹角 $\theta$。

**解**　在车厢参考系中，小球除受到重力 $m\boldsymbol{g}$ 和绳的张力 $\boldsymbol{T}$ 外，还受到惯性力 $\boldsymbol{F}_0$，方向与汽车的加速度 $\boldsymbol{a}_0$ 方向相反，大小 $F_0 = ma_0$(见图 2.8)。用牛顿运动定律列方程

$$x':\ T\sin\theta - F_0 = ma'_{x'} = 0$$

$$y':\ T\cos\theta - mg = ma'_{y'} = 0$$

将 $F_0 = ma_0$ 代入上式，消去 $T$，得

$$\theta = \arctan(a_0/g)$$

读者可以尝试在地面参考系(惯性系)中来求解此题，也可以得出相同的结果。

# 内容提要

1. 牛顿运动定律

第一定律　任何物体都将保持静止或匀速直线运动状态，直到作用在它上面的力迫使它改变这种状态为止。

第二定律　　$\boldsymbol{F}=\dfrac{\mathrm{d}\boldsymbol{p}}{\mathrm{d}t}=\dfrac{\mathrm{d}(m\boldsymbol{v})}{\mathrm{d}t}$

若物体的质量可视为常量,则　　$\boldsymbol{F}=m\boldsymbol{a}$

第三定律　　$\boldsymbol{F}_{12}=-\boldsymbol{F}_{21}$

2. 常见的几种力

重力　　$\boldsymbol{F}=m\boldsymbol{g}$

万有引力　　$F=G\dfrac{m_1m_2}{r^2}$

弹性力　　$f=-kx$

摩擦力　　$f_{\mathrm{k}}=\mu_{\mathrm{k}}N$ (滑动摩擦),$0\leqslant F_{\mathrm{s}}\leqslant\mu_{\mathrm{s}}N$(静摩擦)

3. 基本自然力:万有引力、电磁力、强相互作用(强力)、弱相互作用(弱力)。

4. 牛顿运动定律应用问题

选定研究对象,分析受力和运动情况,选择适当坐标系,列运动方程的分量式,解方程,分析讨论。

5. 非惯性参考系中的惯性力

平移惯性力　　$\boldsymbol{F}_0=-m\boldsymbol{a}_0$

惯性离心力　　$\boldsymbol{F}_0=m\omega^2r\boldsymbol{e}_r$

## 思　考　题

**2.1**　有人说:"人推动车是因为推车的力大于车反推人的力。"这句话对吗?为什么?

**2.2**　绳的一端系着一个金属小球,以手握其另一端使小球做圆周运动。当小球运动的角速度相同时,长的绳子容易断还是短的绳子容易断?为什么?

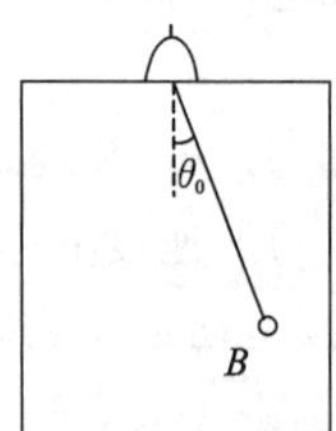


思 2.3 图

**2.3**　在升降机的天花板上固定一单摆,当升降机静止时,让摆球 $B$ 从 $\theta_0$ 角处摆下,如思 2.3 图所示。

(1) 当摆球摆到最高点时,升降机以重力加速度 $\boldsymbol{g}$ 下落,问摆球相对升降机如何运动?

(2) 当摆球摆到最低点时,升降机以重力加速度 $\boldsymbol{g}$ 下落,问摆球相对升降机如何运动?

(3) 若升降机以 $-\boldsymbol{g}$ 加速度上升,则摆球相对升降机又如何运动?

## 习　题

**2.1**　一雪橇质量为 $m$,在与水平成 $\theta$ 角的拉力 $\boldsymbol{F}$ 作用下,在雪地上前进,若雪橇与雪地间的摩擦系数为 $\mu$,试求:

(1) 雪橇前进的加速度;

(2) 当 $F$ 一定时,$\theta$ 为多大时,加速度最大。

**2.2**　光滑的水平桌面上放置一固定的圆环带,半径为 $R$。一物体贴着环带内侧运动,如题 2.2 图所示,物体与环带间的滑动摩擦系数为 $\mu_{\mathrm{k}}$。设物体在某一时刻经 $A$ 点时速率为 $v_0$,求此

后 $t$ 时刻物体的速率及从 $A$ 点开始所经过的路程。

**2.3** 两滑块 $A$,$B$ 质量分别为 $m_1$ 和 $m_2$,现将 $m_1$,$m_2$ 黏合成一个大滑块,置于斜面上,如题 2.3 图所示,若 $m_1$ 和 $m_2$ 与斜面间的滑动摩擦系数分别为 $\mu_1$ 和 $\mu_2$,求它们所构成的大滑块与斜面间的摩擦系数。

**2.4** 质量 $m$ 为 10 kg 的木箱放在地面上,在水平拉力 $F$ 的作用下由静止开始沿直线运动,其拉力随时间是变化关系如题 2.4 图所示。已知木箱与地面间的摩擦系数 $\mu = 0.2$,求 $t$ 为 4 s 和 7 s 时,木箱的速度大小。(取 $g = 10\ \text{m} \cdot \text{s}^{-2}$)

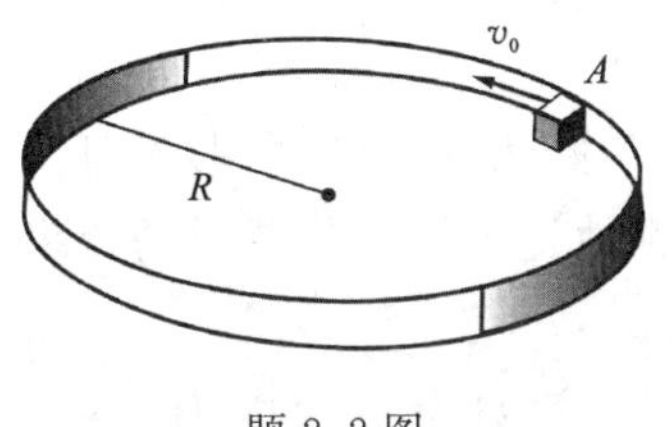


题 2.2 图

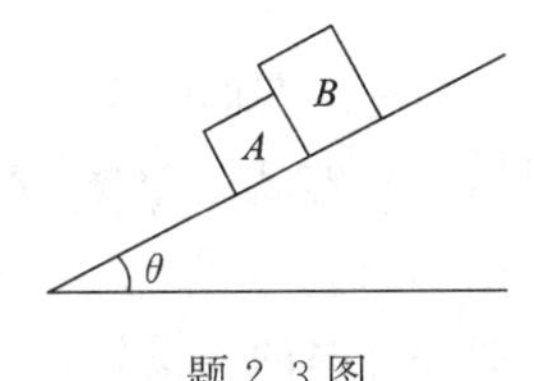


题 2.3 图

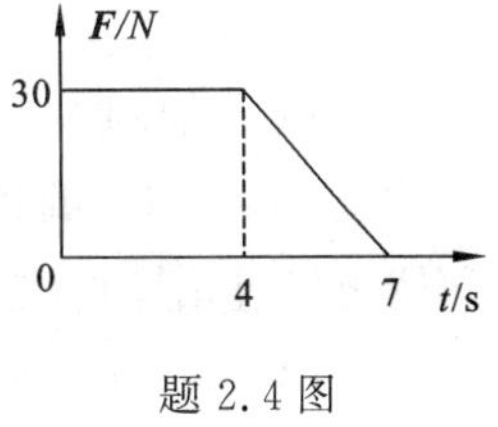


题 2.4 图

**2.5** 某质点质量 $m = 2.00$ kg,沿 $x$ 轴做直线运动,受外力 $F = 10 + 6x^2$。若在 $x_0 = 0$ 处,速度 $v_0 = 0$,求该物体移到 $x = 4.0$ m 处时速度的大小。

**2.6** 质量为 $m$ 的静止物体自较高的空中落下,它除受重力外,还受到一个与速度成正比的阻力的作用,比例系数为 $k > 0$,该下落物体的收尾速度(即最后物体做匀速运动时的速度)。

**2.7** 以初速率 $v_0$ 从地面竖直向上抛出一质量为 $m$ 的小球,小球除受重力外,还受一个大小为 $\alpha m v^2$ 的黏滞阻力($\alpha$ 为常数,$v$ 为小球运动的速率),求当小球回到地面时的速率。

**2.8** 如题 2.8 图所示,一弯曲杆 $OA$ 可绕 $Oy$ 的轴转动,$OA$ 上有一个小环,可无摩擦地沿 $OA$ 运动。当 $OA$ 绕 $Oy$ 轴以角速度 $\omega$ 转动时,欲使小环与杆 $OA$ 保持相对静止,试求杆 $OA$ 的形状(即给出函数关系 $y = f(x)$)。

**2.9** $A$,$B$,$C$ 由不可伸长的轻绳和不计质量无摩擦的滑轮连接,如题 2.9 图所示。设 $A$,$B$ 与桌面间的摩擦系数 $\mu = 0.25$,三物的质量为 $m_A = 2$ kg,$m_B = 2$ kg,$m_C = 4$ kg,求 $A$,$B$,$C$ 的加速度和各段绳的张力。

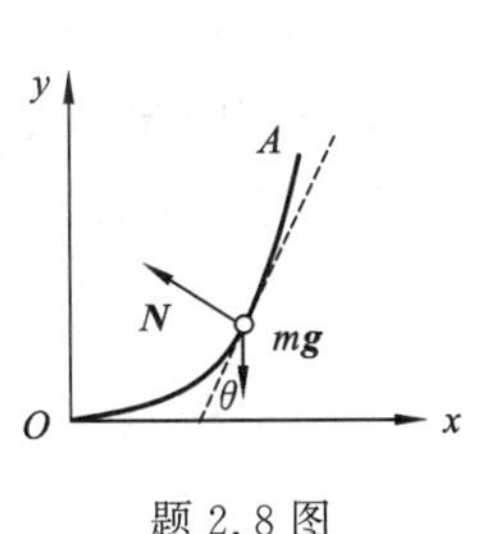


题 2.8 图

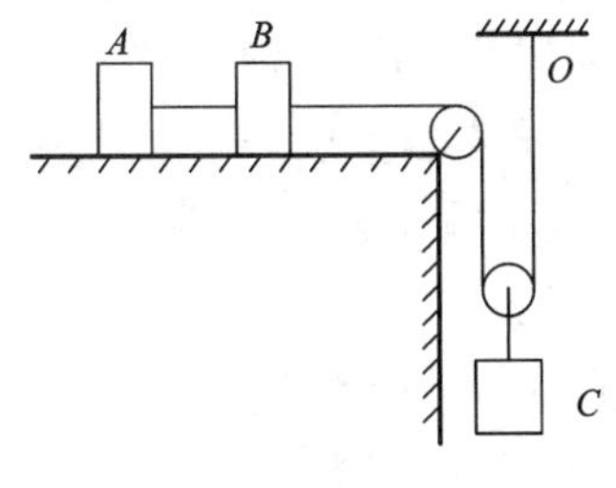


题 2.9 图

**2.10** 一条质量为 $M$ 且分布均匀的绳子,长度为 $L$,一端拴在转轴上,并以恒定角速度 $\omega$ 在水平面上旋转,如题 2.10 图所示,设转动过程中绳子始终伸直,且忽略重力与空气阻力,求距转轴为 $r$ 处绳中的张力。

**2.11** 一弹性系数为 $k$ 的轻质弹簧和一质量为 $m$ 的物体组成一弹簧振子放在光滑的水平桌面上,如题 2.11 图所示,$x$ 轴的坐标原点取在弹簧无形变处。由胡克定律可知振子受的合外力为 $F = -kx$,且在 $t = 0$ 时 $x_0 = A$,$v_0 = 0$,求振子速度和坐标的关系。

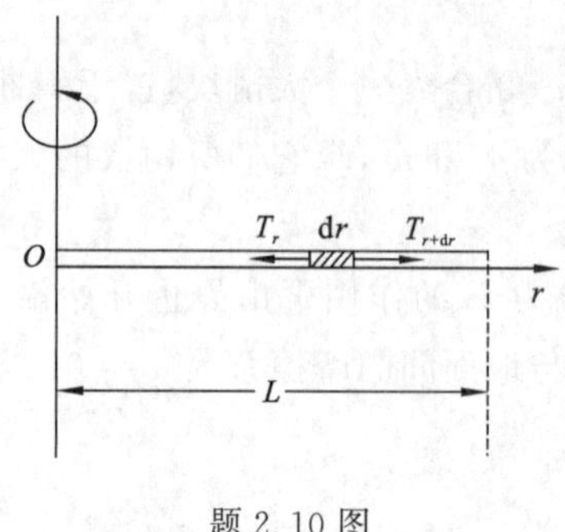


题 2.10 图

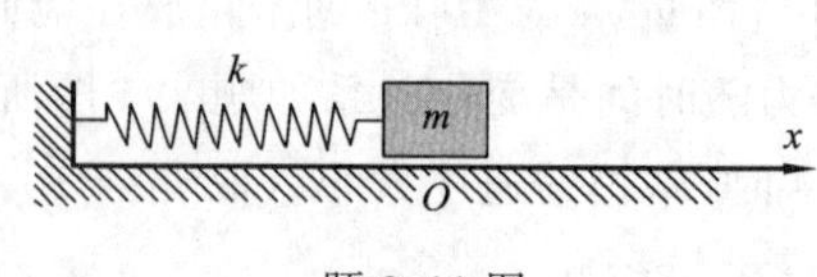


题 2.11 图

**2.12**　如题 2.12 图所示，如果把过山车的一个“环”近似看成半径为 $R$ 的一个圆，设过山车质量为 $m$，在环的最低点车速为 $v_0$，忽略轨道摩擦，试求过山车在轨道上任意位置时的速率和轨道给过山车的支撑力。

**2.13**　一条轻绳跨过轴承摩擦可忽略的轻滑轮，在绳的一端挂一质量为 $m_1$ 的物体，在另一侧有一质量为 $m_2$ 的环，如题 2.13 图所示。求环相对于绳以恒定的加速度 $\boldsymbol{a}'$ 滑动时，物体和环相对地面的加速度各为多少？环与绳之间的摩擦力多大？

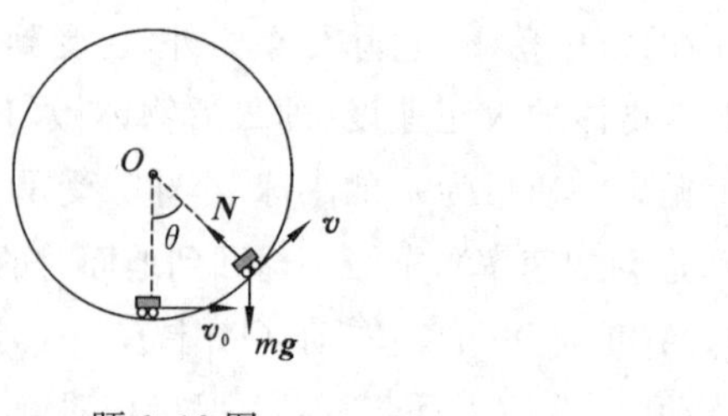


题 2.12 图　　题 2.13 图

**2.14**　如题 2.14 图所示，顶角为 $2\theta$ 的直圆锥体，底面固定在水平面上。质量为 $m$ 的小球系在绳的一端，绳的另一端系在圆锥的顶点，绳长为 $l$，且不能伸长，质量不计，圆锥面是光滑的。今使小球在圆锥面上以角速度 $\omega$ 绕 $O$ 轴匀速转动，求：

(1) 锥面对小球的支持力 $\boldsymbol{N}$ 和细绳的张力 $\boldsymbol{T}$ 的大小；

(2) 当 $\omega$ 增大到某一值 $\omega_c$ 时小球将离开锥面，这时 $\omega_c$ 及 $\boldsymbol{T}$ 又各是多少？

**2.15**　一块水平木板上放一砝码，砝码的质量 $m = 0.200\ \text{kg}$，现木板在竖直平面内做 $v = 1.00\ \text{m} \cdot \text{s}^{-1}$ 的匀速率圆周运动，如题 2.15 图所示，圆周半径 $R = 0.500\ \text{m}$。当砝码和木板运动到图示的位置时，求：

(1) 砝码受到木板的摩擦力多大？

(2) 砝码受到木板的支撑力多大？

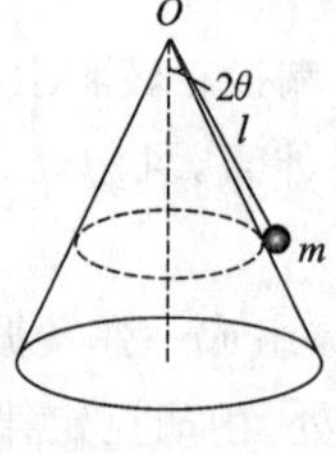


题 2.14 图

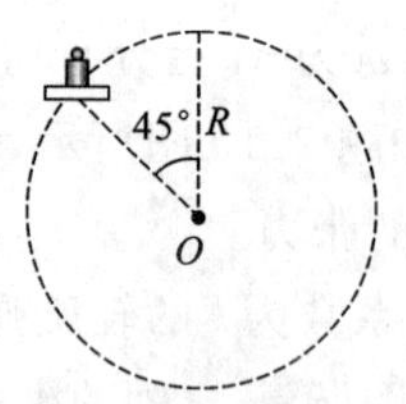


题 2.15 图

**2.16**　设卡车以恒定的加速度 $-7.0\ \mathrm{m \cdot s^{-2}}$ 刹车。刹车开始时，卡车上的一个木箱开始向正前方滑动，滑动 2 m 后撞上卡车的前挡板。求木箱与挡板相撞时相对卡车的速度大小。设木箱与卡车车厢底板之间的滑动摩擦系数为 0.50。

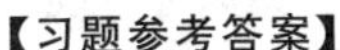

【习题参考答案】

【阅读材料】

# 第 3 章　动量和角动量

动量和角动量都是描述质点运动状态的重要物理量。在运动学中，已经用 $\boldsymbol{r}, \Delta\boldsymbol{r}, \boldsymbol{v}, \boldsymbol{a}$ 等所谓“线量”来描述质点的运动，本章我们将学习运动的另一种描述：一个具有动量 $\boldsymbol{p}=m\boldsymbol{v}$ 的质点，可以定义一个新的物理量，即角动量 $\boldsymbol{L}=\boldsymbol{r}\times m\boldsymbol{v}$ 来描述它的运动。角动量的引入不仅体现运动的另一种描述方法（角量描述），而且更利于表示质点的转动运动规律。在质点的圆周运动、椭圆轨道运动中，角动量的应用更是必不可少的。

由于动量和角动量在运动描述上的“平权”性，随之出现的力学概念和力学规律就有着完全对应的关系。例如，改变物体运动状态的原因 $\left(\boldsymbol{F}=\dfrac{\mathrm{d}\boldsymbol{p}}{\mathrm{d}t}\right)$，而改变物体转动状态的原因就是力矩 $\left(\boldsymbol{M}=\dfrac{\mathrm{d}\boldsymbol{L}}{\mathrm{d}t}\right)$；有动量定理，就有角动量定理；有动量守恒定律，必定有角动量守恒定律。本章从牛顿运动定律出发，自然得到动量守恒定律和角动量守恒定律，这是自然界中比牛顿运动定律更加广泛适用的自然规律，它们体现自然界的时空特性，普遍应用于大到宇宙学、小到微观世界的领域中。

## 3.1　动量定理　动量守恒定律

### 3.1.1　质点的动量定理

牛顿最早在《自然哲学的数学原理》中对于第二定律的描述，并非是表达式 $\boldsymbol{F}=m\boldsymbol{a}$。他的原文是：运动的变化与所加的动力成正比，并且发生在这力所沿直线的方向上。牛顿在定律中提到的“运动”一词，是有严格定义的：物体的质量和速度矢量之积。这个乘积 $m\boldsymbol{v}$ 叫作物体的**动量**，用 $\boldsymbol{p}$ 表示，即

$$\boldsymbol{p}=m\boldsymbol{v} \tag{3.1}$$

牛顿所说的运动的变化指的是动量的变化率。所以牛顿第二定律可表述成

$$\boldsymbol{F}=\frac{\mathrm{d}\boldsymbol{p}}{\mathrm{d}t} \tag{3.2}$$

或

$$\boldsymbol{F}\mathrm{d}t=\mathrm{d}\boldsymbol{p} \tag{3.3}$$

式(3.2)或式(3.3)是质点**动量定理**的微分形式，它其实也是牛顿第二定律更为基本的普遍形式。表达式 $\boldsymbol{F}=m\boldsymbol{a}$ 是在质量为常量条件下的表达形式。变质量体的运动，例如火箭在运行过程中不断向外喷射气体而质量不断减少，雨滴在下落过程中因水汽凝结质量不断变大，就不能用 $\boldsymbol{F}=m\boldsymbol{a}$ 来进行分析。另外，当物体的速率很大，接近光速时，物体的质量不再是常量，表达式 $\boldsymbol{F}=m\boldsymbol{a}$ 也不再适用，而式(3.2)被实验证明仍然是成立的。

在第 2 章中，重点考虑力和加速度的瞬时关系，但在实际问题中，相对于瞬时加速度，我们更关心力对物体作用一段时间后的效果是什么，物体的速度发生了多大的改变。

考虑力的时间累积效果，如果在 $t_0$ 到 $t$ 的有限时间内对式(3.3)求积分，则可得到

$$\int_{t_0}^{t} \boldsymbol{F}\mathrm{d}t = \int_{\boldsymbol{p}_0}^{\boldsymbol{p}} \mathrm{d}\boldsymbol{p} = \boldsymbol{p} - \boldsymbol{p}_0 \tag{3.4}$$

式中：$\boldsymbol{p}_0$ 和 $\boldsymbol{p}$ 分别为 $t_0$ 和 $t$ 时刻质点的动量。

定义

$$\boldsymbol{I} = \int_{t_0}^{t} \boldsymbol{F}\mathrm{d}t \tag{3.5}$$

为力 $\boldsymbol{F}$ 在 $t_0$ 到 $t$ 时间内的**冲量**。它是外力 $\boldsymbol{F}$ 在时间 $\Delta t = t - t_0$ 的积累效应。式(3.4)是动量定理的积分形式，它表明，**质点在运动过程中所受的合外力的冲量等于该物体动量的增量**。动量的增量是效果，它取决于力在这段时间内的积累。要产生同样的效果，即同样的动量增量，如果力大，需要的时间就短些；力小则需要的时间长些。

动量定理的表达式(3.4)是个矢量式，在应用动量定理时，可以直接矢量作图，也可以写成坐标系中的分量形式。如在直角坐标系中，沿各坐标轴的分量式是

$$\begin{cases} I_x = \int_{t_0}^{t} F_x \mathrm{d}t = p_x - p_{0x} \\ I_y = \int_{t_0}^{t} F_y \mathrm{d}t = p_y - p_{0y} \\ I_z = \int_{t_0}^{t} F_z \mathrm{d}t = p_z - p_{0z} \end{cases} \tag{3.6}$$

式(3.6)说明，质点所受合外力的冲量在某一方向上的分量等于质点动量在该方向上分量的增量。

一个物体在变力作用下，要了解它的运动变化的细节，是比较困难的。质点的动量定理表明，物体在一段时间内的动量变化，只和它在这段时间里所受的冲量有关，而可以不考虑作用在物体上的力是怎样变化的。同样，作用在质点上的合力在一段时间内的冲量，只与该段时间最末和最初的动量之差有关，而与质点在该时间段内动量变化的细节无关。

所以，在解决碰撞、打击一类等过程中力的变化十分剧烈的问题时，用动量定理比直接用牛顿运动定律要方便得多。在这类问题中，两物体相互作用的时间极为短促，但在短促的时间内，作用力迅速达到很大，又急剧下降为零，这种峰值很大，变化很快，持续时间很短的力，通常叫作**冲击力**，简称**冲力**，如图 3.1 所示。

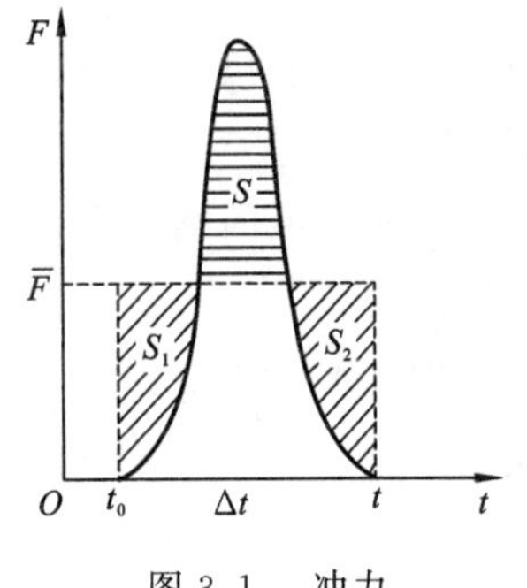

图 3.1　冲力

冲力是个变力，它随时间变化的规律很难确定，然而我们可以从实验中测出物体在碰撞或冲击前后动量的增量，利用动量定理式(3.4)来求出冲力的冲量。如果知道碰撞或冲击所经历的时间，就可以对冲力的大小做出估算，即

$$\overline{\boldsymbol{F}} = \frac{\int_{t_0}^{t} \boldsymbol{F}\mathrm{d}t}{t - t_0} \tag{3.7}$$

图 3.1 中 $\overline{F}$ 表示变力 $F$(方向一定)的平均大小，根据积分的定义，$\overline{F}$ 横线下的面积与变力 $F$ 曲线下的面积相等。在很多实际问题中，冲力平均值的估算是很重要的。在讨论复杂问题时，我们可以用一个不变的平均冲力来代替变力，使问题简化。

### 3.1.2 质点系的动量定理

由多个质点组成的系统，称为质点系。

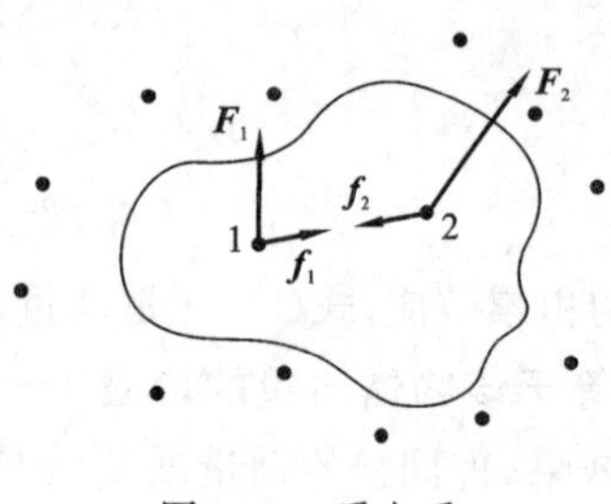

图 3.2 质点系

首先讨论包含有两个质点的质点系，如图 3.2 所示。系统内两质点之间的相互作用力称为**内力**，外界质点对它们的作用力称为**外力**。设质点 $m_1$ 和 $m_2$，动量分别为 $\boldsymbol{p}_1$ 和 $\boldsymbol{p}_2$；所受的外力分别为 $\boldsymbol{F}_1$ 和 $\boldsymbol{F}_2$；$m_2$ 对于 $m_1$ 的作用力为 $\boldsymbol{f}_1$，$m_1$ 对于 $m_2$ 的作用力为 $\boldsymbol{f}_2$，$\boldsymbol{f}_1$ 和 $\boldsymbol{f}_2$ 是一对作用力和反作用力。

由质点动量定理的微分形式，

对于 $m_1$：
$$\boldsymbol{F}_1+\boldsymbol{f}_1=\frac{\mathrm{d}\boldsymbol{p}_1}{\mathrm{d}t}$$

对于 $m_2$：
$$\boldsymbol{F}_2+\boldsymbol{f}_2=\frac{\mathrm{d}\boldsymbol{p}_2}{\mathrm{d}t}$$

将两式相加并注意到 $\boldsymbol{f}_1=-\boldsymbol{f}_2$，得

$$\boldsymbol{F}_2+\boldsymbol{F}_2=\frac{\mathrm{d}(\boldsymbol{p}_1+\boldsymbol{p}_2)}{\mathrm{d}t}$$

再将上式推广到多个质点的系统，就得到

$$\sum_i \boldsymbol{F}_i=\frac{\mathrm{d}}{\mathrm{d}t}\sum_i \boldsymbol{P}_i \tag{3.8}$$

式中：$\sum\limits_i \boldsymbol{F}_i$ 为质点系受到的合外力；$\sum\limits_i \boldsymbol{P}_i$ 为质点系的总动量。式(3.8) 是**质点系的动量定理**。它表明，系统的总动量随时间的变化率等于该系统所受的合外力。

将式(3.8) 在 $t_0$ 到 $t$ 的有限时间内进行积分，得到质点系的动量定理的积分形式

$$\int_{t_0}^{t}\sum_i \boldsymbol{F}_i\mathrm{d}t=\boldsymbol{p}-\boldsymbol{p}_0 \tag{3.9}$$

式中：$\boldsymbol{p}_0$ 和 $\boldsymbol{p}$ 分别为 $t_0$ 和 $t$ 时质点系的总动量。式(3.9) 表明质点系动量的增量等于它所受外力矢量和的冲量。同样地，式(3.9) 也可以分解到直角坐标系各坐标轴上，写出分量式，类似式(3.6)。

从质点系的动量定理可以看出，质点系的内力可以改变每一个质点的动量，但不能改变质点系的动量。

**例 3.1** 质量 $m=1\,\mathrm{kg}$ 的小球，在 $h=20\,\mathrm{m}$ 处以 $v_0=10\,\mathrm{m\cdot s^{-1}}$ 平抛，落地后跳起的最大高度为 10 m，水平速度为 $5\,\mathrm{m\cdot s^{-1}}$。设球与地面的碰撞时间为 0.01 s。求：

(1) 平抛过程中任一时刻 $t$ 小球的动量及从抛出到落地过程中动量的增量；

(2) 小球与地面碰撞过程中受到的冲力(计算中 $g$ 取 $10\,\mathrm{m\cdot s^{-2}}$)。

**解** (1) $\boldsymbol{p}(t)=m\boldsymbol{v}(t)=v_0\boldsymbol{i}+(-g)t\boldsymbol{j}=10\boldsymbol{i}+(-10)t\boldsymbol{j}\ (\mathrm{kg\cdot m\cdot s^{-1}})$

落地前飞行时间为
$$t=\sqrt{\frac{2h}{g}}=\sqrt{\frac{2\times 20}{10}}=2\ (\mathrm{s})$$

这段时间内的动量增量为

$$\Delta\boldsymbol{p}=\boldsymbol{F}\cdot t=-mg\boldsymbol{j}\cdot t=-20\boldsymbol{j}\ (\mathrm{kg\cdot m\cdot s^{-1}})$$

(2) 设水平方向为 $x$ 轴，抛出方向为正，竖直方向为 $y$ 轴，向上为正。$x$ 方向的平均冲力为

$$F_x\Delta t = \Delta(mv_x)$$

$$F_x = \frac{\Delta(mv_x)}{\Delta t} = \frac{1\times(5-10)}{0.01} = -500\ (\text{N})\quad(\text{方向沿 } x \text{ 轴负向})$$

同理，$y$ 方向的平均冲力为 $F_y$，有

$$(F_y - mg)\cdot\Delta t = \Delta(mv_y)$$

而 $v_{y2} = \sqrt{2gh_2}$，方向垂直地面向上；$v_{y1} = \sqrt{2gh_1}$，垂直地面向下。则

$$F_y = mg + \frac{\Delta(mv_y)}{\Delta t} = 1\times 10 + \frac{1\times[\sqrt{2\times10\times10}-(-\sqrt{2\times10\times20})]}{0.01} = 3.42\times10^3\ (\text{N})$$

$$F = \sqrt{F_x^2+F_y^2} = \sqrt{500^2+(3\,420)^2} = 3.46\times10^3\ (\text{N})$$

方向：与竖直方向的夹角为

$$\theta = \arctan\left|\frac{F_x}{F_y}\right| = \arctan\frac{500}{3.46\times10^3} = 18°19'$$

**例 3.2**　容器内有大量气体分子，假定每个分子都以速度 $\boldsymbol{v}$ 与器壁法向成 $\alpha$ 角度入射，并以同样大小的速度，与法向成 $-\alpha$ 角被反射，若单位体积内的分子数为 $n$，每个分子的质量为 $m$，试求分子对器壁的压强。

**解**　如图 3.3 所示，取 $\Delta t$ 时间内碰到器壁上的分子系统为研究对象（即该系统是大量气体分子组成的质点系）。取质点系的质量等于以 $S$ 为底面积、以 $v\Delta t$ 为斜高的柱体内包含的所有分子质量的总和，即

$$M = mnSv\Delta t\cos\alpha \qquad ①$$

此质点系与器壁碰撞时（$\Delta t$ 内）共受两个力：重力 $M\boldsymbol{g}$ 及器壁施予的平均冲力 $\boldsymbol{F}$，但重力在法向的投影是零。故法向上只有平均冲力 $\boldsymbol{F}$，应用质点系的动量定理，有（取向右为正）

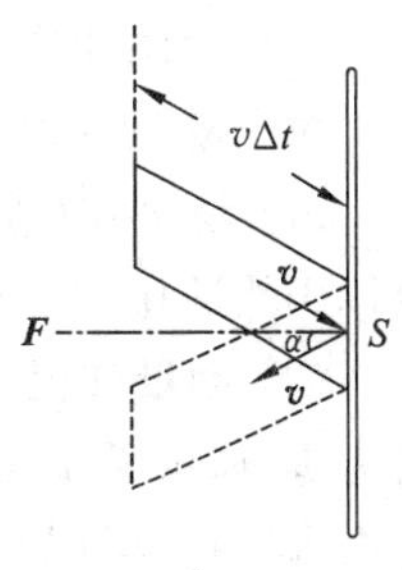

图 3.3　例 3.2 图

$$F\Delta t = Mv\cos\alpha - (-Mv\cos\alpha) = 2Mv\cos\alpha$$

利用式 ①，有

$$F\Delta t = 2mnv^2S\cos^2\alpha\cdot\Delta t$$

所以

$$F = 2mnv^2S\cos^2\alpha$$

压强

$$P = \frac{F}{S} = 2mnv^2\cos^2\alpha \qquad ②$$

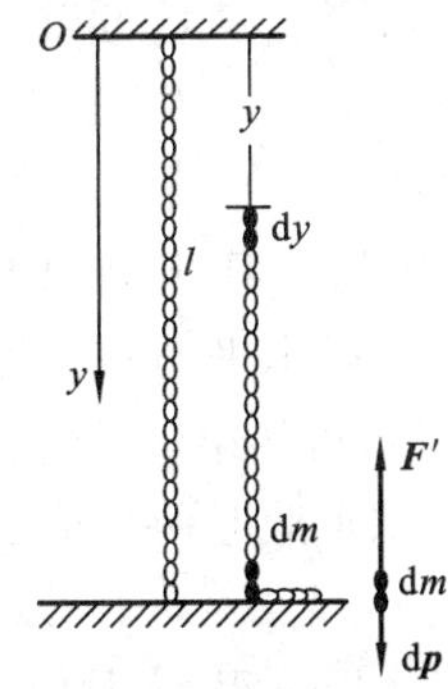

图 3.4　例 3.3 图

**例 3.3**　一质量均匀柔软的绳竖直地悬挂着，绳的下端刚好触到水平桌面上。如果把绳的上端放开，绳将落在桌面上。证明：在绳下落过程中的任意时刻，作用于桌面上的压力等于已落到桌面上绳的重量的三倍。

**证**　如图 3.4 所示，取开始绳的悬挂点为坐标原点，建立正向竖直向下的坐标 $Oy$。

设绳的质量为 $m$，总长为 $l$，则单位长绳的质量为 $\lambda = \frac{m}{l}$。$t$ 时刻，已经落到桌面上的绳长为 $y$，这段绳对桌面产生的压力为 $p' = \lambda yg$。

若 $\mathrm{d}t$ 时间内落到桌面的质元 $\mathrm{d}m$ 对桌面产生的作用力为 $\boldsymbol{F}'$，$\mathrm{d}m$ 受到桌面的支持力为 $\boldsymbol{F} = -\boldsymbol{F}'$，受到的重力是 $\mathrm{d}\boldsymbol{p}$，由动量定理

$$(\mathrm{d}p - F)\mathrm{d}t = 0 - \mathrm{d}m \cdot v = -\lambda \mathrm{d}y \cdot v$$

有

$$F = \mathrm{d}p + \lambda v \frac{\mathrm{d}y}{\mathrm{d}t} = \mathrm{d}p + \lambda v^2$$

式中:$v = \sqrt{2gy}$。忽略重力 $\mathrm{d}p$,则有

$$F = \lambda v^2 = 2\lambda yg, \quad 即 \quad F' = F = 2\lambda yg$$

因此,桌面受力为

$$F' + p' = 2\lambda yg + \lambda yg = 3p'$$

显然,作用于桌面上的压力等于已落到桌面上绳的重量的三倍。

### 3.1.3　动量守恒定律

由式(3.8)可知,若 $\sum_i \boldsymbol{F}_i = 0$,则得

$$\sum_i \boldsymbol{p}_i = 常矢量 \tag{3.10}$$

式(3.10)表明:对于质点系来说,若受到的外力矢量和为零,则质点系的总动量不变。这一规律称为**动量守恒定律**。

对于动量守恒定律,应明确以下问题。

(1) 动量守恒定律是自然界最普遍的定律之一,在牛顿运动定律不适用的领域,动量守恒定律仍然适用。

(2) 动量守恒的条件是系统受到的合外力为零。实际上,一个系统受到的合外力不可能严格为零。如果系统所受到的内力远远大于外力,就可以近似认为系统的动量守恒。在解决爆炸、打击、碰撞一类问题时经常遇到这种情况。

(3) 若系统受到的合外力并不为零,而只是在某方向上合外力为零,则系统在该方向上动量守恒。如在直角坐标系中,

$$当\sum_i F_{ix} = 0, \sum_i m_i v_{ix} = 常量$$

$$当\sum_i F_{iy} = 0, \sum_i m_i v_{iy} = 常量$$

$$当\sum_i F_{iz} = 0, \sum_i m_i v_{iz} = 常量$$

(4) 式(3.10)表明,当系统所受的合外力为零时,虽然质点系内每个质点的动量可以变化,可以相互交换,但质点系的总动量不变,即内力不改变系统的总动量。

(5) 动量守恒中质点的速度都是相对同一参考系而言的。

图 3.5　例 3.4 图

**例 3.4**　静水中有两只质量皆为 $M$ 的小船,第 1 只船上站一质量为 $m$ 的人,如图 3.5 所示。人以水平向右的速率 $v$ 从第 1 只船上跳到第 2 只船上,然后,再从第 2 只船上以水平向左的速率 $v$ 跳到第 1 只船上。试求此时两只船前进的速度(设船与水没有摩擦阻力)。

**解**　根据题意可知,共有 4 个相互作用过程:人从第 1 只船跳出;人跳到第 2 只船上;人再从第 2 只船跳出;人跳到第 1 只船上,进行逐步计算。

选取水平向右为正方向。

(1) 人从第1只船跳出。取人和第1只船为研究对象，在水平方向，$\sum_i F_{ix}=0$，所以水平方向动量守恒。

跳前，总动量为零；跳后人的动量为 $mv$，设船的速度为 $v_1$，则船的动量为 $Mv_1$，则

$$mv+Mv_1=0$$

得 $v_1=-\dfrac{m}{M}v$。

(2) 人跳到第2只船上。取人和第2只船为研究对象，在水平方向，$\sum_i F_{ix}=0$，所以水平方向动量守恒。

跳前，人有动量 $mv$；跳后，设人和船的速度为 $v_2$，则动量为 $(M+m)v_2$，则

$$mv=(M+m)v_2$$

得 $v_2=\dfrac{m}{M+m}v$。

(3) 人从第2只船跳出。取人和第2只船为研究对象。在水平方向 $\sum_i F_{ix}=0$，动量守恒。

跳前，人和船的总动量 $(M+m)v_2=mv$；跳后，人的动量为 $mv$。设第2只船前进的速度为 $v_2'$，则船的动量为 $Mv_2'$，则

$$(M+m)v_2=-mv+Mv_2'$$

可得第2只船前进的速度为

$$v_2'=\frac{2v}{M}m$$

(4) 人跳到第1只船上。取人和第1只船为研究对象，在水平方向 $\sum_i F_{ix}=0$，动量守恒。

跳上第1只船之前，人的动量为 $-mv$，船的动量为 $Mv_1=-mv$；跳上船后，设人和船的前进速度为 $v_1'$，则

$$-mv+Mv_1=(M+m)v_1'$$

可得第1只船前进的速度为

$$v_1'=-\frac{2m}{M+m}v$$

由上得知，人跳回到第1只船上时，第1只船水平向左前进，速度的大小为 $\dfrac{2m}{M+m}v$；第2只船水平向右前进，速度大小为 $\dfrac{2m}{M}v$。

**例 3.5**　一轻绳跨过定滑轮，轮轴光滑，轮子质量可忽略，绳与轮之间不打滑，绳两端分别拴有质量为 $m$ 及 $M$ 的物体 $(M>m)$，$M$ 静止在桌面上，如图 3.6(a) 所示。当 $m$ 从静止释放而下落一段高度 $h$ 后，绳子刚好拉紧。求：

(1) 绳子被拉紧时，两物体的速度大小。

(2) $M$ 上升的最大高度。

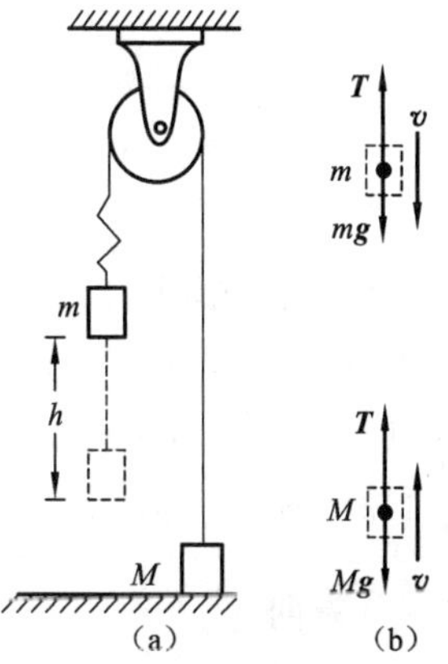

图 3.6　例 3.5 图

**解**　(1) $M$，$m$ 受力如图 3.6(b) 所示，取向下为正，$m$ 自由下落 $h$ 后，获得速度 $v_0=\sqrt{2gh}$。

绳子拉紧时，$m$ 和 $M$ 同时受到冲力(张力 $\boldsymbol{T}$)的作用，若作用时

间为 $\Delta t$,则

$$(mg - T)\Delta t = mv - mv_0$$

$$(T - Mg)\Delta t = Mv$$

两式相加,可得

$$(m - M)g\Delta t = (m + M)v - mv_0$$

则

$$v = \frac{(m - M)g\Delta t + mv_0}{m + M}$$

当冲力比重力大得多时,$(m - M)g\Delta t \approx 0$,这时

$$v = \frac{m}{m + M}v_0$$

这就是说,当系统所受内力 $\gg$ 外力时,动量守恒。因此上述结果可直接由动量守恒定律得到。另外,例 3.5 也可以利用质点系的动量定理求解,由 $m$ 和 $M$ 构成的系统所受合外力的冲量为 $(M - m)g\Delta t = (m + M)v - mv_0$,因此,可得

$$v = \frac{(m - M)g\Delta t + mv_0}{m + M}$$

可见整体分析的方法更简洁。

(2) 对 $m$ 和 $M$ 组成的系统,由牛顿第二定律,得

$$mg - Mg = (m + M)a$$

所以 $a = \dfrac{m - M}{m + M}g < 0$。

系统做匀减速运动

$$H = \frac{-v^2}{2a} = \frac{m^2 h}{M^2 - m^2}$$

**例 3.6**　大炮炮身的质量为 $M$,炮弹质量为 $m$,发射炮弹的初速度是 $\boldsymbol{v}_0$,方向如图3.7(a)所示。试求炮身的反冲速度并回答发射炮弹的过程中该系统的总动量是否守恒。

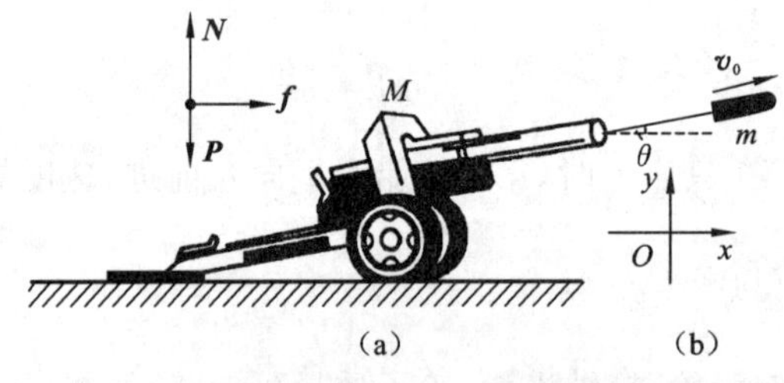


图 3.7　例 3.6 图

**解**　建立如图 3.7(b) 所示坐标系,炮弹及炮身组成的系统受到重力 $\boldsymbol{P}$、支持力 $\boldsymbol{N}$、阻力 $\boldsymbol{f}$ 的作用,由于 $\boldsymbol{P} + \boldsymbol{N} + \boldsymbol{f} \neq 0$,故该系统在作用过程中总动量不守恒。设炮弹与炮身受到的合外力为 $\boldsymbol{F}$,对于系统,

$x$ 方向　　$\sum\limits_i F_{ix} = f \approx 0$　($f$ 很小可忽略)

$y$ 方向　　$\sum\limits_i F_{iy} = N - P \neq 0$

故 $x$ 方向动量守恒,$y$ 方向动量不守恒,设炮身反冲速度为 $\boldsymbol{v}$,则有

$$Mv + mv_0\cos\theta = 0$$

$$v = -\frac{m}{M}v_0\cos\theta$$

**例 3.7**　光滑水平面上有一质量为 $M$ 的三棱柱体，其上又放一个质量为 $m$ 的小三棱柱。其横截面都是直角三角形。$M$ 的水平直角边边长为 $a$，$m$ 的水平直角边边长为 $b$。所有的接触面均光滑。斜边倾角为 $\theta$，$m$ 从静止开始滑动。试求 $m$ 滑到图 3.8 所示位置（如图中虚线所示）时，$M$ 在水平面上移动的距离。

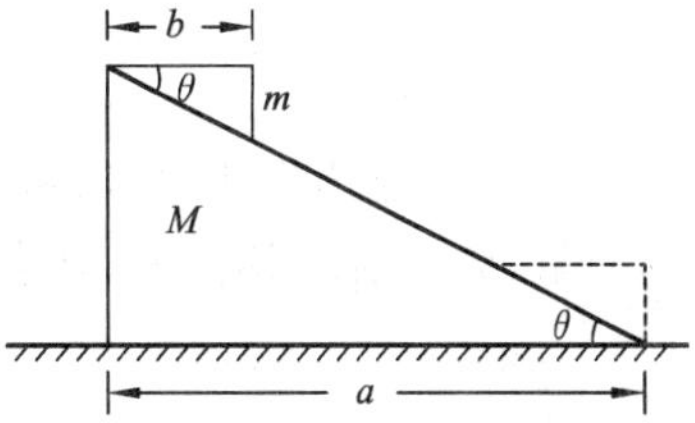

图 3.8　例 3.7 图

**解**　显然水平方向动量守恒，设下滑过程中 $m$ 及 $M$ 对地的水平速度分别为 $\boldsymbol{v}$ 及 $\boldsymbol{u}$，则

$$mv + Mu = 0 \qquad ①$$

若 $m$ 滑到图 3.8 虚线所示位置用时 $t$，并注意到 $m$ 对地的位移为

$$x_{m地} = x_{mM} + x_{M地} = \int_0^t v\mathrm{d}t = -(a-b) + x_{M地} \qquad ②$$

$M$ 对地的位移为

$$x_{M地} = \int_0^t u\mathrm{d}t \qquad ③$$

将式 ① 两边对时间积分，有

$$\int_0^t mv\,\mathrm{d}t + \int_0^t Mu\,\mathrm{d}t = 0 \qquad ④$$

将式 ②、式 ③ 代入式 ④，有

$$-m(a-b) + mx_{M地} + Mx_{M地} = 0$$

所以

$$x_{M地} = \frac{m}{m+M}(a-b)$$

# 3.2　质心及质心运动定律

## 3.2.1　质心

在讨论质点系统的运动时，我们常引入质量中心（简称质心）的概念。如图 3.9 所示，在空间直角坐标系中，质心的位矢可用公式

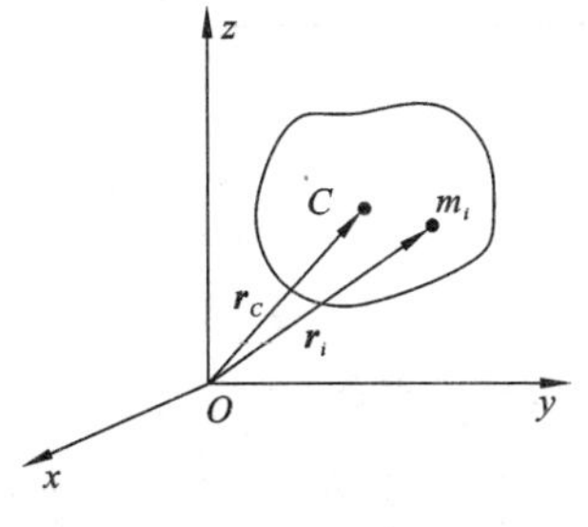


图 3.9　质心的位矢

$$\boldsymbol{r}_C = \frac{\sum_i m_i\boldsymbol{r}_i}{\sum_i m_i} = \frac{\sum_i m_i\boldsymbol{r}_i}{M} \qquad (3.11)$$

来定义，式中 $M = \sum_i m_i$ 是质点系的总质量。可见质心不仅取决于质点系的总质量，还和质量的分布状况有关。

利用质心位矢的定义式(3.11)，可得其在直角坐标系中的分量式为

$$\begin{cases} x_C = \sum_i m_i x_i / M \\ y_C = \sum_i m_i y_i / M \\ z_C = \sum_i m_i z_i / M \end{cases} \tag{3.12}$$

一个大的连续物体,可以认为是由许多质点(或质元)组成的系统,以 d$m$ 表示其中任一质元的质量,以 $\boldsymbol{r}$ 表示其位矢,则它的质心位置可由积分的方法求得,即

$$\boldsymbol{r}_C = \frac{\int \boldsymbol{r}\mathrm{d}m}{\int \mathrm{d}m} = \frac{\int \boldsymbol{r}\mathrm{d}m}{M} \tag{3.13}$$

它的三个直角坐标分量式分别为

$$x_C = \int \frac{x\mathrm{d}m}{M}, \quad y_C = \int \frac{y\mathrm{d}m}{M}, \quad z_C = \int \frac{z\mathrm{d}m}{M} \tag{3.14}$$

利用上述公式,可求得形状对称的匀质物体,其质心位于它的几何对称中心。质点系统的质心不一定在系统上,例如,刚性轻杆构成的三脚架上,每个顶点固联一个质量为 $m$ 的小球,该刚体的质心即三角形的中心。

## 3.2.2　质心与重心

力学上还应用重心的概念。质心和重心是两个不同的概念,这可以通过下面例子来说明。

设质量分别为 $m_1$ 和 $m_2$ 的两小球固连于一刚性轻杆的两端,在图 3.10 所示坐标中,此系统的质心坐标为

$$x_C = \frac{m_1 x_1 + m_2 x_2}{m_1 + m_2}$$

若将坐标原点置于质心处(即质心坐标 $x_C = 0$),可得 $m_1 x_1 = m_2 x_2$。而从系统此时受力矩平衡考虑,如图 3.11 所示,有 $m_1 g x_1 = m_2 g x_2$,也可以得到 $m_1 x_1 = m_2 x_2$,这就是说,质心 $C$ 点也是该系统的重心。那么,质心就是重心吗?回答是否定的。质心和重心是两个不同的概念。质心是系统质量分布的平均坐标,不依赖重力的存在而存在,而重心是作用在物体上各部分重力的合力作用点。上述情况中质心与重心重合,是因为 $m_1$ 和 $m_2$ 所处的位置上重力加速度相同。因此,重心和质心重合的条件是:作用于物体上各部分的重力方向一致,且重力加速度可视为常数。通常在我们研究的问题中,物体与地球相比很小,所以尺寸不十分大的物体,认为它的质心和重心的位置是重合的。

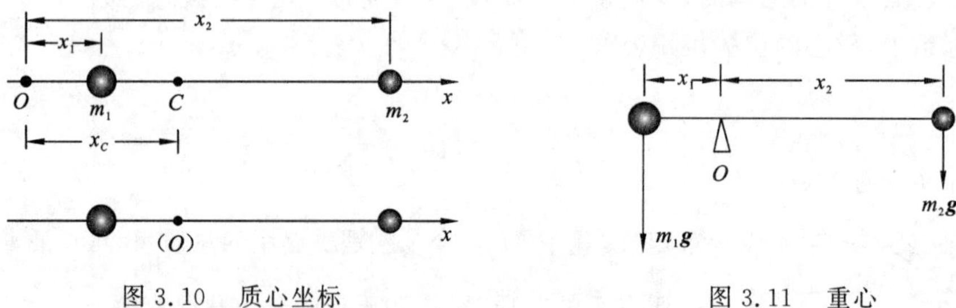


图 3.10　质心坐标　　　　图 3.11　重心

## 3.2.3　质心运动定律

**质心运动定律**　质点系的总质量 $M$ 与其质心加速度 $\boldsymbol{a}_C$ 的乘积等于作用在质点系上所有

外力的矢量和，即

$$\sum_i \boldsymbol{F}_i = M\boldsymbol{a}_C \tag{3.15}$$

此定律推导如下：

质心的位矢为

$$\boldsymbol{r}_C = \frac{\sum_i m_i \boldsymbol{r}_i}{M}$$

将上式两边对时间求导数，得质心的速度

$$\boldsymbol{v}_C = \frac{\mathrm{d}\boldsymbol{r}_C}{\mathrm{d}t} = \frac{1}{M}\frac{\mathrm{d}}{\mathrm{d}t}\Big(\sum_i m_i \boldsymbol{r}_i\Big) = \frac{1}{M}\sum_i \left(m_i \frac{\mathrm{d}\boldsymbol{r}_i}{\mathrm{d}t}\right) = \frac{1}{M}\sum_i m_i \boldsymbol{v}_i$$

由此得

$$M\boldsymbol{v}_C = \sum_i m_i \boldsymbol{v}_i$$

上式说明质点系的动量等于该质点系质量与质心速度的乘积。将此式再对时间求导，有

$$\frac{\mathrm{d}\Big(\sum_i m_i \boldsymbol{v}_i\Big)}{\mathrm{d}t} = \frac{\mathrm{d}(M\boldsymbol{v}_C)}{\mathrm{d}t} = M\frac{\mathrm{d}\boldsymbol{v}_C}{\mathrm{d}t}$$

由质点系的动量定理式(3.8)，故上式变为

$$\sum_i \boldsymbol{F}_i = M\boldsymbol{a}_C$$

上式即为质心运动定律的数学表达式。

以上讨论可以看到，内力既不影响质点系的动量，也不影响质心的运动，质心的运动完全取决于质点系的外力。利用质心运动定律可以解释一些常见的物理现象。例如，扔出去的手榴弹，由于仅受重力的作用(忽略空气阻力)，根据质心运动定律可知：$M\boldsymbol{g} = M\boldsymbol{a}_C$，所以质心的加速度 $\boldsymbol{a}_C = \boldsymbol{g}$，显然质心做抛体运动。又如，光滑水平面上两物体碰后再分开，这两物体组成的系统在水平面上受到的合外力为零，因此质心的加速度为零，质心将做匀速直线运动。再如，土建、水利工程中的定向爆破施工方法，使爆破出来的土石块堆积到指定的地方。我们知道，爆炸飞出的土石块的运动各不相同，情况十分复杂。但是就飞出的土石块这个质点系整体而言，不计空气阻力时，土石块在运动过程中仅受到重力作用，其质心的运动可以利用质心运动定理，事先计算抛射部分的质心运动。

**例 3.8**　在光滑轨道上有一小车，车上站立一人，如图 3.12 所示，开始时小车和人均处于静止。已知小车的质量为 600 kg，人的质量为 75 kg，如果人在小车上走过的距离 $a = 3$ m，求小车后退的距离 $b$。

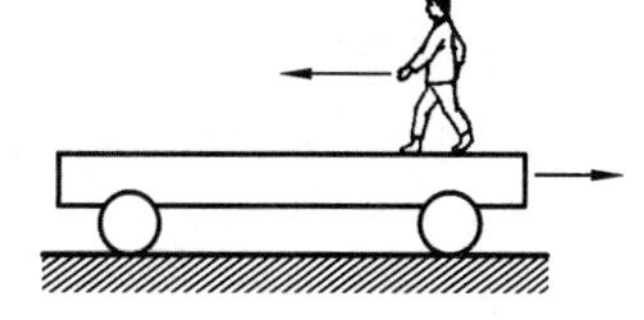

图 3.12　例 3.8 图

**解**　考虑到人与小车组成的系统，在水平方向所受的外力为零，初始时系统处于静止。所以当人走动时，必然引起小车后退，以保持系统质心位置不变。由质心的计算公式，有

$$m_1\Delta x_1 + m_2\Delta x_2 = 0$$

上式中 $\Delta x_1$，$\Delta x_2$ 均为相对地面固定坐标系的坐标变化。由于小车在后退，所以人相对地面移动了 $a-b$，即 $\Delta x_1 = -b$，$\Delta x_2 = a-b$，代入上式，得

$$m_1(-b)+m_2(a-b)=0$$

解得

$$b=\frac{m_2 a}{m_1+m_2}=\frac{75\times 3}{600+75}=0.33\ (\mathrm{m})$$

## 3.3　质点的角动量　角动量守恒定律

**角动量**也称**动量矩**,它常用于描述旋转运动。对于质点在**有心力场**中的运动,例如天体的运动、原子中电子的运动等,角动量都是非常重要的物理量。

### 3.3.1　质点的角动量

天文观察发现,在行星绕太阳的运动中,行星在任一位置上对太阳位矢的大小与行星在该处的动量值,以及位矢和动量两矢量夹角的正弦,这三者的乘积总保持为常数。例如,行星绕太阳做椭圆轨道运动,行星在近日点,其运行速度增大,远日点处速度减小。

人们从大量的事实中发现了一个能描述旋转运动规律的物理量,称为**角动量**。大到天体,小到基本粒子,都具有转动的特征。但从18世纪定义角动量,直到20世纪人们才开始认识到角动量是自然界最基本最重要的概念之一,它不仅在经典力学中很重要,而且在近代物理中的运用更为广泛。例如,电子绕核运动,具有轨道角动量,电子本身还有自旋运动,具有自旋角动量等。

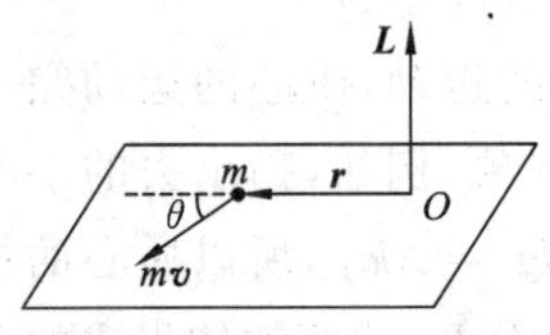

图3.13　质点的角动量

角动量的定义为:在惯性系中选一固定的参考点 $O$,运动质点对 $O$ 的位矢为 $\boldsymbol{r}$,动量为 $m\boldsymbol{v}$,如图3.13所示,则质点对 $O$ 的角动量

$$\boldsymbol{L}=\boldsymbol{r}\times m\boldsymbol{v} \tag{3.16}$$

角动量的大小

$$L=rmv\sin\theta$$

式中:$\theta$ 为 $\boldsymbol{r}$ 和 $\boldsymbol{v}$ 两矢量间的夹角,角动量的方向由右手螺旋定则决定。按国际单位制,角动量的单位是 $\mathrm{kg\cdot m^2\cdot s^{-1}}$。特别注意的是,角动量不仅与质点的运动有关,还与参考点有关。对不同的参考点,同一质点有不同的位置矢量,因而角动量也不相同。因此在说明一个质点的角动量时,必须指明是相对于哪一个参考点。

### 3.3.2　质点角动量定理

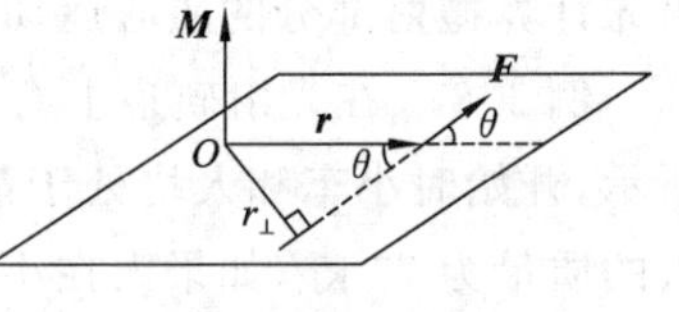

图3.14　力矩的定义

若质点受到力 $\boldsymbol{F}$ 的作用,质点对固定参考点 $O$ 的位矢为 $\boldsymbol{r}$,如图3.14所示,则定义力 $\boldsymbol{F}$ 对参考点 $O$ 的**力矩**为

$$\boldsymbol{M}=\boldsymbol{r}\times\boldsymbol{F} \tag{3.17}$$

力矩的大小

$$M=rF\sin\theta=r_\perp F$$

式中:$\theta$ 为 $\boldsymbol{r}$ 和 $\boldsymbol{F}$ 两矢量的夹角;$r_\perp=r\sin\theta$ 为力臂。力矩的方向由右手螺旋定则决定。按国际单位制,力矩的单位为 $\mathrm{N\cdot m}$。

下面将导出质点角动量定理。将角动量对时间求导,得

$$\frac{\mathrm{d}\boldsymbol{L}}{\mathrm{d}t}=\frac{\mathrm{d}}{\mathrm{d}t}(\boldsymbol{r}\times m\boldsymbol{v})=\boldsymbol{r}\times\frac{\mathrm{d}(m\boldsymbol{v})}{\mathrm{d}t}+\frac{\mathrm{d}\boldsymbol{r}}{\mathrm{d}t}\times m\boldsymbol{v}$$

注意到

$$\frac{\mathrm{d}\boldsymbol{r}}{\mathrm{d}t}\times m\boldsymbol{v}=\boldsymbol{v}\times m\boldsymbol{v}=0$$

用 $\boldsymbol{F}$ 代替$\frac{\mathrm{d}(m\boldsymbol{v})}{\mathrm{d}t}$,由力矩的定义式,即式(3.17),可得

$$\boldsymbol{M}=\frac{\mathrm{d}\boldsymbol{L}}{\mathrm{d}t} \tag{3.18}$$

即质点对某固定参考点的角动量的变化率,等于质点所受合力对同一参考点的力矩。式(3.18)为**质点的角动量定理**。

### 3.3.3　质点角动量守恒定律

由式(3.18)可知,当 $\boldsymbol{M}=0$ 时,有$\frac{\mathrm{d}\boldsymbol{L}}{\mathrm{d}t}=0$,即质点的角动量

$$\boldsymbol{L}=\text{恒矢量} \tag{3.19}$$

式(3.19)表明,若对固定参考点,质点所受的合力矩为零,则质点的角动量大小和方向都保持不变。这一规律称为质点**角动量守恒定律**。

质点的角动量守恒定律有广泛的应用,不仅在天体运动中,而且在微观粒子的作用过程中均适用。例如,行星绕太阳的椭圆运动,如图3.15所示,以太阳为原点,由于万有引力 $\boldsymbol{F}$ 与行星对太阳的矢径 $\boldsymbol{r}$ 反平行,有 $\boldsymbol{M}=\boldsymbol{r}\times\boldsymbol{F}=0$,所以行星的角动量守恒。即

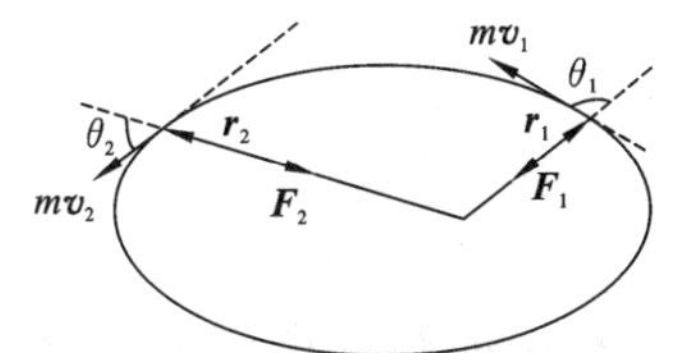

图3.15　行星的角动量守恒

$$mr_1v_1\sin\theta_1=mr_2v_2\sin\theta_2 \tag{3.20}$$

式中:$r_1$,$v_1$ 分别为行星在位置1时的矢径 $\boldsymbol{r}_1$ 及速度 $\boldsymbol{v}_1$ 的大小;$r_2$,$v_2$ 则分别为行星在位置2的矢径 $\boldsymbol{r}_2$ 及速度 $\boldsymbol{v}_2$ 的大小;$\theta_1$,$\theta_2$ 分别为这两个位置上矢径与速度的夹角。

上述问题说明,对仅受**有心力**作用的系统,角动量守恒。这是一个常用的结论,有心力是指通过参考点且与矢径 $\boldsymbol{r}$ 成反平行的力。

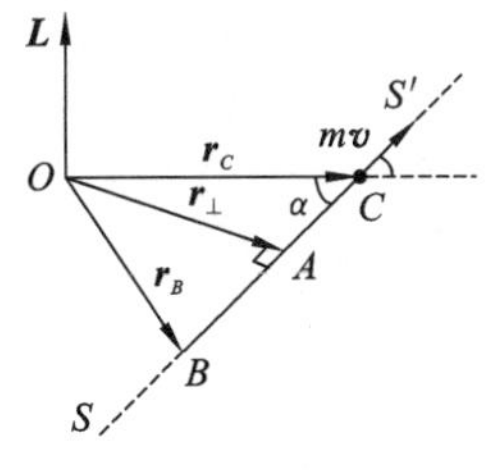

图3.16　例3.9图

**例3.9**　证明:一个质点运动时,如果不受外力作用,则它对任一固定点的角动量矢量保持不变。

**证**　根据牛顿第一定律,不受外力作用时,质点将做匀速直线运动。以 $\boldsymbol{v}$ 表示这一速度,以 $m$ 表示质点的质量,则质点的动量为 $m\boldsymbol{v}$,如图3.16所示。以 $SS'$ 表示质点运动的轨迹直线,质点运动经过任一点 $C$ 时,它对于任一固定点 $O$ 的角动量为

$$\boldsymbol{L}=\boldsymbol{r}_C\times m\boldsymbol{v}$$

这一矢量的方向垂直于 $\boldsymbol{r}_C$ 和 $\boldsymbol{v}$ 所决定的平面,质点沿 $SS'$ 直线运动时,它对 $O$ 点的角动量在任一时刻总垂直于这一平面,所以它的角动量的方向不变。角动量的大小为

$$L=r_Cmv\sin\alpha=r_\perp mv$$

式中:$r_\perp$ 是从固定点到轨迹直线 $SS'$ 的垂直距离,它是一个确定值,与质点在运动中的具体位置无关。因此,不管质点运动到何处,角动量的大小也是不变的。

该质点角动量的方向和大小都保持不变,也就是角动量矢量保持不变。

**例 3.10**　证明关于行星运动的开普勒第二定律:行星对太阳的矢径在相等的时间内扫过相等的面积。

**证**　行星在太阳的引力作用下做椭圆轨道运动。由于任意时刻引力的方向与行星对太阳的矢径 $\boldsymbol{r}$ 反平行,行星受到的引力对太阳的力矩等于零。所以,行星在运动过程中,它对太阳的角动量将保持不变。

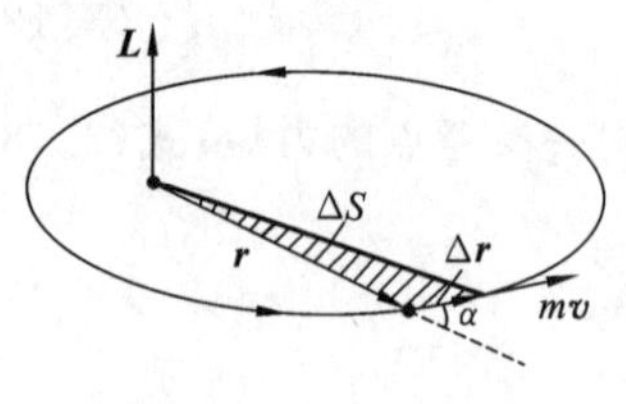

图 3.17　例 3.10 图

首先,由于角动量 $\boldsymbol{L}$ 的方向不变,表明 $\boldsymbol{r}$ 和 $\boldsymbol{v}$ 所决定的平面的方位不变。这就是说,行星总是在一个平面内运动,它的轨道是一个平面椭圆轨道(见图 3.17),而 $\boldsymbol{L}$ 垂直于这个平面。

其次,行星对太阳的角动量的大小为

$$L = mrv\sin\alpha = mr\left|\frac{\mathrm{d}\boldsymbol{r}}{\mathrm{d}t}\right|\sin\alpha = m\lim_{\Delta t\to 0}\frac{r\,|\Delta\boldsymbol{r}|\sin\alpha}{\Delta t} \qquad ①$$

由图 3.17 可知,当 $\Delta t \to 0$ 时,位矢 $\boldsymbol{r}$ 在 $\Delta t$ 时间内扫过的面积近似等于阴影三角形的面积,以 $\Delta S$ 表示阴影三角形面积,就有

$$r\,|\Delta\boldsymbol{r}|\sin\alpha = 2\Delta S \qquad ②$$

将式 ② 代入式 ①,可知

$$L = 2m\lim_{\Delta t\to 0}\frac{\Delta S}{\Delta t} = 2m\frac{\mathrm{d}S}{\mathrm{d}t}$$

故

$$\frac{\mathrm{d}S}{\mathrm{d}t} = \frac{L}{2m} = \text{常数}$$

上式说明,行星对太阳的矢径在相等的时间内扫过相等的面积,式中 $\frac{\mathrm{d}S}{\mathrm{d}t}$ 称为行星运动的掠面速度。行星运动的角动量守恒又意味着掠面速度 $\frac{\mathrm{d}S}{\mathrm{d}t}$ 保持不变。

**例 3.11**　质量为 $m$ 的小球系于细绳的一端,绳的另一端束缚在一根竖直放置的细棒上,如图 3.18 所示。小球被约束在光滑水平面内绕细棒旋转,某时刻角速度为 $\omega_1$,细绳的长度为 $r_1$。当旋转了若干圈后,由于细绳缠绕在细棒上,绳长度变为 $r_2$,求此时小球绕细棒旋转的角速度 $\omega_2$。

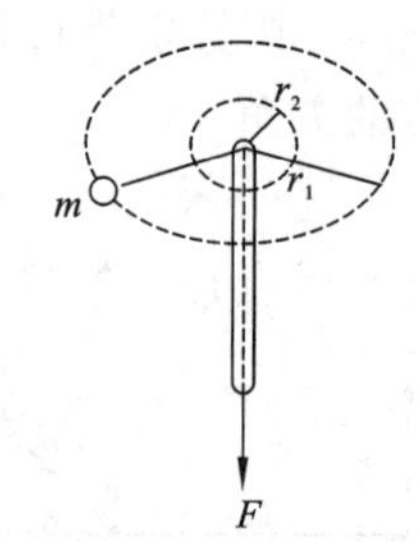

图 3.18　例 3.11 图

**解**　在小球绕细棒做圆周运动过程中,小球受到三个力作用:绳子的张力 $\boldsymbol{T}$(向心)、重力 $m\boldsymbol{g}$(竖直向下)、水平面对小球的支撑力 $\boldsymbol{N}$(竖直向上)。张力 $\boldsymbol{T}$ 与绳子平行,不产生力矩;$\boldsymbol{N}$ 与 $\boldsymbol{P}$ 平衡,它们产生的力矩始终为零。所以,小球所受对$O$点的合外力矩始终为零,小球对 $O$ 点的角动量守恒,有

$$mv_1r_1 = mv_2r_2$$

式中:$v_1$ 是半径为 $r_1$ 时小球的线速度;$v_2$ 是半径为 $r_2$ 时小球的线速度,并且

$$v_1 = \omega_1 r_1,\quad v_2 = \omega_2 r_2$$

所以

$$mr_1^2\omega_1 = mr_2^2\omega_2$$

$$\omega_2 = \left(\frac{r_1}{r_2}\right)^2\omega_1$$

可见,由于细绳越转越短,$r_2 < r_1$,小球的角速度必定越转越大,即 $\omega_2 > \omega_1$。

# 内容提要

1. 动量定理：质点(或质点系)的动量的增量等于合外力对质点(或质点系)作用的冲量。

$$\int_{t_0}^{t}\boldsymbol{F}\mathrm{d}t=\int_{\boldsymbol{p}_0}^{\boldsymbol{p}}\mathrm{d}\boldsymbol{p}=\boldsymbol{p}-\boldsymbol{p}_0$$

2. 动量守恒定律：当$\sum\boldsymbol{F}_i=0$，即系统所受合外力为零时，$\sum m_i\boldsymbol{v}_i$ 为恒矢量。

3. 质心与质心运动定理：

质点系质心的位矢：

$$\boldsymbol{r}_C=\frac{\sum m_i\boldsymbol{r}_i}{M}\ (\text{离散体}),\qquad \boldsymbol{r}_C=\frac{\int\boldsymbol{r}\mathrm{d}m}{M}\ (\text{连续体})$$

质心运动定理：质点系所受合外力等于质点系总质量乘以质心加速度。

$$\sum\boldsymbol{F}_i=m\boldsymbol{a}_C$$

4. 质点的角动量：　$\boldsymbol{L}=\boldsymbol{r}\times m\boldsymbol{v}$

角动量定理：　$\boldsymbol{M}=\dfrac{\mathrm{d}\boldsymbol{L}}{\mathrm{d}t}$

5. 角动量守恒定律：若对固定参考点而言，质点所受的合力矩为零，则质点的角动量大小和方向都保持不变。

# 思考题

**3.1**　竖直上抛一球，若小球回到出发点的速率等于上抛时的初速率，则球在上抛和下落这一段时间间隔中动量的增量是多少？

**3.2**　用铁锤压铁钉很难压入木板中，而用锤敲击铁钉，就很容易钉入木板，试说明原因？

**3.3**　为什么在起重机的钢丝绳和吊钩间装设缓冲弹簧后，就可防止起吊时拉断钢丝绳？

**3.4**　一人躺在地上，身上压一块重石板，另一人用铁锤猛击石板，但见石板碎裂，而躺在地上的人毫发无损，为什么？

**3.5**　如思 3.5 图所示，一重球的上下两面系同样的两根线，今用其中一根线将球悬挂，而用手向下拉另一根线，如果向下猛一拉，则下面的线断而球未动，如果用力慢慢拉线，则上面的线断开，为什么？

思 3.5 图

**3.6**　利用帆的控制作用，能否使船正好顶风前进？

**3.7**　做匀速圆周运动的质点，对圆周上某一定点，它的角动量是否守恒？对通过圆心而与圆面垂直的轴上的任一点，它的角动量是否守恒？对哪一个定点，它的角动量守恒？

**3.8**　试用角动量守恒定律说明：地球两极冰山的融化是地球自转角速度变化的原因之一。

# 习　题

**3.1**　一个质量 $m = 50\ \text{g}$,以速率 $v = 20\ \text{m}\cdot\text{s}^{-1}$ 做匀速圆周运动的小球,在1/4周期内向心力加给它的冲量是多大?

**3.2**　一颗子弹从枪口飞出的速度是 $300\ \text{m}\cdot\text{s}^{-1}$,在枪管内子弹所受合力的大小为

$$F = 400 - \frac{4\times 10^5}{3}t$$

式中:$F$ 以 N 为单位,$t$ 以 s 为单位。

(1) 计算子弹行经枪管长度所花费的时间,假定子弹到枪口时所受的力变为零;

(2) 求该力冲量的大小;

(3) 求子弹的质量。

**3.3**　质量为 $m$ 的小球自高为 $y_0$ 处沿水平方向以速率 $v_0$ 抛出,与地面碰撞后跳起的最大高度为 $\frac{1}{2}y_0$,水平速率为 $\frac{1}{2}v_0$,求在碰撞过程中:

(1) 地面对小球的垂直冲量的大小;

(2) 地面对小球的水平冲量的大小。

**3.4**　两球质量分别是 $m_1 = 20\ \text{g}$,$m_2 = 50\ \text{g}$,在光滑桌面上运动速度分别为 $\boldsymbol{v}_1 = 10\boldsymbol{i}\ (\text{cm}\cdot\text{s}^{-1})$,$\boldsymbol{v}_2 = (3.0\boldsymbol{i} + 5.0\boldsymbol{j})(\text{cm}\cdot\text{s}^{-1})$。碰撞后合为一体,求碰撞后的速度。

**3.5**　用榔头击钉子,如果榔头的质量为 500 g,击钉子时的速率为 $8.0\ \text{m}\cdot\text{s}^{-1}$,作用时间为 $2.0\times 10^{-3}$ s,求钉子所受的冲量和榔头对钉子的平均打击力。

**3.6**　炮弹在抛物轨道顶点分裂成质量相等的两块,一块铅直自由下落,落地处离发射处的水平距离 $L_1$ 等于1 000 m,弹道顶点离地面高 $H$ 为19.6 m,求另一块落地处离发射处的水平距离 $L_2$ 为多少?

**3.7**　质量为 $m$ 的物体,由水平面上点 $O$ 以初速 $v_0$ 抛出,$v_0$ 与水平面成仰角 $\alpha$。若不计空气阻力,求:

(1) 物体从发射点 $O$ 到最高点的过程中,重力的冲量;

(2) 物体从发射点回落至同一水平的过程中,重力的冲量。

**3.8**　一个静止的原子核,经放射性衰变,放出一个动量为 $9.22\times 10^{-16}\ \text{g}\cdot\text{cm}\cdot\text{s}^{-1}$ 的电子,同时该核在垂直方向上又放出一个动量为 $5.33\times 10^{-16}\ \text{g}\cdot\text{cm}\cdot\text{s}^{-1}$ 的中微子。问蜕变后原子核的动量的大小和方向。

**3.9**　质量为 $M$ 的木块静止在光滑的水平桌面上。质量为 $m$、速率为 $v_0$ 的子弹水平射到木块内,并与它一起运动。求:

(1) 子弹相对于木块静止后,木块的速率和动量及子弹的动量;

(2) 在此过程中子弹施于木块的冲量。

**3.10**　质量为70 kg的渔人站在小船上,设船和渔人的总质量为200 kg。若渔人在船上向船头走4.0 m后停止。试问:以岸为参考系,渔人走了多远?

**3.11**　两艘船依惯性在静止湖面上以匀速相向运动,它们的速率皆为 $6.0\ \text{m}\cdot\text{s}^{-1}$。当两船擦肩相遇时,将甲船上的货物都搬上乙船,甲船的速率未变,而乙船的速率变为 $4.0\ \text{m}\cdot\text{s}^{-1}$。设

甲船空载质量为 500 kg，货物质量为 60 kg，求乙船的质量。

**3.12**　三只质量均为 $M$ 的小船鱼贯而行，速率均为 $v$，由中间一只船同时以水平速率 $u$（相对于此船）把两质量均为 $m$ 的物体分别抛到前后两只船上。求此后三只船的速率。

**3.13**　一炮弹以速率 $\boldsymbol{v}_0$ 和仰角 $\theta_0$ 发射，到达弹道的最高点时炸为质量相等的两块，其中一块以速率 $\boldsymbol{v}_1$ 铅垂下落，求另一块的速率 $\boldsymbol{v}_2$ 及速度与水平方向的夹角（忽略空气阻力）。

**3.14**　求每分钟射出 240 发子弹的机枪平均反冲力，假定每粒子弹的质量为 10 g，枪口速度为 900 $\mathrm{m \cdot s^{-1}}$。

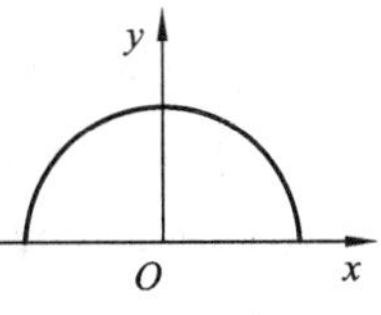

题 3.15 图

**3.15**　如题 3.15 图所示，求半径 $R$ 的半圆形均匀铁丝的质心。

**3.16**　两质点 $P$，$Q$ 最初相距 1 m，都处于静止状态，$P$ 质量0.1 kg，$Q$ 质量 0.3 kg，$P$ 与 $Q$ 以 100 N 的恒力相互吸引。

（1）没有外力作用在系统上，描述系统质心的运动；

（2）距离 $P$ 的初始位置多远时，两质点相互碰撞？

**3.17**　一质量为 $m$ 的粒子位于 $(x, y)$ 处，速度为 $\boldsymbol{v} = v_x\boldsymbol{i} + v_y\boldsymbol{j}$，并受到一个沿 $-x$ 方向的力 $f$。求它相对于坐标原点的角动量和作用在其上的力矩。

**3.18**　电子的质量为 $9.1\times10^{-31}$ kg，在半径为 $5.3\times10^{-11}$ m 的圆周上绕氢核做匀速率运动。已知电子的角动量为 $h/2\pi$（$h$ 为普朗克常量，等于 $6.63\times10^{-34}$ J · s），求其角速度。

**3.19**　哈雷彗星绕太阳运动的轨道是一个椭圆。它离太阳最近的距离是 $r_1 = 8.75\times10^{10}$ m，此时它的速率是 $v_1 = 5.46\times10^4\ \mathrm{m \cdot s^{-1}}$。它离太阳最远时的速率是 $v_2 = 9.08\times10^2\ \mathrm{m \cdot s^{-1}}$，这时它离太阳的距离 $r_2$ 是多少？

**【习题参考答案】**

# 第4章　功　和　能

第2章和第3章依次介绍了力的瞬时效应、牛顿运动定律及力的时间积累效应:冲量和动量定理。本章将重点介绍力的空间积累效应:功及保守力和势能的概念;并由牛顿运动定律导出质点的动能定理、功能原理和机械能守恒定律。利用守恒定律在求解某些力学问题时,可以不去分析运动过程的细节,只分析功能关系,从而使问题的求解大为简化。

另外,本章还将就守恒定律的意义及物理学中的对称性和守恒定律的对应关系作简要介绍。

## 4.1　功　动能定理

### 4.1.1　功

1. 恒力的功

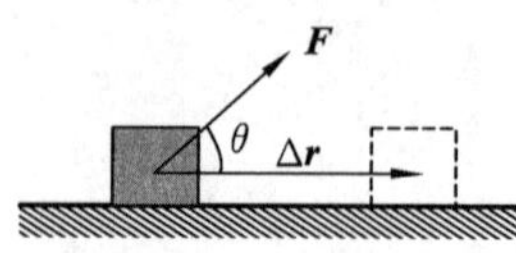


图4.1　恒力的功

在中学里,定义质点在恒力作用下做直线运动时外力对质点所做的功:外力在质点位移方向上的分量与质点位移大小的乘积为外力对质点所做的功。在图4.1中,质点在恒力 $\boldsymbol{F}$ 的作用下直线运动的位移为 $\Delta\boldsymbol{r}$,力 $\boldsymbol{F}$ 在此过程中对质点做的功为

$$A = F\cos\theta \cdot |\Delta\boldsymbol{r}|$$

式中:$\theta$ 为 $\boldsymbol{F}$ 和 $\Delta\boldsymbol{r}$ 的夹角。根据矢量点积(标积)的定义,上式又可改写成

$$A = \boldsymbol{F} \cdot \Delta\boldsymbol{r} \tag{4.1}$$

上式表明**功等于质点受的力和位移的点积(标积)**。

式(4.1)说明功是标量,它没有方向,但有正负之分。当 $0 < \theta < \frac{\pi}{2}$ 时,力对质点做正功;当 $\frac{\pi}{2} < \theta < \pi$ 时,力对质点做负功(即物体克服阻力做功);当 $\theta = \frac{\pi}{2}$ 时,力对质点不做功。

2. 变力的功

如果质点沿任意曲线路径运动,同时受到的力是变力,就不能再用式(4.1)计算功。设物体在变力 $\boldsymbol{F}$ 的作用下,从 $a$ 点沿曲线到达 $b$ 点,如图4.2所示。为了计算功的大小,可以把从 $a$ 到 $b$ 路径分成许多小段,任取一小段位移 $\mathrm{d}\boldsymbol{r}$,在这段位移上质点受到的力 $\boldsymbol{F}$ 可视为恒力,所以,在这段位移上力对质点做的元功为 $\mathrm{d}A = \boldsymbol{F} \cdot \mathrm{d}\boldsymbol{r}$,设 $\boldsymbol{F}$ 与 $\mathrm{d}\boldsymbol{r}$ 的夹角为 $\theta$,则从 $a$ 到 $b$ 过程中变力的总功为

$$A = \int_a^b \boldsymbol{F} \cdot \mathrm{d}\boldsymbol{r} = \int_a^b F\cos\theta\, |\mathrm{d}\boldsymbol{r}| \tag{4.2}$$

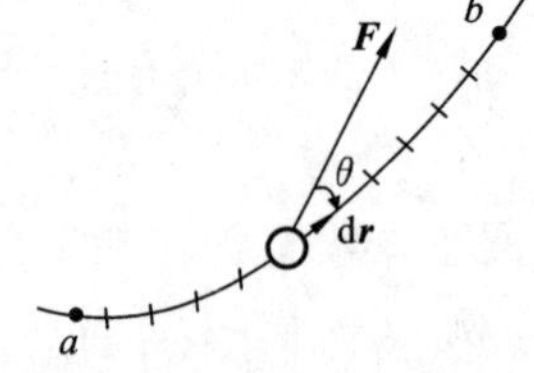


图4.2　变力的功

式(4.2)是变力做功的一般表达式,即功是力沿运动曲线从 $a$

点到 $b$ 点的线积分。式(4.2) 中的力可以是任何形式的力，如重力、万有引力、弹性力、磁力等，在物理学中有广泛的应用。

在直角坐标系下，$\boldsymbol{F}\cdot\mathrm{d}\boldsymbol{r}=F_x\mathrm{d}x+F_y\mathrm{d}y+F_z\mathrm{d}z$，因此功也可由下式计算

$$\begin{aligned}A&=\int_a^b(F_x\mathrm{d}x+F_y\mathrm{d}y+F_z\mathrm{d}z)\\&=\int_{x_a}^{x_b}F_x\mathrm{d}x+\int_{y_a}^{y_b}F_y\mathrm{d}y+\int_{z_a}^{z_b}F_z\mathrm{d}z\end{aligned}\tag{4.3}$$

式(4.3) 表明一个力的功等于它的三个分力功的代数和。

当一个质点同时受到几个力的作用，合力的功为

$$A=\int_a^b\Big(\sum_i\boldsymbol{F}_i\Big)\cdot\mathrm{d}\boldsymbol{r}=\sum_i\int_a^b\boldsymbol{F}_i\cdot\mathrm{d}\boldsymbol{r}=\sum_i A_i\tag{4.4}$$

即合力的功等于分力功的代数和。

如果外力在 $\Delta t$ 时间内做功 $\Delta A$，则其比值称为平均功率，用 $\overline{P}$ 表示，即

$$\overline{P}=\frac{\Delta A}{\Delta t}\tag{4.5}$$

当 $\Delta t\to 0$ 时，平均功率 $\overline{P}$ 的极限即为瞬时功率

$$P=\lim_{\Delta t\to 0}\frac{\Delta A}{\Delta t}=\frac{\mathrm{d}A}{\mathrm{d}t}=\frac{\boldsymbol{F}\cdot\mathrm{d}\boldsymbol{r}}{\mathrm{d}t}=\boldsymbol{F}\cdot\boldsymbol{v}\tag{4.6}$$

也就是说，功率等于力在运动方向的分量与速率的乘积，或者等于力的大小与速度在力的方向上的分量的乘积。

按国际单位制，功的单位是焦耳(J)，在近代物理中，常用的功的单位有电子伏特(eV)，$1\ \mathrm{eV}=1.6\times10^{-19}\ \mathrm{J}$，功率的单位是 W(瓦特)。

### 4.1.2　质点的动能定理

考虑质点 $m$ 在合力 $\boldsymbol{F}$ 作用下，沿任意轨道运动，$\theta$ 是 $\boldsymbol{F}$ 和位移元 $\mathrm{d}\boldsymbol{r}$ 之间的夹角，如图 4.3 所示。$\boldsymbol{F}$ 在位移 $\mathrm{d}\boldsymbol{r}$ 上对质点所做的元功为

$$\mathrm{d}A=\boldsymbol{F}\cdot\mathrm{d}\boldsymbol{r}=F\cos\theta\,|\mathrm{d}\boldsymbol{r}|$$

式中：$F\cos\theta$ 为 $\boldsymbol{F}$ 在位移 $\mathrm{d}\boldsymbol{r}$ 方向上的分量，即切向力 $\boldsymbol{F}_\mathrm{t}$，若此时切向加速度为 $a_\mathrm{t}$，则有 $F_\mathrm{t}=ma_\mathrm{t}=m\dfrac{\mathrm{d}v}{\mathrm{d}t}$，又 $v=\dfrac{|\mathrm{d}\boldsymbol{r}|}{\mathrm{d}t}$，上式变为

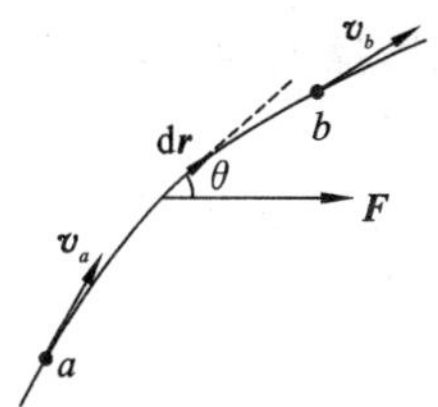

图 4.3　动能定理的推导

$$\mathrm{d}A=F\cos\theta\,|\mathrm{d}\boldsymbol{r}|=F_\mathrm{t}\,|\mathrm{d}\boldsymbol{r}|=m\frac{\mathrm{d}v}{\mathrm{d}t}\,|\mathrm{d}\boldsymbol{r}|=mv\mathrm{d}v$$

质点从图 4.3 中 $a$ 点到 $b$ 点过程中 $\boldsymbol{F}$ 的功为

$$A=\int_a^b\mathrm{d}A=\int_{v_1}^{v_2}mv\mathrm{d}v=\frac{1}{2}mv_2^2-\frac{1}{2}mv_1^2=E_{\mathrm{k2}}-E_{\mathrm{k1}}\tag{4.7}$$

式中：$v_1$，$v_2$ 和 $E_{\mathrm{k1}}$，$E_{\mathrm{k2}}$ 分别是质点在 $a$，$b$ 两处的速率和动能。

式(4.7) 为质点的**动能定理**。它表明，**合外力对质点所做的功等于质点动能的增量**。功表示力在空间上的积累，是过程量；动能表示物体的运动状态，是状态量。力在空间上积累的效果，是使得质点的动能发生改变。这说明，功是物体动能改变的量度。

**例 4.1**　一个质量为 $m$ 的珠子系在线的一端，线的另一端绑在墙上的钉子上，线长为 $l$，先拉动珠子使线保持水平静止，然后松手使珠子下落。求线摆下 $\theta$ 角时这个珠子的速率。

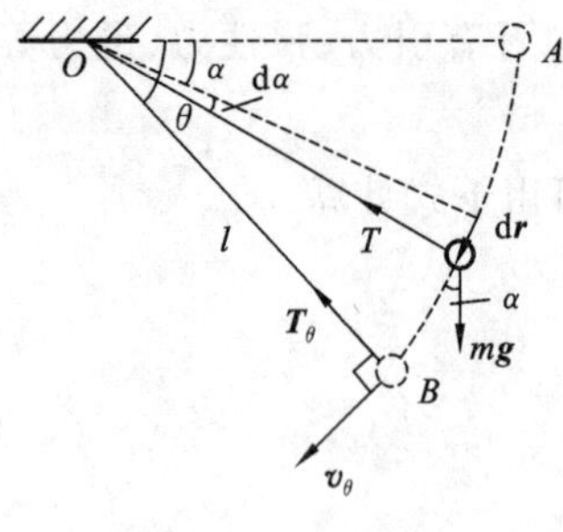

图 4.4　例 4.1 图

**解**　这是一个变力做功问题，如图 4.4 所示，绳子的拉力 $\boldsymbol{T}$ 不做功。当珠子运动到图示位置时，设此时线与水平位置夹角为 $\alpha$，则重力的元功可写为

$$\mathrm{d}A = m\boldsymbol{g}\cdot\mathrm{d}\boldsymbol{r} = mg\cos\alpha\,|\mathrm{d}\boldsymbol{r}| = mgl\cos\alpha\mathrm{d}\alpha$$

$$A_{AB} = \int_0^\theta mgl\cos\alpha\mathrm{d}\alpha = mgl\sin\theta$$

由于 $v_A = 0, v_B = v_\theta$，由动能定理，得

$$mgl\sin\theta = \frac{1}{2}mv_\theta^2$$

所以 $v_\theta = \sqrt{2gl\sin\theta}$。

**例 4.2**　有一长为 $L$，质量为 $M$ 的匀质链条，放在摩擦系数为 $\mu$ 的水平桌面上，开始时，使长度为 $a$ 的一段链条悬垂，如图 4.5 所示。求：

(1) 链条释放后直至全部脱离桌面的过程中，摩擦力和重力的功；

(2) 链条全部脱离桌面时的速度。

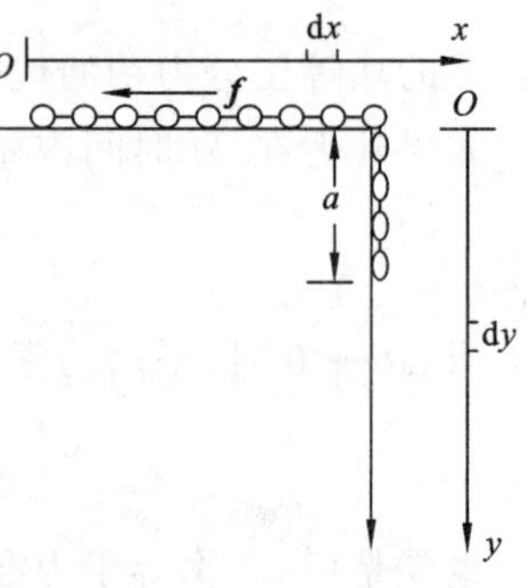

图 4.5　例 4.2 图

**解**　(1) 取如图 4.5 所示的 $x$ 坐标。

设 $\frac{\mu Mg}{L}$ 为单位长度上的摩擦力，链条滑落过程中，在桌上的部分长度为 $(L-a-x)$，故摩擦力为 $\frac{\mu Mg}{L}(L-a-x)$，其元功为

$$\mathrm{d}A = \boldsymbol{f}\cdot\mathrm{d}\boldsymbol{x} = -f\mathrm{d}x = \frac{-\mu Mg}{L}(L-a-x)\mathrm{d}x$$

所以摩擦力的总功为

$$A_f = \int \boldsymbol{f}\cdot\mathrm{d}\boldsymbol{x} = -\int_0^{L-a}\frac{\mu Mg}{L}(L-a-x)\mathrm{d}x$$

$$= -\frac{\mu Mg}{L}\left[(L-a)x - \frac{1}{2}x^2\right]_0^{L-a} = -\frac{\mu Mg}{2L}(L-a)^2$$

如图 4.5 所示的 $y$ 坐标，重力之元功为

$$\mathrm{d}A = \boldsymbol{F}\cdot\mathrm{d}\boldsymbol{y} = \frac{Mg}{L}y\mathrm{d}y$$

所以重力的功为

$$A_P = \int_a^L \boldsymbol{F}\cdot\mathrm{d}\boldsymbol{y} = \int_a^L \frac{Mg}{L}y\mathrm{d}y = \frac{Mg}{2L}(L^2-a^2)$$

(2) 由动能定理

$$\sum A = A_P + A_f = \frac{Mg}{2L}(L^2-a^2) - \frac{\mu Mg}{2L}(L-a)^2 = \frac{1}{2}Mv^2$$

从而

$$v = \sqrt{\frac{g}{L}\left[(L^2-a^2) - \mu(L-a)^2\right]}$$

### 4.1.3　质点系的动能定理

对由多个相互关联的质点构成的质点系，对系统中每个质点应用质点的动能定理，很容易得到质点系的动能定理。

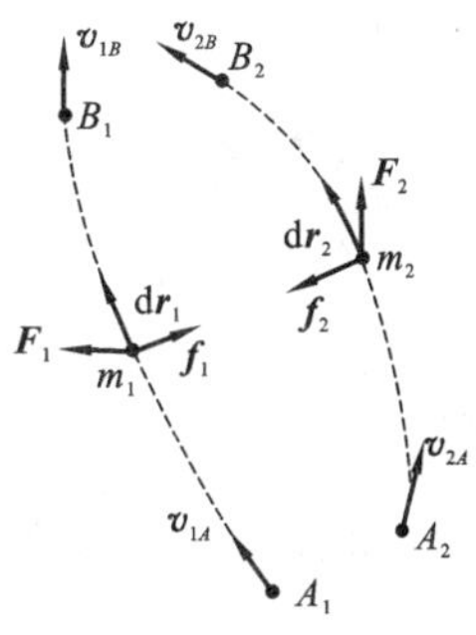

图 4.6　质点系的动能定理

简单起见，先考虑由两个质点组成的质点系，如图 4.6 所示，用 $m_1$，$m_2$ 分别表示两质点的质量，$\boldsymbol{f}_1$，$\boldsymbol{f}_2$ 及 $\boldsymbol{F}_1$，$\boldsymbol{F}_2$ 分别表示它们受的内力和外力，以 $\boldsymbol{v}_{1A}$，$\boldsymbol{v}_{2A}$ 和 $\boldsymbol{v}_{1B}$，$\boldsymbol{v}_{2B}$ 分别表示它们在初状态和末状态的速度。对每个质点用动能定理，有

$$\int_{(A_1)}^{(B_1)} \boldsymbol{F}_1 \cdot \mathrm{d}\boldsymbol{r}_1 + \int_{(A_1)}^{(B_1)} \boldsymbol{f}_1 \cdot \mathrm{d}\boldsymbol{r}_1 = \frac{1}{2}m_1 v_{1B}^2 - \frac{1}{2}m_1 v_{1A}^2$$

$$\int_{(A_2)}^{(B_2)} \boldsymbol{F}_2 \cdot \mathrm{d}\boldsymbol{r}_2 + \int_{(A_2)}^{(B_2)} \boldsymbol{f}_2 \cdot \mathrm{d}\boldsymbol{r}_2 = \frac{1}{2}m_2 v_{2B}^2 - \frac{1}{2}m_2 v_{2A}^2$$

两式相加，可得

$$\int_{(A_1)}^{(B_1)} \boldsymbol{F}_1 \cdot \mathrm{d}\boldsymbol{r}_1 + \int_{(A_2)}^{(B_2)} \boldsymbol{F}_2 \cdot \mathrm{d}\boldsymbol{r}_2 + \int_{(A_1)}^{(B_1)} \boldsymbol{f}_1 \cdot \mathrm{d}\boldsymbol{r}_1 + \int_{(A_2)}^{(B_2)} \boldsymbol{f}_2 \cdot \mathrm{d}\boldsymbol{r}_2$$
$$= \left(\frac{1}{2}m_1 v_{1B}^2 + \frac{1}{2}m_2 v_{2B}^2\right) - \left(\frac{1}{2}m_1 v_{1A}^2 + \frac{1}{2}m_2 v_{2A}^2\right)$$

上式中，左侧前两项是外力对质点系统所做的功之和 $A_{\mathrm{ex}}$，后两项是内力对质点系统所做的功之和 $A_{\mathrm{in}}$。虽然内力总是成对的，并大小相等、方向相反，但显然上式中的第 3 项和第 4 项并不能相互抵消。等式右侧前一个括号表示的是质点系统在末状态下的动能之和 $E_{\mathrm{k}}$，后一个括号表示的是质点系统在初始状态下的动能之和 $E_{\mathrm{k0}}$。上式可简化成

$$A_{\mathrm{ex}} + A_{\mathrm{in}} = E_{\mathrm{k}} - E_{\mathrm{k0}} \tag{4.8}$$

式(4.8) 表明**质点系总动能的增量等于所有外力的功和所有内力的功的代数和**。这一结论显然可以推广到包含任意多个质点组成的质点系统，这就是**质点系的动能定理**。

对于动能定理的有关概念，做如下几点说明。

(1) 动能定理由牛顿第二定律推得，因而只适用于惯性系，而且定理中的速度都是对同一参考系。

(2) 对质点系，全部内力的矢量和为零，但全部内力的功之和一般不为零(关于一对力的功的计算，下小节将详细讨论)。将系统中相互作用质点间一对内力的总功加起来，就是系统全部内力的总功。

(3) 若系统所受到的所有外力和内力的功之和为零，则系统的动能守恒。

### 4.1.4　一对力的功

相互作用的物体之间的内力(作用力与反作用力) 对物体做功，会改变系统的总动能。例如一个静止的爆竹被引爆后，飞散的碎片的总动能较爆炸之前陡增。又如，两个带异号电荷的粒子在静电场力的作用下相互吸引，从而各自的动能增加，因此系统的总动能增加。这些都是内力做功的结果。内力的功如何计算？这就是下面要讨论的“一对力的功”问题。

设 $m_1$，$m_2$ 分别代表两个相互作用的质点。开始时，两个质点的位矢分别为 $\boldsymbol{r}_1$ 和 $\boldsymbol{r}_2$，如图 4.7 所示。$\mathrm{d}t$ 时间内，二者分别发生了位移 $\mathrm{d}\boldsymbol{r}_1$ 和 $\mathrm{d}\boldsymbol{r}_2$，由功的定义，该过程中，这一对力做的元功之和为

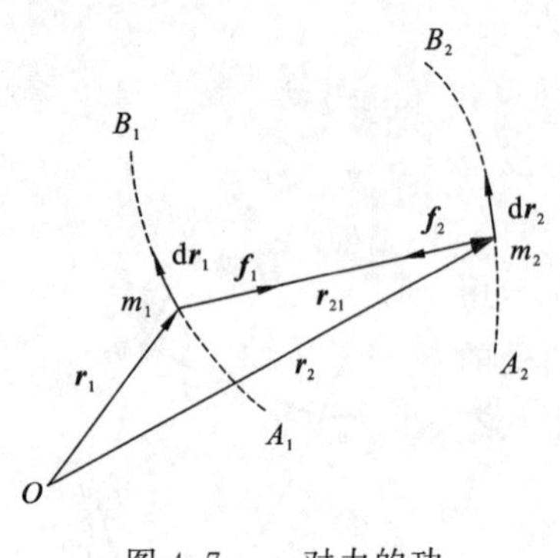


图 4.7　一对力的功

$$dA = \boldsymbol{f}_1 \cdot d\boldsymbol{r}_1 + \boldsymbol{f}_2 \cdot d\boldsymbol{r}_2$$

由于 $\boldsymbol{f}_1 = -\boldsymbol{f}_2$，所以

$$dA = \boldsymbol{f}_2 \cdot (d\boldsymbol{r}_2 - d\boldsymbol{r}_1) = \boldsymbol{f}_2 \cdot d(\boldsymbol{r}_2 - \boldsymbol{r}_1)$$

由于 $\boldsymbol{r}_2 - \boldsymbol{r}_1 = \boldsymbol{r}_{21}$ 是 $m_2$ 相对于 $m_1$ 的位矢，所以

$$dA = \boldsymbol{f}_2 \cdot d\boldsymbol{r}_{21}$$

式中：$d\boldsymbol{r}_{21}$ 为 $m_2$ 相对于 $m_1$ 的元位移。若以 $m_1$ 和 $m_2$ 的初始位置为 $A$ 态，以它们的最后的位置为 $B$ 态，则此过程中一对力的总功

$$A = \int_A^B dA = \int_A^B \boldsymbol{f}_2 \cdot d\boldsymbol{r}_{21} \tag{4.9}$$

这一结果说明：**两质点间的“一对力”所做的总功等于其中一个质点受到的内力在该质点相对于另一质点相对位移上的功**。因此，一对力的总功取决于两质点的相对位移，而与坐标原点的选取无关，与参考系的选择也无关。这是任何一对作用力和反作用力所做的总功的重要特点。

根据这一特点，就可按下述方法计算一对力的功：认为一个质点(如 $m_1$)静止而以它所在的位置为坐标原点，再计算另一质点(如 $m_2$)在此坐标系中运动时它所受的力所做的功。这样用一个力计算出来的功，也就等于相应的一对力所做的总功。例如，质量为 $m$ 的物体在地面附近下落高度 $h$ 时，它受的重力和地球受它的引力这一对力做的总功就等于 $mgh$。正是一对内力的总功引起系统总能量的变化，这在保守力的功及势能的概念中有重要应用。

# 4.2　保守力的功　势能

## 4.2.1　保守力的功　保守力

### 1. 重力的功

设质量为 $m$ 的质点在重力的作用下从 $a$ 点沿曲线 $acb$ 移到 $b$ 点，$a$，$b$ 两点的高度分别为 $h_1$，$h_2$，如图 4.8 所示。重力在位移 $d\boldsymbol{r}$ 上的元功为

$$dA = m\boldsymbol{g} \cdot d\boldsymbol{r} = mg\cos\theta ds = -mg dy$$

式中负号的产生是由重力 $m\boldsymbol{g}$ 与位移 $d\boldsymbol{r}$ 的夹角 $\frac{\pi}{2} < \theta < \pi$ 引起的(若取质点在曲线的右半部分考虑，虽然 $m\boldsymbol{g}$ 与 $d\boldsymbol{r}$ 的夹角 $\theta < \frac{\pi}{2}$，但 $d\boldsymbol{r}$ 在 $y$ 轴上的投影为负增量($-dy$)，因此重力元功的表达式完全相同)。因此重力在质点从 $a$ 到 $b$ 过程中的总功为

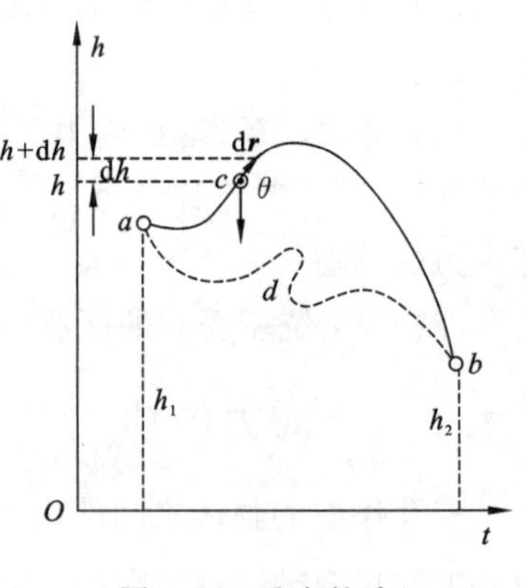


图 4.8　重力的功

$$A = \int_a^b m\boldsymbol{g} \cdot d\boldsymbol{r} = \int_a^b mg\cos\theta ds = -\int_{h_1}^{h_2} mg dy = -(mgh_2 - mgh_1) \tag{4.10}$$

如果质点从 $a$ 点沿曲线 $adb$ 到 $b$ 点，计算重力在质点从 $a \sim b$ 过程中的总功仍然可以得到式(4.10)的结果。这说明重力的功与路径无关，只与物体的始末位置有关。

### 2. 万有引力的功

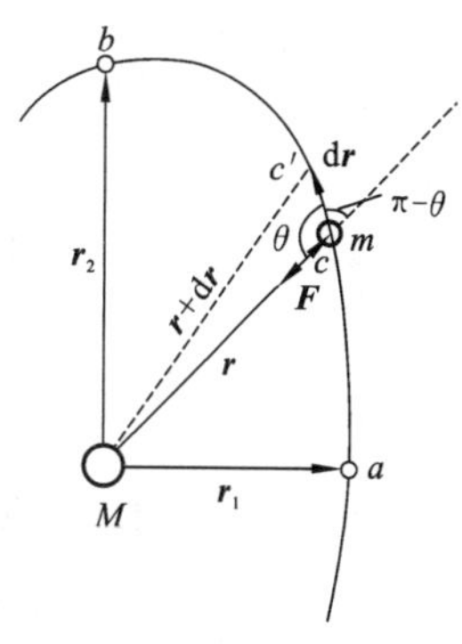


图 4.9　万有引力的功

对质量分别为 $M$,$m$ 的两质点组成的系统，万有引力即为 $M$ 与 $m$ 之间的内力。由式(4.9)，设 $M$ 不动，且以 $M$ 的位置为坐标原点，建立由原点出发的矢径 $\boldsymbol{r}$ 为正向坐标，如图 4.9 所示，将 $m$ 从位矢 $\boldsymbol{r}_1$ 经任意曲线移至 $\boldsymbol{r}_2$，万有引力的位移 $\mathrm{d}\boldsymbol{r}$ 上的元功为

$$\mathrm{d}A = \boldsymbol{F}\cdot\mathrm{d}\boldsymbol{r} = F\cos\theta\,|\mathrm{d}\boldsymbol{r}| = -F\mathrm{d}r$$

式中：$\theta$ 是万有引力 $\boldsymbol{F}$ 与位移 $\mathrm{d}\boldsymbol{r}$ 的夹角，注意 $\cos\theta\,|\mathrm{d}\boldsymbol{r}| = -\mathrm{d}r$，$\mathrm{d}r$ 是位移 $\mathrm{d}\boldsymbol{r}$ 在 $\boldsymbol{r}$ 方向上的投影，即矢径长度上的增量；负号表示万有引力 $\boldsymbol{F}$ 与矢径的方向相反。则从 $a$ 到 $b$ 的过程中万有引力的总功为

$$A = \int_a^b \boldsymbol{F}\cdot\mathrm{d}\boldsymbol{r} = \int_a^b F\cos\theta\,|\mathrm{d}\boldsymbol{r}| = -\int_{r_1}^{r_2} G\frac{Mm}{r^2}\mathrm{d}r$$
$$= -\left[\left(-G\frac{Mm}{r_2}\right) - \left(-G\frac{Mm}{r_1}\right)\right] \tag{4.11}$$

式(4.11)说明万有引力的功与路径无关，只与质点始末的位置有关。

### 3. 弹性力的功

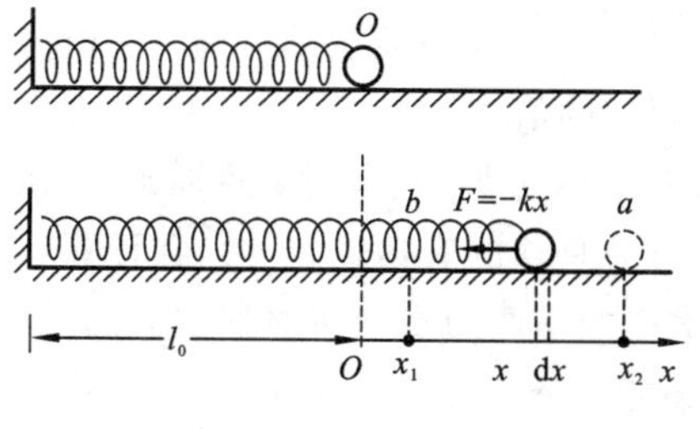


图 4.10　弹力的功

弹性力的功的典型例子是弹簧振子系统中弹力对振子 $m$ 的功。设质点 $m$ 被一轻弹簧牵引，弹簧另一端固定。这里仅研究质点在水平方向做一维运动的情况。若取水平向右为 $x$ 轴正向，以弹簧原长时质点 $m$ 所在的平衡位置为坐标原点，如图 4.10 所示，则质点位于 $x$ 处时受到的弹力为

$$\boldsymbol{F} = -kx\boldsymbol{i}$$

式中：$\boldsymbol{i}$ 是 $x$ 轴正方向的单位矢量。当质点向右移动一个元位移 $\mathrm{d}\boldsymbol{x} = \mathrm{d}x\boldsymbol{i}$ 时，弹力的功为

$$\mathrm{d}A = \boldsymbol{F}\cdot\mathrm{d}\boldsymbol{x} = -F\mathrm{d}x = -kx\,\mathrm{d}x$$

从初位置 $x_1$ 到末位置 $x_2$ 过程中弹力所做的功为

$$A = \int_{x_1}^{x_2} \boldsymbol{F}\cdot\mathrm{d}\boldsymbol{x} = -\int_{x_1}^{x_2} kx\,\mathrm{d}x = -\left(\frac{1}{2}kx_2^2 - \frac{1}{2}kx_1^2\right) \tag{4.12}$$

式(4.12)说明弹力的功也与路径无关，只与质点的始末位置有关。

### 4. 保守力

做功与路径无关而只与系统始末位置有关的力称为**保守力**。因此，上述重力、万有引力、弹力都是保守力。摩擦力做功与路径有关，故摩擦力不是保守力。摩擦力也称为耗散力。

保守力做功与路径无关这一事实，可以用一个数学方程来描述，即**保守力沿任意闭合路径的积分总为零**，亦即

$$\oint_{(L)\text{任意}} \boldsymbol{F} \cdot \mathrm{d}\boldsymbol{r} = 0 \tag{4.13}$$

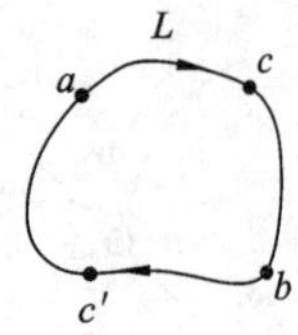

图 4.11　保守力的定义

式(4.13)是判断一种力是保守力还是非保守力的数学判据。下面加以证明。

因为保守力 $\boldsymbol{F}$ 对质点做的功与路径无关,按图 4.11 所示,应有

$$\int_{acb} \boldsymbol{F} \cdot \mathrm{d}\boldsymbol{r} = \int_{ac'b} \boldsymbol{F} \cdot \mathrm{d}\boldsymbol{r} = -\int_{bc'a} \boldsymbol{F} \cdot \mathrm{d}\boldsymbol{r}$$

$\boldsymbol{F}$ 沿闭合路径对质点做功为

$$\oint_{L} \boldsymbol{F} \cdot \mathrm{d}\boldsymbol{r} = \int_{acb} \boldsymbol{F} \cdot \mathrm{d}\boldsymbol{r} + \int_{bc'a} \boldsymbol{F} \cdot \mathrm{d}\boldsymbol{r} = \int_{acb} \boldsymbol{F} \cdot \mathrm{d}\boldsymbol{r} - \int_{ac'b} \boldsymbol{F} \cdot \mathrm{d}\boldsymbol{r} = 0$$

保守力所在的空间称为保守力场,如重力场、万有引力场、弹性力场。对由质点 $M$ 和 $m$ 构成的系统,可以认为 $m$ 在 $M$ 的万有引力场中,受到 $M$ 施予的万有引力的作用,反之亦然。$M$ 与 $m$ 的相互作用是通过场来实现的。

### 4.2.2　势能

1. 势能的概念

保守力场可以引入**势能**的概念。例如,重力场中,将物体慢慢举到某一高度,外力克服重力做功(重力做负功),使物体与地球之间的相对位置发生了改变,它们之间具有了(或储备了)一个与位置有关的能量,此能量称为**势能**或**位能**。

由于势能与位置有关,所以物体系的势能(或称质点在保守力场中某点的势能)是相对一定的势能零点,在确定了势能零点后,某位置的势能才有确定的值。

对由两个质点 $M$ 和 $m$ 组成的系统,我们有时说系统具有多少势能,有时又说质点 $m$ 在场中某点的势能,这两种说法的物理意义是一致的。根据一对力总功的表达式(4.9),在计算保守力对其中一个质点在两质点相对位移上的功时,实际上求得的是两质点间一对保守力的总功。因而,正是这"一对力的总功"引起系统势能的改变,故势能是属于系统的。另一方面,若从保守力对其中一个质点做功(在两质点的相对位移上)来考虑,则可看到,保守力做功的多少体现了 $m$ 在 $M$ 的场中不同位置上系统所储备的势能不同。因此,自然出现了"质点在场中某点具有多少势能"的说法。这样,尽管从本质上说势能是属于系统的,但引入"质点在保守力场中某点的势能"的定义也很必要。

2. 势能表达式

由于系统的势能与物体间的相对位置有关,所以欲确定质点在保守力场中某点的势能,必须选定势能零点。定义:在确定势能零点后,质点在保守力场中某点 $a$ 处的势能等于保守力将质点从 $a$ 点移至势能零点过程的功

$$E_{pa} = \int_{a}^{(0)} \boldsymbol{F} \cdot \mathrm{d}\boldsymbol{r} \tag{4.14}$$

式(4.14)中(0)表示势能零点位置。至此,我们能够依式(4.14)确切地计算质点在保守力场中某点处的势能。

以下分别求解重力势能、万有引力势能和弹性势能。

**1）重力势能**

由于质点在重力场中某点的势能等于将质点从该点移至零势能点过程中重力的功，所以，图 4.8 中若取 $y=0$ 为零势能面，则质点处于 $y=h$ 位置上时，重力势能为

$$E_{\mathrm{p}}=\int_{a}^{(0)} m\boldsymbol{g}\cdot \mathrm{d}\boldsymbol{r}=-\int_{h}^{0} mg\,\mathrm{d}y=mgh \tag{4.15}$$

重力势能曲线如图 4.12 所示。

**2）万有引力势能**

由式(4.11)，万有引力的功为

$$A=\int_{a}^{b}\boldsymbol{F}\cdot \mathrm{d}\boldsymbol{r}=-\left[\left(-G\frac{Mm}{r_2}\right)-\left(-G\frac{Mm}{r_1}\right)\right]$$

令 $r_2\rightarrow\infty$，则上式右边第 1 项为零，这意味着无穷远处为万有引力势能零点。由质点在保守力场中某点势能的定义式(4.14)，可得质点 $m$ 在另一质点 $M$ 的场中万有引力势能为

$$E_{\mathrm{p}}=\int_{a}^{(0)}\boldsymbol{F}\cdot \mathrm{d}\boldsymbol{r}=-\int_{r}^{\infty} G\frac{Mm}{r^2}\mathrm{d}r=-G\frac{Mm}{r} \tag{4.16}$$

注意到式(4.16) 所示的万有引力势能是相对无穷远处为势能零点。万有引力势能曲线如图 4.13 所示。

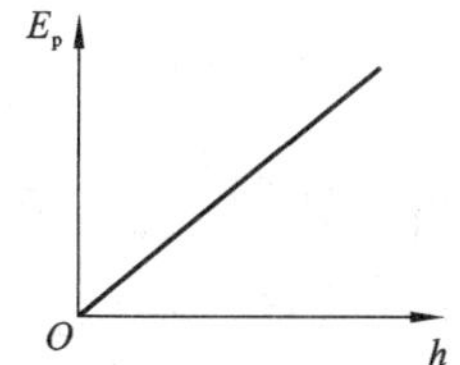


图 4.12　重力势能曲线

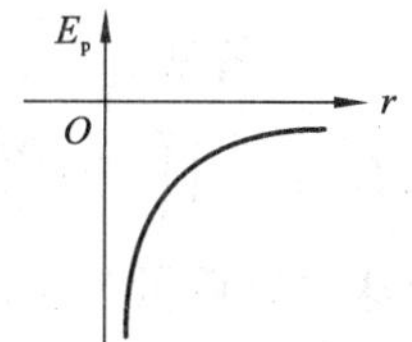


图 4.13　万有引力势能曲线

**3）弹性势能**

如图 4.10 所示，如以弹簧原长处为弹性势能零点，则质点 $m$ 在弹簧形变量为 $x$ 处的弹性势能为从 $x$ 处移到势能零点($x=0$) 过程中弹力的功。

$$E_{\mathrm{p}}=\int_{a}^{(0)}\boldsymbol{F}\cdot \mathrm{d}\boldsymbol{r}=-\int_{x}^{0} kx\,\mathrm{d}x=\frac{1}{2}kx^2 \tag{4.17}$$

弹性势能曲线如图 4.14 所示。

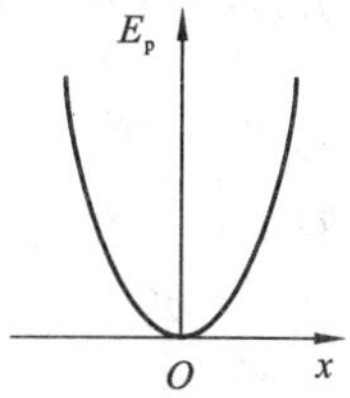

图 4.14　弹性势能曲线

说明：

(1) 保守力的功等于系统势能增量的负值

$$A_{\text{保}}=-(E_{\mathrm{p}_2}-E_{\mathrm{p}_1})=-\Delta E_{\mathrm{p}} \tag{4.18}$$

由以上重力势能、万有引力势能及弹性势能的表达式，再考虑重力的功式(4.10) 和万有引力的功式(4.11) 和弹力的功式(4.12)，容易得到一个共同结论，保守力的功等于系统势能增量的负值，即式(4.18)。

(2) 式(4.18) 是具有普遍意义的重要结论，它体现了功与能的转换关系：功是能量转换和变化的量度。当保守力做正功，系统势能减少；当保守力做负功，系统势能增加。保守力在某一过程中的功只决定于系统的始、末势能的差值。因此，保守力的功与势能零点的选取无关，它是一个绝对量。这样，在计算保守力的功时，就不必从功的定义出发进行力对位移的积分运算，而只需要利用式(4.18) 即可。

(3) 势能是相对的，只有保守力场中才能引入势能的概念。选取不同的势能零点，所得到质点在保守力场中同一位置上的势能值不一样。势能零点原则上可以任意选取，但我们总是选取最

方便和最合理的势能零点。例如，万有引力场中的势能表达式 $E_p=-G\dfrac{Mm}{r}$[式(4.16)]是在选取无穷远处为势能零点的情况下得到的。而当两质点相距无穷远时，物体克服万有引力做的功最大，因而系统的零势能是一个最大势能。在两质点间的距离 $r$ 逐渐由大到小的过程中，万有引力对系统做正功，系统的势能减少，因而质点 $m$ 在场中任意位置上的势能值都比无穷远处的势能($E_p=0$)要小，它总是一个负值。这说明式(4.16)中的负号一定不能丢掉，它体现了势能零点的选取和万有引力势能的特点。

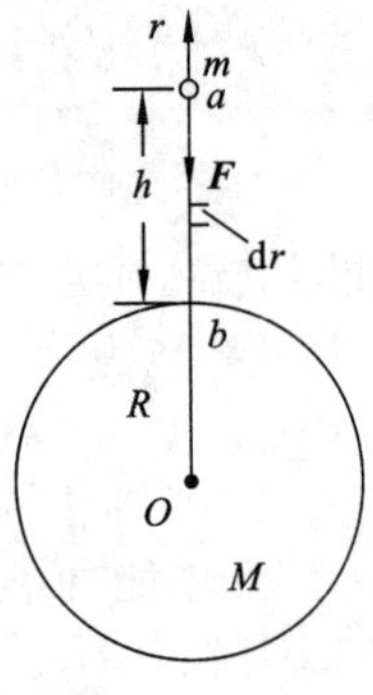

图 4.15　例 4.3 图

**例 4.3**　一物体质量为 $m$，离地面高度为 $h$，由静止开始向地心方向落到地面。设地球半径为 $R$，质量为 $M$，求万有引力对物体做的功。

**解法一**　这是一个变力做功的问题，设空气阻力可忽略，如图 4.15 所示。力的元功为

$$\mathrm{d}A=\boldsymbol{F}\cdot\mathrm{d}\boldsymbol{r}=-G\frac{Mm}{r^2}\mathrm{d}r$$

$$A=-\int_{R+h}^{R}G\frac{Mm}{r^2}\mathrm{d}r=GMm\left(\frac{1}{R}-\frac{1}{R+h}\right)$$

由于 $R+h>R$，可见上式 $A>0$，即万有引力做正功，系统的势能减小。

**解法二**　直接利用势能表达式及保守力的功 $A=-\Delta E_p$ 求解

$$A=-\Delta E_p=-\left[\left(-G\frac{Mm}{R}\right)-\left(-G\frac{Mm}{R+h}\right)\right]=GMm\left(\frac{1}{R}-\frac{1}{R+h}\right)$$

**例 4.4**　人造地球卫星质量为 $m$，地球质量为 $M$，设卫星绕地球做椭圆运动，近地点为 $A$，远地点为 $B$，地心处于椭圆的一个焦点 $C$ 上，如图 4.16 所示，若 $AC=r_1$，$BC=r_2$，万有引力系数为 $G$，求卫星在 $A$，$B$ 两处动能之差值。

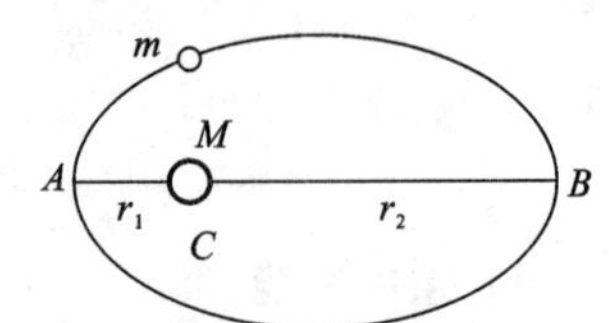

图 4.16　例 4.4 图

**解**　由动能定理，万有引力的功应等于卫星动能的增量，而万有引力的功又等于系统势能增量的负值，故

$$\Delta E_k=-\Delta E_p=-\left[\left(-G\frac{Mm}{r_2}\right)-\left(-G\frac{Mm}{r_1}\right)\right]=GMm\left(\frac{1}{r_2}-\frac{1}{r_1}\right)$$

**例 4.5**　在离地球表面 $h$ 高度处($h\ll$ 地球半径 $R$)发射人造地球卫星。

(1) 如果发射方向与地面平行，问要使卫星能绕地球做圆周运动，发射速度至少为多少?

(2) 如果要使卫星脱离地球的束缚，形成宇宙火箭不再回来，从地球上发射速度至少为多少?(已知地球半径 $R=6.37\times10^6$ m。)

**解**　(1) 设 $M$ 为地球质量，$m$ 为卫星质量，当卫星绕地球做圆周运动时，向心力为 $G\dfrac{Mm}{(R+h)^2}$，因 $h\ll R$，故向心力近似为 $G\dfrac{Mm}{R^2}$。由牛顿第二定律，得

$$G\frac{Mm}{R^2}=m\frac{v^2}{R}$$

因为 $g=G\dfrac{M}{R^2}$，所以

$$v=\sqrt{gR}=\sqrt{9.8\times6.37\times10^6}=7.9\times10^3(\mathrm{m\cdot s^{-1}})$$

(2) 设 $v_0$ 为卫星的发射速度，能使卫星刚好脱离地球的束缚从而形成宇宙火箭的条件就是卫星所具有的动能刚好能克服引力势能。即

$$\frac{1}{2}mv_0^2 = G\frac{Mm}{R}$$

$$v_0 = \sqrt{\frac{2GM}{R}} = \sqrt{2gR} = \sqrt{2\times 9.8\times 6.37\times 10^6} = 11.2\times 10^3(\mathrm{m\cdot s^{-1}})$$

本例中 $v = 7.9\times 10^3(\mathrm{m\cdot s^{-1}})$ 称为第一宇宙速度，$v_0 = 11.2\times 10^3(\mathrm{m\cdot s^{-1}})$ 称为第二宇宙速度。

# 4.3　功能原理　能量守恒定律

将动能定理的形式稍加改变，可得到功能原理，而机械能守恒定律则是动能定理或功能原理在一定条件下的特例。

## 4.3.1　功能原理　机械能守恒定律

在质点系的动能定理中，$\sum_i A_i$ 是一切外力和一切内力的功之和。若将内力的功分为保守内力和非保守内力的功，则

$$\sum_i A_{i\text{内}} = \sum_i A_{i\text{保内}} + \sum_i A_{i\text{非保内}}$$

又因 $\sum_i A_{i\text{保内}} = -\Delta E_{\mathrm{p}}$（保守力的功等于系统势能增量的负值），则动能定理式(4.8)变为如下形式

$$\begin{aligned}\sum_i A_i &= \sum_i A_{i\text{外}} + \sum_i A_{i\text{保内}} + \sum_i A_{i\text{非保内}}\\ &= \sum_i A_{i\text{外}} + (-\Delta E_{\mathrm{p}}) + \sum_i A_{i\text{非保内}} = \Delta E_{\mathrm{k}}\end{aligned}$$

即

$$\sum_i A_{i\text{外}} + \sum_i A_{i\text{非保内}} = \Delta E_{\mathrm{k}} + \Delta E_{\mathrm{p}} = E_2 - E_1 \tag{4.19}$$

式中：$E_2 = E_{\mathrm{k2}} + E_{\mathrm{p2}}$，$E_1 = E_{\mathrm{k1}} + E_{\mathrm{p1}}$ 是系统末、初两个状态下的**机械能**。式(4.19)说明，除保守力以外的其他所有力(即外力和非保内力)的功等于系统机械能的增量，这就是质点系的**功能原理**。

有些问题用功能原理求解时显得更方便，这是因为将保守力的功用势能的差值来表示，而作受力分析时就不必再考虑系统受到的保守力，也不必计算保守力的功了。例如，在汽车爬坡问题中牵引力及阻力的总功等于汽车机械能的增量($A_{\text{牵}} + A_{\text{阻}} = E_2 - E_1$)，用的就是功能原理。

由功能原理式(4.19)，当外力及非保守力的功为零，即系统内只有保守力做功的情况下，有 $E_2 = E_1 =$ 常量，即

$$E_{\mathrm{k1}} + E_{\mathrm{p1}} = E_{\mathrm{k2}} + E_{\mathrm{p2}} \tag{4.20}$$

这就是**机械能守恒定律**，其完整的描述是：**当系统内只有保守力做功(即质点系受到的外力和非保守内力的功均为零)时，系统内各质点间的动能和势能可以互相转换，而其总和是一个常量**。系统的机械能守恒定律适用于惯性系。

## 4.3.2　能量守恒定律

**能量守恒定律**　能量既不能消失，也不能创造，只能从一种形式转换到另一种形式。对于

一个与外界没有能量交换的系统，各种形式的能量可以互相转换，但其总和不变。能量守恒定律也称为能量转化与守恒定律，是自然界中最具普遍性的定律之一，可适用于任何变化过程，如热运动过程、电磁过程、化学过程及宏观过程和微观过程。

实际上，力学中的动能定理、功能原理、机械能守恒定律，本质上都反映了运动系统内的能量守恒与转化定律。例如摩擦力的功使系统的机械能减少，系统的机械能不守恒，摩擦力的功造成了热能(热损失)，系统的机械能与这部分热能的总和仍然是恒量。

综上所述，我们对功与能有了一定的认识：能量是系统做功的本领——它的大小取决于系统的状态，因此能量是状态的单值函数；功是能量变化的量度——功总是与能量的交换或变化相联系的，当用做功来实现能量的转化时，功便是能量变化的量度。这从保守力的功及动能定理的计算中可以清楚地看到。

**例 4.6**　用机械能守恒定律重解例 4.1。

**解**　对珠子和地球组成的系统，在珠子下落过程中，外力 $\boldsymbol{T}$ 不做功，重力为保守内力，所以系统机械能守恒。设 $A$ 处为重力势能零点。则

$$-mgl\sin\theta+\frac{1}{2}mv_B^2=0$$

所以

$$v_B=\sqrt{2gl\sin\theta}$$

与例 4.1 得出的结果相同。此方法更简单。

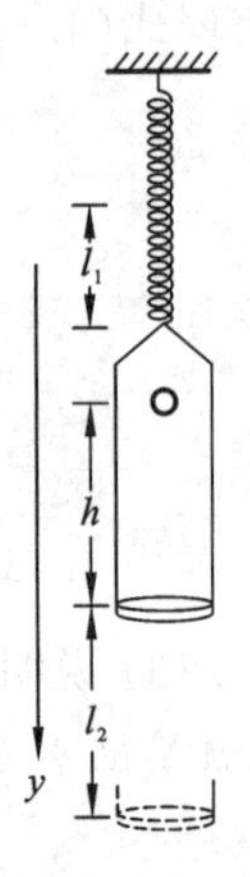

图 4.17　例 4.7 图

**例 4.7**　用一个轻弹簧把一个金属盘悬挂起来(见图 4.17)，这时弹簧伸长了 $l_1=10\ \text{cm}$。一个质量和盘相同的泥球，从高于盘 $h=30\ \text{cm}$ 处由静止下落到盘上。求此盘向下运动的最大距离 $l_2$。(设泥球的质量很小，泥球与盘的碰撞时间很短。)

**解**　本题可分为三个过程进行分析。

首先是泥球自由下落过程，它落到盘上时的速度为

$$v=\sqrt{2gh}$$

接着是泥球和盘的碰撞过程，把盘和泥球视为一个系统，由题设条件，可知内力远大于外力，所以系统动量守恒，设碰后泥球和盘黏合在一起的速度为 $V$，则

$$mv=(m+m)V$$

由此得 $V=\dfrac{v}{2}=\sqrt{gh/2}$。

最后是泥球和盘共同下降的过程。选弹簧、泥球和盘以及地球为系统。以泥球和盘开始共同运动时为系统的初态，两者到达最低点时为末态。在此过程中只有保守内力做功，所以系统的机械能守恒。以弹簧的自然伸长为弹性势能零点，以盘的最低位置为重力势能零点，则

$$\frac{1}{2}(2m)V^2+(2m)gl_2+\frac{1}{2}kl_1^2=\frac{1}{2}k\,(l_1+l_2)^2$$

又

$$k=mg/l_1$$

将 $V^2=gh/2$ 和 $l_1=10\ \text{cm}$ 代入上式，化简后可得

$$l_2^2-20l_2-300=0$$

解此方程，得

$$l_2 = 30,\quad l_2 = -10\quad （舍去）$$

所以盘向下运动的最大距离为 $l_2 = 30$ cm。

**例 4.8**　有弹性系数为 $k$ 的弹簧，一端固定在墙壁上，另一端连有质量为 $m$ 的物体。物体与桌面间的摩擦系数为 $\mu$，若在不变外力 $\boldsymbol{F}$ 作用下，物体由平衡位置静止开始向右移，如图 4.18 所示，则物体到达最远位置时系统的弹性势能是多少？

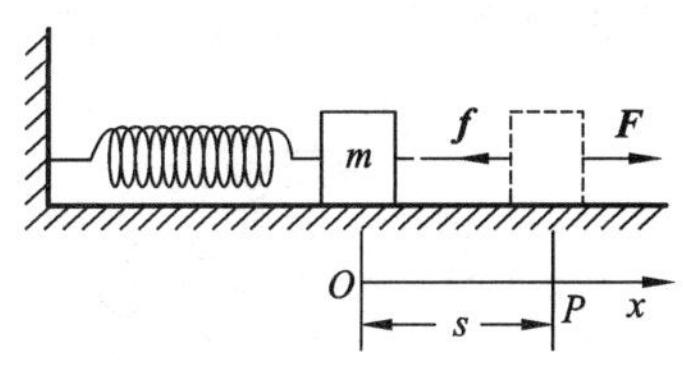


图 4.18　例 4.8 图

**解法一**　由功能原理，有

$$(F-\mu mg)s = \frac{1}{2}ks^2$$

式中：$s$ 为物体到达最远位置（$v=0$）时弹簧的伸长量。故

$$s = \frac{2(F-\mu mg)}{k}$$

$$E_p = \frac{1}{2}ks^2 = \frac{2\,(F-\mu mg)^2}{k}$$

**解法二**　物体在初态及末态的速度均为零，故由动能定理，有

$$\sum A = \int_0^s (F-kx-\mu mg)\,\mathrm{d}x = 0$$

即

$$(F-\mu mg)s - \frac{1}{2}ks^2 = 0$$

从而

$$s = \frac{2(F-\mu mg)}{k}$$

$$E_p = \frac{1}{2}ks^2 = \frac{2\,(F-\mu mg)^2}{k}$$

**例 4.9**　在例 4.2 中，若桌面光滑，用牛顿第二定律和机械能守恒定律分别求得链条全部脱离桌面时的速度。

**解**　(1) 用牛顿第二定律（$F=ma$），任意时刻，有 $\frac{Mg}{L}y = Ma$，即

$$\frac{g}{L}y = \frac{\mathrm{d}v}{\mathrm{d}t} = \frac{\mathrm{d}v}{\mathrm{d}y}\cdot\frac{\mathrm{d}y}{\mathrm{d}t}$$

则

$$\frac{g}{L}y\,\mathrm{d}y = v\,\mathrm{d}v$$

两边积分

$$\int_a^L \frac{g}{L}y\,\mathrm{d}y = \int_0^v v\,\mathrm{d}v$$

得

$$v^2 = \frac{g}{L}(L^2-a^2),\quad v = \sqrt{\frac{g}{L}(L^2-a^2)}$$

(2) 用机械能守恒定律，并设链条全部落完时下端为零势能点，则

$$\frac{1}{2}Mv^2 + Mg\,\frac{L}{2} = \frac{Mg}{L}(L-a)L + \frac{Mg}{L}a\left(L-\frac{a}{2}\right)$$

从而

$$v^2 = \frac{g}{L}(L^2-a^2)$$

$$v=\sqrt{\frac{g}{L}(L^2-a^2)}$$

凡是“光滑”链条问题,若仅求末速度,一般均可用机械能守恒定律求解,这相比用积分方法求解简单。

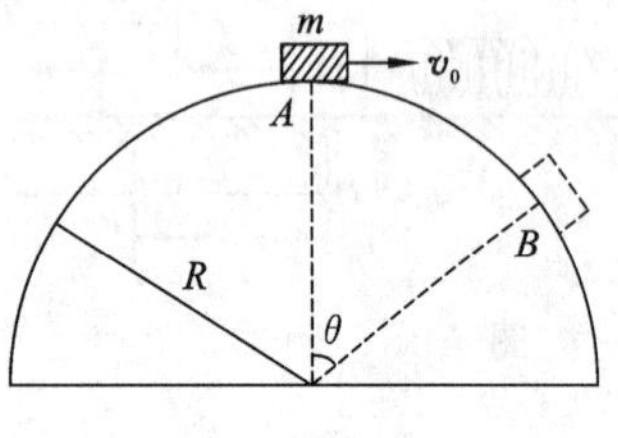

图 4.19　例 4.10 图

**例 4.10**　在半径为 $R$ 的光滑半球圆塔的顶上有一石块 $m$,如图 4.19 所示,现使一石块获得水平初速度 $\boldsymbol{v}_0$,求:

(1) 石块在何处脱离圆塔?

(2) $\boldsymbol{v}_0$ 之值为多大,方能使石块从一开始就脱离圆塔?

**解**　(1) 石块从 $A$ 到 $B$ 的圆运动过程中,受到重力及支持力的作用,但仅重力做功,故机械能守恒,取 $B$ 点处为重力势能零点,则

$$\frac{1}{2}mv_0^2+mg(R-R\cos\theta)=\frac{1}{2}mv_B^2 \quad ①$$

石块脱离塔面时,$N=0$,故

$$mg\cos\theta=m\frac{v_B^2}{R} \quad ②$$

由式 ② 代入式 ①,可得 $3Rg\cos\theta=v_0^2+2Rg$,故

$$\cos\theta=\frac{2}{3}+\frac{v_0^2}{3Rg}$$

即石块在 $\theta=\arccos\left(\frac{2}{3}+\frac{v_0^2}{3Rg}\right)$处脱离圆塔。

(2) 欲使石块一开始就脱离圆塔,必有圆塔对石块的支持力为零,则有

$$mg=m\frac{v_0^2}{R}$$

即 $v_0=\sqrt{gR}$。

**例 4.11**　用一个弹簧把质量为 $m_1$ 和 $m_2$ 的两块木板连起来置于地面,如图 4.20 所示,弹簧的质量不计,设 $m_2>m_1$,求:

(1) 对上面的木板必须施加多大的正压力 $\boldsymbol{F}$,以便在力 $\boldsymbol{F}$ 突然撤去而上面的木板跳起来时,恰能使下面的木板提离地面?

(2) 如果 $m_1$ 和 $m_2$ 交换位置,结果有无改变?(设弹簧的弹性系数为 $k$)

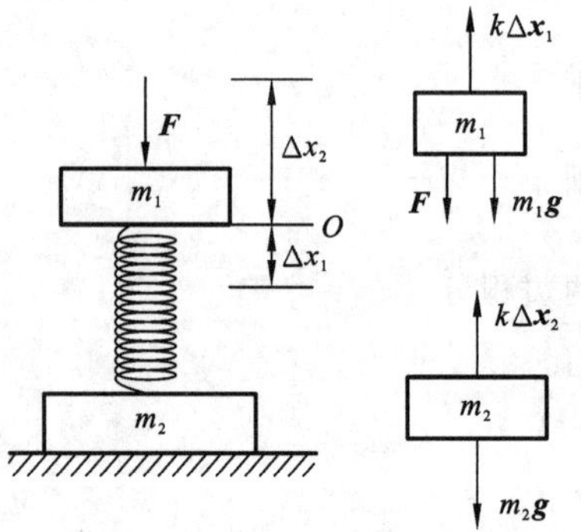

图 4.20　例 4.11 图

**解**　(1) 设弹簧处于原长时,上端位于$O$处,当以$\boldsymbol{F}$下压木板 $m_1$ 时,弹簧被压缩量为 $\Delta x_1$。$m_1$ 处于平衡状态,可列方程

$$F+m_1g=k\Delta x_1$$

撤去 $\boldsymbol{F}$ 后,木板 $m_1$ 向上运动,经过 $O$ 点并由于惯性继续向上运动,设弹簧最大伸长量为 $\Delta x_2$,为了使 $m_2$ 刚能被提起,$m_2$ 受到的弹力至少与重力相等,应有

$$k\Delta x_2=m_2g$$

从而

$$\Delta x_1 = (F + m_1 g)/k \qquad ①$$

$$\Delta x_2 = m_2 g/k \qquad ②$$

由于系统只有保守力(重力、弹力)做功,所以机械能守恒。以图中弹簧被下压 $\Delta x_1$ 时 $m_1$ 的位置为重力势能零点,弹簧原长为弹性势能零点,则有

$$\frac{1}{2}k(\Delta x_1)^2 = \frac{1}{2}k(\Delta x_2)^2 + m_1 g(\Delta x_1 + \Delta x_2) \qquad ③$$

将式 ① 和式 ② 代入式 ③,可求得

$$F = (m_1 + m_2)g$$

(2) 将(1) 中式 ① ~ 式 ③ 中 $m_1$ 和 $m_2$ 的位置交换,计算结果相同。

**例 4.12**　用机械能守恒定律重解例 4.4。

**解**　卫星运动过程中仅万有引力(保守力)做功,因而机械能守恒,设其在 $A$,$B$ 两点的速率分别为 $v_1$,$v_2$,则

$$-G\frac{Mm}{r_1} + \frac{1}{2}mv_1^2 = -G\frac{Mm}{r_2} + \frac{1}{2}mv_2^2$$

故

$$\Delta E_k = \frac{1}{2}mv_2^2 - \frac{1}{2}mv_1^2 = -G\left(\frac{Mm}{r_1}\right) + G\left(\frac{Mm}{r_2}\right) = GMm\left(\frac{1}{r_2} - \frac{1}{r_1}\right)$$

# 4.4　守恒定律的意义

除动量、角动量、能量守恒定律外,自然界还有其他守恒定律。例如:质量守恒定律,电荷守恒定律,粒子反应中的重子数、轻子数、奇异数守恒定律,宇称守恒定律等。守恒定律的特点和优点是:只要事物的变化过程满足一定的整体条件(守恒条件),就可以不必考虑过程的细节,而只需根据守恒定律对系统的初、末状态列出相应的方程。

## 4.4.1　守恒定律在方法论上的意义

物理学中分析问题时常常用到守恒定律。对于一个待研究的物理过程,物理学家总是首先从已知的守恒定律出发研究其特点,而先不涉及其细节。这是因为很多过程的细节有时还不知道,有时太复杂而难以处理。只是在守恒定律都用过之后,还未能得到所要求的结果时,才对过程的细节进行细致而复杂的分析。

## 4.4.2　守恒定律在科学史上的推动作用

由于守恒定律在方法论上的重要意义,物理学家总是想方设法找出在所研究的现象中存在着哪些量的守恒。一旦发现了某种守恒现象,他们首先用以整理过去的经验并总结出定律。然后,在新的事例或现象中对它进行检验,并且借助它作出有把握的预见。如果在新的现象中发现某一守恒定律不对,人们常是更精确地或更全面地对现象进行观察研究,以便寻找那些忽略的因素,从而恢复守恒定律的应用。在有些看来守恒定律失效的情况下,人们还千方百计地寻求“补救”办法,这就要扩大守恒量的概念,引进新的形式,从而使守恒定律更加普遍化。实在无法“补救”时,便宣布这些守恒定律不是普遍成立的,它是有缺陷的守恒定律。无论哪种情

况,都能使人们对自然界的认识进入一个新的更深入的阶段。所以,守恒定律的发现、推广和修正,在科学史上的确都曾对人类认识自然的进程起过巨大的推动作用。

### 4.4.3 对称性与守恒定律

为什么牛顿定律不适用的物理现象中,守恒定律仍然正确,说明它具有更普遍更深刻的根基。现代物理学已确定,动量、角动量、能量守恒定律是与自然界得更为普遍的属性——时空对称性相联系的。

1. 空间平移对称性(空间的均匀性)

任一给定的物理实验(或物理现象)的发展过程和该实验所在的空间位置无关,即换一个地方做,该实验的进展的过程完全一样。动量守恒定律就是这种对称性的表现。在空间平移对称性中,存在着一个绝对不可测量量——空间绝对位置 $\boldsymbol{r}$。

2. 空间转动对称性(空间的各向同性)

任一给定的物理实验的进展过程和该实验装置在空间的取向无关。即,把实验装置转一个方向,该实验进展过程完全一样。角动量守恒定律就是这种对称性的表现。在空间转动对称性中,存在着一个绝对不可测量量——空间的绝对方向 $\theta$。

3. 时间平移对称性(时间均匀性)

任一给定的物理实验的进展过程和该实验开始的时间无关。例如:迟三天开始做实验和现在开始做实验,该实验进展过程完全一样。能量守恒定律就是时间对称性的表现。在时间平移对称性中,存在着一个绝对不可测量量——时间的绝对值 $t$。

除了三种对称性外,自然界还存在着其他的对称性,每一种对称性都对应一种守恒定律,都存在着一个绝对不可测量量。例如:空间反演对称,对应于宇称守恒,存在着左、右这个绝对不可测量量;量子力学中相位旋转对称,对应于电荷守恒,存在着相因子这个绝对不可测量量等。

## 内容提要

1. 功和功率:

$$A=\int_a^b \boldsymbol{F}\cdot \mathrm{d}\boldsymbol{r},\quad P=\boldsymbol{F}\cdot\boldsymbol{v}$$

2. 动能定理:

质点 $\quad A=E_\mathrm{k}-E_\mathrm{k0}$

质点系 $\quad A_\mathrm{ex}+A_\mathrm{in}=E_\mathrm{k}-E_\mathrm{k0}$

3. 一对力的功:

两个质点间一对内力做功之和

$$A=\int_A^B \mathrm{d}A=\int_A^B \boldsymbol{f}_2\cdot \mathrm{d}\boldsymbol{r}_{21}$$

它与参考系的选择无关,仅取决于相互作用质点的相对路径。

4. 保守力:做功与路径无关而只与系统始末位置有关的力。

5. 势能：只有保守内力才能引入势能的概念。保守内力做功等于相应势能增量的负值，即

$$A_{保} = -(E_{p_2} - E_{p_1}) = -\Delta E_p$$

在确定了势能零点后，质点在保守力场中某点 $a$ 处的势能为

$$E_{pa} = \int_a^{(0)} \boldsymbol{F} \cdot d\boldsymbol{r}$$

重力势能　$E_p = mgh$，　取物体在地表附近任一高度为势能零点。

万有引力势能　$E_p = -G\dfrac{Mm}{r}$，　取两质点相距无穷远时为势能零点。

弹性势能　$E_p = \dfrac{1}{2}kx^2$，　取弹簧原长处为势能零点。

6. 机械能守恒定律：只有保守内力做功的物体系，系统的总机械能守恒。

7. 对称性与守恒律：自然界中的每一种对称性都对应于一个守恒律，与时间平移对称性对应的是能量守恒律，与空间平移对称性对应的是动量守恒律，与空间转动对称性对应的守恒律是角动量守恒律。

# 思 考 题

**4.1**　物体从粗糙斜面上滑下时，有哪些力做正功?哪些力做负功?哪些力不做功?

**4.2**　地球绕太阳公转的轨道实际上是椭圆形的，问地球离太阳最近时的势能比离太阳最远时的势能是大还是小?在该两处地球公转的速率是否一样?

**4.3**　一个系统动量守恒时，机械能是否一定守恒?

**4.4**　判断下述说法是否正确，并说明理由。

(1) 不受外力作用的系统，它的动量和机械能必然同时都守恒。

(2) 内力都是保守力的系统，当它所受的合外力为零时，其机械能必然守恒。

(3) 只有保守内力作用而不受外力作用的系统，它的动量和机械能必然都守恒。

**4.5**　将箱子从地面搬到桌上，慢慢搬上来所做的功与很快搬上来所做的功是否相同?

**4.6**　如思4.6图所示，一个小球从 $A$ 处由静止沿一位于铅直面内的光滑的斜槽滑下，到 $C$ 点后沿一圆形槽滑动。若 $B$ 点与 $A$ 点在同一高度上，问小球能否到达 $B$ 点?

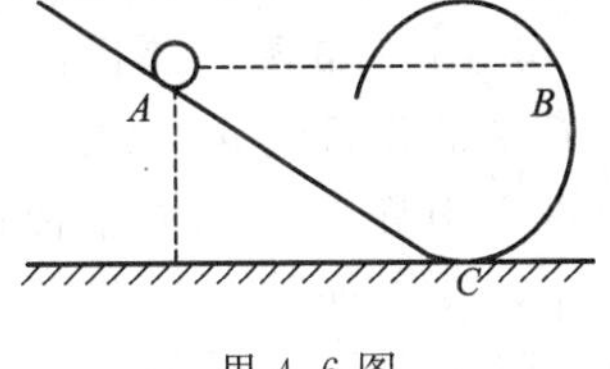

思4.6图

# 习　　题

**4.1**　一质量为 $2\times10^{-3}$ kg 的子弹，在枪膛中前进时受到的合力 $F = 400 - \dfrac{8\,000}{9}x$，$F$ 以 N 为单位，$x$ 以 m 单位，子弹在枪口的速度为 300 $(\mathrm{m\cdot s^{-1}})$，试计算枪筒的长度。

**4.2**　如题4.2图所示，一长方体蓄水池，面积 $S = 50\ \mathrm{m^2}$，储水深度 $h_1 = 1.5$ m。假定水表面低于地面的高度是 $h_2 = 5$ m。若要将这池水全部抽到地面上来，抽水机需做功多少?若抽水机的效率为80%，输入功率 $P = 35$ kW，则抽完这池水需要多长时间?

**4.3**　如题4.3图所示，弹簧原长为 $AB$，劲度系数为 $k$，下端固定在 $A$ 点，上端与一质量为 $m$ 的木块相连，木块总靠在一半径为 $a$ 的半圆柱的光滑表面上。今沿半圆的切向用力 $\boldsymbol{F}$ 拉木块使其极缓慢地移过 $\theta$ 角。求这一过程中力 $\boldsymbol{F}$ 做的功。

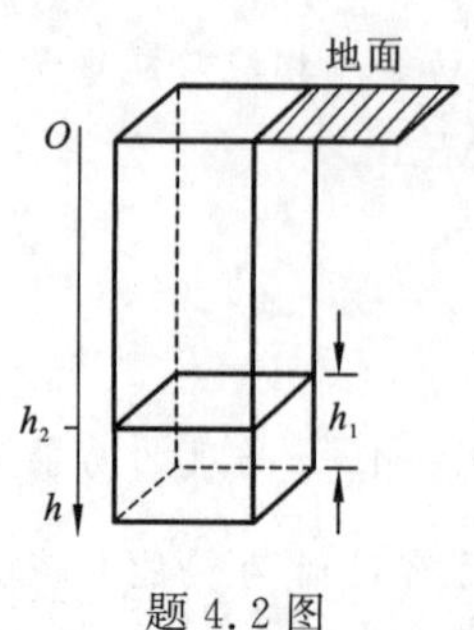

题 4.2 图

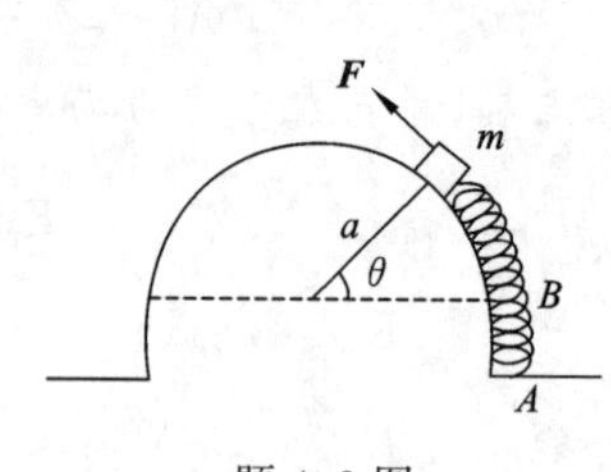

题 4.3 图

**4.4**　一质量为 $m$ 的质点在指向圆心的平方反比力 $F=-k/r^2$ 的作用下，做半径为 $r$ 的圆周运动，试计算此质点速度的大小。若取距圆心无穷远处为势能零点，则其机械能为多少？

**4.5**　某弹簧不遵守胡克定律，其弹力与形变的关系为：$F=52.8x+38.4x^2$，试求：

(1) 将弹簧从定长 $x_1=0.50\ \text{m}$ 拉伸到定长 $x_2=1.00\ \text{m}$ 时所做的功；

(2) 将弹簧横放在水平光滑桌面上，一端固定，另一端系一个质量为 2.17 kg 的物体，然后将弹簧拉伸到一定长 $x=1.00\ \text{m}$，再将物体由静止释放。求当弹簧回到 $x_1=0.50\ \text{m}$ 时物体的速率。

**4.6**　质量为 10 kg 的重物与弹性系数为 $10^3\ \text{N}\cdot\text{m}^{-1}$ 的弹簧相连，置于光滑的水平桌面上，当质量为 1 kg 的小球以 $4\ \text{m}\cdot\text{s}^{-1}$ 速率与重物碰撞后，又以 $2\ \text{m}\cdot\text{s}^{-1}$ 的速率弹回，试问弹簧被压缩的长度是多少？

**4.7**　有一弹性系数为 $k$ 的轻弹簧，竖直放置，下端悬一质量为 $m$ 的小球，先使弹簧为原长，而小球恰好与地接触，再将弹簧上端缓慢地提起，直到小球刚能脱离地面为止。在此过程中外力所做的功为多少？

**4.8**　证明：一个运动的小球与另一个静止的质量相同的小球做弹性的非对心碰撞后，它们将总沿互成直角的方向离开。

**4.9**　一轻质量弹簧原长 $l_0$，弹性系数为 $k$，上端固定，下端挂一质量为 $m$ 的物体，先用手托住，使弹簧保持原长。然后突然将物体释放，物体达最低位置时弹簧的最大伸长和弹力是多少？物体经过平衡位置时的速率多大？

**4.10**　如题 4.10 图所示，物体 $A$(质量 $m=0.5\ \text{kg}$) 静止于光滑斜面上。它与固定在斜面底 $B$ 端的弹簧上端 $C$ 相距 $s=3\ \text{m}$。弹簧的弹性系数 $k=400\ \text{N}\cdot\text{m}^{-1}$，斜面倾角 $\theta=45°$。求当物体 $A$ 由静止下滑时，能使弹簧长度产生的最大压缩量是多大？

**4.11**　如题 4.11 图所示，弹簧下面悬挂着质量分别为 $m_1$，$m_2$ 的两个物体，开始时它们都处于静止状态。突然把 $m_1$ 与 $m_2$ 的连线剪断后，$m_1$ 的最大速率是多少？设弹簧的弹性系数 $k=8.9\ \text{N}\cdot\text{m}^{-1}$，而 $m_1=500\ \text{g}$，$m_2=300\ \text{g}$。

**4.12**　质量为 $m$ 的小球在外力作用下，由静止开始做匀加速直线运动，到 $B$ 点时，撤去外力，小球无摩擦地冲上一竖直放置的半径为 $R$ 的半圆环，达到最高点 $C$ 时，恰能维持在圆环上做圆周运动，尔后又抛落到出发点 $A$，如题 4.12 图所示，试求小球在 $AB$ 段的加速度。

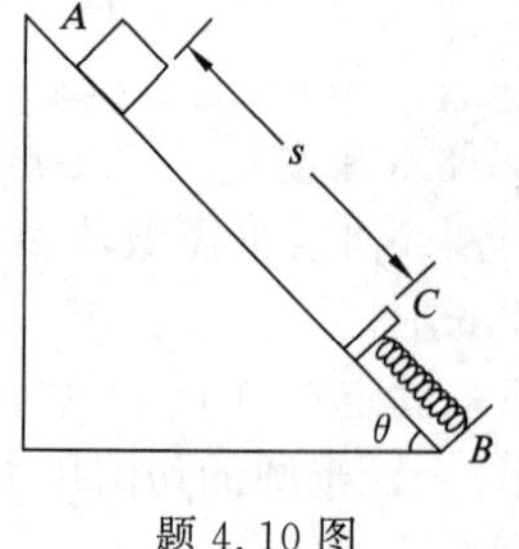

题 4.10 图

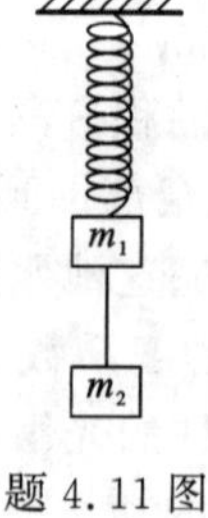

题 4.11 图

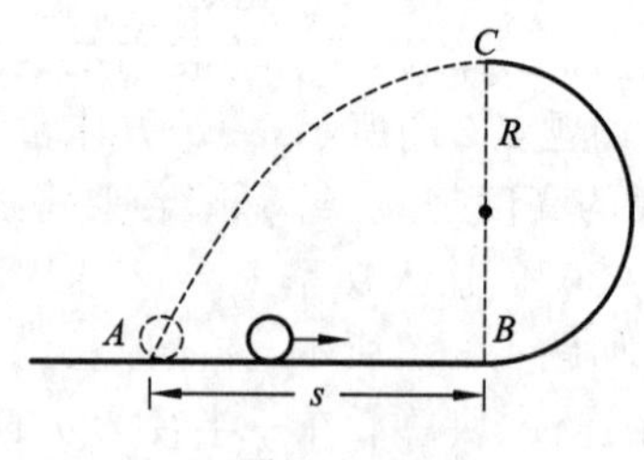

题 4.12 图

**4.13** 已知一井深 $h=10\ \mathrm{m}$，现用桶（质量忽略）把质量 $m=10\ \mathrm{kg}$ 的水提出水井，水桶漏水，每升高 1 m 漏掉 0.2 kg 的水。求提水到井口提力的功。

**4.14** 一质点做直线运动，运动方程为 $x=c^2t^2$，式中 $c$ 是正常数，质点运动中所受阻力正比于速度的大小，比例系数为 $k$，求质点由 $x=0$ 运动到 $x=L$ 时阻力做的功。

**4.15** 如题 4.15 图所示，有一单摆，用一水平力 $\boldsymbol{F}$ 作用于 $m$，使其缓慢上升。当 $\theta$ 由 0 增大到 $\theta_0$ 时求此力的功。设摆线长 $L$。

**4.16** 如题 4.16 图所示，自动卸货矿车，满载时质量为 $m'$，从倾角 $\alpha=30^\circ$ 的斜面上 $A$ 点由静止下滑，斜面对车的阻力为车重的 0.25 倍，矿车下滑距离 $L$ 后与一缓冲弹簧接触开始压缩弹簧，使其产生最大形变时矿车自动卸货，然后矿车借助弹簧弹力作用返回原位置再装货，为完成该过程，矿车满载和空载时的质量比应是多大。

**4.17** 如题 4.17 图所示，一人质量 $m=61.0\ \mathrm{kg}$，从 45.0 m 高的桥上蹦极，弹性的绳子原长 $L=25.0\ \mathrm{m}$，假设服从胡克定律，弹性系数 $k=160\ \mathrm{N\cdot m^{-1}}$。求他脚离水面的最小高度 $H$。

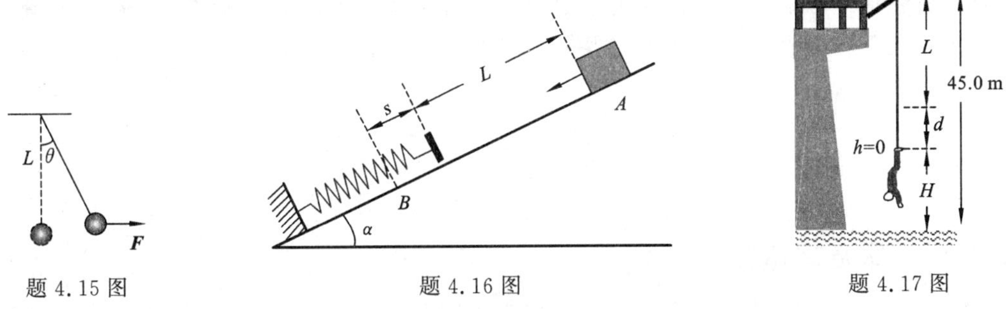


题 4.15 图　　题 4.16 图　　题 4.17 图

**4.18** 一颗质量为 $m$ 的陨石从遥远的天际以速度 $\boldsymbol{v}_0$ 向一行星接近，由于引力作用，陨石的运动轨迹刚能擦碰行星，如题 4.18 图所示。图中 $r_e$ 称为行星的俘获截面半径。若行星的质量为 $M$，半径为 $R$，求俘获半径 $r_e$。

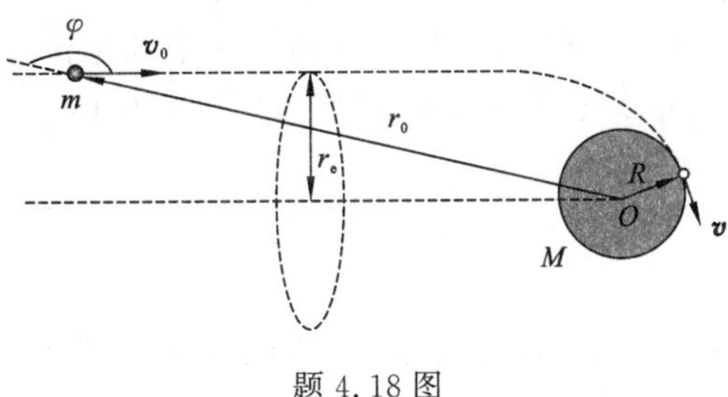


题 4.18 图

**4.19** 一物体由粗糙斜面底部以初速度 $\boldsymbol{v}_0$ 冲上去后又沿斜面滑下来，回到底部时的速度为 $\boldsymbol{v}_1$，求此物体达到的最大高度。

【习题参考答案】

【阅读材料】

# 第5章 刚体力学基础

质点和刚体是描述客观实体运动的力学问题中两个最基本的模型。

把物体看成质点是因为忽略了物体的大小、形状,即忽略了物体上各点运动状态的差异。而实际问题中,往往还存在相当一部分不能忽略物体大小、形状等因素的力学问题,例如物体的转动问题(门、窗的转动,滑轮的转动,车轮的滚动等)。对这类问题,我们首先假定物体是由多个质点或小质量元构成的质点系(质量元是可视为质点的一小块质量),这样就可以利用质点力学的规律对它进行研究;我们还需要假定物体在运动过程中保持大小、形状不发生改变,即忽略外力作用下物体产生的形变,这样就只需要讨论具有一定大小、形状、质量、质量分布的物体的力学现象和规律。上述处理方法突出了物理现象的力学本质,由此抽象出另一个力学模型——刚体。

## 5.1 刚体运动的描述

### 5.1.1 刚体及其运动

1. 刚体

**刚体**是这样的一个质点系:无论在多大的外力作用下,组成刚体的所有质点之间的距离始终保持不变(或在力的作用下,大小和形状都保持不变的物体称为刚体)。由于任何物体在外力作用下,其大小和形状都会有一定的变化,所以刚体是一个理想模型。自然界中能够被看成刚体的质点系很多,简单的如:有一定质量的杆、圆环、球体、圆柱体等。一定条件下,大到天体,小到分子、原子都可以作为刚体来处理。

2. 刚体的平动

刚体运动时,若刚体内任一直线段在运动过程中始终保持其方向不变,这样的运动称为刚体的平动,如图5.1(a)所示。显然,在任何一段考查时间内,做平动的刚体上所有质点的运动轨迹形状相同(任意两个质点的轨迹平移后能完全重合),运动的位移相同,因而任何时刻,各质点的瞬时速度、加速度都相同,于是对平动刚体的研究可归结为刚体内任何一点运动的研究,通常以质心的运动来代替刚体的平动,即刚体的平动可看成全部质量集中在刚体质心上的质点的运动。

3. 刚体的转动

刚体运动时,如果刚体内各个质点在运动中都绕同一直线做圆周运动,这种运动就是转动,这一直线称为转轴。如果转轴是固定的,称为定轴转动,如图5.1(b)所示,如果物体在转动过程中转轴发生平移或其方位在改变,则刚体的运动称为绕瞬时轴的瞬时转动(瞬时转动问题在大学物理中不介绍)。

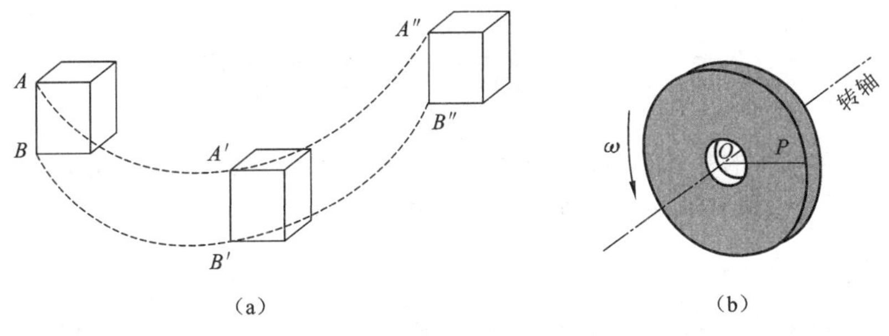


(a)　　　　(b)

图 5.1　刚体的平动和转动

4. 刚体的一般运动

刚体最简单的运动是平动和定轴转动。刚体的一般运动可看成平动和转动的叠加。例如，车轮的滚动可看成车轮绕轮轴的转动和随轮轴一起前进的平动的叠加。本章只讨论刚体的定轴转动。

## 5.1.2　刚体定轴转动的描述

刚体做定轴转动时，虽然各质元都绕转轴做圆周运动，但如此众多的质元到转轴的距离及其速度却不尽相同，因此，直接用线量 $\boldsymbol{r},\Delta\boldsymbol{r},\boldsymbol{v},\boldsymbol{a}$ 来描述极不方便。然而，在做定轴转动的刚体中，每个质元到转轴的垂直连线，在同样的时间 $\Delta t$ 内都转过了同样的角度 $\Delta\theta$，用角量 $\theta,\Delta\theta,\omega,\beta$ 来描述刚体的定轴转动要方便得多。我们可以用刚体上任意一点的角速度和角加速度称为刚体的角速度和角加速度，用来描述刚体整体的转动。

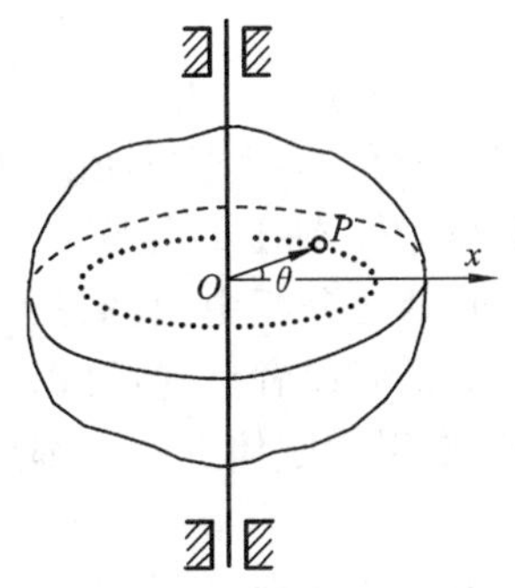


图 5.2　刚体的角量描述

如图 5.2 所示，设 $P$ 为刚体上任意一点，它在垂直转轴的平面内做圆周运动，在此平面内(称为转动平面) 过圆心 $O$ 作参考轴 $Ox$，$P$ 点的位矢与 $x$ 轴的夹角为 $\theta$，称为刚体的角坐标，刚体转动时，$\theta$ 是时间的函数，即 $\theta=\theta(t)$，同第 1 章讨论圆周运动时讨论过的一样，刚体的角速度和角加速度分别为

$$\omega=\frac{\mathrm{d}\theta}{\mathrm{d}t} \tag{5.1}$$

$$\beta=\frac{\mathrm{d}\omega}{\mathrm{d}t}=\frac{\mathrm{d}^2\theta}{\mathrm{d}t^2} \tag{5.2}$$

在国际单位制中，角速度的单位是 $\mathrm{rad\cdot s^{-1}}$，角加速度的单位是 $\mathrm{rad\cdot s^{-2}}$。

刚体转动中，刚体上任一点的线速度，切向和法向加速度分别为

$$v=\omega r \tag{5.3a}$$

$$a_{\mathrm{n}}=\omega^2 r \tag{5.3b}$$

$$a_{\mathrm{t}}=\beta r \tag{5.3c}$$

式中：$r$ 为该点到轴的垂直距离。线量反映了刚体上各点运动的差别。这些公式在第 1 章都详细讨论过，这里就不再仔细推导。

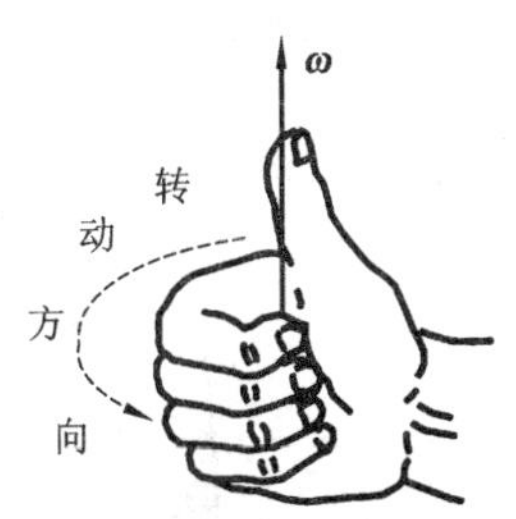


图 5.3　角速度的方向

为了充分反映刚体的运动情况，将角速度 $\omega$ 定义为矢量，用 $\boldsymbol{\omega}$ 表示。它的方向规定：用右手按照刚体转动的方向握住转轴，大拇指所指转轴的方向即为角速度矢量的方向，如图 5.3 所示。在定轴转动的情况下，角速度的方向总是沿着转轴，只要规定了 $\boldsymbol{\omega}$ 的正负，就可用标量 $\omega$ 进行计算。

# 5.2　刚体定轴转动定律

质点的运动和刚体的平动,可以利用牛顿第二定律运动分析,刚体绕定轴转动时,遵循怎样的运动规律呢?我们来讨论一下使刚体产生转动效果的力矩。

## 5.2.1　力矩

一个静止的刚体,要使之转动,必须施加力的作用,但并不是所有的力都能使刚体发生转动。刚体转动与否,不仅与力的大小、方向有关,还与力的作用点有关。例如,当我们推开门窗时,也就是使门窗绕转轴转动,手的推力的作用点要尽量远离转轴,而且一定不会让力的方向通过转轴。力矩正是全面考虑力的大小、方向和作用力点这些因素的重要概念。

在第 3 章,我们已经介绍过力对定点的力矩。外力 $\boldsymbol{F}$ 作用在刚体上的 $P$ 点,而 $P$ 点对坐标原点 $O$ 的位矢为 $\boldsymbol{r}$,则力对 $O$ 的力矩为

$$\boldsymbol{M} = \boldsymbol{r} \times \boldsymbol{F}$$

刚体可以绕 $O$ 点任意转动,如何转动,取决于这个力矩的作用。

在定轴转动中,刚体只能绕定轴转动,所以平行于转轴的力对刚体的定轴转动不起作用。如图 5.4 所示,转轴是 $z$ 轴,把外力 $\boldsymbol{F}$ 分解为 $\boldsymbol{F}_1$ 和 $\boldsymbol{F}_2$,$\boldsymbol{F}_1$ 平行于 $z$ 轴,$\boldsymbol{F}_2$ 在垂直于 $z$ 轴的平面内。只有分力 $\boldsymbol{F}_2$ 能使刚体发生绕 $z$ 轴的转动,它的力矩大小为

$$M_z = F_2 r\sin\varphi = F_2 d \tag{5.4}$$

式中:$\varphi$ 为力 $\boldsymbol{F}_2$ 与矢径 $\boldsymbol{r}$ 之间的夹角;$d = r\sin\varphi$ 为力臂;$M_z$ 为力 $\boldsymbol{F}$ 对 $z$ 轴的力矩,方向由右手螺旋定则决定,即为 $z$ 轴方向。可以证明,$M_z$ 实际上是力对 $O$ 的力矩 $\boldsymbol{M}$ 在 $z$ 轴上的分量。

对于定轴转动,实际上只有对轴的力矩分量起作用,所以在具体问题的分析中,我们只考虑在转动平面内的力及对应的力矩。这个力矩只有两个指向,沿着转轴正向或者负向,可以简化成正负标量进行处理。在本章以下讨论的内容中,如不做特别说明,作用在刚体上的力都在转动平面内。

若有几个力同时作用在刚体上(见图 5.5),则规定沿转轴的某一方向为正向,先分别写出这几个力对同一轴的力矩,然后求出这几个力各自对轴力矩的代数和,即总力矩。显然,这里不能先把所有的受力求和得到合力,然后再求合力的力矩;而是分析出每个力对轴的力矩,然后对各力矩求代数和,表示为

$$M_{合} = \sum_i M_i \tag{5.5}$$

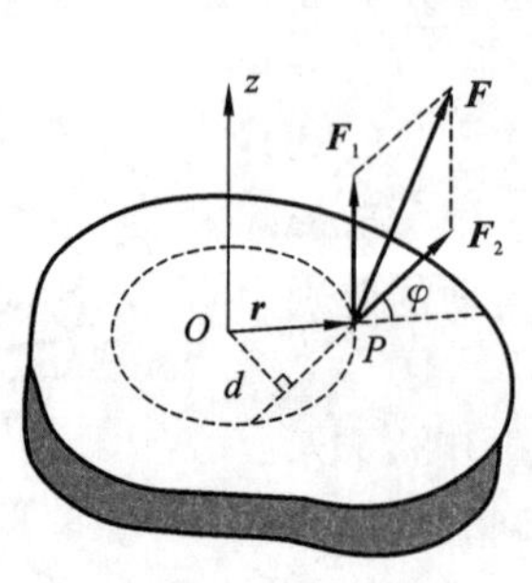


图 5.4　力矩

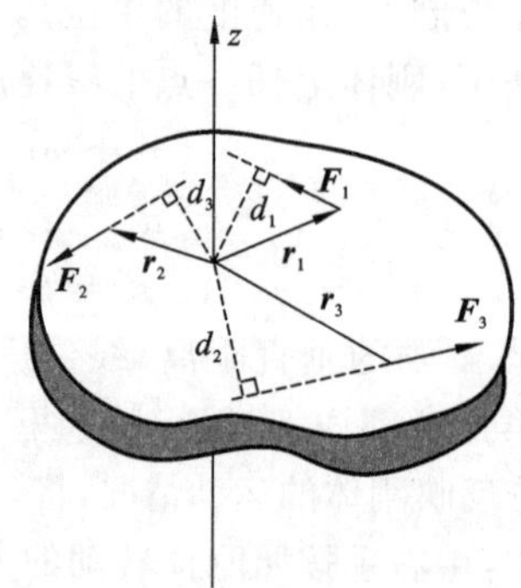


图 5.5　几个力的总力矩

## 5.2.2　刚体定轴转动定律

当刚体受到外力矩作用时，它的转动状态就会改变。下面把刚体看成一个质点系，用质点的牛顿定律来推导刚体转动状态的改变与它所受外力矩之间的关系。

设刚体由 $n$ 个质元组成，其中第 $i$ 个质元 $\Delta m_i$ 受的外力为 $\boldsymbol{F}_i$，内力为 $\boldsymbol{f}_i$，绕轴做圆周运动的半径为 $r_i$，如图 5.6 所示。将力分解到法向和切向方向，因为法向方向的分力的作用线是通过转轴的，其力矩为零，在此不做讨论。

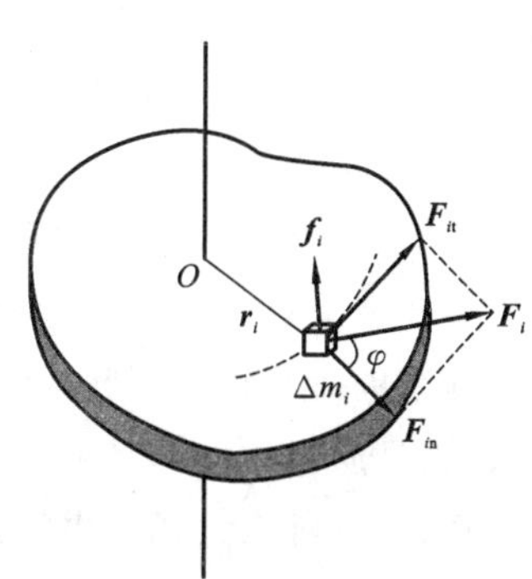


图 5.6　转动定律推导

在轨道的切线方向上用牛顿定律列方程，有

$$F_{it}+f_{it}=\Delta m_i a_{it}$$

由于 $a_{it}=\beta r_i$，所以上式可写为

$$F_{it}+f_{it}=\Delta m_i r_i\beta$$

再在上式两边同乘 $r_i$，则有

$$r_iF_{it}+r_if_{it}=\Delta m_i r_i^2\beta\quad(i=1,2,\cdots)$$

根据式(5.4)，力矩也可以写成切向分力和矢径大小的乘积，即

$$M=Fr\sin\varphi=rF_t$$

显然，上式中第 1 项是刚体受的外力矩，第 2 项是内力矩，对 $i$ 求和，得到

$$\sum_i r_iF_{it}+\sum_i r_if_{it}=\Big(\sum_i\Delta m_ir_i^2\Big)\beta$$

式中：第 1 项是刚体所受所有外力矩的代数和，称为合外力矩，用 $M_{合}$ 表示；第 2 项是所有内力矩的代数和，由于内力矩都是成对的，且作用力和反作用力的力矩大小相等，方向相反，所以所有内力矩的代数和为零。等号右边由于所有质元的角加速度相同，所以放到求和括号外，若令

$$J=\sum_i\Delta m_ir_i^2\tag{5.6}$$

称为刚体对于转轴的**转动惯量**，则

$$M_{合}=J\beta\tag{5.7}$$

这就是刚体绕固定轴转动的**转动定律**。它表明：**刚体所受的对于某一固定轴的合外力矩等于刚体对于此轴的转动惯量与刚体转动的角加速度的乘积**。由于 $J>0$，所以 $M_{合}$ 与 $\beta$ 同号，即角加速度与合外力矩同方向。将式(5.7) 和牛顿第二定律公式 $\boldsymbol{F}=m\boldsymbol{a}$ 对比，前者中合外力矩相当于后者中的合外力，角加速度相当于后者中的加速度，而刚体的转动惯量 $J$ 则和质点的惯性质量 $m$ 相对应。转动惯量表示刚体在转动过程中表现出的惯性。下面详细讨论转动惯量的计算，以及它是由哪些物理因素决定的。

## 5.2.3　转动惯量

### 1. 转动惯量的定义

转动惯量由式 $J=\sum_i\Delta m_ir_i^2$ 定义，即刚体对某定轴的转动惯量，等于刚体上各质点的质量与该质点到转轴垂直距离平方的乘积之和。

对于质量连续分布的刚体，上述求和变为积分

$$J = \int r^2 \mathrm{d}m \tag{5.8}$$

特别注意,$\mathrm{d}m$ 是刚体上的一个质量元,$r$ 是 $\mathrm{d}m$ 到转轴的距离。这是一个与刚体的角速度或各质点的速度无关的量。在国际单位制中,转动惯量的单位是 $\mathrm{kg} \cdot \mathrm{m}^2$。由转动惯量定义式可知,它的大小不仅与刚体的总质量有关,而且和质量相对于轴的分布有关,其关系如下。

(1) 形状、大小相同的均匀刚体总质量越大,转动惯量越大。

(2) 总质量相同的刚体,质量分布离轴越远,转动惯量越大。

(3) 同一刚体,转轴不同,质量对轴的分布就不同,因而转动惯量就不同。

转动惯量是一个与质量相对应的物理量,是刚体转动惯性大小的量度,表示迫使刚体转动状态改变的难易程度。刚体的转动惯量越大,它的转动状态越难改变。例如,飞轮的质量一般都很大,而且质量绝大部分都集中在轮的边缘,这是为了增大飞轮对转轴的转动惯量,使机器运行平稳;而各种指针式仪表的指针都是做得尽量轻小,是为了提高仪器的灵敏度。

2. 转动惯量的计算

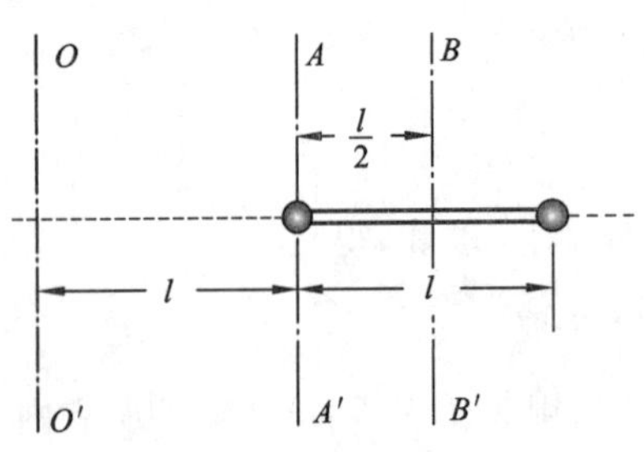


图 5.7　转动惯量的计算

对由分立质点构成的刚体,求出所有质点对同一转轴的转动惯量然后相加,就得到整个刚体对该轴的转动惯量。例如,长为 $l$ 的刚性轻杆(杆的质量忽略不计),两端各固连一个质量为 $m$ 的小球,如图 5.7 所示,此系统对图中三个轴的转动惯量分别为

$$J_{OO'} = ml^2 + m(2l)^2 = 5ml^2$$

$$J_{AA'} = ml^2$$

$$J_{BB'} = m\left(\frac{l}{2}\right)^2 + m\left(\frac{l}{2}\right)^2 = \frac{1}{2}ml^2$$

对质量均匀且连续分布的刚体,常见的质量分布有体分布、面分布和线分布,若以 $\rho,\sigma,\lambda$ 分别表示刚体的质量体密度、面密度和线密度,则质量元分别为

$$\mathrm{d}m = \rho \mathrm{d}V, \quad \mathrm{d}m = \sigma \mathrm{d}S, \quad \mathrm{d}m = \lambda \mathrm{d}l$$

式中:$\mathrm{d}V$,$\mathrm{d}S$,$\mathrm{d}l$ 分别为体积元、面积元和线元。转动惯量的计算式可表示为

$$J = \int r^2 \rho \mathrm{d}V, \quad J = \int r^2 \sigma \mathrm{d}S, \quad J = \int r^2 \lambda \mathrm{d}l$$

例如,质量为 $m$、半径为 $R$ 的细圆环对通过圆心且与环面垂直的轴的转动惯量为

$$J = \int_0^{2\pi R} R^2 \lambda \mathrm{d}l = mR^2 \quad \lambda = \frac{m}{2\pi R}$$

在计算转动惯量时,常用到一个定理——**平行轴定理**。

如图 5.8 所示,设质量为 $m$ 的刚体通过质心的某轴转动惯量为 $J_C$,则其对与该轴平行的其他轴($AA'$ 轴)的转动惯量为

$$J = J_C + md^2 \tag{5.9}$$

式中:$d$ 是两平行轴之间的距离,这个关系式即平行轴定理。利用平行轴定理可方便地计算一些情况下刚体的转动惯量。例如,质量为 $m$、半径为 $R$ 的铁环挂在钉子上,当其绕钉子在铅直平面转动时,铁环对钉子的转动惯量为

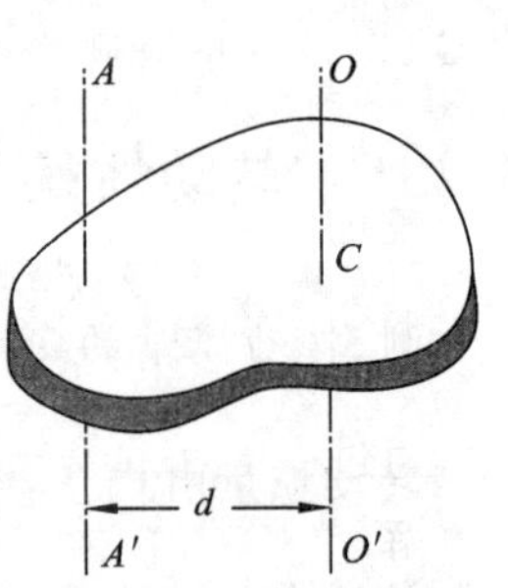


图 5.8　平行轴定理

$$J = mR^2 + mR^2 = 2mR^2$$

下面举几个计算刚体转动惯量的例题。

**例 5.1**　一长为 $L$，质量为 $m_0$ 的均质细杆，试求：

(1) 杆对通过中心并与杆垂直的轴的转动惯量；

(2) 杆对通过一端并与杆垂直的轴的转动惯量。

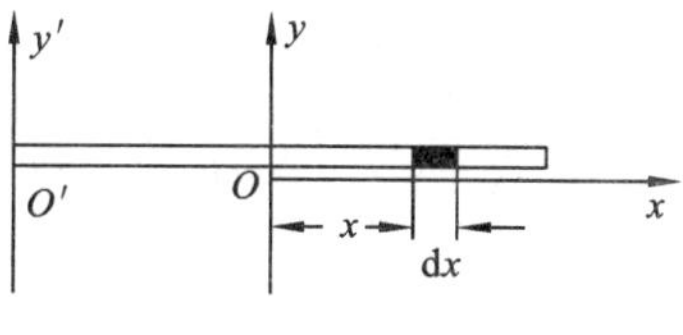

图 5.9　例 5.1 图

**解**　(1) 选取坐标如图 5.9 所示，先写出质元 d$m$ 对 $Oy$ 轴的转动惯量，再求全部质元对 $Oy$ 轴的转动惯量。质元

$$\mathrm{d}m=\frac{m_0}{L}\mathrm{d}x$$

d$m$ 到转轴的垂直距离为 $x$，其对 $y$ 轴的转动惯量为

$$\mathrm{d}J=x^2\mathrm{d}m=x^2\frac{m_0}{L}\mathrm{d}x$$

杆对 $y$ 轴的转动惯量为

$$J_y=\int_{-\frac{L}{2}}^{\frac{L}{2}}x^2\frac{m_0}{L}\mathrm{d}x=\frac{1}{12}m_0L^2$$

(2) 杆对 $y'$ 轴的转动惯量求法同上，只需将坐标原点移至 $O'$ 处，积分限从 0 到 $L$，则有

$$J_{y'}=\int_0^L x^2\frac{m_0}{L}\mathrm{d}x=\frac{1}{3}m_0L^2$$

另外，也可用平行轴定理，因 $O$ 为杆的质心，故(1) 中求得的 $J_y$ 其实就是杆对通过质心定轴的转动惯量，因此，由平行轴定理

$$J=J_C+m\mathrm{d}^2$$

$$J_{y'}=J_y+m_0\cdot\left(\frac{L}{2}\right)^2=\frac{1}{12}m_0L^2+\frac{1}{4}m_0L^2=\frac{1}{3}m_0L^2$$

注意，例 5.1 的结果可作为公式应用。

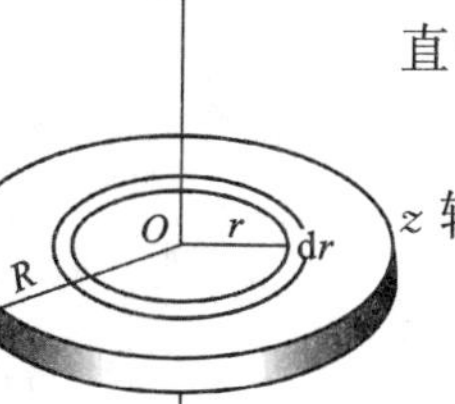

图 5.10　例 5.2 图

**例 5.2**　试求半径为 $R$，质量为 $m_0$ 的匀质圆盘对通过其中心 $O$ 并垂直于盘面的轴的转动惯量。

**解**　如图 5.10 所示，圆盘对 $z$ 轴的转动惯量可看成许多同心环带对 $z$ 轴转动惯量之和，今在半径 $r$ 处取一宽为 d$r$ 的环带，此环带的质量为

$$\mathrm{d}m=\frac{m_0}{\pi R^2}\cdot 2\pi r\mathrm{d}r$$

环带上各质元到 $z$ 轴的距离均为 $r$，故可得出环带对 $z$ 轴的转动惯量为

$$\mathrm{d}J=r^2\mathrm{d}m=\frac{2m_0}{R^2}r^3\mathrm{d}r$$

整个圆盘的转动惯量应等于圆盘上全部环带对 $z$ 轴的转动惯量之和

$$J=\int r^2\mathrm{d}m=\frac{2m_0}{R^2}\int_0^R r^3\mathrm{d}r=\frac{1}{2}m_0R^2$$

此结果也可作为公式应用。

**例 5.3**　匀质圆盘半径为 $R$，质量为 $m_0$，挖去如图 5.11 所示半径为 $\frac{R}{2}$ 的小圆盘后，剩余部分对通过中心并垂直于盘面的轴的转动惯量是多少？

**解**　设小盘的质量为 $m$，由平行轴定理，其对 $O$ 轴的转动惯量为

$$J_{小盘}=\frac{1}{2}m\left(\frac{R}{2}\right)^2+m\left(\frac{R}{2}\right)^2=\frac{3}{8}mR^2 \qquad ①$$

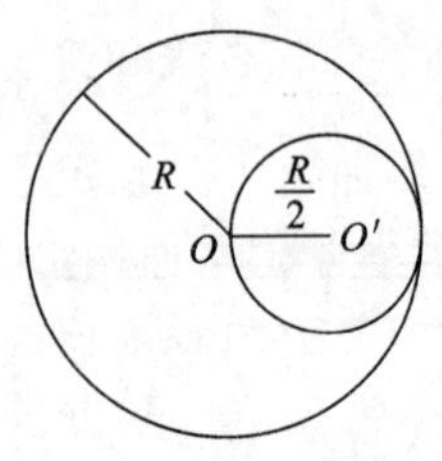

图 5.11　例 5.3 图

由于是匀质圆盘,有

$$\frac{m}{m_0}=\frac{r^2}{R^2}=\frac{1}{4} \tag{②}$$

即 $m=\frac{m_0}{4}$,代入式①,有

$$J_{小盘}=\frac{3}{8}\cdot\left(\frac{m_0}{4}\right)\cdot R^2=\frac{3}{32}m_0R^2$$

根据转动惯量的可加性,剩余部分对给定轴 $O$ 的转动惯量为

$$J=J_{大盘}-J_{小盘}=\frac{1}{2}m_0R^2-\frac{3}{32}m_0R^2=\frac{13}{32}m_0R^2$$

**例 5.4**　设一薄板,已知对板面内两垂直轴的转动惯量分别为 $J_x$ 和 $J_y$,如图 5.12 所示,计算薄板对 $z$ 轴的转动惯量 $J_z$。

**解**　将薄板看作由很多个质元组成的刚体,第 $i$ 个质元的质量为 $\Delta m_i$,它离 $x$ 轴的距离为 $y_i$,离 $y$ 轴的距离为 $x_i$,则薄板对于 $x$ 轴和 $y$ 轴的转动惯量分别为

$$J_x=\sum_i \Delta m_i y_i^2,\qquad J_y=\sum_i \Delta m_i x_i^2$$

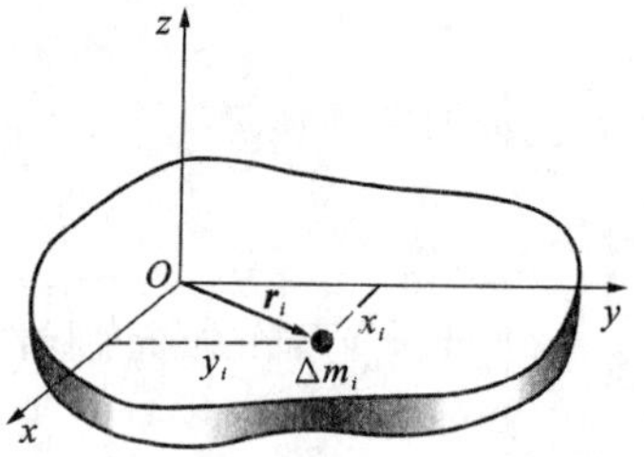

图 5.12　例 5.4 图

则薄板对于 $z$ 轴的转动惯量

$$J_z=\sum_i \Delta m_i r_i^2=\sum_i \Delta m_i x_i^2+\sum_i \Delta m_i y_i^2=J_y+J_x$$

本题结果称为**垂直轴定理**,或**正交轴定理**,它只对薄板刚体成立。

下面将常见的不同形状的刚体对不同转轴的转动惯量列于表 5.1 中,以供计算时查用。

**表 5.1　常用转动惯量**

| 图形 | 描述 | 图形 | 描述 |
|---|---|---|---|
| 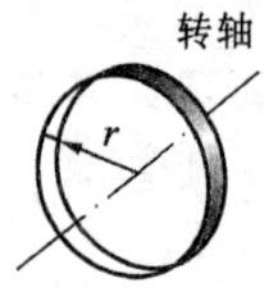 转轴; $J=mr^2$ | 圆环<br>转轴通过中心<br>与环面垂直 | 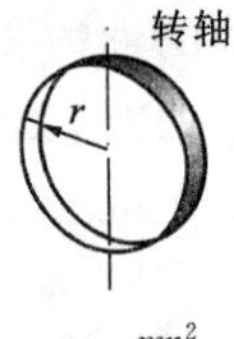 转轴; $J=\frac{mr^2}{2}$ | 圆环<br>转轴沿直径 |
|  转轴; $J=\frac{mr^2}{2}$ | 薄圆盘<br>转轴通过中心<br>与盘面垂直 | 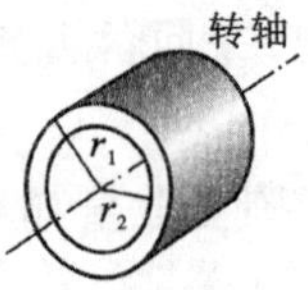 转轴; $J=\frac{m}{2}(r_1^2+r_2^2)$ | 圆筒<br>转轴沿几何轴 |
| 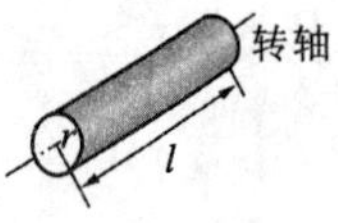 转轴; $J=\frac{mr^2}{2}$ | 圆柱体<br>转轴沿几何轴 | 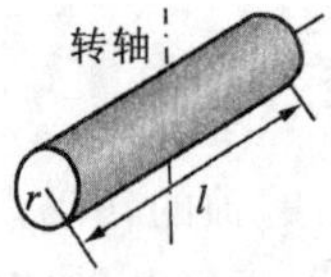 转轴; $J=\frac{mr^2}{4}+\frac{ml^2}{12}$ | 圆柱体<br>转轴通过中心<br>与几何轴垂直 |

续表

| 图形 | 描述 | 图形 | 描述 |
| --- | --- | --- | --- |
| 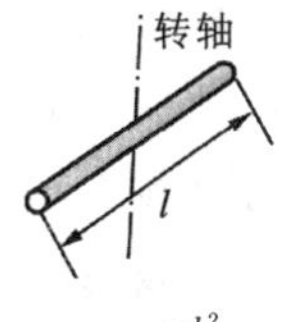 转轴 $l$ $J=\frac{ml^2}{12}$ | 细棒<br>转轴通过中心<br>与棒垂直 | 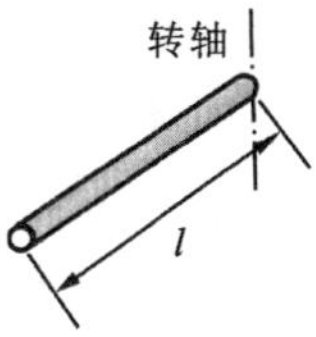 转轴 $l$ $J=\frac{ml^2}{3}$ | 细棒<br>转轴通过端点<br>与棒垂直 |
| 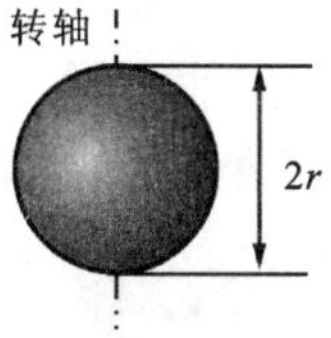 转轴 $2r$ $J=\frac{2mr^2}{5}$ | 球体<br>转轴沿直径 | 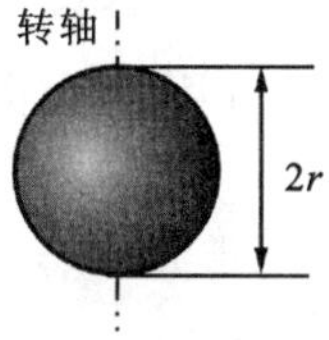 转轴 $2r$ $J=\frac{2mr^2}{3}$ | 球壳<br>转轴沿直径 |

### 5.2.4　刚体定轴转动定律的应用

应用刚体定轴转动定律式(5.7)来分析问题时，主要要特别注意转动轴的位置和指向，也要注意力矩、角速度和角加速度的正负。下面举几个例题。

**例 5.5**　定滑轮半径为 $R$，质量为 $m$，跨有一不可伸缩的轻绳，绳与滑轮间无滑动，绳的两端分别悬挂质量为 $m_1,m_2(m_1>m_2)$ 的物块，若轮轴处摩擦不计，试求两物块的加速度的大小 $a$，滑轮的角加速度 $\beta$ 及绳中张力的大小(设滑轮质量均匀分布)。

**解**　根据题意，滑轮具有一定质量，也就是具有一定的转动惯量，它两边绳子的张力不再相等，设 $m_1$ 受到的绳的张力为 $T_1$，$m_2$ 受到的绳的张力为 $T_2$。因为 $m_1>m_2$，$m_1$ 向下运动，$m_2$ 向上运动，运动的加速度大小相同，滑轮顺时针转动。如图 5.13 所示，对滑轮和物块分别进行受力分析，按牛顿运动定律和转动定律有

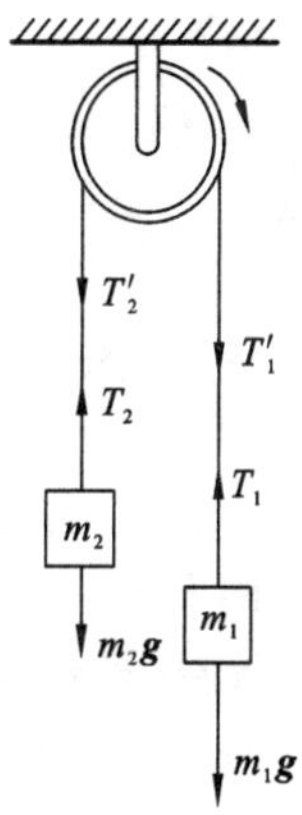

$$m_1g-T_1=m_1a$$
$$T_2-m_2g=m_2a$$
$$T_1R-T_2R=J\beta$$

式中：$J=\frac{1}{2}mR^2$；$\beta$ 为滑轮转动的角加速度，$a$ 是物块运动的加速度大小。滑轮边缘上的切向加速度和物块的加速度相等，即

$$a=\beta R$$


图 5.13　例 5.5 图

联立上述各式，解得

$$\beta=\frac{1}{R}\cdot\frac{m_1-m_2}{m_1+m_2+\frac{1}{2}m}g,\qquad a=\frac{m_1-m_2}{m_1+m_2+\frac{1}{2}m}g$$

$$T_1=\frac{2m_1m_2+\frac{1}{2}mm_1}{m_1+m_2+\frac{1}{2}m}g,\qquad T_2=\frac{2m_1m_2+\frac{1}{2}mm_2}{m_1+m_2+\frac{1}{2}m}g$$

注意到滑轮的质量可忽略时,$T_1 = T_2$,这就是中学教科书中所指出的"定滑轮两边绳中张力相等"的情况。一般来说,只要滑轮的质量不可忽略,在滑轮做加速转动的情况下,滑轮两边绳的张力是不会相等的。

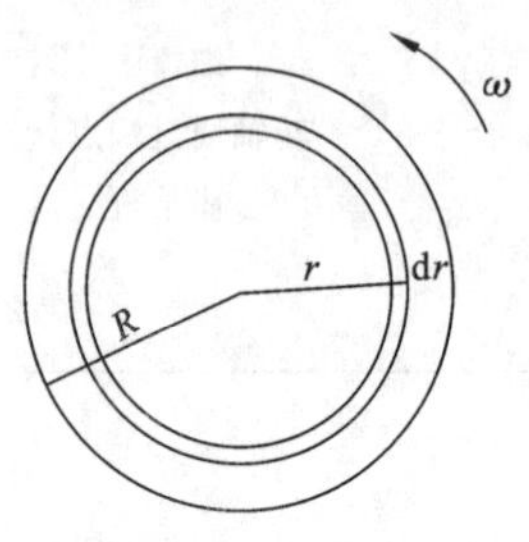


图 5.14　例 5.6 图

**例 5.6**　一半径为 $R$,质量为 $m$ 的匀质圆盘,可绕垂直于盘面并通过中心的轴在桌面上转动,在外力作用下获得转动角速度 $\omega_0$,设盘与桌面间摩擦系数为 $\mu$,现撤去外力,求盘从开始减速到停止转动所需的时间。

**解**　如图 5.14 所示,将圆盘分成多个同心圆环带,可知每个圆环带到中心 $O$ 的距离都不同,因而所受到的阻力矩也不同,整个圆盘受到的力矩是各个环带所受力矩的和(积分),在离中心 $O$ 为 $r$ 处取一环带元,此环带元的宽度为 $\mathrm{d}r$,受到的摩擦力为

$$\mathrm{d}f = \mu g\,\mathrm{d}m = \mu g\sigma 2\pi r\mathrm{d}r \quad \left(\sigma = \frac{m}{\pi R^2}\right)$$

摩擦力矩为

$$\mathrm{d}M = r\mathrm{d}f$$

圆盘受到的摩擦力矩为

$$M = \int r\mathrm{d}f = 2\pi\sigma\mu g\int_0^R r^2\,\mathrm{d}r = \frac{2}{3}\mu mgR$$

由转动定律 $M = J\beta$,而 $J = \frac{1}{2}mR^2$,并考虑到 $M$ 是阻力矩,有

$$\beta = \frac{M}{J} = -\frac{4\mu}{3R}g$$

由于

$$\beta = -\frac{4\mu}{3R}g = \frac{\mathrm{d}\omega}{\mathrm{d}t}$$

所以

$$\int_0^t -\frac{4\mu}{3R}g\,\mathrm{d}t = \int_{\omega_0}^0 \mathrm{d}\omega$$

得

$$t = \frac{3R\omega_0}{4\mu g}$$

**例 5.7**　如图 5.15 所示,一质量为 $m$、长为 $l$ 的匀质杆,两端用悬线挂成水平状态,现突然剪断右端悬线,求此瞬间另一端悬线中的拉力。

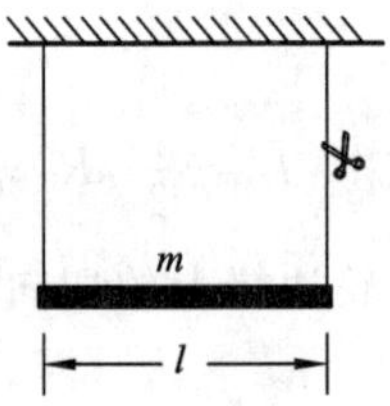

图 5.15　例 5.7 图

**解**　杆做绕质心的转动,而质心做平动,设张力为 $T$,以 $A$ 为转动点,由转动定律 $M = J\beta$ 及质心运动定律 $\boldsymbol{F} = m\boldsymbol{a}_C$,有

$$mg\,\frac{l}{2} = \frac{1}{3}ml^2\beta \qquad ①$$

$$mg - T = ma_C \qquad ②$$

式中:$a_C = \beta\,\frac{l}{2}$。联立求解式 ① 和式 ②,可得

$$mg = 4T$$

即

$$T = \frac{1}{4}mg$$

# 5.3　刚体定轴转动中的功和能

## 5.3.1　转动动能

如图 5.16 所示，转动惯量为 $J$ 的刚体绕定轴（$z$ 轴）转动，某时刻 $t$，角速度为 $\omega$。设刚体由很多质元组成，其中第 $i$ 个质元的质量为 $\Delta m_i$，离轴的距离为 $r_i$，线速度为 $v_i$，则其动能为 $\frac{1}{2}\Delta m_i v_i^2$，整个刚体的动能是所有质元的动能之和，即

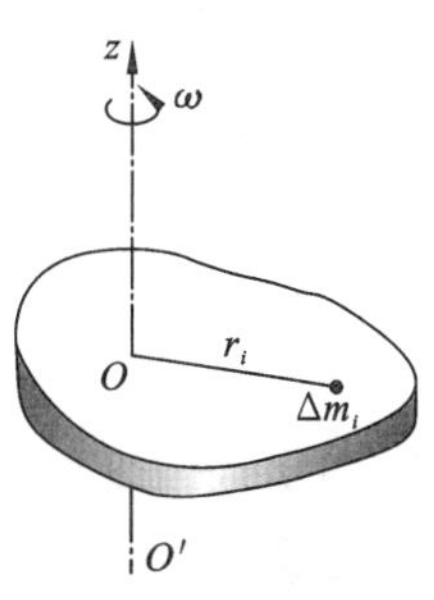

图 5.16　转动动能

$$
\begin{aligned}
E_{\mathrm{k}} &= \sum_i \frac{1}{2}\Delta m_i v_i^2 = \sum_i \frac{1}{2}\Delta m_i (\omega r_i)^2 \\
&= \frac{1}{2}\Big(\sum_i \Delta m_i r_i^2\Big)\omega^2 = \frac{1}{2}J\omega^2
\end{aligned}
$$

对刚体转动动能的计算表明，刚体上全部质元运动能量的总和，等于刚体对转轴的转动惯量与其角速度平方乘积的一半，即

$$E_{\mathrm{k}} = \sum_i \frac{1}{2}\Delta m_i v_i^2 = \frac{1}{2}J\omega^2 \tag{5.10}$$

可见转动动能并不是一个新产生的动能，而只是物体运动能量的又一种表现形式。对做定轴转动的刚体，其动能用 $E_{\mathrm{k}} = \frac{1}{2}J\omega^2$ 表示更为方便。对既有平动又有转动的刚体（例如轮子的滚动），其动能应该为该刚体随轴平动的动能与绕轴转动的动能之和（具体计算超过本章要求，此处略）。

## 5.3.2　力矩的功

质点在力的作用下发生位移，称力对质点做了功。对刚体定轴转动，引起其转动状态变化的是合外力矩，现来讨论力矩做的功。

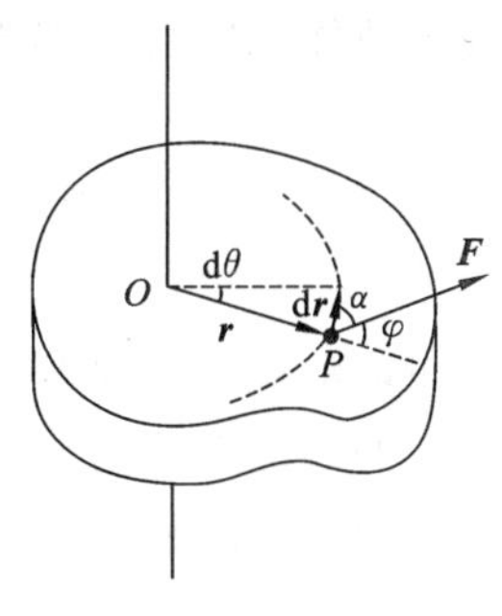

图 5.17　力矩的功

如图 5.17 所示，刚体在外力 $\boldsymbol{F}$（$\boldsymbol{F}$ 在转动平面内）的作用下，$\mathrm{d}t$ 时间内刚体上任一矢径 $\boldsymbol{r}$ 转过一极小的角位移 $\mathrm{d}\theta$，设力的作用点在矢径 $\boldsymbol{r}$ 的端点 $P$，在此过程中 $P$ 点的位移为 $\mathrm{d}\boldsymbol{r}$，位移 $\mathrm{d}\boldsymbol{r}$ 与 $\boldsymbol{F}$ 所成夹角为 $\alpha$，由功的定义，力 $\boldsymbol{F}$ 做的元功为

$$\mathrm{d}A = \boldsymbol{F}\cdot\mathrm{d}\boldsymbol{r} = F\cos\alpha\,|\mathrm{d}\boldsymbol{r}|$$

因为 $|\mathrm{d}\boldsymbol{r}| = \mathrm{d}s = r\mathrm{d}\theta$，设矢径 $\boldsymbol{r}$ 与 $\boldsymbol{F}$ 的夹角为 $\varphi$，由图 5.17 可见，$\cos\alpha = \sin\varphi$，而 $F\sin\varphi r$ 即力矩 $M$，所以，上式变为

$$\mathrm{d}A = F\sin\varphi r\,\mathrm{d}\theta = M\mathrm{d}\theta$$

可得力矩在刚体从角度 $\theta_1$ 转到 $\theta_2$ 过程中的总功为

$$A = \int \mathrm{d}A = \int_{\theta_1}^{\theta_2} M\mathrm{d}\theta \tag{5.11}$$

由此可见，力对刚体做的功可用力矩对刚体角位移的积分来表示，称为力矩的功。从以上推导可以看出，力矩的功，并不是一个新的物理量，实质上就是力做的功，它只是功的另一种表达形式，因为在转动的研究中，使用角量比线量更方便。

如果刚体受到多个外力的作用,可以先求出各个外力的功,然后求代数和;也可以先求出合外力矩,然后根据力矩功的定义式进行积分,即

$$A = \sum_i A_i = \sum_i \int_{\theta_1}^{\theta_2} M_i \mathrm{d}\theta = \int_{\theta_1}^{\theta_2} \left(\sum_i M_i\right) \mathrm{d}\theta = \int_{\theta_1}^{\theta_2} M_{合} \mathrm{d}\theta \tag{5.12}$$

### 5.3.3　定轴转动中的动能定理

由定轴转动定律,有

$$M_{合} = J\beta = J\frac{\mathrm{d}\omega}{\mathrm{d}t} = J\frac{\mathrm{d}\omega}{\mathrm{d}\theta}\frac{\mathrm{d}\theta}{\mathrm{d}t} = J\omega\frac{\mathrm{d}\omega}{\mathrm{d}\theta}$$

$$M_{合}\mathrm{d}\theta = J\omega\mathrm{d}\omega$$

将上式两边积分,结合式(5.12),可得

$$A = \int_{\theta_1}^{\theta_2} M_{合}\mathrm{d}\theta = \int_{\omega_1}^{\omega_2} J\omega\mathrm{d}\omega = \frac{1}{2}J\omega_2^2 - \frac{1}{2}J\omega_1^2 \tag{5.13}$$

式(5.11)即为**刚体定轴转动中的动能定理**。其表述为:合外力矩对定轴转动刚体所做的功等于刚体转动动能的增量。对于刚体,因为各质点间的相对位置不变,所以内力的功的总和在任何过程中都为零,只需考虑外力的功。

### 5.3.4　刚体的重力势能

考虑重力场中的刚体,它的重力势能就是它的各质元重力势能的总和。如图 5.18 所示,对一个不太大,质量为 $m$ 的刚体,它的重力势能为

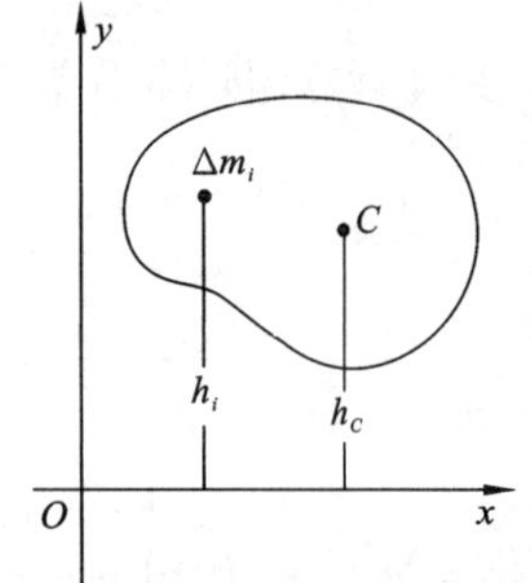

图 5.18　刚体的重力势能

$$E_p = \sum_i \Delta m_i g h_i = mg\left(\frac{\sum_i \Delta m_i h_i}{m}\right)$$

式中:$m$ 是刚体的总质量;$\left(\dfrac{\Delta m_i h_i}{m}\right) = h_C$ 为刚体质心的高度。所以刚体的重力势能为

$$E_p = mgh_C \tag{5.14}$$

这一结果表明,一个不太大的刚体的重力势能和它的全部质量集中在质心时所具有的势能一样。

### 5.3.5　机械能守恒定律

机械能守恒定律也可用于刚体的运动过程。机械能守恒的条件仍是在运动过程中仅有保守力做功。定律的数学表达式仍是 $E_2 = E_1$,只是定轴转动的刚体的机械能的表达形式与质点机械能的表达式不完全相同。对定轴转动刚体,由于其平动动能为零,只有转动动能,所以运动过程中它的机械能为

$$E = E_k + E_p = \frac{1}{2}J\omega^2 + mgh_C \tag{5.15}$$

综上所述,刚体定轴转动定律及动能定理,机械能守恒定律的应用,形成刚体动力学中的一系列问题,这些问题在解题思路和方法上与质点动力学都有相似之处,这是因为刚体实质上是一个特殊的质点系,刚体的定轴转动只不过是质点系的一种运动形式。所以,质点力学中的一些物理量和力学规律,在刚体定轴转动中有相应的表现形式,而在基本概念和分析问题的出

发点上，两者也是类同的。

**例 5.8**　如图 5.19 所示，一根质量为 $m$、长为 $l$ 的匀质细棒 $OA$，可绕通过其一端的轴 $O$ 在竖直平面内转动，棒在轴承处的摩擦不计。如果让棒从水平位置开始自由释放，求棒转到垂直位置时的角速度和端点 $A$ 的线加速度。

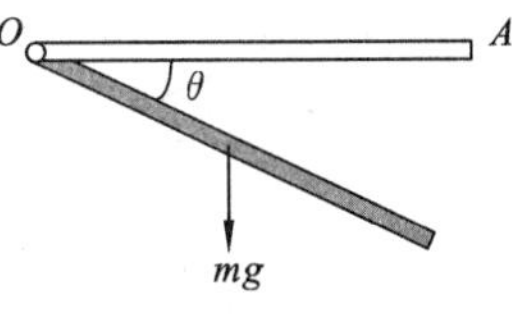


图 5.19　例 5.8 图

**解**　棒在下落的过程中，只有重力矩做功，根据刚体的动能定理，重力矩的功等于棒增加的转动动能。设棒从角坐标为 $\theta$ 的位置转过无穷小角位移 $d\theta$，重力矩做功为

$$dA = Md\theta = mg\frac{l}{2}\cos\theta d\theta$$

棒从水平位置转到竖直位置过程中，重力矩所做的总功为

$$A = \int_0^\theta dA = \int_0^{\frac{\pi}{2}} mg\frac{l}{2}\cos\theta d\theta = mg\frac{l}{2}$$

重力矩做的功显然等于棒减少的重力势能。根据刚体定轴转动的动能定理，有

$$mg\frac{l}{2} = \frac{1}{2}J\omega^2 - 0$$

上式说明棒在转动中减少的重力势能等于它增加的转动动能。

将 $J = \frac{1}{3}ml^2$ 代入上式，得到

$$\omega = \sqrt{\frac{3g}{l}}$$

棒端速度大小为

$$v = l\omega = l\sqrt{\frac{3g}{l}} = \sqrt{3gl}$$

由于在竖直位置，重力矩为零，棒的角加速度为零，所以棒端的切向加速度也为零，总加速度就是法向加速度

$$a = a_n = \omega^2 \cdot l = 3g$$

此题也可以用机械能守恒定律来求解。

# 5.4　刚体的角动量和角动量守恒定律

对刚体这个质点系，其角动量、角动量定理及角动量守恒定律等，无疑是在质点角动量的定义及其相应规律上的延伸。因此，我们首先考虑刚体上每一质点的角动量及每一质点所受到的合外力矩，再计算刚体的总角动量和所受到的总的合外力矩。

## 5.4.1　刚体的角动量

在第 3 章，我们讨论了质点相对于固定参考点 $O$ 的角动量，定义为 $\boldsymbol{L} = \boldsymbol{r} \times m\boldsymbol{v}$。如果质点在平面内运动，则质点对平面内任一点的角动量只有两种可能的方向，沿着运动平面法线的正向或负向。因此，在平面内运动的质点对平面内某点的角动量常被视为代数量。当质点在平面内运动时，质点对平面内任一点的角动量也称为质点对通过该点垂直于运动平面的轴的角动量。与力矩类似，质点对轴的角动量实际上是质点对某点的角动量在该轴上的分量。

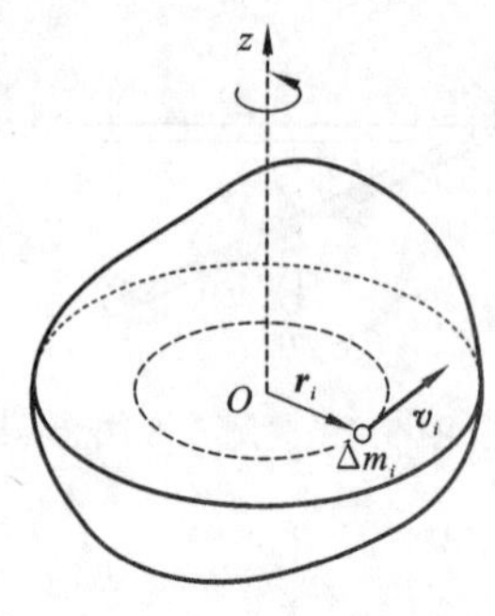


图 5.20　刚体的角动量

考虑定轴转动的刚体，刚体上任意一点都在各自垂直于转轴的转动平面内做圆周运动，所以我们讨论的实际上是刚体对转轴的角动量。如图 5.20 所示，考虑组成刚体的各质元对 $z$ 轴的角动量(如第 $i$ 个质元的角动量 $L_i$)，刚体对 $z$ 轴的角动量应当是各个质元角动量的代数和，即

$$L_z = \sum_i L_i = \sum_i \Delta m_i r_i v_i \sin\theta_i$$

式中：$\Delta m_i$ 为第 $i$ 个质元的质量；$r_i$ 为该质元对轴的矢径 $\boldsymbol{r}_i$(即转动半径) 的大小；$\boldsymbol{v}_i$ 是该质元在此转动半径上的线速度；$\theta_i$ 为 $\boldsymbol{r}_i$ 与 $\boldsymbol{v}_i$ 的夹角，显然，由于 $\boldsymbol{v}_i \perp \boldsymbol{r}$，$\sin\theta_i = 1$，若转动的角速度为 $\omega_z$，则上式变为

$$L_z = \sum_i \Delta m_i r_i v_i = \sum_i \Delta m_i r_i^2 \omega_z = J_z \omega_z$$

即

$$L_z = J_z \omega_z \tag{5.16a}$$

式中：$J_z = \sum_i \Delta m_i r_i^2$ 是整个刚体对给定轴($z$ 轴) 的转动惯量。

式(5.16a) 也可理解为总角动量 $L$ 在 $z$ 轴上的分量表达式。对定轴转动的刚体，由于只存在单一的轴，所以式(5.16a) 中的脚标可以去掉，这样，做定轴转动的刚体角动量为

$$L = J\omega \tag{5.16b}$$

## 5.4.2　刚体的角动量定律

将质点的角动量定理$\left(\boldsymbol{M} = \dfrac{\mathrm{d}\boldsymbol{L}}{\mathrm{d}t}\right)$应用于构成刚体的每一个质元，容易得到刚体受到的合外力矩为

$$\sum_i \boldsymbol{M}_i = \frac{\mathrm{d}}{\mathrm{d}t}\left(\sum_i \boldsymbol{L}_i\right)$$

对于做定轴转动的刚体，其受到的力矩及其角动量的方向均沿轴向，因此，上式变成代数和的形式

$$\sum_i M_i = \frac{\mathrm{d}}{\mathrm{d}t}\left(\sum_i L_i\right)$$

以 $L$ 代表刚体的总角动量，即 $L = \sum_i L_i$ 并注意到 $L = J\omega$，我们得到做定轴转动刚体的角动量定理

$$M_{合} = \sum_i M_i = \frac{\mathrm{d}L}{\mathrm{d}t} = \frac{\mathrm{d}}{\mathrm{d}t}(J\omega) \tag{5.17a}$$

式(5.17a) 的意义是：对给定轴，定轴转动刚体受到的合外力矩等于刚体对该轴角动量的时间变化率。式(5.17a) 也可写成

$$M_{合}\,\mathrm{d}t = \mathrm{d}(J\omega) \tag{5.17b}$$

或

$$\int M_{合}\,\mathrm{d}t = L_2 - L_1 \tag{5.17c}$$

式(5.17b) 及式(5.17c) 分别为角动量定理的微分和积分表达式。它意味着定轴转动刚体(或质点系) 所受的冲量矩等于系统角动量的增量。上述定理虽由刚体推得，但也适用于某些

物体(非刚体),见下面讨论。

### 5.4.3　刚体的角动量守恒定律

由式(5.17a),当 $M_{合}=0$ 时,有

$$J\omega = 常量 \tag{5.18}$$

式(5.18) 称为**角动量守恒定律**,即对于一个质点系(刚体),如果它所受到的合外力矩为零,则系统的角动量守恒。对角动量守恒定律常有如下三种理解。

(1) 对于做定轴转动的刚体,角动量守恒指的是,当作用在刚体上的合外力矩为零时,刚体在运动过程中角动量保持不变,即

$$J\omega = 常量 \quad (条件:M_{合}=0)$$

上述内容与转动定律相符合。因为做定轴转动的刚体对轴的转动惯量是一个常数,所以当它所受合外力矩为零时,它将保持静止或匀速转动的状态不变($\omega$ 不变)。

如图 5.21 所示,陀螺仪就是利用陀螺高速旋转时轴的方向恒定不变的特性而制成的一种装置。它的主要构成部分是一个边缘厚重并能绕自身对称轴做高速转动的转子,一般由内外两环组成的支架支承。这两个环可分别绕相互垂直的两个轴转动,这样陀螺的转轴可以占据空间的任何方位。陀螺高速转动时,如果没有外力矩作用,角动量保持守恒,也就是转轴方向恒保持不变,即使支架发生转动或其他变化,都不影响转轴方向。陀螺仪多用于导航、定位等系统。

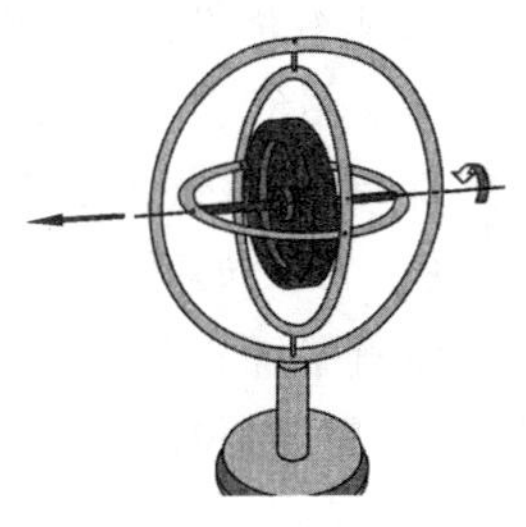

图 5.21　陀螺仪

(2) 对绕定轴转动的可变形物体,如果作用于物体的合外力矩为零,则物体的角动量守恒。即

$$J\omega = 常量 \quad (条件:M_{合}=0)$$

但由于转动惯量随物体的形状改变而改变,所以,上式的意义为:当合外力矩为零时,若物体的转动惯量 $J$ 变大,则角速度 $\omega$ 减小;若 $J$ 减小,则 $\omega$ 变大。这在日常生活和生产中有广泛应用。例如,花样滑冰运动员绕通过重心的竖直轴高速旋转时,由于外力(重力和支持力) 对轴的力矩为零,摩擦力很小忽略不计,所以运动员对轴的角动量守恒。在旋转时,运动员往往先把两臂尽量张开,然后迅速把两臂靠拢身体,使自己对竖直轴的转动惯量迅速减小,因而旋转速度加快。又如,天体在引力聚集作用下体积减小,即半径 $R$ 减小,由于角动量守恒($L=mR^2\omega=$ 常量),于是自转角速度增加,自转周期变短。这也是角动量守恒定律对可变形物体应用的典型例证。

(3) 对相互作用的两物体构成的系统(如质点与刚体、刚体与刚体),若作用于系统的所有外力对转轴的力矩的代数和为零,则系统在作用过程中对该轴的角动量的和为一常数,表示为

$$J_1\omega_1+J_2\omega_2=J_1\omega_1'+J_2\omega_2' \quad (条件:M_{合}=0)$$

式中:$J_1$,$J_2$ 为两物体的转动惯量;$\omega_1$ 和 $\omega_1'$,$\omega_2$ 和 $\omega_2'$ 分别为两物体在作用前、后的角速度。

图 5.22 所示的演示实验生动地演示了以上规律。一人站在转台上手握转轮,转台的轮轴光滑,摩擦可不计,也就是说,人、转台和轮组成的系统受到的相对于竖直轴的合外力矩为零,则系统对轴的角动量的和为常数。开始时,轮和转台都不转动,角动量之和为零;当人拨动轮使其转动时,可以看到转台和人一起反向转动,系统的总角动量保持为零。

综上所述,虽然角动量守恒定律在应用于不同的系统时,数学表达形式有些区别,角动量

图 5.22　角动量守恒定律的演示实验

守恒的基本条件都是一样的,即系统所受到的合外力矩为零。

角动量守恒定律与动量守恒定律、能量守恒定律一样,是自然界中的普遍规律。即使在原子内部,粒子之间的相互作用也严格遵守这三大定律。

**例 5.9**　如图 5.23 所示,一根长为 $L$、质量为 $m_1$ 的均匀直棒,可绕垂直于铅直平面的光滑轴在铅直平面内转动。开始时棒悬垂且静止,有一质量为 $m_2$,水平速度为 $v_0$ 的子弹射向棒的下端,与棒碰撞后以水平速度 $v$ 飞离,求棒摆到最大高度时,棒与铅直方向的夹角 $\theta$。

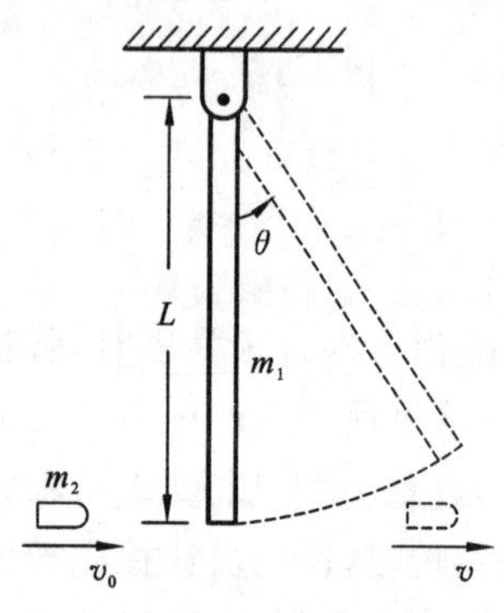


图 5.23　例 5.9 图

**解**　如图 5.23 所示,子弹与棒碰撞的瞬间,系统所受到的合外力(重力、轴的支持力)对轴的力矩为零,因此,该系统对轴的角动量守恒。设子弹与棒碰撞后,棒对轴的角速度为 $\omega$,则依题意,有

$$m_2 L v_0 = m_2 L v + \frac{1}{3} m_1 L^2 \omega$$

$$\omega = \frac{3m_2(v_0 - v)}{m_1 L} \qquad ①$$

棒被撞击后开始摆动,此过程仅重力做功,棒的机械能守恒。设棒在悬垂时质心所在处为重力势能零点,则摆到最大张角 $\theta$ 时的重力势能为 $m_1 g \cdot \frac{L}{2}(1-\cos\theta)$,依题意,有

$$\frac{1}{2} J\omega^2 = \frac{1}{2} m_1 g L(1-\cos\theta) \qquad ②$$

将式 ① 代入式 ②,得

$$\cos\theta = 1 - \frac{3m_2^2 (v_0 - v)^2}{m_1^2 L g}$$

$$\theta = \arccos\left[1 - \frac{3m_2^2 (v_0 - v)^2}{m_1^2 L g}\right]$$

**例 5.10**　一均匀细杆长为 $L$,质量为 $m$,可绕过一端 $O$ 点的水平轴在铅直平面内转动。设轴光滑,开始时杆被拉到水平位置后轻轻放开,当它摆到铅直位置时与放在地面上的静止物块相撞,如图 5.24 所示。若物块的质量也是 $m$,物块与地面间的摩擦系数为 $\mu$。物块滑动 $s$ 距离后停止,求杆与物块碰撞后,物块的速度和杆的角速度大小。

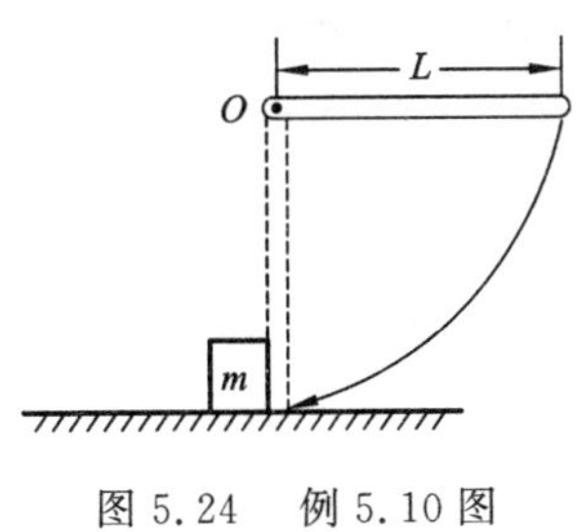

图 5.24　例 5.10 图

**解**　如图 5.24 所示，杆下落过程中仅重力做功，其机械能守恒。以杆在铅直位置时质心所在处为重力势能零点，则有

$$mg\frac{L}{2}=\frac{1}{2}J_1\omega_1^2$$

式中：$J_1=\frac{1}{3}mL^2$ 为杆对 $O$ 点的转动惯量；$\omega_1$ 为杆在铅直位置时的角速度，得

$$\omega_1=\sqrt{\frac{3g}{L}} \tag{①}$$

杆与物块碰撞时内力较大，故忽略物块与地面间的摩擦力，这时物块与杆组成的系统受到的外力对轴的力矩为零，因此碰撞瞬间系统角动量守恒。设杆与物块相碰撞后的瞬间对轴的角速度分别为 $\omega_1$ 及 $\omega_2$，转动惯量分别为 $J_1=\frac{1}{3}mL^2$，$J_2=mL^2$，根据角动量守恒定律

$$J_1\omega_1=J_1\omega_1'+J_2\omega_2$$

利用 $\omega_2=\frac{v}{L}$（$v$ 为物块碰后的瞬时速度），得

$$\omega_1'=\omega_1-\frac{J_2}{J_1}\omega_2=\omega_1-\frac{mL^2}{\frac{1}{3}mL^2}\omega_2=\omega_1-3\omega_2=\omega_1-\frac{3v}{L} \tag{②}$$

又根据动能定理，摩擦力 $f$ 的功

$$-fs=-mg\mu s=0-\frac{1}{2}mv^2$$

从而

$$v=\sqrt{2\mu gs} \tag{③}$$

将式①、式③代入式②，得

$$\omega_1'=\sqrt{\frac{3g}{L}}-\frac{3}{L}\sqrt{2\mu gs}=\sqrt{\frac{g}{L}}\left(\sqrt{3}-3\sqrt{\frac{2\mu s}{L}}\right)$$

**例 5.11**　空心圆圈可绕光滑轴 $OO'$ 自由转动，其转动惯量为 $J$，圆圈半径为 $R$，初始角速度为 $\omega_0$，有一质量为 $m$ 的物体开始静止于圈上 $A$ 点，如图 5.25(a) 所示，由于某微小扰动，物体开始做无摩擦滑动，当落至 $B$ 点和 $C$ 点时，环的角速度 $\omega_B$ 及 $\omega_C$ 分别是多少？物体相对于环的速度 $v_B$ 与 $v_C$ 的大小各为多少？

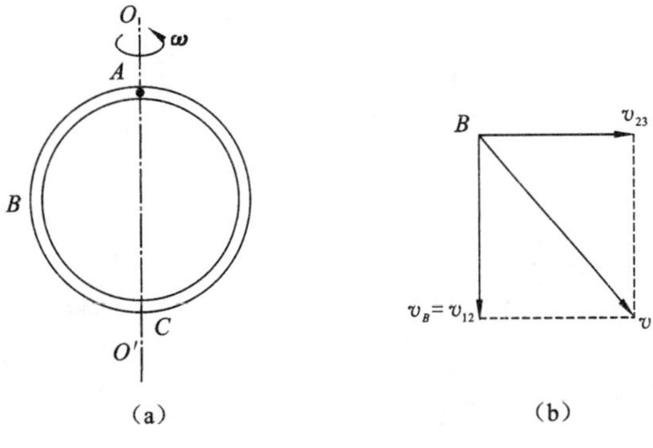

图 5.25　例 5.11 图

**解** (1) 这是一个质点与刚体的相互作用问题,由于该系统受到的外力对 $OO'$ 轴的力矩为零,所以系统角动量守恒。

对 $A,B$ 两处,有

$$J\omega_0 = (J + mR^2)\omega_B$$

故

$$\omega_B = \frac{J\omega_0}{J + mR^2}$$

对 $A,C$ 两处,有

$$J\omega_0 = J\omega_C$$

故

$$\omega_C = \omega_0$$

此结果说明物体滑到底部时,圆圈恢复初始的角速度。

(2) 物体与圆圈作用过程中仅有重力做功,因而系统的机械能守恒,应有

$$E_A = E_B = E_C$$

选取 $B$ 点为重力势能零点,对 $A,B$ 两处应用机械能守恒定律,有

$$\frac{1}{2}J\omega_0^2 + mgR = \frac{1}{2}J\omega_B^2 + \frac{1}{2}mv^2 \quad ①$$

特别注意,式 ① 中 $v$ 是物体对地的速度,如图 5.25(b) 所示,按速度相加法则,$v = v_{12} + v_{23}$,而此处物体对地的速度 $v$ 与物体对环的速度 $v_{12}$ 及环上 $B$ 点对地的速度 $v_{23}$ 正好构成直角三角形,因此有 $v^2 = v_{12}^2 + v_{23}^2$,并注意到 $v_{23} = \omega_B R, v_{12} = v_B$,故 $v^2 = v_B^2 + \omega_B^2 R^2$,于是式 ① 变为

$$\frac{1}{2}J\omega_0^2 + mgR = \frac{1}{2}J\omega_B^2 + \frac{1}{2}mv_B^2 + \frac{1}{2}m\omega_B^2 R^2 \quad ②$$

将 $\omega_B = \dfrac{J\omega_0}{J + mR^2}$ 代入式 ②,得

$$v_B = \sqrt{2gR + \frac{J\omega_0^2 R^2}{mR^2 + J}}$$

对于 $A,C$ 两处应用机械能守恒定律,并设 $C$ 点为重力势能零点,有

$$mg2R = \frac{1}{2}mv_C^2$$

得

$$v_C = \sqrt{4gR}$$

式中:$v_C$ 是物体对地的速度,同时在量值上也是物体相对于环的速度。

最后,为了便于理解刚体绕定轴转动的规律性,下面我们把质点运动与刚体定轴转动的一些重要物理量和重要公式进行类比归纳,如表 5.2 所示。

**表 5.2 质点运动与刚体定轴转动对照表**

| 质点运动 | 刚体定轴转动 |
|---|---|
| 速度 $\boldsymbol{v} = \dfrac{\mathrm{d}\boldsymbol{r}}{\mathrm{d}t}$ | 角速度 $\omega = \dfrac{\mathrm{d}\theta}{\mathrm{d}t}$ |
| 加速度 $\boldsymbol{a} = \dfrac{\mathrm{d}\boldsymbol{v}}{\mathrm{d}t}$ | 角加速度 $\beta = \dfrac{\mathrm{d}\omega}{\mathrm{d}t}$ |
| 力 $\boldsymbol{F}$ | 力矩 $\boldsymbol{M}$ |
| 质量 $m$ | 转动惯量 $J = \int r^2 \mathrm{d}m$ |

续表

| 质点运动 | 刚体定轴转动 |
| --- | --- |
| 动量 $\boldsymbol{p}=m\boldsymbol{v}$ | 角动量 $\boldsymbol{L}=J\boldsymbol{\omega}$ |
| 牛顿第二定律<br>$\boldsymbol{F}=m\boldsymbol{a}$<br>$\boldsymbol{F}=\frac{\mathrm{d}\boldsymbol{p}}{\mathrm{d}t}$ | 转动定律<br>$\boldsymbol{M}=J\boldsymbol{\beta}$<br>$\boldsymbol{M}=\frac{\mathrm{d}\boldsymbol{L}}{\mathrm{d}t}$ |
| 动量定理 $\int\boldsymbol{F}\mathrm{d}t=m\boldsymbol{v}_2-m\boldsymbol{v}_1$ | 角动量定理 $\int\boldsymbol{M}\mathrm{d}t=J\omega_2-J\omega_1$ |
| 动量守恒定律<br>$\boldsymbol{F}=0, m\boldsymbol{v}=$ 恒矢量 | 角动量守恒定律<br>$M=0, J\omega=$ 恒量 |
| 动能 $\frac{1}{2}mv^2$ | 转动动能 $\frac{1}{2}J\omega^2$ |
| 功 $A=\int\boldsymbol{F}\cdot\mathrm{d}\boldsymbol{r}$ | 力矩的功 $A=\int M\mathrm{d}\theta$ |
| 动能定理 $A=\frac{1}{2}mv_2^2-\frac{1}{2}mv_1^2$ | 转动动能定理 $A=\frac{1}{2}J\omega_2^2-\frac{1}{2}J\omega_1^2$ |

# 内容提要

1. 刚体定轴转动的描述

$$\omega=\frac{\mathrm{d}\theta}{\mathrm{d}t},\quad \beta=\frac{\mathrm{d}\omega}{\mathrm{d}t}=\frac{\mathrm{d}^2\theta}{\mathrm{d}t^2}$$

2. 刚体的定轴转动定律

刚体所受的对于某一固体轴的合外力矩等于刚体对于此轴的转动惯量与刚体的角加速度的乘积。

$$M_{合}=J\beta$$

3. 刚体的转动惯量　$J=\sum_i m_i r_i^2\quad J=\int r^2\mathrm{d}m$

平行轴定理　$J=J_C+md^2$

4. 刚体转动的功和能

力矩的功　$A=\int\mathrm{d}A=\int_{\theta_1}^{\theta_2}M\mathrm{d}\theta$

转动动能　$E_\mathrm{k}=\frac{1}{2}J\omega^2$

定轴转动的动能定理　$\int_{\theta_1}^{\theta_2}M_{合}\,\mathrm{d}\theta=\frac{1}{2}J\omega^2-\frac{1}{2}J\omega_1^2$

刚体的重力势能　$E_\mathrm{p}=mgh_C$

机械能守恒定律：只有保守力做功时，　$E=E_\mathrm{k}+E_\mathrm{p}=C$

5. 刚体角动量守恒定律：

系统(包括刚体)所受的对某一固定轴的合外力矩为零时，系统对此轴的总角动量保持不变。

# 思 考 题

**5.1**　以恒定的角速度转动的飞轮上有两个点,一个点在飞轮的边缘,另一个点在转轴与边缘之间的一半处,试问:在 $\Delta t$ 时间内,哪一个点运动的路程较长?哪一个点转过的角度较大?哪一个点具有较大的线速度、角速度、线加速度和角加速度?

**5.2**　如果一个刚体所受合外力为零,其合力矩是否也一定为零?如果刚体所受合外力矩为零,其合外力是否也一定为零?

**5.3**　在某一瞬时,物体在力矩作用下,其角速度可以为零吗?其角加速度可以为零吗?

**5.4**　有两个飞轮,一个是木制的,周围镶上铁制的轮缘;另一个是铁制的,周围镶上木制的轮缘,若这两个飞轮的半径相同,总质量相等,以相同的角速度绕通过飞轮中心的轴转动,哪一个飞轮的动能较大?

**5.5**　为什么质点系动能的改变不仅与外力有关,而且也与内力有关,而刚体绕定轴转动动能的改变只与外力矩有关,而与内力矩无关呢?

**5.6**　如果一个质点系的总角动量等于零,能否说此质点系中每一个质点都是静止的?如果一质点系的总角动量为一常量,能否说作用在质点系上的合外力为零?

**5.7**　花样滑冰运动员想高速旋转时,她先把一条腿和两臂伸开,并用脚蹬冰使自己转动起来,然后她再收拢腿和臂,这时她的转速就明显地加快了。这是利用了什么原理?

# 习　题

**5.1**　一汽车发动机的转速在 7.0 s 内由 $200\ \mathrm{r \cdot min^{-1}}$ 均匀地增加到 $3\,000\ \mathrm{r \cdot min^{-1}}$。

(1) 求在这段时间内的初角速度和末角速度,以及角加速度;

(2) 求这段时间内转过的角度和圈数;

(3) 发动机轴上装有一半径为 $r = 0.2\ \mathrm{m}$ 的飞轮,求它的边缘上一点在 7.0 s 的切向加速度、法向加速度。

**5.2**　4 个质量均为 $m$ 的质点用长为 $a$ 的轻质刚性杆连成一正方形刚体,如题 5.2 图所示。求:

(1) 过 $AB$ 轴的转动惯量;

(2) 过 $AC$ 轴的转动惯量;

(3) 过 $A$ 点并垂直纸面的轴的转动惯量。

**5.3**　一根匀质铁丝,质量为 $m$,长为 $L$,在其中点上折成 $\theta = 120°$,放在 $Oxy$ 平面内,如题 5.3 图所示,求该铁丝对 $Ox$,$Oy$,$Oz$ 轴的转动惯量。

**5.4**　如题 5.4 图所示,一半径为 $R$,质量为 $m$ 的均匀圆盘,可绕水平固定光滑 $O$ 轴转动,现以一轻绳绕在轮边缘,绳的下端挂一质量为 $m$ 的物体,求圆盘从静止开始转动后,它转过的角度和时间的关系。

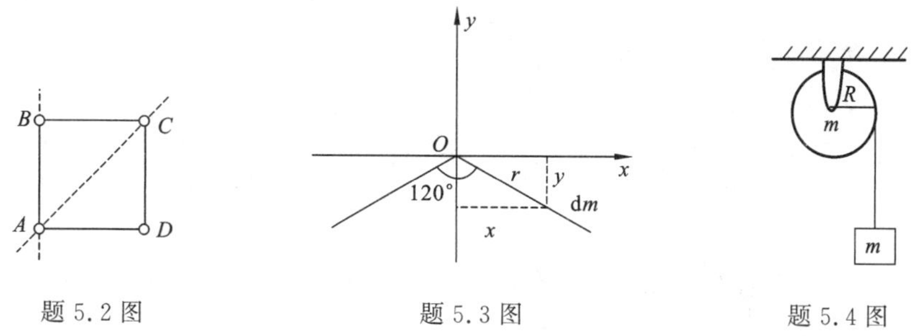


题 5.2 图　　题 5.3 图　　题 5.4 图

**5.5**　一飞轮的转动惯量为 $J$，在 $t=0$ 时角速度为 $\omega_0$，此后飞轮经历制动过程，阻力矩 $M$ 的大小与角速度 $\omega$ 的平方成正比，比例系数 $k>0$，当 $\omega=\frac{1}{3}\omega_0$ 时，飞轮的角速度是多少？从开始制动到 $\omega=\frac{1}{3}\omega_0$ 时，所经过的时间为多少？

**5.6**　已知滑轮对中心轴的转动惯量为 $J$，半径为 $R$，物体的质量为 $m$，弹簧的弹性系数为 $k$，斜面的倾角为 $\theta$，物体与斜面间光滑，系统从静止释放，且释放时绳子无伸长，如题 5.6 图所示，试求物体下滑 $x$ 距离时的速率。

**5.7**　质量为 $m$，长为 $L$ 的匀质木棒可绕 $O$ 轴自由转动，开始木棒铅直悬挂，现在有一只质量为 $m$ 的小猴以水平速度 $v_0$ 抓住棒的一端，如题 5.7 示，试求：

(1) 小猴与棒开始摆动的角速度；

(2) 小猴与棒摆到最大高度时，棒与铅直方向的夹角。

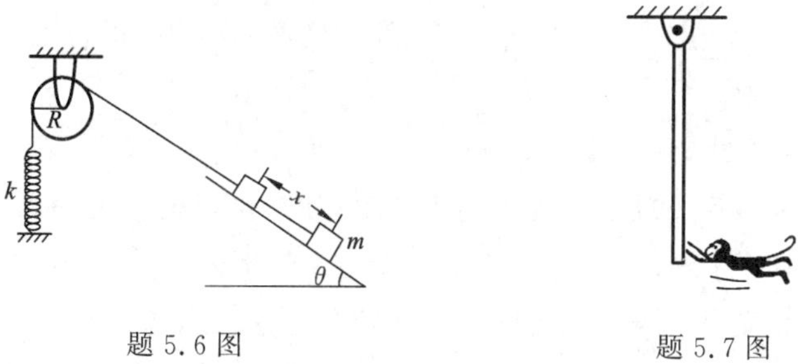


题 5.6 图　　题 5.7 图

**5.8**　质量分别为 $m$ 和 $2m$，半径分别为 $r$ 和 $2r$ 的两个均匀圆盘，同轴地黏在一起，可以绕通过盘心且垂直盘面的水平光滑固定轴转动，对转轴的转动惯量为 $9\ mr^2/2$，大小圆盘边缘都绕有绳子，绳子下端都挂一质量为 $m$ 的重物，如题 5.8 图所示。求盘的角加速度的大小。

**5.9**　质量为 $m_0$ 的匀质圆盘，可绕通过盘心垂直于盘的固定光滑轴转动，绕过盘的边缘挂有质量为 $m$，长为 $l$ 的匀质柔软绳索，如题 5.9 图所示。设绳与圆盘无相对滑动，试求当圆盘两侧绳长之差为 $s$ 时，绳的加速度的大小。

**5.10**　如题 5.10 图所示，两物体质量分别为 $m_1$ 和 $m_2$，定滑轮的质量为 $m$，半径为 $r$，可视为均匀圆盘。已知 $m_2$ 与桌面间的滑动摩擦系数为 $\mu_k$，求 $m_1$ 下落的加速度和两段绳子中的张力各是多少？设绳子和滑轮间无相对滑动，滑轮轴受的摩擦力忽略不计。

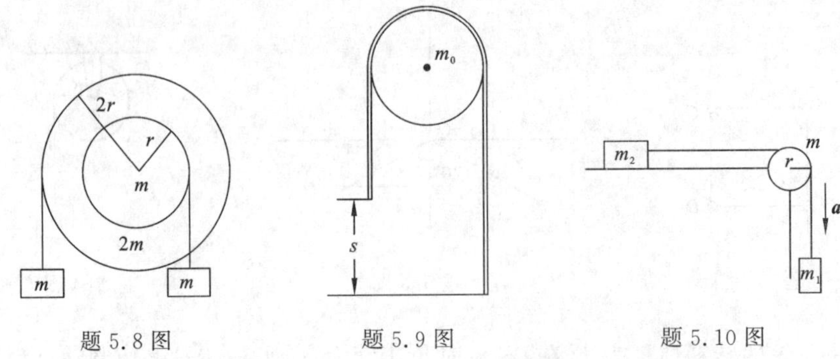


题 5.8 图　　　　题 5.9 图　　　　题 5.10 图

**5.11**　一个半圆薄板的质量为 $m$，半径为 $R$。当它绕着它的直径边转动时，它的转动惯量多大？

**5.12**　一根均匀米尺，刻度在 60 cm 处被钉在墙上，且可以在竖直平面内自由转动。先用手使米尺保持水平，然后释放。求刚释放时米尺的角加速度和米尺转到铅直位置时的角速度各是多大？

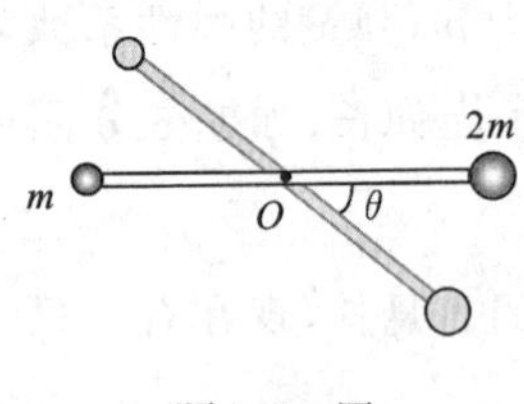


题 5.13 图

**5.13**　一长为 $L$ 的轻质细杆，两端分别固定质量为 $m$ 和 $2m$ 的小球，此系统在竖直平面内可绕过中点 $O$ 且与杆垂直的水平光滑轴($O$ 轴) 转动，开始时杆处于水平位置，现无初转速地将它释放，杆球这一刚体系统绕 $O$ 轴转动到与水平方向成 $\theta$ 角时(如题 5.13 图所示)，刚体的角加速度 $\beta$ 和角速度 $\omega$ 各是多大？

**5.14**　汽车发动机的扭矩就是指发动机从曲轴端输出的力矩。在功率固定的条件下它与发动机转速成反比关系，转速越快扭矩越小，反之越大，它反映了汽车在一定范围内的负载能力。某车在角速度为 6 000 $\mathrm{r \cdot min^{-1}}$ 时达到最大功率 76 kW，在角速度为 4 200 $\mathrm{r \cdot min^{-1}}$ 时达到最大扭矩 131 N · m。问汽车达到最大功率时的扭矩多大?达到最大扭矩时的功率多大?

**5.15**　矩形门板质量为 $m_0$、宽 $l$ 、质量为 $m$ 的小球以水平速度 $v_0$ 垂直碰在门板的边缘，碰撞是完全弹性的，求碰后小球的速度和门板的角速度。如题 5.15 图所示。

**5.16**　如题 5.16 图所示，一水平匀质圆形转台，质量 $m_0 = 120$ kg，半径 $r = 2$ m，可绕经过中心的铅直轴转动，质量 $m = 60$ kg 的人站在转台边缘。开始时，人和转台都静止，如果人在台上以 1.2 $\mathrm{m \cdot s^{-1}}$ 的速率(相对转台) 沿转台边缘循逆时针方向奔跑，求此时转台转动的角速度。设轴承对转台的摩擦力矩不计。

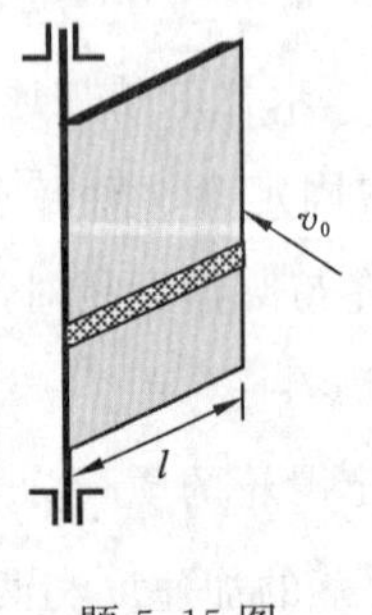


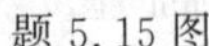
题 5.15 图

题 5.16 图

**5.17**　一长为 $l$ 的匀质细杆，可绕通过中心 $O$ 的固定水平轴在铅垂平面内自由转动(转动惯量为 $ml^2/12$)，开始时杆静止于水平位置。一质量与杆相同的昆虫以速率 $v_0$ 垂直落到距 $O$ 点 $l/4$ 处的杆上，昆虫落下后立即向杆的端点爬行，如题 5.17 图所示。若要使杆以匀角速度转动，试求昆虫沿杆爬行的速率。

**5.18**　一根质量可以忽略的细杆，长度为 $l$，两端各联结质量为 $m$ 的质点，静止地放在光滑的水平桌面上。另一质量相同的质点以速率 $v_0$ 沿 45° 与其中一个质点作弹性碰撞，如题 5.18 图所示。求碰后杆的角速度。

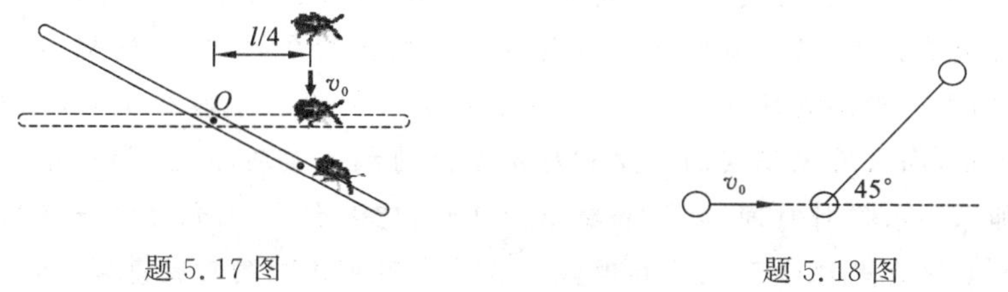


题 5.17 图　　题 5.18 图

**5.19**　地球的质量为 $m \approx 6.0 \times 10^{24}$ kg，半径为 $R \approx 6.4 \times 10^{6}$ m，假设其密度均匀，试求其对自转轴的角动量和转动动能。$\left(\text{地球转动惯量 } J = \dfrac{2}{5}mR^2\right)$

【习题参考答案】

# 第6章　狭义相对论基础

爱因斯坦分别在1905年和1916年提出的狭义相对论和广义相对论，统称为相对论。狭义相对论是关于时间、空间和物质运动之间相互关系的理论，它描述高速运动物体所遵循的基本规律；广义相对论是关于时间、空间和物质引力之间相互关系的理论，它揭示了物质决定时空结构和时空对物质运动影响的内在规律。100余年来人们设计了各种实验对相对论进行严格检验，到目前为止，尚未有经证实的违反相对论理论的相关实验报道。相对论建立了一套全新的时空观念，加深了人们对时间、空间和物质的认识，它不仅与量子力学一起构成现代物理学的两大支柱，而且它也是现代天文学和现代工程技术不可或缺的理论基础。本章将讨论狭义相对论的基本原理、运动学和动力学基本内容及它的时空结构。

## 6.1　伽利略变换和经典力学时空观

### 6.1.1　伽利略变换

物质的运动是绝对的，观察者对物质运动的描述是相对的。虽然不同的观察者对同一物质运动的描述具有不同形式，但是，这些不同的描述所反映的运动规律的本质是一致的。伽利略变换就是两个以相对速度$u$做匀速直线运动的惯性观察者（或惯性系）对同一事件所测量的时间和空间坐标之间的变换关系，这里的事件定义为某时刻$t$在空间某位置$x,y,z$发生的某件事情。

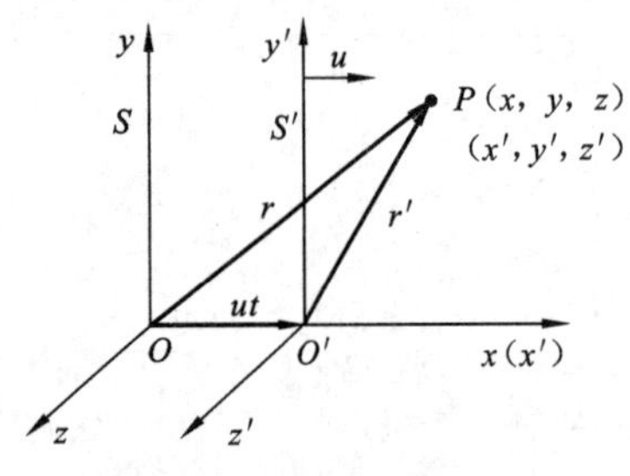


图6.1　伽利略变换

设有两个惯性系$S$和$S'$，其中$S'$相对$S$以速度$u$沿$x$和$x'$轴正向运动，如图6.1所示，分别在两个惯性系中建立坐标系$S(O,x,y,z)$和$S'(O',x',y',z')$，并选取两坐标系原点$O$和$O'$重合时，两个惯性参考系中的时间$t=t'=0$作为计时起点。若某时刻在空间某地点发生一个事件$P$，例如，一次爆炸或一个闪电，在惯性系$S$和$S'$中的惯性观察者$G$和$G'$分别测量该事件$P$的时间和空间坐标分别为$(x,y,z,t)$和$(x',y',z',t')$，它们之间满足如下变换关系为

$$\begin{cases} x' = x - ut \\ y' = y \\ z' = z \\ t' = t \end{cases} \tag{6.1}$$

或用位置矢量$\boldsymbol{r}$和$\boldsymbol{r}'$可把式(6.1)写成矢量形式

$$\begin{cases} \boldsymbol{r}' = \boldsymbol{r} - \boldsymbol{u}t \\ t' = t \end{cases} \tag{6.2}$$

上述变换式就称为**伽利略坐标变换式**。

若将某时刻在空间某处某质点的运动作为事件$P$，将式(6.1)的等式两边分别对时间$t'$和

$t$ 求导数，考虑到两个惯性系 $S$ 和 $S'$ 中的时间相等，$t'=t$，由此可得到两个惯性系中观察者 $G$ 和 $G'$ 分别测量该质点运动速度之间的变换关系为

$$\begin{cases} v'_x = v_x - u \\ v'_y = v_y \\ v'_z = v_z \end{cases} \tag{6.3}$$

或写成矢量形式

$$\boldsymbol{v}' = \boldsymbol{v} - \boldsymbol{u} \tag{6.4}$$

式(6.3)和(6.4)称为**伽利略速度变换式**。这就是经典力学的速度相加定理，其中 $\boldsymbol{v}$ 和 $\boldsymbol{v}'$ 分别是惯性观察者 $G$ 和 $G'$ 测量质点运动的速度。

将式(6.3)对时间求导数，可得到惯性系 $S$ 和 $S'$ 中两个惯性观察者 $G$ 和 $G'$ 分别测量该质点运动加速度之间的变换关系为

$$\begin{cases} a'_x = a_x \\ a'_y = a_y \\ a'_z = a_z \end{cases} \tag{6.5}$$

或写成矢量形式

$$\boldsymbol{a}' = \boldsymbol{a} \tag{6.6}$$

式(6.5)和(6.6)称为**伽利略加速度变换式**。它表明不同运动速度的惯性观察者 $G$ 和 $G'$ 测量质点运动的加速度相同，换句话说，质点运动的加速度在伽利略变换下保持不变。

### 6.1.2 绝对时空观

在 20 世纪之前，人们普遍接受牛顿的观点，认为时间和空间就其本质而言与任何外界事物无关。时间均匀流逝，容纳一切物质的空间保持静止，永远不变，它们被称为绝对时间和绝对空间。伽利略变换就是以此为前提的，它客观地反映了牛顿经典力学的时空观。

1. 绝对时间

如果有两个相继发生的事件 $P_1$ 和 $P_2$，在惯性系 $S$ 和 $S'$ 中的惯性观察者 $G$ 和 $G'$ 分别测量这两个事件，由伽利略变换式(6.1)，他们所测量时间之间的变换关系为 $t'_1=t_1$ 和 $t'_2=t_2$；由此可以得到两个惯性观察者测量发生 $P_1$ 和 $P_2$ 事件的时间间隔的关系，即

$$\Delta t' = t'_2 - t'_1 = t_2 - t_1 = \Delta t \tag{6.7}$$

式(6.7)的物理意义是：任何两个惯性系 $S$ 和 $S'$ 中的时钟校准后，观察者 $G$ 和 $G'$ 分别用他们自己的时钟测量两个事件的时间间隔是相同的，与惯性系的运动状态无关，因此，存在着不受运动状态影响的时钟，它测量的时间就是绝对时间。在两个彼此做匀速直线运动惯性系中的观察者，分别对同一个物理过程所测量的时间间隔相等，时间均匀流逝，与运动状态无关，这称为经典力学的绝对时间观；由于在不同惯性系中测量两个事件的时间间隔相同，$\Delta t'=\Delta t$，伽利略变换反映了同时性是也绝对的，两个事件发生的先后次序不会改变。

2. 绝对空间

将一根直细杆沿 $x$ 和 $x'$ 轴放置，如图 6.2 所示。若将观察者在某时刻测量细杆端点在空间的位置这件事情作为一个事件 $P$，则在惯性系 $S$ 和 $S'$ 中的惯性观察者 $G$ 和 $G'$ 同时测量细杆的两端，

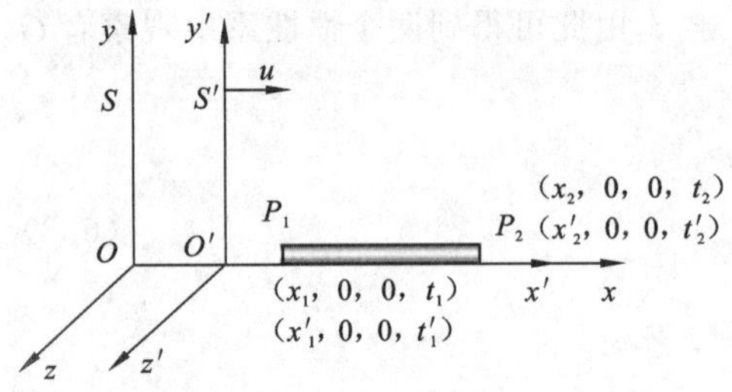


图 6.2　经典力学中绝对空间观

这样就构成了两个事件 $P_1$ 和 $P_2$，它们在惯性系 $S$ 和 $S'$ 中时空坐标分别为 $P_1[(x_1,0,0,t_1),(x'_1,0,0,t'_1)]$ 和 $P_2[(x_2,0,0,t_2),(x'_2,0,0,t'_2)]$。在惯性系 $S$ 中观察者 $G$ 测量细杆的长度为 $l=\Delta x=x_2-x_1$，在惯性系 $S'$ 中观察者 $G'$ 测量细杆的长度为 $l'=\Delta x'=x'_2-x'_1$；利用伽利略变换式(6.1)中的第一式，有

$$x'_2-x'_1=(x_2-ut_2)-(x_1-ut_1)=(x_2-x_1)-u(t_2-t_1) \tag{6.8}$$

由于惯性观察者 $G$ 和 $G'$ 同时对细杆两端进行测量，有 $t_1=t_2$ 和 $t'_1=t'_2$，再由伽利略变换式(6.1)的第四式，可得 $t'_1=t'_2=t_1=t_2$，所以他们测量事件都相同，则式(6.8)可写成

$$l'=\Delta x'=x'_2-x'_1=x_2-x_1=\Delta x=l \tag{6.9}$$

式(6.9)表明在不同惯性系中的观察者 $G$ 和 $G'$ 测量细杆的长度相同，与细杆的运动状态无关。换句话说，空间两点间的距离对任何惯性系来说，都是绝对不变的，这就是经典力学的绝对空间观。

伽利略变换所隐含的绝对时间和绝对空间的概念，构成了经典力学的绝对时空观。

### 6.1.3　伽利略相对性原理和经典物理学的困难

经典力学和电磁学(经典电磁理论)是经典物理学的两大基本理论。在经典力学的时空观下，物理学面临的一个基本事实是：经典力学满足伽利略相对性原理，但是经典电磁理论不满足伽利略相对性原理。下面分别阐述什么是伽利略相对性原理及经典物理学的困难。

1. 伽利略相对性原理

伽利略相对性原理也称力学相对性原理。它是指力学规律对于所有惯性系(或惯性观察者)都相同。由于任何两个惯性系的时空坐标通过伽利略变换相联系，所以，伽利略相对性原理也可表述为力学规律在伽利略变换下具有不变性。它也说明一切惯性系都是等价的，没有哪一个惯性系处于特殊地位。在任何惯性系中的观察者描述同一力学规律的数学表达形式完全相同。

下面以一维运动的情况为例，简单说明牛顿第二定律满足伽利略相对性原理。

假设由两个质点组成一个系统，它们之间仅有万有引力作用，两个质点的质量分别为 $m_1$ 和 $m_2$，假设 $m_2$ 是地球，将惯性参考系 $S$ 建立在地球上，因此，对于惯性参考系 $S$ 中的观察者来说，质点 $m_1$ 的运动满足牛顿第二定律，可表示为

$$F=\frac{Gm_1m_2}{(x_2-x_1)^2}=m_1\frac{\mathrm{d}^2x}{\mathrm{d}t^2}=m_1a \tag{6.10}$$

式中：$F$ 和 $a=\dfrac{\mathrm{d}^2x}{\mathrm{d}t^2}$ 分别表示在 $S$ 系中两个质点之间的作用力和加速度。对于以速度 $u$ 相对于 $S$ 系做匀速直线运动的 $S'$ 系中的观察者是否也有与(6.10)相同的形式呢？

根据伽利略加速度变换式(6.6)和空间两点间距离绝对不变性式(6.9)，有

$$a=\frac{\mathrm{d}^2x}{\mathrm{d}t^2}=\frac{\mathrm{d}^2x'}{\mathrm{d}t'^2}=a',\quad x'_2-x'_1=x_2-x_1$$

将以上二式代入式(6.10)，并注意质量和作用力与运动无关，即与惯性系的选择无关，因此有

$$F' = \frac{Gm_1 m_2}{(x'_2 - x'_1)^2} = m_1 \frac{\mathrm{d}^2 x'}{\mathrm{d}t'^2} = m_1 a' \tag{6.11}$$

同样 $F'$ 和 $a' = \frac{\mathrm{d}^2 x'}{\mathrm{d}t'^2}$ 分别表示在 $S'$ 系中两个质点之间的作用力和加速度。式(6.11)正是在惯性系 $S'$ 中质点 $m_1$ 运动满足的牛顿第二定律表达式。这表明牛顿第二定律的形式在伽利略变换下保持不变，它满足伽利略相对性原理。

由于一切惯性系都是平权的，牛顿定律在所有惯性系中都相同，所以任何惯性系中的观察者无法通过力学实验或任何力学方法确定其所在惯性系的运动状态。例如，在一列匀速直线运动列车上的静止乘客就是一个惯性观察者，若不借助车外的参考系，他在车内做任何力学实验都不能确定列车是处于静止状态还是正在做匀速直线运动。非惯性系中的观察者则不然，他可以通过力学实验确定自己所在参考系的运动状态，这是广义相对论讨论的范畴。所有惯性系之间都在做相对匀速直线运动，绝对静止的参考系是不存在的。

2. 经典电磁理论不满足伽利略相对性原理

19 世纪末，麦克斯韦创立了电磁场理论。由麦克斯韦电磁场理论可以得出光是一种电磁波，光在真空中的传播速度 $c = \frac{1}{\sqrt{\varepsilon_0 \mu_0}} \approx 3 \times 10^8\ \mathrm{m \cdot s^{-1}}$（$\varepsilon_0$，$\mu_0$ 分别为真空介电常数和真空磁导率）。波的传播是需要借助于媒质的，人们会问：光在真空中是靠什么传播的？为了解释这个问题，有人提出以太学说。以太学说认为，以太是充满整个空间的一种特殊媒质，光在真空中的传播是一种以太的波动；除与光波相应的微小形变运动以外，以太之间不可能有任何别的运动，以太是绝对静止的。以太参考系称为绝对静止参考系，相对以太的运动速度称为绝对速度。光只有在均匀无限大的以太参考系中是各向同性的，而在其他参考系中光是各向异性的，也就是说，沿不同方向测量光速是不相同的。比如地球参考系（地球可近似地看成惯性系）以速度 $u$ 相对于以太运动，由伽利略变换，在地球参考系中，沿着地球运动方向测量的光速应该是 $c' = c - u$，逆着地球运动方向测量的光速应该是 $c' = c + u$。如果通过实验测量到地球相对于以太的绝对速度为 $u$，那么就从实验上证实了以太的存在；如果以太存在，那么牛顿的绝对空间在以太参考系中就找到了落脚点，否则牛顿力学就是空中楼阁。依据伽利略相对性原理，通过力学规律不能得到绝对速度，现在通过电磁规律是否可以探测到绝对速度呢？这种研究的前景是很诱人的（值得注意的是：在伽利略变换下，描述电磁理论的麦克斯韦方程组不符合伽利略相对性原理，这意味着存在一个特别优越的惯性系，在这个惯性系中麦克斯韦方程组成立，当然这个惯性系只能是以太参考系）。由于麦克斯韦方程组在伽利略变换下不具有数学形式的不变性，物理学界面临三种可能的选择：① 存在适用于力学的相对性原理，电磁学不存在相对性原理；伽利略变换正确，麦克斯韦方程组只在以太参考系中成立，通过测量光速可以确定以太参考系，也可以确定惯性系的绝对速度；② 力学存在相对性原理，电磁学也存在相对性原理，伽利略变换正确，修改电磁理论；③ 相对性原理普遍正确，电磁学规律正确，而伽利略变换不正确，修改牛顿力学，寻找与相对性原理相适应的新变换。当时，绝大多数科学家相信的是经典的绝对时空观，选择了第一种可能性，致力于探测惯性系的绝对速度。1887 年迈克耳孙和莫雷利用迈克耳孙干涉仪，进行了测定地球相对以太运动的绝对速度实验，历史上称为迈克耳孙 莫雷实验。尽管实验精确度极高，可靠性极大，但是没有测量到地球相对于以太的任何运动（即

$u=0$)。面对这个“意外”的实验结果,当时不少学者提出了各种假设,展开了广泛而激烈的辩论,比较著名的如1892年洛伦兹-菲茨杰拉德提出的收缩学说;1904年,洛伦兹在论文《在以任何低于光速的速度运动中的电磁现象》中提出了以他的名字命名的时空坐标变换理论(洛伦兹变换);法国数学家彭加勒提出了电磁学相对性原理和物体运动速度极限假设,彭加勒因此而被称为相对论先驱。由于他们都没有抛弃绝对时空观,也没有放弃以太的观念,所以未能形成令人信服的严格理论;爱因斯坦于1905年提出的狭义相对论假设,他抛弃了旧的时空观,否定了以太假说,提出了革命性的相对论时空观。

## 6.2　狭义相对论的基本概念　洛伦兹变换

爱因斯坦基于迈克耳孙-莫雷实验最基本的实验事实($u=0$),否定以太的存在,提出了相对性原理和光速不变原理两个基本假设,创立了狭义相对论,使其成为物理学发展史上重要的里程碑。下面详细介绍这两个基本假设。

### 6.2.1　狭义相对论基本原理

1. 相对性原理

物理学规律对于所有惯性系(或惯性观察者)都相同。或者说物理学规律与惯性系的选择无关,不存在特殊的惯性系。这就是**爱因斯坦相对性原理**,即相对性原理。类似于伽利略相对性原理,在所有惯性系中观察者进行任何物理实验都不能确定惯性系的运动状态。

上述的物理学规律不仅是力学规律,也包括热学、电磁学、原子分子物理等任何物理学规律,爱因斯坦的相对性原理也称为狭义相对性原理,它是伽利略力学相对性原理的推广,它所强调的是无法用任何物理学的方法来选择绝对静止的惯性系,进一步说明所有惯性系是平权的。

2. 光速不变性原理

在所有惯性系中,光在真空中的速率为恒定值 $c$,与光源和观察者的运动状态无关。光的这种特性称为**光速不变性原理**。

按照前面所述的经典力学时空观,由伽利略速度变换式(6.4)可得出在做匀速直线运动的参考系中测量真空中的光速具有各向异性,并不是恒定值,因此,光速不变原理否定了伽利略变换,也就是否定了经典力学的绝对时空观。

### 6.2.2　洛伦兹变换

1. 洛伦兹时空坐标变换关系

伽利略变换不具有普遍性,需要寻找一种新的时间和空间坐标变换关系,来满足狭义相对论基本原理的要求,下面从相对性原理和光速不变原理出发进行推导。

按照相对性原理要求,时空坐标变换应该是线性变换,并且具有对称性。设有两个惯性系 $S$ 和 $S'$,其中 $S'$ 系相对 $S$ 系以速度 $u$ 沿 $x$ 和 $x'$ 轴正方向运动,如图6.3所示,分别在两个惯性系中建立坐标系 $S(O,x,y,z)$ 和 $S'(O',x',y',z')$,并选取两坐标系原点 $O$ 和 $O'$ 重合时,两个惯性参考系中的时间 $t=t'=0$ 作为计时起点。如果此时从两坐标系重合的原点处发出一个光

脉冲，由光速不变性原理，$S$ 系中观察者在任意时刻 $t$ 测量 $O$ 点所发出光脉冲的波阵面方程为

$$x^2+y^2+z^2=(ct)^2 \tag{6.12}$$

$S'$ 系中观察者在任意时刻 $t'$ 测量 $O'$ 点所发出光脉冲的波阵面方程为

$$x'^2+y'^2+z'^2=(ct')^2 \tag{6.13}$$

这里需要说明的是 $S$ 系中观察者和 $S'$ 系中观察者分别指他们在各自惯性系中保持静止，本章小节涉及同样叙述时，其意思与此相同。

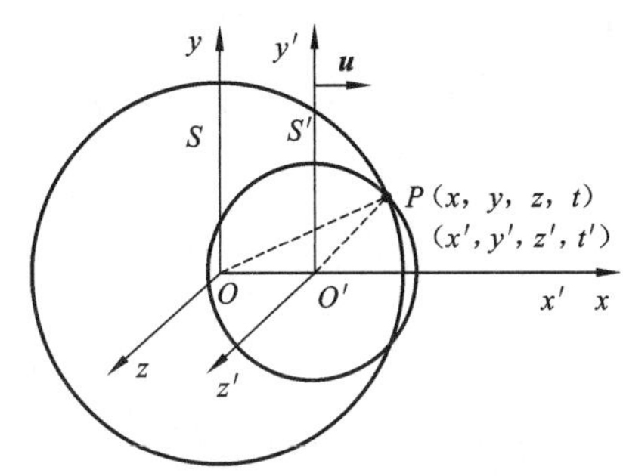

图 6.3　洛伦兹变换的推导

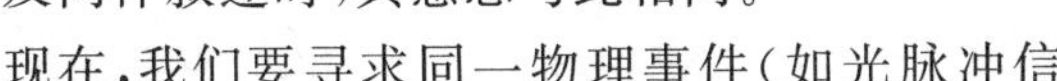
现在，我们要寻求同一物理事件（如光脉冲信号传播到图 6.3 中 $P$ 点）在惯性系 $S$ 和 $S'$ 中两组时空坐标 $(x,y,z,t)$ 和 $(x',y',z',t')$ 之间的变换关系。由于空间和时间是均匀的，时空坐标之间的变换应当满足线性变换关系，考虑两个惯性系 $S$ 和 $S'$ 的 $x$ 和 $x'$ 轴重合，在 $y$ 和 $z$ 方向无相对运动，所以在 $y$ 和 $z$ 方向空间坐标的变换不受相对运动的影响；假设时空坐标变换有如下形式

$$\begin{cases} x'=a_1x+a_2t \\ y'=y \\ z'=z \\ t'=a_3x+a_4t \end{cases} \tag{6.14}$$

式中：$a_1$、$a_2$、$a_3$、$a_4$ 是常数，由式(6.12)和式(6.13)有

$$x'^2+y'^2+z'^2-c^2t'^2=x^2+y^2+z^2-c^2t^2$$

将式(6.14)代入上式，则有

$$(a_1x+a_2t)^2+y^2+z^2-c^2(a_3x+a_4t)^2=x^2+y^2+z^2-c^2t^2$$

将上式展开并利用对应系数相等（待定系数法），可得

$$\begin{cases} a_1^2-c^2a_3^2=1 \\ a_1a_2-c^2a_3a_4=0 \\ a_2^2-c^2a_4^2=-c^2 \end{cases} \tag{6.15}$$

又由于 $S'$ 系的原点 $O'$ 在 $S$ 系和在 $S'$ 系中的坐标分别为 $(ut,0,0,t)$ 和 $(0,0,0,t')$，所以将这组坐标代入式(6.14)第一式中，有 $a_2=-a_1u$，现与式(6.15)联立，可解得

$$a_1=a_4=\left(1-\frac{u^2}{c^2}\right)^{-\frac{1}{2}},a_2=-u\left(1-\frac{u^2}{c^2}\right)^{-\frac{1}{2}},a_3=-\frac{u}{c^2}\left(1-\frac{u^2}{c^2}\right)^{-\frac{1}{2}}$$

然后，将上述系数 $a_1,a_2,a_3,a_4$ 代入式(6.14)，有

$$\begin{cases} x'=\gamma(x-ut) \\ y'=y \\ z'=z \\ t'=\gamma\left(t-\frac{u}{c^2}x\right) \end{cases} \tag{6.16}$$

式中：$\gamma=\dfrac{1}{\sqrt{1-\frac{u^2}{c^2}}}$ 称为相对论因子。式(6.16)就是我们所要寻找的新的时空坐标变换，即**洛伦兹变换**。由变换的对称性，可将 $S'$ 系看成静止的，$S$ 系以 $-u$ 相对于 $S'$ 系沿相反方向运动，只

要将式(6.16)中的 $u$ 替换成 $-u$,并将带撇的坐标与不带撇的坐标互换,可得到洛伦兹变换的逆变换

$$\begin{cases} x = \gamma(x' + ut') \\ y = y' \\ z = z' \\ t = \gamma\left(t' + \dfrac{u}{c^2}x'\right) \end{cases} \tag{6.17}$$

关于洛伦兹变换式(6.16)和式(6.17)做以下几点说明:

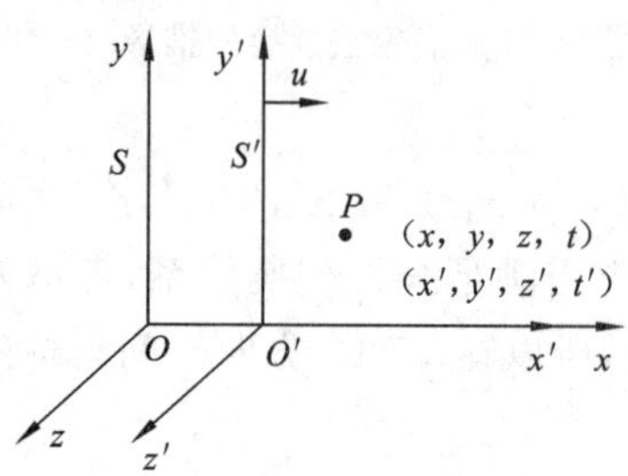


图 6.4　同一事件在两个惯性系中时空坐标表示

(1) 洛伦兹变换表示同一物理事件在不同惯性系中时空坐标的变换关系,如图 6.4 所示,它表明时间和空间坐标是彼此关联、密不可分的,惯性系(或观察者)运动对时间和空间都会产生影响;然而,在伽利略变换中,时间和空间是彼此分离的、绝对的,它们与惯性系(或观察者)的运动无关。

(2) 洛伦兹变换是狭义相对论基本原理的体现,所有物理学规律的表达式在洛伦兹变换下保持不变。

(3) 牛顿力学满足力学相对性原理,在伽利略变换下具有不变性,但是它不服从洛伦兹变换,也就是说牛顿力学与狭义相对论相矛盾,因此,需要修正牛顿力学,修正后的牛顿力学称为相对论力学。

(4) 当 $u \ll c$ 时,即在低速近似情况下,洛伦兹变换过渡到伽利略变换,相对论力学回到牛顿力学,可以说伽利略变换和牛顿力学是在 $u \ll c$ 时洛伦兹变换和相对论力学的近似。

(5) 由于 $\gamma = \dfrac{1}{\sqrt{1 - \dfrac{u^2}{c^2}}}$ 为实数,有 $u < c$,所以物体之间相对运动速度必小于光速 $c$,真空中的光速是物体运动速度的极限。

2. 洛伦兹速度变换关系

设一个质点 $P$ 在时空中运动,在惯性系 $S$ 和 $S'$ 中的观察者 $G$ 和 $G'$ 分别测量质点 $P$ 的运动速度为 $(v_x, v_y, v_z)$ 和 $(v'_x, v'_y, v'_z)$,其中 $S'$ 相对于 $S$ 以速度 $u$ 沿 $x$ 和 $x'$ 轴正向运动,观察者 $G$ 和 $G'$ 所测量的速度之间的变换关系可由洛伦兹时空坐标变换关系式(6.16)得到。

将式(6.16)两边微分,有

$$\begin{cases} \mathrm{d}x' = \gamma(\mathrm{d}x - u\mathrm{d}t) \\ \mathrm{d}y' = \mathrm{d}y \\ \mathrm{d}z' = \mathrm{d}z \\ \mathrm{d}t' = \gamma\left(\mathrm{d}t - \dfrac{u}{c^2}\mathrm{d}x\right) \end{cases}$$

可得速度的 $x'$ 和 $x$ 分量变换式

$$v'_x = \frac{\mathrm{d}x'}{\mathrm{d}t'} = \frac{\gamma(\mathrm{d}x - u\mathrm{d}t)}{\gamma\left(\mathrm{d}t - \dfrac{u}{c^2}\mathrm{d}x\right)} = \frac{\dfrac{\mathrm{d}x}{\mathrm{d}t} - u}{1 - \dfrac{u}{c^2}\dfrac{\mathrm{d}x}{\mathrm{d}t}} = \frac{v_x - u}{1 - \dfrac{u}{c^2}v_x} \tag{6.18}$$

同理可得速度的其他分量变换式

$$v'_y = \frac{\mathrm{d}y'}{\mathrm{d}t'} = \frac{v_y}{\gamma\left(1 - \frac{u}{c^2}v_x\right)} \tag{6.19}$$

$$v'_z = \frac{\mathrm{d}z'}{\mathrm{d}t'} = \frac{v_z}{\gamma\left(1 - \frac{u}{c^2}v_x\right)} \tag{6.20}$$

式(6.18) ~ 式(6.20) 统称为**相对论速度变换关系**，它们的逆变换请读者自行推导。

在 $u \ll c$ 的低速近似情况下，相对论速度变换关系可写成

$$v'_x = v_x - u,\quad v'_y = v_y,\quad v'_z = v_z$$

这就是经典力学的速度相加定理式(6.3)。

考察光的运动，假设在惯性系 $S$ 中的观察者 $G$ 测量一束光沿 $x$ 轴正方向运动，其速度为 $v_x = c$，若 $x'$ 与 $x$ 同轴且方向相同，根据相对论速度变换关系式(6.18)，在惯性系 $S'$ 中观察者 $G'$ 测量该束光沿 $x'$ 轴正方向运动速度为

$$v'_x = \frac{c - u}{1 - \frac{u}{c^2}c} = c$$

即真空中的光速对于任何惯性系中的观察者都相同。

**例 6.1**　设有两个飞船 $A$ 和 $B$ 相向运动，在地面上的观察者测量它们沿 $x$ 轴的正方向的速度分别为 $v_A = 0.9c$ 和 $v_B = -0.9c$，问飞船 $A$ 上的观察者测量飞船 $B$ 相对飞船 $A$ 的速度为多少。

**解**　如图 6.5 所示，设地面为惯性系 $S$，飞船 $A$ 为惯性系 $S'$，飞船 $A$ 沿 $x$ 轴正向运动，$x$ 与 $x'$ 同方向，有 $S'$ 系相对于 $S$ 系运动速度 $u = v_A$，则飞船 $B$ 相对飞船 $A$ 的速度为 $v'_x$；由于已知飞船 $B$ 相对地面惯性系 $S$ 的速度 $v_x = v_B = -0.9c$，代入式(6.18)，可以得到

$$v'_x = \frac{v_x - u}{1 - \frac{uv_x}{c^2}} = \frac{-0.9c - 0.9c}{1 - \frac{(0.9c)(-0.9c)}{c^2}} = -\frac{1.8c}{1.81} \approx -0.994c$$

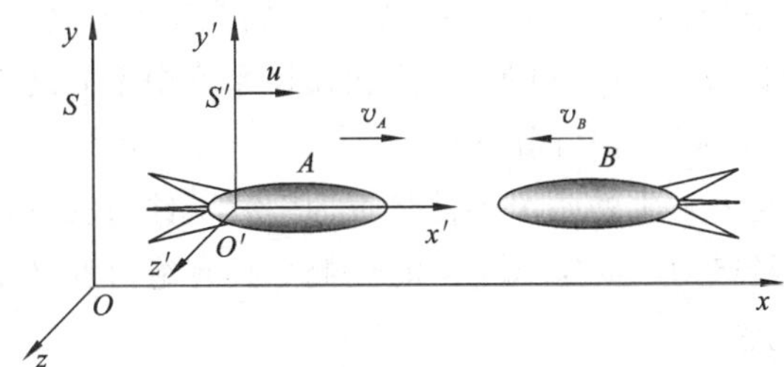


图 6.5　例 6.1 图

这与伽利略变换式(6.3) 所给出的结果是不同的，这里 $v'_x$ 的绝对值大小是小于 $c$ 的。通常按照相对论速度变换，$u$ 和 $v_x$ 的值都小于 $c$ 的情况下，$v'_A$ 不可能大于 $c$。

## 6.3　狭义相对论时空理论

经典力学的时空观认为，时间和空间是绝对的，与观察者的运动状态无关，而且时间与空间是彼此分离的，在不同惯性系中的时空坐标服从伽利略变换；然而，狭义相对论时空观与此

截然相反,时间与空间是相对的,它与观察者的运动状态有关,时间与空间相互联系,在不同惯性系中的时空坐标服从洛伦兹变换。本节将通过对同时相对性、时间延缓效应和运动尺度收缩的讨论来充分阐述相对论时空理论的基本思想。

### 6.3.1 "同时"的相对性

在经典力学时空观中,同时性的概念是绝对的。若在地面上 $P_A(x_A,0,0)$ 和 $P_B(x_B,0,0)$ 两点同时发生事件 $A$ 和 $B$(例如两地同时鸣笛),取地面为惯性系 $S$,如图 6.6 所示,对于静止于地面的观察者 $G$,事件 $A$ 和 $B$ 是 $S$ 系中的同时事件。按照经典力学时空观,对于任何静止于其他惯性系 $S'$(例如:一列匀速直线运动的列车)中的观察者 $G'$ 来说,事件 $A$ 和 $B$ 也是同时事件,与惯性系或惯性观察者的运动状态无关。然而,按照狭义相对论时空观,同时的概念是相对的,它与惯性系或惯性观察者的运动状态有关。同时概念的相对性可以通过在不同惯性系中测量事件 $A$ 和事件 $B$ 之间的时间间隔具有不同结果反映出来。

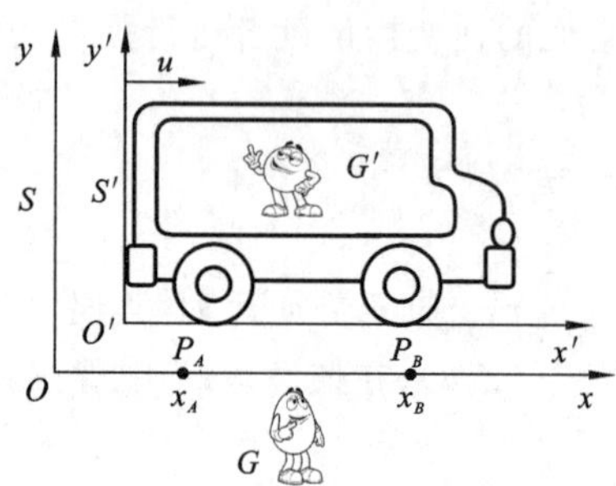


图 6.6　同时概念的相对性

在惯性系 $S$ 中的观察者 $G$,测量同时发生在 $S$ 系中 $x_A$ 和 $x_B$ 两地之间的时间间隔是

$$\Delta t = t_B - t_A = 0 \text{ 或 } t_B = t_A$$

即事件 $A$ 和事件 $B$ 是同时事件。然而,以速度 $u$ 相对两个事件运动的惯性系 $S'$ 中观察者 $G'$ 测量事件 $A$ 和 $B$ 发生的时刻是不同的,其时间间隔或时间差可表示如下。

由洛伦兹变换式(6.16),考虑惯性系 $S$ 中同时事件的时间间隔 $\Delta t = t_B - t_A = 0$,可得

$$\Delta t' = t'_B - t'_A = -\gamma \frac{u}{c^2}(x_B - x_A) \tag{6.21}$$

在式(6.21)中,因为在惯性系 $S$ 中事件 $A$ 和 $B$ 发生在不同地点,即 $P_A(x_A,0,0)$ 与 $P_B(x_B,0,0)$ 的空间坐标位置不同,有 $x_B - x_A \neq 0$,所以惯性系 $S'$ 中的观察者 $G'$ 测量事件 $A$ 和 $B$ 之间的时间间隔 $\Delta t' = t'_B - t'_A \neq 0$,即 $t'_B \neq t'_A$。可见,发生在惯性系 $S$ 中不同地点的同时事件 $A$ 和 $B$,对惯性系 $S'$ 中的观察者 $G'$ 来说不再是同时事件。

由以上讨论可知,时空中发生的两个事件是否为同时事件与观察者运动状态有关,或者说与惯性系的选择有关。与经典力学时空观中同时性概念具有绝对意义不同,在狭义相对论时空观中同时性是一个相对概念。

**例 6.2**　列车静止时的长度为 $l$,列车以速度 $v$ 沿 $x$ 轴正方向运动,当列车厢的中点 $O'$ 与地面上的 $O$ 点重合时,在列车上 $O'$(即 $O$) 位置有一光源发出闪光信号,以地面作为惯性系的观察者看来,列车厢前后两端的接收器收到这个闪光信号的时间差为多少?

**解**　如图 6.7 所示,选地面为惯性系 $S$,列车为惯性系 $S'$,列车厢的前端和后端接收器收到闪光信号分别定义为事件 $A$ 和事件 $B$,对于 $S'$ 系(列车厢)中观察者,事件 $A$,$B$ 是同时事件,事件 $A$ 发生在 $t'_A = \dfrac{l}{2c}$ 时刻,坐标为 $x'_A = \dfrac{l}{2}$ 处,事件 $B$ 发生在 $t'_B =$

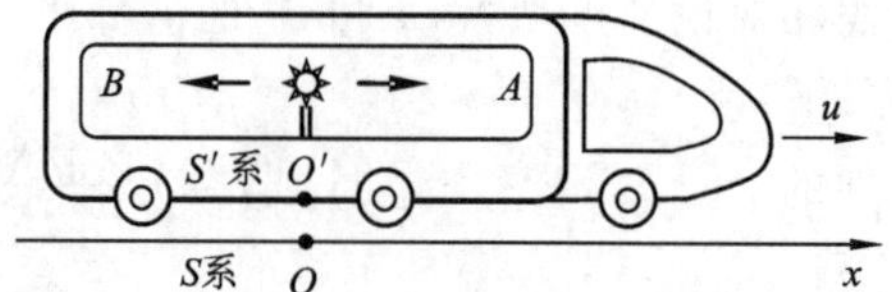


图 6.7　例 6.2 图

$\frac{(-l/2)}{(-c)}=\frac{l}{2c}$时刻，坐标为$x'_B=-\frac{l}{2}$处，对 $S$ 系（地面上）中观察者，由洛伦兹变换，可得事件 $A$ 和事件 $B$ 发生的时间差

$$t_A-t_B=\gamma\left(t'_A+\frac{u}{c^2}x'_A\right)-\gamma\left(t'_B+\frac{u}{c^2}x'_B\right)=\frac{1}{\sqrt{1-u^2/c^2}}\cdot\frac{ul}{c^2}>0$$

从上述结果可以看出地面上的观察者观测到列车后端 $B$ 先接收到闪光信号。

### 6.3.2 时间延缓效应

在惯性系 $S$ 中同一地点 $P$ 先后发生事件 $A$ 和 $B$。例如，静止于地面 $P$ 的观察者 $G$ 相继两次击掌 $A$ 和 $B$，先后发生两事件 $A$ 和 $B$ 的时间间隔或时间差为 $\Delta t=t_B-t_A$，如图 6.8 所示；我们将相对于两个事件静止的观察者测量两事件先后发生的时间间隔称为**固有时间**或原时，用 $\tau$ 表示。这里惯性系 $S$ 中观察者 $G$ 测量两事件 $A$ 和 $B$ 的时间间隔就是固有时间，即

$$\tau=\Delta t=t_B-t_A$$

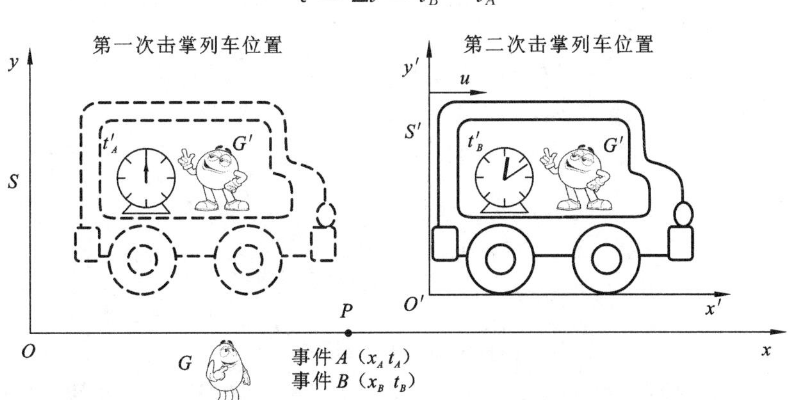


图 6.8 时间延缓效应

设有一个惯性系 $S'$ 以速度 $u$ 相对于惯性系 $S$ 运动（例如一个匀速运动的列车），$S'$ 系中观察者 $G'$ 用他携带的时钟测量上述先后发生两事件 $A$ 和 $B$ 的时间间隔为 $\Delta t'=t'_B-t'_A$，根据洛伦兹变换式(6.16) 可以得到它与观察者 $G$ 测量的时间间隔的关系

$$\Delta t'=t'_B-t'_A=\gamma\left[(t_B-t_A)-\frac{u}{c^2}(x_B-x_A)\right] \tag{6.22}$$

因为对惯性系 $S$ 中观察者 $G$，事件 $A$ 和 $B$ 在同一地点 $P$ 先后发生，有 $\Delta x=x_B-x_A=0$，式(6.22) 可写成

$$\Delta t'=t'_B-t'_A=\gamma(t_B-t_A)=\gamma\tau=\frac{\tau}{\sqrt{1-\frac{u^2}{c^2}}} \tag{6.23}$$

从式(6.23) 可知，$u\neq 0$，$\gamma>1$，有 $\Delta t'=t'_B-t'_A>\tau$。

上述讨论表明：一个惯性系中的观察者测量在同一地点先后发生、相对其静止的两个事件的时间间隔（固有时间）总是比相对这两个事件运动的惯性观察者测量它们的时间间隔短一些。换句话说，相对两事件运动的时钟较相对两事件静止的时钟测量的时间间隔要长一些，因此，运动观察者携带的时钟较静止观察者的时钟走得慢，这种现象称为**运动时钟延缓效应**。

**例 6.3**　人们观测了以 $0.9100c$ 高速飞行的 $\pi^{\pm}$ 介子经过的直线路径，实验结果得出的平均飞行距离是 17.135 m，在实验室中静止的 $\pi^{\pm}$ 介子的寿命是 $(2.603 \pm 0.002) \times 10^{-8}$ s。试问实验结果与相对论理论的符合程度如何？

**解**　设地面上惯性观察者的参考系为 $S$ 系，随 $\pi^{\pm}$ 介子运动的惯性参考系为 $S'$ 系，观察者在 $S$ 系中可由他所测量平均飞行距离得到 $\pi^{\pm}$ 介子的平均寿命

$$\Delta t = \frac{17.135}{0.9100c} = \frac{17.135}{0.9100 \times 3.000 \times 10^{8}} \approx 6.281 \times 10^{-8}(\text{s})$$

由于 $S'$ 系中的观察者相对 $\pi^{\pm}$ 介子静止，他所测量的平均寿命就是固有寿命，即 $\Delta t' = \tau$，此时由时间延缓的表达式可得到 $\pi^{\pm}$ 介子固有寿命的相对论理论预言值

$$\tau = \frac{\Delta t}{\gamma} = \Delta t\sqrt{1 - u^2/c^2} = 6.281 \times 10^{-8}\sqrt{1 - \frac{(0.9100c)^2}{c^2}} = 2.604 \times 10^{-8}(\text{s})$$

可见理论预言值与实验室结果相差 $0.001 \times 10^{-8}$ s，且在实验误差范围内。

**例 6.4**　地球上的观察者发现一艘以速度 $0.6c$ 向东航行的宇宙飞船将在 10 s 后同一个以 $0.8c$ 速率向西飞行的彗星相撞。

(1) 飞船中的人测量到慧星以多大的速率向他们接近；

(2) 按照他们的时钟，还有多少时间允许他们离开原来航线避免碰撞。

**解**　(1) 由洛伦兹速度变换，在飞船上测量彗星的速度为(在这里地球视为惯性系 $S$，飞船视为惯性系 $S'$)，

$$v'_x = \frac{v_x - u}{1 - u\frac{v_x}{c^2}} = \frac{-0.8c - 0.6c}{1 - 0.6c \times \frac{-0.8c}{c^2}} = -0.95c$$

即飞船中的人看到彗星是以 $0.95c$ 的速率向他们接近。

(2) 若以地球上观察者发现飞船经过某地时，飞船和彗星相隔一段距离(并于 10 s 后就要相碰)为事件 $A$，以地球上发现飞船和彗星就要相碰为事件 $B$，这两个事件对飞船上的观察者来说发生在同一个地点，$x'_A = x'_B$，即 $\Delta x' = 0$，有

$$\Delta t = \gamma\left(\Delta t' + \frac{u}{c^2}\Delta x'\right) = \gamma \Delta t'$$

飞船上观察者测量的时间间隔应为固有时间，从上式得到时间间隔为

$$\Delta t' = \frac{\Delta t}{\gamma} = \Delta t\sqrt{1 - \frac{u^2}{c^2}} = 10\sqrt{1 - \frac{(0.6c)^2}{c^2}} = 8\ (\text{s})$$

## 6.3.3　运动尺度收缩

按照经典力学时空观，两个同时事件之间的空间距离或物体的长度与观察者的运动状态无关，然而，从狭义相对论时空观来看，空间距离或物体的长度与观察者的运动状态是相关联的。

首先讨论长度测量问题。如图 6.9 所示，在一个惯性系 $S$ 中的观察者测量一个细杆的长度时，必须注意的是如果细杆相对于观察者运动，需要同时测量细杆两端的位置坐标，从而得到细杆的实际长度，否则，将会得出错误结果。例如，一个在 $S$ 系中的静止观察者测量一个相对其运动细杆的长度，若他先测量细杆 $A$ 端在 $S$ 系中的位置 $x_A$，后测量其 $B$ 端的位置 $x_B$，显然，这两个位置坐标之差 $\Delta x = x_B - x_A$ 不能反映细杆在 $S$ 系中的实际长度；然而，测量一个相对于观察者静止的细杆长度时，可以进行非同时测量。相对细杆静止的观察者测量的细杆的长度称为

它的**固有长度**。

为准确地测量相对观察者运动细杆的长度，我们用两个同时事件 $A$ 和 $B$ 表示对细杆两端位置坐标的同时测量，由于同时的概念具有相对性，长度测量也具有相对性。

假设一列以速度 $u$ 相对于地面做匀速直线运动列车上有一根静止的细杆，如图 6.10 所示；现将地面和列车分别作为惯性系 $S$ 和 $S'$，细杆静止于 $S'$ 系中，且以速度 $u$ 相对 $S$ 系运动。$S'$ 系（列车）中的观察者 $G'$ 相对细杆静止，他测量细杆的长度就是固有长度，用 $l_0$ 表示，可由细杆两端在 $S'$ 系中位置坐标差给出，即

$$l_0 = x'_B - x'_A = \Delta x' \tag{6.24}$$

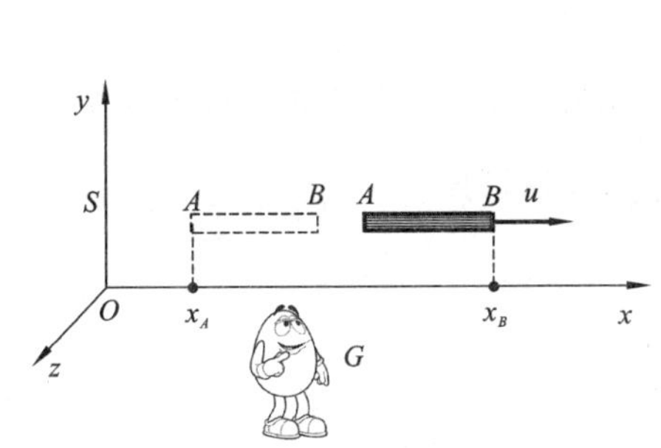


图 6.9　非同时测量引起长度测量问题

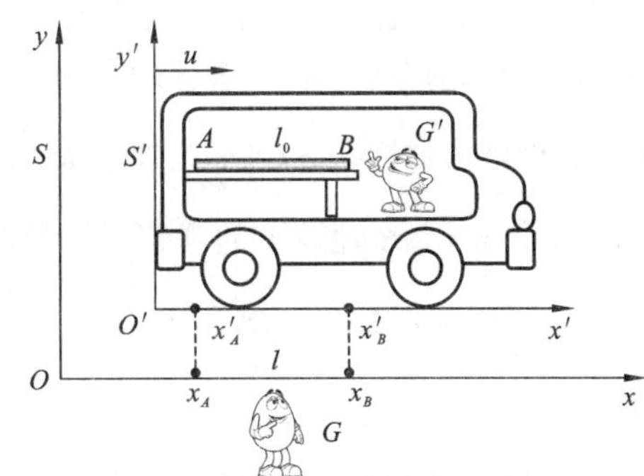


图 6.10　长度收缩效应

对 $S$ 系（地面）中的观察者 $G$，细杆随 $S'$ 系（列车）以速度 $u$ 相对 $S$ 系（地面）运动，因此，他需要对细杆的两端进行同时测量，即 $\Delta t = t_B - t_A = 0$。因为同时事件 $A$ 和 $B$ 在空间中的位置坐标之差表示细杆在 $S$ 系（地面）中的长度，即

$$l = x_B - x_A = \Delta x \tag{6.25}$$

根据洛伦兹变换式(6.16)，可得到 $S$ 系和 $S'$ 系中的观察者测量细杆长度之间的关系如下：

$$x'_B - x'_A = \gamma[(x_B - x_A) - u(t_B - t_A)] \tag{6.26}$$

由式(6.24)和式(6.25)，并考虑 $S$ 系（地面）的观察者 $G$ 进行同时测量，$\Delta t = t_B - t_A = 0$，将式(6.26)写成

$$l_0 = x'_B - x'_A = \gamma(x_B - x_A) = \gamma l$$

或表示为

$$l = \frac{l_0}{\gamma} = l_0\sqrt{1-\frac{u^2}{c^2}} \tag{6.27}$$

从式(6.27)可知，由于存在因子 $\sqrt{1-\frac{u^2}{c^2}} \leqslant 1$，长度测量与观察者的运动状态有关。相对于细杆运动的观察者测量细杆长度 $l$ 较相对于细杆静止的观察者测量长度 $l_0$（固有长度）短一些，这种现象称为**尺度收缩效应**。当 $u = 0$ 时，观察者相对于细杆静止，细杆的长度最长，即固有长度最长。

**例 6.5**　静止长为 1 200 m 的火箭车，相对车站以匀速率 $u$ 做直线运动，已知车站的站台长度为 900 m，站台上观察者看到车尾通过站台进口瞬间，车头正好通过站台的出口，试问火箭车的速率是多少？火箭车上的乘客测量站台的长度是多少？

**解**　火箭车静止的长度 $l_0 = 1\,200$ m 就是固有长度。设站台为惯性系 $S$，依题意已知站台上观察者测量火箭车的长度与站台的长度相同 $l = 900$ m，由运动尺度收缩效应可得

$$l = l_0 \sqrt{1 - \frac{u^2}{c^2}}$$

将 $l_0$ 和 $l$ 代入上式解出 $u = 2 \times 10^8 \mathrm{ms^{-1}}$

对火箭车上的乘客,站台相对他是运动的,因此,站台的长度也会收缩;站台的静止长度为 900 m,即站台的固有长度,火箭车上的乘客测量站台的长度为

$$l' = 900 \sqrt{1 - \frac{(2 \times 10^8)^2}{(3 \times 10^8)^2}} = 671\ (\mathrm{m})$$

**例 6.6**　一艘宇宙飞船相对地球以 $0.8c$($c$ 表示真空中光速)的速度飞行,一光脉冲信号从船尾传到船头,飞船上的观察者测量飞船长度为 90 m,试求地球上的观察者测量光脉冲信号从船尾发出和到达船头这两个事件的空间间隔。

**解**　选地球为惯性系 $S$,飞船为惯性系 $S'$,飞船上的观察者测量两事件的时间间隔为 $\frac{90}{c}$(s),空间间隔为 90 m,那么地球上的观察者测量两事件的空间间隔为

$$\Delta x = \gamma(\Delta x' + u\Delta t') = \frac{1}{\sqrt{1 - \frac{(0.8c)^2}{c^2}}}\left(90 + 0.8c \times \frac{90}{c}\right) = 270\ (\mathrm{m})$$

### 6.3.4　因果律与信号传递速度

在自然界中有因果联系的事情发生的先后次序是绝对的,原因在前,结果在后,因果规律不能倒置。下面讨论因果律对物体运动速度和信号传递速度两者的限制。

假设事件 $A$ 和 $B$ 是因果事件,事件 $A$ 先发生,事件 $B$ 后发生,对惯性系 $S$ 中的观察者测量这两事件的时间间隔为

$$\Delta t = t_B - t_A > 0 \text{ 或 } t_B > t_A$$

对以速度 $u$ 相对惯性系 $S$ 运动的惯性系 $S'$ 中的观察者,他测量 $A$,$B$ 两事件的时间间隔为

$$\Delta t' = t'_B - t'_A = \gamma\left[(t_B - t_A) - \frac{u}{c^2}(x_B - x_A)\right] \tag{6.28}$$

改写式(6.28),有

$$\Delta t' = t'_B - t'_A = \frac{t_B - t_A}{\sqrt{1 - \frac{u^2}{c^2}}}\left(1 - \frac{u}{c^2}\frac{x_B - x_A}{t_B - t_A}\right) \tag{6.29}$$

要保证在惯性系 $S'$ 中的观察者测量事件 $A$ 和 $B$ 具有因果关系,要求他测量的时间满足 $t'_B > t'_A$,即 $\Delta t' = t'_B - t'_A > 0$;已知,在惯性系 $S$ 中的有 $\Delta t = t_B - t_A > 0$,式(6.29) 应该满足

$$u \cdot \frac{x_B - x_A}{t_B - t_A} < c^2 \tag{6.30}$$

定义:信号传递速度为

$$v_s = \frac{x_B - x_A}{t_B - t_A} \tag{6.31}$$

如果在惯性系 $S$ 中事件 $A$ 和 $B$ 是发生在不同地点的同时事件,要使它们在运动的惯性系 $S'$ 中仍然是同时事件,则要求

$$u \cdot v_s = c^2 \tag{6.32}$$

也就是 $u$ 和 $v_s$ 都等于 $c$ 或者它们其中之一大于 $c$,这两种情况是不可能发生的。

综上所述，要保证因果律在任何惯性系中都成立，必须要求物体(或观察者的)运动速度和信号传递速度都不能超过真空中的光速 $c$，否则，因果关系将倒置，它是非物理学的结果。

**例 6.7**　在惯性系 $S$ 中，有两个事件同时发生在相距 1 000 m 的两点，而在另一个惯性系 $S'$(沿 $x$ 轴负方向相对于 $S$ 系运动)中观察者测量这两个事件发生的地点相距 2 000 m，求在 $S'$ 系中观察者测量这两个事件的时间间隔？

**解**　在惯性系 $S$ 中，$\Delta t = t_2 - t_1 = 0$，$\Delta x = x_2 - x_1 = 1\,000$ m，在惯性系 $S'$ 中，$\Delta x' = x'_2 - x'_1 = 2\,000$ m，由洛伦兹变换有 $\Delta x' = \gamma(\Delta x - u\Delta t) = \gamma\Delta x$，即

$$2\,000 = \frac{1\,000}{\sqrt{1-\frac{u^2}{c^2}}}$$

所以，$u = \pm\frac{\sqrt{3}}{2}c$，由于 $S'$ 系沿 $x$ 轴负方向运动，取负号，有 $u = -\frac{\sqrt{3}}{2}c$，这就是惯性系 $S'$ 相对于惯性系 $S$ 的运动速度。$S'$ 系中观察者测量这两个事件的时间间隔为

$$\Delta t' = \gamma\left(\Delta t - \frac{u}{c^2}\Delta x\right) = 2 \times \frac{\frac{\sqrt{3}c}{2}}{c^2} \times 1000 = 5.8 \times 10^{-6}\,(\mathrm{s})$$

# 6.4　狭义相对论动力学基础

前面介绍的狭义相对论时空理论阐述了狭义相对论运动学规律，本节讨论狭义相对论动力学。

## 6.4.1　相对论质量

质量是动力学中的一个基本概念，它描述物体运动的惯性，在牛顿力学中它是通过比较物体在相同力作用下产生加速度的大小来度量的。然而，在物体相对于观察者高速运动情况下，牛顿力学不符合相对性原理，$\boldsymbol{F} = m\boldsymbol{a}$ 不再成立，这样质量的概念需要修改。另外，动量概念也是动力学中的基本概念，其中也涉及质量的问题。在牛顿力学中物体的动量定义为

$$\boldsymbol{p} = m\boldsymbol{v} \tag{6.33}$$

其中，质量 $m$ 与物体运动的速率 $v$ 无关，这里静止质量与运动质量无区别。我们将物体相对于观察者静止的质量称为**静止质量**，式(6.33)说明物体的动量大小与其运动速率 $v$ 成正比，$p$ 与 $v$ 具有线性关系。但是，当物体做高速运动时，人们发现物体的动量 $p$ 与运动速率 $v$ 成非线性变化，如果要保留式(6.33)的形式来定义动量，必须改变对质量的看法，质量不再是一个与运动状态无关的常量，它将随物体的运动速率增大作非线性增加。在狭义相对论中，动量的定义在形式上仍然由式(6.33)表示，可是其中物体质量 $m$ 的含义与经典力学中的质量意义有所不同，它与物体的运动速率有关。我们之所以保持动量定义的基本形式，是因为与动量概念相关联的动量守恒定律是比牛顿定律更基本的自然规律，动量守恒定律是空间均匀性的体现，它是由时空的内在结构决定的，因此，在狭义相对论中，动量守恒定律仍然成立。

下面我们可以采用式(6.33)定义的动量，根据动量守恒定律，考虑相对论速度变换关系式(6.18)，导出相对论质量与速率的关系(本节末将给出具体推导过程)：

$$m = \frac{m_0}{\sqrt{1 - v^2/c^2}} = \gamma m_0 \tag{6.34}$$

式中:$m_0$ 是物体的静止质量,它是观察者相对于物体静止时所测量的质量;$m$ 是物体以速度 $v$ 相对于观察者运动时,观察者所测量的物体质量,它被称为**相对论质量或运动质量**。可见物体的运动质量 $m$ 是其静止质量 $m_0$ 的 $\gamma$ 倍,它与物体的运动速度有关,速度越大,物体的质量越大,质量与物体运动速度成非线性变化关系。

当物体的运动速度接近光速时($v \to c$),物体的质量趋向无穷大,因此,对于静止质量大于零的物体($m_0 > 0$),其运动速度 $v$ 不能达到光速 $c$。如果某种粒子以光速 $c$ 运动,且要求其运动质量保持有限,则该种粒子的静止质量必须等于零($m_0 = 0$),光子和引力子就是这样的粒子。

利用相对论质量表示式(6.34),相对论动量可表示为

$$\boldsymbol{p} = m\boldsymbol{v} = \frac{m_0 \boldsymbol{v}}{\sqrt{1 - \frac{v^2}{c^2}}} = \gamma m_0 \boldsymbol{v} \tag{6.35}$$

由于动量的概念在相对论力学中仍然适用,可以用动量对时间的变化率定义物体受到的作用力,即

$$\boldsymbol{F} = \frac{\mathrm{d}\boldsymbol{p}}{\mathrm{d}t} = \frac{\mathrm{d}(m\boldsymbol{v})}{\mathrm{d}t} \tag{6.36}$$

仍然是正确的。但是因为质量 $m$ 不是常数,式(6.36) 不再与表示式

$$\boldsymbol{F} = m\boldsymbol{a} = m\frac{\mathrm{d}\boldsymbol{v}}{\mathrm{d}t} \tag{6.37}$$

等价。牛顿第二定律公式(6.37) 在相对论力学中不再成立。

相对论质量与速率关系式(6.34) 的推导如下。

若已知 $A$、$B$ 两个粒子在惯性系 $S$ 中静止时的质量相同,现假设它们分别以速度 $v_A = u\boldsymbol{i}$ 和 $v_B = -u\boldsymbol{i}$ 沿 $x$ 轴的正向和反向相对于静止观察者 $G$(如:地面上的观察者) 运动,如图 6.11 所示,然后,相互碰撞并结合在一起形成一个新粒子 $C$,根据动量守恒定律,结合后的粒子 $C$ 运动速度等于零,即 $v_C = 0$。

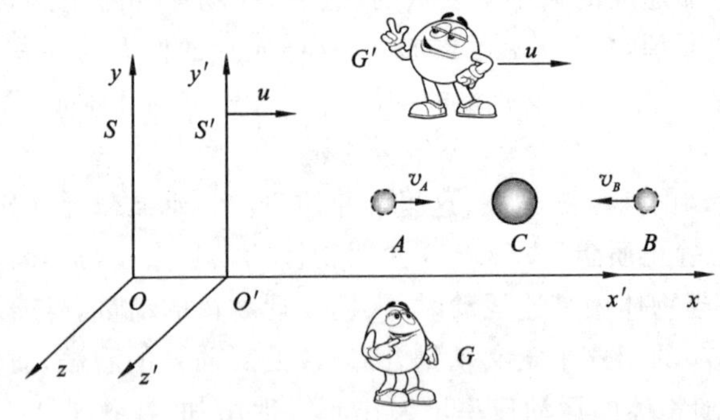


图 6.11　相对论质量推导

另外有一个观察者 $G'$ 以速度 $u$ 沿 $x$ 轴做匀速直线运动,(如:列车上的观察者),将其取为惯性系 $S'$。从观察者 $G'$ 的角度来看,这两个粒子的碰撞过程仍然满足动量守恒定律,因此,在观察者 $G'$ 所在的惯性系 $S'$ 中,动量守恒定律可以表示为

$$m_A v'_A + m_B v'_B = (m_A + m_B) v'_C \tag{6.38}$$

式中:$m_A$ 和 $m_B$ 分别是观察者 $G'$ 测量粒子 $A$ 和 $B$ 的质量,它们与观察者 $G$ 测量结果是不同的;$v'_A$、$v'_B$ 和 $v'_C$ 分别是观察者 $G'$ 测量粒子 $A$、$B$ 和 $C$ 的速度。根据相对论速度变换关系式(6.18),有

$$v'_A = \frac{u-u}{1-\frac{u}{c^2}u} = 0 \tag{6.39}$$

$$v'_B = \frac{-u-u}{1-\frac{u}{c^2}(-u)} = \frac{-2u}{1+\frac{u^2}{c^2}} \tag{6.40}$$

$$v'_C = \frac{0-u}{1-\frac{u}{c^2}\cdot 0} = -u \tag{6.41}$$

将式(6.39) ~ 式(6.41) 代入式(6.38)，得到粒子 $A$ 和 $B$ 质量的关系

$$m_B = \frac{c^2+u^2}{c^2-u^2}m_A \tag{6.42}$$

再由式(6.40) 求解 $u$，并考虑超光速的限制，取一元二次方程的负号解，可以得到

$$u = -\frac{c^2}{v'_B}\left(1-\sqrt{1-\frac{(v'_B)^2}{c^2}}\right) \tag{6.43}$$

从式(6.42) 和式(6.43) 消去 $u$ 有

$$m_B = \frac{m_A}{\sqrt{1-(v'_B)^2/c^2}} \tag{6.44}$$

此式说明，在惯性系 $S'$ 中的观察者 $G'$ 测量粒子 $A$ 和 $B$ 的质量 $m_A$ 和 $m_B$ 是有差别的。由式(6.39)，$v'_A = 0$，在惯性系 $S'$ 中粒子 $A$ 相对于观察者 $G'$ 静止，因此，$m_A$ 是静止质量，有 $m_A = m_0$，式(6.44) 可写成

$$m_B = \frac{m_0}{\sqrt{1-(v'_B)^2/c^2}} \tag{6.45}$$

当粒子 $B$ 相对于观察者 $G'$ 也静止时，$v'_B = 0$，上式可得 $m_B = m_0$，此时 $m_B$ 也是静止质量，相同粒子的静止质量相等，都为 $m_0$。如果粒子 $B$ 以速率 $v'_B$ 相对于观察者 $G'$ 运动，它的运动质量 $m_B$ 大于其静止质量 $m_0$；$m_B$ 和 $v'_B$ 都是任意的，可以分别用 $m$，$v$ 代替 $m_B$ 和 $v'_B$，它们分别表示粒子的运动质量和相对于某观察者运动速率，式(6.45) 可写成

$$m = \frac{m_0}{\sqrt{1-v^2/c^2}} \tag{6.46}$$

这就是要证明的式(6.34)。

## 6.4.2　相对论能量

当外力 $F$ 对一个质点做功时，根据动能定理，质点动能的增量等于外力 $F$ 对它所做的功；假设初始时刻质点静止，其静止质量为 $m_0$，外力 $F$ 做功使质点的速率增加到 $v$，质点的动能可写成

$$E_k = \int_0^v F\cdot \mathrm{d}r = \int_0^v \frac{\mathrm{d}(m\boldsymbol{v})}{\mathrm{d}t}\cdot \mathrm{d}r = \int_0^v v\cdot \mathrm{d}(mv) \tag{6.47}$$

由于 $v\cdot \mathrm{d}(mv) = mv\cdot \mathrm{d}v + v\cdot v\mathrm{d}m = mv\mathrm{d}v + v^2\mathrm{d}m$，并将式(6.34) 改写成

$$m^2c^2 - m^2v^2 = m_0^2c^2$$

对上式两边求微分，消去 $2m$ 后有

$$c^2\mathrm{d}m = v^2\mathrm{d}m + mv\mathrm{d}v$$

因此有

$$v \cdot \mathrm{d}(mv) = c^2 \mathrm{d}m \tag{6.48}$$

将式(6.48)代入式(6.47)可得

$$E_k = mc^2 - m_0 c^2 \tag{6.49}$$

这就是**相对论动能**表示式,其中 $m$ 和 $m_0$ 分别是质点的相对论质量和静止质量。

质点的相对论动能表示式(6.49)与牛顿力学中动能表示式 $E_k = \frac{1}{2}mv^2$ 明显不同,但是,当 $v \ll c$ 时,作如下展开,取一级近似

$$\frac{1}{\sqrt{1-v^2/c^2}} \approx 1 + \frac{1}{2}\frac{v^2}{c^2}$$

从式(6.49)可得

$$E_k = \frac{m_0 c^2}{\sqrt{1-v^2/c^2}} - m_0 c^2 \approx m_0 c^2\left(1+\frac{1}{2}\frac{v^2}{c^2}\right) - m_0 c^2 = \frac{1}{2}m_0 v^2$$

这回到宏观低速运动(相对于光速来说)物体的牛顿力学动能表示式,注意,此时式中的质量是静止质量 $m_0$。

在相对论动能表示式(6.49)中,等式右边为两项之差,可以认为与静止质量 $m_0$ 相联系的 $m_0 c^2$ 表示粒子静止时所具有的能量,称为**静止能量(或静能)**。$mc^2$ 表示粒子以速率 $v$ 运动时所具有的能量,这个能量是粒子的总能量,称为**相对论能量**,可表示为

$$E = mc^2 = \frac{m_0 c^2}{\sqrt{1-v^2/c^2}} \tag{6.50}$$

当粒子速率 $v$ 等于零时,粒子的总能量就是其静止能量

$$E_0 = m_0 c^2 \tag{6.51}$$

式(6.49)可写成

$$E_k = mc^2 - m_0 c^2 = E - E_0 \tag{6.52}$$

这说明粒子的动能等于此时刻粒子总能量与静止能量之差。

上述的粒子是一个广义的说法,它可以是原子、分子或由它们组成的物质,粒子的总能量 $E$ 是包含物质各种运动形式能量的总和。

**例 6.8**　电子的静止质量 $m_0 = 9.11 \times 10^{-31}$ kg。

(1) 试用焦耳和电子伏为单位,表示电子静能;(注:1 eV $= 1.60 \times 10^{-19}$ J)

(2) 静止电子经过$10^6$ V电压加速后,其质量和速率各为多少?

**解**　(1) 电子静能

$$E_0 = m_0 c^2 = 9.11 \times 10^{-31} \times 9.00 \times 10^{16} = 8.20 \times 10^{-14}\,(\mathrm{J})$$

$$E_0 = \frac{8.20 \times 10^{-14}}{1.60 \times 10^{-19}} = 0.51 \times 10^6\ \mathrm{eV} = 0.51\ (\mathrm{MeV})$$

(2) 静止电子经过$10^6$ V电压加速后,动能为

$$E_k = 1.00 \times 10^6\ \mathrm{eV} = 1.00 \times 10^6 \times 1.60 \times 10^{-19} = 1.60 \times 10^{-13}\,(\mathrm{J})$$

比较以上结果,有 $E_k \approx 2E_0$,因此,必须考虑相对论效应。电子质量为

$$m = \frac{E}{c^2} = \frac{E_0 + E_k}{c^2} = \frac{8.20 \times 10^{-14} + 1.60 \times 10^{-13}}{9.00 \times 10^{16}} = 2.69 \times 10^{-30}\,(\mathrm{kg})$$

可见 $m \approx 3m_0$,由式(6.34)可得电子运动的速率

$$v = \sqrt{1 - \frac{m_0{}^2}{m^2}}c = \sqrt{1 - \frac{(9.11 \times 10^{-31})^2}{(2.69 \times 10^{-30})^2}}c = 0.94c$$

**例 6.9**　在参考系 $S$ 中有两个静止质量都是 $m_0$ 的粒子 $A$ 和 $B$，它们分别以速度 $v_A = vi$，$v_B = -vi$ 运动，相互碰撞后合成为一个静止质量为 $M_0$ 的粒子，求 $M_0$。

**解**　如图 6.12 所示，用 $M$ 表示合成粒子的质量，其运动速度为 $v$，根据动量守恒有

$$m_A v_A + m_B v_B = Mv$$

式中：$m_A$，$m_B$ 为碰撞前粒子 $A$ 和 $B$ 的质量，由于 $A$，$B$ 的静质量相同，$m_{A0} = m_{B0} = m_0$，速率亦相同，所以 $m_A = m_B$，又因为 $v_A = -v_B$，所以上式给出 $v = 0$，即合成粒子是静止的，因此 $M = M_0$。又根据能量守恒有

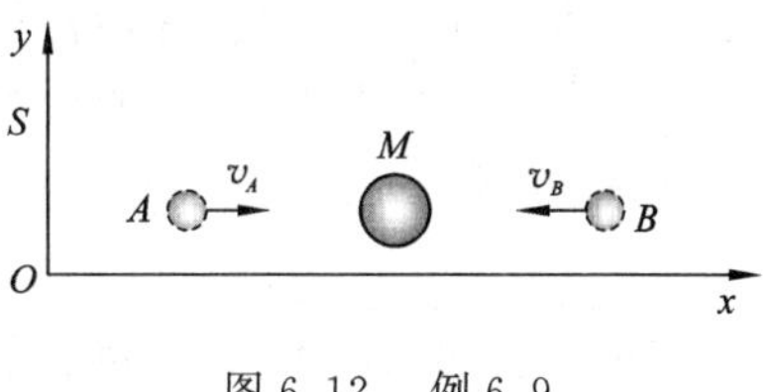

图 6.12　例 6.9

$$M_0 c^2 = m_A c^2 + m_B c^2$$

即

$$M_0 = m_A + m_B = \frac{2m_0}{\sqrt{1 - v^2/c^2}}$$

此结果说明，$M_0 \neq 2m_0$，即系统总质量守恒，但静止质量之和可以不守恒。

### 6.4.3　质能关系

从式(6.50)可见相对论能量表示把粒子的能量 $E$ 与它的质量 $m$（包含静止质量 $m_0$）联系起来，一定的能量对应一定的质量，两者的数值仅相差一个恒定因子 $c^2$，能量与质量是等价的，这里的质量被赋予了新的意义，它是物质所含能量的量度，相对论能量表示式 $E = mc^2$ 也称为**质能关系式**。

如果一个系统的质量发生 $\Delta m$ 的变化，则该系统的能量也一定有相应的变化，即

$$\Delta E = \Delta(mc^2) = \Delta m \cdot c^2 \tag{6.53}$$

式(6.53)称为**质能守恒定律**。在原子核反应中，重核裂变或轻核聚变过程都会有系统的质量减少，称为**质量亏损** $\Delta m$，同时会伴随着大量核能 $\Delta E$ 释放。质能守恒定律的意义在于系统的能量守恒时，其质量必然守恒，因此，质能守恒律把能量守恒定律与质量守恒定律联系起来了。相对论力学中，若干个粒子在相互作用的过程中，系统总能量守恒，即

$$\sum_i E_i = \sum_i (m_i c^2) = \text{常量} \tag{6.54}$$

由式(6.54)可得

$$\sum_i m_i = \text{常量} \tag{6.55}$$

式(6.55)称为广义质量守恒律，其物理意义与经典情况下的质量守恒律不同，系统作用前后的静止质量之和可以不守恒，这是因为粒子的静止质量与运动质量可以相互转化，或者说是粒子静能与动能可以相互转化的结果。

### 6.4.4　动量能量关系式

静止质量为 $m_0$，速度为 $v$ 的物体，其动量和总能量的表达式分别为

$$p = mv = \frac{m_0 v}{\sqrt{1 - v^2/c^2}}, \quad E = mc^2 = \frac{m_0 c^2}{\sqrt{1 - v^2/c^2}}$$

考虑 $p^2 = p \cdot p = m^2 v \cdot v = m^2 v^2$，从上式中消去 $v$ 可得到物体动量和能量之间的一个重要关系式

$$E^2 = p^2 c^2 + m_0^2 c^4 \tag{6.56}$$

这就是**相对论动量能量关系式**。

静止质量非零的物体不能以光速运动，但是对静止质量为零的粒子，按照相对论的观点，它以光速运动是可能的。对于这种粒子，$E_0 = m_0c^2 = 0$，根据式(6.56)有$E = E_k = pc$，因此，这种粒子的静止能量为零，其总能量等于动能，光子就是这样的粒子。

对于静止质量$m_0$、动能为$E_k$的粒子，总能量可写成$E = E_k + m_0c^2$，代入式(6.56)中，有

$$E_k{}^2 + 2E_km_0c^2 = p^2c^2 \tag{6.57}$$

当$v \ll c$时，粒子的动能$E_k$比其静止能量$m_0c^2$小很多，上式中第一项与第二项相比可以忽略，式(6.57)可写成

$$E_k = \frac{p^2}{2m_0} = \frac{1}{2}m_0v^2$$

这又回到了牛顿力学的动能表达式。

**例 6.10** 质量亏损与原子核的结合能。如果一个复杂的原子核由$N$个静止质量为$m_{0i}$的粒子所组成，这个原子核的静止质量为$M_0$，实验数据指出：$\Delta M_0 = \sum_i^N m_{0i} - M_0 > 0$，$\Delta M_0$称为质量亏损，对应的能量为$\Delta E = \Delta M_0c^2$，$\Delta E$称为**原子核的结合能**，即分散的单个粒子结合成原子核时释放的能量。重核裂变和轻核聚变都有质量亏损，因此它们都有大量能量放出，这就是原子核能。在一种热核反应

$${}_1^2\mathrm{H} + {}_1^3\mathrm{H} \longrightarrow {}_2^4\mathrm{He} + {}_0^1\mathrm{n}$$

各种粒子的静止质量如下

氘核(${}_1^2\mathrm{H}$)　$m_D = 3.3437\times10^{-27}(\mathrm{kg})$，　氦核(${}_2^4\mathrm{He}$)　$m_{He} = 6.6425\times10^{-27}(\mathrm{kg})$

氚核(${}_1^3\mathrm{H}$)　$m_T = 5.0049\times10^{-27}(\mathrm{kg})$，　中子(${}_0^1\mathrm{n}$)　$m_n = 1.6750\times10^{-27}(\mathrm{kg})$

试求这一热核反应释放的能量是多少？

**解** 这一热核反应中的质量亏损为

$$\Delta M_0 = (m_D + m_T) - (m_{He} + m_N) = 0.0311\times10^{-27}(\mathrm{kg})$$

反应中释放的能量为

$$\Delta E = (\Delta M_0)c^2 = 0.0311\times10^{-27}\times9\times10^{16} = 2.799\times10^{-12}(\mathrm{J})$$

1 kg这种核燃料所释放的能量为

$$\frac{\Delta E}{m_D + m_T} = \frac{2.799\times10^{-12}}{8.3486\times10^{-27}} = 3.35\times10^{14}(\mathrm{J\cdot kg^{-1}})$$

这一数值是1 kg优质煤燃烧所释放热量的1000万多倍，正因为如此，核能愈来愈受到人们的重视。

# 内容提要

1. 伽利略变换

伽利略坐标变换式　$x' = x - ut$，　$y' = y$，　$z' = z$，　$t' = t$

伽利略速度变换式　$v'_x = v_x - u$，　$v'_y = v_y$，　$v'_z = v_z$　或　$\boldsymbol{v}' = \boldsymbol{v} - \boldsymbol{u}$

2. 牛顿经典力学时空观(绝对时空观)

时间和空间的测量与观察者的运动状态无关，与惯性系的选择无关。

3. 伽利略相对性原理(力学相对性原理)

力学规律对于所有惯性系(或惯性观察者)相同。

4. 狭义相对论基本原理

相对性原理：物理学规律对于所有惯性系(或惯性观察者)都相同。

光速不变性原理：在所有惯性系中，光在真空中的速率为恒定值 $c$，与光源和观察者的运动状态无关。

5. 洛伦兹变换

时空坐标变换关系：

正变换 $\begin{cases} x' = \gamma(x - ut) \\ y' = y \\ z' = z \\ t' = \gamma\left(t - \dfrac{u}{c^2}x\right) \end{cases}$　　逆变换 $\begin{cases} x = \gamma(x' + ut') \\ y = y' \\ z = z' \\ t = \gamma\left(t' + \dfrac{u}{c^2}x'\right) \end{cases}$

相对论速度变换关系

$$v'_x = \frac{v_x - u}{1 - \dfrac{u}{c^2}v_x}, \quad v'_y = \frac{v_y}{\gamma\left(1 - \dfrac{u}{c^2}v_x\right)}, \quad v'_z = \frac{v_z}{\gamma\left(1 - \dfrac{u}{c^2}v_x\right)}$$

6. 同时的相对性

两个事件的同时性与观察者运动状态有关，或者说与惯性系的选择有关。

7. 时间延缓效应

相对于两个事件运动时钟测量的时间间隔 $\Delta t'$ 比其固有时间 $\tau$ 长。

$$\Delta t' = \frac{\tau}{\sqrt{1 - u^2/c^2}}$$

8. 运动尺度收缩

相对于细杆运动的观察者测量的长度 $l$ 较其固有长度 $l_0$ 短。

$$l = l_0 \sqrt{1 - \frac{u^2}{c^2}}$$

9. 因果律与信号传递速度

因果律要求物体运动和信号传递的速度都不能超过光速 $c$。

10. 相对论质量

$$m = \frac{m_0}{\sqrt{1 - v^2/c^2}} = \gamma m_0$$

11. 相对论动量

$$p = \frac{m_0 v}{\sqrt{1 - v^2/c^2}}$$

12. 相对论能量

静止能量：　$E_0 = m_0 c^2$

相对论能量(也称质能关系)：　$E = mc^2 = \dfrac{m_0 c^2}{\sqrt{1 - v^2/c^2}}$

相对论动能：　$E_k = mc^2 - m_0 c^2 = E - E_0$

质能守恒定律：　$\Delta E = \Delta(mc^2) = \Delta m \cdot c^2$

13. 动量能量关系式

$$E^2 = p^2c^2 + m_0^2c^4$$

# 思　考　题

**6.1**　有两个惯性参考系做相对运动,当它们的原点重合时在原点发出一光波,此后在两参考系中观察光波波阵面形状如何?如何解释?

**6.2**　下面两种论断是否正确?

(1) 在某个惯性参考系中同时、同地发生的两个事件,在所有其他惯性参考系中的观察者测量它们也一定是同时、同地发生的;

(2) 在某个惯性参考系中有两个事件,同时发生在不同地点,而在对该参考系有相对运动的其他惯性参考系中的观察者来说,这两个事件一定不同时发生。

**6.3**　相对论中运动物体长度收缩与物体线度的热胀冷缩是否为一回事?

**6.4**　什么是固有时间?为什么说固有时间最短?

**6.5**　相对论的时间和空间概念与经典力学的有何不同?有何联系?

**6.6**　在相对论中,对动量定义 $\boldsymbol{p} = m\boldsymbol{v}$ 和公式 $\boldsymbol{F} = \dfrac{\mathrm{d}\boldsymbol{p}}{\mathrm{d}t}$ 的理解,与在经典力学中的情况有何不同?在相对论中,$\boldsymbol{F} = m\boldsymbol{a}$ 是否成立?为什么?

# 习　题

**6.1**　惯性系 $S$ 和 $S'$ 的坐标在 $t = t' = 0$ 时重合,有一事件发生在 $S'$ 系中的时空坐标为 $(60, 10, 0, 8\times10^{-8})$. 若 $S'$ 系相对于 $S$ 系以速度 $u = 0.6c$ 沿 $x$-$x'$ 轴正方向运动,则该事件在 $S$ 系中测量时空坐标 $(x, y, z, t)$ 为多少?

**6.2**　惯性系 $S'$ 以速度 $u = 0.6c$ 相对于惯性系 $S$ 沿 $x$-$x'$ 轴正向运动,$t = t' = 0$ 时坐标原点重合,事件 $A$ 发生在 $S$ 系中 $t_1 = 2.0\times10^{-7}$ s,$x_1 = 50$ m 处,事件 $B$ 发生在 $S$ 系中 $t_2 = 3.0\times10^{-7}$ s,$x_2 = 10$ m 处,求 $S'$ 系中观察者测得两事件的时间间隔。

**6.3**　长为 4 m 的棒静止于惯性系 $S$ 中的 $xoy$ 平面内,并与 $x$ 轴成 30°,惯性系 $S'$ 以速度 $u = 0.5c$ 相对于 $S$ 系沿 $x$-$x'$ 轴正向运动,$t = t' = 0$ 时两坐标原点重合,求 $S'$ 系中测得此棒的长度和它与 $x'$ 轴的夹角。

**6.4**　一个匀质薄板静止时测得长、宽分别是 $a$、$b$,质量为 $m$,假定该板沿长度方向以接近光速的速度 $v$ 做匀速直线运动,那么它的长度为________,质量为________,面积密度(单位面积的质量)为________。

**6.5**　在惯性系 $S$ 中有两个事件发生在同一地点,时间间隔为 $t_2 - t_1 = 2$ s,在另一个相对于 $S$ 系运动的惯性系 $S'$ 中的观察者测量其时间间隔 $t'_2 - t'_1 = 3$ s,那么 $S'$ 系中的观察者测量两个事件发生的地点相距多远?

**6.6**　天津和北京相距 120 km。在北京于某日上午 9 时正有一工厂因过载而断电。同日在天津于 9 时 0 分 0.000 3 秒有一自行车与卡车相撞。试求在以 $u = 0.8c$ 的速率沿北京到天津方向飞行的飞船中，观察到的这两个事件之间的时间间隔。哪一事件发生在前？

**6.7**　一个在实验室中以 $0.8c$ 速度运动的粒子，飞行 3 m 后衰变，按这个实验室中观察者的测量，该粒子存在了多长时间？由一个与该粒子一起运动的观察者来测量，这粒子衰变前存在了多长时间？

**6.8**　把电子的速度由 $0.9c$ 增加到 $0.99c$，所需的能量是多少？这时电子的质量增加了多少？

**6.9**　电子静止质量 $m_0 = 9.1\times10^{-31}$ kg，当它具有 $2.6\times10^5$ eV 动能时，增加的质量与静止质量之比是多少？

**6.10**　设某微观粒子的总能量是它的静止能量的 $k$ 倍，则其运动速度的大小是多少？($c$ 表示真空中光速)

**6.11**　在什么速度下粒子的动量等于非相对论动量的两倍？又在什么速度下粒子的动能等于非相对论动能的两倍？

**6.12**　在氢的核聚变反应中，氢原子核聚变成质量较大的核，每用 1 g 氢约损失 0.006 g 静止质量. 而 1 g 氢燃烧变成水释放出的能量为 $1.3\times10^5$ J。氢的核聚变反应中释放出来的能量与同质量的氢燃烧变成水释放出的能量之比为多少？

**6.13**　两个静止质量都是 $m_0$ 的粒子，其中一个静止，另一个以 $v=0.8c$ 的速度运动，在它们相互碰撞后合成在一起，求碰撞后合成粒子的质量、速度及静止质量。

【习题参考答案】

【阅读材料】

# 第2篇 电磁学

电磁现象是人类可直接观察到的自然现象之一。电磁学是研究电场、磁场、电磁相互作用规律及其应用的学科。人类对电磁现象的记录可以追溯到公元前600年，我国在公元前400年就已经利用天然磁石做成“指南针”来确定方位。早期电学和磁学是独立发展的两门学科，它们之间联系甚少。随着时代的发展，物理学家对电和磁的认识逐渐深入，电和磁之间的关系也日臻明确。1819年，丹麦物理学家奥斯特(Oersted)发现了电流对磁针的作用；1820年，法国物理学家安培(Ampère)发现了磁铁对电流的作用，以及电流之间的相互作用，提出磁性起源于分子环流的假设；1831年，英国物理学家法拉第(Faraday)发现了电磁感应定律，将电学和磁学紧密地联系在一起，为电磁波的发现奠定了坚实的基础；1865年，英国著名的物理学家麦克斯韦(Maxwell)总结了前人的成果，将电场和磁场的所有规律统一到同一个理论体系下，他将电磁场的主要规律和它们之间的相互激发用精确的数学方程表示出来，建立了系统的电磁场理论，预言了电磁波的存在，并发现了光的电磁本质。1888年，德国物理学家赫兹(Hertz)首次用振荡偶极子实验直接证明了电磁波的存在。法拉第和麦克斯韦为现代无线电学的发展和电子与信息工业的兴起、为人类进入信息时代作出了划时代的贡献。

本篇从场的观点出发，分别介绍电场和磁场的基本特性和规律，其次，阐明它们之间相互联系和相互产生的规律，最后，简单地介绍麦克斯韦电磁场理论和电磁波。

# 第7章　真空中的静电场

任何电荷周围都存在一种特殊的物质，我们称它为电场。相对于观察者静止的电荷在其周围所激发的电场，称为静电场。本章研究真空中静电场的基本性质，并从电场对电荷作用力及电荷在电场中移动时电场力对电荷做功这两个方面出发，引入描述电场的两个重要物理量，即电场强度和电势；同时介绍反映静电场基本性质的电场叠加原理、高斯定理和安培环路定理，并讨论电场强度和电势两者之间的关系，给出它们的积分形式和微分形式。

## 7.1　电荷守恒定律与库仑定律

### 7.1.1　电荷守恒定律

1. 电荷

在长期的生活和生产过程中，人们发现一些经过摩擦的物体能够吸引轻微物体。处于这种特殊状态的物体，称为带电体，或者说物体分别带有电荷。

实验证明，物体所带的电荷有两种，分别为正电荷和负电荷，而且自然界只存在这两种电荷。带同号电荷的物体互相排斥，带异号电荷的物体互相吸引，这种相互作用称为电性力。电性力与万有引力具有许多相似性，但万有引力总是相互吸引的，而电性力却随电荷的异号或同号有吸引与排斥之分。表示物体所带电荷多少的物理量，称为电量，常用符号 $q$ 表示，单位为库仑(C)。

为什么摩擦可使物体带电呢？这可根据物质的电结构加以说明。人们经过长期探讨，并通过大量实验，到20世纪初，对原子结构的研究得出如下结论：一切宏观物体(实物)都由分子组成，分子由原子组成，原子由原子核与核外电子组成，原子核由质子和中子组成，中子不带电，质子所带电量与电子所带电量大小相等，但符号相反。一个原子中的质子数在通常情况下与电子数是相等的。但是，在一定外因作用下，物体(或其中的一部分)得到或失去一定数量的电子，使得电子的总数和质子的总数不再相等。那么，这时物体就呈现电性。两种不同质量的物体相互摩擦时，电子会相互转移到对方去，并且转移的电子数目往往不相等，结果净失去电子的物体带正电，净得到电子的物体带负电。

2. 电荷守恒定律

实验证明，无论是摩擦起电，还是其他方法使物体带电的过程，正负电荷总是同时出现的，而且这两种电荷的量值一定相等。当两种等量异号的电荷相遇时，它们互相中和，物体就不带电了。由此可见，当一种电荷出现时，必然有相等量值的异号电荷同时出现；当一种电荷消失时，也必然有相等量值的异号电荷同时消失。在一个与外界没有电荷交换的系统中，无论进行怎样的物理过程，系统的正、负电荷量的代数和总是保持不变。这个原理称为**电荷守恒定律**，它是自然界中基本守恒定律之一。例如，$^{238}_{92}\text{U}$(铀)放射出α粒子(即$^{4}_{2}\text{He}$)后，蜕变为$^{234}_{90}\text{Th}$(钍)，其核反应式为

$$^{238}_{92}\text{U} \rightarrow {}^{234}_{90}\text{Th} + {}^{4}_{2}\text{He}$$

这一过程中电荷是守恒的，因为 $92e = 90e + 2e$，其中 $e$ 是基本电荷单元(见下面)。

3. 电荷的量子性

实验证明，在自然界中，电荷总是以一个基本单元的整数倍出现，电荷的这个特性称为**电荷量子化**。电荷的基本单元就是一个电子所带电量的绝对值，常以 $e$ 表示。经实验测定

$$e = 1.602 \times 10^{-19}\ \text{C}$$

**密立根油滴实验** 1909～1913 年，密立根进行了一系列用油滴测量电子的电荷量的实验。在两块水平放置的金属板之间喷入悬浮的油滴，用显微镜观察油滴的运动。如果金属极板之间没有加电场，可观察到油滴在重力和空气阻力下的匀速下落，如果油滴在被电离的空气中俘获到一定数量的电荷，就可以在极板间加上适当的电场使得油滴匀速上升。实验中发现，改变油滴的带电量，油滴的速度作跳跃式变化。对同一油滴作多次测量，发现油滴的带电量是某一个确定电量的整数倍，密立根测得的这个电量是 $e = 1.59 \times 10^{-19}\ \text{C}$，与现代测量值 $e = 1.602 \times 10^{-19}\ \text{C}$ 很接近。

1964 年，美国物理学家盖尔曼(Gell-Mann) 首先提出，某些粒子由若干种更小的粒子夸克或反夸克组成，每一个夸克或反夸克可能带有 $\pm \frac{1}{3}e$ 或 $\pm \frac{2}{3}e$ 的电量，实验已证实夸克和反夸克的存在，但是，至今单独存在的夸克或反夸克尚未在实验中发现。虽然我们说电荷具有量子化特性，但在宏观现象中，我们所遇到的电量要比电子所带电量大得多。例如，在通电的 220 V、25 W灯泡中，每秒钟就有相当于 $7 \times 10^{17}$ 个电子的电量通过灯丝，以致电荷量子化的特性在宏观现象中表现不出来。所以在讨论宏观电荷时可以不考虑其“量子化”，而使用“连续”这一概念。

4. 电荷的相对论不变性

实验证明，当带电体以速度 $\boldsymbol{v}$ 运动时，带电体的质量随运动速度明显增加，满足相对论关系：$m = m_0\left(1 - \frac{v^2}{c^2}\right)^{-\frac{1}{2}}$，其中，$m_0$ 和 $m$ 分别是带电体的静止质量和运动质量，$c$ 是真空中的光速；然而，电子的电量却无任何变化。这说明物体所带电量与其运动状态无关，电荷的这一性质称为**电荷的相对论不变性**。

### 7.1.2 库仑定律

物体带电的主要特征是带电体之间存在着相互作用的电性力。通常作用力与带电体的形状、大小和电荷分布、相对位置以及周围的介质等因素都有关系，要用实验直接确立电性力对这些因素的依赖关系是困难的。为了简化所讨论的问题，在研究静电现象时，我们经常用到点电荷的概念，它是从实际带电体抽象出来的理想模型。在具体问题中，当带电体的形状和大小对所讨论的问题影响很小，可以忽略时，我们把这个带电体视为点电荷。例如，如果带电体的几何线度远小于考察点到带电体之间的距离，通常将带电体视为点电荷，因此，点电荷的概念仅

具有相对意义，它本身不一定是很小的带电体。

1785 年，库仑(Coulomb) 从扭秤实验结果总结出了点电荷之间相互作用的静电力所服从的基本规律，称为**库仑定律**。其表述：在真空中两个静止点电荷之间的相互作用力大小与这两个点电荷电量 $q_1$ 和 $q_2$ 的电量乘积成正比，与它们之间距离 $r$ 的平方成反比，作用力的方向沿着这两个点电荷的连线，同号电荷相斥，异号电荷相吸。其数学形式(标量式) 可写为

$$F = k\frac{q_1 q_2}{r^2} \tag{7.1}$$

式中：$k$ 为比例系数，其数值和单位取决于上式中各量的单位，它可由实验确定。在国际单位制中，$k = 8.98755 \times 10^9\ \mathrm{N \cdot m^2 \cdot C^{-2}}$。为了使今后常用的公式简单，令 $k = \frac{1}{4\pi\varepsilon_0}$，式中 $\varepsilon_0$ 称为**真空介电常数**，也称为真空电容率。所以

$$\varepsilon_0 = \frac{1}{4\pi k} = 8.85 \times 10^{-12}(\mathrm{C^2 \cdot N^{-1} \cdot m^{-2}})$$

由于作用力是矢量，可以把式(7.1) 写成矢量式。如图 7.1 所示，设 $q_1$ 和 $q_2$ 同号，$\boldsymbol{F}$ 代表 $q_1$ 作用于 $q_2$ 上的力，$\boldsymbol{e}_r$ 代表由 $q_1$ 指向 $q_2$ 的单位矢量，即 $\boldsymbol{e}_r = \frac{\boldsymbol{r}}{r}$，则

$$\boldsymbol{F} = \frac{1}{4\pi\varepsilon_0}\frac{q_1 q_2}{r^2}\boldsymbol{e}_r \tag{7.2}$$

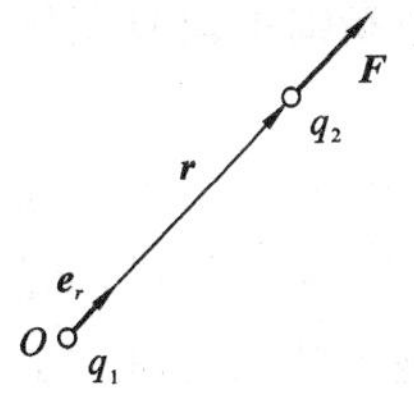

图 7.1 库仑定律

对于库仑定律，要注意以下几点。

(1) 力 $\boldsymbol{F}$ 的方向总是沿着两点电荷的连线。当电荷同号时，$\boldsymbol{F}$ 为正，表示同号电荷相互排斥；当两电荷异号时，$\boldsymbol{F}$ 为负，表示异号电荷相互吸引。

(2) 库仑定律仅适用于点电荷。

(3) 虽然库仑定律是通过宏观带电体的实验研究总结出来的规律，但对于微观带电粒子也完全适用。

实验还证明，各对点电荷之间的静电力彼此是独立的，即任何一对点电荷之间的静电力都遵守库仑定律，并不因为邻近存在其他电荷而改变。所以，当空间有两个以上的点电荷时，作用在某一点电荷上的总静电力等于其他各点电荷单独存在时对该点电荷所施加静电力的矢量和，这一结论称为**静电力的叠加原理**。

**例 7.1** 在氢原子中，电子与质子的距离约为 $5.3 \times 10^{-11}$ m，求它们之间静电的相互作用力和万有引力，并比较这两种力的大小。

**解** 这里电子与质子之间的距离远大于它们本身的线度，故电子与质子都可看成点电荷。设此处的质子与电子可视为相对静止，它们之间的距离为 $r$，所带电量分别为 $+e$ 和 $-e$。因此，由库仑定律可得它们之间的静电力(也称为库仑力) 为

$$F_e = \frac{1}{4\pi\varepsilon_0}\frac{e^2}{r^2} = 9.0 \times 10^9 \times \frac{(1.6 \times 10^{-19})^2}{(5.3 \times 10^{-11})^2} = 8.2 \times 10^{-8}(\mathrm{N})$$

质子与电子之间的万有引力为

$$F_g = G\frac{m_1 m_2}{r^2} = 6.67 \times 10^{-11} \times \frac{9.11 \times 10^{-31} \times 1.67 \times 10^{-27}}{(5.3 \times 10^{-11})^2}$$
$$= 3.61 \times 10^{-47}(\mathrm{N})$$

由此得库仑力与万有引力的比值为

$$\frac{F_e}{F_g}=\frac{8.2\times10^{-8}}{3.61\times10^{-47}}=2.27\times10^{39}$$

可见,库仑力远大于其间万有引力。故在原子中,通常只计及作用在核外电子上的库仑力,而忽略万有引力。

# 7.2　电场强度　场的叠加原理

## 7.2.1　电场

库仑定律说明了点电荷之间的作用力的大小与哪些因数有关,但它并未说明电荷是如何相互作用的,围绕着这个问题,历史上曾有过长期的争论。一种观点认为,电荷之间作用力不需要任何介质传递,一个带电体对相隔一定距离的另一带电体作用不需要时间,可瞬间进行,即电荷对电荷直接作用,可表示为

$$\text{电荷}\Leftrightarrow\text{电荷}$$

这种观点历史上称为超距作用观点。另一种观点认为,电荷之间的相互作用力需要靠中间的其他介质来传递,而且传递的过程是需要时间的。任何电荷都在其周围空间激发电场,而电场的基本特征是对处于电场中的任何电荷都有作用力。因此,电荷之间的相互作用,是通过其中一个电荷所激发的电场对另一个电荷作用来传递的,即

$$\text{电荷}\Leftrightarrow\text{电场}\Leftrightarrow\text{电荷}$$

这种通过电场来传递作用力虽然很快(约 $3\times10^8\ \mathrm{m\cdot s^{-1}}$),但仍需要时间,这种观点称为近距作用观点或称场的观点。

理论和大量实验证明场的观点是正确的。电磁场是物质存在的一种形态,它分布在一定范围内,并与一切物质一样,具有能量、动量、质量等属性,所不同的是它没有静止质量,并且场具有叠加性。本章仅讨论相对于观察者静止的电荷在其周围空间所激发的电场,即静电场。静电场是电磁场的一种特殊情况。

## 7.2.2　电场强度

前面谈到静止电荷周围存在静电场,且静电场的一个基本特性是它对电场中的任何电荷具有作用力,因此,我们可以利用电场的这一特性寻找能够反映电场性质的物理量。为了定量地了解电场中任意一点电场的性质,可利用一个试探电荷 $q_0$ 放到电场中各点,并观测 $q_0$ 受到的电场力。试探电荷应该满足下列条件:首先,它所带的电荷量必须尽可能小,当把它引入电场时,不致扰乱原来电场的分布,也就是不会对原有电场产生任何显著的影响,否则利用试探电荷测量出来电场将不能反映原电场的性质;其次,试探电荷的线度要足够小,以至于它可以被视为一个点电荷,能够用它来确定电场中每一点的性质,不然,它只能反映出所占具空间的平均性质。实验指出,把同一试探电荷 $q_0$ 放入电场不同地点时,$q_0$ 所受力的大小和方向可能逐点不同,但在电场中每一给定点处,$q_0$ 所受力的大小和方向却是完全确定的。如果在电场中某给定点处我们改变试探电荷 $q_0$ 的量值,将发现 $q_0$ 所受力的方向仍然不变,但力的大小却和 $q_0$ 的量值成正比地改变。由此可见,试探电荷在电场中某点受力 $\boldsymbol{F}$ 不仅与试探电荷所在点的电场性质有关,而且与试探电荷本身的电荷量有关;但是比值 $\dfrac{\boldsymbol{F}}{q_0}$ 却与试探电荷本身无关,而仅与试探

电荷所在点处的电场性质有关。所以，我们可用试探电荷受力与试探电荷所带电荷量之比作为描述静电场中给定点客观性质的物理量，称为**电场强度**，简称场强。场强是矢量，用符号 $\boldsymbol{E}$ 表示，即

$$\boldsymbol{E} = \frac{\boldsymbol{F}}{q_0} \tag{7.3}$$

由上式可知，电场中某点的电场强度，其大小等于单位正电荷在该点受电场力的大小，其方向与正电荷在该处受电场力的方向一致。

在国际单位制中，电场强度的单位名称为牛顿每库仑，符号为 $\mathrm{N \cdot C^{-1}}$ 或 $\mathrm{V \cdot m^{-1}}$。

### 7.2.3　点电荷的电场强度

如图 7.2 所示，以点电荷 $q$ 所在处为原点 $O$，另取一任意点 $P$（$P$ 称为场点，$q$ 称为场源电荷），距离 $OP = r$，我们设想把一个试探电荷 $q_0$ 放在 $P$ 点，根据库仑定律，$q_0$ 受到的力为

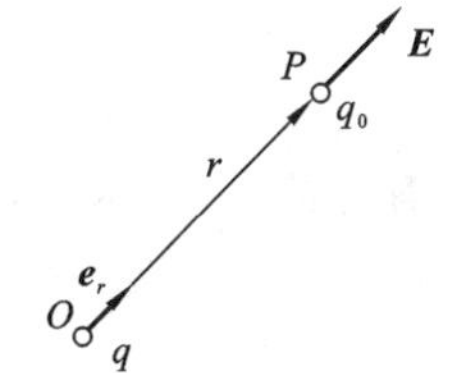


图 7.2　点电荷的电场强度

$$\boldsymbol{F} = \frac{1}{4\pi\varepsilon_0}\frac{q_0 q}{r^2}\boldsymbol{e}_r$$

式中：$\boldsymbol{e}_r$ 为自 $q$ 指向 $P$ 点的单位矢量。根据定义，$P$ 点的场强为

$$\boldsymbol{E} = \frac{\boldsymbol{F}}{q_0} = \frac{q}{4\pi\varepsilon_0 r^2}\boldsymbol{e}_r \tag{7.4}$$

若 $q > 0$，则 $\boldsymbol{E}$ 沿 $\boldsymbol{e}_r$ 方向；若 $q < 0$，则 $\boldsymbol{E}$ 沿 $\boldsymbol{e}_r$ 的反方向。

在上面的计算中，场点 $P$ 是任意的，所以我们得到点电荷 $q$ 产生电场在空间的分布为：$\boldsymbol{E}$ 的方向处处沿以 $q$ 为中心的矢径方向（$q > 0$）或其反方向（$q < 0$），$\boldsymbol{E}$ 的大小仅与距离 $r$ 有关，故在以 $q$ 为中心的每个球面上场强的大小相等，通常说这样的电场分布是球对称的，并且由式(7.4)可知，$\boldsymbol{E}$ 的大小与 $r^2$ 成反比，当 $r \to \infty$ 时，$E \to 0$。

### 7.2.4　电场强度叠加原理

如果电场是由 $n$ 个点电荷 $q_1, q_2, \cdots, q_n$ 共同激发的，则这些电荷的总体称为点电荷系。设在 $P$ 点有一试探电荷 $q_0$，如果点电荷 $q_1, q_2, \cdots, q_n$ 单独存在时所产生的电场对 $q_0$ 的作用力分别为 $\boldsymbol{F}_1, \boldsymbol{F}_2, \cdots, \boldsymbol{F}_n$，则这些点电荷同时存在时，$q_0$ 所受的电场力为

$$\boldsymbol{F} = \boldsymbol{F}_1 + \boldsymbol{F}_2 + \cdots + \boldsymbol{F}_n$$

写成求和式

$$\boldsymbol{F} = \sum_{i=1}^{n}\boldsymbol{F}_i$$

由库仑定律

$$\boldsymbol{F}_i = \frac{q_i q_0}{4\pi\varepsilon_0 r_i^2}\boldsymbol{e}_{r_i}$$

式中：$r_i$ 为第 $i$ 个电荷至 $P$ 点的距离；$\boldsymbol{e}_{r_i}$ 为第 $i$ 个电荷指向 $P$ 点的单位矢量。

因 $q_0$ 与求和号无关，故

$$\boldsymbol{F}_i = q_0\sum_{i=1}^{n}\frac{q_i}{4\pi\varepsilon_0 r_i^2}\boldsymbol{e}_{r_i}$$

则

$$\boldsymbol{E} = \frac{\boldsymbol{F}}{q_0} = \sum_{i=0}^{n}\frac{q_i}{4\pi\varepsilon_0 r_i^2}\boldsymbol{e}_{r_i}$$

而 $\frac{q_i}{4\pi\varepsilon_0 r_i^2}\boldsymbol{e}_{r_i}$ 就是第 $i$ 个点电荷在 $P$ 点产生的电场强度，记为 $\boldsymbol{E}_i$，于是

$$\boldsymbol{E}=\sum_{i=1}^{n}\boldsymbol{E}_i \tag{7.5}$$

式(7.5)即为**电场强度叠加原理**的数学表示式。它说明点电荷系在空间任一点所激发的总场强等于各个点电荷单独存在时在该点各自所激发场强的矢量和。电场强度叠加原理是电场的基本性质之一。利用这一原理,可以计算任意带电体所激发的场强。

如果场源不是点电荷系,而是具有一定大小和形状的带电体,我们可以把它看成是许多极小电荷元 $\mathrm{d}q$ 的集合,在电场中任一点 $P$ 处,每一个电荷元 $\mathrm{d}q$ 产生的场强,按点电荷的场强公式可写成

$$\mathrm{d}\boldsymbol{E}=\frac{\mathrm{d}q}{4\pi\varepsilon_0 r^2}\boldsymbol{e}_r$$

将所有电荷元 $\mathrm{d}q$ 求和,即对 $\mathrm{d}q$ 积分可得到连续带电体在空间产生的电场分布

$$\boldsymbol{E}=\int\mathrm{d}\boldsymbol{E}=\frac{1}{4\pi\varepsilon_0}\int\frac{\mathrm{d}q}{r^2}\boldsymbol{e}_r \tag{7.6}$$

式中:$\mathrm{d}q$ 的具体形式与连续带电体的电荷分布有关,需要引入电荷密度的概念。

如果电荷分布在整个体积内,这种分布称为**体分布**。在带电体内任取一点,作一个包含该点的体积元 $\Delta V$,设该体积中的电荷量为 $\Delta q$,则该点的**体电荷密度**定义为

$$\rho=\lim_{\Delta V\to 0}\frac{\Delta q}{\Delta V}=\frac{\mathrm{d}q}{\mathrm{d}V}$$

式中:$\rho$ 的单位为 $\mathrm{C\cdot m^{-3}}$,电荷元可写成 $\mathrm{d}q=\rho\mathrm{d}V$。

若电荷分布在极薄的表面层里,这种分布称为**面分布**。在带电面上任取一点,作一个包含该点的面积元 $\Delta S$,设该面积元中的电荷量为 $\Delta q$,则该点的**面电荷密度**定义为

$$\sigma=\lim_{\Delta S\to 0}\frac{\Delta q}{\Delta S}=\frac{\mathrm{d}q}{\mathrm{d}S}$$

式中:$\sigma$ 的单位为 $\mathrm{C\cdot m^{-2}}$,电荷元可写成 $\mathrm{d}q=\sigma\mathrm{d}S$。

若电荷分布在细长线上,这种分布称为**线分布**。同理,**线电荷密度**可定义为

$$\lambda=\lim_{\Delta l\to 0}\frac{\Delta q}{\Delta l}=\frac{\mathrm{d}q}{\mathrm{d}l}$$

式中:$\Delta l$ 是包含某点的线元;$\Delta q$ 为线元 $\Delta l$ 上所带的电荷量。$\lambda$ 的单位为 $\mathrm{C\cdot m^{-1}}$,电荷元可写成 $\mathrm{d}q=\lambda\mathrm{d}l$。

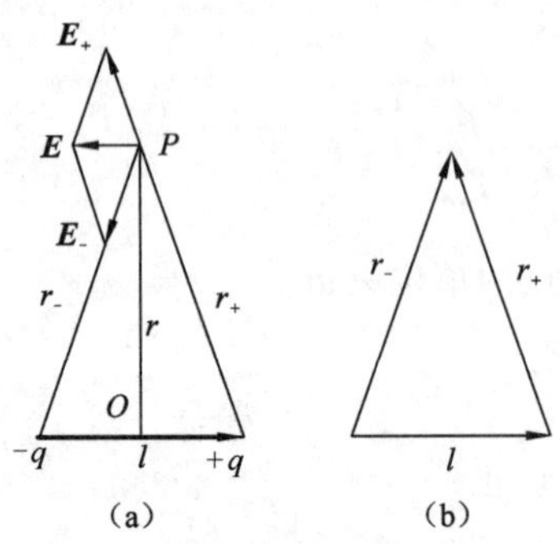


图 7.3　例 7.2 图

**例 7.2**　求电偶极子中垂线上任一点的电场强度。

**解**　相隔一定距离的等量异号点电荷,当点电荷 $+q$ 和 $-q$ 之间的距离 $l$ 比从它们到所讨论的场点距离小得多时,此电荷系统称为**电偶极子**。如图 7.3(a) 所示。从 $-q$ 指向 $+q$ 的矢量 $\boldsymbol{l}$ 称为电偶极子的轴,$q\boldsymbol{l}$ 称为电偶极子的电偶极矩,简称电矩,用符号 $\boldsymbol{p}_\mathrm{e}$ 表示,有 $\boldsymbol{p}_\mathrm{e}=q\boldsymbol{l}$。

在研究电介质的极化等问题时,常要用到电偶极子的概念,以及电偶极子对电场的影响。

设 $+q$ 和 $-q$ 到偶极子中垂线上任一点 $P$ 处的位置矢量分别为 $\boldsymbol{r}_+$ 和 $\boldsymbol{r}_-$,而它们的大小相等,即 $r_+=r_-$。由式(7.4)可得,$+q$,$-q$ 在 $P$ 点处的场强 $\boldsymbol{E}_+$,$\boldsymbol{E}_-$ 分别为

$$\boldsymbol{E}_+ = \frac{q\boldsymbol{r}_+}{4\pi\varepsilon_0 r_+^3}, \quad \boldsymbol{E}_- = \frac{-q\boldsymbol{r}_-}{4\pi\varepsilon_0 r_-^3}$$

以 $r$ 表示电偶极子中心到 $P$ 点的距离，因为 $r \gg l$，所以 $r_+ = r_- \approx r$，则 $P$ 点的总场强为

$$\boldsymbol{E} = \boldsymbol{E}_+ + \boldsymbol{E}_- = \frac{q}{4\pi\varepsilon_0 r^3}(\boldsymbol{r}_+ - \boldsymbol{r}_-)$$

从图 7.3(b) 知，$\boldsymbol{r}_+ - \boldsymbol{r}_- = -\boldsymbol{l}$，所以上式写成为

$$\boldsymbol{E} = \frac{-q\boldsymbol{l}}{4\pi\varepsilon_0 r^3} = \frac{-\boldsymbol{p}_e}{4\pi\varepsilon_0 r^3}$$

此结果表明，电偶极子中垂线上距离电偶极子中心较远处各点的电场强度与电偶极子的电矩成正比，与该点离电偶极子中心的距离的三次方成反比，方向与电矩的方向相反。

**例 7.3**　试计算电偶极子在均匀电场中所受的力矩。

**解**　一个电偶极子在外电场中要受到力矩的作用。以 $\boldsymbol{E}$ 表示均匀电场的场强，$\boldsymbol{l}$ 表示电偶极子的轴，电偶极子中点 $O$ 到 $+q$ 与 $-q$ 的矢径分别为 $\boldsymbol{r}_+$ 和 $\boldsymbol{r}_-$，如图 7.4 所示。正、负电荷所受力分别为 $\boldsymbol{F}_+ = q\boldsymbol{E}$，$\boldsymbol{F}_- = -q\boldsymbol{E}$，它们对电偶极子中点 $O$ 的力矩之和为

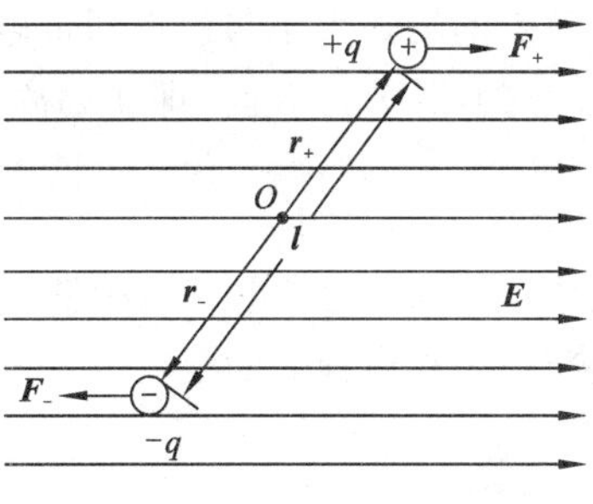

图 7.4　例 7.3 图

$$\begin{aligned}\boldsymbol{M} &= \boldsymbol{r}_+ \times \boldsymbol{F}_+ + \boldsymbol{r}_- \times \boldsymbol{F}_- = q\boldsymbol{r}_+ \times \boldsymbol{E} + (-q)\boldsymbol{r}_- \times \boldsymbol{E} \\ &= q(\boldsymbol{r}_+ - \boldsymbol{r}_-) \times \boldsymbol{E} = q\boldsymbol{l} \times \boldsymbol{E}\end{aligned}$$

即

$$\boldsymbol{M} = \boldsymbol{p}_e \times \boldsymbol{E}$$

力矩 $\boldsymbol{M}$ 的作用总是使电偶极子转向电场 $\boldsymbol{E}$ 的方向。当转到 $\boldsymbol{p}_e$ 平行于 $\boldsymbol{E}$ 时，力矩 $\boldsymbol{M} = 0$。

**例 7.4**　有一均匀带电直线，长为 $L$，线电荷密度为 $\lambda\ (\lambda > 0)$，求直线中垂线上一点的场强。

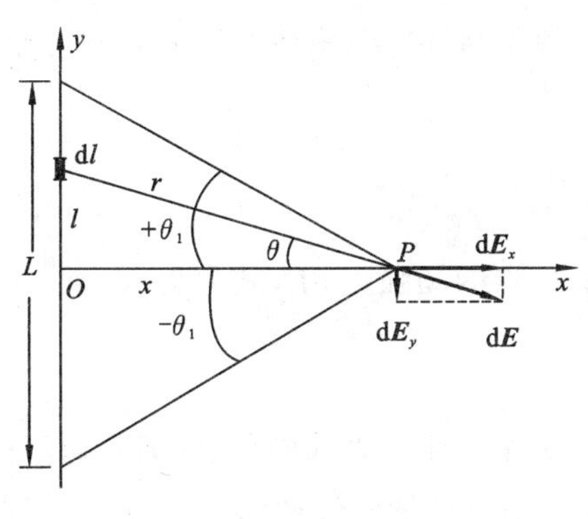

图 7.5　例 7.4 图

**解**　以带电直线中点 $O$ 为原点，取坐标轴 $Ox$，$Oy$，如图 7.5 所示。在带电直线上任取一长为 $\mathrm{d}l$ 的电荷元，其电量 $\mathrm{d}q = \lambda\mathrm{d}l$。电荷元 $\mathrm{d}q$ 在 $P$ 点的场强为 $\mathrm{d}\boldsymbol{E}$，$\mathrm{d}\boldsymbol{E}$ 沿两个轴方向的分量分别为 $\mathrm{d}\boldsymbol{E}_x$ 和 $\mathrm{d}\boldsymbol{E}_y$。由于电荷分布对于 $OP$ 直线是对称的，带电直线上、下部分在 $P$ 点产生的场强在 $y$ 方向分量相互抵消，全部电荷在 $P$ 点的场强沿 $y$ 轴方向的分量之和为零，因而 $P$ 点的总场强 $\boldsymbol{E}$ 应沿 $x$ 轴方向，并且

$$E = \int \mathrm{d}E_x$$

而

$$\mathrm{d}E_x = \mathrm{d}E\cos\theta = \frac{\lambda\mathrm{d}l}{4\pi\varepsilon_0 r^2}\frac{x}{r}$$

由于 $l = x\tan\theta$，所以 $\mathrm{d}l = \dfrac{x}{\cos^2\theta}\mathrm{d}\theta$。由图 7.5 可知，$r = \dfrac{x}{\cos\theta}$，代入上式，得

$$\mathrm{d}E_x = \frac{\lambda\mathrm{d}lx}{4\pi\varepsilon_0 r^3} = \frac{\lambda\cos\theta}{4\pi\varepsilon_0 x}\mathrm{d}\theta$$

由于对整个带电直线来说，$\theta$ 的变化范围是从 $-\theta_1$ 到 $+\theta_1$，所以

$$E = \int_{-\theta_1}^{+\theta_1}\frac{\lambda\cos\theta}{4\pi\varepsilon_0 x}\mathrm{d}\theta = \frac{\lambda\sin\theta_1}{2\pi\varepsilon_0 x}$$

将 $\sin\theta_1 = \dfrac{L/2}{\sqrt{(L/2)^2 + x^2}}$ 代入,可得

$$E = \frac{\lambda L}{4\pi\varepsilon_0 x\,(x^2 + L^2/4)^{1/2}}$$

此电场的方向垂直于带电直线而指向远离直线的一方。

展开讨论:

(1) 当 $x \ll L$ 时,即在带电直线中部近旁区域内

$$E \approx \frac{\lambda}{2\pi\varepsilon_0 x}$$

此时相对于距离 $x$,可将该带电直线视为"无限长"。因此,可以说,在一根无限长带电直线周围任意点的场强大小与该点到带电直线的距离成反比。

(2) 当 $x \gg L$ 时,即在远离带电直线的区域内

$$E \approx \frac{\lambda L}{4\pi\varepsilon_0 x^2} = \frac{q}{4\pi\varepsilon_0 x^2}$$

式中:$q = \lambda L$ 为带电直线所带的总电量。此结果显示,离带电直线很远处该带电直线的电场相当于一个点电荷 $q$ 的电场。

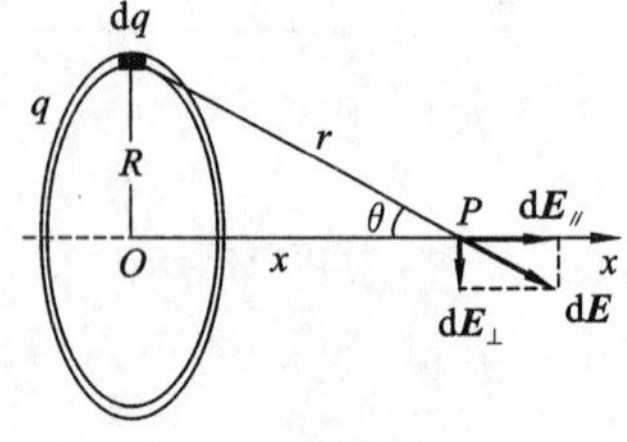


图 7.6　例 7.5 图

**例 7.5**　一均匀带电细圆环,半径为 $R$,所带总电量为 $q$(设 $q > 0$),求圆环轴线上任一点的场强。

**解**　以带电细圆环圆心为原点,取圆环轴线为坐标轴 $Ox$,轴上任一点 $P$ 到原点 $O$ 的距离为 $x$,如图 7.6 所示。把圆环分割成许多小段,任取一小段 $\mathrm{d}l$,因为圆环的线电荷密度为 $\lambda = \dfrac{q}{2\pi R}$,$\mathrm{d}l$ 上带电量 $\mathrm{d}q$ 是

$$\mathrm{d}q = \frac{q}{2\pi R}\mathrm{d}l$$

设 $\mathrm{d}q$ 到 $P$ 点的距离为 $r$,其大小 $r = (x^2 + R^2)^{1/2}$,$\mathrm{d}q$ 在 $P$ 点的场强为 $\mathrm{d}\boldsymbol{E}$,其大小

$$\mathrm{d}E = \frac{1}{4\pi\varepsilon_0}\frac{\mathrm{d}q}{r^2}$$

方向如图 7.6 所示,将 $\mathrm{d}\boldsymbol{E}$ 分解为平行于 $x$ 轴线分量 $\mathrm{d}\boldsymbol{E}_{/\!/}$ 和垂直于 $x$ 轴线的分量 $\mathrm{d}\boldsymbol{E}_{\perp}$。由于圆环电荷分布对于轴线具有对称性,所以圆环上全部电荷的 $\mathrm{d}\boldsymbol{E}_{\perp}$ 分量的矢量和为零,则 $P$ 点的场强沿 $x$ 轴正方向,且

$$E = \int \mathrm{d}E_{/\!/}$$

由于

$$\mathrm{d}E_{/\!/} = \mathrm{d}E\cos\theta = \frac{\mathrm{d}q}{4\pi\varepsilon_0 r^2}\cos\theta$$

式中:$\theta$ 为 $\mathrm{d}\boldsymbol{E}$ 与 $x$ 轴的夹角,且 $\cos\theta = \dfrac{x}{r}$。所以

$$E = \int \mathrm{d}E_{/\!/} = \int \frac{\mathrm{d}q}{4\pi\varepsilon_0 r^2}\cos\theta = \frac{1}{4\pi\varepsilon_0}\frac{q}{2\pi R}\frac{\cos\theta}{r^2}\oint \mathrm{d}l$$

$$= \frac{qx}{4\pi\varepsilon_0\,(x^2 + R^2)^{\frac{3}{2}}}$$

展开讨论：当 $x \gg R$ 时，$(x^2+R^2)^{\frac{3}{2}} \approx x^3$，$\boldsymbol{E}$ 的大小为

$$E \approx \frac{q}{4\pi\varepsilon_0 x^2}$$

上式说明，远离环心处的场强与环上电荷全部集中在环心处的一个点电荷所激发的场强相同。

当 $x=0$ 时，$E=0$，即圆环中心处的场强为零。

**例 7.6**　试计算均匀带电圆盘轴线上任一点的场强。设圆盘的半径为 $R$，电荷面密度为 $\sigma$（设 $\sigma>0$），盘心 $O$ 到轴线任一点的距离为 $x$。

**解**　如图 7.7 所示，带电圆盘可看成由许多同心的带电细圆环组成，取一半径为 $r$，宽度为 $\mathrm{d}r$ 的细圆环，此环带电荷为 $\mathrm{d}q=\sigma\cdot 2\pi r\mathrm{d}r$，由上例可知，此圆环电荷在 $P$ 点的场强大小为

$$\mathrm{d}E=\frac{\mathrm{d}q\cdot x}{4\pi\varepsilon_0\,(r^2+x^2)^{3/2}}=\frac{\sigma\cdot 2\pi r\mathrm{d}r\cdot x}{4\pi\varepsilon_0\,(r^2+x^2)^{3/2}}$$

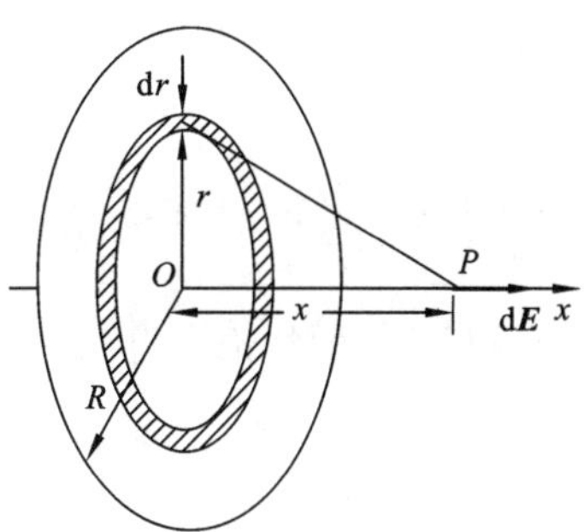

图 7.7　例 7.6 图

方向沿轴线指向远方。由于组成圆面的各圆环的电场 $\mathrm{d}\boldsymbol{E}$ 的方向都相同，所以 $P$ 点的场强为

$$E=\int \mathrm{d}E=\frac{\sigma x}{2\varepsilon_0}\int_0^R \frac{r\mathrm{d}r}{(r^2+x^2)^{3/2}}=\frac{\sigma}{2\varepsilon_0}\left[1-\frac{x}{(R^2+x^2)^{\frac{1}{2}}}\right]$$

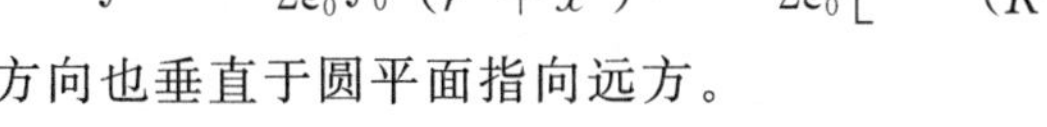

其方向也垂直于圆平面指向远方。

展开讨论：

(1) 当 $x \ll R$ 时，

$$E \approx \frac{\sigma}{2\varepsilon_0}$$

此时，相对于 $x$，可将带电圆盘看成“无限大”带电平面。可以说，在无限大均匀带电平面附近，电场为均匀场，其大小由上式 $E \approx \dfrac{\sigma}{2\varepsilon_0}$ 给出。

(2) 当 $x \gg R$ 时，考虑将 $(R^2+x^2)^{-1/2}$ 级数展开，取前两项，

$$(R^2+x^2)^{-1/2}=\frac{1}{x}\left(1-\frac{R^2}{2x^2}+\cdots\right)\approx\frac{1}{x}\left(1-\frac{R^2}{2x^2}\right)$$

于是

$$E \approx \frac{\pi R^2\sigma}{4\pi\varepsilon_0 x^2}=\frac{q}{4\pi\varepsilon_0 x^2}$$

式中：$q=\sigma\cdot\pi R^2$ 为圆盘所带的总电量。上式说明，在远离带电圆盘处的电场相当于一个点电荷的电场。

**例 7.7**　有一半径为 $r$ 的半球面，均匀的带有电荷，电荷面密度为 $\sigma$，求球心处的电场强度。

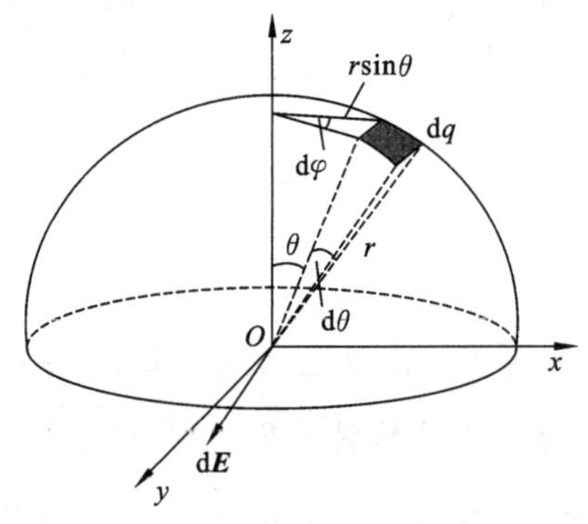

图 7.8　例 7.7 图

**解法一**　如图 7.8 所示，在球面上任取一面元 $\mathrm{d}S=r^2\sin\theta\mathrm{d}\theta\mathrm{d}\varphi$，其上带电量为

$$\mathrm{d}q=\sigma\cdot\mathrm{d}S=\sigma r^2\sin\theta\mathrm{d}\theta\mathrm{d}\varphi$$

电荷元 $\mathrm{d}q$ 在球心处产生的场强的大小为

$$\mathrm{d}E=\frac{1}{4\pi\varepsilon_0}\frac{\mathrm{d}q}{r^2}=\frac{1}{4\pi\varepsilon_0}\frac{\sigma r^2\sin\theta\mathrm{d}\theta\mathrm{d}\varphi}{r^2}$$

方向如图 7.8 所示。由对称性分析可知，球心处场强方向竖直向下，其大小为

$$E = E_z = \int dE\cos\theta = \int_0^{2\pi} d\varphi \int_0^{\frac{\pi}{2}} \frac{\sigma}{4\pi\varepsilon_0}\sin\theta\cos\theta d\theta$$

$$= \frac{\sigma}{4\varepsilon_0}$$

**解法二**　该题也可以用例题 7.6 的做法,直接用例题 7.5 题的结论:将半球面分解为以 $z$ 轴为通过圆心的一系列带电圆环,每一个带电圆环在题中的球心产生的电场方向都是沿 $z$ 轴方向,可以直接积分。每一个圆环所带的电量为

$$dq = \sigma ds = 2\pi r^2 \sigma \sin\theta d\theta$$

环的半径为

$$R = r\sin\theta$$

球心到带电圆环的距离为

$$x = r\cos\theta$$

代入例题 7.5 的结论中得

$$E_z = \int \frac{x dq}{4\pi\varepsilon_0 (x^2 + R^2)^{\frac{3}{2}}} = \int \frac{2\pi r^3 \sigma \sin\theta\cos\theta d\theta}{4\pi\varepsilon_0 r^3}$$

$$= \frac{\sigma}{4\varepsilon_0}$$

得到同样的结果。

# 7.3　电场线　电通量　高斯定理

上一节我们研究了描述电场性质的一个重要物理量——电场强度,并从叠加原理出发,讨论了点电荷系和连续带电体的电场强度。为更形象地描述电场,本节将在介绍电场线的基础上,引入电通量的概念,并导出静电场的一个重要定理——高斯定理。

## 7.3.1　电场线

要全面了解电场的分布,必须知道电场中各点的场强大小和方向。在实际问题中,遇到的电场往往比较复杂,通常用近似计算或实验测量的方法进行研究,为了对整个电场有一个直观的图像,即形象地描述电场分布,可以在电场中作出许多曲线,使这些曲线上每一点的切线方向与该点的场强方向一致,通常把这些假想的曲线称为**电场线**或**电力线**。

为使电场线不仅表示电场中场强的方向,而且可以描述场强的大小,通常对电场线作如下的规定:在电场中任一点,取一个垂直于该点场强方向的面积元 $dS_\perp$,由于 $dS_\perp$ 很小,所以 $dS_\perp$ 面上各点 $\boldsymbol{E}$ 的大小可认为是相同的;规定通过面积元 $dS_\perp$ 电场线条数 $dN$ 与该点 $\boldsymbol{E}$ 的大小和面积元 $dS_\perp$ 的乘积成正比,为方便计算,取比例系数为 1,写成

$$dN = E dS_\perp$$

或

$$\frac{dN}{dS_\perp} = E$$

这就是说,通过电场中某点垂直于 $\boldsymbol{E}$ 单位面积电场线的条数等于该点处电场强度 $\boldsymbol{E}$ 的大小,$\frac{dN}{dS}$ 也称为电场线密度。显然,按照这种规定,在场强较大的地方电场线较密集,场强较小的地方电场线较稀疏。这样,电场线的疏密就形象地反映了电场中场强大小的分布。图 7.9 给出了几种典型静电场的电场线分布图形。

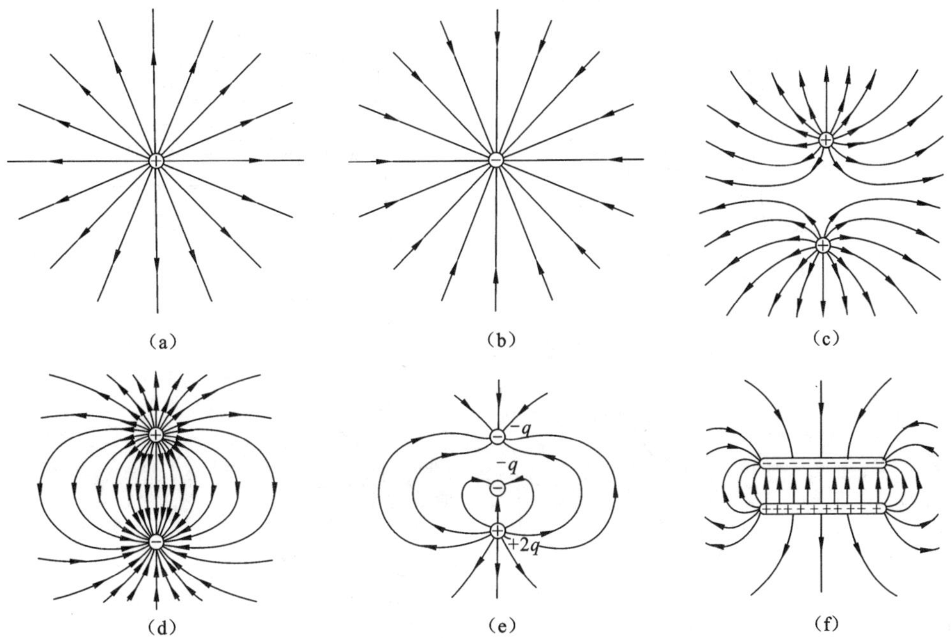


图 7.9　几种典型静电场的电场线分布图形

(a) 为正电荷；(b) 为负电荷；(c) 为两个等量正电荷；(d) 为两个等量异号电荷；(e) 为三个不等量异号电荷；(f) 为带等值异号电荷的两平行板

由图 7.9 可以看出，静电场的电场线有如下性质。

(1) 电场线起自正电荷(或来自无限远处)，终止于负电荷(或伸向无限远处)，不会在没有电荷的地方中断。

(2) 电场线不形成闭合曲线。

(3) 任何两条电场线不会相交。这是因为电场中每一点处电场强度只能有一个确定的方向。

应该注意，引入电场线的目的在于形象地反映电场中场强的情况，并不是电场中真实存在这些电场线。另外，电场线一般并不表示电荷在电场中运动轨迹，因为运动轨迹上各点的切线方向应于电荷的速度方向一致，而电场线上各点的切线方向表示场强的方向，亦即正电荷所受电场力的方向，一般情况下两者是不同的。

## 7.3.2　电通量

通量是描述矢量场的一个重要概念。我们把通过电场中某一个曲面的电场线的条数称为通过这个曲面的电场强度通量，简称**电通量**或 $\boldsymbol{E}$ 通量。通常用符号 $\Phi_e$ 表示。下面分别讨论在均匀电场和非均匀电场中不闭合曲面的电通量 $\Phi_e$。

首先讨论均匀电场的情况。按照电场线的绘图法，均匀电场的电场线是一系列均匀分布的平行直线，假设在均匀电场中取一个与电场强度方向垂直的平面 $S$，如图 7.10(a) 所示，通过平面 $S$ 的电通量为

$$\Phi_e = E \cdot S \tag{7.7}$$

如果平面 $S$ 与电场线不垂直，平面法线单位矢量 $\boldsymbol{e}_n$ 与 $\boldsymbol{E}$ 成 $\theta$ 角，如图 7.10(b) 所示，则通过这个平面的电通量为

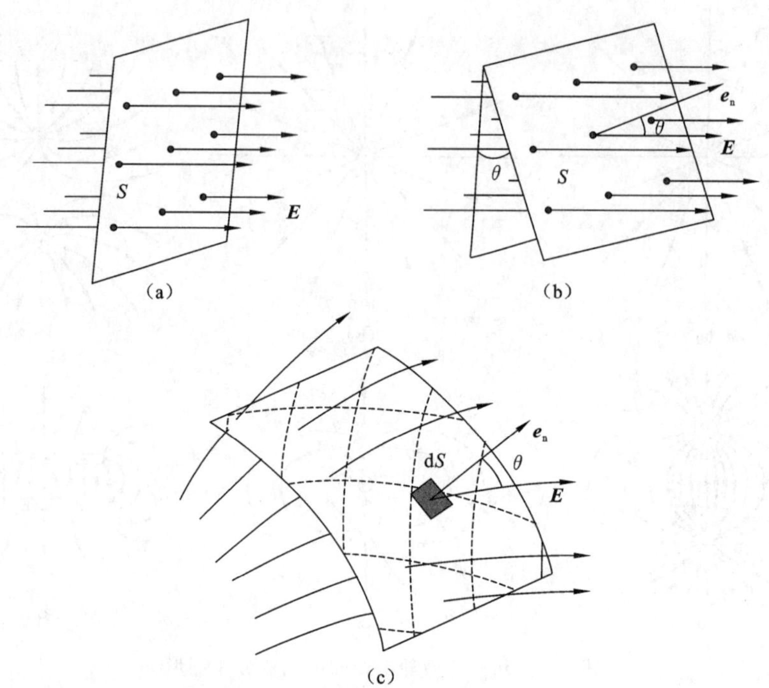


图 7.10　电通量计算

$$\Phi_e = E\cos\theta S = \boldsymbol{E}\cdot\boldsymbol{S} \tag{7.8}$$

因为$\theta$可以是锐角,也可以是钝角,所以,通过给定面积的电通量可正也可为负,当$\theta$为锐角时,$\cos\theta > 0$,$\Phi_e$为正值;当$\theta$为钝角时,$\cos\theta < 0$,$\Phi_e$为负值;当$\theta = \dfrac{\pi}{2}$时,$\Phi_e = 0$。

如果电场是非均匀的,$S$是一个任意曲面,在曲面上场强的大小和方向是逐点变化的,要计算通过该曲面的电通量,首先要把曲面划分为无限多个小面积元$\mathrm{d}S$,在每一个无限小面积元$\mathrm{d}S$上电场强度$\boldsymbol{E}$是近似均匀的。设$\mathrm{d}S$的法线单位矢量$\boldsymbol{e}_n$与该处的电场强度$\boldsymbol{E}$的夹角为$\theta$,如图 7.10(c) 所示,通过面积元的电通量为

$$\mathrm{d}\Phi_e = \boldsymbol{E}\cdot\mathrm{d}\boldsymbol{S} = E\cos\theta\mathrm{d}S$$

所以对整个曲面积分可得到通过任意曲面$S$的电通量

$$\Phi_e = \iint_S \boldsymbol{E}\cdot\mathrm{d}\boldsymbol{S} = \iint_S E\cos\theta\mathrm{d}S \tag{7.9}$$

当$S$是闭合曲面时,上式可写成

$$\Phi_e = \oiint_S \boldsymbol{E}\cdot\mathrm{d}\boldsymbol{S} = \oiint_S E\cos\theta\mathrm{d}S \tag{7.10}$$

必须指出,对闭合曲面来说,通常规定自内向外的方向为面积元法线的正方向。所以,电场线从曲面内向外穿出,电通量为正。反之,电场线从外部穿入曲面,电通量为负。

**例 7.8**　分别求图 7.11 中通过半径为$R$的非封闭半球面和封闭半球面的电通量。

**解**　由电通量的定义

对情形(a) 的非封闭半球面($\theta \leqslant \pi/2$)

$$\varphi_e = \iint \boldsymbol{E}\cdot\mathrm{d}\boldsymbol{S} = \iint E\mathrm{d}S\cos\theta = \pi R^2 E$$

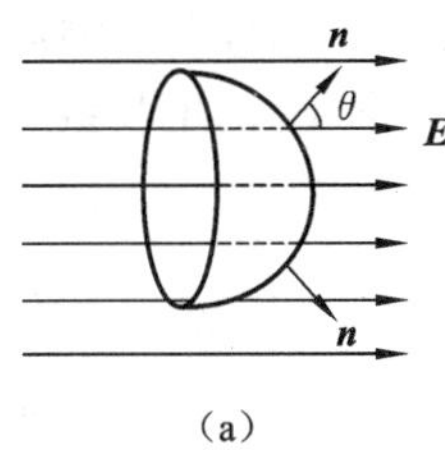


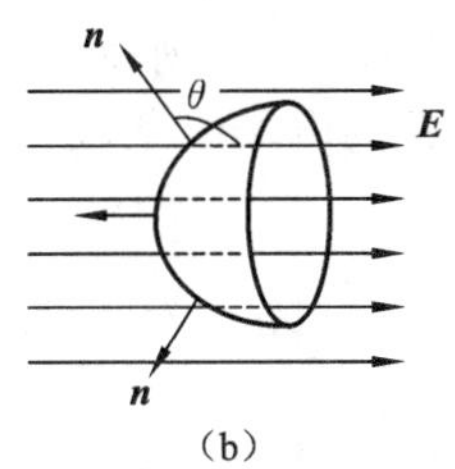


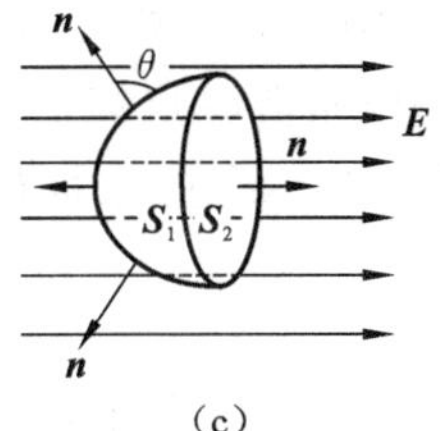


图 7.11　例 7.8 图

对情形(b) 的非封闭半球面($\theta \geqslant \pi/2$)

$$\varphi_e = \iint \boldsymbol{E} \cdot \mathrm{d}\boldsymbol{S} = \iint E \mathrm{d}S\cos\theta = -\pi R^2 E$$

对封闭的半球面(c)

$$\varphi_e = \oiint_S \boldsymbol{E} \cdot \mathrm{d}\boldsymbol{S} = \iint_{S_1} \boldsymbol{E} \cdot \mathrm{d}\boldsymbol{S} + \iint_{S_2} \boldsymbol{E} \cdot \mathrm{d}\boldsymbol{S} = -\pi R^2 E + \pi R^2 E = 0$$

## 7.3.3　高斯定理

上面介绍了电通量的概念,现在进一步讨论通过闭合曲面的电通量与场源电荷量的关系,从而得出一个表征静电场性质的基本定理——高斯 (Gauss) 定理。

对于点电荷的电场。以正点电荷 $q$ 所在点为中心,取任意长度 $r$ 为半径作一个球面 $S$ 包围点电荷 $q$,如图 7.12(a) 所示。

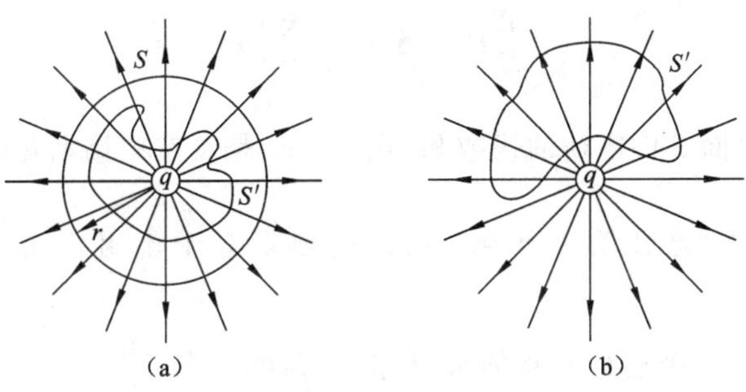


图 7.12　说明高斯定理用图

通过球面的电通量为

$$\Phi_e = \oiint_S \boldsymbol{E} \cdot \mathrm{d}\boldsymbol{S} = \oiint_S E\cos\theta \mathrm{d}S$$

式中:$\boldsymbol{E}$ 为球面上的场强,其大小处处相等,等于$\dfrac{q}{4\pi\varepsilon_0 r^2}$,$\boldsymbol{E}$ 的方向与球面的外法线方向一致,$\theta = 0°$,代入上式,得

$$\Phi_e = E\oiint_S \mathrm{d}S = \frac{q}{4\pi\varepsilon_0 r^2}4\pi r^2 = \frac{q}{\varepsilon_0}$$

结果表明电通量 $\Phi_e$ 与所取的球面半径无关,只与它所包围的电荷的电量 $q$ 有关。

现在设想另有一个任意的闭合面 $S'$,它与球面 $S$ 包围同一个点电荷 $q$,如图 7.12(a) 所示,根据电场线的连续性,通过闭合面 $S$ 的电场线将全部穿过闭合面 $S'$,即穿过两者电场线的数目相等,因此,通过任意形状包围点电荷 $q$ 闭合面的电通量都等于$\dfrac{q}{\varepsilon_0}$。

如果闭合面 $S'$ 不包围点电荷,如图 7.12(b) 所示,则由电场线的连续性知,由一侧进入 $S'$ 的电场线条数一定等于从另一侧穿出 $S'$ 的电场线条数,所以净穿出闭合面 $S'$ 的电场线的总条数为零,亦即通过 $S'$ 面的电通量为零。用公式表示为

$$\Phi_e = \oint\!\!\oint_{S'} \boldsymbol{E} \cdot \mathrm{d}S = 0$$

以上是关于单个点电荷电场的结论。对于一个由 $n+k$ 个电荷点 $q_1, q_2, q_3, \cdots, q_{n+k}$ 组成的点电荷系来说,在它们共同产生的电场中,任意一点的场强可由场强叠加原理,得

$$\boldsymbol{E} = \boldsymbol{E}_1 + \boldsymbol{E}_2 + \boldsymbol{E}_3 + \cdots + \boldsymbol{E}_{n+k}$$

式中:$\boldsymbol{E}_1, \boldsymbol{E}_2, \boldsymbol{E}_3, \cdots, \boldsymbol{E}_{n+k}$ 分别为单个点电荷产生的电场;$\boldsymbol{E}$ 为总电场。假设 $n$ 个点电荷在任意闭合曲面 $S$ 内,$k$ 个点电荷在该闭合曲面 $S$ 外,这 $k$ 个点电荷对 $S$ 的电通量为零,则通过任意闭合曲面 $S$ 的电通量为

$$\begin{aligned}\Phi_e &= \oint\!\!\oint_S \boldsymbol{E} \cdot \mathrm{d}\boldsymbol{S} \\ &= \oint\!\!\oint_S \boldsymbol{E}_1 \cdot \mathrm{d}\boldsymbol{S} + \oint\!\!\oint_S \boldsymbol{E}_2 \cdot \mathrm{d}\boldsymbol{S} + \cdots + \oint\!\!\oint_S \boldsymbol{E}_n \cdot \mathrm{d}\boldsymbol{S} + \oint\!\!\oint_S \boldsymbol{E}_{n+1} \cdot \mathrm{d}\boldsymbol{S} + \cdots + \oint\!\!\oint_S \boldsymbol{E}_{n+k} \cdot \mathrm{d}\boldsymbol{S} \\ &= \frac{q_1}{\varepsilon_0} + \frac{q_2}{\varepsilon_0} + \cdots + \frac{q_n}{\varepsilon_0} + \underbrace{0 + \cdots + 0}_{k}\end{aligned}$$

即

$$\Phi_e = \frac{q_1}{\varepsilon_0} + \frac{q_2}{\varepsilon_0} + \cdots + \frac{q_n}{\varepsilon_0} = \frac{1}{\varepsilon_0}\sum_{\substack{i=1 \\ (S内)}} q_i$$

所以

$$\oint\!\!\oint_S \boldsymbol{E} \cdot \mathrm{d}\boldsymbol{S} = \frac{1}{\varepsilon_0}\sum_{\substack{i=1 \\ (S内)}} q_i \tag{7.11}$$

式中:$\sum_{\substack{i=1 \\ (S内)}} q_i$ 表示在闭合面 $S$ 内电荷的代数和。式(7.11) 是真空中**高斯定理**的数学表示式,它表明:在真空的静电场中,通过任一闭合曲面的电通量等于该闭合曲面所包含电荷的代数和除以$\varepsilon_0$。

如果闭合曲面内是一个连续分布的带电体,电荷的求和 $\sum_{\substack{i=1 \\ (S内)}} q_i$ 可用体积分表示 $\iiint_V \rho \mathrm{d}V$,高斯定理式(7.11) 可写成

$$\oint\!\!\oint_S \boldsymbol{E} \cdot \mathrm{d}\boldsymbol{S} = \frac{1}{\varepsilon_0}\iiint_V \rho \mathrm{d}V$$

式中:$\rho$ 为带电体的电荷体密度;$S$ 为闭合曲面的面积;$V$ 为 $S$ 面所包围的体积。

对高斯定理的理解应注意以下几点。

(1) 高斯定理表示式左边的场强 $\boldsymbol{E}$ 是空间中所有电荷产生的,即闭合曲面内外全部电荷在闭合曲面(也称高斯面)$S$ 上任一点所产生场强的矢量和。

(2) 通过闭合曲面的总电通量仅由它所包围的电荷决定,与闭合曲面外部电荷无关。

(3) 高斯定理不仅适用于静电场,而且对变化电场也是适用的,它是电磁场理论的基本方程之一。

### 7.3.4 高斯定理的应用

一般情况下,当电荷分布给定时,从高斯定理只能求出通过某一闭合曲面的电通量,并不

能把电场中各点的场强确定下来。但是，若电荷分布具有某些特殊的对称性，例如球对称、轴对称等，由它们产生电场的分布通常也具有相应的几何对称性，应用高斯定理来计算这类带电体的电场分布要比利用式(7.6)简便许多。

高斯定理计算场强的方法多用于电荷所激发的电场具有球对称、轴对称和均匀面对称三种特殊对称性的情况。应用高斯定理求解问题时，需要在空间中通过考察点作出适当的闭合曲面(高斯面)，例如，对点电荷激发的场，以点电荷为球心作出球形高斯面，使闭合面上电场强度都垂直于该闭合面，且大小处处相等。一般原则是，使场强在闭合面的某些部分大小处处相等，方向与该部分曲面垂直；在其他部分，场强方向处处与曲面平行，让通过这部分曲面的电通量为零。高斯面形状要规则，便于计算。一般情况下，如果带电系统不具有以上三种特殊对称性，高斯定理就不便用来计算场强。

下面举几个电荷分布具有对称性的例子来说明应用高斯定理计算场强的方法。

### 1. 均匀带电球面的电场分布

已知球面半径为 $R$，均匀带电总量为 $q\,(q>0)$。

首先考虑球面外一点 $P$ 的场强。以 $O$ 为球心，$r$ 为半径，过 $P$ 点作一个与带电球同心的球面 $S$，即球形高斯面，如图 7.13 所示。由于电荷分布的球对称性，可知电场分布亦具有球对称性，即高斯面上任一点处 $\boldsymbol{E}$ 的方向沿径向向外，且大小处处相等。通过高斯面 $S$ 的电通量为

$$\Phi_e = \oint\!\!\oint_S \boldsymbol{E}\cdot \mathrm{d}\boldsymbol{S} = \oint\!\!\oint_S E\,\mathrm{d}S = E\oint\!\!\oint_S \mathrm{d}S = E4\pi r^2$$

根据高斯定理，有

$$\Phi_e = E4\pi r^2 = \frac{1}{\varepsilon_0}q$$

$$E = \frac{q}{4\pi\varepsilon_0 r^2} \quad (r>R)$$

考虑 $\boldsymbol{E}$ 的方向，$\boldsymbol{E}$ 的矢量表示式为

$$\boldsymbol{E} = \frac{q}{4\pi\varepsilon_0 r^3}\boldsymbol{r} \quad (r>R) \tag{7.12}$$

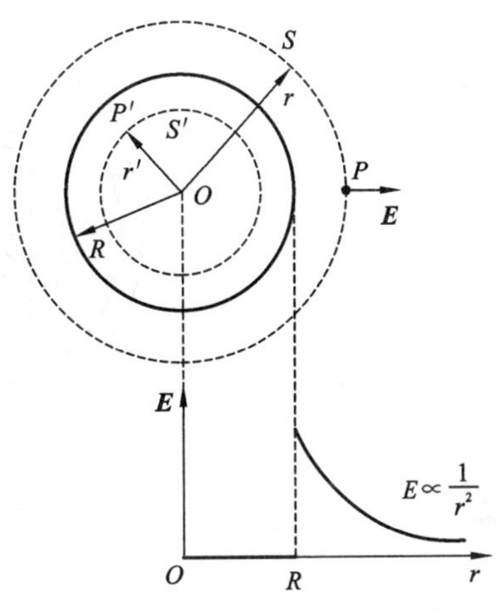

图 7.13　均匀带电球面的电场分析

同样方法可求得球面内任一点场强为

$$\boldsymbol{E} = 0 \quad (r<R) \tag{7.13}$$

根据上述结果，可画出场强随距离的变化曲线，即 $E$-$r$ 曲线(见图 7.13)。由 $E$-$r$ 曲线可知，场强在球面 $R$ 处是不连续的。

从式(7.12)可知，在球面外任一点的场强与一个在球心处的点电荷 $q$ 产生的场强相同。

### 2. 均匀带电球体的电场分布

已知球体半径为 $R$，均匀带电总量为 $q\,(q>0)$。

设想均匀带电球体是由一层层同心均匀带电球壳(面)组成。类似于球面的情况，球体外电场强度的分布与所有电荷集中到球心形成的点电荷在球外区域产生的电场强度分布相同，即

$$\boldsymbol{E}=\frac{q}{4\pi\varepsilon_0 r^3}\boldsymbol{r}\quad (r>R) \tag{7.14}$$

对于球体内部任一点 $P$ 的电场强度,用过 $P$ 点半径为 $r$ $(r<R)$ 的同心闭合球面 $S$ 作为高斯面(见图 7.14),通过此高斯面的电通量

$$\Phi_e=\oiint_S \boldsymbol{E}\cdot d\boldsymbol{S}=\oiint_S E\,dS=E4\pi r^2$$

高斯面内包围的电荷为

$$\sum_{S内} q_i=\frac{q}{\frac{4}{3}\pi R^3}\cdot\frac{4}{3}\pi r^3=\frac{qr^3}{R^3}$$

由高斯定理,得

$$E=\frac{qr}{4\pi\varepsilon_0 R^3}\quad (r\leqslant R)$$

考虑 $\boldsymbol{E}$ 的方向,写成矢量式为

$$\boldsymbol{E}=\frac{q}{4\pi\varepsilon_0 R^3}\boldsymbol{r}\quad (r\leqslant R) \tag{7.15}$$

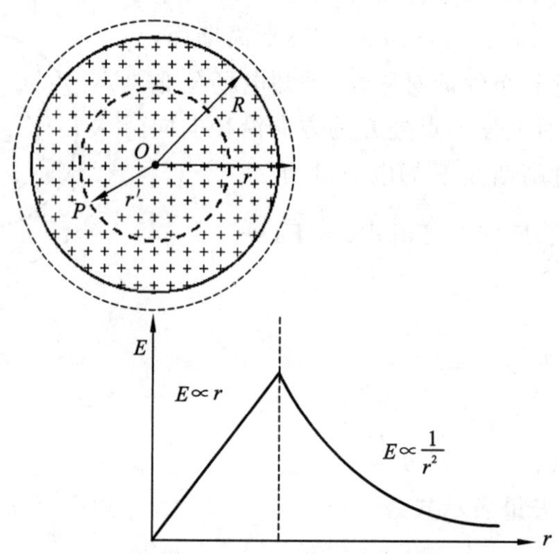


图 7.14 均匀带电球体的电场分析

均匀带电球体的 $E$-$r$ 曲线如图 7.14 所示。注意,在球体表面上,场强的大小是连续的。

### 3. “无限长”均匀带电直线的电场分布

已知带电直线的线电荷密度为 $\lambda$ $(\lambda>0)$。

根据电荷分布的特征可知,电场强度矢量垂直于“无限长”带电直线,方向向外呈辐射状分布,离开带电直线等距离各点处的场强大小相等。以带电直线为轴,作一底面半径为 $r$,高为 $l$ 的闭合圆柱面为高斯面,如图 7.15 所示,高斯面上 $P$ 点的场强方向沿径向朝外。柱型高斯面由上顶面、下底面和圆柱侧面组成,场强方向与上顶面和下底面的外法线方向垂直,穿过这两部分的通量为零,因此,通过高斯面的电通量为

$$\Phi_e=\oiint_S \boldsymbol{E}\cdot d\boldsymbol{S}=\iint_{侧}\boldsymbol{E}\cdot d\boldsymbol{S}+\iint_{上底}\boldsymbol{E}\cdot d\boldsymbol{S}+\iint_{下底}\boldsymbol{E}\cdot d\boldsymbol{S}$$

$$= \iint_{侧} \boldsymbol{E} \cdot \mathrm{d}\boldsymbol{S} = E2\pi rl$$

由高斯定理

$$\Phi_{\mathrm{e}} = E2\pi rl = \frac{1}{\varepsilon_0}\lambda l$$

得到

$$E = \frac{\lambda}{2\pi\varepsilon_0 r} \tag{7.16}$$

这个结果与例 7.4 中讨论(1) 的结果相同。“无限长”实际上是一个相对的概念，当带电直线的长度远大于考察点到带电直线的垂直距离 $r$，可认为带电直线是无限长，这也是将无限长加引号的原因。

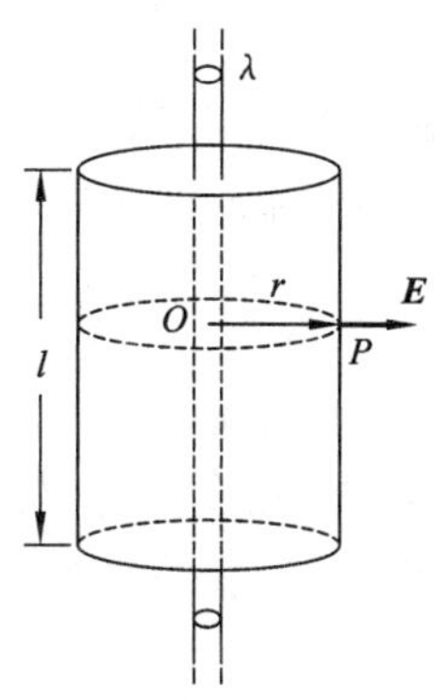


图 7.15　“无限长”均匀带电直线的电场分析

4. “无限大”均匀带电平面的电场分布

已知带电平面上的面电荷密度为 $\sigma\,(\sigma > 0)$。

由对称性分析可知，与平面等距离点处的场强大小相等，方向处处与平面垂直并指向两侧。

选取一个其轴线垂直于带电平面的闭合圆柱面 $S$ 作为高斯面，带电平面平分此圆柱面，而 $P$ 点位于它的一个底面上[见图 7.16(a)]。高斯面由左、右底面和圆柱侧面组成，场强方向与圆柱侧面的外法线方向相互垂直，通过圆柱侧面的电通量为零，因此，通过整个高斯面的电通量为

$$\Phi_{\mathrm{e}} = \oint\!\!\!\oint_S \boldsymbol{E} \cdot \mathrm{d}\boldsymbol{S} = \iint_{侧} \boldsymbol{E} \cdot \mathrm{d}\boldsymbol{S} + \iint_{左底} \boldsymbol{E} \cdot \mathrm{d}\boldsymbol{S} + \iint_{右底} \boldsymbol{E} \cdot \mathrm{d}\boldsymbol{S}$$

$$= E \cdot \Delta S + E \cdot \Delta S = 2E \cdot \Delta S$$

根据高斯定理：　$2E \cdot \Delta S = \dfrac{1}{\varepsilon_0}\sigma\Delta S$，有

$$E = \frac{\sigma}{2\varepsilon_0} \tag{7.17}$$

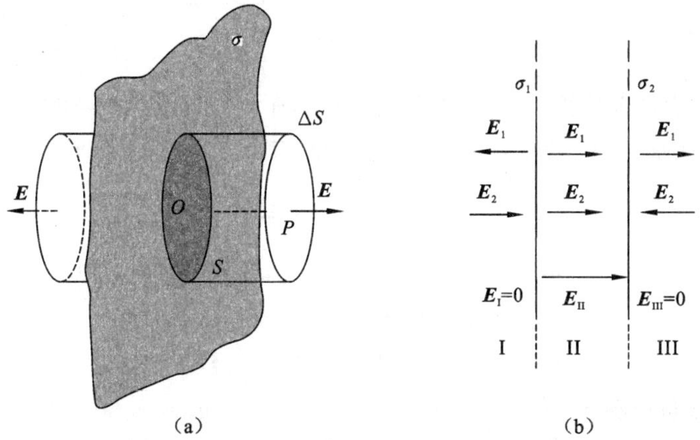

(a)　　(b)

图 7.16　“无限大”均匀带电平面的电场分析

式(7.17) 表明“无限大”均匀带电平面两侧的电场是均匀场。这个结果和例 7.6 中讨论

(1) 的结果相同。

利用上述结果和场强叠加原理,可以证明带等量异号电荷的一对"无限大"平行平板之间的场强为

$$E = \frac{\sigma}{\varepsilon_0} \tag{7.18}$$

而平行平板外部场强为零,如图 7.16(b) 所示,由于等量异号,$\sigma_1 = \sigma = -\sigma_2$,在 I 区和 III 区场强 $\boldsymbol{E}_1$ 和 $\boldsymbol{E}_2$ 相互抵消,在 II 区它们两者相加。

**例 7.9**　实验表明,在靠近地面处有相当强的电场,电场强度 $\boldsymbol{E}$ 垂直于地面向下,大小约为 $100\ \mathrm{V\cdot m^{-1}}$,在离地面 $1.5\times10^3\ \mathrm{m}$ 的地方,场强降为 $25\ \mathrm{V\cdot m^{-1}}$,方向仍垂直于地面向下。

(1) 试计算从地面到此高度大气中平均体电荷密度;

(2) 如果地球上的电荷全部分布在地表面,求地面上的电荷密度。

**解**　(1) 设平均体电荷密度为 $\rho$,取如图 7.17(a) 所示的圆柱形高斯面,由于圆柱侧面的外法线方向与电场方向垂直,则通过高斯面的电通量为

$$\Phi_e = \oint\!\!\!\oint_{(S)} \boldsymbol{E}\cdot \mathrm{d}\boldsymbol{S} = E_2\Delta S - E_1\Delta S = (E_2 - E_1)\Delta S$$

由高斯定理,有

$$(E_2 - E_1)\Delta S = \frac{1}{\varepsilon_0} h\Delta S\rho$$

所以

$$\rho = \frac{1}{h}\varepsilon_0(E_2 - E_1) = \frac{8.85\times10^{-12}}{1.5\times10^3}(100-25) = 4.43\times10^{-13}(\mathrm{C\cdot m^{-3}})$$

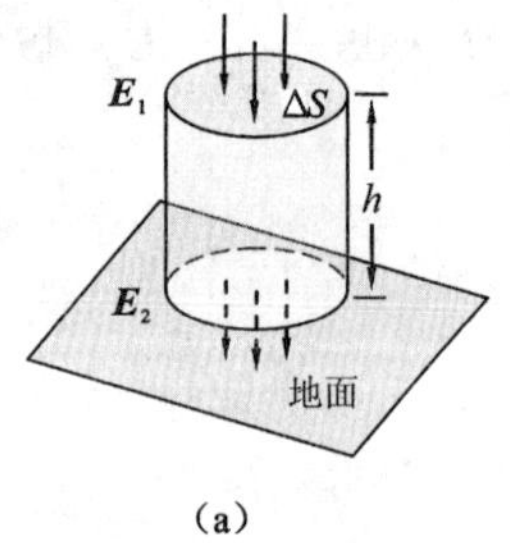


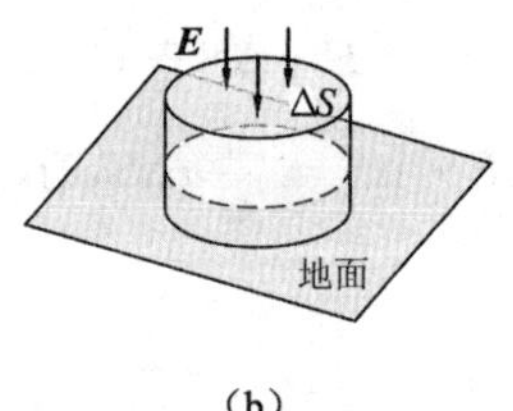


图 7.17　例 7.9 图

(2) 设地面的面电荷密度为 $\sigma$,作如图 7.17(b) 所示的圆柱形高斯面,其上底靠近地面,场强已知,下底在地表面之下,场强为零,由高斯定理,有

$$-E\Delta S = \frac{1}{\varepsilon_0}\sigma\Delta S$$

所以

$$\begin{aligned}\sigma &= -\varepsilon_0 E = -8.85\times10^{-12}\times100\\ &= -8.85\times10^{-10}(\mathrm{C\cdot m^{-2}})\end{aligned}$$

可见地球表面带有负电荷。

综上所述,高斯定理对于任意形状带电体内外静电场分布都是成立的,但是用高斯定理求场强时,要求带电体的电场分布具有一些特殊的对称性,例如球对称性、轴线对称性及平面对称性。通过以上讨论所得到的均匀带电球面、球体,无限长均匀带电直线、无限大均匀带电平

板，以及无限大均匀带等量异号电荷的平行平板等带电体的场强分布结果，今后都可以作为公式直接引用。三种常见对称性带电体的高斯面取法如图 7.18 所示。

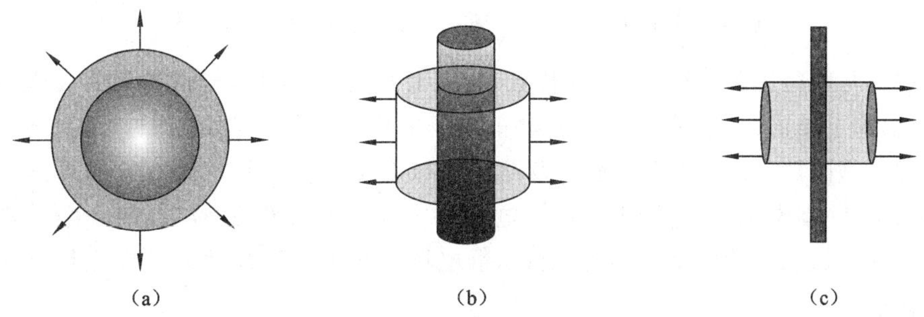

图 7.18　几种对称性带电体的高斯面取法

(a) 为球对称(同心球面)；(b) 为轴对称(同轴圆柱面)；(c) 为面对称(垂于平面的圆柱面)

## 7.4　电场力的功　电势

把试探电荷放入电场中，它在场中任一点都受到电场力的作用。单位正电荷在电场中某点所受的力，定义为该点的电场强度，因此，电场强度是从电场力的角度描述电场性质的物理量。当试探电荷在电场力作用下从一点移到另一点时，电场力将对试探电荷做功，因而会引起电荷能量的变化。电势的概念就是从电场力做功的特性引入的，它也是描述电场性质的物理量。

### 7.4.1　静电场力做功的特点

如图 7.19 所示，有一正点电荷 $q$ 静止于原点 $O$，试探电荷 $q_0$ 在 $q$ 的电场中由 $A$ 点沿任意路径 $ACB$ 到达 $B$ 点。$q_0$ 受到的电场力是变力，在路径上任意 $C$ 点处取位移元 $\mathrm{d}\boldsymbol{l}$，由于 $\mathrm{d}\boldsymbol{l}$ 很小，可认为 $\mathrm{d}\boldsymbol{l}$ 所在处 $C$ 点的场强都相同；设从原点 $O$ 到 $C$ 点的矢径为 $\boldsymbol{r}$，$C$ 点的电场强度为

$$\boldsymbol{E} = \frac{q}{4\pi\varepsilon_0 r^2}\boldsymbol{e}_r$$

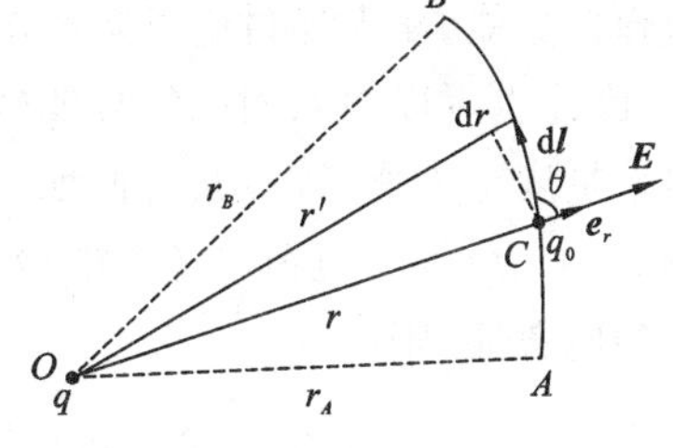


图 7.19　电场力做功与路径无关

式中：$\boldsymbol{e}_r$ 为沿矢径的单位矢量，则在 $\mathrm{d}\boldsymbol{l}$ 段电场力所做的元功为

$$\mathrm{d}A = \boldsymbol{F}\cdot\mathrm{d}\boldsymbol{l} = q_0 E\cos\theta\mathrm{d}l$$

式中：$\theta$ 为 $\boldsymbol{E}$ 与 $\mathrm{d}\boldsymbol{l}$ 之间的夹角。由图 7.19 可知，$\cos\theta\mathrm{d}l = \mathrm{d}r$，得

$$\mathrm{d}A = q_0 E\mathrm{d}r = \frac{qq_0}{4\pi\varepsilon_0 r^2}\mathrm{d}r$$

于是，在试探电荷 $q_0$ 从 $A$ 点移至 $B$ 点的过程中，电场力所做的总功为

$$A = \int_A^B \mathrm{d}A = \int_A^B q_0 E\cos\theta\mathrm{d}l = \frac{qq_0}{4\pi\varepsilon_0}\int_{r_A}^{r_B}\frac{\mathrm{d}r}{r^2} = \frac{qq_0}{4\pi\varepsilon_0}\left(\frac{1}{r_A} - \frac{1}{r_B}\right) \tag{7.19}$$

式中：$r_A$ 和 $r_B$ 分别代表试探电荷 $q_0$ 在起始点 $A$ 和终点 $B$ 的位置。式(7.19)表明，在点电荷 $q$ 的非均匀电场中，电场力对电荷 $q_0$ 所做的功，仅与试探电荷 $q_0$ 移动的起始点和终点位置有关，与所经历的路径无关。

任意带电体可看成由许多点电荷组成的点电荷系。由场强叠加原理，点电荷系的场强 $\boldsymbol{E}$ 等

于各点电荷场强的矢量和,即 $\boldsymbol{E}=\boldsymbol{E}_1+\boldsymbol{E}_2+\boldsymbol{E}_3+\cdots$,因此任意点电荷系的电场力所做功,等于组成该点电荷系中各点电荷电场力所做功的代数和(对于连续带电体,用积分表示),即

$$A=q_0\int_L \boldsymbol{E}\cdot \mathrm{d}\boldsymbol{l}=q_0\int_L \boldsymbol{E}_1\cdot \mathrm{d}\boldsymbol{l}+q_0\int_L \boldsymbol{E}_2\cdot \mathrm{d}\boldsymbol{l}+\cdots$$

式中每一项都与路径无关,所以它们的代数和(或总积分)也必然与路径无关,$L$ 表示任意路径。由此得出如下结论:一个试探电荷 $q_0$ 在静电场中从一点沿任意路径 $L$ 运动到另一点时,静电场力对它所做的功,仅与试探电荷 $q_0$ 及路径的起始点和终点的位置有关,与具体路径无关。

应当指出,在静电场中,电场力对试探电荷做功与路径无关是静电场的一个重要性质,这与重力和弹性力做功的特性是一样的。所以,静电场力与重力和弹性力一样也是保守力,静电场也是保守场。

静电场力做功的特点还可以用另一种方式来表示。设试探电荷 $q_0$ 在电场中从某点出发,经过闭合路线 $L$ 又回到原来位置,由式(7.19)可知电场力做功为零,即

$$A=q_0\oint_L \boldsymbol{E}\cdot \mathrm{d}\boldsymbol{l}=q_0\oint_L E\cos\theta \mathrm{d}l=0$$

因为试探电荷 $q_0\neq 0$,所以上式可写为

$$\oint_L \boldsymbol{E}\cdot \mathrm{d}\boldsymbol{l}=0 \tag{7.20}$$

等式的左边是场强 $\boldsymbol{E}$ 沿闭合路径的线积分,也称为场强 $\boldsymbol{E}$ 的环流,因此静电场力做功与路径无关这一性质,又可表示为场强 $\boldsymbol{E}$ 的环流等于零。它是反映静电场基本特性的又一个重要规律,称为静电场的**环路定理**。

### 7.4.2　电势

在力学中,为反映重力、弹性力这一类做功与路径无关的保守力的特点,曾引进重力势能和弹性势能。从上述讨论可知静电场力也是保守力,它对试探电荷做功也具有与路径无关的特性,因此也可以引入相应的势能概念。物体在重力场中具有重力势能,重力势能的改变量可以用来量度重力所做的功;类似地,电荷在静电场中某位置具有一定的电势能,静电场力对电荷所做的功就等于电荷电势能的改变量。以 $W_A$ 和 $W_B$ 分别表示试探电荷 $q_0$ 在起始点 $A$ 和终点 $B$ 处的电势能,则

$$A_{AB}=q_0\int_A^B \boldsymbol{E}\cdot \mathrm{d}\boldsymbol{l}=W_A-W_B=-(W_B-W_A) \tag{7.21}$$

在国际单位制中,电势能的单位是焦耳,符号为 J。

与重力势能相似,静电势能也是一个相对量。为了确定电荷在电场中某点电势能大小,必须选定一个参考点作为电势能零点,而参考点可任意选取。通常当产生静电场 $\boldsymbol{E}$ 的电荷分布在有限区域时,选定电荷 $q_0$ 在无限远处的静电势能为零,由式(7.21),$W_B=W_\infty=0$,电荷 $q_0$ 在电场中 $A$ 点的静电势能写为

$$W_A=A_{A\infty}=q_0\int_A^\infty \boldsymbol{E}\cdot \mathrm{d}\boldsymbol{l} \tag{7.22}$$

式(7.22)表示电荷 $q_0$ 在电场中 $A$ 点的电势能 $W_A$ 等于将 $q_0$ 从 $A$ 点移到无限远的过程中电场力所做的功 $A_{A\infty}$。

应该指出,与重力势能相似,电势能也是属于一定系统的。式(7.22)反映了电势能是试探电荷 $q_0$ 与场源电荷所激发的电场之间相互作用能,故电势能是属于试探电荷 $q_0$ 和电场这整个

系统的，且与 $q_0$ 的大小成正比；如果将试探电荷 $q_0$ 在 $A$ 点的电势能 $W_A$ 除以 $q_0$，可发现比值 $\frac{W_A}{q_0}$ 与试探电荷 $q_0$ 无关，它仅反映电场在 $A$ 点的固有物理性质，因此，可用这个比值作为表征静电场中任意给定点电场性质的物理量，称为**电势**，用 $V_A$ 表示 $A$ 点的电势，即

$$V_A = \frac{W_A}{q_0} = \int_A^{\infty} \boldsymbol{E} \cdot \mathrm{d}\boldsymbol{l} \tag{7.23}$$

在式(7.23)中，若 $q_0 = 1$，则 $V_A$ 与 $W_A$ 等值，这表示静电场中某点的电势在数值上等于单位正电荷在该点的电势能，也等于单位正电荷从该点经过任意路径移动到无限远的过程中电场力所做的功。

电势是一个标量，但相对于电势零点却有正或负的数值。在国际单位制中，电势的单位为 $\mathrm{J \cdot C^{-1}}$，称为伏特(V)。

在静电场中，任意两点 $A$ 和 $B$ 的电势差，通常也称为电压，用公式表示为

$$V_{AB} = V_A - V_B = \int_A^{\infty} \boldsymbol{E} \cdot \mathrm{d}\boldsymbol{l} - \int_B^{\infty} \boldsymbol{E} \cdot \mathrm{d}\boldsymbol{l} = \int_A^{B} \boldsymbol{E} \cdot \mathrm{d}\boldsymbol{l} \tag{7.24}$$

这就是说，静电场中 $A$，$B$ 两点的电势差等于单位正电荷在电场中从 $A$ 点经过任意路径移动到达 $B$ 点过程中电场力所做的功。因此，当电荷 $q_0$ 在电场中从 $A$ 点移到 $B$ 点过程中，电场力做功可用电势差表示

$$A_{AB} = W_A - W_B = q_0 V_{AB} = q_0 (V_A - V_B) \tag{7.25}$$

在实际中应用中，两点间电势差或电压比较容易测量，式(7.25)是计算电场力做功和电势能增减变化的常用公式。

前面已知，电势和电势能零点选取是任意的，可以依据讨论问题的具体需要确定。在理论上，计算一个有限带电体周围空间的电势分布时，通常选取无限远处的电势为零。然而，当激发电场的电荷分布延伸到无限远时，不宜把电势零点选在无限远处，否则将导致场中任一点的电势值为无限大；这时需要根据具体问题，在电场中选择某点作为电势零点。在许多实际问题中，常取地球的电势为零，其他带电体的电势都是相对地球而言的。在电子仪器中，常取机壳(或公共地线)的电势为零，各点的电势值就等于它们与机壳(或公共地线)之间的电势差，只要测出这些电势差的数值，就很容易判定仪器工作是否正常。

### 7.4.3　电势的计算

电势的计算可分下面两种类型。

1. 已知场源电荷分布，求空间中任意一点的电势

场源电荷可以是点电荷、点电荷系或连续带电体，分三种不同情况进行处理。

**1) 在点电荷电场中任意一点的电势**

由电势的定义式(7.23)及点电荷的场强公式(7.4)，得

$$V_P = \int_P^{\infty} \boldsymbol{E} \cdot \mathrm{d}\boldsymbol{l} = \int_{r_P}^{\infty} \frac{q}{4\pi\varepsilon_0 r^2} \mathrm{d}r = \frac{q}{4\pi\varepsilon_0 r_P} \tag{7.26}$$

式中：$P$ 为电场中的任意一点；$r_P$ 为 $P$ 点到场源电荷的距离。由此可见，在点电荷周围空间任意一点的电势与该点到点电荷 $q$ 的距离 $r_P$ 成反比，如果 $q$ 是正的，各点的电势是正的，距离点电荷愈远电势愈低，在无限远处电势为零；如果 $q$ 是负的，各点的电势也是负的，距离点电荷愈远电势愈高，在无限远处电势为零时最大。

**2）在点电荷系电场中任意一点的电势**

如果电场是由 $n$ 个点电荷 $q_1, q_2, q_3, \cdots, q_n$ 所激发的，则某点 $P$ 的电势由场强叠加原理，得

$$V_P = \int_P^{\infty} \boldsymbol{E} \cdot \mathrm{d}\boldsymbol{l} = \int_P^{\infty} \boldsymbol{E}_1 \cdot \mathrm{d}\boldsymbol{l} + \int_P^{\infty} \boldsymbol{E}_2 \cdot \mathrm{d}\boldsymbol{l} + \cdots + \int_P^{\infty} \boldsymbol{E}_n \cdot \mathrm{d}\boldsymbol{l}$$

$$= \sum_{i=1}^{n} \int_P^{\infty} \boldsymbol{E}_i \cdot \mathrm{d}\boldsymbol{l} = \sum_{i=1}^{n} V_{Pi} = \sum_{i=1}^{n} \frac{q_i}{4\pi\varepsilon_0 r_i} \tag{7.27}$$

式中：$r_i$ 是 $P$ 点到点电荷 $q_i$ 的距离。式(7.27)表明，在点电荷系的静电场中，某点的电势等于每一个点电荷单独存在时在该点电势的代数和。这一结论称为静电场的**电势叠加原理**。

**3）在连续分布电荷电场中任意一点的电势**

如果静电场是由电荷连续分布的带电体所产生的，在求某点的电势时，只要将式(7.27)中的求和式用积分式代替即可。设 $\mathrm{d}q$ 为带电体上任一电荷元的电荷量，$r$ 为 $\mathrm{d}q$ 到给定点 $P$ 的距离，则 $P$ 点的电势为

$$V_P = \int \frac{\mathrm{d}q}{4\pi\varepsilon_0 r} \tag{7.28}$$

积分遍及整个带电体。因为电势是标量，这里的积分是标量积分，所以电势的计算比电场强度的计算简便。

利用上式求连续带电体的电势分布时隐含条件：选取无穷远处电势为零。所以，该方法不适合求解电荷延伸到无穷远处的带电体产生的电势分布，比如，无限长的带电直线产生的电势分布问题。

### 2. 已知场强的分布求任一点的电势

若已知场强的具体函数形式，则可由电势的定义式(7.23)进行计算。

以下用几个例子对如何进行电势计算进行具体说明。

**例 7.10**　求电偶极子电场中的电势分布。已知电偶极子中两点电荷 $-q$，$+q$ 间的距离为 $l$。

**解**　如图 7.20 所示，设场点 $P$ 离 $+q$ 和 $-q$ 的距离分别为 $r_+$ 和 $r_-$，$P$ 到偶极子中点 $O$ 的距离为 $r$。

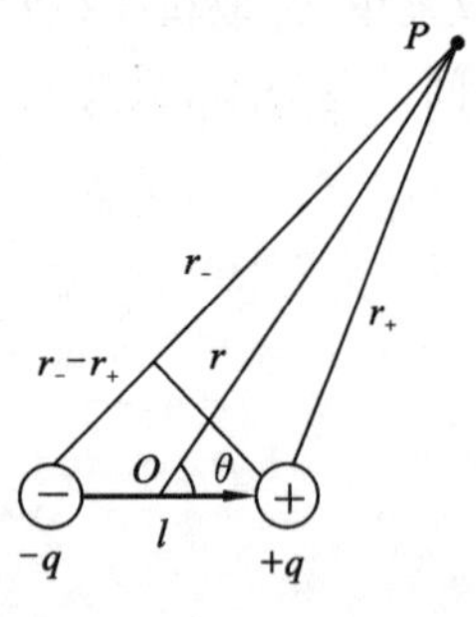


图 7.20　例 7.10 图

根据电势叠加原理可知，$P$ 点的电势为

$$V = V_+ + V_- = \frac{q}{4\pi\varepsilon_0 r_+} + \frac{-q}{4\pi\varepsilon_0 r_-} = \frac{q(r_- - r_+)}{4\pi\varepsilon_0 r_+ r_-}$$

由于 $r \gg l$，应有 $r_+ \cdot r_- \approx r^2$，$r_- - r_+ \approx l\cos\theta$

$\theta$ 为 $\overrightarrow{OP}$ 与 $\boldsymbol{l}$ 之间的夹角，所以

$$V = \frac{ql\cos\theta}{4\pi\varepsilon_0 r^2} = \frac{p_e\cos\theta}{4\pi\varepsilon_0 r^2} = \frac{\boldsymbol{p}_e \cdot \boldsymbol{r}}{4\pi\varepsilon_0 r^3}$$

**例 7.11**　一半径为 $R$ 的均匀带电细圆环，带电总量为 $q$，求在圆环轴线上任意点 $P$ 的电势。

**解**　如图 7.21 所示，以 $x$ 表示从环心到 $P$ 点的距离，把带电圆环分割成许多电荷元 $\mathrm{d}q$(可视为点电荷)，$\mathrm{d}q$ 在 $P$ 点产生的电势为

$$\mathrm{d}V = \frac{1}{4\pi\varepsilon_0}\frac{\mathrm{d}q}{r} = \frac{1}{4\pi\varepsilon_0}\frac{\mathrm{d}q}{(R^2 + x^2)^{1/2}}$$

由电势叠加原理可得 $P$ 点处的总电势为

$$V=\int\frac{\mathrm{d}q}{4\pi\varepsilon_0 r}=\frac{1}{4\pi\varepsilon_0 r}\int_q \mathrm{d}q=\frac{q}{4\pi\varepsilon_0 r}$$

$$=\frac{q}{4\pi\varepsilon_0\ (R^2+x^2)^{1/2}}$$

当 $P$ 点位于环心 $O$ 处时，$x=0$，则

$$V=\frac{q}{4\pi\varepsilon_0 R}$$

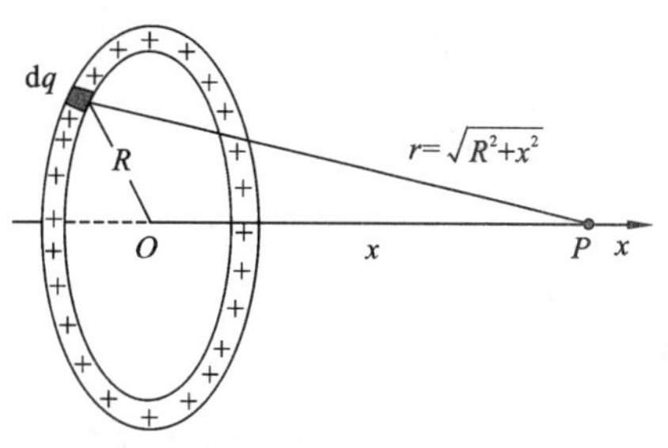


图 7.21　例 7.11 图

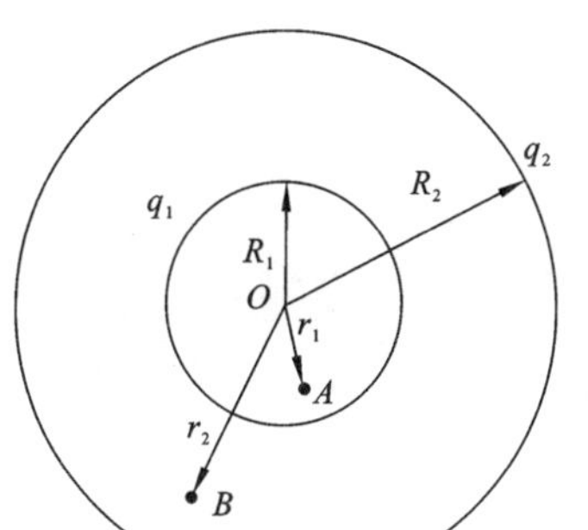


图 7.22　例 7.12 图

**例 7.12**　如图 7.22 所示，两个同心的均匀带电球面，半径分别为 $R_1$ 和 $R_2$，带电量分别为 $q_1$ 和 $q_2$，且 $q_1>0$，$q_2=-q_1$，试求 $A$ 点和 $B$ 点的电势，$A$ 点和 $B$ 点到球心的距离分别用 $r_1$ 和 $r_2$ 表示。

**解**　首先求出电场强度的空间分布，由高斯定理，得

当 $0<r<R_1$ 时　　$E_1=0$

当 $R_1\leqslant r\leqslant R_2$ 时　　$E_2=\dfrac{q_1}{4\pi\varepsilon_0 r^2}$

当 $r>R_2$ 时　　$E_3=\dfrac{q_1+q_2}{4\pi\varepsilon_0 r^2}=0$

方向沿半径向外，于是 $A$ 点的电势为(选积分路线为径向)

$$V_A=\int_{r_1}^{\infty}\boldsymbol{E}\cdot\mathrm{d}\boldsymbol{l}=\int_{r_1}^{R_1}\boldsymbol{E}_1\cdot\mathrm{d}\boldsymbol{l}+\int_{R_1}^{R_2}\boldsymbol{E}_2\cdot\mathrm{d}\boldsymbol{l}+\int_{R_2}^{\infty}\boldsymbol{E}_3\cdot\mathrm{d}\boldsymbol{l}$$

$$=\int_{R_1}^{R_2}\frac{q_1}{4\pi\varepsilon_0 r^2}\mathrm{d}r=\frac{q_1}{4\pi\varepsilon_0}\left(\frac{1}{R_1}-\frac{1}{R_2}\right)$$

同理 $B$ 点的电势为

$$V_B=\int_{r_2}^{\infty}\boldsymbol{E}\cdot\mathrm{d}\boldsymbol{l}=\int_{r_2}^{R_2}\boldsymbol{E}_2\cdot\mathrm{d}\boldsymbol{l}+\int_{R_2}^{\infty}\boldsymbol{E}_3\cdot\mathrm{d}\boldsymbol{l}$$

$$=\int_{r_2}^{R_2}\frac{q_1}{4\pi\varepsilon_0 r^2}\mathrm{d}r=\frac{q_1}{4\pi\varepsilon_0}\left(\frac{1}{r_2}-\frac{1}{R_2}\right)$$

利用电势叠加原理也可以得出上面的结果，由读者自己推导。

**例 7.13**　如图 7.23 所示，一半径为 $R$ 的无限长圆柱形带电体，其电体电荷密度为 $\rho=Ar\ (r\leqslant R)$，其中 $A$ 为常数，试求：

(1) 圆柱体内、外各点场强大小分布；

(2) 选择带电体外一点 $P$ 为电势零点，它离轴线距离为 $l\ (l>R)$，计算圆柱体内、外各点电势分布。

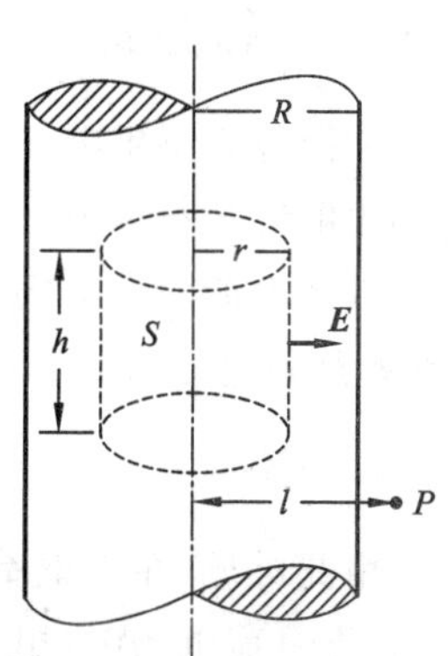


图 7.23　例 7.13 图

**解**　(1) 由对称性分析可知，无限长圆柱形带电体在空间任一点产生的场强方向垂直于圆柱面轴线，取半径为 $r$，高为 $h$ 的闭合同轴圆柱面为高斯面 $S$，则穿过该圆柱面的电通量为

$$\oiint_S \boldsymbol{E}\cdot\mathrm{d}\boldsymbol{S}=E2\pi rh$$

当 $r\leqslant R$ 时，包围在高斯面内的总电量为

$$\iiint_v \rho \mathrm{d}v = \int_0^r 2\pi A h r^2 \mathrm{d}r = \frac{2}{3}\pi A h r^3$$

由高斯定理,得

$$E 2\pi r h = \frac{2}{3\varepsilon_0}\pi A h r^3$$

所以

$$E = \frac{A r^2}{3\varepsilon_0} \quad (r \leqslant R)$$

当 $r > R$ 时,包围在高斯面内的总电量为

$$\iiint_v \rho \mathrm{d}v = \int_0^R 2\pi A h r^2 \mathrm{d}r = \frac{2}{3}\pi A h R^3$$

由高斯定理,得

$$E 2\pi r h = \frac{2}{3\varepsilon_0}\pi A h R^3$$

所以

$$E = \frac{A R^3}{3\varepsilon_0 r} \quad (r > R)$$

(2) 当 $r \leqslant R$ 时,圆柱体内任一点的电势为

$$V = \int_r^l E \mathrm{d}r = \int_r^R \frac{A r^2}{3\varepsilon_0}\mathrm{d}r + \int_R^l \frac{A R^3}{3\varepsilon_0 r}\mathrm{d}r$$

$$= \frac{A}{9\varepsilon_0}(R^3 - r^3) + \frac{A R^3}{3\varepsilon_0}\ln\frac{l}{R} \quad (r \leqslant R)$$

当 $r > R$ 时,圆柱体外任一点的电势为

$$V = \int_r^l E \mathrm{d}r = \int_r^l \frac{A R^3}{3\varepsilon_0 r}\mathrm{d}r = \frac{A R^3}{3\varepsilon_0}\ln\frac{l}{r} \quad (r > R)$$

## 7.5 电场强度与电势

电场强度和电势都是用来描述静电场中各点性质的物理量,电场强度表征电场力的性质,而电势表征电场能量的性质,两者之间有密切的关系。式(7.23)和式(7.24)表明了两者之间的积分关系。本节将着重研究两者之间的微分关系。为对这种关系有比较直观的认识,首先介绍电势的图示法。

### 7.5.1 等势面

前面曾介绍用电场线来形象地描述电场中各点的场强,这里将采用等势面来形象地描述电场中电势分布情况,并指出两者的联系。静电场中电势相等的点构成的曲面称为**等势面**。

以点电荷的静电场为例来研究等势面的性质。已知在点电荷 $q$ 的电场中,与电荷 $q$ 相距为 $r$ 处各点的电势为

$$V = \frac{q}{4\pi\varepsilon_0 r}$$

由此可见,在点电荷电场中,等势面是以点电荷为中心的一系列同心球面,如图 7.24 所示。在点电荷电场中,电场线是由正电荷发出(或向负电荷会聚)的一系列直线,显然,这些电场线(沿半径方向)与等势面(同心球面)处处正交,电场线的方向从高电势径向地指向低电势,即指向电势降落的方向。

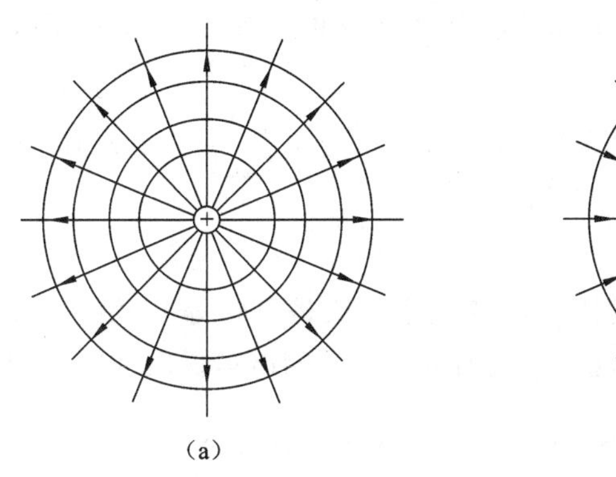


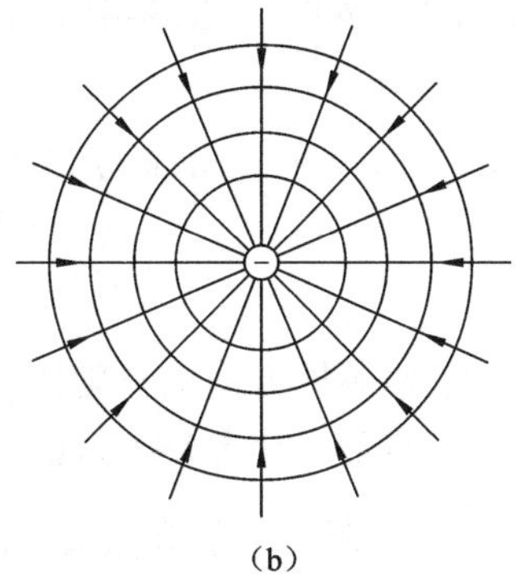


图 7.24　电场的等势面和电场线图

电场线和等势面之间处处正交的结论，不仅在点电荷电场中成立，在任何带电体的电场中都成立。可以证明，设试探电荷 $q_0$ 在某等势面上 $P$ 点沿等势面作微小位移 d$\boldsymbol{l}$ 到达 $Q$ 点，这时，电场力所做的功为

$$\mathrm{d}A = q_0(V_P - V_Q) = q_0 E\cos\theta \mathrm{d}l$$

式中：$E$ 是从 $P$ 到 $Q$ 范围内场强 $\boldsymbol{E}$ 的量值；$\theta$ 是 $\boldsymbol{E}$ 和 d$\boldsymbol{l}$ 之间的夹角。因为 $P$,$Q$ 两点在同一等势面上，$V_P = V_Q$，所以

$$\mathrm{d}A = q_0 E\cos\theta \mathrm{d}l = 0$$

式中：$q_0$，$E$，d$l$ 都不等于零，只能是 $\cos\theta = 0$，即 $\theta = 90°$，这说明场强 $\boldsymbol{E}$ 垂直于 d$\boldsymbol{l}$，由于 d$\boldsymbol{l}$ 是等势面上的任意位移元，所以电场强度与等势面必定处处正交。

前面曾用电场线的疏密程度来表示电场的强弱，现类似地用等势面的疏密程度来表示电场的强弱。为此，在电场中作一系列的等势面，规定任意两个相邻等势面之间的电势差都相等，结果是等势面越密集的地方，电场强度越大，它们之间的定量关系将在下面介绍。

在实际问题中，由于电势差易于测量，所以通常是先测量电场中电势相等的各点，并把这些点连接起来，画出电场的等势面，再根据某点的电场强度与通过该点的等势面相垂直的特点画出电场线，从而对电场有较全面的定性的直观了解。

## 7.5.2　电场强度与电势的关系

在电场中考虑相距很近任意两个点 $P_1$ 和 $P_2$，如图 7.25 所示，从 $P_1$ 到 $P_2$ 的微小位移矢量为 d$\boldsymbol{l}$，$P_1$ 点的电势为 $V$，$P_2$ 点的电势为 $V + \mathrm{d}V$。由于这两点非常靠近，它们所在点附近的电场强度 $\boldsymbol{E}$ 可认为是相同的。设 $\boldsymbol{E}$ 与 d$\boldsymbol{l}$ 之间的夹角为 $\theta$，则将单位正电荷（即 $q = 1$）由 $P_1$ 点移到 $P_2$ 点，电场力所做的功由式(7.24)，得

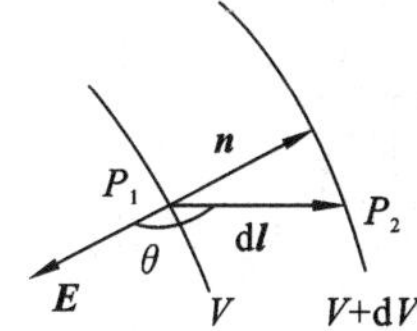


图 7.25　电场强度与电势的关系

$$V - (V + \mathrm{d}V) = \boldsymbol{E} \cdot \mathrm{d}\boldsymbol{l}$$

即

$$-\mathrm{d}V = \boldsymbol{E} \cdot \mathrm{d}\boldsymbol{l} = E\mathrm{d}l\cos\theta$$

或

$$E\cos\theta = E_l = -\frac{\mathrm{d}V}{\mathrm{d}l} \tag{7.29}$$

式中：$\dfrac{\mathrm{d}V}{\mathrm{d}l}$ 是电势沿 d$\boldsymbol{l}$ 方向的变化率，即电势对空间的变化率，它代表在某方向上电势的单位

长度变化量。式(7.29)表明，在电场中某点场强沿方向 d$\boldsymbol{l}$ 的分量 $E_l$ 等于电势沿此方向的空间变化率的负值。

由式(7.29)可知，当 $\theta=0$，即 d$\boldsymbol{l}$ 沿着 $\boldsymbol{E}$ 的方向时，变化率$\frac{\mathrm{d}V}{\mathrm{d}l}$有最大值，这时

$$E=-\left.\frac{\mathrm{d}V}{\mathrm{d}l}\right|_{\max}=-\frac{\mathrm{d}V}{\mathrm{d}n} \tag{7.30}$$

对电场中任意一点，沿不同方向电势随距离的变化率一般是不相等的。沿图7.25中等势面法线 $\boldsymbol{n}$ 方向，电势随距离的变化率最大，这个最大值称为该点的**电势梯度**，电势梯度是一个矢量，大小为$\frac{\mathrm{d}V}{\mathrm{d}n}$，方向是该点附近电势升高最快的方向，即沿 $\boldsymbol{n}$ 方向。

式(7.30)说明，电场中任意一点的场强等于该点电势梯度的负值，负号表示该点场强方向和电势梯度方向相反，即场强指向电势降低的方向，如图7.25中 $\boldsymbol{E}$ 的指向。

若电势函数用直角坐标表示，$V=V(x,y,z)$，由式(7.29)可求电场强度在3个坐标轴方向的分量，它们是

$$E_x=-\frac{\partial V}{\partial x},\quad E_y=-\frac{\partial V}{\partial y},\quad E_z=-\frac{\partial V}{\partial z} \tag{7.31}$$

故场中任意一点$(x,y,z)$处的场强可用矢量表示为

$$\boldsymbol{E}=-\left(\frac{\partial V}{\partial x}\boldsymbol{i}+\frac{\partial V}{\partial y}\boldsymbol{j}+\frac{\partial V}{\partial z}\boldsymbol{k}\right) \tag{7.32}$$

梯度常用 grad 或∇算符表示，这样，上式也常写成

$$\boldsymbol{E}=-\operatorname{grad}V=-\nabla V \tag{7.33}$$

式(7.33)就是电场强度与电势的微分关系。因为电势 $V$ 是标量，较矢量 $\boldsymbol{E}$ 容易计算，所以在实际计算时，通常先计算电势 $V$，然后再由式(7.31)、式(7.32)求解电场强度 $\boldsymbol{E}$。

需要指出的是，场强与电势的微分关系式表明电场中某点的场强取决于电势在该点的空间变化率，而与该点电势值本身没有直接关系，电势高不一定电场强度大。

电势梯度的单位为 $\mathrm{V\cdot m^{-1}}$，根据式(7.30)可知，场强的单位也可用 $\mathrm{V\cdot m^{-1}}$ 表示，它与场强的另一单位 $\mathrm{N\cdot C^{-1}}$ 是等价的。

**例 7.14**　一个均匀带电圆盘，半径为 $R$，电荷面密度为 $\sigma$，求：

(1) 轴线上任一点的电势(用 $x$ 表示该点至圆盘中心的距离)；

(2) 利用电场强度与电势的关系求轴线上的场强分布。

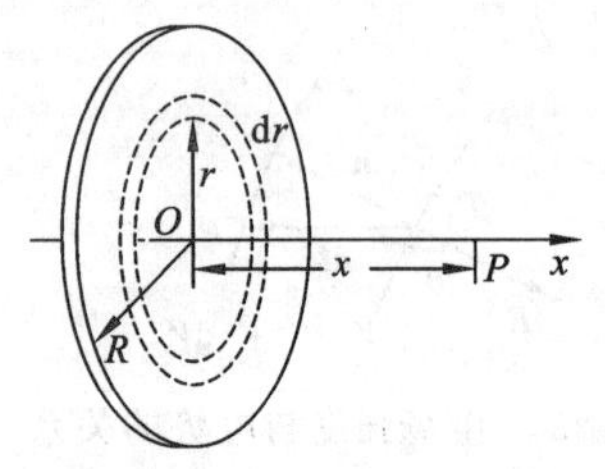

图 7.26　例 7.14 图

**解**　如图7.26所示，将均匀带电圆盘视为一系列连续分布的同心带电细圆环所组成，距 $O$ 点 $r$ 处取一宽为 d$r$ 的细圆环，其带电量为

$$\mathrm{d}q=\sigma\mathrm{d}S=\sigma\cdot 2\pi r\mathrm{d}r$$

d$q$ 在 $P$ 点处产生的电势为

$$\mathrm{d}V=\frac{1}{4\pi\varepsilon_0}\frac{\mathrm{d}q}{(r^2+x^2)^{1/2}}=\frac{1}{4\pi\varepsilon_0}\frac{\sigma 2\pi r\mathrm{d}r}{(r^2+x^2)^{1/2}}$$

所以，整个带电圆盘在 $P$ 点产生的电势为

$$V=\int\mathrm{d}V=\int_0^R\frac{\sigma 2\pi r\mathrm{d}r}{4\pi\varepsilon_0(r^2+x^2)^{1/2}}=\frac{\sigma}{2\varepsilon_0}(\sqrt{R^2+x^2}-x)$$

轴线上的场强分布为

$$E_x = -\frac{\mathrm{d}V}{\mathrm{d}x} = \frac{\sigma}{2\varepsilon_0}\left(1 - \frac{x}{\sqrt{R^2 + x^2}}\right)$$

这个结果与例 7.6 中的结果相同。

# 内容提要

1. 电荷的基本性质

两种电荷(正电荷和负电荷)，电荷守恒，电荷量子性(基本电荷 $e$)，电荷相对论不变性。

2. 库仑定律：真空中两个静止点电荷之间的相互作用力(库仑力)

$$\boldsymbol{F} = \frac{1}{4\pi\varepsilon_0}\frac{q_1 q_2}{r^2}\boldsymbol{e}_r$$

真空介电常数　$\varepsilon_0 = 8.85 \times 10^{-12}\ \mathrm{C^2 \cdot N^{-1} \cdot m^{-2}}$

3. 电场强度

空间某点的电场强度大小等于单位正电荷在该点受电场力的大小，其方向与正电荷在该处受电场力的方向一致。

$$\boldsymbol{E} = \frac{\boldsymbol{F}}{q_0}$$

式中：$q_0$ 为试探电荷；$\boldsymbol{F}$ 为电场力。

4. 电场强度叠加原理　$\boldsymbol{E} = \sum_{i=1}^{n} \boldsymbol{E}_i$

电荷系在空间任一点所激发的总场强

$$\boldsymbol{E} = \frac{\boldsymbol{F}}{q_0} = \sum_{i=0}^{n} \frac{q_i}{4\pi\varepsilon_0 r_i^2}\boldsymbol{e}_{r_i}$$

$$\boldsymbol{E} = \int \mathrm{d}\boldsymbol{E} = \frac{1}{4\pi\varepsilon_0}\int \frac{\mathrm{d}q}{r^2}\boldsymbol{e}_r \quad (电荷连续分布情况)$$

5. 电场线(电力线)：是一簇用来形象地描述电场分布的假想的曲线，其上每一点的切线方向为场强方向。

6. 电通量　$\Phi_e = \iint_S \boldsymbol{E} \cdot \mathrm{d}\boldsymbol{S} = \iint_S E\cos\theta \mathrm{d}S$

7. 高斯定理　$\oint\!\!\!\oint_S \boldsymbol{E} \cdot \mathrm{d}\boldsymbol{S} = \frac{1}{\varepsilon_0}\sum_{\substack{i=1 \\ (S内)}} q_i$

$$\oint\!\!\!\oint_S \boldsymbol{E} \cdot \mathrm{d}\boldsymbol{S} = \frac{1}{\varepsilon_0}\iiint_V \rho \mathrm{d}V \quad (电荷连续分布情况)$$

高斯定理对于任意形状带电体内外静电场分布都是成立的，但是用高斯定理求场强时，要求带电体的电场分布具有一些特殊的对称性。

8. 典型的静电场分布

(1) 均匀带电球面

$$\boldsymbol{E} = \frac{q}{4\pi\varepsilon_0 r^3}\boldsymbol{r} \quad (r > R)$$

$$\boldsymbol{E} = 0 \quad (r < R)$$

(2) 均匀带电球体

$$\boldsymbol{E}=\frac{q}{4\pi\varepsilon_0 R^3}\boldsymbol{r}\quad (r\leqslant R)$$

$$\boldsymbol{E}=\frac{q}{4\pi\varepsilon_0 r^3}\boldsymbol{r}\quad (r>R)$$

(3)“无限长”均匀带电直线

$$\boldsymbol{E}=\frac{\lambda}{2\pi\varepsilon_0 r}$$

方向垂直于带电直线,向外呈辐射状。

(4)“无限大”均匀带电平面

$$E=\frac{\sigma}{2\varepsilon_0}$$

方向垂直于带电平面。

9. 均匀带电圆环轴线上的电场

$$E=\frac{qx}{4\pi\varepsilon_0\,(x^2+R^2)^{\frac{3}{2}}}$$

方向在轴线上,指向远离圆环的方向($q>0$)。

10. 电偶极子在电场中受力矩$\boldsymbol{M}=\boldsymbol{p}_e\times\boldsymbol{E}$,其中$\boldsymbol{p}_e$为电偶极子的电矩$\boldsymbol{p}_e=q\boldsymbol{l}$,$\boldsymbol{l}$大小表示两正负电荷的距离,方向由负电荷指向正电荷。

11. 静电场力做功

$$A_{AB}=q_0\int_A^B\boldsymbol{E}\cdot \mathrm{d}\boldsymbol{l}=W_A-W_B$$

12. 静电场的环路定理

$$\oint_L\boldsymbol{E}\cdot \mathrm{d}\boldsymbol{l}=0$$

静场电力做功与路径无关,静电场是保守场。

13. 电势能 $\quad W_A=A_{A\infty}=q_0\int_A^{\infty}\boldsymbol{E}\cdot \mathrm{d}\boldsymbol{l}$

电势 $\quad V_A=\dfrac{W_A}{q_0}=\int_A^{\infty}\boldsymbol{E}\cdot \mathrm{d}\boldsymbol{l}$

电势差 $\quad V_{AB}=V_A-V_B=\int_A^B\boldsymbol{E}\cdot \mathrm{d}\boldsymbol{l}$

14. 电势叠加原理 $\quad V_P=\sum\limits_{i=1}^{n}V_{Pi}$

15. 点电荷的电势

$$V_P=\frac{q}{4\pi\varepsilon_0 r_P}$$

电荷连续分布带电体的电势 $\quad V_P=\int\dfrac{\mathrm{d}q}{4\pi\varepsilon_0 r}$

16. 等势面:电势相等的点构成的曲面。

17. 电场强度与电势关系的微分形式

$$\boldsymbol{E}=-\operatorname{grad}V=-\nabla V$$

或

$$\boldsymbol{E}=-\left(\frac{\partial V}{\partial x}\boldsymbol{i}+\frac{\partial V}{\partial y}\boldsymbol{j}+\frac{\partial V}{\partial z}\boldsymbol{k}\right)$$

# 思　考　题

**7.1**　点电荷的电场分布为

$$E = \frac{q}{4\pi\varepsilon_0 r^2}\boldsymbol{e}_r$$

从形式上看，当所考考察点到点电荷的距离 $r$ 趋向于零时，即 $r \to 0$，场强 $E \to \infty$。这是没有物理意义的，对此你怎样解释。

**7.2**　$\boldsymbol{E} = \frac{\boldsymbol{F}}{q_0}$ 与 $\boldsymbol{E} = \frac{q}{4\pi\varepsilon_0 r^2}\boldsymbol{e}_r$ 两公式有什么区别和联系，对前面一个公式中的 $q_0$ 有何要求？

**7.3**　判断下列说法是否正确，并说明理由。

(1) 电场中某点场强的方向就是将点电荷放在该点处所受电场力的方向。

(2) 电荷在电场中某点受到电场力很大，该点的场强 $\boldsymbol{E}$ 一定很大。

(3) 在以点电荷为中心，$r$ 为半径的球面上，场强 $\boldsymbol{E}$ 处处相等。

**7.4**　有人说，点电荷在电场中一定是沿电场线运动的，电场线就是电荷的运动轨迹，这种说法是否正确？为什么？

**7.5**　电场线能相交吗？为什么？

**7.6**　如果在高斯面上 $\boldsymbol{E}$ 处处为零，能否肯定此高斯面内一定没有净电荷？反之，如果高斯面内没有净电荷，能否肯定面上所有各点的 $\boldsymbol{E}$ 都等于零。

**7.7**　在高斯定理 $\oiint_S \boldsymbol{E}\cdot \mathrm{d}\boldsymbol{S} = \frac{q}{\varepsilon_0}$ 中，闭合曲面上每一点的电场强度 $\boldsymbol{E}$ 是否完全由电荷 $q$ 所激发？

**7.8**　比较在下列几种情况下，$A$，$B$ 两点电势的高低。

(1) 正电荷由 $A$ 移到 $B$ 时，电场力做正功。

(2) 负电荷由 $A$ 移到 $B$ 时，电场力做正功。

(3) 电荷逆着电场线方向由 $A$ 移到 $B$。

**7.9**　根据场强与电势梯度的关系讨论下列问题，并举例说明。

(1) 场强为零处，电势是否一定为零？

(2) 在电势为零处，场强是否一定为零？

(3) 在均匀电场中，各点的电势是否相等？

**7.10**　在应用高斯定理计算电场强度时，应该怎样选取高斯面？

**7.11**　若穿过一个闭合曲面的电通量不为零，是否在此闭合曲面上的电场强度一定是处处不为零？

**7.12**　为了测量一个带负电导体附近 $P$ 点的场强，我们在 $P$ 点放一个正试探电荷 $q_0$，并根据 $\boldsymbol{E} = \frac{\boldsymbol{F}}{q_0}$ 求场强。若 $q_0$ 的电量不是很小，这样测得的场强比 $P$ 点实际的场强值是大还是小？

**7.13**　电场中两点电势的高低是否与试探电荷的正负有关？各点的电势值是否与试探电荷有关？

**7.14**　带正电物体的电势是否一定为正？电势等于零的物体是否一定不带电？

# 习 题

**7.1** 在边长为 $a$ 的正方形的 4 个角，依次放置点电荷 $q$，$3q$，$-4q$ 和 $3q$，它的正中放着一个单位正电荷，求这个电荷受力的大小和方向。

**7.2** 两个点电荷所带电量分别为 $q_1$ 和 $q_2$($q_1$，$q_2$ 均为正)，它们的间距为 $r$，在引入一个电荷 $q_3$ 后，三个电荷处于平衡状态，求 $q_3$ 的位置及电量。

**7.3** 一个电偶极子的电矩为 $\boldsymbol{p}_e = q\boldsymbol{l}$，求此电偶极子轴线上距其中心为 $r$ ($r \gg l$) 处一点的场强。

**7.4** 两根长0.05 m的丝线从同一点悬挂，每根丝线的另一端都系有质量为$0.5\times10^{-3}$ kg的小球，当这两个小球得到等量正电荷时，每根丝线都与铅垂线成30°夹角，求每个球上的电量。

**7.5** 线电荷密度为 $\lambda$ 的均匀带电直线，弯成半径为 $R$ 的$\frac{1}{4}$圆弧，求圆弧的圆心 $O$ 点的场强大小。

**7.6** 长为 $l$ 的直导线上均匀地分布着线电荷密度为 $\lambda$ 的电荷，求导线的延长线上与导线一端相距为 $d$ 处 $P$ 点的场强大小。

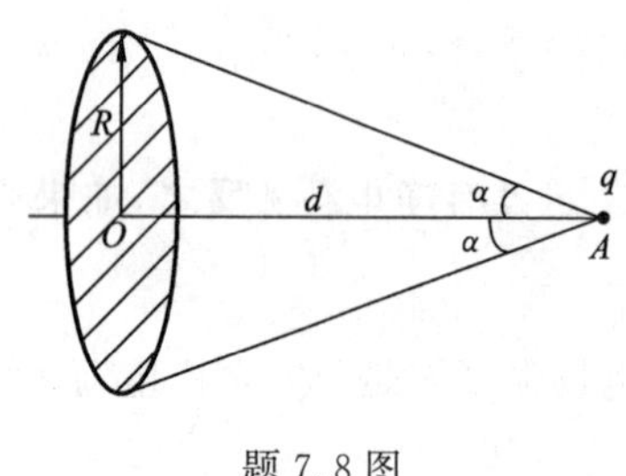

题 7.8 图

**7.7** 宽度为 $a$ 的无限长均匀带正电荷的平面，电荷面密度为 $\sigma$，求与带电平面共面的一点 $P$ 处的电场强度 $\boldsymbol{E}$ 的大小，设 $P$ 点到平面的相邻边的垂直距离为 $a$。

**7.8** 如题 7.8 图所示，在点电荷 $q$ 的电场中，取半径为 $R$ 的圆形平面。设 $q$ 在垂直于平面并通过圆心 $O$ 的轴线上 $A$ 点处，$A$ 点与圆心的距离为 $d$，试计算通过此平面的电通量。

**7.9** 电荷均匀分布在半径为 $R$ 的无限长圆柱上，其电荷体密度为 $\rho$，求圆柱体内、外的电场分布。

**7.10** 两个均匀带电的同心球面，半径分别为 0.10 m 和 0.30 m，小球面带电为 $1.0\times10^{-8}$ C，大球面带电为 $1.5\times10^{-8}$ C，求离球心分别为 0.05 m、0.20 m、0.50 m 处的场强。

**7.11** 一个半径为 $R$ 的球体内，分布着电荷，其体电荷密度 $\rho = kr$，式中 $r$ 是径向距离，$k$ 是常量，求空间的场强分布。

**7.12** 两个同心的均匀带电球面，半径分别为 0.05 m 和 0.2 m，已知内球面的电势为 60 V，外球面的电势为 $-30$ V。求：

(1) 内、外球面上所带电量；

(2) 在两个球面之间何处的电势为零？

**7.13** 一边长为 $a$ 的正三角形，在其三个顶点上各放置 $q$，$-q$ 和 $-2q$ 的点电荷，求此三角形中心的电势。将一个电量为 $-q_0$ 的点电荷由无限远处移到中心点，外力需要作多少功？

**7.14** 电量 $q$ 均匀地分布在长为 $l$ 的细杆上，求在杆外延长线上与杆端距离为 $a$ 的 $P$ 点的电势(设无限远处为电势零点)。

**7.15** 均匀带电球面，半径为 $R$，电荷面密度为 $\sigma$，求距球心为 $r$ 处的电势。

(1) $r < R$。

(2) $r > R$。

**7.16** 如题 7.16 图所示，在电荷体密度为 $\rho$ 的均匀带电球体中，存在一个球形空腔。已知

带电体球心 $O$ 指向球形空腔球心 $O'$ 的矢径用 $\boldsymbol{a}$ 表示，试求球形空腔中心 $O'$ 的电场强度。

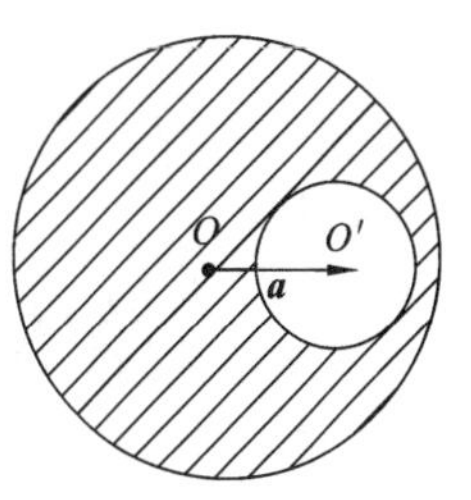

题 7.16 图

**7.17**　两个同心球面的半径分别为 $R_1$ 和 $R_2$，各自带有电荷 $q_1$ 和 $q_2$，求：

(1) 各区域电势分布；

(2) 两球面间的电势差。

**7.18**　两根很长的同轴圆柱面，半径分别为 0.03 m 和 0.10 m，带有等量异号电荷，两者的电势差为 450 V，求圆柱面上的线电荷密度。

**7.19**　半径为 $R$ 的均匀带电圆盘，电荷面密度为 $\sigma$，设无限远处为电势零点，求圆盘中心的电势。

**7.20**　证明：电矩为 $\boldsymbol{p}_e$ 的电偶极子在场强为 $\boldsymbol{E}$ 的均匀电场中，从与电场方向垂直的位置转到与电场方向成 $\theta$ 角的位置的过程中，电场力做的功为

$$p_e E\cos\theta = \boldsymbol{p}_e \cdot \boldsymbol{E}$$

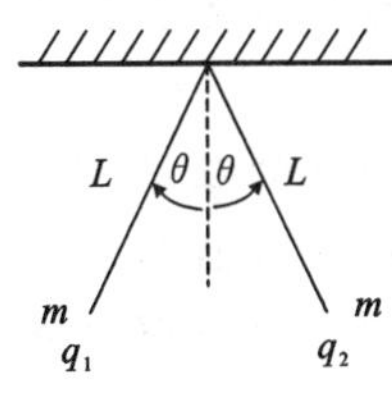

题 7.21 图

**7.21**　如题 7.21 图所示，两个完全相同的小球，质量为 $m$，每个小球带电 $q$，悬挂的长度是 $L$，小球近似为点电荷，张开的角度是 $\theta$，求两个小球水平距离。

**7.22**　一个带电 $q_1=-2.8\ \mu\text{C}$ 的小金属球被固定，另一个带电 $q_2=-7.8\ \mu\text{C}$ 质量为 1.50 g 以一定的速度向 $q_1$ 靠近。当两个小球的距离为 0.800 m 时，小球 $q_1$ 的速度为 22.0 m/s。两小球可以处理为点电荷，当两小球的距离为 0.400 m 时，小球 $q_1$ 的速度是多少？

【习题参考答案】

【阅读材料】

# 第8章 静电场中的导体和电介质

第7章讨论了真空中静电场的基本概念和一般规律，本章将讨论在电场中放入其他物质时所发生的现象。当电场中有其他物质时，电场会对它们产生影响，反过来，这些物质也会改变电场的分布。

考察物质的导电性，即了解带电粒子(或称为载流子)在物质中定向运动的难易程度，实验表明各种物质的导电性能差别很大；通常按物质的导电能力不同把物质分为三类：导电能力很强的物质称为导体；导电能力很微弱或者不能导电的物质称为绝缘体或电介质，导电能力介于两者之间的物质称为半导体。导体和电介质有着完全不同的静电特性，研究导体和电介质的静电特性以及导体和电介质内外电场分布，在工业技术上和科学实验中，具有非常重要的意义。关于半导体的导电性将在以后的章节中介绍。

本章首先讨论导体的静电平衡条件、静电场中导体的电学性质和一些静电的应用；其次，介绍电介质的极化现象、电位移矢量和电介质中的高斯定理；最后，通过引入电容器和电容器能量的计算，阐述电场的能量的概念和能量与场强的关系。通过本章的学习进一步加深对静电场的认识。

## 8.1 静电场中的导体

这里所说的导体，是指金属导体。就金属导体而言，各种金属原子的价电子受原子核的约束力较小，很容易脱离束缚它的原子。当金属原子组成金属的晶体点阵后，相邻原子间的距离与原子本身的线度差别不大，每个原子的价电子都要受到周围组成晶体点阵的正离子的作用，因此每个价电子可以脱离原子核，在晶体点阵中“自由”运动，这些价电子常被称为“自由电子”。当导体不带电也不受外电场作用时，自由电子的负电荷与晶格点阵上的正电荷相互中和，整个导体或其中任一部分都不显电性，呈电中性状态。导体内除自由电子的微观热运动外，没有宏观的定向运动。

### 8.1.1 静电感应 静电平衡条件

把一个不带电的导体放在外电场$\boldsymbol{E}_0$中，导体中的自由电子在$\boldsymbol{E}_0$的作用下，相对晶格点阵做宏观定向运动[见图8.1(a)]，使导体一端带上正电，另一端带上等量负电，这种在外电场作用下，引起导体中电荷重新分布的现象称为**静电感应**，导体两端因静电感应而出现的电荷称为**感应电荷**。感应电荷也要激发电场$\boldsymbol{E}'$，$\boldsymbol{E}'$与$\boldsymbol{E}_0$方向相反，导体内的总电场等于两者的矢量叠加，$\boldsymbol{E}=\boldsymbol{E}_0+\boldsymbol{E}'$。开始时，外电场$\boldsymbol{E}_0$大于感应电荷激发的电场$\boldsymbol{E}'$，导体内部场强不为零，自由电子会不断地向左运动，从而使$\boldsymbol{E}'$增大[见图8.1(b)]；当$\boldsymbol{E}'=\boldsymbol{E}_0$时，导体内部场强$\boldsymbol{E}=0$，导体内没有电荷做定向运动，导体处于**静电平衡**状态(动态平衡)[见图8.1(c)]。这里考虑的电场强度不是特别大，一般导体中有足够的自由电子，通过自由电子的移动总可以在内部产生与外场抵消的感应电场。

静电平衡时，不仅导体内部没有电荷做定向运动，导体表面也没有电荷做定向运动，所以要求导体表面处电场强度方向与导体表面垂直。否则电场强度沿表面有切向分量，自由电子受

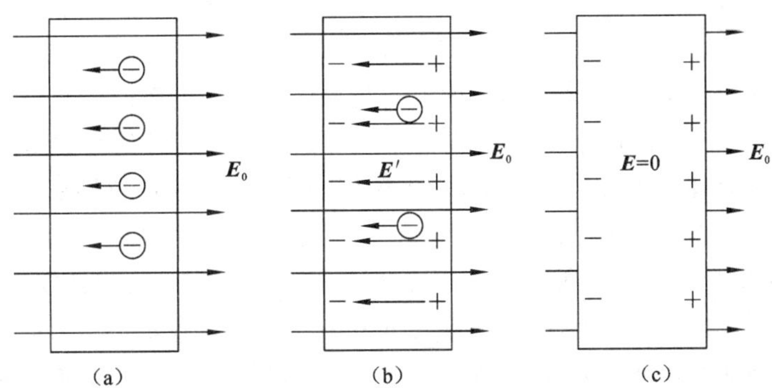


图 8.1　导体的静电平衡过程

到与该切向分量相应电场力的作用，将沿表面运动，这样就没有达到静电平衡状态，所以，当导体处于静电平衡状态时，必须满足以下两个条件。

(1) 导体内部电场强度处处为零，即$\boldsymbol{E}_{内} = 0$。

(2) 导体表面处电场强度方向与导体表面垂直。

根据导体静电平衡条件以及场强和电势梯度的关系可以得到推论：当导体处于静电平衡状态时，导体是等势体，导体的表面是等势面。

## 8.1.2　静电平衡导体的电荷分布

(1) 导体内无净电荷，电荷只能分布在导体的外表面。

用高斯定理证明：如图 8.2 所示，在导体内部任意作一高斯面 $S$，由于静电平衡时，$\boldsymbol{E}_{内} = 0$，所以通过此高斯面的电通量必为零。于是根据高斯定理，此高斯面内所包围的电荷的代数和必然为零，导体内没有净电荷。

由于此高斯面是任意作出的，可进一步得到结论：在静电平衡时，导体内无净电荷存在，则导体所带电荷只能分布在导体表面。

(2) 处于静电平衡导体，其表面上的面电荷密度与该表面紧邻处电场强度大小成正比。

证明：有一带电导体，处于静电平衡状态。设 $P$ 点在导体表面附近紧邻表面，过 $P$ 点作圆柱形高斯面如图 8.3 所示。设该圆柱面在导体表面的截面与柱面的上、下底面平行且相等(均为 $\Delta S$)，可认为导体表面 $\Delta S$ 上的电荷分布均匀，面电荷密度为 $\sigma$。由静电平衡条件知，$\boldsymbol{E}_{内} = 0$，场强与导体表面垂直，即 $\boldsymbol{E} = \boldsymbol{E}_{\perp}$，所以根据高斯定理，得

$$\boldsymbol{E} \cdot \Delta \boldsymbol{S} = \frac{1}{\varepsilon_0}\sigma\Delta S$$

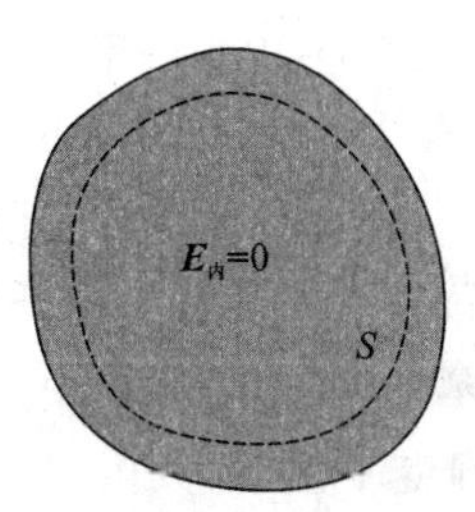


图 8.2　导体内无电荷分布

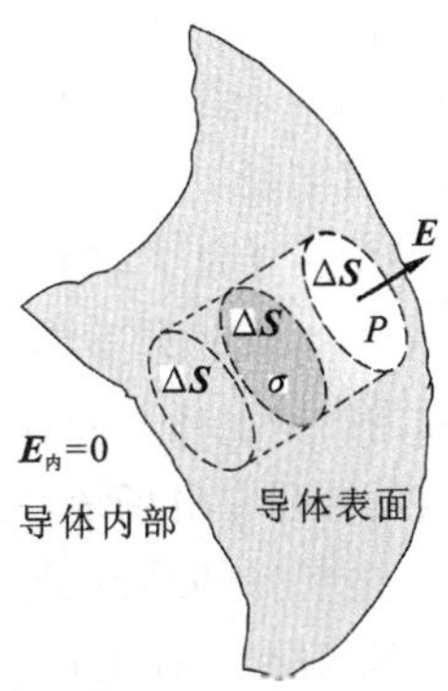


图 8.3　导体表面附近场强与电荷面密度关系

$$\boldsymbol{E}=\frac{\sigma}{\varepsilon_0}\boldsymbol{e} \tag{8.1}$$

注意,式(8.1)中的 $\boldsymbol{E}$ 是导体上的全部电荷与导体外所有电荷产生的合场强。

(3) 孤立导体处于静电平衡时,电荷在其表面各处的分布与各处表面的曲率有关。

一般来说,带电导体处于静电平衡状态时,导体表面上的电荷分布较复杂,这不仅与导体自身的形状有关,还和附近其他带电体及其分布有关。但是,对于孤立的带电导体来说,电荷在其表面上的分布却完全由自身的形状所决定。由实验现象的分析可定性得出孤立带电导体上电荷分布的规律:对形状不规则的带电导体,电荷在它的外表面上的分布是不均匀的,它与导体表面的曲率有关,在导体表面凸出的地方(曲率较大),电荷面密度较大;在导体表面平坦的地方(曲率较小),电荷面密度较小;在导体表面凹进去的地方(曲率为负),电荷面密度更小。对孤立球形导体,因各部分的曲率相同,球面上的电荷均匀分布。

**尖端放电**　由上面讨论可知,导体表面附近的场强与该处面电荷密度成正比,对于形状不规则的孤立带电导体,其尖端带电特别多,附近场强特别大,因此会产生尖端放电现象,如图 8.4 所示,当尖端处场强大到一定量值时,空气中原有残留的离子在这个电场的作用下将发生激烈的运动,与空气分子碰撞而产生大量的新离子,其中与导体上电荷异号的离子受吸引而趋向尖端与其上电荷中和,而与导体上电荷同号的离子被排斥而形成离子流,产生所谓"电风"。这种使空气被"击穿"而产生的放电现象称为尖端放电。避雷针就是根据尖端放电的原理制造的。当雷电发生时,利用尖端放电原理使强大的放电电流从与避雷针连接并接地良好的粗导线中流入地下而避免"雷击"。

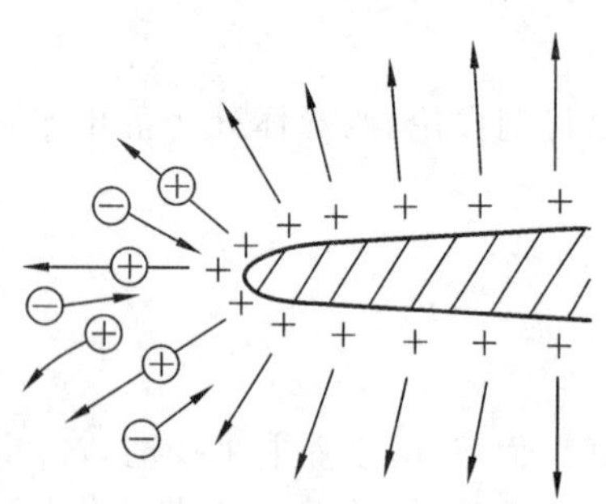

图 8.4　导体表面的尖端放电现象

在高压设备中,为了防止因尖端放电而引起的危险和漏电造成的损失,可采用表面光滑的粗导线。具有高电压的零部件的表面也必须做得十分光滑并尽可能做成球面。

## 8.1.3　空腔导体内外的静电场

1. 空腔内无带电体的情况

当空腔内没有其他带电体时,无论是空腔导体本身带电或处于外电场中,在静电平衡状态下,有如下结论。

(1) 空腔导体的内表面上处处没有电荷,电荷只能分布在空腔导体的外表面。

(2) 空腔内没有电场。

下面对以上结论给予证明。如图 8.5 所示,在导体内部作一高斯面 $S$,由于静电平衡时导体内部场强为零,即 $\boldsymbol{E}_{内}=0$,则通过 $S$ 面的总电通量为零。根据高斯定理可知,高斯面内电荷的代数和为零,并且高斯面的内壁上任一处都没有净电荷;因为假设内壁上分布有等量异号电荷,如图 8.5 所示,此时空腔内就会存在电场线,它们起自正电荷终止于负电荷,并由高电势指向低电势,从而得出导体上两点有电势差的结论,与静电平衡导体是等势体这一基本性质相矛盾,由此可排除空腔导体内表面带等量异号电荷的可能性,因此,在空腔导体达到静电平衡时,其内表面处处没有净电荷,空腔内和导体中电场强度都等于零,电荷只能分布在空腔导体的外表面。

2. 空腔内有带电体的情况

当空腔内有其他带电体时，假设带电电量为 $+q$，在静电平衡状态下，空腔导体内表面所带电荷与腔内所带电荷的代数和为零，如图 8.6 所示(读者可用高斯定理自己证明)。空腔导体处于腔内带电体产生的电场之中，该电场将对空腔导体产生静电感应，空腔导体中电荷将进行重新分布，在静电平衡时，与腔内带电体等量异号的电荷 $-q$ 集中于空腔内表面，而等量同号的电荷 $+q$ 被排斥到空腔外表面，从而保证导体中的场强处处为零。由此可见，从腔内带电体上正电荷发出的电场线不能穿过空腔导体，它们全部终止于空腔内表面的负电荷上；而从空腔导体外表面上正电荷发出的电场线伸向无限远。

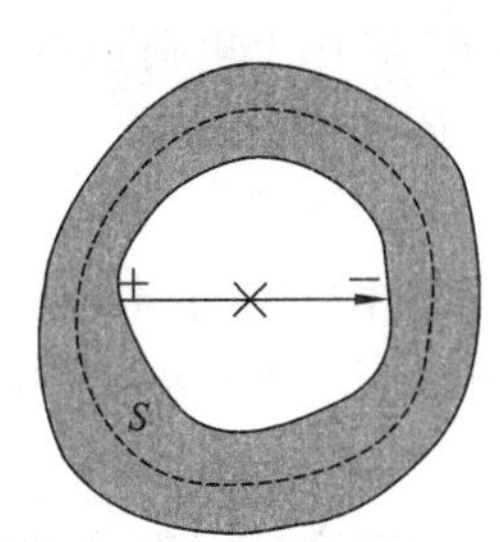


图 8.5　空腔导体内无带电体分布

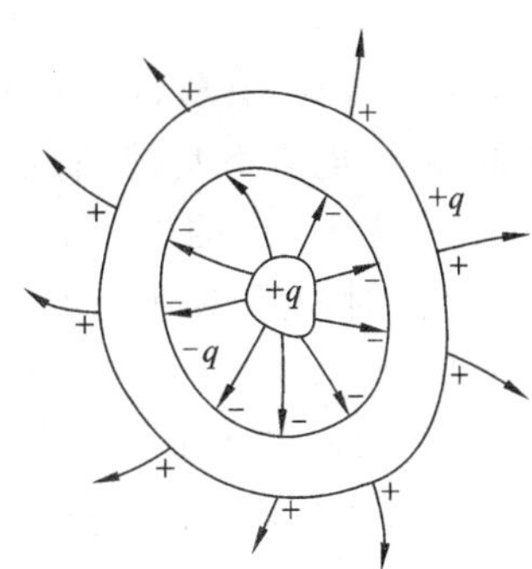


图 8.6　空腔导体内有带电导体时的情况

## 8.1.4　静电屏蔽

由上面讨论可知，对空腔导体，如果腔内无其他带电体，则空腔内没有电场，即空腔导体外面的带电体和电场不会影响空腔内部的电场分布，这就是**静电屏蔽**现象，如图 8.7(a) 所示。空腔导体内的带电体一般情况下会对腔体之外的电场产生影响，其影响方式可以看成是通过静电感应来实现的，因为带电体 $+q$ 在腔内外表面分别感应出等量异号电荷，腔体内表面电荷 $-q$ 在腔外产生的电场刚好与带电体 $+q$ 在腔体外产生的电场相互抵消，腔体外的电场最终由腔体外表面上的电荷 $+q$ 决定，如图 8.7(b) 所示。如果将空腔导体的外表面接地，腔体外表面上感应电荷 $+q$ 将被大地上的异号电荷 $-q$ 中和，腔体外表面上无净电荷，此时，空腔内带电体就不会对腔外的物体和电场产生影响，这也是一种静电屏蔽现象，如图 8.7(c) 所示。导体接地表示导体的电势与地一样等于零，并不能说明导体的电荷都移到地上了而不带电。如图 8.7(c) 所示，外表面不带电，可以用反证法证明；腔的内表面是带电的。

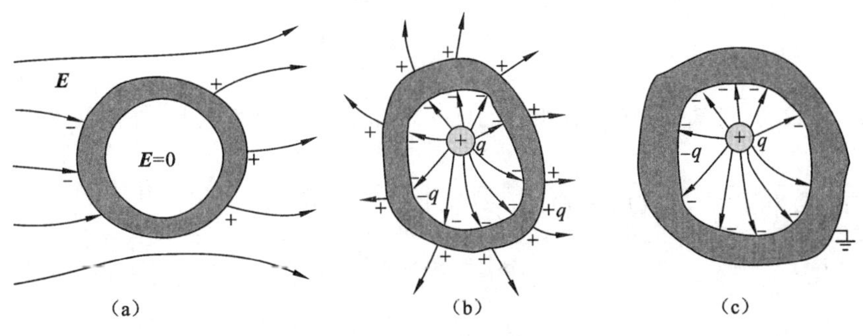


图 8.7　静电屏蔽

静电屏蔽的原理在生产技术上有许多应用。例如,为避免外界电场对设备中某些精密电磁测量仪器的干扰,或者为避免一些高压设备的电场对外界的影响,一般都在这些设备外安装有接地的金属制外壳(网、罩)。

### 8.1.5 有导体存在时静电场的分析与计算

导体被置入静电场中时,电场会使导体上电荷重新分布,反之,电荷重新分布必然导致原电场分布的改变,最终的电场分布必须适应导体为等势体、表面是等势面以及电场线与导体表面垂直的要求,即导体在静电场中达到静电平衡,这时导体上的电荷分布及周围的电场分布不再发生改变。在分析和计算涉及导体的静电场问题时,依据以下三点进行求解:① 静电场的基本规律;② 电荷守恒定律;③ 导体的静电平衡条件(具体实例见本章例题)。另外,要注意对在静电场中孤立的绝缘导体,其所带电量不会改变,但电荷可能重新分布,电势会发生改变;对在静电场中接地的导体,电势不变,但是导体上的带电量可能改变,导体上电荷也可能重新分布。

**例 8.1** 两块"无限大"的导体平板 $A$,$B$,带电量 $Q_A$,$Q_B$,使其平行放置。

(1) 求静电平衡时,两导体板上的电荷分布;

(2) 若 $A$ 板带电 $Q$,$B$ 板不带电,求两导体板上电荷分布及周围空间的电场分布。

**解** (1) 所谓"无限大"平板,即平板的厚度和两板间的距离远小于平板面积 $S$ 的线度(即长、宽尺寸),因此,可以忽略板的厚度和两板间距的影响。

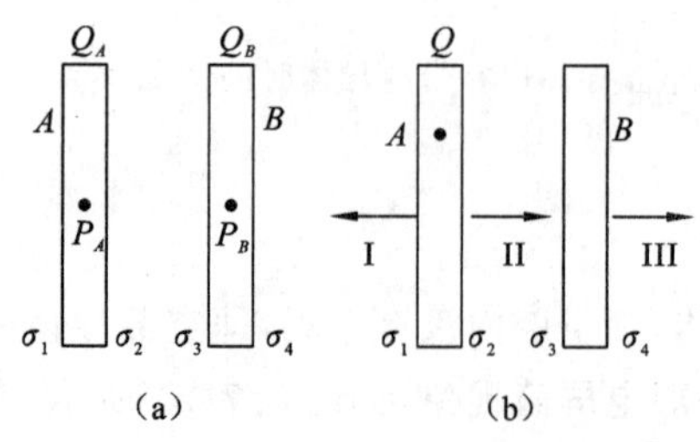


图 8.8 例 8.1 图

设 $A$ 板两面的面电荷密度分别为 $\sigma_1$ 和 $\sigma_2$,$B$ 板两面的面电荷密度分别为 $\sigma_3$ 和 $\sigma_4$,如图 8.8(a) 所示。由电荷守恒定律得

$$(\sigma_1+\sigma_2)S=Q_A \quad ①$$

$$(\sigma_3+\sigma_4)S=Q_B \quad ②$$

根据静电平衡条件,在导体内场强为零,现在 $A$,$B$ 两块导体板内分别选取 $P_A$ 和 $P_B$ 两点,则 $\boldsymbol{E}_{PA}=0$,$\boldsymbol{E}_{PB}=0$,取场强水平向右方向为正,有

$$\frac{1}{2\varepsilon_0}(\sigma_1-\sigma_2-\sigma_3-\sigma_4)=0 \quad ③$$

$$\frac{1}{2\varepsilon_0}(\sigma_1+\sigma_2+\sigma_3-\sigma_4)=0 \quad ④$$

解式 ① ~ 式 ④,可得

$$\sigma_1=\sigma_4=\frac{Q_A+Q_B}{2S} \quad ⑤$$

$$\sigma_2=-\sigma_3=\frac{Q_A-Q_B}{2S} \quad ⑥$$

由式 ⑤ 和式 ⑥ 可知,两导体板相对的两平面带有等量异号电荷,外侧两平面带有等量同号电荷。

(2) 由式 ⑤ 和式 ⑥,令 $Q_A=Q$,$Q_B=0$,得

$$\sigma_1=\sigma_4=\frac{Q}{2S} \quad ⑦$$

$$\sigma_2=-\sigma_3=\frac{Q}{2S} \quad ⑧$$

求解两导体板周围空间的电场分布，可采用电场叠加原理分别求出 I、II、III 区的场强，如图 8.8(b) 所示，每个导体的每个带电平面产生的场强大小由$\frac{\sigma}{2\varepsilon_0}$决定，$\sigma$ 相应为 $\sigma_1$，$\sigma_2$，$\sigma_3$，$\sigma_4$。根据场强叠加原理，上述三个区域的场强分别为

$$E_{\mathrm{I}}=\frac{\sigma_1}{\varepsilon_0}=\frac{Q}{2\varepsilon_0 S},\quad E_{\mathrm{II}}=\frac{\sigma_2}{\varepsilon_0}=\frac{Q}{2\varepsilon_0 S},\quad E_{\mathrm{III}}=\frac{\sigma_4}{\varepsilon_0}\frac{Q}{2\varepsilon_0 S}$$

场强方向：I 区向左，II 和 III 区向右。

**例 8.2**　在内外半径分别为 $R_1$ 和 $R_2$ 的导体球壳内，有一个与其同心，且半径为 $R$ 的导体小球，让小球与球壳分别带电 $q$ 和 $Q$，试求：

(1) 小球及球壳的电势；

(2) 小球与球壳的电势差；

(3) 若外球壳接地，再求小球与球壳的电势差。

**解**　(1) 如图 8.9 所示，由对称性可知，小球表面上和球壳内外表面上的电荷分布是均匀的。根据静电平衡条件，小球内和球壳导体中的场强为零，小球上的电荷 $q$ 将在球壳的内外表面上感应出 $-q$ 和 $+q$ 的电荷，而 $Q$ 只能分布在球壳的外表面上，故球壳外表面上的总电荷为 $q+Q$。

由高斯定理可求得场强的空间分布(取高斯面为同心球面) 为

$$E_1=0\qquad (r<R)$$

$$E_2=\frac{q}{4\pi\varepsilon_0 r^2}\qquad (R\leqslant r\leqslant R_1)$$

$$E_3=0\qquad (R_1<r<R_2)$$

$$E_4=\frac{Q+q}{4\pi\varepsilon_0 r^2}\qquad (r\geqslant R_2)$$

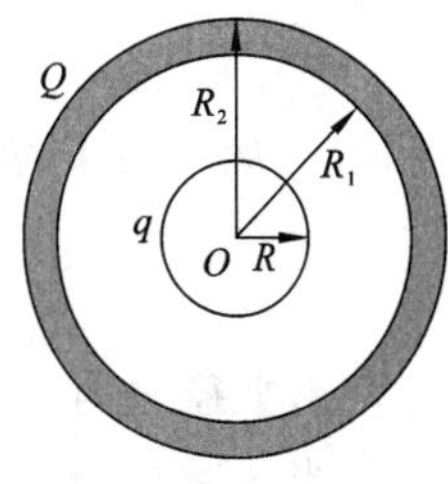

图 8.9　例 8.2 图

小球的电势

$$V_R=\int_R^{\infty}\boldsymbol{E}\cdot\mathrm{d}\boldsymbol{r}=\int_R^{R_1}\boldsymbol{E}_2\cdot\mathrm{d}\boldsymbol{r}+\int_{R_1}^{R_2}\boldsymbol{E}_3\cdot\mathrm{d}\boldsymbol{r}+\int_{R_2}^{\infty}\boldsymbol{E}_4\cdot\mathrm{d}\boldsymbol{r}$$

$$=\int_R^{R_1}\frac{q}{4\pi\varepsilon_0 r^2}\mathrm{d}r+\int_{R_2}^{\infty}\frac{Q+q}{4\pi\varepsilon_0 r^2}\mathrm{d}r$$

$$=\frac{1}{4\pi\varepsilon_0}\left(\frac{q}{R}-\frac{q}{R_1}+\frac{Q+q}{R_2}\right)$$

球壳的电势

$$V_{R_1}=V_{R_2}=\int_{R_2}^{\infty}\boldsymbol{E}_4\cdot\mathrm{d}\boldsymbol{r}=\int_{R_2}^{\infty}\frac{Q+q}{4\pi\varepsilon_0 r^2}\mathrm{d}r=\frac{Q+q}{4\pi\varepsilon_0 R_2}$$

(2) 小球与球壳的电势差为

$$V_R-V_{R_1}=\frac{q}{4\pi\varepsilon_0}\left(\frac{1}{R}-\frac{1}{R_1}\right)$$

(3) 若外球壳接地，则球壳外表面上的电荷被中和，小球与球壳的电势分别为

$$V_R=\frac{q}{4\pi\varepsilon_0}\left(\frac{1}{R}-\frac{1}{R_1}\right)$$

$$V_{R_1}=V_{R_2}=0$$

它们电势差仍为

$$V_R-V_{R_1}=\frac{q}{4\pi\varepsilon_0}\left(\frac{1}{R}-\frac{1}{R_1}\right)$$

**例 8.3**　在均匀带电量为 $Q$,半径为 $R_2$ 的导体球壳内,有一同心的导体球,导体球的半径为 $R_1$,若将导体球接地,求场强和电势的分布。

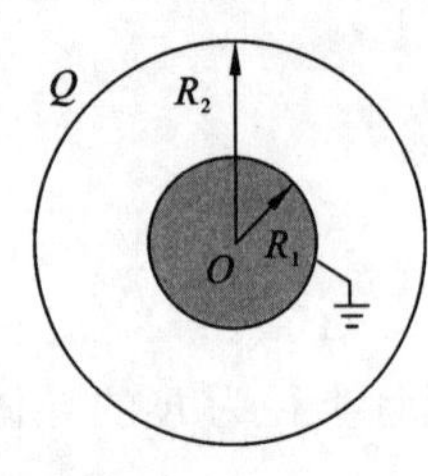


图 8.10　例 8.3 图

**解**　(1) 求场强分布。

如图 8.10 所示,设导体球 $R_1$ 接地后,电荷重新分布,设导体球感应出电量为 $q$。

由高斯定理可求得场强的空间分布(高斯面为同心球面)为

$$E_1 = 0 \qquad (r < R_1)$$

$$E_2 = \frac{q}{4\pi\varepsilon_0 r^2} \qquad (R_1 \leqslant r < R_2)$$

$$E_3 = \frac{Q+q}{4\pi\varepsilon_0 r^2} \qquad (r \geqslant R_2)$$

因为导体球接地,电势为零,根据电势叠加原理,得

$$V_{R_1} = \frac{q}{4\pi\varepsilon_0 R_1} + \frac{Q}{4\pi\varepsilon_0 R_2} = 0$$

解得

$$q = -\frac{R_1}{R_2}Q \quad (q \text{ 与 } Q \text{ 符号相反})$$

所以

当 $r < R_1$ 时

$$E = 0$$

当 $R_1 < r < R_2$ 时

$$E_2 = \frac{q}{4\pi\varepsilon_0}\frac{1}{r^2} = -\frac{R_1 Q}{4\pi\varepsilon_0 R_2 r^2}$$

方向沿半径向内

当 $r \geqslant R_2$ 时

$$E_3 = \frac{Q+q}{4\pi\varepsilon_0 r^2} = \frac{Q\left(1-\dfrac{R_1}{R_2}\right)}{4\pi\varepsilon_0 r^2} = \frac{R_2 - R_1}{4\pi\varepsilon_0 r^2 R_2}Q$$

方向沿半径向外

(2) 求电势分布。

当 $r \leqslant R_1$ 时

$$V = 0$$

当 $R_1 < r < R_2$ 时

$$V = \int_r^{R_2} \boldsymbol{E}_2 \cdot \mathrm{d}\boldsymbol{r} + \int_{R_2}^{\infty} \boldsymbol{E}_3 \cdot \mathrm{d}\boldsymbol{r} = \int_r^{R_2} \frac{q}{4\pi\varepsilon_0}\frac{\mathrm{d}r}{r^2} + \int_{R_2}^{\infty} \frac{Q+q}{4\pi\varepsilon_0}\frac{\mathrm{d}r}{r^2}$$

$$= \frac{q}{4\pi\varepsilon_0 r} + \frac{Q}{4\pi\varepsilon_0}\frac{1}{R_2} = \frac{Q}{4\pi\varepsilon_0 R_2}\left(1-\frac{R_1}{r}\right)$$

当 $r \geqslant R_2$ 时

$$V = \int_r^{\infty} \boldsymbol{E}_3 \cdot \mathrm{d}\boldsymbol{r} = \int_r^{\infty} \frac{Q+q}{4\pi\varepsilon_0}\frac{\mathrm{d}r}{r^2} = \frac{Q+q}{4\pi\varepsilon_0 r} = \frac{Q}{4\pi\varepsilon_0 r}\left(1-\frac{R_1}{R_2}\right)$$

**例 8.4**　两个很长的同轴圆柱面,内外半径分别为 $R_1$ 和 $R_2$,带有等量异号电荷,两者的电势差为 $V$,试求:

(1) 圆柱面单位长度上带有多少电荷?

(2) 两圆柱间的电场强度。

**解**　设圆柱面单位长度上所带电荷为 $\lambda$,由高斯定理可得两圆柱面之间的场强为

$$E = \frac{\lambda}{2\pi\varepsilon_0 r}$$

根据电势定义,有

$$V = \int_{R_1}^{R_2} \boldsymbol{E} \cdot \mathrm{d}\boldsymbol{r} = \frac{\lambda}{2\pi\varepsilon_0}\int_{R_1}^{R_2} \frac{\mathrm{d}r}{r} = \frac{\lambda}{2\pi\varepsilon_0}\ln\frac{R_2}{R_1}$$

解得

$$\lambda = \frac{2\pi\varepsilon_0 V}{\ln\frac{R_2}{R_1}}$$

所以

$$E = \frac{\lambda}{2\pi\varepsilon_0 r} = \frac{V}{r\ln\frac{R_2}{R_1}}$$

可见两圆柱面间电场强度的大小与 $r$ 成反比。

# 8.2　静电场中的电介质

上节讨论了导体在静电场中的特性,从本节开始讨论电介质在静电场中的特性。电介质是不具有导电性的物体,即绝缘体。电介质被置入电场中会产生电介质极化现象,并产生**极化电荷**,也称**束缚电荷**;反之,处于极化状态的电介质也会影响原来电场的分布。电介质的极化问题一般比较复杂,在此仅讨论均匀各向同性电介质的极化问题。

## 8.2.1　电介质的极化

### 1. 电介质的电结构

当电介质处于外电场中时,电介质分子中的电子受原子核的束缚很紧强,在外电场力作用下电子只能相对于原子核有微小位移,因而在电介质内部能够作宏观定向运动的电子极少,导电能力非常弱。电介质的这个特性使它与导体在静电场中的特性完全不同,当电介质受外电场作用达到静电平衡时,其内部电场强度不等于零。

电介质在静电场中的特性是由组成其分子的带电结构所决定的。电介质中每个分子都带有正、负电荷,它们分布在线度为 $10^{-10}$ m 数量级的空间范围内,并不是集中在一点。分子中全部正电荷对此体积之外的作用可用一个等效的带正电的点电荷代替;同样地,每个分子全部负电荷对此体积之外的作用也可用一个等效的负点电荷代替。等效的正、负点电荷在分子中所处的位置称为分子的正、负电荷重心。

电介质一般可分为两类。一类电介质(如 $H_2$,$N_2$,$CH_4$ 等),在没有外电场作用时,每个分子的正、负电荷重心是重合的,这类分子称为**无极分子**;另一类电介质(如 $H_2O$,$SO_2$,$CO$ 等),即使不存在外电场,每个分子的正、负电荷重心也不重合,形成电偶极子,其电偶极矩称为分子的固有电矩,可表示为

$$\boldsymbol{p}_{分子} = q\boldsymbol{l}$$

式中:$q$ 表示一个分子中正电荷或负电荷电量的数值;$\boldsymbol{l}$ 表示正、负电荷重心之间的距离,方向从负电荷重心指向正电荷重心。此类分子称为**有极分子**。

### 2. 无极分子的位移极化

无极分子电介质不受外电场作用时,其中的无极分子没有电矩。当该电介质置于外电场

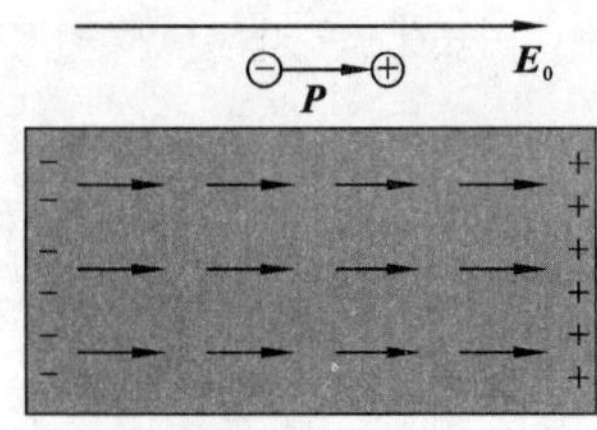


图 8.11　无极分子位移极化

后,分子的正、负电荷重心在电场力作用下发生相对位移,形成一个电偶极子。分子电偶极矩的方向沿外电场方向,其电矩称为感生电矩。对各向同性的均匀电介质,每个电介质分子都将沿电场的方向产生电矩,它们首尾相接,正负电荷相互抵消,电介质内部呈电中性(无净余电荷);然而,此时在与外电场垂直的两个介质端面上,却分别出现正、负电荷层,如图 8.11 所示,这种现象称为无极分子的**位移极化**。介质两个端面上出现的电荷与导体中的自由电荷不同,它们不能离开电介质,也不能在电介质中自由移动,这种电荷被称为**极化电荷**(或**束缚电荷**)。对电介质施加外电场越强,每个分子的正、负电荷重心之间的相对位移越大,分子的电矩也越大,电介质两个端面上出现的极化电荷也越多,被极化的程度越高。

### 3. 有极分子的取向极化

有极分子具有一定的固有电矩,在没有外电场存在时,由于分子的无规则热运动,每个分子的固有电矩的取向是随机的、杂乱无章的,这使电介质中任意体积内分子电矩的矢量和为零,对外不显电性。如果将电介质放入外电场$\boldsymbol{E}_0$ 中时,在外电场作用下,每个分子的电矩都受力矩 $\boldsymbol{M}=\boldsymbol{p}_{分子}\times\boldsymbol{E}_0$ 的作用,使电矩发生转动,其方向趋向于外电场$\boldsymbol{E}_0$ 的方向。由于分子热运动的缘故,并不是所有分子电矩最终都指向外电场方向,实际上在这个转向过程中,沿外电场方向的电矩占优势。外电场越强,这种取向越显著,在垂直于电场方向的两个端面上产生的极化电荷也越多,如图 8.12 所示,这种极化称为有极分子的**取向极化**。

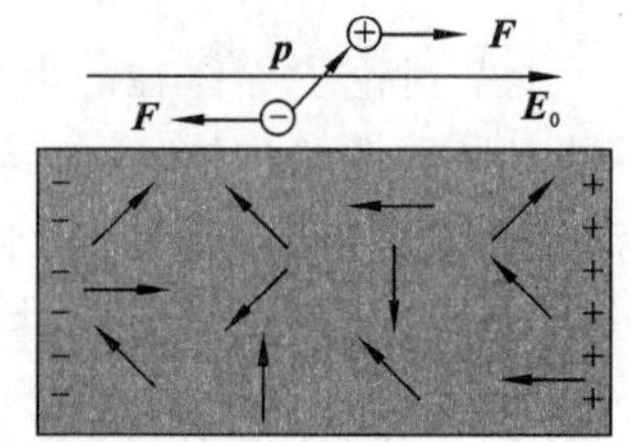


图 8.12　有极分子位移极化

以上两类电介质极化的微观过程虽然不同,但是它们所表现的宏观现象却是一样的,即极化时两种电介质中都产生宏观的电矩和极化电荷。因此,从宏观上来描述电介质的极化过程,就不需要把它们再区分开。

## 8.2.2　电极化强度

在电介质中任意取一个体积元 $\Delta V$,假设分子的电矩为 $\boldsymbol{p}_{分子}=\boldsymbol{p}_i$,在没有外电场时,体积元 $\Delta V$ 内所有分子电矩的矢量和 $\sum_i \boldsymbol{p}_i$ 等于零。但是,在外电场的作用下,由于电介质被极化,$\sum_i \boldsymbol{p}_i$ 将不再等于零。外电场越强,被极化的程度越高,$\sum_i \boldsymbol{p}_i$ 的值也越大。为了定量地描述电介质的极化程度,引入**电极化强度矢量 $\boldsymbol{P}$**,并定义

$$\boldsymbol{P}=\frac{\sum_i \boldsymbol{p}_i}{\Delta V} \tag{8.2}$$

它的物理意义是单位体积内分子电矩的矢量和。在国际单位制中,电极化强度的单位为$\mathrm{C\cdot m^{-2}}$。

对无极分子构成的电介质,在极化时每个分子的电矩 $\boldsymbol{p}$ 都相同,若用 $n$ 表示电介质中单位体积内的分子数,则有

$$\boldsymbol{P}=n\boldsymbol{p} \tag{8.3}$$

实验表明，对于各向同性的电介质，介质中每一点的总电场强度 $\boldsymbol{E}$ 与该点的电极化强度 $\boldsymbol{P}$ 成正比，且方向相同，它们之间的关系可表示为

$$\boldsymbol{P} = \varepsilon_0 \chi_e \boldsymbol{E} \tag{8.4}$$

式中：$\chi_e$ 称为电极化率，它仅与电介质的材料有关，与总电场强度 $\boldsymbol{E}$ 无关。对均匀的各向同性的电介质，$\chi_e$ 是一个无单位的纯数。

### 8.2.3　电极化强度与极化电荷分布的关系

由于极化电荷是电介质极化的结果，所以极化电荷与电极化强度之间一定存在某种联系，下面讨论它们之间的定量关系。以无极分子电介质为例进行讨论，但所得结论同样适用于有极分子电介质。在电介质内取一个面积为 $\mathrm{d}S$，长为 $L$ 的小的斜柱体，如图 8.13 所示；将面积 $\mathrm{d}S$ 用矢量面积元 $\mathrm{d}\boldsymbol{S} = \mathrm{d}S\boldsymbol{e}_n$ 表示，其中 $\boldsymbol{e}_n$ 是面积元的单位法线矢量，极化电场 $\boldsymbol{E}$ 的方向（即极化矢量 $\boldsymbol{P}$ 的方向）与面积元 $\mathrm{d}S$ 的法线方向 $\boldsymbol{e}_n$ 之间的夹角为 $\theta$。

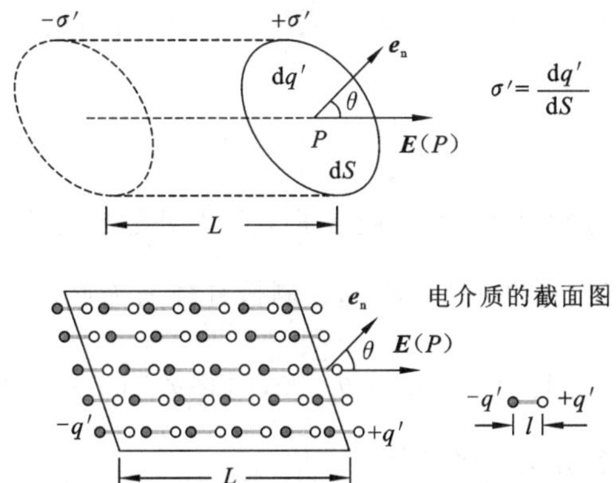


图 8.13　电极化强度与极化电荷面密度的关系

在极化之前，电介质整体处于电中性状态。当电介质受电场极化时，无极分子的正负电荷重心发生位移，从而在斜柱体中产生大量电偶极子。这里仅考虑均匀电介质的均匀极化情况，斜柱体内部正负电荷相互中和，无净剩的极化电荷存在；极化电荷出现在斜柱体的两个端面上，左端面带负电荷，右端面带正电荷。斜柱体的两个端面分别带电荷 $+\mathrm{d}q'$ 和 $-\mathrm{d}q'$，这样可以将斜柱体当成一个电矩为 $p' = \mathrm{d}q'L$ 的大等效电偶极子，它与斜柱体中所有分子电矩的矢量和 $\sum\limits_i p_i$ 相等；根据电极化强度的定义式(8.2)，则

$$\mathrm{d}q' = \frac{p'}{L} = \frac{\sum\limits_i p_i}{L} = \frac{P \cdot \Delta V}{L} = \frac{P\mathrm{d}SL\cos\theta}{L} = P\mathrm{d}S\cos\theta$$

因此，电介质受电场极化时，小斜柱体端面上的产生的极化电荷为

$$\mathrm{d}q' = P\cos\theta\mathrm{d}S = \boldsymbol{P} \cdot \mathrm{d}\boldsymbol{S}$$

这里 $\boldsymbol{P} \cdot \mathrm{d}\boldsymbol{S}$ 可定义为通过面积元 $\mathrm{d}\boldsymbol{S}$ 的电极化强度通量。如果在介质内作一个闭合曲面 $S$，对上式中的小面积元 $\mathrm{d}\boldsymbol{S}$ 进行积分，可以得到由电场极化在整个闭合曲面 $S$ 上产生的极化电荷，即通过闭合曲面 $S$ 的电极化强度通量

$$q' = \oint\!\!\!\oint_S \boldsymbol{P} \cdot \mathrm{d}\boldsymbol{S}$$

极化电荷的符号取决于电极化矢量$\boldsymbol{P}$(或极化电场)与曲面法线矢量$\boldsymbol{e}_\mathrm{n}$之间的夹角$\theta$。对于闭合曲面$S$,定义曲面的外法线方向是矢量$\boldsymbol{e}_\mathrm{n}$的正方向,因此,穿过闭合曲面$S$的电极化强度通量大于零,则在闭合曲面$S$上呈现正电荷,反之为负电荷。

在一个闭合曲面$S$中的均匀电介质受到电场的极化,如果通过$S$面的电极化强度通量大于零,即正电荷穿出闭合面$S$,记为$q'_{出}$。由于均匀电介质在电极化前其内部是呈电中性的,根据电荷守恒,在电极化之后,正电荷$q'_{出}$穿出了闭合面$S$,所以,在$S$面内净余的极化电荷应为负电荷,记为$q'_{内}$,有

$$q'_{内} = -q'_{出} = -\oint\!\!\!\oint_S \boldsymbol{P} \cdot \mathrm{d}\boldsymbol{S} \tag{8.5}$$

式(8.5)表示电介质内部由于电极化而产生的极化电荷与电极化强度的关系:闭合面内的极化电荷等于通过该闭合面的电极化强度通量的负值。

在上述论证中,如果$\mathrm{d}\boldsymbol{S} = \mathrm{d}S\boldsymbol{e}_\mathrm{n}$面是电介质的表面,则可得电介质表面极化电荷面密度$\sigma'$与该处电极化强度之间的关系为

$$\sigma' = \frac{\mathrm{d}q'}{\mathrm{d}S} = P\cos\theta = P_\mathrm{n} \tag{8.6}$$

式(8.6)表明,均匀电介质在极化时,电介质表面上某点处的极化电荷面密度等于极化强度矢量在该点表面处的法向分量。如图8.13所示,在斜圆柱体右方底面上,$\theta < \frac{\pi}{2}$,$\cos\theta > 0$,因此$\sigma'$为正;在斜圆柱体左方的底面上,$\theta > \frac{\pi}{2}$,$\cos\theta < 0$,因此$\sigma'$为负;在斜圆柱体的侧面上,$\theta = \frac{\pi}{2}$,$\cos\theta = 0$,因此$\sigma' = 0$,即不出现极化电荷。

在强电场作用下,电介质的绝缘性能就会遭到明显的破坏而变成导体。这种现象称为电介质的击穿。使电介质发生击穿的临界电压称为**击穿电压**,一种电介质材料所能承受的不被击穿的最大电场强度称为**介电强度**或**击穿场强**。

## 8.3　电介质中的高斯定理

如前所述,将电介质放入外电场$\boldsymbol{E}_0$中,它将受到电场的作用,产生极化电荷,而极化电荷在空间同样要激发电场$\boldsymbol{E}'$,这个电场反过来影响原电场的分布,所以当静电场中的电介质达到平衡状态时,电介质中的场强$\boldsymbol{E}$为外电场的场强$\boldsymbol{E}_0$与极化电荷产生场强$\boldsymbol{E}'$的矢量和,即

$$\boldsymbol{E} = \boldsymbol{E}_0 + \boldsymbol{E}'$$

并且极化电荷产生的场强$\boldsymbol{E}'$与外电场的场强$\boldsymbol{E}_0$方向相反,因此电介质中场强小于外电场的场强。

高斯定理是建立在库仑定律基础上的,有电介质存在时也同样成立,只是应当注意计算总电场的电通量时,需要同时计算高斯面内所包含的自由电荷$q_0$和极化电荷$q'$,即

$$\oint\!\!\!\oint_S \boldsymbol{E} \cdot \mathrm{d}\boldsymbol{S} = \frac{1}{\varepsilon_0} \sum_{\substack{i=1 \\ (S内)}} (q_{0i} + q'_i) \tag{8.7}$$

由式(8.7)可知,求解场强$\boldsymbol{E}$,必须同时知道自由电荷和极化电荷的分布。但是,极化电荷

的分布又取决于场强 $\boldsymbol{E}$。极化电荷 $\sum_{i=1} q_i'$ 与 $\boldsymbol{E}$ 之间的这种相互影响给求解问题带来很大困难。为解决这个问题，我们将想办法把 $\sum_{i=1} q_i'$ 从式中消去，并引进一个新的物理量，使等式右边仅包含自由电荷，从而得到一个便于求解的公式。

由式(8.5)可知高斯面内的极化电荷 $\frac{1}{\varepsilon_0}\sum_i q'_i = q'_{内} - \oint_S \boldsymbol{p} \cdot \mathrm{d}\boldsymbol{S}$，可将式(8.7)写成

$$\oint_S \varepsilon_0 \boldsymbol{E} \cdot \mathrm{d}\boldsymbol{S} = \sum_{\substack{i=1 \\ (S内)}} q_{0i} - \oint_S \boldsymbol{P} \cdot \mathrm{d}\boldsymbol{S}$$

移项整理，得

$$\oint_S (\varepsilon_0 \boldsymbol{E} + \boldsymbol{P}) \cdot \mathrm{d}\boldsymbol{S} = \sum_{\substack{i=1 \\ (S内)}} q_{0i} \tag{8.8}$$

定义一个辅助矢量，称为电位移矢量

$$\boldsymbol{D} = \varepsilon_0 \boldsymbol{E} + \boldsymbol{P} \tag{8.9}$$

则式(8.8)可表示为

$$\oint_S \boldsymbol{D} \cdot \mathrm{d}\boldsymbol{S} = \sum_{\substack{i=1 \\ (S内)}} q_{0i} \tag{8.10}$$

这个关系式称为**电介质中的高斯定理**，它是电磁学中的一个基本定理。为形象起见，类似于电场线，这里引入电位移线。但需注意的是电位移线仅起自于正自由电荷，终止于负自由电荷。引入电位移线后，式(8.10)左端表示通过一个闭合曲面的电位移通量。这样电介质中的高斯定理可叙述为：通过任意闭合曲面电位移通量等于该闭合曲面内包围自由电荷的代数和。在无电介质的情况下，电极化强度等于零，$P = 0$，式(8.10)还原为真空中的高斯定理式(7.11)。将式(8.4)代入式(8.9)，可得

$$\boldsymbol{D} = \varepsilon_0 \boldsymbol{E} + \varepsilon_0 \chi_e \boldsymbol{E} = \varepsilon_0 (1 + \chi_e) \boldsymbol{E} \tag{8.11}$$

令 $\varepsilon_r = 1 + \chi_e$，$\varepsilon_r$ 称为电介质的**相对介电常数**(或相对电容率)，它是一个大于 1 的数，其大小与电介质的种类和它所处的状态有关，因此，$\varepsilon_r$ 是一个反映电介质特性、无单位的纯数，$\varepsilon_r > 1$。式(8.11)可写成

$$\boldsymbol{D} = \varepsilon_0 \varepsilon_r \boldsymbol{E} \tag{8.12}$$

通常用 $\varepsilon$ 表示 $\varepsilon_0 \varepsilon_r$ 的乘积，即

$$\varepsilon = \varepsilon_0 \varepsilon_r \tag{8.13}$$

式中：$\varepsilon$ 称为电介质的**介电常数**(或电容率)，其单位与 $\varepsilon_0$ 的单位相同。这样，式(8.12)可以写成

$$\boldsymbol{D} = \varepsilon \boldsymbol{E} \tag{8.14}$$

式(8.14)表明，电位移矢量 $\boldsymbol{D}$ 和电场强度矢量 $\boldsymbol{E}$ 的方向相同，仅相差一个常数 $\varepsilon$，因此它们两者都可以用来描述电介质中的电场。对各向异性的电介质，$\boldsymbol{D}$ 和 $\boldsymbol{E}$ 之间的关系不能用式(8.14)简单矢量关系表示，这时的 $\varepsilon$ 不是一个常数。在国际单位制中，$\boldsymbol{D}$ 的单位为 $\mathrm{C \cdot m^{-2}}$。

利用电介质中的高斯定理，可以先由自由电荷的分布求出 $\boldsymbol{D}$ 的分布，然后利用式(8.12)或式(8.14)求出 $\boldsymbol{E}$ 的分布。当然电介质中的高斯定理亦只能解决一些电场的分布具有一定几何对称性的问题。

**例 8.5**　设一个半径为 $R_1$ 的导体球，带有电量 $q$，被同心介质球壳包围，如图 8.14 所示，介质层的外半径为 $R_2$，相对介电常数为 $\varepsilon_r$。求电场强度的分布。

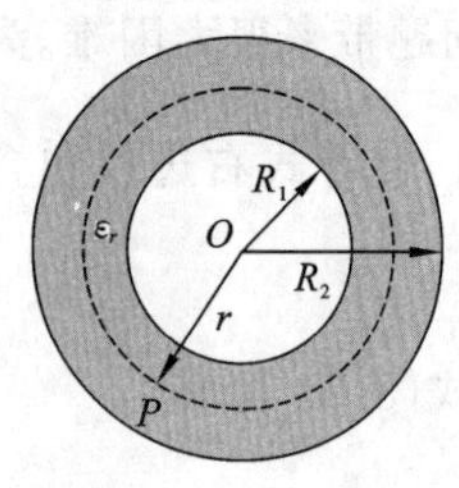


图 8.14 例 8.5 图

**解** 由静电平衡条件和场强对称性分布可知,导体球内场强为零,导体球外场强方向沿径向向外。

(1) 导体球内场强 $E = 0\ (r < R_1)$。

(2) 为了求介质球壳中场强,设介质内任意 $P$ 点距离球心为 $r\ (R_1 < r < R_2)$,现在以 $r$ 为半径作一个球形高斯面如图 8.14 中虚线所示。由高斯定理

$$\oiint_S \boldsymbol{D} \cdot \mathrm{d}\boldsymbol{S} = \sum_{(S内)} q_0$$

有 $D4\pi r^2 = q$,故 $D = \frac{q}{4\pi r^2}$。因 $D = \varepsilon_0 \varepsilon_r E$,故

$$E = \frac{1}{4\pi\varepsilon_0\varepsilon_r}\frac{q}{r^2} \quad (R_1 \leqslant r \leqslant R_2)$$

(3) 用同样的方法在介质层外过任意点作与导体球同心的球形高斯面,可以得到介质层外的场强大小为

$$E = \frac{1}{4\pi\varepsilon_0}\frac{q}{r^2} \quad (r > R_2)$$

上述场强的方向均沿径向向外。

# 8.4 电容器及其电容计算

## 8.4.1 孤立导体的电容

电容是电学中一个重要的物理量,也是导体重要特性之一。首先讨论一个远离其他物体的孤立导体的电容。假设某孤立导体带电荷为 $q$,电势为 $V$ 时,理论和实验都表明,当导体上电量增加时,它的电势也随之增高,它们两者比值是一个常量,与导体所带电荷无关。这个常量被定义为孤立导体的电容,用 $C$ 表示,即

$$C = \frac{q}{V} \tag{8.15}$$

导体的电容是表征导体储电能力的物理量,它在数值上等于使导体电势升高单位电压给导体提供的电量。电容大小取决于导体的形状和大小等因素。在国际单位制中,电容的单位是 $\mathrm{C \cdot V^{-1}}$,称为法[拉](F)。由于法[拉]这个单位很大,所以经常使用微法(μF)和皮法(pF)等较小的单位,它们与法拉的换算关系是

$$1\ \mu\mathrm{F} = 10^{-6}\ \mathrm{F}, \quad 1\ \mathrm{pF} = 10^{-12}\ \mathrm{F}$$

例如,一个半径为 $R$ 的孤立导体球,所带电量为 $q$,若选取无穷远处为电势零点,则此导体球的电势为

$$V = \frac{1}{4\pi\varepsilon_0}\frac{q}{R}$$

根据式(8.15),此孤立导体球的电容为

$$C = \frac{q}{V} = 4\pi\varepsilon_0 R$$

如果导体球的半径为 $R = 1\ \mathrm{m}$,则由上式可求出它的电容为 $1.11 \times 10^{-11}\ \mathrm{F}$,可见孤立导体的电

容非常小,没有实用价值。库伦阻塞:当导体球足够小时,相应的电容就更小,其载电能力也非常小,小到只能容纳一个电子的电量,它将阻止第二个电子进入该导体球。

### 8.4.2　电容器的电容

一个绝对不受外界影响的孤立导体实际上是不存在的。在一个带电导体附近,总会有其他物体存在,在这种情况下,该导体的电势不但与自身所带电荷量有关,而且还与附近导体的形状、位置及其上的带电状况有关。这时导体上所带电量与其电势的比值$\frac{q}{V}$不再是一个常量。为消除其他物体对导体的影响,可采用静电屏蔽的方法。如图 8.15 所示,用一个封闭的导体壳 $B$ 把导体 $A$ 包围起来。把由 $A$ 和 $B$ 组成的导体系统称为**电容器**。一般总可以使电容器中 $A$,$B$ 两导体(称为极板)的相对表面上带等量异号电荷 $+q$ $(-q)$。尽管两极板电势 $V_A$ 及 $V_B$ 与其他导体有关,但电势差 $V_A-V_B$ 与外界无关,因此,将比值

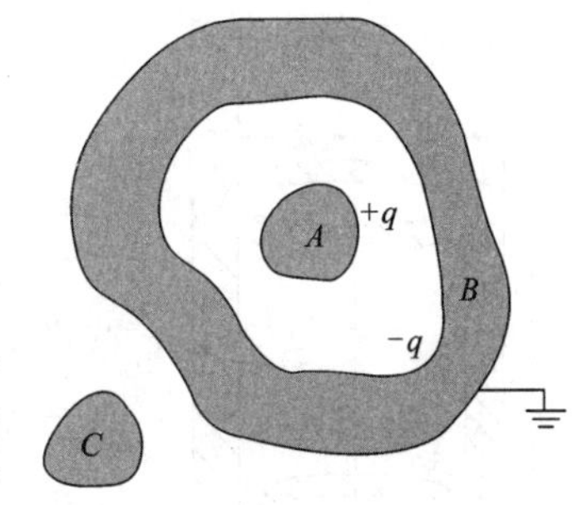

图 8.15　电容器

$$C=\frac{q}{V_A-V_B} \tag{8.16}$$

定义为**电容器的电容**,其值与 $q$ 和 $V_A-V_B$ 均无关,它仅与两个极板的大小、形状、相对位置和两极之间的电介质有关。

电容器是一个重要的电子元器件,种类繁多,但它们的基本结构大体相同,一般电容器都由两块非常靠近的、中间充满电介质的金属板构成。

### 8.4.3　计算电容器的电容

计算电容器的电容时,首先假定电容器极板带电,求出电容器极板间电势差,其次求出电势差与极板上电量的关系,最后按定义式求出电容。

1. 平行板电容器

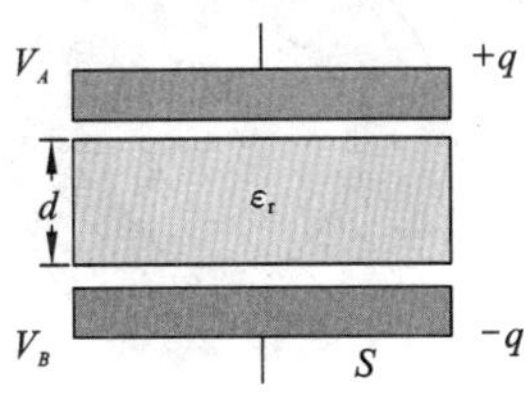

图 8.16　平行板电容器

平行板电容器是由两块靠得很近的平行导体平板组成。已知每块极板的面积为 $S$,两板的间距为 $d$,极板的线度(长、宽、厚度的尺寸)远大于两极板之间的距离,极板间充满相对介电常数为 $\varepsilon_r$ 的均匀电介质,如图 8.16 所示。设两极板带电量分别为 $+q$ 和 $-q$,由于板面很大而两极板间的距离很小,所以除了两板的边缘部分外,电荷均匀分布在两极板内表面上,其电荷面密度分别为 $+\sigma$ 和 $-\sigma$,即 $\sigma=\frac{q}{S}$。由介质中的高斯定理可以得出两极板间场强 $E=\frac{\sigma}{\varepsilon_0\varepsilon_r}$,所以,两极板间电势差为

$$V_A-V_B=\int_A^B \boldsymbol{E}\cdot \mathrm{d}\boldsymbol{r}=Ed=\frac{\sigma d}{\varepsilon_0\varepsilon_r}$$

根据式(8.16),求得平行板电容器的电容为

$$C=\frac{q}{V_A-V_B}=\frac{\sigma S}{V_A-V_B}=\frac{\varepsilon_0\varepsilon_r S}{d}=\varepsilon_r C_0 \tag{8.17}$$

式中：$C_0=\dfrac{\varepsilon_0 S}{d}$，它是平行板电容器在真空中的电容，此时 $\varepsilon_r=1$，两极板之间为真空。

由式(8.17)可知，平行板电容器的电容 $C$ 与极板面积 $S$ 成正比，与两极板间距离 $d$ 成反比，与极板所带电量无关。当两极板间充满均匀电介质时，电容器的电容要比两极板间未充电介质(真空)情况下的电容增加 $\varepsilon_r$ 倍。

2. 圆柱形电容器

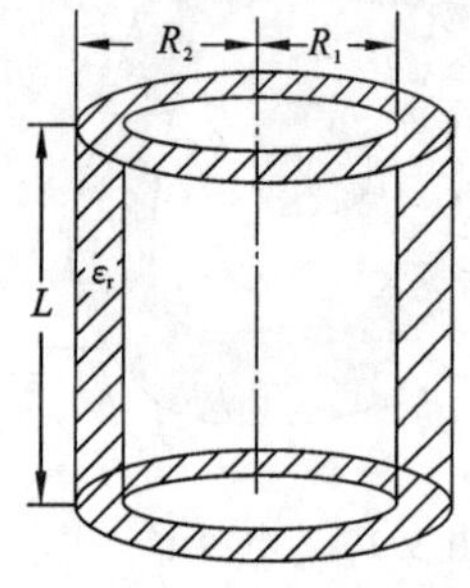

图 8.17　圆柱形电容器

圆柱形电容器是由两个同轴的导体圆柱面组成的。已知两柱面的长度为 $L$，半径分别为 $R_1$ 和 $R_2$，设 $L\gg R_1$ 和 $R_2$，且 $L\gg(R_2-R_1)$。两极板间充满相对介电常数为 $\varepsilon_r$ 的均匀电介质，如图 8.17 所示。设两极板带电分别为 $+q$ 和 $-q$，电荷均匀分布在两极板相对的表面上，单位长度导体圆柱面带电量为 $\lambda=\dfrac{q}{L}$。由于 $L\gg(R_2-R_1)$，可以忽略边缘效应，所以可以把此圆柱形电容器视为两个“无限长”圆柱面。由介质中高斯定理可求出两圆柱面之间距轴线为 $r\,(R_1<r<R_2)$ 处场强大小 $E=\dfrac{\lambda}{2\pi\varepsilon_0\varepsilon_r r}$，方向沿径向，两圆柱面间的电势差为

$$V_A-V_B=\int_{R_1}^{R_2}\boldsymbol{E}\cdot\mathrm{d}\boldsymbol{r}=\int_{R_1}^{R_2}\frac{\lambda}{2\pi\varepsilon_0\varepsilon_r}\frac{\mathrm{d}r}{r}=\frac{\lambda}{2\pi\varepsilon_0\varepsilon_r}\ln\frac{R_2}{R_1}$$

根据式(8.16)，求得圆柱形电容器的电容为

$$C=\frac{q}{V_A-V_B}=\frac{\lambda L}{V_A-V_B}=\frac{2\pi\varepsilon_0\varepsilon_r L}{\ln\dfrac{R_2}{R_1}}\tag{8.18}$$

由式(8.18)可知，圆柱形电容器的电容与其几何尺寸和电介质有关。

3. 球形电容器

球形电容器是由两个同心的导体球面组成。内、外球面的半径分别为 $R_1$ 和 $R_2$，两球面间充满相对介电常数为 $\varepsilon_r$ 的均匀电介质，如图 8.18 所示。设内、外球面分别带电量 $+q$ 和 $-q$，电荷均匀分布在两极板相对表面上。由介质中高斯定理可求出两球面之间距球心 $O$ 为 $r\,(R_1<r<R_2)$ 处场强，其大小为

$$E=\frac{1}{4\pi\varepsilon_0\varepsilon_r}\frac{q}{r^2}$$

方向沿径向朝外；两球面之间电势差为

$$V_A-V_B=\int_{R_1}^{R_2}\boldsymbol{E}\cdot\mathrm{d}\boldsymbol{r}=\int_{R_1}^{R_2}\frac{q}{4\pi\varepsilon_0\varepsilon_r}\frac{\mathrm{d}r}{r^2}=\frac{q}{4\pi\varepsilon_0\varepsilon_r}\frac{R_2-R_1}{R_1R_2}$$

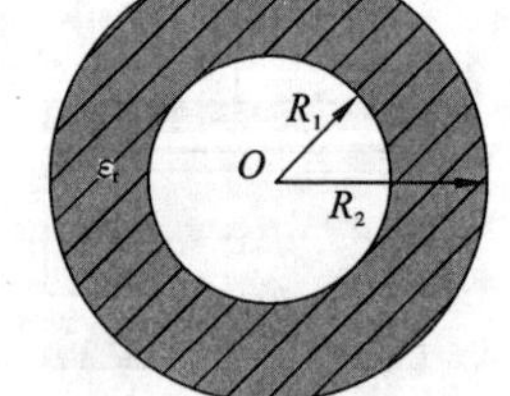

图 8.18　球形电容器

根据式(8.16)得到球形电容器的电容

$$C=\frac{q}{V_A-V_B}=\frac{4\pi\varepsilon_0\varepsilon_r R_1R_2}{R_2-R_1}\tag{8.19}$$

讨论：当 $R_2\gg R_1$，即外球面在很远处时，式(8.19)简化为

$$C\approx 4\pi\varepsilon_0\varepsilon_r R_1$$

此式就是“孤立”导体球的电容表达式。

式(8.19)再一次说明了电容器的电容仅与其几何结构和电介质有关。对形状、结构和介质材料一定的电容器，具有固定的电容值，与其是否带电或带电量的多少无关。

**例 8.6**　有一球形电容器，在外球壳半径 $b$ 和内外球壳之间的电势差 $V$ 维持恒定条件下，内球壳半径为多大时才能使内球表面附近的电场强度最小？并求这个最小场强的大小。

**解**　设内球半径为 $a$，球形电容器两极板分别带电 $+q$ 和 $-q$，由高斯定理可得两极板间的场强为

$$E = \frac{q}{4\pi\varepsilon_0 r^2}$$

两极板之间的电势差为

$$V = \int_a^b \boldsymbol{E} \cdot \mathrm{d}\boldsymbol{r} = \int_a^b \frac{q}{4\pi\varepsilon_0} \frac{\mathrm{d}r}{r^2}$$
$$= \frac{q}{4\pi\varepsilon_0}\left(\frac{1}{a} - \frac{1}{b}\right) = \frac{q}{4\pi\varepsilon_0} \frac{b-a}{ab}$$

所以

$$q = \frac{4\pi\varepsilon_0 abV}{b-a}$$
$$E = \frac{q}{4\pi\varepsilon_0 r^2} = \frac{Vab}{r^2(b-a)} \quad (a < r < b)$$

内球表面附近的场强为

$$E = E(a) = \frac{Vab}{a^2(b-a)} = \frac{Vb}{a(b-a)}$$

令

$$\frac{\mathrm{d}E}{\mathrm{d}a} = bV\left[\frac{1}{a(b-a)^2} - \frac{1}{a^2}\right] = 0$$

解得 $a = \frac{b}{2}$，即 $a = \frac{b}{2}$ 时，$E(a)$ 取最小值，求得

$$E(a) = E_{\min} = \frac{Vb}{a(b-a)} = \frac{4V}{b}$$

**例 8.7**　三个平行导体板 $A$，$B$ 和 $C$，面积均为 $S$，其中 $A$ 板带电 $Q$，$B$，$C$ 板不带电，$A$，$B$ 板间相距为 $d_1$，$A$，$C$ 板间相距为 $d_2$，求：

(1) 各导体板上的电荷分布和导体板间的电势差；

(2) 将 $B$，$C$ 两导体板分别接地，再求导体板上的电荷分布和导体板间的电势差。

**解**　(1) 如图 8.19 所示，设三个平行导体板各面所带电荷面密度分别为 $\sigma_1$，$\sigma_2$，$\sigma_3$，$\sigma_4$，$\sigma_5$，$\sigma_6$，由电荷守恒定律，得

$$\sigma_1 + \sigma_2 = 0$$
$$\sigma_5 + \sigma_6 = 0$$
$$(\sigma_3 + \sigma_4)S = Q$$

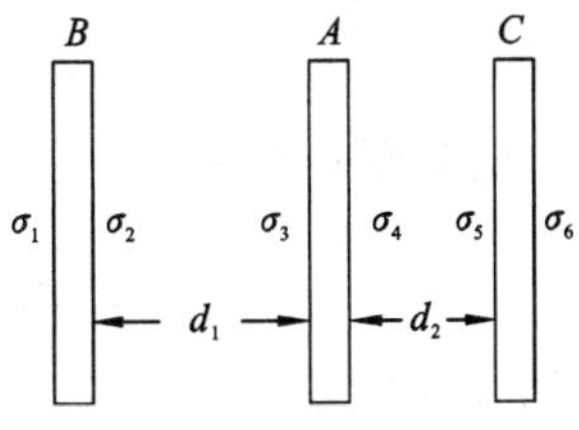

图 8.19　例 8.7 图

由静电平衡条件得 $B$，$A$，$C$ 三极板内的场强分别为零，即

$$\frac{1}{2\varepsilon_0}(\sigma_1 - \sigma_2 - \sigma_3 - \sigma_4 - \sigma_5 - \sigma_6) = 0$$
$$\frac{1}{2\varepsilon_0}(\sigma_1 + \sigma_2 + \sigma_3 - \sigma_4 - \sigma_5 - \sigma_6) = 0$$
$$\frac{1}{2\varepsilon_0}(\sigma_1 + \sigma_2 + \sigma_3 + \sigma_4 + \sigma_5 - \sigma_6) = 0$$

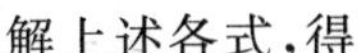
解上述各式，得

$$\sigma_1=\sigma_3=\sigma_4=\sigma_6=\frac{Q}{2S}$$

$$\sigma_2=\sigma_5=-\frac{Q}{2S}$$

所以

$$V_{BA}=-\frac{Q}{2\varepsilon_0 S}d_1,\quad V_{AC}=\frac{Q}{2\varepsilon_0 S}d_2$$

(2) 将 $B$,$C$ 两导体板分别接地,则有

$$\sigma_1=\sigma_6=0$$

$$(\sigma_3+\sigma_4)S=Q$$

$$\sigma_2=-\sigma_3$$

$$\sigma_4=-\sigma_5$$

$$\frac{\sigma_3}{\varepsilon_0}d_1=\frac{\sigma_4}{\varepsilon_0}d_2$$

解上述各式,得

$$\sigma_2=-\sigma_3=-\frac{d_2}{d_1+d_2}\frac{Q}{S}$$

$$\sigma_5=-\sigma_4=-\frac{d_1}{d_1+d_2}\frac{Q}{S}$$

故有

$$V_{AB}=V_{AC}=\frac{Q}{\varepsilon_0 S}\frac{d_1 d_2}{d_1+d_2}$$

**例 8.8** 一平板电容器,其面积为 $1.0\ \mathrm{cm}^2$,两板间距为 0.10 mm,两板间充满相对介电常数为 $\varepsilon_r=173$ 的电介质,求:

(1) 电容器的电容;

(2) 当在电容器两极上加上 12 V 电压时,极板上的电荷为多少?此时自由电荷和极化电荷的面密度各为多少?

**解** (1) 电容器电容为

$$C=\frac{\varepsilon_0\varepsilon_r S}{d}=1.53\times10^{-9}\ \mathrm{F}$$

(2) 在电容器加上 12 V 的电压时,极板上的电荷为

$$Q=CV=1.84\times10^{-8}\ \mathrm{C}$$

自由电荷面密度为

$$\sigma_0=\frac{Q}{S}=1.84\times10^{-4}\ \mathrm{C\cdot m^{-2}}$$

极化电荷面密度

$$\sigma'=\left(1-\frac{1}{\varepsilon_r}\right)\sigma_0=1.83\times10^{-4}\ \mathrm{C\cdot m^{-2}}$$

**电容器的串并联**

衡量一个电容器的性能有两个指标,即它的电容大小和耐压能力。如果电容器的耐压能力不够,就可以用几个电容器串联的方式来承载较高电压;而如果在一定电压下,需要电容携带较多的电量,就可以将电容器并联使用。

$n$ 个相同的电容器串联和并联使用如图 8.20 所示。

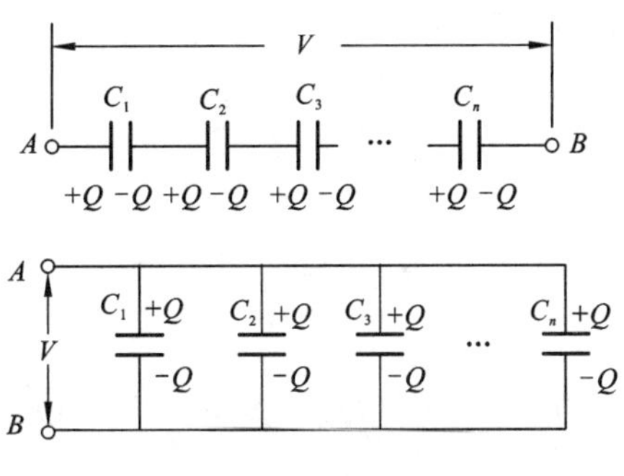


图 8.20　电容器的串联和并联

**电容器串联**

根据电荷守恒定律，串联电路中每个极板上的感应电荷等量异号，设电荷量值为 $Q$，串联电路中的总电压为 $V$。将串联电路的总电容用 $C$ 表示。由电容器的定义 $V=\dfrac{Q}{C}$；而 $V$ 又应当是各个电容器上的电压之和：$V=\sum\limits_{1}^{n}V_i$，所以

$$\frac{Q}{C}=\sum_{i}^{n}\frac{Q_i}{C_i}=Q\sum_{i}^{n}\frac{1}{C_i}$$

故总电容 $C$ 和各个电容之间的关系为

$$\frac{1}{C}=\sum_{1}^{n}\frac{1}{C_i} \tag{8.20}$$

**电容器并联**

电容器并联时每个极板上的电压相同，设为 $V$。由电容器电容的定义，$Q_1=C_1V$，$Q_2=C_2V$，…，所有极板上电量的和为

$$Q=\sum_{i}Q_i=(C_1+C_2+\cdots+C_i+\cdots+C_n)V$$

总电容为

$$C=\frac{Q}{V}==C_1+C_2+\cdots+C_i+\cdots+C_n=\sum_{1}^{n}C_i$$

即

$$C=\sum_{1}^{n}C_i \tag{8.21}$$

**例 8.9**　如图 8.21 所示，在平板电容器中填入两种介质，每种介质各占一半体积，求其电容器的电容。

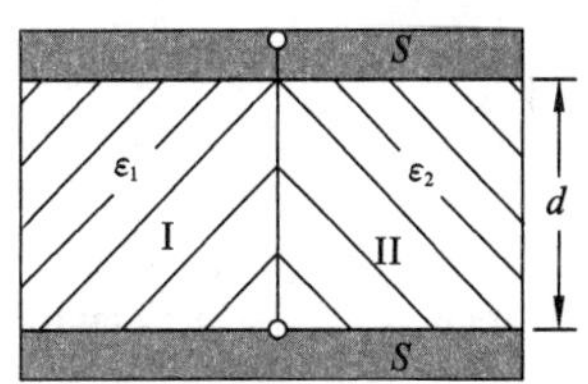


图 8.21　例 8.9 图

**解法一**　将此电容器视为极板面积均为 $\dfrac{S}{2}$，分别充满介电常数为 $\varepsilon_1$ 和 $\varepsilon_2$ 的电介质的两个平板电容器并联，则

$$C=C_1+C_2=\frac{\varepsilon_1 S}{2d}+\frac{\varepsilon_2 S}{2d}$$
$$=\frac{S}{d}\frac{(\varepsilon_1+\varepsilon_2)}{2}$$

**解法二**　设电容器极板上带电 $Q$，则由于电容器两侧所填充的电介质的介电常数不同，故导体板上自由电荷的分布不均匀。设介质 I 导体极板带电 $Q_1$，介质 II 导体极板带电 $Q_2$，在导体

达到静电平衡时，导体极板为等势体，所以

$$\frac{2Q_1 d}{\varepsilon_1 S} = \frac{2Q_2 d}{\varepsilon_2 S}$$

由电荷守恒定律，得

$$Q_1 + Q_2 = Q$$

解以上两式，得

$$Q_1 = \frac{\varepsilon_1}{\varepsilon_1 + \varepsilon_2} Q, \quad Q_2 = \frac{\varepsilon_2}{\varepsilon_1 + \varepsilon_2} Q$$

$$V = \frac{2Q_1 d}{\varepsilon_1 S} = \frac{d}{S} \frac{2Q}{\varepsilon_1 + \varepsilon_2}$$

$$C = \frac{Q}{V} = \frac{S}{d} \frac{(\varepsilon_1 + \varepsilon_2)}{2}$$

**例 8.10**　平板电容器的极板面积为 $S$，两极板间距为 $L$，极板间充以两层均匀电介质，其一厚度为 $d_1$，介电常数为 $\varepsilon_1$，其二厚度为 $d_2$，介电常数为 $\varepsilon_2$，如图 8.22 所示，求此电容器的电容。

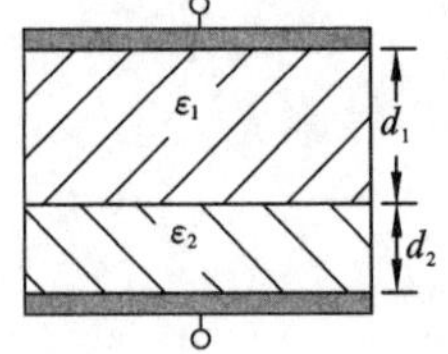


图 8.22　例 8.10 图

**解法一**　设电容器极板上电荷面密度为 $\sigma$，由介质中高斯定理可得两种介质内的场强分别为

$$E_1 = \frac{\sigma}{\varepsilon_1}, \quad E_2 = \frac{\sigma}{\varepsilon_2}$$

两极板间的电势差为

$$V = E_1 d_1 + E_2 d_2 = \sigma\left(\frac{d_1}{\varepsilon_1} + \frac{d_2}{\varepsilon_2}\right)$$

$$= \frac{q}{S}\left(\frac{d_1}{\varepsilon_1} + \frac{d_2}{\varepsilon_2}\right)$$

电容器电容的定义

$$C = \frac{q}{V} = \frac{S}{\dfrac{d_1}{\varepsilon_1} + \dfrac{d_2}{\varepsilon_2}} = \frac{\varepsilon_1 \varepsilon_2 S}{\varepsilon_2 d_1 + \varepsilon_1 d_2}$$

**解法二**　将此电容器可视为分别充满介电常数为 $\varepsilon_1$ 和 $\varepsilon_2$ 电介质的两个平板电容器的串联，具体方法是假设在两电介质的交界面有两层非常薄的金属板，厚度几乎可以忽略，则

$$C = \frac{C_1 \cdot C_2}{C_1 + C_2} = \frac{\dfrac{\varepsilon_1 S}{d_1} \cdot \dfrac{\varepsilon_2 S}{d_2}}{\dfrac{\varepsilon_1 S}{d_1} + \dfrac{\varepsilon_2 S}{d_2}} = \frac{\varepsilon_1 \varepsilon_2 S}{\varepsilon_1 d_2 + \varepsilon_2 d_1}$$

**例 8.11**　试计算两根无限长的平行导线之间单位长度的电容。已知导线半径为 $a$，两根导线对称轴之间的距离为 $d$，且 $d \gg a$。

**解**　作为电容器，假设两根导线分别带等量异号电荷，单位长度的电量分别为 $+\lambda$ 和 $-\lambda$，如图 8.23 所示，建立垂直于导线的坐标 $Ox$，由高斯定理可得到距离轴线 $x$ 处场强为

$$E = \frac{\lambda}{2\pi\varepsilon_0 x} + \frac{\lambda}{2\pi\varepsilon_0 (d - x)}$$

方向沿 $x$ 轴正向两根导线之间的电势差

$$V=\int_a^{d-a}\boldsymbol{E}\cdot\mathrm{d}\boldsymbol{r}=\frac{\lambda}{2\pi\varepsilon_0}\int_a^{d-a}\left(\frac{1}{x}+\frac{1}{d-x}\right)\mathrm{d}x$$
$$=\frac{\lambda}{\pi\varepsilon_0}\ln\frac{d-a}{a}$$

因为 $d\gg a$，所以

$$V\approx\frac{\lambda}{\pi\varepsilon_0}\ln\frac{d}{a}$$

导线之间单位长度的电容为

$$\frac{C}{L}=\frac{Q}{LV}=\frac{\lambda}{V}=\frac{\pi\varepsilon_0}{\ln\frac{d}{a}}$$

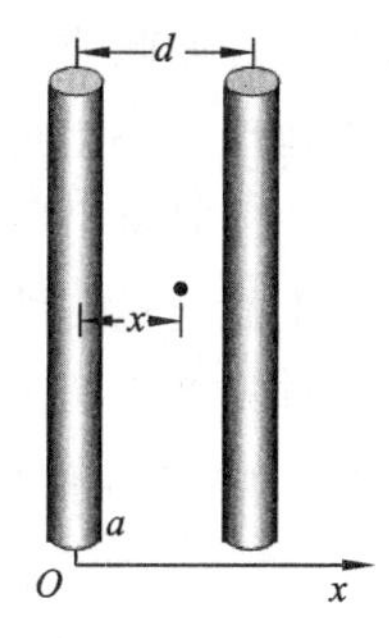

图 8.23　例 8.11 图

# 8.5　电场的能量

任何带电的过程，都是电荷相对移动的过程，在这个过程中，外力必须克服电荷之间相互作用力做功。根据能量守恒和转换定律，外力所做的功必定转变为电荷系统的能量。

## 8.5.1　孤立带电导体的能量

对一个具有电量 $Q$ 的孤立带电导体，其带电状态可以设想是这样建立起来的：假设一个导体开始不带电，首先，从无限远处移动电荷 $q$ 到导体上，此时在电荷 $q$ 的周围空间就有电场存在，然后，要使后续的电荷能够移动到已带电 $q$ 的导体上，外力必须克服 $q$ 的静电场力做功才能把电荷从无限远处移至导体，使其带电量不断增加，最终导体上的电量达到 $Q$。设某时刻导体已带电 $q$，其相应电势为 $V'$，电容为 $C=\frac{q}{V'}$，当再从无限远处把微小电量为 $\mathrm{d}q$ 的电荷移至导体时，外力所做的元功是

$$\mathrm{d}A=V'\mathrm{d}q=\frac{q}{C}\mathrm{d}q$$

当导体上的带电量从零增至 $Q$ 时，外力所做的总功 $A$ 全部转变为孤立导体的能量 $W$，其关系式为

$$W=A=\frac{1}{C}\int_0^Q q\mathrm{d}q=\frac{1}{2}\frac{Q^2}{C}\tag{8.22}$$

设导体带电 $Q$ 时的电势为 $V$，且 $C=\frac{Q}{V}$，则式(8.22)可写为

$$W=\frac{Q^2}{2C}=\frac{1}{2}CV^2\tag{8.23}$$

上述孤立带电导体能量与其电势和电容的关系式(8.23)可以推广到电容器的情况，只需将孤立带电导体的电势 $V$ 换成电容器两极板的电势差 $V_A-V_B$，因此，电容器的能量表达式为

$$W=\frac{Q^2}{2C}=\frac{1}{2}C\,(V_A-V_B)^2\tag{8.24}$$

## 8.5.2　任意静电场的能量

一般带电体都可以认为是许许多多的点电荷构成的，而对于离散的点电荷系的静电势能用前面的方法是不容易计算的。对一个由 $n$ 个静止的点电荷组成的电荷系：将每个电荷依次从

现有位置彼此分散到无限远时,它们的静电力做的功定义为该电荷系在原来状态的静电能。类似于地球上一个物体的重力势能,是物体和地球共有的重力势能,其等于将该物体与地球分离到无穷远时重力所做的功。

下面通过归纳的方法推到电荷系的静电势能。

首先考虑两个相距为 $r$ 的点电荷的静电势能,如图 8.24(a) 所示,令点电荷 $q_1$ 不动,将点电荷 $q_2$ 从所在位置移到无穷远时,$q_2$ 受到点电荷 $q_1$ 的电场力$\boldsymbol{F}_1$ 做的功为

$$A_{r\to\infty}=\int_r^{\infty}\boldsymbol{F}_1\cdot \mathrm{d}\boldsymbol{r} \tag{8.25}$$

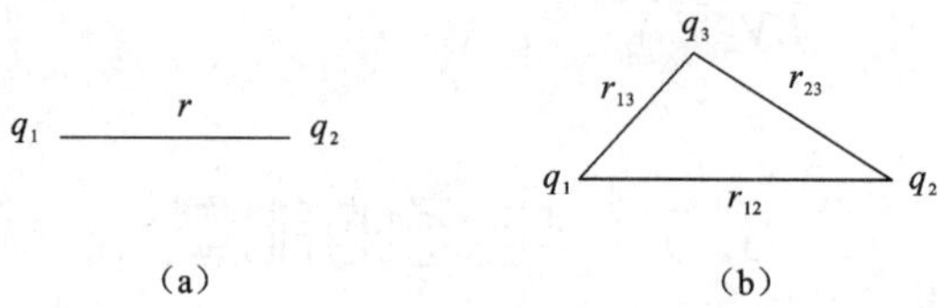


图 8.24　点电荷系的静电势能

将库仑力代入,并沿着从点电荷 $q_1$ 到点电荷 $q_2$ 的方向一直到无穷远积分,可得

$$\begin{aligned}A_{r\to\infty}&=\int_r^{\infty}\boldsymbol{F}_1\cdot \mathrm{d}\boldsymbol{r}=\int_r^{\infty}\frac{q_1q_2}{4\pi\varepsilon_0r^3}\boldsymbol{r}\cdot \mathrm{d}\boldsymbol{r}\\&=\frac{q_1q_2}{4\pi\varepsilon_0}\int_r^{\infty}\frac{1}{r^2}\mathrm{d}\boldsymbol{r}=\frac{q_1q_2}{4\pi\varepsilon_0 r}\end{aligned} \tag{8.26}$$

式(8.26) 即两个点电荷的静电势能也可以表示为点电荷 $q_1$ 在点电荷 $q_2$ 处产生的电势与点电荷 $q_2$ 电量的乘积 $A=\frac{q_1}{4\pi\varepsilon_0 r}q_2=\varphi_2 q_2$,也就是该系统的静电势能,反之亦可。

接着考虑三个点电荷的情形,如图 8.24(b) 所示,根据上面的方法,先将点电荷 $q_1$ 移到无穷远,则静电力做的功为

$$A_1=\int_r^{\infty}\boldsymbol{F}\cdot \mathrm{d}\boldsymbol{r}=\frac{q_1q_2}{4\pi\varepsilon_0r_{12}}+\frac{q_1q_3}{4\pi\varepsilon_0r_{13}} \tag{8.27}$$

现在剩下电荷 $q_2$ 和 $q_3$,让点电荷 $q_3$ 不动,再将点电荷 $q_2$ 移到无穷远,则静电力做的功为

$$A_2=\int_r^{\infty}\boldsymbol{F}\cdot \mathrm{d}\boldsymbol{r}=\frac{q_2q_3}{4\pi\varepsilon_0r_{23}} \tag{8.28}$$

该情形的静电势能可以进一步归纳为

$$\begin{aligned}A&=A_1+A_2\\&=\frac{q_1q_2}{4\pi\varepsilon_0r_{12}}+\frac{q_1q_3}{4\pi\varepsilon_0r_{13}}\frac{q_2q_3}{4\pi\varepsilon_0r_{23}}\\&=\frac{1}{2}\left[q_1\left(\frac{q_2}{4\pi\varepsilon_0r_{12}}+\frac{q_3}{4\pi\varepsilon_0r_{13}}\right)+q_2\left(\frac{q_1}{4\pi\varepsilon_0r_{12}}+\frac{q_3}{4\pi\varepsilon_0r_{13}}\right)+q_3\left(\frac{q_1}{4\pi\varepsilon_0r_{13}}+\frac{q_2}{4\pi\varepsilon_0r_{23}}\right)\right]\\&=\frac{1}{2}(\varphi_1q_1+\varphi_2q_2+\varphi_3q_3)\end{aligned}$$

式中:$\varphi_1$,$\varphi_2$ 和 $\varphi_3$ 分别为点电荷 $q_1$,$q_2$ 和 $q_3$ 所在的地方由其他电荷产生得电势。比如,$\varphi_1$ 是点电荷 $q_2$ 和 $q_3$ 在点电荷 $q_1$ 处所产生的电势。

将上面的结果推广到 $n$ 个点电荷组成的点电荷系，该电荷系的静电势能为

$$W = \frac{1}{2}\sum_{i=1}^{n}\varphi_i q_i \tag{8.29}$$

式中：$\varphi_i$ 是除电荷 $q_i$ 外所有其它电荷在 $q_i$ 处所产生的电势。如果不是离散的带电点电荷，而是求连续的带电体的静电势能，则式(8.29) 可以改写为

$$W = \frac{1}{2}\int_q \varphi \mathrm{d}q \tag{8.30}$$

式中：$\varphi$ 是除电荷 $\mathrm{d}q$ 外所有其它电荷在所选的微元电荷 $\mathrm{d}q$ 处所产生的电势。积分号下标 $q$ 表示积分范围遍及该电荷系的所有带电体。

**例 8.12**　如图 8.25 所示，两个同轴圆柱面，长度均为 $l$，内、外半径分别为 $R_1$ 和 $R_2$，其间充满相对介电常数为 $\varepsilon_r$ 的均匀电介质，内、外圆柱面单位长度带电量分别为 $+\lambda$ 和 $-\lambda$，忽略边缘效应，求：

(1) 电介质中的电位移 $D$，电场强度 $E$ 和电极化强度 $P$；

(2) 电介质表面的极化电荷面密度 $\sigma'$。

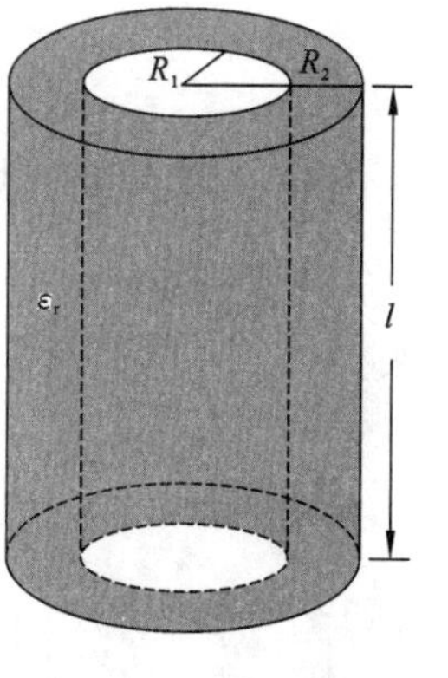

图 8.25　例 8.12 图

**解**　(1) 在介质内，作一长为 $l$，半径为 $r$ 的同轴圆柱形高斯面，由电介质高斯定理，得

$$D \cdot 2\pi r l = \lambda l$$

所以

$$D = \frac{\lambda}{2\pi r}$$

电介质中场强　$E = \dfrac{D}{\varepsilon_0\varepsilon_r} = \dfrac{\lambda}{2\pi\varepsilon_0\varepsilon_r r}$

电介质内电极化强度　$P = D - \varepsilon_0 E = \dfrac{\lambda}{2\pi r}\left(1 - \dfrac{1}{\varepsilon_r}\right)$

(2) 电介质内表面的极化电荷面密度

$$\sigma'_1 = \boldsymbol{P}\cdot\boldsymbol{n} = P\cos 180° = -P = -\frac{\lambda}{2\pi R_1}\left(1 - \frac{1}{\varepsilon_r}\right)$$

式中：$\boldsymbol{n}$ 为介质表面法线方向。

外表面的极化电荷面密度

$$\sigma'_2 = P\cdot\boldsymbol{n} = P\cos 0° = P = \frac{\lambda}{2\pi R_2}\left(1 - \frac{1}{\varepsilon_r}\right)$$

**例 8.13**　如图 8.26 所示，半径为 $R$，带电量为 $Q$ 的导体球，求该导体球的电场能量。

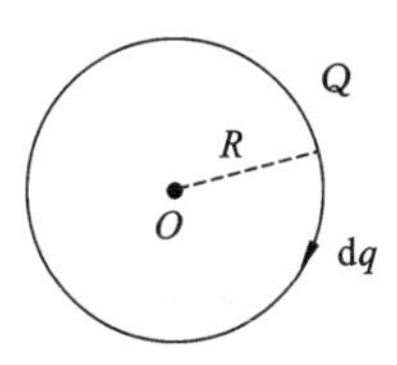


图 8.26　例 8.13 图

**解法一**　根据导体静电平衡和高斯定理可得电场分布：

球体外：　$\boldsymbol{E} = \dfrac{Q}{4\pi\varepsilon_0 r^2}\boldsymbol{e}_r \quad (r > R)$

球体内：　$\boldsymbol{E} = 0$

静电场的能量密度：　$w_e - \dfrac{1}{2}\varepsilon_0 E^2$

则该系统的静电势能为：$W = \displaystyle\int_v w_e \mathrm{d}v = \int_R^{\infty}\frac{1}{2}\varepsilon_0\left(\frac{Q}{4\pi\varepsilon_0 r^2}\right)^2 4\pi r^2 \mathrm{d}r$

$$= \frac{Q^2}{8\pi\varepsilon_0 R}$$

**解法二**　作为孤立导体球的电容：$C = \dfrac{Q}{U} = 4\pi\varepsilon_0 R$，其中，导体球的电势为 $U = Q/4\pi\varepsilon_0 R$

根据电容器的能量公式：　$W = \dfrac{1}{2}\dfrac{Q^2}{C} = \dfrac{Q^2}{8\pi\varepsilon_0 R}$

**解法三**　根据离散电荷系的方法：$W = \dfrac{1}{2}\int_q \varphi \mathrm{d}q$

在导体球表面取一微元点电荷 $\mathrm{d}q$，由于 $\mathrm{d}q$ 很小，所以在 $\mathrm{d}q$ 处的电势任然是导体球的电势 $U = Q/4\pi\varepsilon_0 R$，代入上式，得系统得静电势能为

$$W = \frac{1}{2}\int_q \varphi \mathrm{d}q = \frac{1}{2}\int \frac{Q}{4\pi\varepsilon_0 R}\mathrm{d}q = \frac{Q^2}{8\pi\varepsilon_0 R}$$

**总结**：三种方法可以得到同样的结果，因此可以根据具体问题选择适合的方法计算。

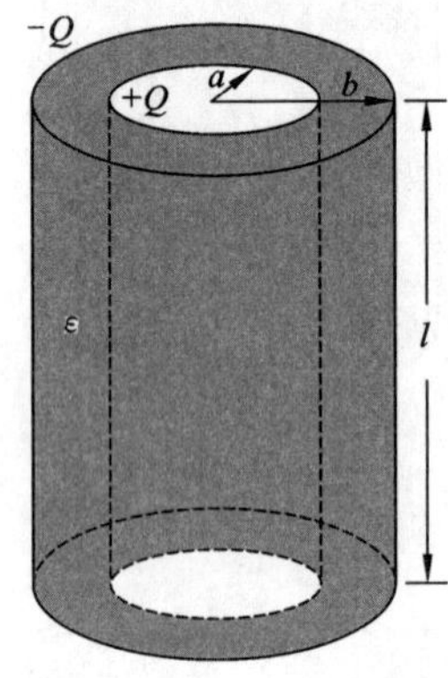


图 8.27　例 8.14 图

**例 8.14**　如图 8.27 所示，两个同轴圆柱面，长度均为 $l$，内、外半径分别为 $a$ 和 $b$，两柱面之间充满介电常数为 $\varepsilon$ 的均匀介质，当圆柱面带有等量异号电荷 $\pm Q$ 时(略去边缘效应)，求：

(1) 介质层内外场强的分布；

(2) 两柱面间的电势差；

(3) 介质层中总能量；

(4) 若将其视为圆柱形电容器，其电容是多少？

**解**　(1) 由介质中的高斯定理可得电位移的空间分布

$$D = 0 \qquad (r < a)$$

$$D = \frac{Q}{2\pi rl} \qquad (a \leqslant r \leqslant b)$$

$$D = 0 \qquad (r > b)$$

$\boldsymbol{D}$ 的方向沿半径向外，由 $\boldsymbol{D} = \varepsilon \boldsymbol{E}$ 可得电场强度的空间分布为

$$E = 0 \qquad (r < a)$$

$$E = \frac{Q}{2\pi\varepsilon rl} \qquad (a \leqslant r \leqslant b)$$

$$E = 0 \qquad (r > b)$$

(2) 两柱面间的电势差为

$$V_{ab} = V_a - V_b = \int_a^b \boldsymbol{E} \cdot \mathrm{d}\boldsymbol{r} = \int_a^b \frac{Q}{2\pi\varepsilon l}\frac{\mathrm{d}r}{r} = \frac{Q}{2\pi\varepsilon l}\ln\frac{b}{a}$$

(3) 距轴线 $r$ 处取一厚度为 $\mathrm{d}r$ 的圆柱壳层，其体积 $\mathrm{d}V = 2\pi rl\,\mathrm{d}r$，壳层中的电场能量为

$$\mathrm{d}W_e = w_e \mathrm{d}V = \frac{1}{2}\varepsilon E^2 2\pi rl\,\mathrm{d}r = \frac{Q^2}{4\pi\varepsilon l}\frac{\mathrm{d}r}{r}$$

所以介质层中总能量为

$$W_e = \int_V \mathrm{d}W_e = \int_a^b \frac{Q^2}{4\pi\varepsilon l}\frac{\mathrm{d}r}{r} = \frac{Q^2}{4\pi\varepsilon l}\ln\frac{b}{a}$$

(4) 因为

$$W = \frac{Q^2}{2C} = W_e = \frac{Q^2}{4\pi\varepsilon l}\ln\frac{b}{a}$$

所以

$$C = \frac{2\pi\varepsilon l}{\ln\dfrac{b}{a}}$$

**例 8.15**　一个平行板电容器,极板面积为 $S$,两极板间距为 $d$,极板上面电荷密度为 $\sigma$,两极板之间充满相对介电常数为 $\varepsilon_r$ 的均匀电介质。若维持两极板间的电压 $V$ 不变(即两极板与电源相连)。把电介质全部抽出,外力需要做多少功?

**解**　根据电容的定义 $C=\dfrac{Q}{V}$,在电压 $V$ 不变情况下,抽出电介质,电容器的电容减少为原来的$\dfrac{1}{\varepsilon_r}$,极板上的电荷也减少为原来的$\dfrac{1}{\varepsilon_r}$。抽出电介质前、后电容器的电容分别为

$$C_1 = \frac{\varepsilon_0\varepsilon_r S}{d},\quad C_0 = \frac{\varepsilon_0 S}{d} = \frac{C_1}{\varepsilon_r}$$

抽出电介质前、后极板上的带电量分别为

$$Q_1 = C_1 V = \frac{\varepsilon_0\varepsilon_r SV}{d},\quad Q_0 = C_0 V = \frac{\varepsilon_0 SV}{d} = \frac{Q_1}{\varepsilon_r}$$

抽出电介质前、后电容器储存能量分别为

$$W_1 = \frac{1}{2}C_1V^2 = \frac{\varepsilon_0\varepsilon_r SV^2}{2d},\qquad W_0 = \frac{1}{2}C_0V^2 = \frac{\varepsilon_0 SV^2}{2d} < W_1$$

电场能量的减少为

$$\Delta W_e = W_1 - W_0 = \frac{\varepsilon_0 SV^2}{2d}(\varepsilon_r - 1)$$

维持电压不变,抽出电介质的过程中电源吸收的能量为

$$\Delta W_{电源} = (Q_1 - Q_0)V = \frac{\varepsilon_0 SV^2}{d}(\varepsilon_r - 1)$$

设在抽出电介质过程中外力做功 $A_{外}$,根据能量守恒定律,电源所吸收的能量等于外力做的功 $A_{外}$ 与电场能量的减少量之和

$$\Delta W_{电源} = A_{外} + \Delta W_e$$

所以

$$\begin{aligned} A_{外} &= \Delta W_{电源} - \Delta W_e = \frac{\varepsilon_0 SV^2}{d}(\varepsilon_r - 1) - \frac{\varepsilon_0 SV^2}{2d}(\varepsilon_r - 1) \\ &= \frac{\varepsilon_0 SV^2}{2d}(\varepsilon_r - 1) \end{aligned}$$

因为 $\varepsilon_r > 1$,所以抽出电介质时,外力做正功。

### 8.5.3　点电荷系的静电势能

从上述孤立带电导体和电容器的能量推导可知,能量似乎与电荷有关,好像电荷系统的能量是由电荷携带的,然而,大量的实验和电磁波存在的事实说明:电磁波是随时间变化的、以有限速度在空间中传播的电磁场。在电磁波传播过程中伴随着能量传递,但并没有电荷传递,因此,认为场是能量的携带者才是符合客观实际的。

下面以平行板电容器为例,把电容器的能量和电场强度联系起来,在平板电容器中

$V_A - V_B = E \cdot d, C = \frac{\varepsilon_0 \varepsilon_r S}{d}$,代入式(8.24),得

$$W = \frac{1}{2}C(V_A - V_B)^2 = \frac{1}{2}\varepsilon_0 \varepsilon_r E^2 Sd = \frac{1}{2}\varepsilon_0 \varepsilon_r E^2 V$$

式中:$V$ 是电容器中电场遍及的空间体积。从上式可知,能量与表征电场性质的场强有关,而且正比于电场所占有的空间的体积。这表明,能量储藏在整个电场中,或者说电场具有能量。

由于能量与场强有关,并且在一般情况下,空间中各点场强是不同的,所以,引入电场能量密度的概念,将单位体积中电场的能量定义为电场的体能量密度,用符号 $w_e$ 表示。由于平行板电容器中的电场是均匀场,忽略电容器的边缘效应,电容器的能量均匀分布在整个电场中,用符号 $W_e$ 表示电场的能量,因此在此情况下电容器的能量 $W$ 等于电场的能量 $W_e$,所以电场的能量密度为

$$w_e = \frac{W_e}{V} = \frac{1}{2}\varepsilon_0 \varepsilon_r E^2 = \frac{1}{2}\varepsilon E^2 = \frac{1}{2}DE \tag{8.31}$$

式 (8.31) 虽然是从均匀电场的情况导出的,但是可以证明它是普遍适用的。实际上,当存在电介质时,$w_e = \frac{1}{2}\varepsilon E^2$ 中还包括电介质的极化能。

对于非均匀电场,可在电场存在的空间中取一个小体积元 $\mathrm{d}V$,若在 $\mathrm{d}V$ 中电场是均匀的,则在 $\mathrm{d}V$ 内储藏电场能量为

$$\mathrm{d}W_e = w_e \mathrm{d}V = \frac{1}{2}\varepsilon E^2 \mathrm{d}V$$

因此,整个电场的能量可由下面积分给出。

$$W_e = \int \mathrm{d}W_e = \frac{1}{2}\iiint_V \varepsilon E^2 \mathrm{d}V \tag{8.32}$$

式中积分区域遍及电场所占有的空间 $V$。

# 内容提要

1. 静电感应:在外电场作用下,引起导体中电荷重新分布的现象。

2. 导体静电平衡条件

(1) 导体内部电场强度处处为零,即$E_{内} = 0$。

(2) 导体表面处电场强度方向与导体表面垂直;或导体是等势体,导体的表面是等势面。

3. 静电平衡导体的电荷分布

(1) 导体内无净电荷,电荷只能分布在导体的外表面。

(2) 处于静电平衡导体,其表面上的面电荷密度与该表面紧邻处电场强度大小成正比。

(3) 孤立导体处于静电平衡时,电荷在其表面各处的分布与各处表面的曲率有关。

4. 空腔导体内外静电场

空腔内无带电体的情况,并且在静电平衡状态下:

(1) 空腔导体的内表面上处处没有电荷,电荷只能分布在空腔导体的外表面。

(2) 空腔内没有电场。

空腔内有带电体的情况:在静电平衡状态下,空腔导体内表面所带电荷与腔内带电体所带电荷的代数和为零。

5. 静电屏蔽

空腔导体外表面上的电荷和导体外的带电体在空腔导体内部的合场强等于零，即空腔导体外面的带电体和电场不会影响空腔内部的电场分布。

6. 有导体存在时静电场的分析与计算方法

依据 ① 静电场的基本规律；② 电荷守恒定律；③ 导体的静电平衡条件，进行求解。

7. 电介质或绝缘体：不具有导电性的物体

极化电荷或束缚电荷：电介质在电场中极化产生电荷。

电介质的电结构一般可分为两类。

(1) 无极分子型，在无外电场时，介质中无分子固有电矩。

(2) 有极分子型，在无外电场时，介质中存在分子固有电矩。

电介质的极化：分为无极分子的位移极化和有极分子的取向极化。

8. 电极化强度　$\boldsymbol{P}=\dfrac{\sum_i \boldsymbol{p}_i}{\Delta V}$

对于各向同性的电介质，在电场不太强的情况下：

电极化强度矢量与电场的关系

$$\boldsymbol{P}=\varepsilon_0\chi_e\boldsymbol{E}=\varepsilon_0(\varepsilon_r-1)\boldsymbol{E}$$

极化电荷

$$q'_{内}=-q'_{外}=-\oint\!\!\oint_S \boldsymbol{P}\cdot d\boldsymbol{S}$$

面极化电荷密度

$$\sigma'=\frac{dq'}{dS}=P\cos\theta=P_n$$

9. 电位移矢量　$\boldsymbol{D}=\varepsilon_0\boldsymbol{E}+\boldsymbol{P}$

对于各向同性电介质　$\boldsymbol{D}=\varepsilon_0\varepsilon_r\boldsymbol{E}=\varepsilon\boldsymbol{E}$

相对介电常数　$\varepsilon_r=1+\chi_e$

10. 电介质中的高斯定理　$\oint\!\!\oint_S \boldsymbol{D}\cdot d\boldsymbol{S}=\sum_{\substack{i=1\\(S内)}} q_{0i}$

11. 电容器的电容　$C=\dfrac{q}{V_A-V_B}$

平行板电容器的电容　$C=\dfrac{\varepsilon_0\varepsilon_r S}{d}$

圆柱形电容器的电容　$C=\dfrac{2\pi\varepsilon_0\varepsilon_r L}{\ln\dfrac{R_2}{R_1}}$

球形电容器的电容　$C=\dfrac{4\pi\varepsilon_0\varepsilon_r R_1R_2}{R_2-R_1}$

电容器并联的总电容　$C_{总}=\sum_{i=1}^{n}C_i$

电容器串联的总电容　$\dfrac{1}{C_{总}}=\sum_{i=1}^{n}\dfrac{1}{C_i}$

12. 电容器的能量

$$W=\frac{Q^2}{2C}=\frac{1}{2}C\,(V_A-V_B)^2=\frac{1}{2}Q(V_A-V_B)$$

13. 电介质中电场的能量密度

$$w_e=\frac{1}{2}\varepsilon_0\varepsilon_r E^2=\frac{1}{2}\varepsilon E^2=\frac{1}{2}DE$$

电介质中电场的能量

$$W_e=\int_V \mathrm{d}W_e=\frac{1}{2}\iiint_V \varepsilon E^2\,\mathrm{d}V$$

# 思 考 题

**8.1** 各种形状的带电导体中,是否只有球形带电导体其内部场强才为零?为什么?

**8.2** 在一个孤立导体球壳的中心放一个点电荷,球壳内、外表面上的电荷分布是否均匀?如果点电荷偏离球心,情况如何?

**8.3** 无限大均匀带电平面(面电荷密度为$\sigma$)两侧场强为$E=\frac{\sigma}{2\varepsilon_0}$,而在静电平衡状态下,导体表面(该处表面面电荷密度为$\sigma$)附近场强$E=\frac{\sigma}{\varepsilon_0}$,为什么前者比后者小一半?

**8.4** 有人说:"某一高压输电线的电压有500 kV,因此你不可与之接触"。这句话对否?维修工人在高压输电线路上是如何工作的呢?

**8.5** 在高压电器设备周围,通常围着接地的金属栅网,用来保证栅网外面人员安全。试说明其道理。

**8.6** 设一个导体处在一个带电体附近,当达到静电平衡后,带电体单独在导体内部产生的场强是否为零?感应电荷在导体内部产生的场强是否为零?这两者有何关系?导体的电势是否为零?

**8.7** 在一不带电的导体空腔内放入一个正点电荷,若在空腔内移动此点电荷的位置,空腔内、外表面上的电量有无变化?电荷分布有无变化?空腔导体的电势有何变化?

**8.8** 有一平板电容器,保持极板上电荷量不变(充电后切断电源),现在使两极板间的距离$d$增大,试问:两极板间的电势差有何变化?极板间的电场强度有何变化?电容是增大还是减小?

**8.9** 电介质的极化现象和导体的静电感应现象有何不同?

**8.10** 一个平板电容器的两极板与电源连接,若在其中插入一个电介质,电容器中储藏的能量有什么变化?若将电源断开后再插入电介质,能量的变化又如何?

**8.11** 两导体球$A$,$B$相距很远(都可看成是孤立导体),其中$A$球带电,$B$球不带电.若用一根细长金属线将两球连接,电荷将按怎样的比例在两球上分配?

**8.12** 以电介质平板为绝缘材料的平板电容器充电后,断开电源,然后将电介质平板抽出,外力做正功还是负功?做功的大小与哪些因素有关?

**8.13** 平板电容器充电到极板带电量为$q$,然后与电源分开。若把两极板慢慢拉开,使极板间距增加一倍,电荷$q$变化吗?电容器中储藏的能量变化吗?若电容器保持与电源连接,极板拉开时,情形又会怎样?

# 习　题

**8.1**　在一金属块中有一半径为 3 cm 的球形空腔，在球形空腔的中心有一电量为$1.0\times10^{-7}$ C 的点电荷，试求空腔半径的中点 $a$ 处的场强和空腔外部金属中一点 $b$ 处的场强。

**8.2**　点电荷 $+q$ 处在导体球壳的中心，球壳的内、外半径分别为 $R_1$ 和 $R_2$。试求：①$r<R_1$；②$R_1<r<R_2$；③$r>R_2$ 三个区域的电场强度和电势($r$ 为观察点到 $+q$ 的距离)。

**8.3**　三块平行金属板 $A,B,C$ 的面积均为 200 $\text{cm}^2$，$A,B$ 间相距 4.0 mm，$A,C$ 间相距 2.0 mm，$B,C$ 两板均接地(见题 8.3 图)。如果使 $A$ 板带正电 $3.0\times10^{-7}$ C，并略去边缘效应，求 $B,C$ 上的感应电荷及 $A$ 板的电势(以地为电势零点)。

**8.4**　如题 8.4 图所示，有三块互相平行的导体板，外面的两块用导线连接，原来不带电。中间一块上所带总电荷面密度为 $1.3\times10^{-5}$ $\text{C}\cdot\text{m}^{-2}$。求每块板的两个表面的面电荷密度各是多少？(忽略边缘效应)

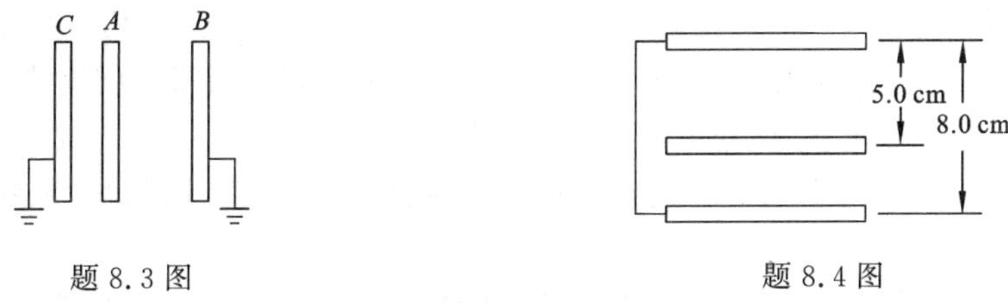


题 8.3 图　　题 8.4 图

**8.5**　一个接地的导体球，半径为 $R$，原来不带电。今将一点电荷 $q$ 放在球外距球心的距离为 $r$ 的地方，求球上的感应电荷总量。

**8.6**　在真空中有 $A$、$B$ 两板，相隔间距为 $d$(很小)，极板面积为 $S$，两板所带面电荷密度分别为 $+\sigma$ 和 $-\sigma$，求在静电平衡下两极板间相互作用力的大小。

**8.7**　一圆柱形电容器，内外极板半径分别为 $R_1$ 和 $R_2$，设两极板间的电势差为 $V$，求离轴为 $r_1$ 和 $r_2$ 处的电势差。

**8.8**　互相远离的两个导体，其电势分别为 $V_1$ 和 $V_2$(无限远处为电势零点)，电容分别为 $C_1$ 和 $C_2$，若用导线连接它们，求流过导线的电荷和导体的电势。

**8.9**　有两个电容器，其带电量分别为 $Q$ 和 $2Q$，其电容均为 $C$，求电容器并联前后总能量的变化。

**8.10**　有两个相距很远的带电导体球，设其半径和电量分别为 $R_1$ 和 $R_2$、$Q_1$ 和 $Q_2$，现用一根很细的导线连接它们，求连接后两球的带电量及电势。

**8.11**　电容 $C_1=4\ \mu\text{F}$ 的电容器在 800 V 的电势差下充电，然后切断电源，并将此电容器的两个极板分别和原来不带电、电容为 $C_2=6\ \mu\text{F}$ 的两个极板相连，求：

(1) 每个电容器极板所带电荷量；

(2) 连接前后的静电场能。

**8.12**　两个相同的空气电容器，其电容都是 $0.90\times10^{-9}$ F，都充电到电压各为 900 V 后断开电源，把其中之一浸入 $\varepsilon_r=2$ 的煤油中，然后把两个电容器并联，求：

(1) 浸入煤油过程中损失的静电场能；

(2) 并联过程中损失的静电场能。

**8.13**　一“无限大”空气平板电容器，极板 $A$ 和 $B$ 的面积都是 $S$，两极板间距离为 $d$。连接电源后，$A$ 板电势 $V_A=V$，$B$ 板电势 $V_B=0$。现将一带电量为 $q$，面积也是 $S$ 而厚度可忽略不计的导体片 $C$ 平行地插在两极板中间位置(见题 8.13 图)，求导体片 $C$ 的电势。

**8.14** 将半径分别为 $R_1=5\ \text{cm}$ 和 $R_2=10\ \text{cm}$ 的两根很长的共轴圆筒分别连接到直流电源的两极上，题 8.14 图是其俯视图，今使一电子以速率 $v=3\times10^6\ \text{m}\cdot\text{s}^{-1}$，沿半径为 $r$ $(R_1<r<R_2)$ 的圆周的切线方向射入两圆筒间。欲使得电子做圆周运动，电源电压应为多大。(电子质量 $m=9.11\times10^{-31}\ \text{kg}$，电子电荷 $e=1.6\times10^{-19}\ \text{C}$)。

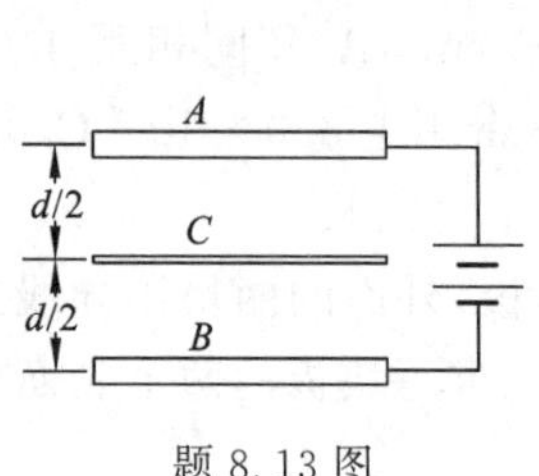

题 8.13 图

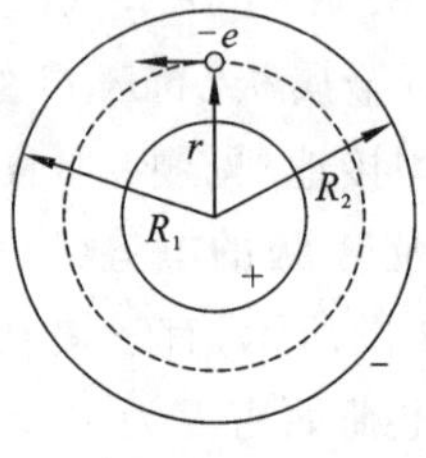

题 8.14 图

**8.15** 平板电容器极板间的距离为 $d$，保持极板上的电荷不变，把相对介电常数为 $\varepsilon_r$，厚度为 $b\,(<d)$ 的玻璃板插入极板间，求无玻璃板时和插入玻璃板后极板间电势差的比。

**8.16** 有一个平板电容器，充电后极板上电荷面密度为 $4.5\times10^{-5}\ \text{C}\cdot\text{m}^{-2}$，现将两极板与电源断开，然后再把介电常数为 2.0 的电介质插入两极板之间。求此时电介质中的 $\boldsymbol{D}$，$\boldsymbol{E}$，$\boldsymbol{P}$ 的大小。

**8.17** 球形电容器的内、外半径分别为 $R_1$ 和 $R_2$，两极板所带电荷分别为 $+Q$ 和 $-Q$。若在两球壳间充以介电常数为 $\varepsilon$ 的电介质，求此电容器储存的电场能量。

**8.18** 球形区域 $a<r<b$，单位体积带电 $\rho=\dfrac{A}{r}$，其中 $A$ 是常数，在封闭空腔的中心($r=0$)有一点电荷 $Q$。问 $A$ 应为何值时才能使 $a<r<b$ 区域中的电场具有恒定值?

**8.19** 一个平行板电容器的电容为 1 F，两板的距离为 1.0 mm，板的面积是多少?

**8.20** 一圆柱形电容器长 15 m，当两极的电势是 4.0 V 时，存储的能量为 $3.2\times10^{-9}\ \text{J}$。求电容器带的电荷是多少?

【习题参考答案】

【阅读材料 1】

【阅读材料 2】

# 第9章　恒定电流

第7章和第8章讨论了静止电荷在空间中激发静电场和物质与静电场相互作用的基本规律。本章将介绍运动电荷产生电流的基本规律，首先，从金属导电的微观机制定性说明金属导电的宏观规律，介绍欧姆定律，并通过引入电流密度的概念说明导体中电流密度与电场和导体材料的关系。其次，用场的观点阐明电动势的概念和能量转换，说明非静电力在电路中维持恒定电流所起的作用。然后，介绍闭合回路和一段含源电路的欧姆定律，说明闭合回路中恒定电流与电源电动势及在恒定电流电路中电流分布与电势差的关系。最后，应用含源电路的欧姆定律分析电源与电阻所构成的电路和电容器的充、放电过程。

## 9.1　电流　欧姆定律

### 9.1.1　电流

电荷有规则的定向运动形成电流。从微观上看，形成电流的带电粒子统称为载流子。它们可以是电子（如在金属中）或离子（如电解液中），在半导体中也可能是带正电的“空穴”。导体中电荷有规则的运动形成的电流称为**传导电流**。

任何金属导体达到静电平衡时，整个导体为等势体，其内部电场强度为零，此时，金属中的自由电子做不规则的热运动，导体内没有电流。因此要使金属导体中产生电流，导体内部的电场强度不能为零，即导体中必须存在电势差。

电流的强弱用**电流强度**来描述，用符号 $I$ 表示，它等于单位时间内通过导体某一截面的电量。如果在 $\Delta t$ 时间内通过导体某一截面的电量 $\Delta q$，则通过该截面的电流强度为

$$I = \frac{\Delta q}{\Delta t} \tag{9.1}$$

在国际单位制中电流强度单位的名称是安[培]，符号是 A，$1\ \mathrm{A} = 1\ \mathrm{C} \cdot \mathrm{s}^{-1}$。强度不随时间变化的电流称为恒定电流或直流；强度随时间变化的电流称为交变电流或交流，交变电流用瞬时电流强度来表示电流的强弱，即

$$I = \lim_{\Delta t \to 0} \frac{\Delta q}{\Delta t} = \frac{\mathrm{d}q}{\mathrm{d}t} \tag{9.2}$$

习惯上以正电荷运动的方向作为电流的方向。

当金属导体达到静电平衡时，自由电子相对于金属的晶格点阵做无规则热运动，其速度的数量级为$10^5\ \mathrm{m} \cdot \mathrm{s}^{-1}$。但是，因为电子朝各方向运动的机会均等，其运动的平均速度为零，在导体中不形成宏观电流。若导体中电场强度 $\boldsymbol{E}$ 不为零，自由电子受到电场力 $e\boldsymbol{E}$ 作用（电子的电量为 $e$），逆着电场方向做加速运动。在加速运动过程中，电子不断与晶格点阵碰撞，定向运动受到阻碍。每碰撞一次电子运动速度的方向改变一次，如图9.1所示；由于电子受到电场力作用，获得一个与电场 $\boldsymbol{E}$ 反方向的加速度

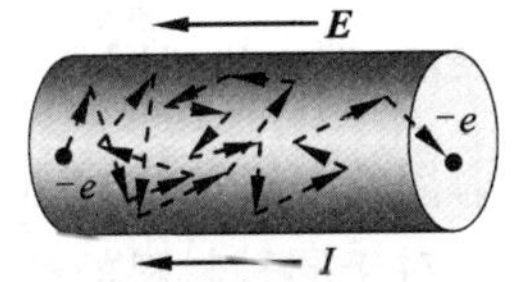

图9.1　电子的漂移

$a=\dfrac{e\boldsymbol{E}}{m}$($m$ 为电子的质量)。经过一段时间之后,电子会在这个方向前进一段距离,即电子在无规则运动的基础上叠加了一个定向运动。对大量电子,这种定向运动就形成电流。在一定的电场力的作用下,电子做定向运动速度的平均值 $\overline{\boldsymbol{v}}$ 是确定的,电子将以平均速度 $\overline{\boldsymbol{v}}$ 逆电场方向移动,这个平均速度称为电子的"漂移"速度。

电场在导体中的漂移速度与电场强度有关。导体中电子与晶格点阵不断碰撞,假设一次碰撞电子完全失去能量,电子速度变为零,如果电子的平均碰撞时间是 $\tau$,在这段时间内电子受电场力作用,它们的漂移速度为

$$\overline{v}=\frac{1}{2}a\tau=\frac{eE}{2m}\tau \tag{9.3}$$

因此,漂移速度 $\overline{\boldsymbol{v}}$ 随电场强度的增加而增大;然而,漂移速度的数量级为$10^{-3}\ \mathrm{m\cdot s^{-1}}$,远小于无规则热运动的速度。

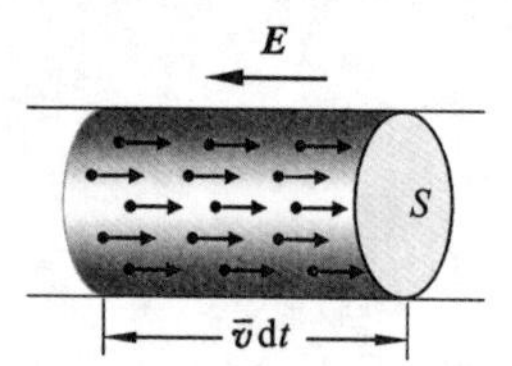


图 9.2　电流强度与电子漂移

电子的漂移速度与电流有何关系呢?假设在导体中取一个小圆柱体,其轴线与电场强度 $\boldsymbol{E}$ 平行,如图 9.2 所示;导体单位体积中的电子数为 $n$,在 $\mathrm{d}t$ 时间内通过截面 $S$ 的电子数为 $nS\overline{v}\mathrm{d}t$,则 $\mathrm{d}t$ 时间内通过截面 $S$ 的电量是 $\mathrm{d}q=enS\overline{v}\mathrm{d}t$,因此,电流强度为

$$I=\frac{\mathrm{d}q}{\mathrm{d}t}=enS\overline{v} \tag{9.4}$$

从式(9.4)可见,电流强度 $I$ 与电子的漂移速度 $\overline{\boldsymbol{v}}$ 成正比,而 $\overline{\boldsymbol{v}}$ 的大小正比于电场强度 $\boldsymbol{E}$ 的大小,所以,电流强度 $I$ 也与电场强度 $\boldsymbol{E}$ 的大小成正比。当导体中形成电流后,若将电场移去,电子与晶格点阵不断碰撞以及电子本身的热运动使电子的定向运动立即被破坏,电流也立即消失。要维持导体中有持续的电流,导体中的电场强度 $\boldsymbol{E}$ 不能为零,即导体两端必须保持一定的电势差。

## 9.1.2　欧姆定律

金属导体中的电子不断与晶格点阵碰撞,电子的定向运动不时地受到阻碍,由此形成导体的电阻。各种金属导体晶格点阵的结构不同,电子运动受到的阻碍(即电阻)也不同,所以,电阻大小由导体的性质决定,与导体内部电场强度 $\boldsymbol{E}$ 或电势差 $V$ 无关。当导体的大小和形状确定时,施加在导体两端的电势差 $V$ 越大,导体内的电场强度 $\boldsymbol{E}$ 越大,则电子的漂移速度 $\overline{\boldsymbol{v}}$ 也越大,根据式(9.4),电流强度 $I$ 也越大,因此,导体中的电流强度 $I$ 与导体两端的电势差 $V$ 成正比。这定性地说明了从实验中得到的一段电路的欧姆定律

$$I=\frac{V}{R} \tag{9.5}$$

式中:$R$ 为导体的电阻,它由导体自身性质决定。在国际单位制中:电阻的单位为欧姆,用符号 $\Omega$ 表示,即 $1\Omega=1\ \mathrm{V\cdot A^{-1}}$;电阻的倒数$\dfrac{1}{R}$ 称为电导,用符号 $G=\dfrac{1}{R}$ 表示;电导的单位为西[门子],用符号 S 表示,$1\ \mathrm{S}=\Omega^{-1}$。

对于同种材料的柱形导体,设长度为 $l$,截面为 $S$;当施加在导体两端的电势差 $V$ 一定时,如果导体截面 $S$ 不变,导体长度 $l$ 改变,由于 $E=\dfrac{V}{l}$,从式(9.3)和式(9.4)知,导体越长,导体

中电场越小，电流强度越小，从欧姆定律可知，这相当于电阻增加，即导体的电阻 $R$ 与其长度 $l$ 成正比。如果导体的长度 $l$ 一定，其截面 $S$ 改变，在相同电势差 $V$ 条件下，电场强度 $\boldsymbol{E}$ 不变，漂移速度 $\bar{\boldsymbol{v}}$ 不变，由式(9.4)，截面 $S$ 增大，电流强度 $I$ 增加，从欧姆定律来看，相当于电阻减小，即导体的电阻 $R$ 与其导体的截面积 $S$ 成反比。上述分析与实验结果是一致的，它们之间的关系表示为

$$R = \rho \frac{l}{S} \tag{9.6}$$

式(9.6)称为**电阻定律**，式中的比例系数 $\rho$ 称为电阻率，它由导体材料的性质决定，电阻率越大，表示导体的导电性越差。电阻率的倒数 $\sigma = \dfrac{1}{\rho}$ 称为电导率，电导率越大表示电导性越好。在国际单位制中：电阻率的单位为欧姆·米，用符号 Ω·m 表示；电导率的单位为西[门子]·米$^{-1}$，用符号 S·m$^{-1}$ 表示。

电阻率不仅与材料的种类有关，而且还有温度有关。因为导体温度升高时，电子的热运动和晶格点阵的热振动都将增加，它们之间的碰撞也会加剧，电子的定向运动更容易被破坏；在同样电势差的条件下，温度越高，电子的漂移速度 $\bar{\boldsymbol{v}}$ 越小，导体电阻率增加。一般金属导体在温度不太低时，电阻率 $\rho$ 与温度 $t$(℃) 有如下线性关系，即

$$\rho_t = \rho_0(1 + \alpha t) \tag{9.7}$$

式中：$\rho_t$ 和 $\rho_0$ 分别是 $t$(℃) 和 0(℃) 时的电阻率，$\alpha$ 称为电阻的温度系数，不同的材料温度系数不同。例如，银和铜的 $\alpha$ 值分别是 $4.1 \times 10^{-3}\ \mathrm{K}^{-1}$ 和 $4.3 \times 10^{-3}\ \mathrm{K}^{-1}$，而锰铜合金(Cu84%，Mn12%，Ni4%)$6.0 \times 10^{-6}\ \mathrm{K}^{-1}$。这说明锰铜合金随温度的变化率很小，因此用这种材料做成的电阻受温度影响很小，可用它做标准电阻。

### 9.1.3　电流密度矢量

一般情况下，导体中各处电流的大小可能不同，电荷的运动方向也可能各异，仅用电流强度不能够很好地描述导体中电流的分布情况，需要引入新的物理量——电流密度矢量 $\boldsymbol{j}$。如图 9.3 所示，假设正电荷 $q$ 以速度 $\bar{\boldsymbol{v}}$ 通过导体中的某一个曲面 $S$，在面上某点处取一个小面积元 $\mathrm{d}S$，该点的电场强度 $\boldsymbol{E}$ 方向(即 $\bar{\boldsymbol{v}}$ 的方向)与面积元法线 $\boldsymbol{n}$ 方向的夹角为 $\alpha$，则时间 $\mathrm{d}t$ 内在斜高为 $\bar{v}\mathrm{d}t$ 的斜柱体中的电荷通过 $\mathrm{d}S$；若导体中的电荷数密度是 $n$，小斜柱体的体积为 $\mathrm{d}S\cos\alpha\bar{v}\mathrm{d}t$，通过的电量是 $\mathrm{d}q = ne\mathrm{d}S\cos\alpha\bar{v}\mathrm{d}t$，因此，通过小面元的电流强度为

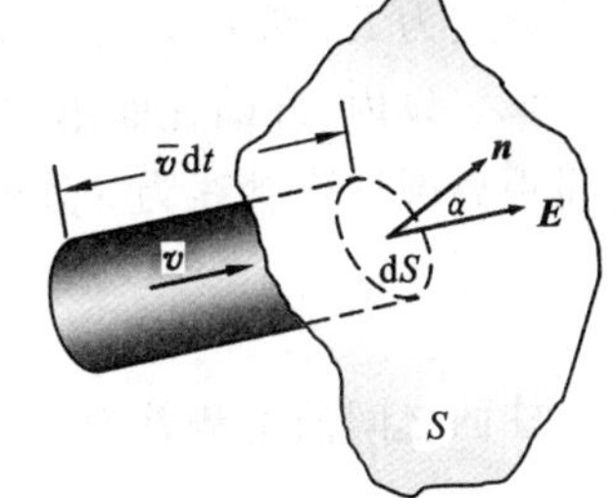

图 9.3　电流密度矢量

$$\mathrm{d}I = \frac{\mathrm{d}q}{\mathrm{d}t} = ne\bar{v}\mathrm{d}S\cos\alpha \tag{9.8}$$

定义该点处**电流密度矢量 $\boldsymbol{j}$** 的大小为通过该点处垂直于 $\boldsymbol{E}$ 单位面积上的电流强度，若用 $\mathrm{d}S_n$ 表示垂直于 $\boldsymbol{E}$ 的小面积元，$\mathrm{d}S_n = \mathrm{d}S\cos\alpha$，则

$$j = \frac{\mathrm{d}I}{\mathrm{d}S_n} = \frac{\mathrm{d}I}{\mathrm{d}S\cos\alpha} = ne\bar{v} \tag{9.9}$$

电流密度矢量 $\boldsymbol{j}$ 的方向为 $\boldsymbol{E}$(或 $\bar{\boldsymbol{v}}$) 的方向。将式(9.8)写成如下形式

$$\mathrm{d}I = ne\bar{v}\mathrm{d}S\cos\alpha = \boldsymbol{j} \cdot \mathrm{d}\boldsymbol{S} = ne\bar{\boldsymbol{v}} \cdot \mathrm{d}\boldsymbol{S} \tag{9.10}$$

式(9.10)表示通过面积元 $\mathrm{d}\boldsymbol{S}$ 的电流强度等于该点的电流密度矢量 $\boldsymbol{j}$ 与面积元 $\mathrm{d}\boldsymbol{S}$ 的标积，通过曲面 $S$ 的电流强度可表示为

$$I = \iint_S \boldsymbol{j} \cdot \mathrm{d}\boldsymbol{S} \tag{9.11}$$

电流密度的单位为安培·米$^{-2}$,用符号 $\mathrm{A \cdot m^{-2}}$ 表示。

## 9.1.4　欧姆定律的微分形式

欧姆定律式(9.5)给出了电势差和电流的关系,它是电场在一段导体中对自由电子运动产生总效果的表示。在一段导体两端有电势差时,导体内电场并不一定均匀,各处电子的漂移速度不同,各点电流密度就不均匀。然而,如果在导体内某点处取一个小圆柱体积元 $\mathrm{d}l\mathrm{d}S$,使其轴线平行于该点电流密度矢量 $\boldsymbol{j}$ 的方向,也与电场强度 $\boldsymbol{E}$ 的方向一致,如图 9.4 所示,在此小体积元中,电流密度和电场强度可认为是近似均匀的。该圆柱体积元的电阻为 $\rho \dfrac{\mathrm{d}l}{\mathrm{d}S}$,两端的电势差是 $E\mathrm{d}l$,由欧姆定律和式(9.10),通过该体积元的电流强度为

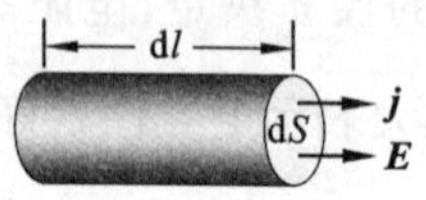


图 9.4　导体中体积元

$$\mathrm{d}I = j\mathrm{d}S = \frac{E\mathrm{d}l}{\rho \dfrac{\mathrm{d}l}{\mathrm{d}S}}$$

所以

$$j = \frac{1}{\rho}E = \sigma E$$

写成矢量形式为

$$\boldsymbol{j} = \sigma \boldsymbol{E} \tag{9.12}$$

式中:$\sigma$ 是导体的电导率。式(9.12)称为**欧姆定律的微分形式**,它表示导体中各处的电流密度与该处电场强度的关系,与导体的形状和大小无关。可见,只要知道导体中电场 $\boldsymbol{E}$ 的分布,就能得到电流密度 $\boldsymbol{j}$ 的分布情况。

**例 9.1**　两个长度为 $l$ 的同轴金属圆柱面之间充满电阻率为 $\rho$ 的导电材料,内外圆柱面的半径分别为 $R_1$ 和 $R_2$,求两圆柱面之间导电材料的电阻。

**解**　设内、外圆柱面单位长度所带电荷分别为 $+\lambda$ 和 $-\lambda$,利用高斯定理可得到两圆柱面之间距离圆柱面轴线为 $r$ 处的电场强度为

$$E = \frac{\lambda}{2\pi\varepsilon_o r}$$

两圆柱面之间的电势差为

$$V = V_1 - V_2 = \int_{R_1}^{R_2} E\mathrm{d}r = \frac{\lambda}{2\pi\varepsilon_o}\ln\frac{R_2}{R_1}$$

从以上两式中消去 $\lambda$,有

$$E = \frac{V}{\ln\dfrac{R_2}{R_1}}\frac{1}{r}$$

以 $r$ 为半径作一个圆柱面 $S$,则在圆柱面上的电流密度的大小为

$$j = \frac{E}{\rho} = \frac{V}{\rho\ln\dfrac{R_2}{R_1}}\frac{1}{r}$$

方向沿半径方向。通过长度为 $l$ 的两圆柱面之间导电材料的电流强度

$$I = j2\pi rl = \frac{2\pi l}{\rho \ln \frac{R_2}{R_1}} V$$

因此，两圆柱面之间导电材料的电阻等于

$$R = \frac{\rho}{2\pi l} \ln \frac{R_2}{R_1}$$

## 9.2　电源的电动势

导体中的电流强度不随时间变化的电流是恒定电流或直流，维持导体中电流恒定的条件是导体两端的电势差不变。下面讨论如何使导体两端的电势差保持恒定。如图9.5(a)所示，有两个导体$A$和$B$，它们的电势分别为$V_A$和$V_B$，且$V_A > V_B$。如果将用导线将$A$与$B$连接起来，在导线的内部就会产生电场，电力线的方向由$A$指向$B$，导体中的正电荷就会从$A$沿导线流向$B$(实际上在金属导体中是自由电子从$B$流向$A$，它与正电荷从$A$流向$B$是等效的)，电容器的放电过程就是这种情况。在此过程中，随着电流继续，在$A$导体因正电荷减少，电势逐渐降低，在$B$导体因正电荷增加，电势逐渐增高，结果$A$和$B$两端的电势差逐渐减小而趋向于零，导线中的电流也逐渐减弱直至趋向于零。这说明仅用静电场力是不能维持导线中具有恒定电流的。

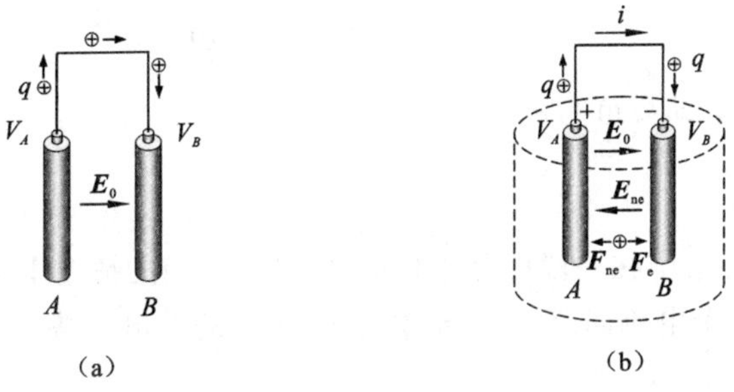


图9.5　电源内部的静电力与非静电力

要在导线中维持恒定电流，就必须设法使流到$B$导体上的电荷重新回到$A$导体上去，这样就可以保持恒定的电荷分布，使$A$和$B$两端的电势差维持不变，在导线中就能够获得恒定电流。然而，在$A$，$B$导体之间存在的静电场$\boldsymbol{E}_0$，在正电荷从$B$导体移向$A$导体时会受到静电场力$\boldsymbol{F}_e$的阻止，这样，就必须有一个与静电场力$\boldsymbol{F}_e$方向相反的非静电性外力$\boldsymbol{F}_{ne}$(简称非静电力)作用，克服静电场力$\boldsymbol{F}_e$做功，才能使正电荷从$B$移向$A$。提供非静电力的装置称为电源，如图9.5(b)所示，它是将其他形式的能量转变为电能的一种装置。例如，常用的电池就是把化学能转变为电能的化学电池，相当于图中虚线框中的功能。电源有正负两级，正极电势高于负极的电势，用导线将正负两极相连时，就形成一个闭合回路。在此回路中，电源外的导体组成的电路部分称为外电路，在静电场力作用下，外电路中电流由正极流向负极。电源里面的电路称为内电路，在内电路中非静电力$\boldsymbol{F}_{ne}$作用使电流逆着静电场方向由负极流向正极。

在电源的内部，非静电力$\boldsymbol{F}_{ne}$把正电荷从低电势移向高电势，这可以等效地把它看成是一种非静电力场的作用，仿效静电场的情况，定义非静电力场强度$\boldsymbol{E}_{ne}$为单位正电荷所受到的非静电力$\boldsymbol{F}_{ne}$，即

$$\boldsymbol{E}_{ne} = \frac{\boldsymbol{F}_{ne}}{q} \tag{9.13}$$

其方向如图 9.5(b) 所示，由 $B$ 指向 $A$。在非静电力场强度 $\boldsymbol{E}_{\mathrm{ne}}$ 作用下，电源内部的正电荷从 $B$ 极移向 $A$ 极。同时，电源的内部还有静电场 $\boldsymbol{E}_0$，其方向与 $\boldsymbol{E}_{\mathrm{ne}}$ 相反，因此，电源内部的电场为静电场和非静电力场的矢量和，即

$$\boldsymbol{E} = \boldsymbol{E}_0 + \boldsymbol{E}_{\mathrm{ne}} \tag{9.14}$$

当电源的外电路断开(开路) 时，由非静电力作用所建立起来的静电场最终与非静电力场达到平衡，$\boldsymbol{E}_0 + \boldsymbol{E}_{\mathrm{ne}} = 0$，电荷的移动停止；当电源的外电路连接(闭路) 时，正电荷在静电场的作用下，不断从电源正极经外电路流向负极，然后，再受电源中非静电力场作用，克服电源内部的静电力作用，经内部电路回到正极。在正电荷沿闭合电路绕行一周的过程中，静电场 $\boldsymbol{E}_0$ 的环流等于零，即 $\oint \boldsymbol{E}_0 \cdot \mathrm{d}\boldsymbol{l} = 0$，因此，静电力所做的功等于零。然而，非静电力把正电荷从负极移向正极的过程中必须消耗其他形式的能量做功，则把单位正电荷从电源的负极经电源内部移至正极过程中，电源中非静电力所做的功定义为**电源的电动势** $\varepsilon$，它表示电源的做功本领。

如果 $A_{\mathrm{ne}}$ 表示在电源内部电量为 $q$ 的正电荷从负极移到正极过程中非静电力所做的功，则电源的电动势为

$$\varepsilon = \frac{A_{\mathrm{ne}}}{q} \tag{9.15}$$

用非静电力场 $\boldsymbol{E}_{\mathrm{ne}}$ 可将非静电力做功表示为

$$A_{\mathrm{ne}} = \int_{\substack{(-)\\(\text{电源内})}}^{(+)} q\boldsymbol{E}_{\mathrm{ne}} \cdot \mathrm{d}\boldsymbol{l} \tag{9.16}$$

由式(9.15) 知，电源的电动势可写成

$$\varepsilon = \int_{\substack{(-)\\(\text{电源内})}}^{(+)} \boldsymbol{E}_{\mathrm{ne}} \cdot \mathrm{d}\boldsymbol{l} \tag{9.17}$$

式(9.17) 表示非静电力集中在一段电路中(如电池中) 作用的情况下电动势的表示，在有些情况下非静电力存在于整个电流回路中，这时整个回路 $L$ 的总电动势为

$$\varepsilon = \oint_L \boldsymbol{E}_{\mathrm{ne}} \cdot \mathrm{d}\boldsymbol{l} \tag{9.18}$$

其中线积分遍及整个回路 $L$。

电动势是一个标量，但有正负，它的单位与电势相同。电动势的正方向规定为自负极经电源内部到正极的方向，即正电荷在电源内部流动的方向。

# 9.3　闭合电路和一段含源电路的欧姆定律

## 9.3.1　电流的功和功率　焦耳定律

设有一段导线 $AB$，其电阻为 $R$，$A$ 和 $B$ 两点的电势分别为 $V_A$ 和 $V_B$，电路中通过的电流强度 $I$，如图 9.6 所示；在恒定电流的情况下，在时间 $t$ 内，通过导线 $AB$ 任一截面处的电量 $q$ 都等于 $It$，即电量为 $q$ 的电荷在静电场力的作用下从 $A$ 点移到 $B$ 点时，静电场力做功为

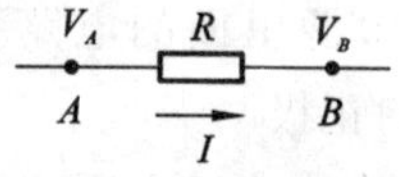

图 9.6　电流做功

$$A_{\mathrm{e}} = q(V_A - V_B) = I(V_A - V_B)t \tag{9.19}$$

这个功通常称为电流的功(简称电功)，相应的功率

$$P = \frac{A_{\mathrm{e}}}{t} = I(V_A - V_B) \tag{9.20}$$

称为电流的功率(简称电功率)。

在导体中,静电场力做功使自由电子动能增加,电子在与晶格点阵碰撞时,把动能传给晶格点阵,转变为热运动能量,因此,电功将全部以热的形式从导体释放。若以$Q$表示导体释放的热量,有

$$Q = A_e = I(V_A - V_B)t = \frac{(V_A - V_B)^2}{R}t = I^2Rt \tag{9.21}$$

式(9.21)称为**焦耳定律**。它表示电流通过一段导体时释放的热量$Q$等于电流通过的时间$t$、导体的电阻$R$和电流强度的平方$I^2$三者的乘积。

## 9.3.2 闭合电路的欧姆定律

图9.7表示一个闭合电路,电源的电动势为$\varepsilon$,电源的内部也存在着电阻,称为内电阻$r$,外电路中的电阻为$R$,$A$和$B$两点的电势分别为$V_A$和$V_B$。当电路中通有电流$I$时,在$t$时间内,流过任一截面的电量为$q = It$,由式(9.15)知,电源中非静电力所做的功,即电源做功为$\varepsilon q$。在$t$时间内电流在电路中流动时,在电源的内部和外电路中都会产生焦耳热$Q = I^2(R+r)t$,根据能量转换与守恒定律,电源做功$\varepsilon q$将在整个电路中全部变成焦耳热,因此

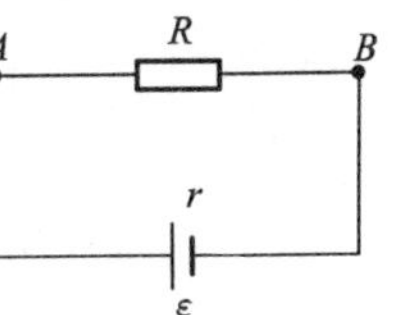

图9.7 闭合电路

$$\varepsilon q = \varepsilon It = Q = I^2(R+r)t$$

得到

$$\varepsilon = IR + Ir$$

或

$$I = \frac{\varepsilon}{R+r} \tag{9.22}$$

式(9.22)称为**闭合电路的欧姆定律**。

根据一段电路的欧姆定律式(9.5),闭合电路外电路$AB$段的电势差和电流的关系为$V = V_A - V_B = IR$,代入式(9.22),有

$$V_A - V_B = \varepsilon - Ir \tag{9.23}$$

这说明当闭合电路中有电流通过时,电源内阻上的电势降落$Ir$等于电源的电动势$\varepsilon$减去外电路上的两端电势差$(V_A - V_B)$。如果电源内阻$r$较外电阻$R$小很多,在电源内阻$r$上的电势降落$Ir$将远小于$AB$两端的电势降落(电势差)$V_A - V_B$,即外电路两端的电势差(端电压)接近于电源的电动势。在极限情况下,外电路开路时,外电阻$R$无限大,回路中的电流$I$为零,有

$$V_A - V_B = \varepsilon$$

因此,电源的电动势也等于外电路开路时电源两端的电势差。

在电路分析中,经常要计算电路中的电势差或者电势增量,为计算方便,做约定:首先,在电路中任意选定一个顺序方向;其次,约定以下几点。

(1) 如果电阻中电流的方向与选定的顺序方向相同,电势增量为$-IR$;相反时电势增量为$+IR$。

(2) 如果电动势的方向与选定的顺序方向相同,电势增量为$+\varepsilon$;相反时电势增量为$-\varepsilon$。

下面利用电势增量方法来讨论如图9.8所示电路,电路中含有两个电源$E_1$和$E_2$,它们的电动势和内阻分别为$(\varepsilon_1, r_1)$和$(\varepsilon_2, r_2)$,且有$\varepsilon_1 > \varepsilon_2$,电路中电流方向如图9.8所示。对电源$E_1$来说电动势方向与电流一致,电源消耗本身的能量给电路提供电能;对电源$E_2$电动势方向与

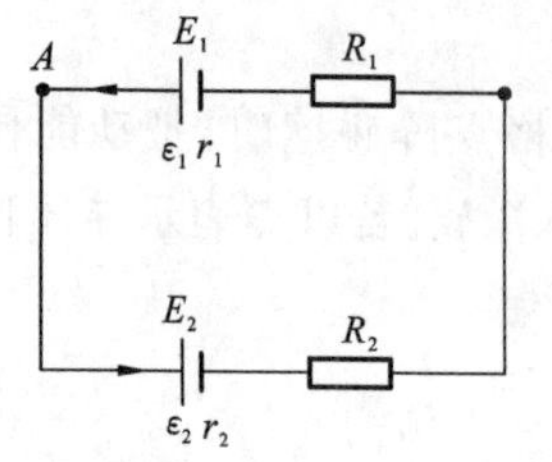

图 9.8　具有两个电源的闭合电路

电流相反，它对电流的通过起反抗作用，使电源 $E_2$ 获得电能而转变为其他形式的能量，因此把这种电动势称为反电动势。例如，在电动机启动(或断电)和蓄电池充电时，电动机和蓄电池的电动势都起着反电动势作用。在图 9.8 所示电路中，想象从 $A$ 点出发，选定顺序方向是沿着顺时针方向绕电路一周，电路上各段电势增量之和为零。

$$-\varepsilon_1 + Ir_1 + IR_1 + IR_2 + Ir_2 + \varepsilon_2 = 0$$

有

$$I = \frac{\varepsilon_1 - \varepsilon_2}{R_1 + R_2 + r_1 + r_2}$$

电路中的 $E_2$ 相当于一个具有负电动势的电源。上式可写成

$$I = \frac{\sum\limits_i \varepsilon_i}{\sum\limits_k R_k} \tag{9.24}$$

这是闭合电路欧姆定律的普遍形式。

### 9.3.3　一段含源电路的欧姆定律

在一些复杂电路的计算中，经常要计算其中某段含源电路两端的电势差(电压)，用计算电势增量的方法来处理此类问题也很方便。在图 9.9 中，如果从 $A$ 点出发，选定顺序方向是沿着电路经过 $C$ 点到达 $B$ 点，应用前面所述电势增量的约定和计算方法，由 $A$ 到 $B$ 的电势增量为

$$V_B - V_A = -I_1R_1 - \varepsilon_1 - I_1r_1 + \varepsilon_2 + I_2r_2 + I_2R_2 - \varepsilon_3 + I_2r_3$$

即

$$V_B - V_A = (\varepsilon_2 - \varepsilon_1 - \varepsilon_3) + (-I_1R_1 - I_1r_1 + I_2r_2 + I_2R_2 + I_2r_3)$$

写成一般形式

$$V_B - V_A = \sum_i \varepsilon_i + \sum_i I_iR_i \tag{9.25}$$

式中：$\sum\limits_i \varepsilon_i$ 和 $\sum\limits_i I_iR_i$ 是分别按上述约定计算得到的电势增量，这里 $\sum\limits_i I_iR_i$ 包含了 $\sum\limits_i I_ir_i$。式(9.25)称为**一段含源电路的欧姆定律**。

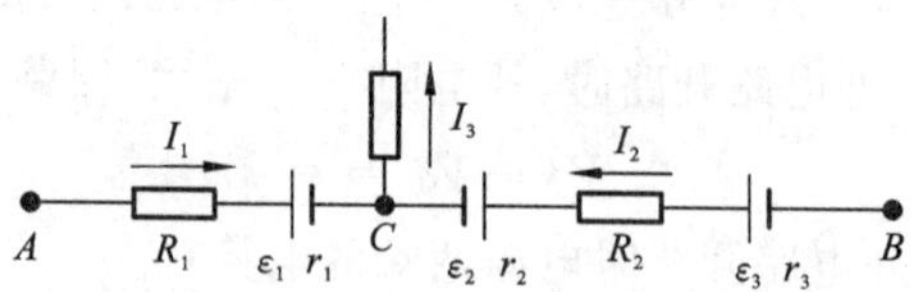

图 9.9　一段含源电路

**例 9.2**　如图 9.10 所示的电路中，已知电池 $\varepsilon_1 = 24\ \text{V}$，$\varepsilon_2 = 6\ \text{V}$，内阻分别为 $r_1 = 2\ \Omega$，$r_2 = 1\ \Omega$，外电阻 $R_1 = 2\ \Omega$，$R_2 = 1\ \Omega$，$R_3 = 3\ \Omega$。求：

(1) 电路中的电流强度 $I$；

(2) $a,b,c$ 各点的电势；

(3) 电池 $\varepsilon_1$ 两端电势差(电压)。

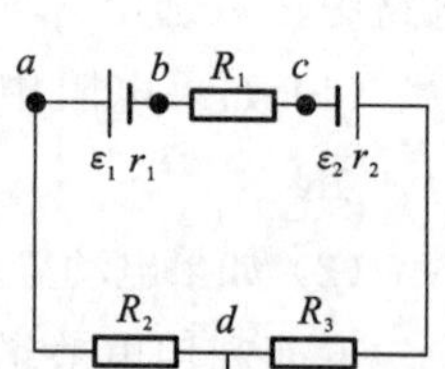

图 9.10　例 9.2 图

**解** (1) 取逆时针方向为闭合回路电流 $I$ 的正方向，同时选定顺序方向也是沿逆时针方向，如果最终得到电流强度 $I>0$，电流的方向与选定顺序方向相同，反之则相反。由电势增量计算的约定规则，$\varepsilon_1$ 为正，$\varepsilon_2$ 为负，总电阻为

$$R=R_1+R_2+R_3+r_1+r_2$$

由闭合电路欧姆定律式(9.24)，得

$$I=\frac{\sum_i \varepsilon_i}{\sum_k R_k}=\frac{\varepsilon_1-\varepsilon_2}{R}=\frac{24-6}{9}=2\ \text{A}$$

(2) 由一段含源电路的欧姆定律式(9.25)，对于 $a-d$ 段电路，考虑到 $\varepsilon_{ad}=0$，有

$$V_d-V_a=-IR_2$$

因为 $d$ 点接地，取 $V_d=0$，所以

$$V_a=IR_2=2\times 1=2\ \text{V}$$

对 $d-b$ 段电路，电流从 $d$ 点经 $R_3$，$\varepsilon_2$，$R_1$ 流到 $b$ 点，$\varepsilon_2$ 为负，有

$$V_b-V_d=-\varepsilon_2-IR_1-Ir_2-IR_3$$

所以

$$V_b=-\varepsilon_2-I(R_1+r_2+R_3)=-6-2\times(2+1+3)=-18\ \text{V}$$

同理

$$V_c=-\varepsilon_2-I(R_3+r_2)=-6-2\times(3+1)=-14\ \text{V}$$

(3) 对于 $b-a$ 段电路，有

$$V_a-V_b=\varepsilon_1-Ir_1=24-2\times 2=20\ \text{V}$$

# 9.4 电容器的充电与放电

在第8章介绍了电容器，它具有储存电荷的功能，因此，当电源与电容器连接成一个闭合电路时，电源会对电容器进行充电；断开电源后，电荷将在电容器上保存下来，电容器的两级分别携带正电荷与负电荷。其次，将电容器的两极用导线连接，正负电荷会相互中和，最终电容器将不带电。

如图9.11所示，将电容器 $C$、电阻 $R$、单刀双掷开关 $K$ 和电动势为 $\varepsilon$ 的电源连接成充、放电回路。首先，将开关 $K$ 拨向 $a$，电源 $\varepsilon$ 给电容器 $C$ 充电，电容器 $C$ 上的电量从零开始增加，达到最大值，而回路中的电流将从最大值逐渐减小到零，完成充电过程。然后，将开关 $K$ 拨向 $b$，电容器 $C$ 通过电阻 $R$ 放电，其极板上的电荷逐渐减少，回路中的电流也从最大值逐渐减小到零，完成放电过程。在此过程中，虽然回路中的电流不是恒定电流，但是仍然可以用一段含源电路的欧姆定律来分析电容器的充放电过程。

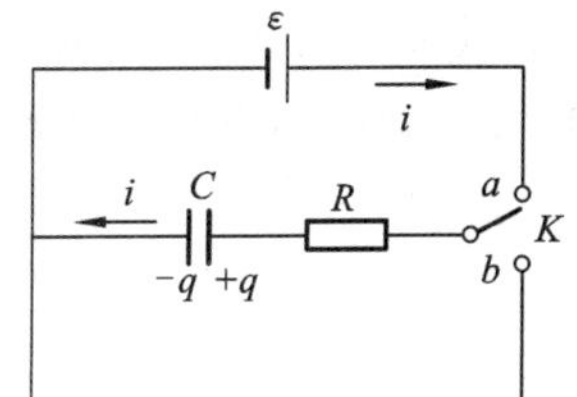

图9.11 电容器充电与放电电路

## 9.4.1 电容器的充电

将开关 $K$ 拨向 $a$，电源 $\varepsilon$ 与电容器 $C$、电阻 $R$ 形成充电回路；为简单起见，不考虑电源 $\varepsilon$ 内阻，将其看成理想电源。设某一时刻回路中的电流为 $i$，电容器上的电量为 $q$，两极板上的电压

(电势差)为 $u$,设电流方向为顺时针方向,由一段含源电路的欧姆定律式(9.25),电容器两端的电压为

$$u = \varepsilon - iR \tag{9.26}$$

电容器上电量的增加是由于电流输入电荷到电容器的极板上,单位时间电量的增量等于通过导线截面的电流,即

$$i = \frac{\mathrm{d}q}{\mathrm{d}t}$$

电容器两端的电压 $u$ 与电量 $q$ 的关系为

$$u = \frac{q}{C}$$

将上述两式代入式(9.26),有

$$R\frac{\mathrm{d}q}{\mathrm{d}t} + \frac{q}{C} - \varepsilon = 0$$

此式是在充电过程中电容器上电量随时间的变化满足的微分方程。

如果从开关 $K$ 拨向 $a$ 开始计时,$t = 0$,此时电容器极板上的电量为零,$q = 0$,上式可写成

$$\frac{\mathrm{d}q}{q - C\varepsilon} = -\frac{\mathrm{d}t}{RC}$$

两边积分为

$$\int_0^q \frac{\mathrm{d}q}{q - C\varepsilon} = -\int_0^t \frac{\mathrm{d}t}{RC}$$

可得电量随时间变化

$$q = C\varepsilon\left(1 - e^{-\frac{t}{RC}}\right) \tag{9.27}$$

电流随时间变化

$$i = \frac{\mathrm{d}q}{\mathrm{d}t} = \frac{\varepsilon}{R}e^{-\frac{t}{RC}} \tag{9.28}$$

电容器上电量和回路中电流随时间变化分别如图 9.12(a) 和(b) 所示。从式(9.27) 和式(9.28) 可见,电量和电流都随时间按照指数规律变化,电量由零增大到最大值,当 $t \to \infty$ 时,电量的最大值为 $Q = C\varepsilon$;而电流由最大值减小到零,当 $t = 0$ 时,电流为最大值为 $I = \frac{\varepsilon}{R}$。变化快慢由时间常数 $\tau = RC$ 决定。时间常数 $\tau$ 的定义为在充电过程中,电容器上电量达到最大值 $Q$ 的 $e^{-1}$ 倍或电路中电流减小到最大值 $I$ 的 $e^{-1}$ 倍时所经历的时间。$\tau$ 越大,电量增大越慢,电流减小越慢。

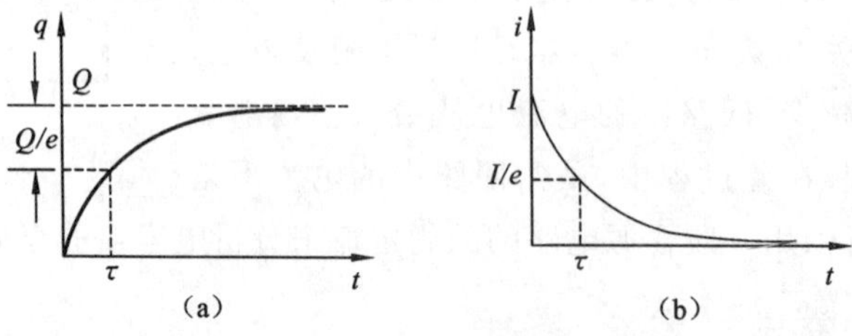


图 9.12　充电过程中电容器上电量和回路中电流随时间变化曲线

## 9.4.2 电容器的放电

电容器被充电至带电量$Q$时，将开关$K$拨向$b$，电容开始放电。如图9.13所示，设电流方向为顺时针方向，由一段含源电路的欧姆定律式(9.25)，电容器两端的电压是

$$u = -iR$$

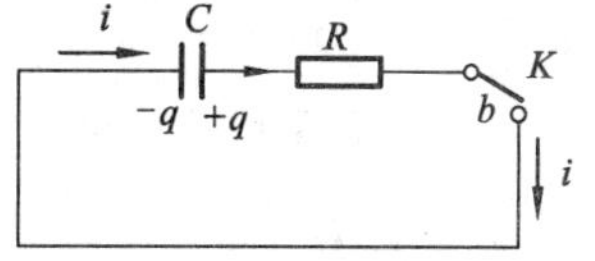

图9.13　电容器放电电路

与充电情况推导的方法相同，可以得到在放电过程中，电容器上电量随时间的变化满足的微分方程

$$R\frac{\mathrm{d}q}{\mathrm{d}t} + \frac{q}{C} = 0$$

如果从开关$K$拨向$b$开始计时，$t = 0$，此时电容器极板上的电量为$q = Q$，仿照上面推导可得放电时电量和电流随时间变化如下

$$q = Qe^{-\frac{t}{RC}} \tag{9.29}$$

$$i = \frac{Q}{RC}e^{-\frac{t}{RC}} \tag{9.30}$$

式(9.29)和式(9.30)表明在电容器放电过程中，电量和电流随时间按指数减小，时间常数仍然是$\tau = RC$。

# 内容提要

1. 电流密度矢量　$\boldsymbol{j} = ne\overline{\boldsymbol{v}}$

电流强度　$I = \frac{\mathrm{d}q}{\mathrm{d}t} = enS\overline{v}$

$$I = \int_S \boldsymbol{j} \cdot \mathrm{d}\boldsymbol{S}$$

2. 电阻定律　$R = \rho\frac{l}{S}$

电阻率与温度关系　$\rho_t = \rho_0(1 + \alpha t)$

欧姆定律　$I = \frac{V}{R}$

欧姆定律的微分形式　$\boldsymbol{j} = \sigma\boldsymbol{E}$

3. 电源的电动势：把单位正电荷从电源的负极经电源内部移至正极过程中，电源中非静电力所做的功

$$\varepsilon = \frac{A_{\mathrm{ne}}}{q} = \int_{(-)\,(\text{电源内})}^{(+)} \boldsymbol{E}_{\mathrm{ne}} \cdot \mathrm{d}\boldsymbol{l}$$

非静电力在整个回路$L$的总电动势

$$\varepsilon = \oint_L \boldsymbol{E}_{\mathrm{ne}} \cdot \mathrm{d}\boldsymbol{l}$$

4. 电流的功和功率

$$A_e = q(V_A - V_B) = I(V_A - V_B)t,\quad P = I(V_A - V_B)$$

焦耳定律　$Q = A_e = I(V_A - V_B)t = I^2Rt$

5. 闭合电路的欧姆定律　$I = \dfrac{\sum\limits_i \varepsilon_i}{\sum\limits_k R_k}$

6. 一段含源电路的欧姆定律　$V_B - V_A = \sum\limits_i \varepsilon_i + \sum\limits_i I_i R_i$

7. 电容器的充放电

充电过程　$q = C\varepsilon(1 - e^{-\frac{t}{RC}})$，　$i = \dfrac{dq}{dt} = \dfrac{\varepsilon}{R} e^{-\frac{t}{RC}}$

放电过程　$q = Qe^{-\frac{t}{RC}}$，　$i = \dfrac{Q}{RC} e^{-\frac{t}{RC}}$

时间常数　$\tau = RC$

## 思　考　题

**9.1**　电子的漂移速度很慢，为什么开关一接通电灯就亮呢？

**9.2**　两个截面不同的铜棒串接在一起，两端加上电压$V$，问通过两棒的电流强度、电流密度是否相同？两棒内的电场强度是否相同？如果两棒的长度相同，两棒上的电压是否相同？

**9.3**　对不服从欧姆定律的导体（电压$V$与电流$I$不成正比的非线性元件），电流通过导体功率的公式$P = IV$是否适用？$P = \dfrac{V^2}{R} = I^2 R$又怎样呢？

**9.4**　两个相同的电池按照思9.4图中的两种方式进行连接，$A$，$B$两点间的电势差是否相同？

**9.5**　有三个相同的电池按照思9.5图连接，电流计$G$中是否有电流通过？

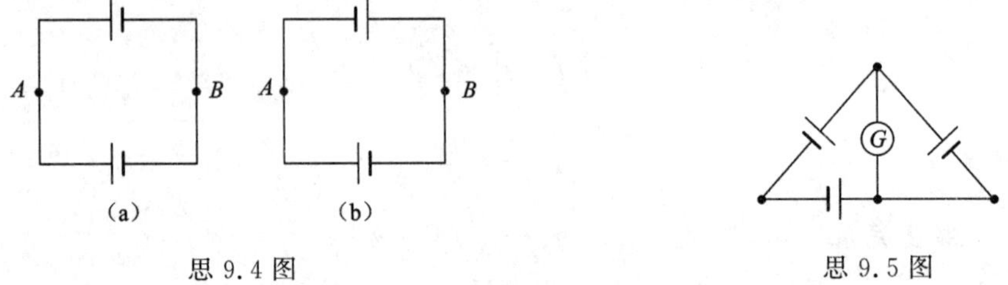


思9.4图　　　　思9.5图

**9.6**　一个电阻$R$的数值可以由测量通过电阻的电流和两端的电势差，再根据欧姆定律计算出来，采用思9.6图的两种测量方法所得到的数值与$R$的正确数值是否一致？

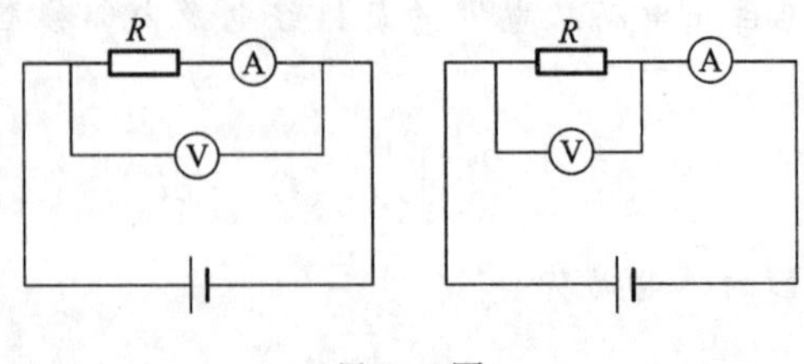


思9.6图

**9.7**　电源的电动势和端电压有什么区别？两者在什么情况下才相等？

**9.8**　电源中的静电力与非静电力有何不同？

# 习　题

**9.1**　电源的电压为 120 V，接上 60 W 灯泡，通过的电流是 0.50 A，求每秒钟通过灯泡的电子数。每小时有多少电量通过灯泡？

**9.2**　将相同直径的碳棒和铁棒串联，求两棒长度之比为多少时，其组合的电阻不随温度变化。已知：碳的 $\rho_0 = 4\times10^{-5}\ \Omega\cdot \mathrm{M}(1\ \mathrm{M} = 1\ \mathrm{mol}\cdot\mathrm{dm}^{-3})$，$\alpha = -0.84\times10^{-3}\ ℃^{-1}$，铁的 $\rho_0 = 12\times10^{-8}\ \Omega\cdot\mathrm{M}$，$\alpha = 6\times10^{-3}\ ℃^{-1}$。

**9.3**　一根截面积为 $1\ \mathrm{cm}^2$ 的铜导线，通过电流为 1 A，求铜导线内电子的漂移速度。若铜导线的截面积为 $1\ \mathrm{mm}^2$，电子的漂移速度又是多大？已知铜的密度为 $8.9\times10^3\ \mathrm{kg\cdot m^{-3}}$，铜原子的摩尔质量为 $64\times10^{-3}$ kg，每个铜原子有一个自由电子。

**9.4**　求氢原子绕核旋转形成的电流。已知电子的轨道半径为 $5.3\times10^{-11}$ m。

**9.5**　将两个电阻串联成分压器，如题 9.5 图所示，已知电源两端的电势差为 $V_1 = 6$ V，$R_1 = 4\ \mathrm{k\Omega}$，要使 $a$、$b$ 两端的电压为 $V_2 = 2$ V，求 $R_2$。

**9.6**　一个半径为 $r_0$ 的半球状电极与大地接触，如题 9.6 图所示，大地的电阻率为 $\rho$，假设电流通过这个接地电极均匀地流向无穷远，求大地电阻。

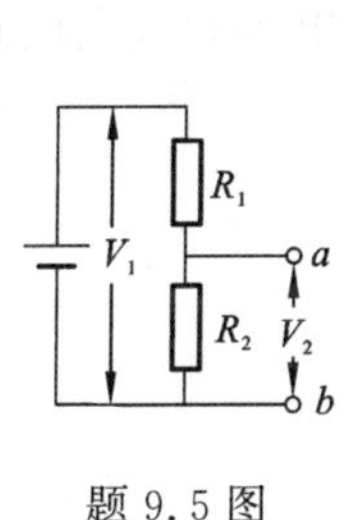


题 9.5 图

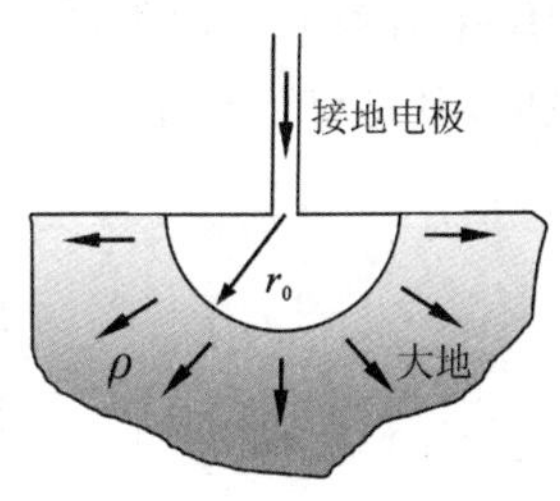


题 9.6 图

**9.7**　在半径分别为 $R_1 = 0.01$ m 和 $R_2 = 0.1$ m 的两个同心金属球壳中间，均匀充满电阻率为 $\rho = 2\times10^{-2}\ \Omega\cdot\mathrm{m}$ 的物质，两球壳之间开始时的电势差为 100 V，求：

(1) 开始时，电流密度与半径 $r$ 的关系；

(2) 开始放电时的电流强度；

(3) 球壳之间导电物质的电阻等于多少？

**9.8**　蓄电池在充电时，通过电流为 3 A，此时蓄电池的端电压为 4.25 V；当蓄电池在放电时，流出的电流为 4 A，此时蓄电池的端电压为 3.90 V，求蓄电池的电动势和内阻。

**9.9**　如题 9.9 图所示电路，其中电源的电动势分别为 $\varepsilon_1 = 12$ V，$\varepsilon_2 = 10$ V，$\varepsilon_3 = 8$ V；内阻相同 $r_1 = r_2 = r_3 = 1\ \Omega$，外电阻 $R = 2\ \Omega$，$R_1 = 3\ \Omega$。求：

(1) $a$，$b$ 两点间的电势差；

(2) $c$，$d$ 两点间的电势差。

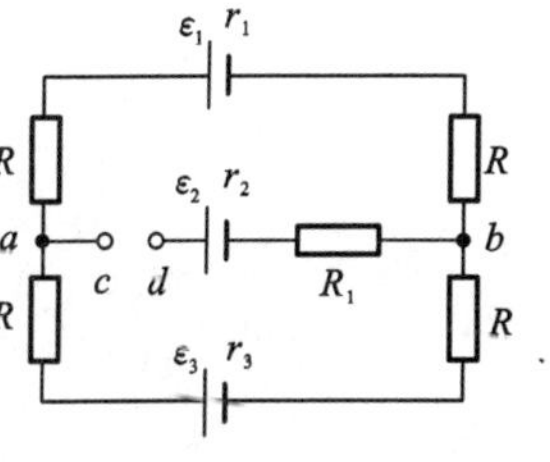


题 9.9 图

**9.10**　在题 9.10 图所示电路中,已知电池 $\varepsilon_2 = 12\ \mathrm{V}$,$\varepsilon_3 = 4\ \mathrm{V}$,电阻 $R_1 = 2\ \Omega$,$R_2 = 4\ \Omega$,$R_3 = 6\ \Omega$,安培计的读数为 $I = 0.5\ \mathrm{A}$,方向如图标示。若不考虑电池和安培计的内阻,求电池 $\varepsilon_1$ 的电动势。

**9.11**　由电源、电流计和 4 个电阻组成的电桥电路,如题9.11 图所示,若以 $I_1$,$I_2$,$I_g$ 为未知数列出三个回路的电压方程,求解出 $I_g$,并证明当 $R_1/R_2 = R_3/R_4$ 时,$I_g = 0$,从而证明 4 个电阻的这一关系是电桥平衡的充分条件。

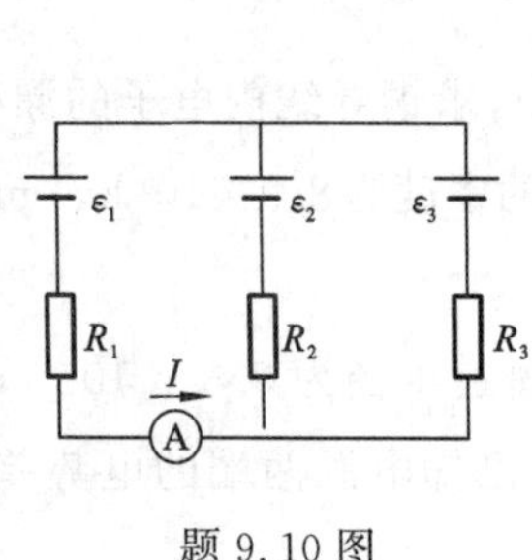

题 9.10 图

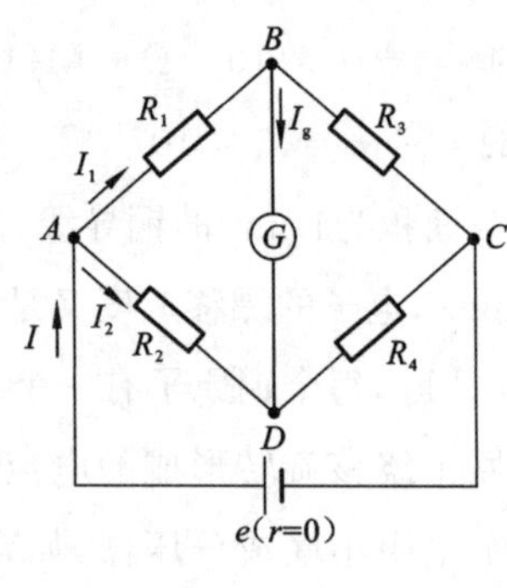

题 9.11 图

**9.12**　脉冲氙灯的电容器为 $C = 2\times 10^3\ \mu\mathrm{F}$,被充电达到电压为 $u = 4\times 10^3\ \mathrm{V}$ 之后开始放电,产生瞬时大电流使氙灯发光。

(1) 如果电源给电容器充电时的最大输出电流为 1 A,求此充电电路的最小时间常数。

(2) 氙灯放电时,其灯管的内电阻约为 0.5 Ω,求最大放电电流和放电电路的时间常数。

【习题参考答案】

# 第 10 章　真空中恒定电流的磁场

## 10.1　基本磁现象与本质

早在春秋时期，随着炼铁业的发展和铁器的广泛使用，我国古人就已经发现了磁石（磁铁矿，成分$Fe_3O_4$）吸铁的现象。11 世纪北宋科学家沈括在《梦溪笔谈》中首次明确记载了指南针。沈括还记载了用天然强磁体摩擦进行人工磁化制作指南针的方法。沈括在世界上最早发现地磁偏角，比欧洲的发现早 400 年。12 世纪初我国已有关于指南针用于航海的明确记载，早期对磁现象的认识主要在以下几个方面。

(1) 磁铁有磁极存在。所谓磁极是指磁铁两端磁性最强的区域。把一个条形磁铁悬挂起来，磁铁将自动地转向南北方向，指北的一极称为北极（用 N 表示），指南的一极称为南极（用 S 表示）。实际上，磁极所指的方向与地理上严格的南北方向稍有偏离，偏离的角度就是所谓的地磁偏角。这种偏离因地区不同而稍有差异。磁极之间具有相互作用力，同号磁极相互排斥，异号磁极相互吸引。磁铁在空中自动指向南北的事实，说明地球本身也是一个巨大的磁体。地球的磁 N 极在地理南极附近，磁 S 极在地理北极附近。

(2) 铁、钴、镍及某些合金，都能被磁铁所吸引，这些物质称为铁磁质。原来并不显磁性的铁磁质，在接触或靠近磁铁时，能被磁铁所磁化成为磁铁，因而能被磁铁吸引。

(3) 不存在独立的 N 极或 S 极，即不存在磁单极子。无论把磁铁分得多小，每一个很小的磁铁仍具有 N 极和 S 极。近代理论认为可能有单独磁极存在，这种具有磁南极或磁北极的粒子，称为磁单极子，但至今尚未观察到这种粒子。

在历史上很长一段时期里，磁学和电学的研究一直彼此独立地发展着，并认为这两类现象是根本不同的。从 19 世纪开始，人们不断发现电现象和磁现象之间的各种相互联系，逐步揭示了电磁运动的本质和规律。1819 年，丹麦科学家奥斯特在实验中发现，在通有直流电的导线下方，自由悬浮的磁针会发生偏转，如图 10.1 所示，这便是历史上著名的奥斯特实验。奥斯特实验表明，电流对磁铁有作用力。在奥斯特实验启发下，物理学家们在实验中观察到磁铁对电流同样具有作用力，如图 10.2 所示，电流和电流之间也有相互作用力，如图 10.3 所示。

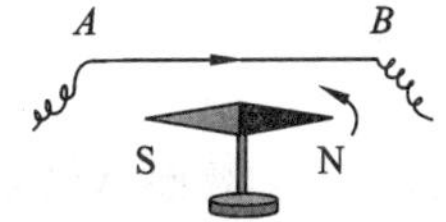

图 10.1　奥斯特实验

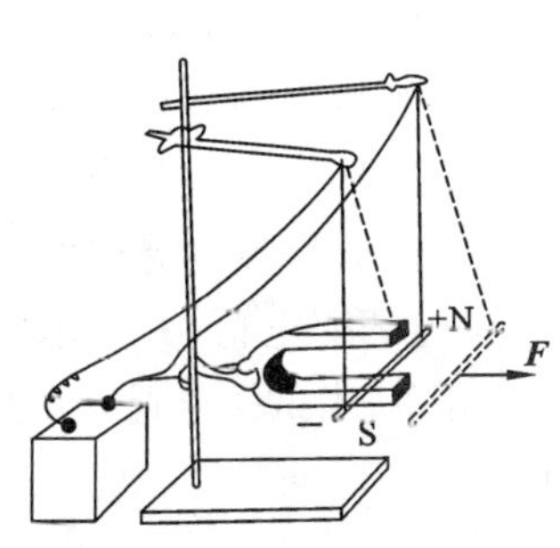

图 10.2　磁铁对电流的作用

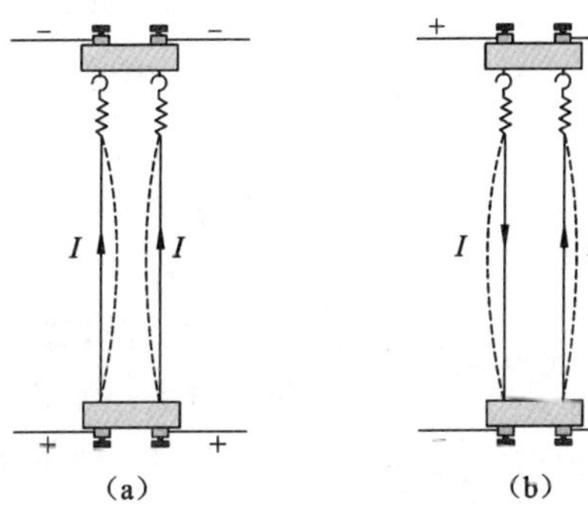

图 10.3　平行电流之间的相互作用

自19世纪以来，人们一直在探索磁现象的本质究竟是什么？随着近代物理学的发展，人们对磁的本质和规律已经有了比较深入的认识，磁铁或者电流都在自己周围空间里产生一个磁场，而磁场的基本性质之一就是对置于其中的磁极或电流施加作用力。磁铁与磁铁、磁铁与电流及电流与电流之间存在磁相互作用(称为磁力)，它们都是通过磁场来实现的，用图示的方式可表示为

磁铁和电流都能在自己的周围空间激发磁场，它们的本源是否一致？

19世纪法国物理学家安培提出了分子电流假设：组成磁铁的最小单元(磁分子)是环形电流，或称为分子电流。若大量的分子电流定向排列起来，在宏观上就会显示出N极和S极来，如图10.4所示。实际上分子电流就是由电子绕原子核旋转、电子自旋以及质子等带电粒子的运动所形成的。由此可见，磁铁和电流的本源是一个：它们的磁效应都源自于电荷运动。一切磁现象的本质都可以归结为运动电荷之间通过磁场发生相互作用。应该注意到无论电荷是静止还是运动，电荷之间都存在着库仑相互作用，然而，磁相互作用仅发生在运动电荷之间或运动电荷与磁场之间。

图10.4　安培分子电流假说

# 10.2　磁感应强度与磁通量

## 10.2.1　磁感应强度

任何运动的电荷或载有电流的导体均在其周围空间中产生磁场。磁场对外的基本表现为：

(1) 对在磁场中运动的电荷或载流导体具有作用力；

(2) 电荷或载流导体在磁场内移动时，磁场作用力对载流导体不做功。

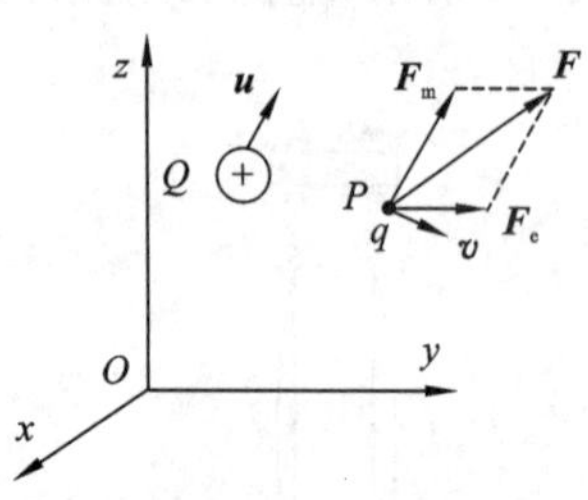


图10.5　运动电荷之间的作用

为对磁场进行定量描述，引入磁感应强度矢量$\boldsymbol{B}$。如图10.5所示，假设电荷$Q$以速度$\boldsymbol{u}$相对于某一个惯性系(或惯性观察者)运动，它在周围空间产生磁场。如果另外有一个电荷$q$在空间中以速度$\boldsymbol{v}$相对于同一个惯性系(或惯性观察者)运动，实验结果表明电荷$q$除了受到电荷$Q$的静电场力之外，它还受到电荷$Q$所产生磁场的作用力，因此，可以用电荷$q$在空间各点受到的作用力情况来描写磁场的分布。将电荷$q$作为试探电荷，并要求它的线度和电量大小不影响所探测磁场的分布，当试探电荷$q$在空间中运动时，它所受到的作用力$\boldsymbol{F}$一般可以表示为两部分的矢量和，即

$$\boldsymbol{F}=\boldsymbol{F}_e+\boldsymbol{F}_m \tag{10.1}$$

作用力$\boldsymbol{F}_e$与试探电荷$q$的运动速度无关，即使$q$在空间某处$P$点静止，它也受到这种力的作用。静止电荷受到的作用力$\boldsymbol{F}_e$就是电场力，其电场是由电荷$Q$某一时刻在$P$点产生的电场，用$\boldsymbol{E}$表示相应的电场强度，有

$$\boldsymbol{F}_e = q\boldsymbol{E} \tag{10.2}$$

作用力$\boldsymbol{F}_m$与试探电荷$q$相对于惯性系(或惯性观察者)的速度$\boldsymbol{v}$有关。运动电荷之间的相互作用称为磁相互作用，所以与试探电荷$q$速度有关的力$\boldsymbol{F}_m$称为磁场力。试探电荷$q$所在处$P$点的磁场是由运动电荷$Q$产生的。在惯性参考系中，一个以速度$\boldsymbol{v}$运动的电荷所受的磁场力可以表示为

$$\boldsymbol{F}_m = q\boldsymbol{v} \times \boldsymbol{B} \tag{10.3}$$

式(10.3)中矢量$\boldsymbol{B}$就是由此式定义的描述磁场本身性质的矢量，称为**磁感应强度**。磁场中不同地点，磁感应强度$\boldsymbol{B}$的大小和方向可能不同。综上所述，一个运动电荷在另一个运动电荷周围所受力的一般表示式为

$$\boldsymbol{F} = q\boldsymbol{E} + q\boldsymbol{v} \times \boldsymbol{B} \tag{10.4}$$

式(10.4)称为洛伦兹(Lorentz)力公式，$\boldsymbol{F}_m = q\boldsymbol{v} \times \boldsymbol{B}$一般称为洛伦兹力。

依据洛伦兹力公式，原则上可以按照如下实验步骤来确定空间任一点$P$处磁感应强度$\boldsymbol{B}$的大小和方向，如图10.6所示。

(1) 将一个试验电荷$q$放置于运动电荷周围$P$点处，并使其静止，测出这时它的受力$\boldsymbol{F}_e$，然后测出$q$以某一速度$\boldsymbol{v}$通过$P$处时受力$\boldsymbol{F}$，由$\boldsymbol{F} - \boldsymbol{F}_e = \boldsymbol{F}_m$求出$\boldsymbol{F}_m$。

(2) 令试探电荷$q$沿不同方向通过$P$点。这时可以发现当$q$沿某一特定方向(或其反方向)运动时，$q$所受磁力$\boldsymbol{F}_m = 0$，并将该方向和其相反方向统称为零力线方向，$\boldsymbol{B}$的方向与零力线共线，且$\boldsymbol{v}$，$\boldsymbol{B}$和$\boldsymbol{F}_m$三者的方向服从右手螺旋定则，满足式(10.3)的矢量积关系，由此可以确定磁感应强度$\boldsymbol{B}$的方向。

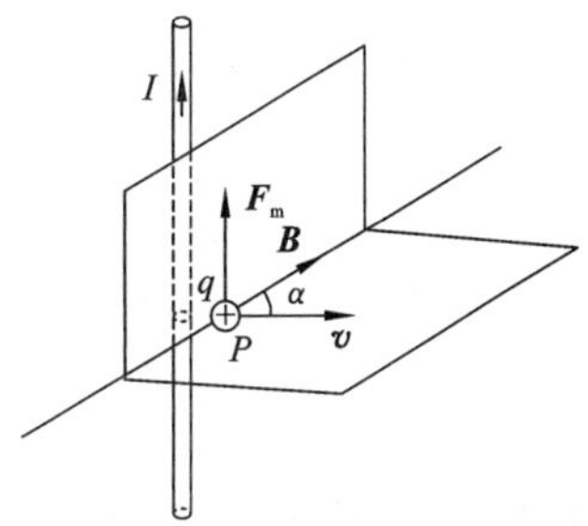

图10.6　磁感应强度的定义

(3) 用$\alpha$表示$q$的速度$\boldsymbol{v}$与$\boldsymbol{B}$之间的夹角，实验表明，磁力$\boldsymbol{F}_m$的大小与$qv\sin\alpha$的乘积成正比，定义磁感应强度$\boldsymbol{B}$的大小为

$$B = \frac{F_m}{qv\sin\alpha} \tag{10.5}$$

通过上述测量完全能够确定磁场中各处磁感应强度$\boldsymbol{B}$的方向和大小。在国际单位制中，磁感应强度$\boldsymbol{B}$的单位为特[斯拉](T)。$1\ \mathrm{T} = 1\ \mathrm{N \cdot s\ C^{-1} \cdot m^{-1}}$(1牛·秒·库仑$^{-1}$·米$^{-1}$)。

如果有多个运动电荷或载流导体存在于空间之中，它们各自均在其周围空间中产生磁场；实验表明，空间中某点$P$的磁感应强度等于各运动电荷或载流导体单独存在时在$P$点产生磁感应强度的矢量和，这称为**磁场叠加原理**。

## 10.2.2　磁力线(磁场线、磁感线)

磁感应强度矢量$\boldsymbol{B}$在空间构成一个矢量场。正如电场分布可借助于电力线描绘一样，磁场的空间分布也可用假想的磁力线来描述。通过在磁场中描绘出一系列曲线，让这些曲线上每一点的切线方向与该点的磁感应强度矢量方向一致，具有这种性质的曲线称为**磁力线**(也称$\boldsymbol{B}$线)。图10.7给出了几种不同形状的电流所产生磁场的磁力线分布图。实验上可用铁粉来显示磁力线分布。从磁力线图示中，可以得到如下结论。

(1) 磁力线是一种无头无尾的闭合曲线,而且每条磁力线都与闭合电流互相铰链。

(2) 电流方向与磁场方向服从右手螺旋定则。

(3) 通过磁场中某点处垂直于 $\boldsymbol{B}$ 单位面积的磁力线数目等于该处磁感应强度 $\boldsymbol{B}$ 的大小。因此磁场强的地方磁力线较密集,磁场弱的地方磁力线较稀疏。

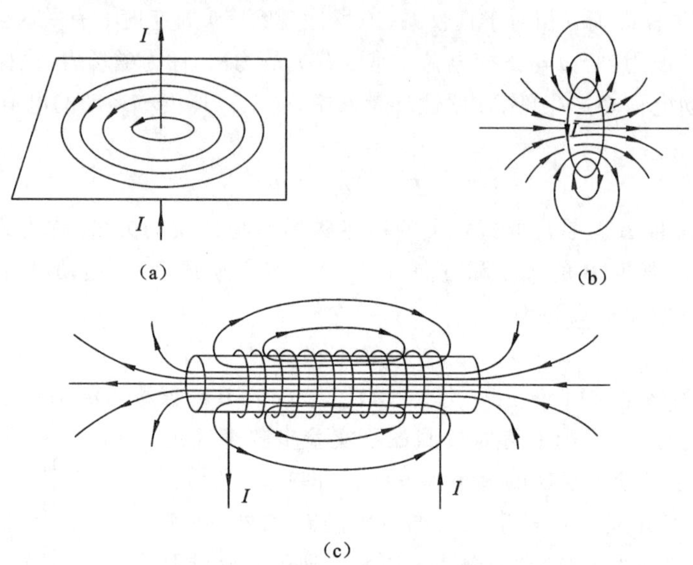


图 10.7　几种电流的磁力线($\boldsymbol{B}$ 线)

(a) 为长直电流;(b) 为圆电流;(c) 为螺线管电流

## 10.2.3　磁通量

在磁场中通过任一给定空间曲面的总磁力线数目,称为通过该曲面的**磁通量**。对任一曲面 $S$ 上的面元 $\mathrm{d}\boldsymbol{S}=\mathrm{d}S\boldsymbol{e}_{\mathrm{n}}$($\boldsymbol{e}_{\mathrm{n}}$ 为面元的单位法向矢量)来说,通过 $\mathrm{d}\boldsymbol{S}$ 的磁通量为(见图 10.8)

$$\mathrm{d}\Phi_{\mathrm{m}}=\boldsymbol{B}\cdot\mathrm{d}\boldsymbol{S}$$

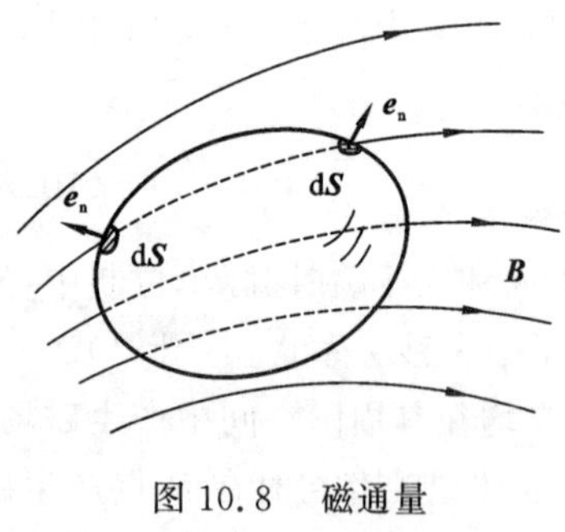


图 10.8　磁通量

所以,通过曲面 $S$ 的总磁通量

$$\Phi_{\mathrm{m}}=\iint_S\boldsymbol{B}\cdot\mathrm{d}\boldsymbol{S}\tag{10.6}$$

在国际单位制中,磁通量的单位为韦伯(Wb),$1\ \mathrm{Wb}=1\ \mathrm{T}\cdot\mathrm{m}^2$。对闭合曲面 $S$ 来说,通常取外法线矢量的方向为正方向。这样,穿出闭合曲面的磁通量为正,进入闭合曲面的磁通量为负。由于磁力线都是无头无尾的闭合曲线,进入闭合曲面的磁力线数必然等于穿出闭合曲面的磁力线数,所以通过任何闭合曲面 $S$ 的总磁通量必为零。即

$$\oiint_S\boldsymbol{B}\cdot\mathrm{d}\boldsymbol{S}=0\tag{10.7}$$

式(10.7)称为**磁场高斯定律**,它表明:

(1) 磁场是一种无源有旋场;

(2) 自然界中没有单独磁极存在。

# 10.3　载流导体的磁场

## 10.3.1　毕奥-萨伐尔定律

电流在其周围空间产生磁场，如何定量计算磁场在空间分布？计算载流导体在空间某点 $P$ 产生的磁感应强度 $\boldsymbol{B}$ 可以采取类似于在静电学中求带电体所产生的电场强度 $\boldsymbol{E}$ 的方法，把载流导体看成是由无限多个电流元 $I\mathrm{d}\boldsymbol{l}$ 组成的，$I\mathrm{d}\boldsymbol{l}$ 为矢量，其方向与电流方向一致；首先求出电流元 $I\mathrm{d}\boldsymbol{l}$ 在空间某点 $P$ 产生的磁感应强度 $\mathrm{d}\boldsymbol{B}$，再通过积分求得整个载流导体在该点产生的总磁感应强度 $\boldsymbol{B}=\int \mathrm{d}\boldsymbol{B}$。

19 世纪 20 年代，毕奥（Biot）、萨伐尔（Savart）等根据实验总结出一条关于电流元 $I\mathrm{d}\boldsymbol{l}$ 产生磁场的基本定律称为毕奥-萨伐尔定律，其内容如下。

（1）电流元 $I\mathrm{d}\boldsymbol{l}$ 在空间某点 $P$ 处产生磁感应强度 $\mathrm{d}\boldsymbol{B}$ 的大小与电流元 $I\mathrm{d}\boldsymbol{l}$ 的大小成正比，与电流元 $I\mathrm{d}\boldsymbol{l}$ 到 $P$ 点的矢径 $\boldsymbol{r}$ 之间夹角 $\theta$ 的正弦成正比，并与电流元 $I\mathrm{d}\boldsymbol{l}$ 到 $P$ 点距离平方成反比。

$$\mathrm{d}B=k\frac{I\mathrm{d}l\sin\theta}{r^2}$$

（2）磁感应强度 $\mathrm{d}\boldsymbol{B}$ 的方向垂直于 $I\mathrm{d}\boldsymbol{l}$ 与 $\boldsymbol{r}$ 所组成的平面，它们三者之间服从右手螺旋定则，如图10.9 所示。

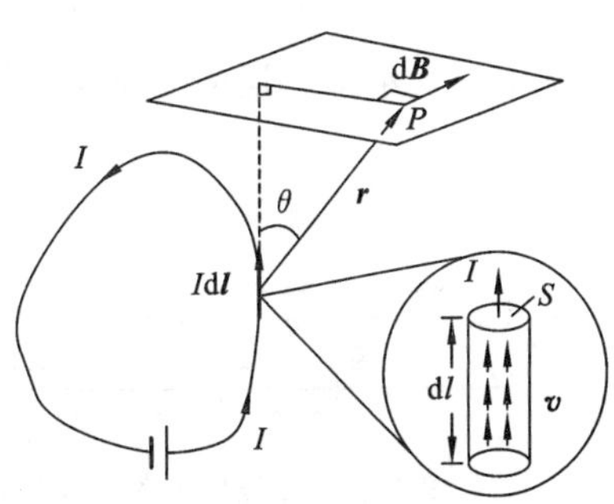

图 10.9　恒定电流元的磁场

综合以上两点内容，用矢量积表示电流元 $I\mathrm{d}\boldsymbol{l}$ 在空间 $P$ 点产生的磁感应强度 $\mathrm{d}\boldsymbol{B}$ 为

$$\mathrm{d}\boldsymbol{B}=k\frac{I\mathrm{d}\boldsymbol{l}\times\boldsymbol{r}}{r^3}$$

式中：$k$ 为比例系数，它与选用的单位制和载流导线周围介质的性质有关，在真空中，$k_{真空}=10^{-7}\ \mathrm{N\cdot A^{-2}}$。类似库仑定律，为推导和计算方便，令 $k_{真空}=\frac{\mu_0}{4\pi}$，$\mu_0$ 称为真空磁导率（或导磁系数），则

$$\mu_0=4\pi k_{真空}=4\pi\times10^{-7}\ \mathrm{N\cdot A^{-2}}$$

在国际单位制中，上式可写成

$$\mathrm{d}\boldsymbol{B}=\frac{\mu_0}{4\pi}\frac{I\mathrm{d}\boldsymbol{l}\times\boldsymbol{r}}{r^3}\tag{10.8}$$

式(10.8) 称为**毕奥-萨伐尔定律**。整个电流在 $P$ 点产生的磁感应强度为

$$\boldsymbol{B}=\int\mathrm{d}\boldsymbol{B}=\frac{\mu_0}{4\pi}\int\frac{I\mathrm{d}\boldsymbol{l}\times\boldsymbol{r}}{r^3}\tag{10.9}$$

应用毕奥-萨伐尔定律时应注意：

（1）毕奥-萨伐尔定律仅适用于恒定电流元；

（2）叠加性也是磁场的基本属性。

## 10.3.2　运动电荷的磁场

现在讨论毕奥-萨伐尔定律的微观意义，在载流导体中取一个电流元 $I\mathrm{d}\boldsymbol{l}$，如图 10.10 所示，设电流元 $I\mathrm{d}\boldsymbol{l}$ 的横截面积为 $S$，若导体中单位体积内有 $n$ 个带电粒子，每个带电粒子带有电量

$q$,它们以平均速度 $\boldsymbol{v}$ 沿 $Id\boldsymbol{l}$ 方向作定向匀速运动形成电流。单位时间内通过横截面 $S$ 的电量(亦即电流强度)$I = qnvS$,由毕奥-萨伐尔定律得到电流元 $Id\boldsymbol{l}$ 所产生的磁感应强度 $d\boldsymbol{B}$ 的大小为

$$dB = \frac{\mu_0}{4\pi}\frac{Idl\sin(Id\boldsymbol{l},\boldsymbol{r})}{r^2} = \frac{\mu_0}{4\pi}\frac{(qnvS)dl\sin(\boldsymbol{v},\boldsymbol{r})}{r^2}$$

式中:$(Id\boldsymbol{l},\boldsymbol{r})$ 和 $(\boldsymbol{v},\boldsymbol{r})$ 分别表示电流元 $Id\boldsymbol{l}$ 和速度 $\boldsymbol{v}$ 与矢径 $\boldsymbol{r}$ 方向的夹角。在恒定电流的情况下,电流元 $Id\boldsymbol{l}$ 内任何时刻都存在着 $dN = nSdl$ 个带电粒子以恒定速度 $\boldsymbol{v}$ 运动着,电流元 $Id\boldsymbol{l}$ 所产生的磁感应强度,从微观意义说就是这 $dN$ 个运动电荷产生的,所以每一个以速度 $\boldsymbol{v}$ 运动着的电荷所产生的磁感应强度的大小

$$B_1 = \frac{dB}{dN} = \frac{\mu_0}{4\pi}\frac{qv\sin(\boldsymbol{v},\boldsymbol{r})}{r^2}$$

用矢量式可表示为

$$\boldsymbol{B}_1 = \frac{\mu_0}{4\pi}\frac{q\boldsymbol{v}\times\boldsymbol{r}}{r^3} \tag{10.10}$$

式(10.10)表示单个运动电荷在矢径 $\boldsymbol{r}$ 终点产生的磁感应强度,如图 10.11 所示。

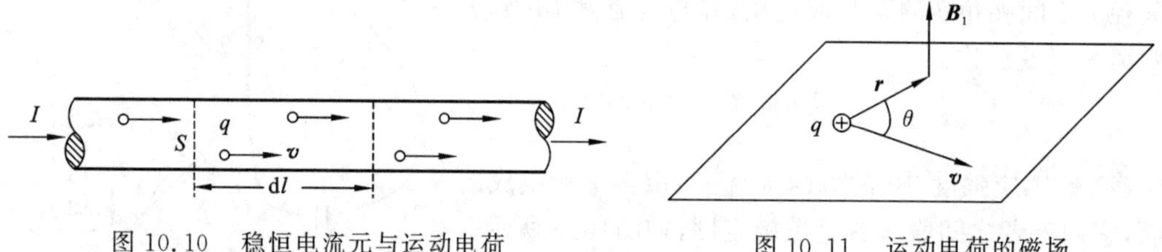


图 10.10　稳恒电流元与运动电荷　　　图 10.11　运动电荷的磁场

## 10.3.3　毕奥-萨伐尔定律的应用

1. 载流直导线的磁场

设有一长为 $L$ 的载流直导线,通有电流 $I$,导线的直径可忽略,求距离导线为 $a$ 处一点 $P$ 的磁感应强度,如图 10.12 所示。在载流直导线上任取一电流元 $Id\boldsymbol{l}$,它在 $P$ 点产生的磁感应强度的大小为

$$dB = \frac{\mu_0}{4\pi}\frac{Idl\sin\theta}{r^2}$$

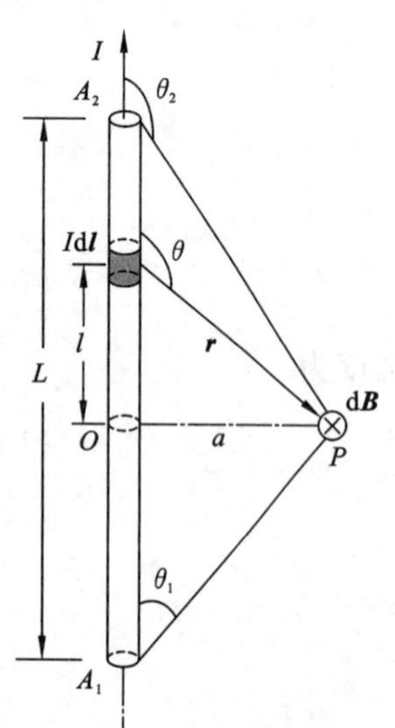


图 10.12　载流直导线的磁场

$d\boldsymbol{B}$ 的方向垂直纸面向里(在图 10.12 中用箭尾 ⊗ 表示)。由于导线上各电流元在 $P$ 点产生的 $d\boldsymbol{B}$ 的方向相同,因此,$P$ 点的总磁感应强度 $B$ 可用积分式写成

$$B = \int_L dB = \frac{\mu_0}{4\pi}\int_L \frac{Idl\sin\theta}{r^2}$$

由图 10.12 可看出,$l,r,\theta$ 三个变量之间的关系是

$$r = a\cdot\csc\theta,$$
$$l = a\cdot\cot(\pi-\theta) = -a\cdot\cot\theta,$$
$$dl = a\cdot\csc^2\theta d\theta$$

将这些关系式代入前式,可得

$$B = \frac{\mu_0 I}{4\pi a}\int_{\theta_1}^{\theta_2}\sin\theta d\theta = \frac{\mu_0 I}{4\pi a}(\cos\theta_1 - \cos\theta_2) \tag{10.11}$$

若 $L \gg a$，导线可视为“无限长”，此时 $\theta_1 = 0$，$\theta_2 = \pi$，所以距“无限长”载流直导线的垂直距离为 $a$ 处的磁感应强度的大小为

$$B = \frac{\mu_0 I}{2\pi a}$$

若直导线 $O$ 点上面没有，下面从 $O$ 点延伸到无穷远，为半无限长，此时 $\theta_1 = 0$，$\theta_2 = \pi/2$，则 $a$ 处的磁感应强度的大小为

$$B = \frac{\mu_0 I}{4\pi a}$$

若直导线 $O$ 点下面没有，上面从 $O$ 点延伸到无穷远，为半无限长，此时 $\theta_1 = \pi/2$，$\theta_2 = 0$，则 $a$ 处的磁感应强度的大小为

$$B = \frac{\mu_0 I}{4\pi a}$$

**注**：读者不妨思考：若导线沿 $O$ 点向上延伸到无穷远，$O$ 点向下有一定的长度，结果又如何？

距离导线为 $a$ 处各点的磁感应强度方向在以 $a$ 为半径的圆环的切线方向上，$\boldsymbol{B}$ 具体的指向由右手定则决定，即伸出右手，让四个手指握空拳，大拇指朝上；将大拇指沿直导线的电流方向，则弯曲的 4 个手指方向为磁感应强度方向。

2. 圆形电流的磁场

设有一个半径为 $R$ 的圆线圈，通有电流 $I$，求通过圆心垂直圆平面的轴线上与圆心相距 $x$ 的 $P$ 点的磁感应强度，如图 10.13 所示。在圆线圈上任取一电流元 $I\mathrm{d}\boldsymbol{l}$，可见 $I\mathrm{d}\boldsymbol{l}$ 的方向与其到 $P$ 点的矢径 $\boldsymbol{r}$ 垂直，因此 $I\mathrm{d}\boldsymbol{l}$ 在 $P$ 点产生的磁感应强度 $\mathrm{d}\boldsymbol{B}$ 的大小为

$$\mathrm{d}B = \frac{\mu_0}{4\pi}\frac{I\mathrm{d}l}{r^2}$$

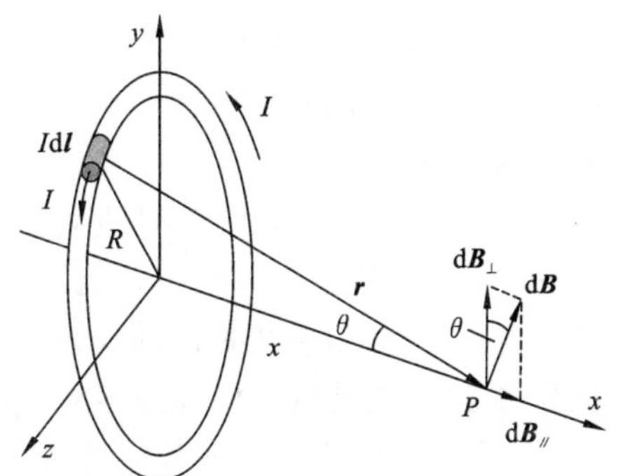


图 10.13　圆形电流轴线上的磁场

$\mathrm{d}\boldsymbol{B}$ 的方向垂直于 $I\mathrm{d}l$ 与 $r$ 所组成的平面。由于对称性，$\mathrm{d}\boldsymbol{B}$ 在与轴线垂直方向上的分量 $\mathrm{d}\boldsymbol{B}_{\perp}$ 的总和为零，所以 $P$ 点处总磁感应强度的大小为

$$\begin{aligned} B &= \int \mathrm{d}B_{/\!/} = \int \frac{\mu_0}{4\pi}\frac{I}{r^2}\sin\theta\mathrm{d}l = \frac{\mu_0}{4\pi}\frac{IR}{r^3}\oint\mathrm{d}l \\ &= \frac{\mu_0}{4\pi}\frac{2\pi R^2 I}{r^3} = \frac{\mu_0 R^2 I}{2\,(R^2+x^2)^{3/2}} \end{aligned} \tag{10.12}$$

$\boldsymbol{B}$ 方向沿 $x$ 轴正向。在圆线圈的中心处，$x = 0$，磁感应强度的大小为

$$B = \frac{\mu_0 I}{2R} \tag{10.13}$$

方向仍然沿 $x$ 轴正向。如果线圈是 $N$ 匝紧靠在一起，则 $P$ 点磁感应强度的大小可写为

$$B = \frac{\mu_0 IR^2 N}{2\,(R^2+x^2)^{3/2}} \tag{10.14}$$

3. 密绕直螺线管轴线上的磁场分布

均匀密绕直螺线管是由许多相同半径的共轴圆线圈组成的，设螺线管的半径为 $R$，总长为 $L$，单位长度的匝数为 $n$，导线中通有电流 $I$，如图 10.14 所示。螺线管轴线上任一点 $P$ 的磁感应

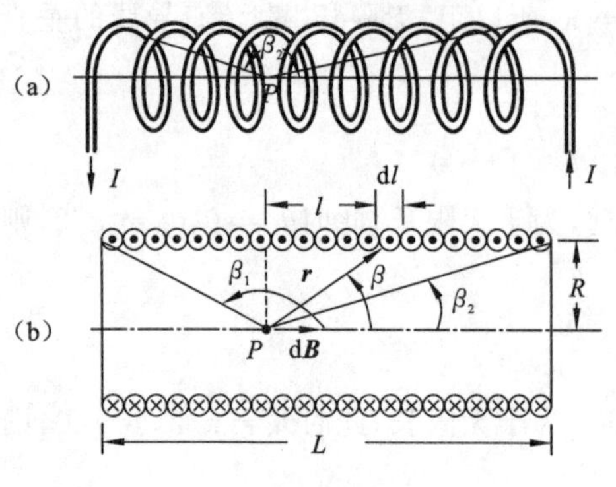

图 10.14　长直螺线管轴线上的磁场

强度 $\boldsymbol{B}$ 的大小等于各个圆形电流在该点所产生的磁感应强度的叠加，在螺线管长度方向上取一小段 $\mathrm{d}l$，则这小段上共有线圈 $n\mathrm{d}l$ 匝，相当于电流强度为 $\mathrm{d}I' = In\mathrm{d}l$ 的一个圆形电流，由式(10.12)可知它在 $P$ 点产生的磁感应强度的大小为

$$\mathrm{d}B = \frac{\mu_0 R^2 \mathrm{d}I'}{2(R^2+l^2)^{3/2}} = \frac{\mu_0 R^2 In\mathrm{d}l}{2(R^2+l^2)^{3/2}}$$

方向沿轴线向右，由于螺线管各小线元在 $P$ 点所产生的 $\mathrm{d}\boldsymbol{B}$ 方向相同，所以 $P$ 点的总磁感应强度 $\boldsymbol{B}$ 的大小为

$$B = \int \mathrm{d}B = \int \frac{\mu_0 R^2 In\mathrm{d}l}{2(R^2+l^2)^{3/2}}$$

为便于积分，引入变量角 $\beta$，由图 10.14 可知如下关系

$$l = R\cot\beta, \quad \mathrm{d}l = -R\csc^2\beta\mathrm{d}\beta, \quad R^2+l^2 = R^2\csc^2\beta$$

将这些关系式代入前式，得

$$B = \int_{\beta_1}^{\beta_2} -\frac{\mu_0}{2}nI\sin\beta\mathrm{d}\beta = \frac{\mu_0 nI}{2}(\cos\beta_2 - \cos\beta_1) \tag{10.15}$$

螺线管轴线上各处磁感应强度大小 $B$ 的分布如图 10.15 所示，由式(10.12)可得两种特殊情况下的磁感应强度。

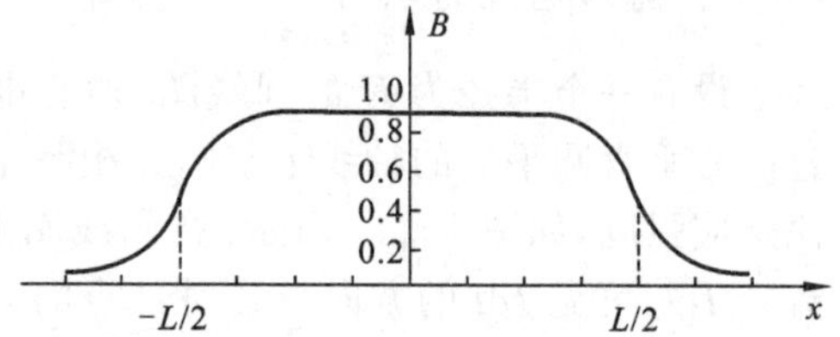

图 10.15　长直螺线管轴线上的磁场分布

(1)“无限长”直螺线管情况：当 $L \gg R$ 时，$\beta_1 \to \pi$，$\beta_2 \to 0$，于是 $B = \mu_0 nI$，因长直螺线管横截面半径 $R \ll L$，螺线管内偏离轴线处的磁感应强度的变化可忽略，故螺线管内部磁感应强度都可认为是 $\mu_0 nI$，则“无限长”直螺线管内部的磁感应强度的大小为

$$B = \mu_0 nI \tag{10.16}$$

它是一个均匀磁场，其方向与长直螺线管的轴线平行，与各圆电流的方向服从右手螺旋定则。

(2)“半无限”长直螺线管(一端为无限长)情况：其端点处即相当于 $\beta_1 = \frac{\pi}{2}$，$\beta_2 \to 0$ 或 $\beta_1 \to \pi$，$\beta_2 = \frac{\pi}{2}$，这时，端点处的磁感应强度为 $B = \frac{1}{2}\mu_0 nI$，它是长直螺线管中部磁感应强度的一半。

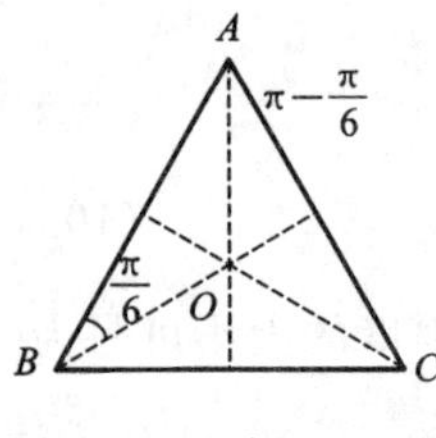

图 10.16　例 10.1 图

**例 10.1**　若用一根导线折成一个等边三角形的框架。每边长为 $a$，当恒定电流 $I$ 流经此框架时，求三角形中心 $O$ 处的磁感应强度。

**解**　参考图 10.16，利用式(10.11)，求 $AB$ 段对 $O$ 点磁场的贡献

$$B_{AB} = \frac{\mu_0 I}{4\pi \times \frac{a}{2}\tan\frac{\pi}{6}}\left[\cos\frac{\pi}{6} - \cos\left(\pi - \frac{\pi}{6}\right)\right] = \frac{3}{2}\frac{\mu_0 I}{\pi a}$$

方向垂直纸面向里，实际上 $AB$、$BC$、$CA$ 三段载流导线在 $O$ 处产生的 $\boldsymbol{B}$ 的大小和方向都相同，所以，三角形中心的磁感应强度方向垂直纸面向里，其大小为

$$B = 3B_{AB} = \frac{9\mu_0 I}{2\pi a}$$

**例 10.2**　恒定电流 $I$ 如图 10.17 所示，求圆心处 $P$ 的磁感应强度。

**解**　由毕奥-萨伐尔定律知线段$\overline{AB}$及$\overline{CD}$上的电流对 $P$ 点的磁感应强度的贡献为零，半圆弧$\widehat{BC}$上电流对 $P$ 点磁感应强度的贡献为

$$B_1=\frac{\mu_0}{4\pi}\int_0^{\pi R_2}\frac{I\mathrm{d}l}{R_2^2}=\frac{\mu_0 I}{4R_2}\quad（方向垂直纸面向里\otimes）$$

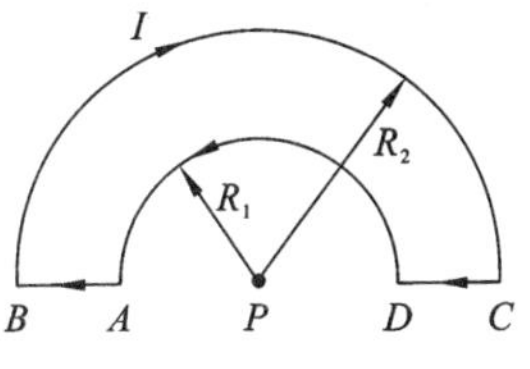

图 10.17　例 10.2 图

半圆弧$\widehat{DA}$上电流对 $P$ 点磁感应强度的贡献为

$$B_2=\frac{\mu_0}{4\pi}\int_0^{\pi R_1}\frac{I\mathrm{d}l}{R_1^2}=\frac{\mu_0 I}{4R_1}\quad（方向垂直纸面向外\odot）$$

$P$ 点的磁感应强度为

$$B=B_2-B_1=\frac{\mu_0 I}{4}\left(\frac{1}{R_1}-\frac{1}{R_2}\right)\quad（方向垂直纸面向外\odot）$$

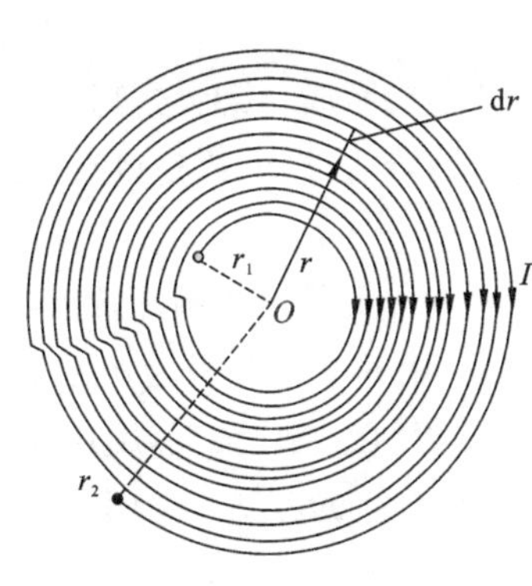

图 10.18　例 10.3 图

**例 10.3**　如图 10.18 所示，在平面螺旋线圈中流有电流 $I$，螺旋线圈的内外半径分别为 $r_1$ 和 $r_2$，线圈总匝数为 $N$（$N$ 很大），求 $O$ 点的磁感应强度。

**解**　均匀密绕平面螺线圈沿径向单位长度的匝数为 $n=\dfrac{N}{r_2-r_1}$，距 $O$ 点 $r$ 处沿径向取一线元 $\mathrm{d}r$，此线元 $\mathrm{d}r$ 上共有线圈 $\mathrm{d}N$ 匝，

$$\mathrm{d}N=n\mathrm{d}r=\frac{N}{r_2-r_1}\mathrm{d}r$$

这些载流线圈相当于一个圆电流，其电流强度为

$$\mathrm{d}I=I\mathrm{d}N=\frac{NI}{r_2-r_1}\mathrm{d}r$$

利用式(10.13)，设圆形电流在 $O$ 处产生的磁感应强度为

$$\mathrm{d}B=\frac{\mu_0\mathrm{d}I}{2r}=\frac{\mu_0 NI\mathrm{d}r}{2r(r_2-r_1)}$$

所有这样的圆形电流在 $O$ 处产生的磁感应强度方向相同，所以

$$B=\int\mathrm{d}B=\int_{r_1}^{r_2}\frac{\mu_0 NI\mathrm{d}r}{2r(r_2-r_1)}=\frac{\mu_0 NI}{2(r_2-r_1)}\ln\frac{r_2}{r_1}$$

**例 10.4**　在一个半径为 $R$ 的无限长金属半圆柱面中，自上而下有电流 $I$ 通过，如图10.19(a) 所示，试求圆柱轴线上任一点 $P$ 处的磁感应强度。

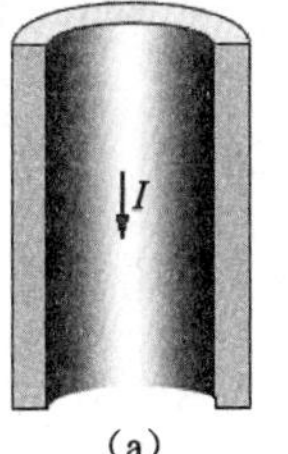

(a)

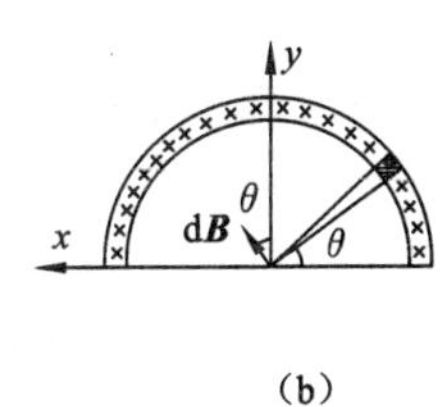

(b)

图 10.19　例 10.4 图

**解**　如图 10.19(b) 将载流无限长金属半圆柱面看成是由许多相互平行的无限长载流直导线组成，通过与电流方向垂直的单位长度上的电流强度为 $j=\dfrac{I}{\pi R}$，因此通过对应于$\theta\to\theta+\mathrm{d}\theta$范围内的这根无限长直导线中的电流为

$$\mathrm{d}I=j\mathrm{d}l=jR\mathrm{d}\theta=\frac{I}{\pi}\mathrm{d}\theta$$

它在 $P$ 点产生的磁感应强度为

$$\mathrm{d}B=\frac{\mu_0\mathrm{d}I}{2\pi R}=\frac{\mu_0 j\mathrm{d}\theta}{2\pi}$$

方向如图 10.19 所示

$$dB_x = dB\sin\theta = \frac{\mu_0 j\,d\theta}{2\pi}\sin\theta$$

$$dB_y = dB\cos\theta = \frac{\mu_0 j\,d\theta}{2\pi}\cos\theta$$

所以

$$B_x = \int dB_x = \frac{\mu_0 j}{2\pi}\int_0^{\pi}\sin\theta d\theta = \frac{\mu_0 j}{\pi} = \frac{\mu_0 I}{\pi^2 R}$$

$$B_y = \int dB_y = 0$$

因此,$B_P = B_x = \dfrac{\mu_0 I}{\pi^2 R}$,方向沿 $x$ 轴正向。

**例 10.5** 有一闭合回路由半径为 $a$ 和 $b$ 的两个同心共面半圆连接而成,其上均匀分布线密度为 $\lambda$ 的电荷。当回路以匀角速度 $\omega$ 绕过 $O$ 点垂直于回路平面的轴转动时,求圆心 $O$ 点处的磁感应强度的大小。

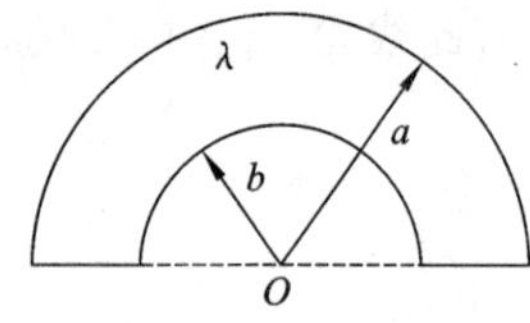


图 10.20 例 10.5 图

**解** 如图 10.20 所示,用 $\boldsymbol{B}_1$ 表示半径为 $a$ 的带电半圆环转动(相当于圆电流)时在 $O$ 处产生的磁感应强度,用 $\boldsymbol{B}_2$ 表示半径为 $b$ 的带电半圆环转动(也相当于圆电流)时在 $O$ 处产生的磁感应强度,用 $\boldsymbol{B}_3$ 表示两个长度为 $(a-b)$ 带电线段转动时在 $O$ 处产生的磁感应强度。

$$B_1 = \frac{\mu_0 I_1}{2a} = \frac{\mu_0}{2a}\left(\frac{\omega}{2\pi}\lambda\pi a\right) = \frac{1}{4}\mu_0\omega\lambda$$

$$B_2 = \frac{\mu_0 I_2}{2b} = \frac{\mu_0}{2b}\left(\frac{\omega}{2\pi}\lambda\pi b\right) = \frac{1}{4}\mu_0\omega\lambda$$

在 $(a-b)$ 段上距中心 $O$ 点距离为 $r$ 处,取一个小线段 $dr$,带电量 $\lambda dr$,此小段绕 $O$ 点转动形成的电流 $dI_3$ 在中心产生的磁感应强度为

$$dB_3 = \frac{\mu_0 dI_3}{2r} = \frac{\mu_0}{2r}\left(\frac{\omega}{2\pi}\lambda dr\right) = \frac{\mu_0\omega\lambda}{4\pi r}dr$$

$(a-b)$ 两个段转动产生的磁感应强度为

$$B_3 = 2\int dB_3 = 2\int_a^b \frac{\mu_0\omega\lambda}{4\pi r}dr = \frac{\mu_0\omega\lambda}{2\pi}\ln\frac{b}{a}$$

根据右手螺旋定则,$\boldsymbol{B}_1$,$\boldsymbol{B}_2$,$\boldsymbol{B}_3$ 三者方向均垂直纸面向内,所以

$$B_O = B_1 + B_2 + B_3 = \frac{\mu_0\omega\lambda}{2\pi}\left(\pi + \ln\frac{b}{a}\right),\quad 方向 \otimes$$

**例 10.6** 一个半径为 $R$ 的均匀带电导体球,电压为 $V$,绕其某个直径以角速度 $\omega$ 转动,试求:

(1) 导体球表面电流密度;

(2) 球心的磁感应强度 $\boldsymbol{B}$。

**解** (1) 如图 10.21 所示,孤立导体球的电容为 $4\pi\varepsilon_0 R$,所带电量为 $q = CV = 4\pi\varepsilon_0 RV$,导体球面电荷密度是 $\sigma = \dfrac{q}{4\pi R^2} = \dfrac{\varepsilon_0 V}{R}$。取距球心 $x$ 处张角为 $d\theta$ 的元球面带,其面积是 $dS = 2\pi R^2\sin\theta d\theta$,其上所带电荷 $\sigma dS = 2\pi\varepsilon_0 VR\sin\theta d\theta$。由于导体旋转,它产生的元电流

$$dI = 2\pi\varepsilon_0 VR\sin\theta d\theta\cdot\frac{\omega}{2\pi} = \varepsilon_0 V\omega R\sin\theta d\theta$$

导体球表面电流密度(通过单位线长的电流)为

$$j=\frac{\mathrm{d}I}{R\,\mathrm{d}\theta}=\varepsilon_0\omega V\sin\theta$$

(2) 由式(10.12),电流元 d$I$ 在球心 $O$ 处产生的磁场

$$\mathrm{d}B=\frac{\mu_0}{2}\frac{\mathrm{d}IR^2\sin^2\theta}{R^3}=\frac{1}{2}\mu_0\varepsilon_0 V\omega\sin^3\theta\mathrm{d}\theta$$

球心 $O$ 处的总磁感应强度 $\boldsymbol{B}$ 的大小为

$$B=\int\mathrm{d}B=\int_0^{\pi}\frac{1}{2}\mu_0\varepsilon_0 V\omega\sin^3\theta\mathrm{d}\theta=\frac{2}{3}\mu_0\varepsilon_0 V\omega$$

方向指向 $x$ 轴正方向。

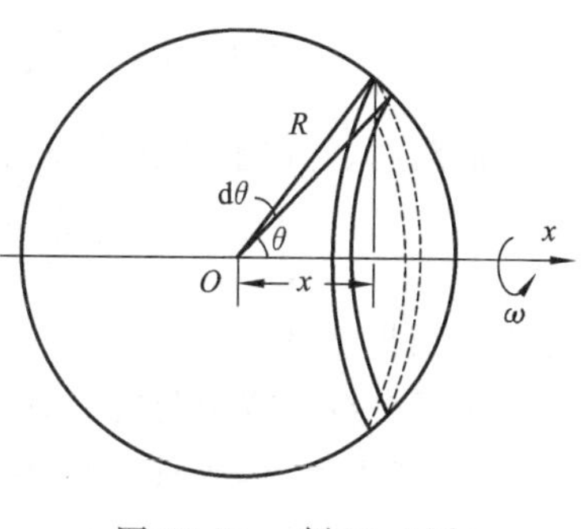

图 10.21　例 10.6 图

## 10.4　安培环路定理及其应用

### 10.4.1　安培环路定理

在静电场中,电场强度 $\boldsymbol{E}$ 沿着空间中任一闭合路径 $L$ 的线积分为零,即 $\oint_L\boldsymbol{E}\cdot\mathrm{d}\boldsymbol{l}=0$,它说明静电场是一个保守力场。在恒定电流的磁场中,磁感应强度 $\boldsymbol{B}$ 的沿着空间中任一闭合路径 $L$ 的线积分 $\oint_L\boldsymbol{B}\cdot\mathrm{d}\boldsymbol{l}$ 又将如何呢?

理论和实验证明:在恒定电流产生的磁场中,磁感应强度 $\boldsymbol{B}$ 沿空间任意闭合路径 $L$ 的有向线积分(称为 $\boldsymbol{B}$ 的环流)等于路径 $L$ 所包围的电流强度代数和的 $\mu_0$ 倍,即

$$\oint_L\boldsymbol{B}\cdot\mathrm{d}\boldsymbol{l}=\mu_0\sum_{(L内)}I_i \tag{10.17}$$

式(10.17)称为**安培环路定理**,$L$ 称为安培环路,安培环路定理可以用毕奥-萨伐尔定律严格证明,在此仅以无限长载流直导线为例,并取与导线垂直的平面内的任意闭合路径 $L$,分别在闭合路径 $L$ 包围电流和不包围电流情况下对安培环路定理进行证明,如图 10.22 所示。

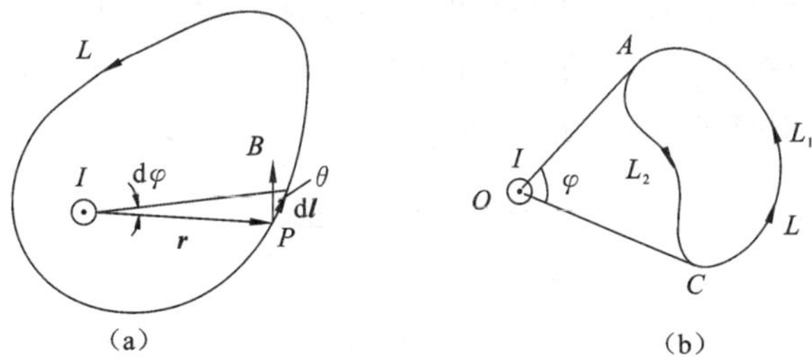

图 10.22　安培环路定理的证明

**1) 安培环路 $L$ 包围电流的情况**

取如图 10.22(a) 所示的环路绕行方向,在与无限长直载流导线距离为 $r$ 的 $P$ 点,磁感应强度 $\boldsymbol{B}$ 的大小为 $B=\frac{\mu_0 I}{2\pi r}$,方向垂直于 $\boldsymbol{r}$ 方向,$\boldsymbol{B}$ 与该处的积分线元 d$\boldsymbol{l}$ 之间的夹角为 $\theta$,磁感应强度 $\boldsymbol{B}$ 的环流为

$$\oint_L \boldsymbol{B} \cdot \mathrm{d}\boldsymbol{l} = \oint_L \frac{\mu_0 I}{2\pi r} \cos\theta \mathrm{d}l = \oint_L \frac{\mu_0 I}{2\pi r} r \mathrm{d}\varphi = \frac{\mu_0 I}{2\pi} \oint_L \mathrm{d}\varphi = \mu_0 I$$

如果电流反向,仍按上述安培环路积分,则有

$$\oint_L \boldsymbol{B} \cdot \mathrm{d}\boldsymbol{l} = \oint_L \frac{\mu_0 I}{2\pi r} \cos(\pi - \theta) \mathrm{d}l = \oint_L \frac{\mu_0 I}{2\pi r} (-r \mathrm{d}\varphi) = -\mu_0 I$$

显然积分结果与电流方向有关。

考虑积分绕行方向与电流方向的关系,首先伸出右手,让 4 个手指沿积分路径绕行方向握空拳,大拇指朝上,构成右手螺旋关系,定义此时闭合路径 $L$ 绕行为正。为此作如下规定:当电流方向与闭合路径 $L$ 绕行正向(大拇指方向)一致时,电流取正值,反之取负值。

**2）安培环路 $L$ 不包围电流的情况**

取如图 10.22(b) 所示的环路绕行方向,由导线与平面的交点 $O$ 分别作环路 $L$ 的切线,交于 $A$,$C$ 两点,它们将 $L$ 分成 $L_1$ 和 $L_2$ 两部分,取图中的环路绕行方向,$\boldsymbol{B}$ 对 $L$ 的环流为

$$\begin{aligned}\oint_L \boldsymbol{B} \cdot \mathrm{d}\boldsymbol{l} &= \int_{L_1} \boldsymbol{B} \cdot \mathrm{d}\boldsymbol{l} + \int_{L_2} \boldsymbol{B} \cdot \mathrm{d}\boldsymbol{l} \\ &= \frac{\mu_0 I}{2\pi} \int_{L_1} \mathrm{d}\varphi + \frac{\mu_0 I}{2\pi} \int_{L_2} (-\mathrm{d}\varphi) = 0\end{aligned}$$

可见,当 $L$ 不包围电流时,该电流对沿这一闭合路径的磁感应强度 $\boldsymbol{B}$ 的环流无贡献。

**3）多根载流导线穿过安培环路 $L$ 的情况**

由磁场叠加原理,在空间中任意一点的总磁感应强度 $\boldsymbol{B}$ 为

$$\boldsymbol{B} = \boldsymbol{B}_1 + \boldsymbol{B}_2 + \cdots + \boldsymbol{B}_n$$

$\boldsymbol{B}$ 沿安培环路的环流为

$$\begin{aligned}\oint_L \boldsymbol{B} \cdot \mathrm{d}\boldsymbol{l} &= \oint_L (\boldsymbol{B}_1 + \boldsymbol{B}_2 + \cdots + \boldsymbol{B}_n) \cdot \mathrm{d}\boldsymbol{l} \\ &= \mu_0 I_1 + \mu_0 I_2 + \cdots + \mu_0 I_n \\ &= \mu_0 \sum_{(L内)} I_i\end{aligned}$$

实际上,环路 $L$ 所围成的曲面是否为平面并不影响上述结果,因为总可以找到一个积分回路 $L$ 所围成的任意曲面在垂直于电流的平面上的投影,从而完成上述积分。综上所述,可得出结论:磁感应强度 $\boldsymbol{B}$ 沿空间任意闭合路径(可以是非平面闭合路径)的环流为

$$\oint_L \boldsymbol{B} \cdot \mathrm{d}\boldsymbol{l} = \mu_0 \sum_{(L内)} I_i$$

需要强调以下几点。

(1) 安培环路定理中的电流可正也可负,具体根据右手螺旋定则来判断:4 个手指沿着环路 $L$ 的方向,当电流的方向与大拇指一致的时候,该电流为正;如果电流方向与大拇指的指向相反,则该电流为负。

(2) 安培环路定理中的电流是闭合恒定电流。

(3) 只有与环路 $L$ 相铰链的电流,才是闭合路径包围的电流。

(4) 安培环路定理中的磁感应强度 $\boldsymbol{B}$ 是空间中所有电流(闭合环路内、外的所有电流) 产生的磁感应强度的矢量和。由于不穿过环路 $L$ 的电流所产生的磁场沿闭合路径积分的总效果等于零,即环路 $L$ 外的电流对环路上的磁感应强度有贡献,但是对磁感应强度关于环路的积分无贡献。

## 10.4.2　安培环路定理的应用

### 1. 无限长均匀载流圆柱体产生的磁场分布

设圆柱体截面半径为 $R$，电流 $I$ 沿轴线方向流动，如图 10.23 所示。

(1) 圆柱体外任意一点 $P$ 处的磁感应强度。

圆柱体轴线到 $P$ 点的距离为 $r$，过 $P$ 点作半径为 $r$ 的圆形环路 $L$。由电流分布对称性可知，环路上各点处 $\boldsymbol{B}$ 的大小相同，方向沿环路的切线方向，所以 $\boldsymbol{B}$ 沿环路 $L$ 的环流为

$$\oint_L \boldsymbol{B} \cdot \mathrm{d}\boldsymbol{l} = B2\pi r = \mu_0 I$$

故得

$$B = \frac{\mu_0 I}{2\pi r} \quad (r > R) \tag{10.18}$$

(2) 圆柱体内任意一点 $P$ 处的磁感应强度。

类似上述分析，由安培环路定理，有

$$\oint_L \boldsymbol{B} \cdot \mathrm{d}\boldsymbol{l} = B2\pi r = \mu_0 \sum_{(\text{L内})} I_i = \mu_0 \frac{I}{\pi R^2}\pi r^2 = \mu_0 \frac{r^2}{R^2} I$$

故得

$$B = \frac{\mu_0 I}{2\pi R^2} r \quad (r \leqslant R) \tag{10.19}$$

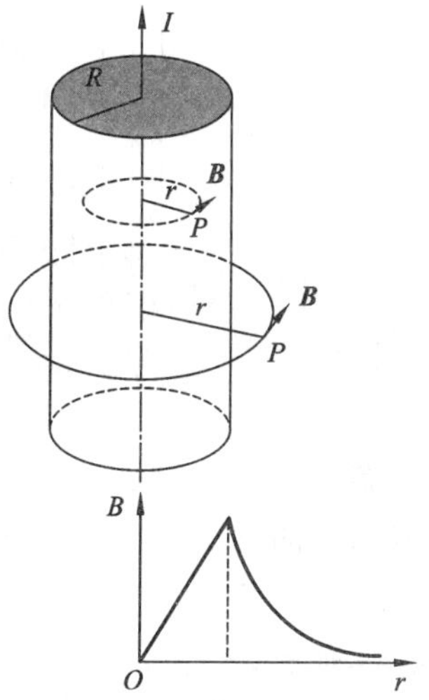

$B$-$r$ 曲线如图 10.23 所示。

图 10.23　无限长均匀载流圆柱体产生的磁场分布

### 2. 螺绕环的磁场分布

绕在圆环上的螺线形线圈称为螺绕环。设螺绕环总匝数为 $N$，导线内通有电流 $I$，如图 10.24 所示；根据对称性可知，在与螺绕环共轴的圆周上磁感应强度的大小相等，方向沿圆周的切线，取安培环路 $L$ 为在螺绕环内与它共心的圆，其半径为 $r$，电流穿过环路 $L$ 共 $N$ 次，由安培环路定理，得

$$\oint_L \boldsymbol{B} \cdot \mathrm{d}\boldsymbol{l} = B2\pi r = \mu_0 NI$$

故得

$$B = \frac{\mu_0 NI}{2\pi r} \quad (r_1 < r < r_2) \tag{10.20}$$

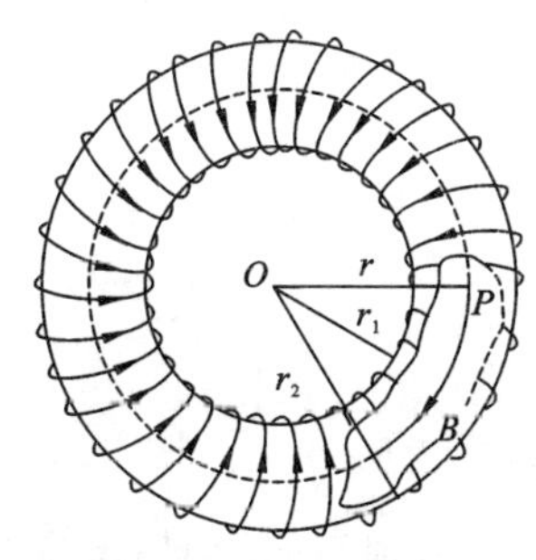

图 10.24　螺绕环

如果螺绕环的横截面很小，有 $r \gg (r_2 - r_1)$，则式中 $r$ 可认为是环的平均半径 $r \approx \bar{r} = \dfrac{r_1 + r_2}{2}$，$\dfrac{N}{2\pi \bar{r}} = n$ 为单位长度的匝数，故环内任一点的磁感应强度 $\boldsymbol{B}$ 的大小为

$$B = \mu_0 nI \tag{10.21}$$

此时，环内磁场可认为是均匀的，对环外一点（$r < r_1$ 或 $r > r_2$），因 $\sum\limits_{L(\text{内})} I_i = 0$，故 $B = 0$。

安培环路定理只能处理电流分布具有较高几何对称性的问题，解题关键是依据磁场对称性分析，取一个合适的安培环路以保

证积分容易求解。

**例 10.7**　将一个电流均匀分布的无限大载流平面放入均匀磁场 $\boldsymbol{B}$ 中，电流方向与磁场垂直。已知此时平面两侧的磁感应强度分别为$\boldsymbol{B}_1$ 和$\boldsymbol{B}_2$，如图 10.25(a) 所示，求：

(1) 均匀磁场 $\boldsymbol{B}$ 的大小；

(2) 该载流平面单位面积所受到的磁场力的大小和方向。

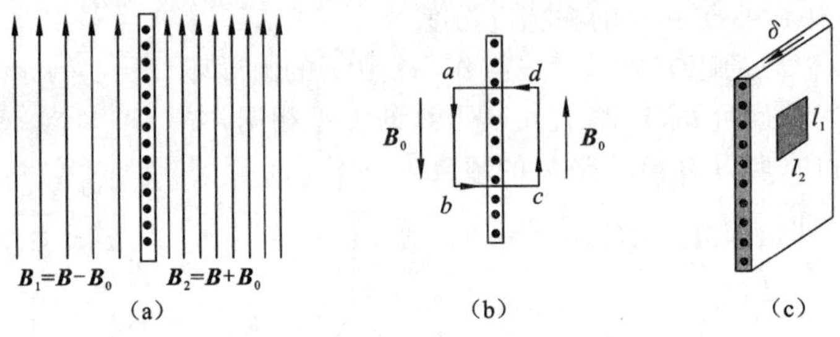


图 10.25　例 10.7 图

**解**　(1) 首先求无限大载流平面单独存在时产生的磁场 $\boldsymbol{B}_0$。设电流的方向垂直纸面向外，单位长度的电流(或电流密度) 为 $\delta$，在无外磁场时，由对称性分析可知，无限大均匀载流平面在其两边对称点产生的磁感应强度 $\boldsymbol{B}_0$ 大小应该相等，方向平行于载流平面，作矩形回路 $abcda$，如图10.25(b) 所示，由于$\overline{bc}$ 和$\overline{da}$ 段积分路径方向与 $\boldsymbol{B}_0$ 垂直，有

$$\oint_L \boldsymbol{B}_0 \cdot \mathrm{d}\boldsymbol{l} = B_0 \cdot \overline{ab} + 0 + B_0 \cdot \overline{cd} + 0 = 2B_0 \cdot \overline{ab} = \mu_0 \delta \cdot \overline{ab}$$

因此，无限大均匀载流平面产生的磁感应强度 $\boldsymbol{B}_0$ 大小是 $B_0 = \frac{\mu_0}{2}\delta$，这说明载流平面左右附近的场处处相等，即 $B_{左} = B_{右} = B_0$，且方向相反，都平行于载流平面。该结果说明无限大的面或板电流在空间产生的磁感应强度的大小相等，且与距离无关。

其次，考虑场强的叠加。若外磁场为 $\boldsymbol{B}$，依题意 $\boldsymbol{B}$ 的方向与平板平行，显然$\boldsymbol{B}_1$ 和$\boldsymbol{B}_2$ 是外磁场 $\boldsymbol{B}$ 与无限大均匀载流平面产生的磁场$\boldsymbol{B}_0$ 的叠加，它们的大小分别为

$$B_1 = B - B_0,\quad B_2 = B + B_0$$

由此可得外磁场的磁感应强度大小为 $B = \dfrac{B_1 + B_2}{2}$ 。

(2) 由上面分析可得 $B_0 = \dfrac{B_2 - B_1}{2}$，有

$$\delta = \frac{2B_0}{\mu_0} = \frac{B_2 - B_1}{\mu_0}$$

在载流平面上取面积为 $S = l_1 l_2$ 的矩形电流，如图 10.25(c) 所示，矩形电流的大小为 $I = l_1\delta$，此矩形电流受到的力为

$$F = Il_2 B\sin\frac{\pi}{2} = Il_2 B = l_1\delta \cdot l_2 \cdot \frac{B_1 + B_2}{2}$$

$$= S \cdot \frac{B_2 - B_1}{\mu_0}\,\frac{B_1 + B_2}{2} = S \cdot \frac{B_2^2 - B_1^2}{2\mu_0}$$

所以载流平面上单位面积受到的磁场力为$\dfrac{F}{S} = \dfrac{B_2^2 - B_1^2}{2\mu_0}$，方向垂直板面指向 $B_1$ 一侧。

**例 10.8**　一根很长的同轴电缆是由半径为 $a$ 的导体柱和内外半径分别为 $b$，$c$ 的导体壳组成，电流由导体柱 $a$ 流进，再从导体壳流出。电流均匀分布在导体横截面上，求空间磁场分布。

(设该导体的 $\mu \approx \mu_0$)

**解**　由于电流的轴对称性分布,电流产生的磁场 $\boldsymbol{B}$ 也具有轴对称分布,在同一截面内距离中心为 $r$ 的圆周上各点 $\boldsymbol{B}$ 的值相等,方向沿圆周切线方向,如图 10.26 所示。用安培环路定理 $\oint_L \boldsymbol{B} \cdot \mathrm{d}\boldsymbol{l} = \mu_0 \sum I$ 可求出 $\boldsymbol{B}$ 的空间分布。

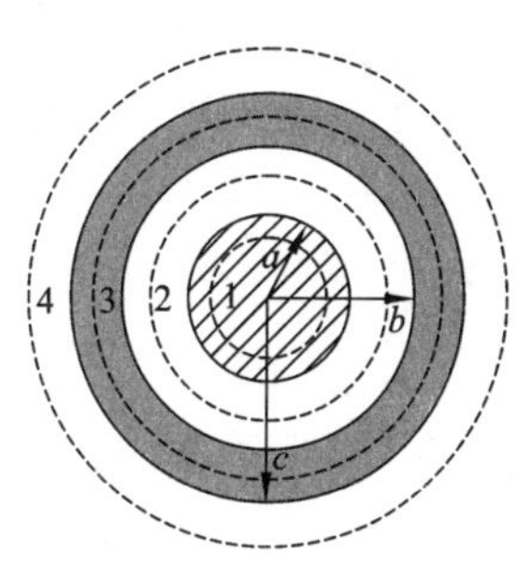


图 10.26　例 10.8 图

(1) 当 $r \leqslant a$ 时,$B \cdot 2\pi r = \mu_0 \dfrac{I}{\pi a^2}\pi r^2$,$B = \mu_0 \dfrac{Ir}{2\pi a^2}$

(2) 当 $a < r \leqslant b$ 时,$B \cdot 2\pi r = \mu_0 I$,$B = \dfrac{\mu_0 I}{2\pi r}$

(3) 当 $b < r \leqslant c$ 时,$B \cdot 2\pi r = \mu_0 \left[I - \dfrac{I}{\pi(c^2 - b^2)}\pi(r^2 - b^2)\right]$

$$B = \frac{\mu_0 I}{2\pi r} \cdot \frac{(c^2 - r^2)}{(c^2 - b^2)}$$

(4) 当 $r > c$ 时,$B \cdot 2\pi r = 0$

$$B = 0$$

**例 10.9**　有一根半径为 $R_1$ 无限长圆柱形导体棒,棒内圆柱体空心部分的半径为 $R_2$,空心部分的轴与圆柱导体棒的轴相互平行,两轴间的距离为 $a$,且 $a > R_2$,现有电流 $I$ 沿导体棒轴线方向流动,电流均匀分布在棒的横截面上,求:

(1) 圆柱导体棒轴线上的磁感应强度的大小;

(2) 空心部分轴线上的磁感应强度的大小。

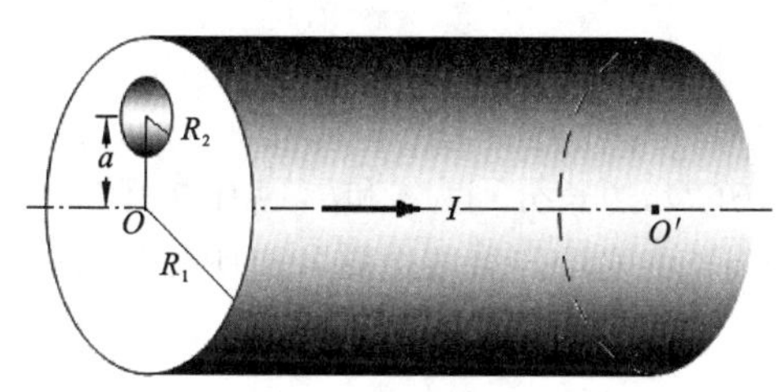


图 10.27　例 10.9 图

**解**　(1) 如图 10.27 所示,采用填补法,把空心部分设想用同向的载流导体棒填满,用 $\boldsymbol{B}$ 表示无空心的实体载流导体棒在 $OO'$ 轴线上产生的磁感应强度;用 $\boldsymbol{B}_2$ 表示半径为 $R_2$ 的同向载流导体棒在 $OO'$ 轴线上产生的磁感应强度;用 $\boldsymbol{B}_1$ 表示有空腔存在时的载流导体棒在 $OO'$ 轴线上产生的磁感应强度。

根据磁场叠加原理,有

$$\boldsymbol{B} = \boldsymbol{B}_1 + \boldsymbol{B}_2$$

由安培环路定理或由电流的对称性分布可得 $\boldsymbol{B} = 0$

$$B_2 \cdot 2\pi a = \mu_0 \frac{I}{\pi(R_1^2 - R_2^2)}\pi R_2^2$$

$$B_2 = \frac{\mu_0 I R_2^2}{2\pi a(R_1^2 - R_2^2)}$$

$\boldsymbol{B}_2$ 的方向与半径为 $R_2$ 的导体棒的假想电流方向之间满足右手螺旋关系,因此,$\boldsymbol{B}_2$ 在绕空腔轴线的顺时针方向。从 $\boldsymbol{B}_1 = \boldsymbol{B} - \boldsymbol{B}_2 = -\boldsymbol{B}_2$ 可见,$\boldsymbol{B}_1$ 与 $\boldsymbol{B}_2$ 大小相等,方向相反,即

$$B_1 = B_2 = \frac{\mu_0 I R_2^2}{2\pi a(R_1^2 - R_2^2)}\text{,方向为绕空腔轴线的逆时针。}$$

(2) 当空腔被填满时,空腔轴线上的磁场由

$$B \cdot 2\pi a = \mu_0 \frac{I}{\pi(R_1^2 - R_2^2)}\pi a^2$$

得 $B=\dfrac{\mu_0 aI}{2\pi(R_1^2-R_2^2)}$。

$\boldsymbol{B}$ 的方向为绕 $OO'$ 轴线的顺时针方向,而$\boldsymbol{B}_2=0$,所以由 $\boldsymbol{B}=\boldsymbol{B}_1+\boldsymbol{B}_2$,有

$$\boldsymbol{B}_1=\boldsymbol{B}-\boldsymbol{B}_2=\boldsymbol{B}$$

$$B_1=B=\frac{\mu_0 aI}{2\pi(R_1^2-R_2^2)}$$

# 10.5 磁场对电流的作用

## 10.5.1 磁场对载流导线的作用力

实验表明:在磁场中的载流导线会受到磁场的作用力,该作用力被称为安培力或磁力。磁力的大小和方向与载流导线的长度、通过导线的电流、磁场的大小,以及电流方向与磁场方向之间的夹角有关。一个电流元 $I\mathrm{d}\boldsymbol{l}$ 在磁感应强度为 $\boldsymbol{B}$ 的磁场中受到磁力 $\mathrm{d}\boldsymbol{F}$ 可表示为

$$\mathrm{d}\boldsymbol{F}=I\mathrm{d}\boldsymbol{l}\times\boldsymbol{B} \tag{10.22}$$

式(10.22) 称为**安培定律**。磁力 $\mathrm{d}\boldsymbol{F}$ 的方向垂直于电流元 $I\mathrm{d}\boldsymbol{l}$ 和磁感应强度 $\boldsymbol{B}$ 构成的平面。

计算一段有限长载流导线所受磁力,可根据磁力的叠加性,对组成载流导线的电流元 $I\mathrm{d}\boldsymbol{l}$ 进行矢量积分,求 $\mathrm{d}\boldsymbol{F}$ 的矢量和

$$\boldsymbol{F}=\int_L \mathrm{d}\boldsymbol{F}=\int_L I\mathrm{d}\boldsymbol{l}\times\boldsymbol{B} \tag{10.23}$$

在具体计算过程中,通常先对 $\mathrm{d}\boldsymbol{F}$ 在某个选定坐标系中的分量积分求磁力的分量大小,再求磁力各分量的矢量和是载流导线受引的磁力。

## 10.5.2 均匀磁场对载流线圈的作用

在匀强磁场$\boldsymbol{B}$中,有一刚性长方形平面载流线圈 $ABCD$,边长分别为 $a$ 和$b$,通有电流 $I$,如图 10.28(a) 所示;当线圈平面与磁场方向成任意角$\theta$时,可由安培定律求线圈各边所受到的磁力,对 $AB$ 边和$CD$ 边受力大小为

$$F_{AB}=IaB\sin\left(\frac{\pi}{2}-\theta\right)=IaB\sin\left(\frac{\pi}{2}+\theta\right)=F_{CD}$$

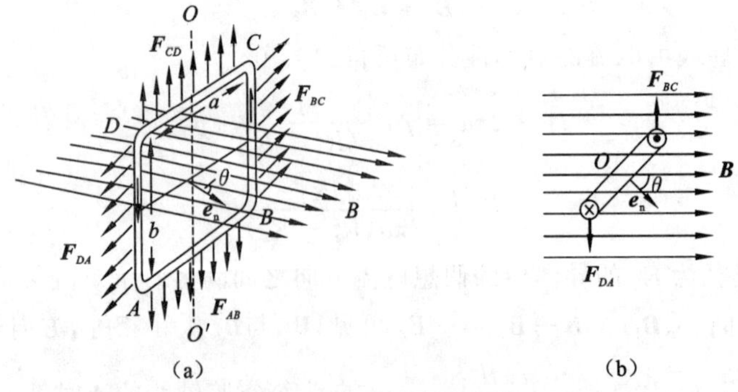


图 10.28 矩形线圈在均匀磁场受的力矩

但$\boldsymbol{F}_{AB}$ 与$\boldsymbol{F}_{CD}$ 方向相反,即$\boldsymbol{F}_{AB}+\boldsymbol{F}_{CD}=\boldsymbol{0}$,由于线圈是刚性的,这一对力相互抵消,线圈在竖直方向没有运动。对 $BC$ 边和 $DA$ 边受力大小为

$$F_{BC} = IbB = F_{DA}$$

$\boldsymbol{F}_{BC}$ 与$\boldsymbol{F}_{DA}$ 方向相反，即$\boldsymbol{F}_{BC}+\boldsymbol{F}_{BC}=0$，所以载流线圈在均匀磁场中受到的安培力等于零（可以简单证明：对闭合的载流线圈有$\oint \mathrm{d}\boldsymbol{l}=0$，$\boldsymbol{F}=\int_L \mathrm{d}\boldsymbol{F}=\oint I\mathrm{d}\boldsymbol{l}\times\boldsymbol{B}=I\left(\oint \mathrm{d}\boldsymbol{l}\right)\times\boldsymbol{B}=0$），线圈的质心在水平方向没有平动，然而$\boldsymbol{F}_{BC}$ 和$\boldsymbol{F}_{DA}$ 的作用线不在同一直线上，它们形成一个力偶（力偶的两个力矩的方向相同），如图10.28(b) 所示，该力偶对 $OO'$ 轴的磁力矩 $\boldsymbol{M}$ 的大小为

$$M = F_{BC}\frac{a}{2}\sin\theta + F_{AD}\frac{a}{2}\sin\theta = IabB\sin\theta$$

即

$$M = ISB\sin\theta \tag{10.24}$$

式中：$S=ab$ 是线圈的面积。表征平面载流线圈性质有一个非常重要的物理量，称为线圈的**磁矩**，用 $\boldsymbol{p}_{\mathrm{m}}$ 表示

$$\boldsymbol{p}_{\mathrm{m}} = IS\boldsymbol{e}_{\mathrm{n}} \tag{10.25}$$

式中：$\boldsymbol{e}_{\mathrm{n}}$表示线圈平面法向的单位矢量。$\boldsymbol{e}_{\mathrm{n}}$ 的正向与线圈中电流的方向服从右手螺旋定则，显然 $\boldsymbol{p}_{\mathrm{m}}$ 与 $\boldsymbol{e}_{\mathrm{n}}$ 同方向，如果载流线圈为 $N$ 匝串联，那么线圈所受到的磁力矩的大小为

$$M = NISB\sin\theta = \boldsymbol{p}_{\mathrm{m}}B\sin\theta \tag{10.26}$$

式中 $\boldsymbol{p}_{\mathrm{m}} = NIS\boldsymbol{e}_{\mathrm{n}}$ 为 $N$ 匝线圈的磁矩，$\theta$ 为 $\boldsymbol{e}_{\mathrm{n}}$ 与 $\boldsymbol{B}$ 之间的夹角。所以式(10.26) 可用下面的矢量式表示

$$\boldsymbol{M} = \boldsymbol{p}_{\mathrm{m}}\times\boldsymbol{B} \tag{10.27}$$

式(10.27) 对于处于匀强磁场中的任意形状的平面载流线圈都适用。由式(10.27) 可知，当 $\theta=\dfrac{\pi}{2}$ 时，磁力矩达到最大值 $M_{\max}=NISB$；当 $\theta=0$ 时，线圈处于稳定平衡状态；当 $\theta=\pi$ 时，$M=0$，但这时线圈处于非稳定平衡状态（$\boldsymbol{p}_{\mathrm{m}}$ 与 $\boldsymbol{B}$ 正好相反），因为它受到微小扰动后便不再回到原平衡状态。

综上所述，可得出如下结论。

(1) 磁力矩使平面载流线圈的磁矩方向转向外磁场的方向，使其达到稳定平衡状态。

(2) 匀强磁场中，任意形状的平面载流线圈所受合力为零，$\sum\boldsymbol{F}=0$，但是它要受到一个磁力矩 $\boldsymbol{M}=\boldsymbol{p}_{\mathrm{m}}\times\boldsymbol{B}$ 的作用，因此，线圈不会做整体平动，但是会发生转动。

### 10.5.3　磁力矩的功

假设具有恒定电流的载流线圈在均匀磁场中受磁力矩作用绕其对称轴 $OO'$ 做逆时针转动，如图 10.28 所示，当线圈转过 $\mathrm{d}\theta$ 时，磁力矩所做的元功为

$$\mathrm{d}A = -M\mathrm{d}\theta = -BIS\sin\theta\mathrm{d}\theta = I\mathrm{d}(BS\cos\theta)$$

式中：负号表示磁力矩做正功时，$\theta$ 角减小。因为 $BS\cos\theta$ 表示通过线圈的磁通量 $\Phi_{\mathrm{m}}$，所以上式可写成

$$\mathrm{d}A = I\mathrm{d}\Phi_{\mathrm{m}} \tag{10.28}$$

当线圈从 $\theta_1$ 转到 $\theta_2$ 时，磁力矩做功为

$$A = \int_{\Phi_{m1}}^{\Phi_{m2}} I\mathrm{d}\Phi_{\mathrm{m}} = I(\Phi_{m2}-\Phi_{m1}) = I\Delta\Phi_{\mathrm{m}} \tag{10.29}$$

式(10.29) 对匀强磁场中任意载流线圈都适用。

**例 10.10** 半径为 $R$ 的薄圆盘上均匀带电，总电量为 $q$，令此盘绕通过盘心且垂直盘面的轴线转动，角速度为 $\omega$，求：

(1) 轴线上距盘心 $x$ 处 $P$ 点的磁感应强度；

(2) 圆盘的磁矩；

(3) 将该旋转的圆盘置入匀强磁场 $\boldsymbol{B}$ 中，且圆盘平面与 $\boldsymbol{B}$ 平行的情况下，磁场作用于圆盘的磁力矩。

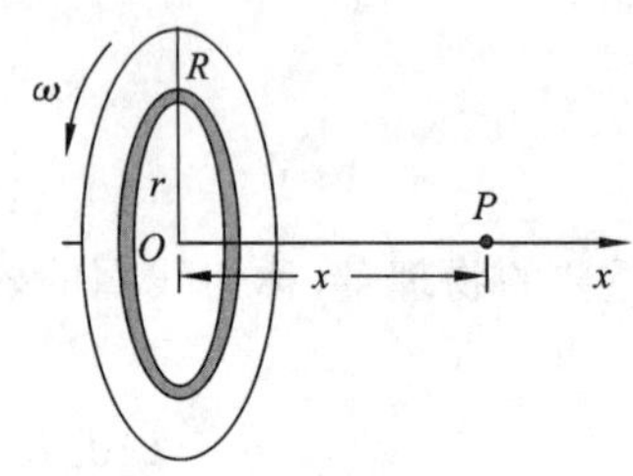


图 10.29 例 10.10 图

**解** (1) 圆盘均匀带电，面电荷密度为 $\sigma=\dfrac{q}{\pi R^2}$，距圆心 $r$ 处取一宽为 $\mathrm{d}r$ 的圆环(见图 10.29)，圆环上的电荷为 $\mathrm{d}q=\sigma 2\pi r\mathrm{d}r$，由于盘的转动，形成圆形电流，相应的电流强度为

$$\mathrm{d}I=\frac{\omega}{2\pi}\mathrm{d}q=\omega\sigma r\,\mathrm{d}r$$

其在 $P$ 点产生的磁感应强度为

$$\mathrm{d}B=\frac{\mu_0}{2}\frac{r^2\mathrm{d}I}{(r^2+x^2)^{3/2}}=\frac{\mu_0\sigma\omega}{2}\frac{r^3\mathrm{d}r}{(r^2+x^2)^{3/2}}$$

方向沿 $x$ 轴正向。转动的圆盘可视为由许多个连续分布的电流环组成，所有这样的载流环所产生的磁感应强度方向相同，所以，$P$ 处的 $\boldsymbol{B}$ 的大小应为

$$B_P=\int_0^R\frac{\mu_0\sigma\omega r^3\mathrm{d}r}{2\,(r^2+x^2)^{3/2}}=\frac{\mu_0\sigma\omega}{2}\left[\frac{R^2+2x^2}{\sqrt{x^2+R^2}}-2x\right]$$

若 $x=0$，得圆心 $O$ 处的磁感应强度为

$$B_o=\frac{\mu_0\sigma\omega R}{2}=\frac{\mu_0 q\omega}{2\pi R}$$

(2) 距 $O$ 点 $r$ 处宽为 $\mathrm{d}r$ 的载流环，其磁矩大小为

$$\mathrm{d}p_{\mathrm{m}}=\mathrm{d}I\cdot S=\mathrm{d}I\cdot\pi r^2=\sigma\omega r^3\pi\mathrm{d}r$$

$\mathrm{d}\boldsymbol{p}_{\mathrm{m}}$ 方向沿 $x$ 轴正向，所以转动的圆盘总磁矩(所有 $\mathrm{d}\boldsymbol{p}_{\mathrm{m}}$ 方向都相同)为

$$p_{\mathrm{m}}=\int\mathrm{d}p_{\mathrm{m}}=\int_0^R\sigma\omega r^3\pi\mathrm{d}r=\frac{1}{4}\sigma\omega\pi R^4=\frac{1}{4}\omega qR^2$$

(3) 距 $O$ 点 $r$ 处宽为 $\mathrm{d}r$ 的载流环所受到的磁力矩为

$$\mathrm{d}M=\mathrm{d}p_{\mathrm{m}}\cdot B\cdot\sin\frac{\pi}{2}=\pi\sigma\omega Br^3\mathrm{d}r$$

因为各圆环上所受磁力矩方向相同，所以圆盘所受磁力矩

$$M=\int\mathrm{d}M=\int_0^R\pi\sigma\omega Br^3\mathrm{d}r=\frac{1}{4}\sigma\omega\pi R^4B=\frac{1}{4}\omega qBR^2$$

**例 10.11** 一个扇形塑料薄片，半径为 $R$，张角为 $\theta$，其表面均匀带电，电荷面密度为 $\sigma$，使扇形薄片绕通过圆心 $O$ 并垂直于表面的轴线以角速度 $\omega$ 逆时针方向转动，如图 10.30 所示，求：

(1) $O$ 处的磁感应强度；

(2) 旋转的带电扇形薄片的磁矩。

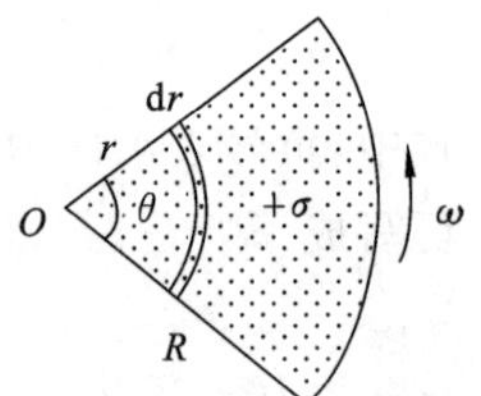


图 10.30 例 10.11 图

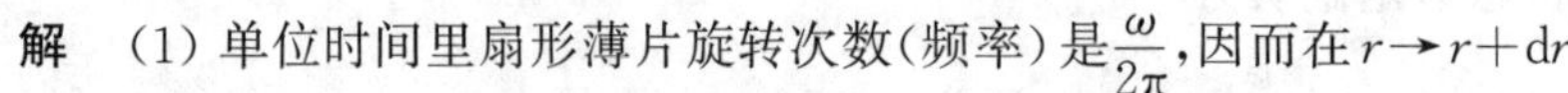

**解** (1) 单位时间里扇形薄片旋转次数(频率)是 $\dfrac{\omega}{2\pi}$，因而在 $r\to r+\mathrm{d}r$ 处有电流元 $\mathrm{d}I=\sigma\theta r\,\mathrm{d}r\,\dfrac{\omega}{2\pi}$，根据圆电流中心的磁场公式，可知电流元 $\mathrm{d}I$

在 $O$ 处产生的磁感应强度为

$$\mathrm{d}B = \frac{\mu_0 \mathrm{d}I}{2r} = \frac{\mu_0}{4\pi}\sigma\theta\omega\mathrm{d}r$$

所以

$$B = \int \mathrm{d}B = \int_0^R \frac{\mu_0}{4\pi}\sigma\theta\omega\mathrm{d}r = \frac{\mu_0}{4\pi}\sigma\theta\omega R$$

(2) 电流元 $\mathrm{d}I$ 形成的磁矩

$$\mathrm{d}p_{\mathrm{m}} = \pi r^2 \sigma r\theta \frac{\omega}{2\pi}\mathrm{d}r$$

$$p_{\mathrm{m}} = \int \mathrm{d}p_{\mathrm{m}} = \int_0^R \pi r^2 \sigma r\theta \frac{\omega}{2\pi}\mathrm{d}r = \frac{1}{8}\sigma\theta\omega R^4$$

**例 10.12**　半径为 $R$，截面积为 $S$ 的铅丝环，通有电流 $I$，现将铅丝环置于匀强磁场 $\boldsymbol{B}$ 中，求铅丝内所受到的张力及由此引起的拉应力。

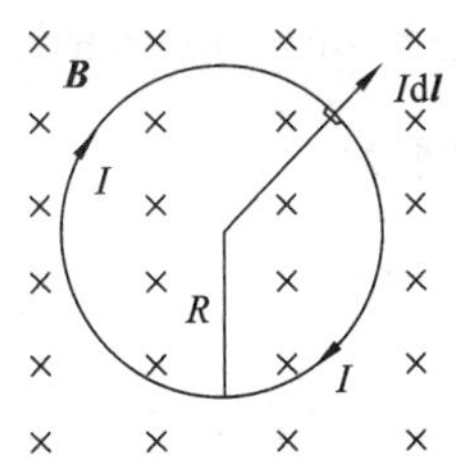


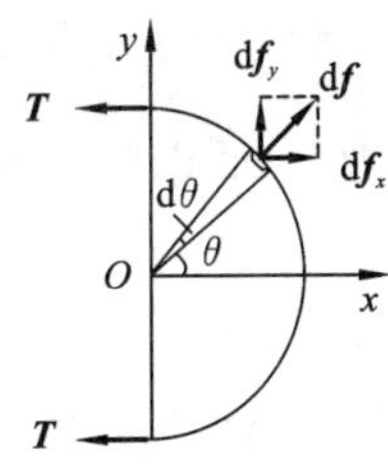


图 10.31　例 10.12 图

**解法一**　如图 10.31(a) 所示，处于匀强磁场 $\boldsymbol{B}$ 中的载流铅丝环所受合力为零，所受磁力矩 $\boldsymbol{M} = \boldsymbol{p}_{\mathrm{m}} \times \boldsymbol{B}$ 也等于零($\boldsymbol{p}_{\mathrm{m}}$ 与 $\boldsymbol{B}$ 平行)，即载流铅丝环既无平动也不转动；为了计算铅丝内的张力，取右侧的半个圆环来考虑，左半环对右半环的拉力为 $2\boldsymbol{T}$，方向沿 $x$ 轴负向，右半环所受安培力 $\boldsymbol{F}$ 应满足

$$2\boldsymbol{T} + \boldsymbol{F} = \boldsymbol{0}$$

现计算右半环所受到的安培力 $\boldsymbol{F}$，取电流元 $I\mathrm{d}\boldsymbol{l}$，所受安培力 $\mathrm{d}\boldsymbol{F}$ 的大小为

$$\mathrm{d}F = IB\mathrm{d}l\sin\frac{\pi}{2} = IB\mathrm{d}l = IBR\mathrm{d}\theta$$

方向图 10.31(b) 所示，沿径向向外

$$\mathrm{d}F_x = \mathrm{d}F\cos\theta,\quad \mathrm{d}F_y = \mathrm{d}F\sin\theta$$

所以

$$F_x = \int \mathrm{d}F_x = BIR\int_{-\frac{\pi}{2}}^{\frac{\pi}{2}} \cos\theta\mathrm{d}\theta = 2BIR$$

$$F_y = \int \mathrm{d}F_y = BIR\int_{-\frac{\pi}{2}}^{\frac{\pi}{2}} \sin\theta\mathrm{d}\theta = 0$$

$$F = 2BIR\boldsymbol{i}$$

式中：$\boldsymbol{i}$ 为 $x$ 方向单位矢量。因此求得铅丝内张力

$$T = \frac{F}{2} = BIR$$

单位面积上的张力即拉应力为

$$\sigma = \frac{T}{S} = \frac{BIR}{S}$$

**解法二**　匀强磁场 $\boldsymbol{B}$ 中，电流元 $I\mathrm{d}\boldsymbol{l}$ 始终与 $\boldsymbol{B}$ 垂直，因此，任意一段弯曲载流导线所受到的磁场力为

$$\boldsymbol{F} = \int_L I\mathrm{d}\boldsymbol{l} \times \boldsymbol{B} = I\left(\int_L \mathrm{d}\boldsymbol{l}\right) \times \boldsymbol{B} = I\boldsymbol{L} \times \boldsymbol{B}$$

式中:$\boldsymbol{L}$ 为由电流始端到电流末端所连矢径。因此右半载流环所受安培力的大小为

$$F = ILB\sin\frac{\pi}{2} = ILB = 2IRB$$

安培力方向由 $\boldsymbol{L}\times\boldsymbol{B}$ 确定,即沿 $x$ 轴正向,因此所求张力及应力分别为

$$T = \frac{F}{2} = BIR, \quad \sigma = \frac{T}{S} = \frac{BIR}{S}$$

**例 10.13** 有一半径为 $R$ 的半圆形闭合载流线圈,通有电流 $I$,放在均匀磁场中,磁感应强度 $\boldsymbol{B}$ 的方向与线圈平面平行,如图 10.32 所示,求:

(1) 线圈所受磁力对 $y$ 轴的磁力矩;

(2) 在这个磁力矩作用下线圈转过 $\frac{\pi}{2}$ 时,磁力矩所做的功。

**解** (1) 直接利用公式 $\boldsymbol{M} = \boldsymbol{p}_{\mathrm{m}}\times\boldsymbol{B}$ 计算载流线圈所受到的磁力矩,由于 $\boldsymbol{p}_{\mathrm{m}}$ 与 $\boldsymbol{B}$ 之间夹角为 $\frac{\pi}{2}$,所以磁力矩的大小为

$$M = \frac{I\pi R^2}{2}B$$

线圈在 $\boldsymbol{M}$ 的作用下绕 $y$ 轴沿逆时针方向转动,$\boldsymbol{M}$ 的方向沿 $y$ 轴正向。

(2) 磁力矩所做的功为

$$A = I\Delta\Phi_{\mathrm{m}} = I\left(\frac{1}{2}\pi R^2 B - 0\right) = \frac{1}{2}\pi IR^2 B$$

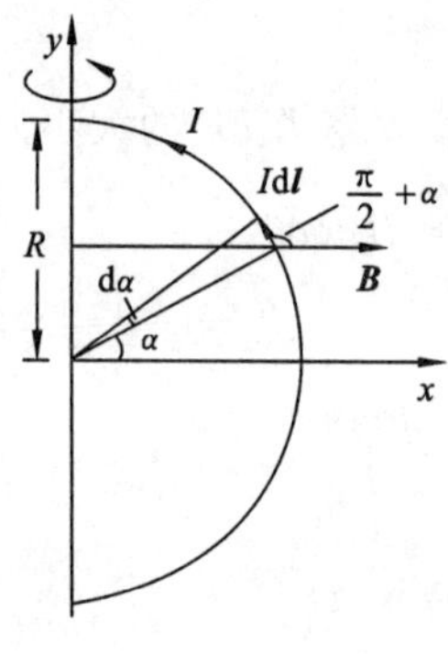

图 10.32 例 10.13 图

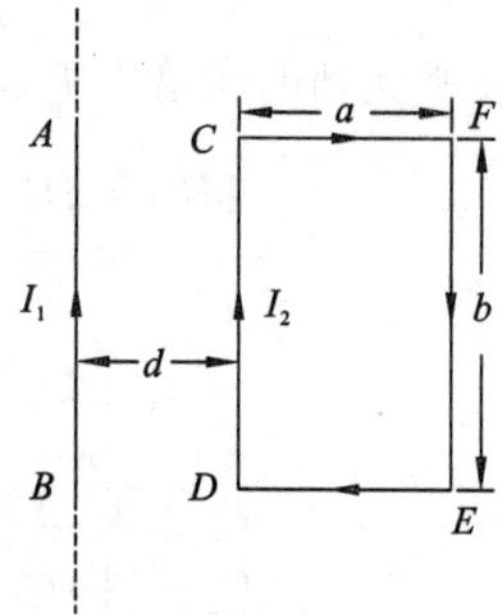

图 10.33 例 10.14 图

**例 10.14** 如图 10.33 所示,在长直导线 $AB$ 内通有电流 $I_1$,在矩形线圈 $CDEF$ 中通有电流 $I_2$,$AB$ 与线圈共面,且 $CD$,$EF$ 都与 $AB$ 平行,求:

(1) 导线 $AB$ 的磁场对矩形线圈每边的作用力;

(2) 矩形线圈受到的合力及合力矩;

(3) 当电流 $I_2$ 反向,则又如何?

**解** (1) 由安培公式 $\boldsymbol{F} = \int_L I\mathrm{d}\boldsymbol{l}\times\boldsymbol{B}$,可求得

$$F_{CD} = BI_2 b = \frac{\mu_0 I_1}{2\pi d}I_2 b, \quad \text{方向向左}$$

$$F_{EF} = \frac{\mu_0 I_1}{2\pi(d+a)}I_2 b, \quad \text{方向向右}$$

$$F_{DE}=\int_d^{d+a}\frac{\mu_0 I_1}{2\pi r}I\lambda_2\mathrm{d}r=\frac{\mu_0 I_1 I_2}{2\pi}\ln\frac{d+a}{d},\quad \text{方向向下}$$

$$F_{CF}=\int_d^{d+a}\frac{\mu_0 I_1}{2\pi r}I\lambda_2\mathrm{d}r=\frac{\mu_0 I_1 I_2}{2\pi}\ln\frac{d+a}{d},\quad \text{方向向上}$$

即有 $\boldsymbol{F}_{DE}=-\boldsymbol{F}_{CF}$。

(2) 矩形线圈所受合力 $\sum\boldsymbol{F}=\boldsymbol{F}_{CD}+\boldsymbol{F}_{EF}+\boldsymbol{F}_{DE}+\boldsymbol{F}_{CF}$

$$\sum F=F_{CD}-F_{EF}=\frac{\mu_0 I_1}{2\pi d}I_2 b-\frac{\mu_0 I_1}{2\pi(d+a)}I_2 b,\quad \text{方向向左}$$

由于 $\boldsymbol{M}=\boldsymbol{p}_{\mathrm{m}}\times\boldsymbol{B}$，$\boldsymbol{p}_{\mathrm{m}}\,/\!/\,\boldsymbol{B}$，所以张力矩为零。

(3) 如果 $I_2$ 反向，上述各力均反向，但合力矩仍为零。

当导线 $AB$ 与线圈 $CDEF$ 不在同一平面内时，情况又如何呢？请读者自己考虑。

# 10.6　带电粒子在磁场中的运动

带电粒子在磁场中运动时，将受到磁场力的作用，这个力通常称为**洛伦兹力**。载流导线在磁场中所受到的安培力可看成是载流导线中带电粒子所受洛伦兹力的宏观表现。实验表明：运动的带电粒子在磁场中受到的洛伦兹力 $\boldsymbol{F}_{\mathrm{m}}$ 与粒子所带电量 $q$、运动速度 $\boldsymbol{v}$ 和磁感应强度 $\boldsymbol{B}$ 之间的关系为

$$\boldsymbol{F}_{\mathrm{m}}=q\boldsymbol{v}\times\boldsymbol{B}\tag{10.30}$$

由于洛伦兹力的方向总与带电粒子的速度方向垂直，所以洛伦兹力对粒子不做功，它仅改变粒子运动方向，不改变它的速率和动能。

下面分别讨论带电粒子在均匀磁场和非均匀磁场中的运动情况。

## 10.6.1　带电粒子在均匀磁场中的运动　磁聚焦

按照式(10.30)带电粒子在磁场中受洛伦兹力与其运动速度的大小和方向有关，下面分两种情况讨论带电粒子在均匀磁场中的运动。

**1）粒子运动的初速度 $\boldsymbol{v}$ 垂直于磁感应强度 $\boldsymbol{B}$**

如图 10.34 所示，此时带电粒子在与 $\boldsymbol{B}$ 垂直的平面内做匀速率圆周运动，依据牛顿运动定律，有

$$qvB=m\frac{v^2}{R}$$

由此得轨道半径(称为回转半径)为

$$R=\frac{mv}{qB}\tag{10.31}$$

带电粒子做圆周运动的周期(即回转周期)$T$ 为

$$T=\frac{2\pi R}{v}=\frac{2\pi m}{qB}\tag{10.32}$$

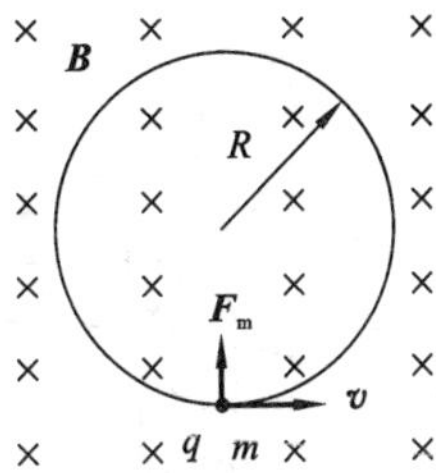

图 10.34　带电粒子在均匀磁场中做匀速率圆周运动

由式(10.31)和式(10.32)可知，回转半径与粒子速度有关，但回转周期与粒子速度无关。

**2）粒子运动的初速度 $\boldsymbol{v}$ 与磁感应强度 $\boldsymbol{B}$ 斜交**

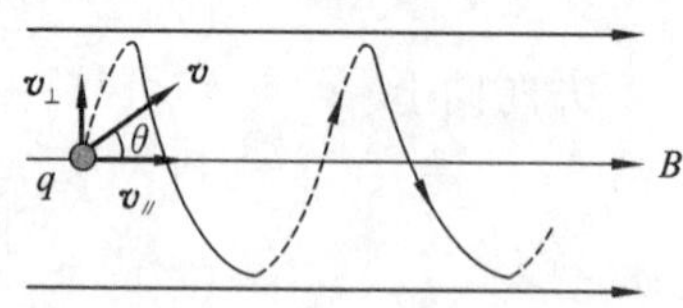


图 10.35　带电粒子在均匀磁场中做螺旋运动

如图 10.35 所示，$\boldsymbol{v}$ 与 $\boldsymbol{B}$ 成任意夹角 $\theta$，这时可以把 $\boldsymbol{v}$ 分解为沿磁场方向的分速度 $v_{/\!/}=v\cos\theta$ 和垂直于磁场方向的分速度 $v_\perp=v\sin\theta$。在与 $\boldsymbol{B}$ 平行的方向上，粒子以 $v_{/\!/}$ 做匀速直线运动；在与 $\boldsymbol{B}$ 垂直的平面内，粒子以 $v_\perp$ 做匀速率圆周运动。所以，此时带电粒子的轨迹为一螺旋线，螺旋线半径为

$$R=\frac{mv\sin\theta}{qB} \tag{10.33}$$

螺旋轨道的螺距(粒子在一个周期 $T$ 内，沿 $\boldsymbol{B}$ 方向上运动的距离)

$$h=T\cdot v_{/\!/}=\frac{2\pi mv\cos\theta}{qB} \tag{10.34}$$

带电粒子在磁场(包括非均匀磁场) 中的运动规律，在磁聚焦、磁约束及回旋加速器中都有着十分重要的应用。

按照式(10.34)，如果均匀磁场的磁感应强度 $\boldsymbol{B}$ 一定，对带电量为 $q$、质量为 $m$、速度为 $v$ 的某带电粒子，它在磁场中做螺旋轨道运动的螺距，仅与粒子速度在磁场方向上的分量有关。如果一束带电粒子的发散角不大，而速率又接近，这束带电粒子流沿着磁场的方向进入均匀磁场中，如图 10.36 所示，由于速度的垂直分量 $v_\perp$ 因角度 $\theta$ 不同而有差异，在磁场力作用下各个粒子沿半径不同的螺旋线前进；但是这些粒子的 $v_{/\!/}$ 几乎相同，所以螺距几乎一样，即有

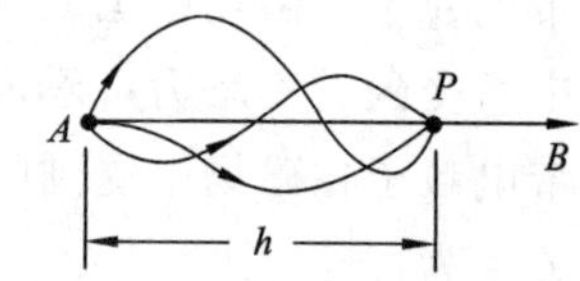


图 10.36　均匀磁场中的磁聚焦

$$v_\perp=v\sin\theta\approx v\theta,\quad v_{/\!/}=v\cos\theta\approx v$$

这样，从同一点出发的所有同类粒子，在一个周期以后，它们将在同一点会聚，从而产生“磁聚焦”现象，磁聚焦现象广泛应用于电子真空器件如电子显微镜中。

## 10.6.2　带电粒子在非均匀磁场中的运动　磁镜　磁约束

**磁镜**　类似在均匀磁场中的情况，速度方向与磁场方向不同的带电粒子在非均匀磁场中，也做螺旋线运动；然而，由于磁场是非均匀的，带电粒子做螺旋线运动的旋转半径和螺距将随磁场而改变。

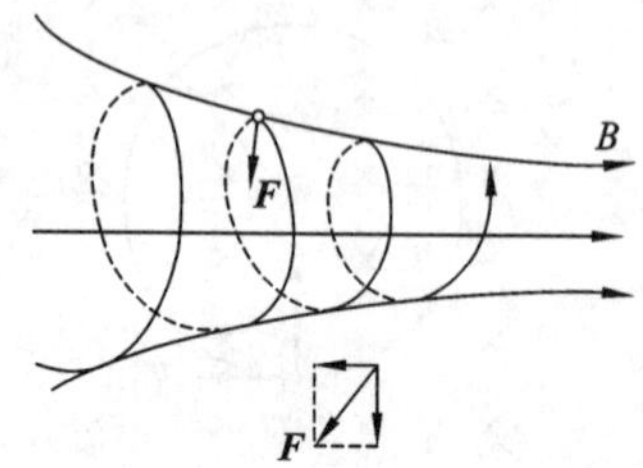


图 10.37　带电粒子在非均匀磁场中的运动

当带电粒子的速度分量方向指向磁场较强处时，粒子的运动半径和螺距逐渐减小，如图10.37 所示；另外，带电粒子在轨道上某点的速度与所在处的磁场决定了粒子在该处受到的洛伦兹力，该力可分解为两个分量，其中，一个分量作为维持粒子做圆周运动的向心力，另一个分量指向磁场较弱方向，阻碍粒子的螺旋式前进，并且最终使得粒子的前进速度为零，从而开始反向运动；这种情况好像是前进的粒子碰到一个“镜面”的阻挡而被反射一样。非均匀磁场中的这种效应称为磁镜。

**磁约束**　磁镜具有阻挡带电粒子前进，使其向反向运动的特性，因此，可以利用磁镜效应，设

计一种由两个磁镜组成装置，让带电粒子在它们之间来回被反射，将带电粒子的运动限制在一定区域内，这种现象称为磁约束。图 10.38 是两种磁约束方式的示意图。

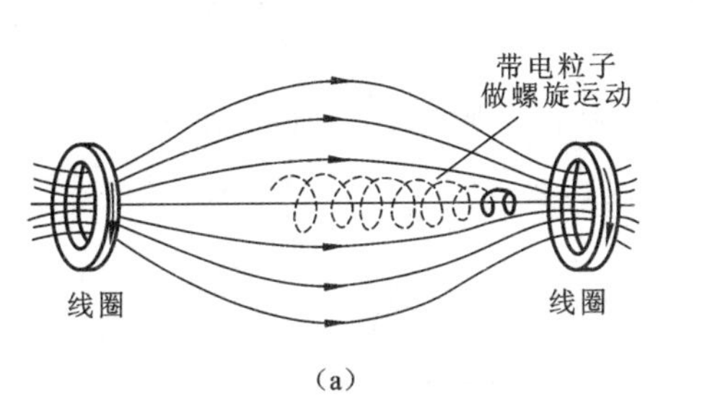


(a)

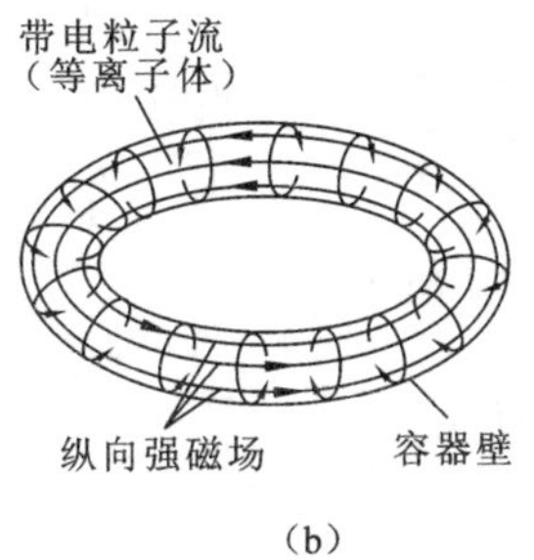


(b)

图 10.38　两种磁约束方式

图 10.38(a) 是一个磁瓶约束装置，它是将两个电流方向相同的线圈在同一轴线上平行放置，从而产生一个中间弱两端强的磁场区域，该磁场区域的两端形成两个磁镜；平行于磁场方向的速度分量不太大的带电粒子能够被约束在这两个磁镜之间来回运动。磁瓶装置的弱点是：轴向速度较大的粒子，容易从磁瓶的两端逃脱。为了能够约束较高运动速度的带电粒子，人们设计了一种闭合环形磁约束装置，如图 10.38(b) 所示，它能够将射入环内的带电粒子限制在环形磁场中运动，使其不易逃离。

闭合环形磁约束主要用于受控热核反应装置中，因为进行热核反应物质的温度非常高，呈等离子体状态，没有能够承载如此高温物质的容器，所以磁环约束装置能够很好地按要求将很高温度的等离子体限制在一定的空间内，使其进行热核反应。

磁瓶的磁约束现象也存在于宇宙空间中。例如，地球的南北极之间存在非均匀磁场，该磁场在两极处强，而中间区域(赤道附近) 弱，类似磁瓶结构，一旦有带电粒子(如宇宙射线中的电子和质子) 进入地球的磁场，它们就被“俘获”，其运动限制在地磁场的一定范围内。这些粒子在磁场力的作用下环绕着地球的磁力线做螺旋线运动，并不断被地球的南北极“磁镜” 反射而往返于两极之间；来回运动的带电粒子发射电磁波而形成辐射带(称为范艾伦辐射带，如图 10.39 所示)，因此，范艾伦辐射带是由磁约束现象造成的。有时候太阳黑子的活动使得地球的磁场分布受到很大影响，大量带电粒子就可能从地球的两极附近“漏掉” 而进入大气层。在地磁场两极附近，由于磁感应线与地面垂直，从外层空间入射的带电粒子流可以直接射入高空大气层内，它们和空气分子碰撞产生的辐射形成美轮美奂的各色极光。

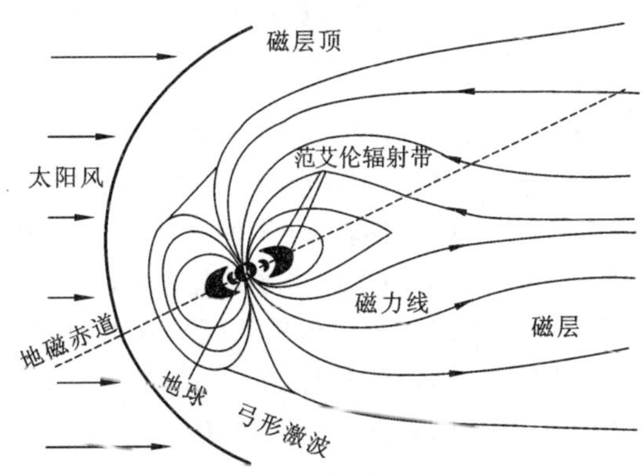


图 10.39　地磁场的磁约束(范艾伦辐射带)

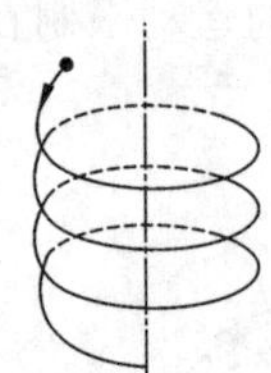

图 10.40　例 10.15 图

**例 10.15**　电子在均匀磁场 $\boldsymbol{B}$ 中沿半径为 $R$ 的螺旋线运动，螺距为 $h$，如图 10.40 所示。试判断外磁场的方向，并求电子的速率。

**解**　由洛伦兹力公式 $\boldsymbol{F}=-e\boldsymbol{v}\times\boldsymbol{B}$ 和图示电子运动的方向，可判断出 $\boldsymbol{B}$ 沿螺旋轴竖直向上。

将速度分解成 $v_{\perp}$ 和 $v_{/\!/}$，则螺旋运动的轨道半径和螺距为

$$R=\frac{m_e v_{\perp}}{eB},\quad h=\frac{2\pi m_e v_{/\!/}}{eB}$$

得到 $v_{\perp}=\dfrac{eB}{m_e}R$，$v_{/\!/}=\dfrac{eB}{m_e}\cdot\dfrac{h}{2\pi}$。故电子运动的速度大小是

$$v=\sqrt{v_{\perp}^2+v_{/\!/}^2}=\frac{eB}{m_e}\sqrt{R^2+\left(\frac{h}{2\pi}\right)^2}$$

# 10.7　霍尔效应

在匀强磁场 $\boldsymbol{B}$ 中，放置一块平板状金属，使金属板面与磁场 $\boldsymbol{B}$ 的方向垂直，如图 10.41 所示。金属板的宽度为 $a$，厚度为 $b$，当金属板中沿着与磁场 $\boldsymbol{B}$ 垂直的方向上通有电流 $I$ 时，在金属板上下两个表面之间就会出现横向电动势 $V_H$，这种现象称为**霍尔效应**。$V_H$ 称为霍尔(Hall)电势差。实验表明，霍尔电势差 $V_H$ 与磁感应强度 $\boldsymbol{B}$ 和电流强度 $I$ 成正比，而与金属板的厚度 $b$ 成反比，即

$$V_H=R_H\frac{IB}{b}\tag{10.35}$$

式中：$R_H$ 称为霍尔系数，它仅与导体材料有关。

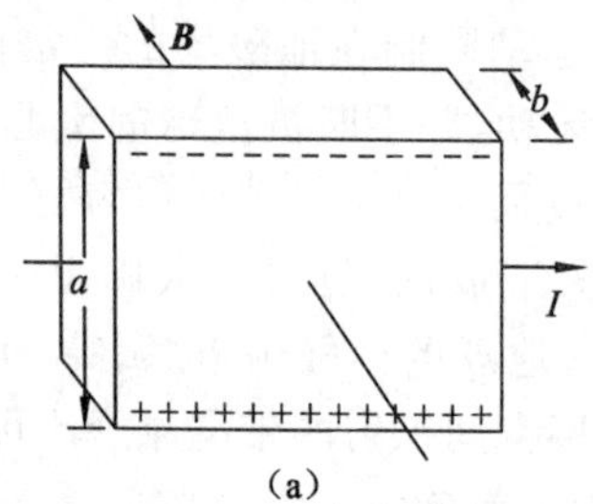


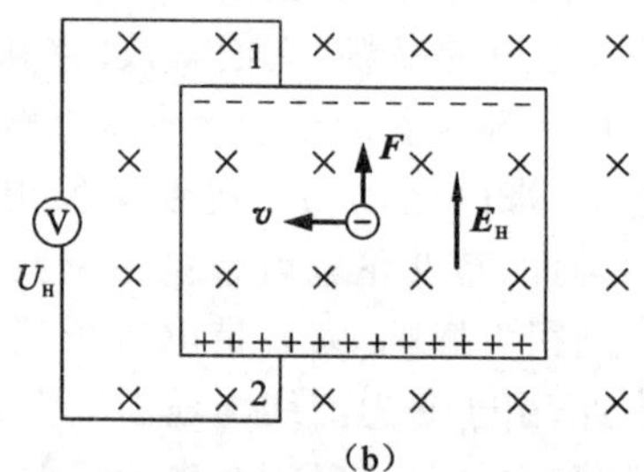


图 10.41　霍尔效应

霍尔效应的理论解释如下。

金属中的电流是自由电子(也称为载流子)定向运动的宏观表现，在磁场中运动的电子将受到洛伦兹力作用，设磁场的磁感应强度为 $\boldsymbol{B}$，电子以平均定向速度 $\boldsymbol{v}$ 运动，它受到洛伦兹力为 $\boldsymbol{F}=(-e)\boldsymbol{v}\times\boldsymbol{B}$，在 $\boldsymbol{F}$ 作用下，电子向上偏转，结果使导体上表面积累负电荷，下表面积累正电荷，从而在导体内产生了一个方向自下向上的电场 $\boldsymbol{E}_H$，此时，电子同时受到电场力与洛伦兹力的作用，作用力的方向相反；当电子在与定向运动速度 $\boldsymbol{v}$ 垂直的方向上受到的电场力与洛伦兹力相等时，电子运动宏观上达到稳恒状态，此时

$$(-e)\boldsymbol{E}_H+(-e)\boldsymbol{v}\times\boldsymbol{B}=0$$

即

$$\boldsymbol{E}_H=-\boldsymbol{v}\times\boldsymbol{B}$$

由于定向运动速度 $\boldsymbol{v}$ 垂直于磁感应强度 $\boldsymbol{B}$，电场的大小为 $E_H=vB$；稳恒状态时，在导体板上、下两表面间存在着电势差，即霍尔电势差

$$V_H = V_1 - V_2 = -aE_H = -avB$$

设导体内电子数密度为 $n$，导体中的电流是 $I = nevab$，代入上式，有

$$V_H = -\frac{1}{ne}\left(\frac{IB}{b}\right) \tag{10.36}$$

将式(10.36)与式(10.35)比较可得金属导体的霍尔系数

$$R_H = -\frac{1}{ne} \tag{10.37}$$

如果载流子带正电荷 $q$ 比如 $p$ 型半导体，霍尔系数是

$$R_H = \frac{1}{nq} \tag{10.38}$$

近年来霍尔效应已经在科学研究、高新技术等许多领域中得到广泛应用，例如通过实验测量半导体的霍尔系数，根据霍尔系数的正负，判断载流子的类型，从而确定半导体的类型，当 $R_H > 0$ 时，为 $p$ 型半导体，当 $R_H < 0$ 时，为 $n$ 型半导体。其次，根据所测量的霍尔系数的大小，可以计算载流子的浓度。另外，由式(10.35)可知，当已知霍尔元件的尺寸 $b$、霍尔系数 $R_H$ 和稳恒的电流 $I$ 时，霍尔电势差 $V_H$ 与磁感应强度 $B$ 成正比，因此，可以利用霍尔效应测量磁场。

本章讨论的是真空中恒定电流的磁场，并指出一切磁现象都可归纳为运动电荷之间通过磁场发生相互作用，然而电荷的运动还是静止取决于观察者，一个电荷相对于某一个观察者是运动的，但是对另一个观察者可能是静止的，即电荷是否运动与观察者有着密切关系，这就引出了一个更为深层次的问题：磁场究竟是从哪里来的？根据狭义相对论的基本原理以及电荷的相对论不变性可得出如下结论。

(1) 磁场力是运动电荷之间电场力的一部分。

(2) 磁场是电场的相对论效应。

(3) 电场和磁场构成一个统一的实体——电磁场。

## 内容提要

1. 磁场力：运动电荷在磁场中受到的非电场力，它的本质是运动电荷之间的作用力。

2. 磁感应强度：由洛伦兹力公式 $\boldsymbol{F}_m = q\boldsymbol{v} \times \boldsymbol{B}$ 来定义，

大小

$$B = \frac{F_m}{qv\sin\alpha}$$

方向：由 $\boldsymbol{v}$，$\boldsymbol{B}$ 和 $\boldsymbol{F}_m$ 三者矢量积关系确定。

3. 磁场叠加原理。空间中某点的磁感应强度等于各运动电荷或载流导体单独存在时在该点产生磁感应强度的矢量和。

$$\boldsymbol{B} = \sum_i \boldsymbol{B}_i$$

3. 磁通量

$$\Phi_m = \iint_S \boldsymbol{B} \cdot d\boldsymbol{S}$$

4. 磁场的高斯定律

$$\oiint_S \boldsymbol{B} \cdot d\boldsymbol{S} = 0$$

5. 毕奥-萨伐尔定律

$$d\boldsymbol{B} = \frac{\mu_0}{4\pi}\frac{I d\boldsymbol{l} \times \boldsymbol{r}}{r^3}$$

真空磁导率

$$\mu_0 = 4\pi \times 10^{-7}\ \mathrm{N \cdot A^{-2}}$$

6. 典型磁场分布

载流直导线的外一点 $B = \frac{\mu_0 I}{4\pi a}(\cos\theta_1 - \cos\theta_2)$

“无限长”载流直导线外一点 $B = \frac{\mu_0 I}{2\pi a}$

载流圆形线圈轴线上一点 $B = \frac{\mu_0 R^2 I}{2(R^2 + x^2)^{3/2}}$

圆形线圈的中心处 $B = \frac{\mu_0 I}{2R}$

密绕长直螺线管内一点 $B = \mu_0 nI$

匀速运动($v \ll c$)电荷周围一点 $\boldsymbol{B}_1 = \frac{\mu_0}{4\pi}\frac{q\boldsymbol{v} \times \boldsymbol{r}}{r^3}$

7. 安培环路定理 $\oint_L \boldsymbol{B} \cdot \mathrm{d}\boldsymbol{l} = \mu_0 \sum_{(L内)} I_i$

8. 安培定律:磁场对载流导线电流元的作用力

$$\boldsymbol{F} = \int_L \mathrm{d}\boldsymbol{F} = \int_L I\mathrm{d}\boldsymbol{l} \times \boldsymbol{B}$$

9. 载流线圈的磁矩 $\boldsymbol{p}_{\mathrm{m}} = IS\boldsymbol{e}_{\mathrm{n}}$

磁矩在磁场中受到的力矩 $\boldsymbol{M} = \boldsymbol{p}_{\mathrm{m}} \times \boldsymbol{B}$

磁力矩做功 $A = \int_{\Phi_{m1}}^{\Phi_{m2}} I\mathrm{d}\Phi_{\mathrm{m}} = I(\Phi_{m2} - \Phi_{m1}) = I\Delta\Phi_{\mathrm{m}}$

10. 带电粒子在均匀磁场中的运动

初速度垂直于磁感应强度,带电粒子做匀速圆周运动,

半径:$R = \frac{mv}{qB}$ 周期:$T = \frac{2\pi m}{qB}$

初速度与磁感应强度斜交,带电粒子做螺旋线运动,

螺旋线半径:$R = \frac{mv\sin\theta}{qB}$, 螺距:$h = \frac{2\pi mv\cos\theta}{qB}$

11. 霍尔效应:在磁场中载流导体上出现横向电势差的现象。

霍尔电势差 $V_{\mathrm{H}} = R_{\mathrm{H}}\frac{IB}{b}$

霍尔系数 $R_{\mathrm{H}} = -\frac{1}{ne}$ (电子为载流子)

## 思 考 题

**10.1** 本章出现的物理量的矢量积关系有:$\boldsymbol{M} = \boldsymbol{p}_{\mathrm{m}} \times \boldsymbol{B}$,$\boldsymbol{F}_{\mathrm{m}} = q\boldsymbol{v} \times \boldsymbol{B}$,$\mathrm{d}\boldsymbol{F} = I\mathrm{d}\boldsymbol{l} \times \boldsymbol{B}$,$\mathrm{d}\boldsymbol{B} = \frac{\mu_0}{4\pi}\frac{I\mathrm{d}\boldsymbol{l} \times \boldsymbol{r}}{r^3}$ 等。分别说明以上各式中哪些矢量是始终垂直的关系,哪两个矢量可以有任意的夹角。

**10.2** 如何利用毕奥-萨伐尔定律导出运动电荷在空间某处的磁场?

**10.3** 用安培环路定理求电流的磁场时有何限制?

**10.4** 如果$\oint_L \boldsymbol{B} \cdot \mathrm{d}\boldsymbol{l} = 0$,可以说回路 $L$ 中一定没有包围电流吗?上式中任意回路 $L$ 上处处磁感应强度为零吗?

**10.5**　安培环路定理$\oint_L \boldsymbol{B} \cdot \mathrm{d}\boldsymbol{l} = 0$对有限长的电流的磁场也适合吗？试用安培环路定理求思 10.5 图中有限长电流对圆形回路 $L$ 的积分，并以此为例说明上述问题。(已知导线长度$\overline{ab}$等于圆形回路 $L$ 的直径，即 $ab = 2R$，导线中载有电流 $I$)

**10.6**　横截面积为圆形或矩形的密绕环形螺线管通有电流后，在管内形成的磁场都是均匀磁场吗？设横截面的线度远小于环形螺线管的平均半径。

**10.7**　在均匀磁场中放置三个通有相同电流、形状不同的平面线圈，如思 10.7 图所示，设三个线圈的面积相同，均为 $S$，问它们受到的磁力矩是否相同？磁力(合力)是否相同？为什么？

**10.8**　如果一个电子在通过空间某一区域时不偏转，我们能否肯定这个区域中没有磁场？如果一个电子在通过空间某一区域时不偏转，我们又能否肯定这个区域中存在磁场？

**10.9**　什么是霍尔效应？试作出由于霍尔效应在思 10.9 图所示的金属表面上产生电荷的正负极性。

思 10.5 图　　思 10.7 图　　思 10.9 图

# 习　题

**10.1**　求题 10.1 图中 $P$ 点的磁感应强度 $\boldsymbol{B}$ 的大小和方向。

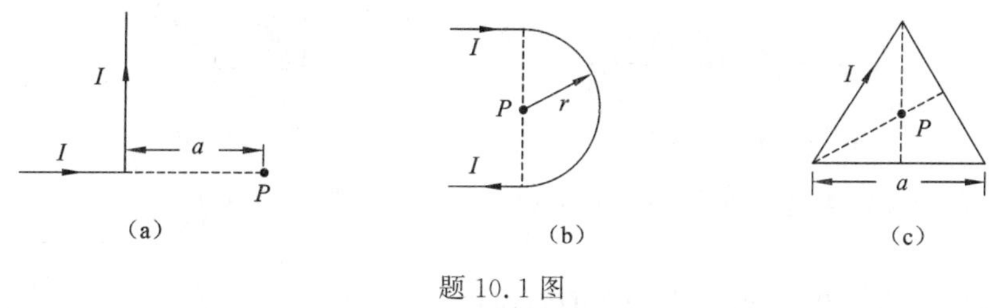


题 10.1 图

(a) 为 $P$ 在水平延长线上；(b) 为 $P$ 在半圆中心；(c) 为 $P$ 在正三角形中心

**10.2**　如题 10.2 图所示，电流 $I$ 沿两种不同形状的导线流动，则在两种电流分布的情况下，两个圆心处的磁感应强度的大小为多少？

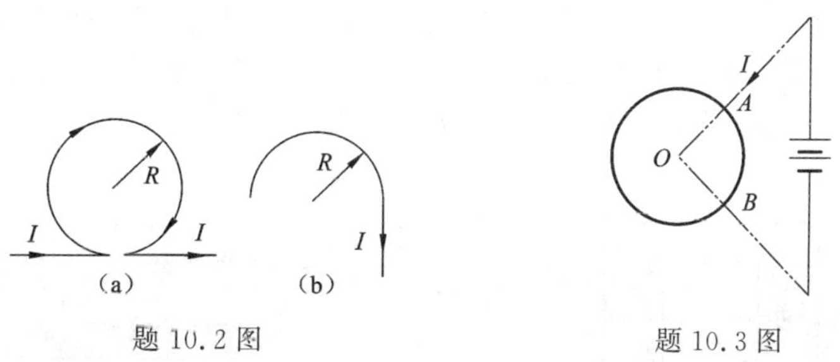


题 10.2 图　　题 10.3 图

**10.3**　两根导线沿半径方向引到铁环上的 $A$, $B$ 两点，并在很远处与电源相连，如题10.3图所示，求环中心的磁感应强度。

**10.4** 求半径为 $R$ 的无限长均匀载流圆柱导体棒产生的磁场分布,设电流强度为 $I$。

**10.5** 利用安培环路定理求无限长螺线管内一点的磁感应强度。设螺线管单位长度的匝数为 $n$,导线中的电流为 $I$。

**10.6** 在纸面内有一宽度为 $a$ 的无限长薄载流平面(厚度可忽略),如题 10.6 图所示,电流 $I$ 均匀分布在平面上(或面电流密度 $\delta = I/a$),试求与载流平面共面的 $P$ 点处的磁场。(设 $P$ 点到载流平面连线的垂直距离为 $x_0$)

**10.7** 将半径为 $R$ 的无限长导体薄管(厚度可忽略)沿轴向割去宽度为 $h$ 的无限长狭缝,如题 10.7 图所示,$h \ll R$。若沿导体管轴向通以均匀电流,电流密度为 $\delta$,求导体管轴线上任意一点的磁感应强度。

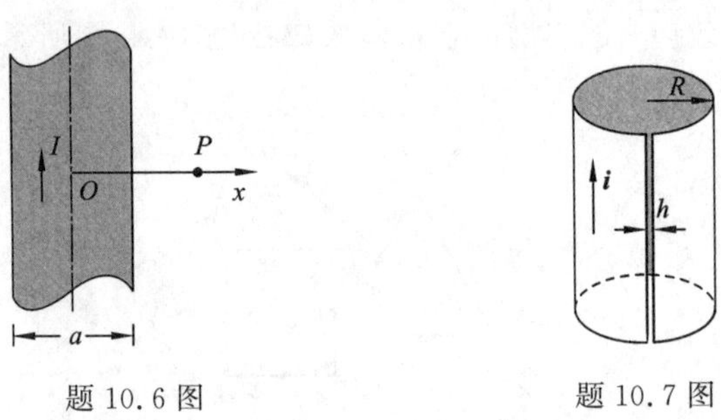

题 10.6 图　　题 10.7 图

**10.8** 利用典型载流导线的磁场公式和叠加原理,求题 10.8 图中 $O$ 点处的磁感应强度。

**10.9** 以同样的几根导线连接构成一个立方体,如题 10.9 图所示,在一对角线相连的两顶点 $A$ 及 $C$ 上接一个电源,问在立方体中心的磁感应强度 $\boldsymbol{B}$ 的大小为多少?

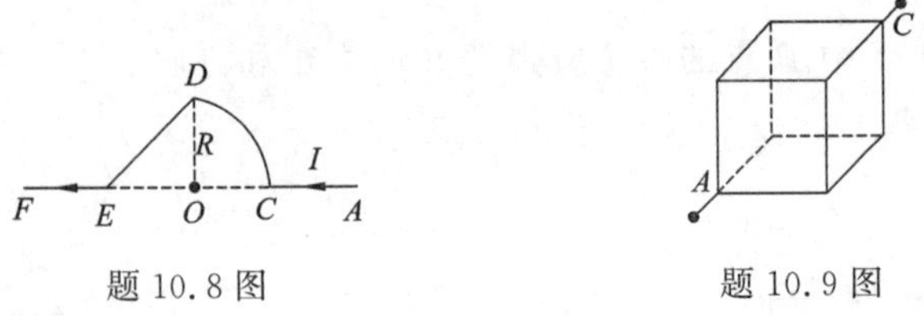

题 10.8 图　　题 10.9 图

**10.10** 在地球北半球的某区域,磁感应强度的大小为 $4.0 \times 10^{-5}$ T,方向与铅直方向成 60° 角,求:

(1) 穿过面积为 $1.0\ \text{m}^2$ 的水平平面的磁通量;

(2) 穿过面积为 $1.0\ \text{m}^2$ 的竖直平面的磁通量的最大值和最小值。

**10.11** 两平行直导线相距 $d = 20$ cm,每根导线载有电流 $I = 20$A,如题 10.11 图所示,求:

(1) 两导线所在平面内与两导线等距离的一点处的磁感应强度;

(2) 通过图中距导线 $a = 5$ cm,边长 $l = 10$ cm 的正方形面积的磁通量。

**10.12** 一根很长的铜导线,均匀载有电流 $I$,在导线内部过轴线作一平面 $S$,如题10.12 图所示,试计算通过平面 $S$ 的磁通量。(提示:沿导线方向取长度 $l$ 的一段计算,并设铜的磁导率 $\mu \approx \mu_0$)

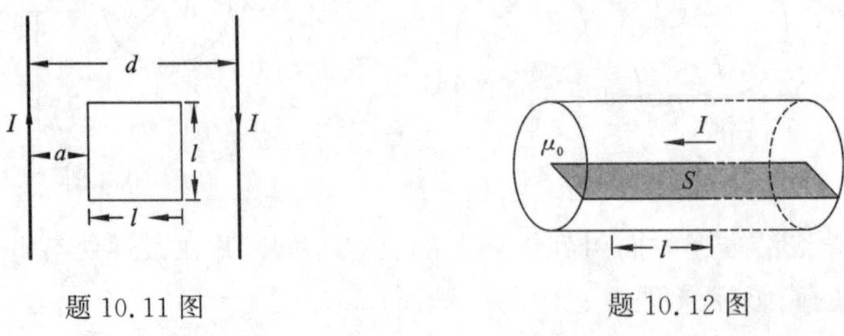

题 10.11 图　　题 10.12 图

**10.13**　一长直导线 $AB$，通有电流 $I_1$，在其旁边放置一段导线 $ab$，通过电流 $I_2$ 且，$AB$ 与 $ab$ 在同一平面上，$AB \perp ab$，如题 10.13 图所示，$a$ 端距离 $AB$ 为 $r_a$，$b$ 端距离 $AB$ 为 $r_b$，求导线 $ab$ 受到的作用力。

**10.14**　任意形状的一段导线 $AB$ 如题 10.14 图所示，其中通有电流 $I$，导线放在与均匀磁场 $\boldsymbol{B}$ 垂直的平面内。证明：导线 $AB$ 所受的力等于 $A$ 到 $B$ 间载有同样电流的直导线所受的力。

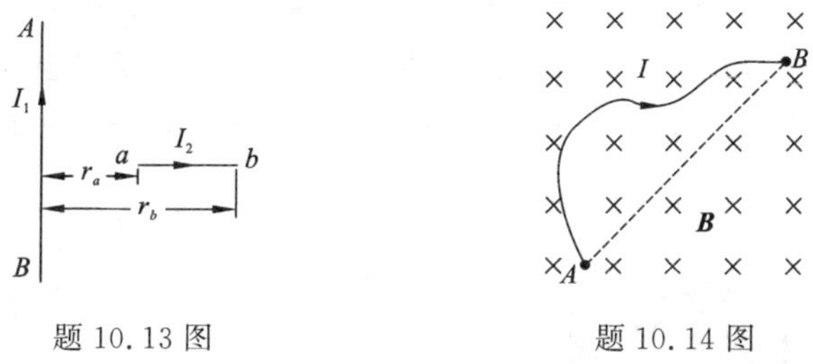

题 10.13 图　　题 10.14 图

**10.15**　有一根 U 形导线，质量为 $m$，两端浸没在水银槽中，导线的上段长 $l$，处在磁感应强度为 $\boldsymbol{B}$ 的均匀磁场中，如题 10.15 图所示。当接通电源时，这个导线将就会从水银槽中跳起来。假设电流脉冲的时间同导线上升的时间相比非常小。

(1) 试由导线跳起所达到的高度 $h$ 计算电流脉冲的电荷量 $q$；

(2) 如果 $B = 0.1\ \mathrm{T}$，$m = 10\ \mathrm{g}$，$l = 20\ \mathrm{cm}$，$h = 0.3\ \mathrm{m}$，计算 $q$ 的值。(提示：利用动量定理，找出 $q = \int I\mathrm{d}t$ 与 $\int F\mathrm{d}t$ 的关系)

**10.16**　两正电荷 $q_1$、$q_2$ 相距为 $a$ 时，其速度各为 $\boldsymbol{v}_1$ 和 $\boldsymbol{v}_2$，且 $\boldsymbol{v}_1 \perp \boldsymbol{v}_2$，$\boldsymbol{v}_2$ 指向 $q_1$，如题 10.16 图所示，求此时 $q_1$ 对 $q_2$ 和 $q_2$ 对 $q_1$ 的电磁场力的大小和方向。

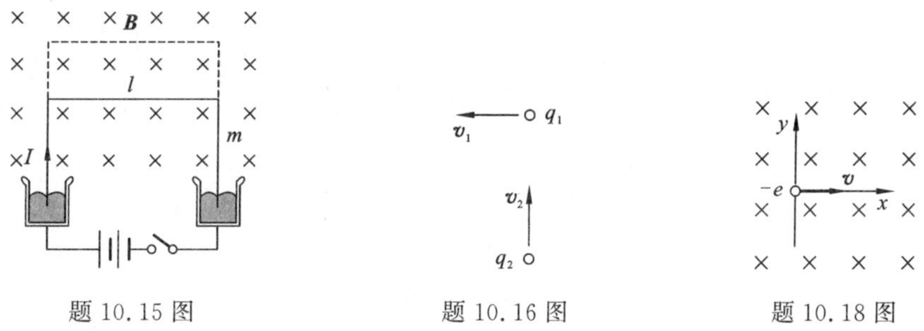

题 10.15 图　　题 10.16 图　　题 10.18 图

**10.17**　一个静止电子经过加速电压为 $2.0 \times 10^3$ V 的电场加速后，立即进入磁感应强度为 $\boldsymbol{B}$ 的匀强磁场中。进入磁场时它的速度 $\boldsymbol{v}$ 与磁感应强度 $\boldsymbol{B}$ 成 89°，求电子做螺旋运动的周期和螺距。

**10.18**　电子枪发射电子的动能是 $2.0 \times 10^4$ eV，若该电子枪平行于地球表面并与地球磁场的方向垂直，如题 10.18 图所示，若地磁场的大小是 $0.5 \times 10^{-4}$ T，求电子枪发射的电子飞行 0.40 m 时，它在 $y$ 方向的偏转距离是多少？

**10.19**　空气中有一半径为 $r$ 的无限长圆柱导体棒，$OO'$ 为其中轴线，在圆柱体内挖去一个直径为 $\frac{r}{2}$ 的圆柱形空洞，空洞的外侧面与 $OO'$ 相切。未挖部分均匀地分布电流 $I$，沿 $OO'$ 轴线方向向下，如题 10.19 图所示。在距离 $OO'$ $3r$ 处，有一个电子在 $OO'$ 和空洞的轴线所共面的平面内，并沿 $OO'$ 向下方运动，若该电子经过 $P$ 点时的速度为 $\boldsymbol{v}$，求它在 $P$ 点受到的磁场力。

**10.20**　在霍尔效应实验中，有一个高为 $a$ 宽为 $b$ 的长直铜片导体，在其内沿长度方向通有电流 $I$，如题 10.20 图所示，$I$ 用 $\otimes$ 表示，在铜片的垂直方向上施加磁感应强度为 $\boldsymbol{B}$ 的均匀磁场。

(1) 计算铜片中电子的漂移速率 $\boldsymbol{v}$；

(2) 求作用在电子上的磁力 $\boldsymbol{F}$ 的大小和方向；

(3) 为抵消磁场的效应，铜片中应加均匀电场 $\boldsymbol{E}$ 的大小和方向；

(4) 为产生此电场，在铜片导体两侧之间应加上多大的电压？电压应加于导体哪两边？

(5) 如果外界不施加电场，则有些电子将被推到铜片的一边，因而在铜片的高度方向上将产生一个均匀电场$\boldsymbol{E}_{\mathrm{H}}$，直到这个均匀电场$\boldsymbol{E}_{\mathrm{H}}$ 的力与(2) 中的磁力达到平衡为止，求电场$\boldsymbol{E}_{\mathrm{H}}$ 的大小和方向。已知 $a = 0.02\ \mathrm{m}$，$b = 0.1\ \mathrm{cm}$，$I = 50\ \mathrm{A}$，$B = 2\ \mathrm{T}$，铜片单位体积内传导电子的数量$n = 1.1 \times 10^{29}\ \mathrm{m}^{-3}$。

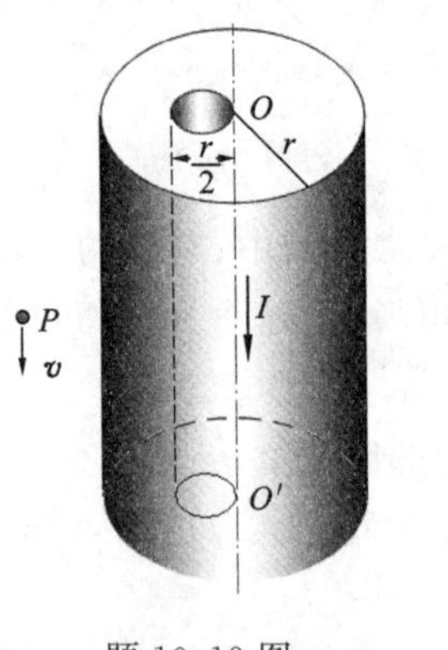


题 10.19 图

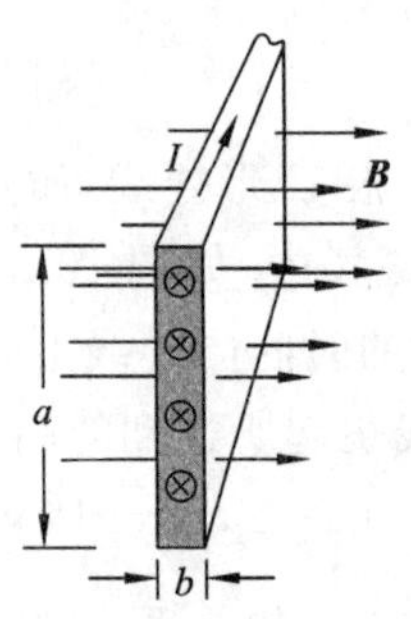


题 10.20 图

**10.21**　一个半径为 0.50 m，有 30 匝的圆线圈，电流为 5.00 A，置于 1.20 T 的均匀磁场中，磁场与圆线圈的磁矩垂直，如题 10.21 图所示，求该线圈受到的磁力矩。

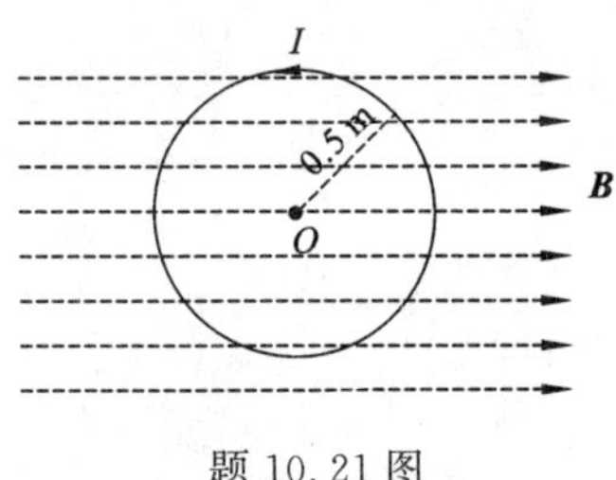


题 10.21 图

**10.22**　一半径为 0.60 m，有 100 匝的圆线圈，电流为 5.00 A，求线圈轴线上距离其中心点 0.80 m 处的磁场。

【习题参考答案】

【阅读材料】

# 第11章　磁场中的磁介质

第10章讨论了电流在真空中产生的磁场，没有涉及磁场中有介质存在的情况。当磁场中存在介质时，磁场将发生变化。本章从物质的电结构出发，说明三种类型磁介质(顺磁质、抗磁质及铁磁质)在磁场中的表现及其对磁场的影响。

## 11.1　磁　介　质

将某种物质置入磁场中，它会受到磁场作用，反之它也对磁场产生影响，这种物质被称为磁介质。从广泛意义上讲，所有实体物质都是磁介质，它们的差别仅在于各种物质受到磁场作用和对磁场的影响有所不同。

在第8章中已阐述电介质放入电场中时，它会受到电场作用产生极化电荷(束缚电荷)，反过来极化电荷会在电介质中产生一个与原电场方向相反的附加电场，部分抵消原电场，使电介质中电场减小。磁介质也有类似的情况，当磁介质放入磁场中时，它受到磁场的作用，这种作用过程称为介质的磁化；处于磁化状态的介质将产生磁化电流(束缚电流)，磁化电流将产生一个附加磁场，并对原磁场产生影响。

下面以长直螺线管为例说明磁介质对磁场的影响。设有一个长直螺线管，单位长度绕有 $n$ 匝线圈，管内为真空(或空气)，如图11.1(a)所示，在线圈中通入电流 $I$，由第10章的式(10.16)知，电流在管内产生的磁场是均匀的，磁感应强度 $B_0$ 的大小为

$$B_0 = \mu_0 nI \tag{11.1}$$

如果在管内充满某种均匀磁介质，如图11.1(b)所示，这时磁介质被磁化。产生一个附加磁场 $\boldsymbol{B}'$，其方向与 $\boldsymbol{B}_0$ 相反，此时，磁介质中的磁场为两者叠加，故磁介质中的总磁感应强度为

$$\boldsymbol{B} = \boldsymbol{B}_0 + \boldsymbol{B}' \tag{11.2}$$

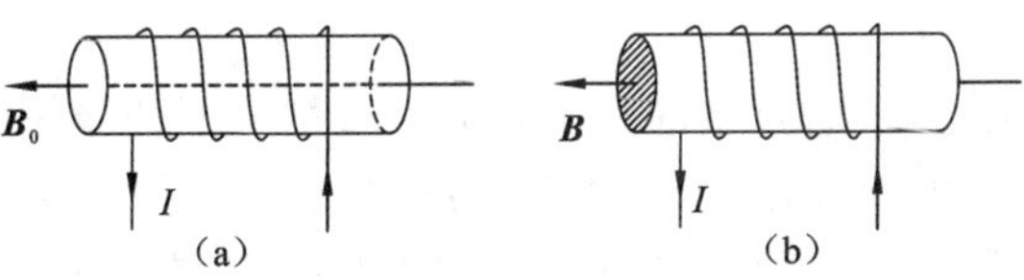


图11.1　磁介质对磁场的影响

将磁介质中的磁感应强度 $\boldsymbol{B}$ 与真空中的磁感应强度 $\boldsymbol{B}_0$ 大小的比值定义为磁介质的**相对磁导率**

$$\mu_r = \frac{B}{B_0} \tag{11.3}$$

对于非铁磁物质(见后述)，$\mu_r$ 是一个常数，其大小由磁介质的物质结构决定。由式(11.1)和式(11.3)，可得

$$B = \mu_r \mu_0 nI \tag{11.4}$$

令

$$\mu = \mu_r \mu_0 \tag{11.5}$$

则充满磁介质的长直螺线管中磁感应强度大小表示为

$$B = \mu n I \tag{11.6}$$

式中:$\mu$ 称为磁介质的**磁导率**,它也是描述磁介质特性的一个物理量,在国际单位制中,$\mu$ 与 $\mu_0$ 单位相同,即韦伯·安培$^{-1}$·米$^{-1}$($\mathrm{Wb \cdot A^{-1} \cdot m^{-1}}$)。

对不同磁介质或当磁介质处于不同状态时,相对磁导率有很大的差别,有的磁介质的 $\mu_r$ 是略大于1的常数,这种磁介质称为**顺磁质**,例如锰、铬、铂、铝、氮等属于顺磁物质。有的磁介质 $\mu_r$ 是略小于1的常数,这种磁介质称为**抗磁质**,例如汞、铜、氢、金、银等属于抗磁物质。另外还有一种磁介质,例如铁、钴、镍及这些金属的合金等,其相对磁导率 $\mu_r$ 远大于1,而且它还随 $\boldsymbol{B}_0$ 的大小发生变化,这种磁介质称为**铁磁质**。对顺磁质和抗磁质,由于它们的相对磁导率 $\mu_r$ 接近于1,所以,它们对磁场影响较小;对铁磁质,$\mu_r \gg 1$,它对磁场的影响很大,这种磁介质被用来制作各种磁性电子元器件,广泛地应用在与电子技术相关的各领域中,如自动控制、信息技术、光电子产业等。

磁介质对磁场的影响为什么有如此大差别?磁介质的磁性起源是什么?以下通过讨论磁介质的微观结构,来说明磁性物质的微观本质。

# 11.2　物质的磁化

## 11.2.1　分子电流的起源

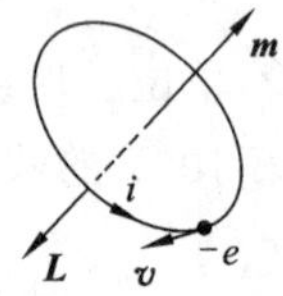

图 11.2　电子的轨道角动量和轨道磁矩

近代科学实践证明:分子或原子中的电子一方面围绕原子核做圆周运动(称为轨道运动),另一方面它还做自旋运动。由于电子本身带电量 $-e$,电子做圆周运动的效果相当于一个圆电流,如图 11.2 所示,它会产生磁效应,即这个圆电流具有一定的磁矩。在原子或分子内一般有多个电子,通常可以将各电子对外界所产生的磁效应的总和用一个等效的圆电流 $i$ 表示,称为**分子电流**,这种分子电流所具有的磁矩,称为**分子磁矩**,也称分子的固有磁矩,用 $\boldsymbol{m}$ 表示。因此,整个分子的磁矩 $\boldsymbol{m}$ 是该分子中各电子的轨道运动磁矩和自旋磁矩的矢量和。

由第8章电介质极化可知,电介质的分子可分为极性分子和非极性分子两大类,前者有固有电偶极矩,后者没有固有电偶极矩。与此类似,磁介质分子也可分为两大类:在一类分子中各电子磁矩不能完全抵消,因而整个分子具有一定的固有磁矩;在另一类分子中各电子的磁矩互相抵消,因而整个分子不具有固有磁矩。

## 11.2.2　顺磁质和抗磁质的磁化规律

顺磁质和抗磁质在微观结构上有较大的差别。顺磁质分子有固有磁矩,而抗磁质分子的固有磁矩为零,即抗磁质分子中的轨道磁矩与自旋磁矩的矢量和为零。

对顺磁质,在无外磁场时,虽然每个分子具有固有磁矩,然而由于分子热运动的影响,各分子磁矩排列杂乱无章,在每个宏观小体积元中,分子磁矩矢量和为零,对外不显磁性,如图 11.3(a) 所示。当顺磁物质被置入外磁场 $\boldsymbol{B}_0$ 中时,其分子固有磁矩受到磁场力矩作用,该力矩使分子磁矩转向外磁场方向,物质中的全部分子磁矩趋向于有序排列,结果对外显出磁性,产生附加磁场$\boldsymbol{B}'$,$\boldsymbol{B}'$的方向与原来的磁化场$\boldsymbol{B}_0$的方向相同,它们相互叠加,使磁化物质中总磁场加强,如图 11.3(b) 所示。外磁场越强,分子磁矩排列得越整齐,附加磁场也越强,对原来磁场影响越大。

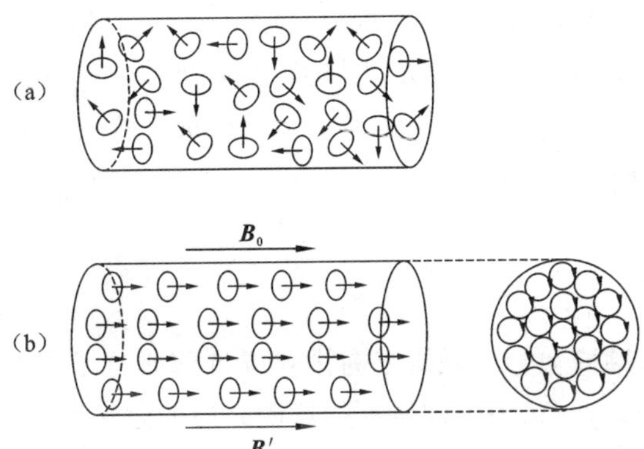


图 11.3　顺磁质的磁化

对抗磁质,虽然其分子没有固有磁矩,即分子中的轨道磁矩与自旋磁矩的矢量和为零,为什么在外磁场的影响下,它们也会产生附加磁矩(附加磁场)?而且为什么附加磁矩的方向与外磁场的方向相反,从而使总磁场减弱?

为说明这个与外加磁场$\boldsymbol{B}_0$方向相反的附加磁矩产生的原因,首先介绍电子在外磁场中的进动。关于进动,在力学中讲过一个旋转的陀螺,如图 11.4(a) 所示,在重力矩 $\boldsymbol{M}$ 的作用下,陀螺除了绕自身的轴转动外,还会绕竖直轴缓慢转动,即进动。由转动定律知$\boldsymbol{M}=\dfrac{\mathrm{d}\boldsymbol{L}}{\mathrm{d}t}$,力矩的方向与角动量$\boldsymbol{L}$改变的方向一致,进动方向与$\boldsymbol{L}$的末端所画出虚线圆环中的箭头方向一致。电子在外磁场中进动与此情况类似,如图 11.4(b)、(c) 所示。首先,电子有一定的质量和轨道运动的角速度,因此在转动中具有角动量$\boldsymbol{L}$;其次,电子带有一定的电量,所以在转动中有磁矩$\boldsymbol{m}$,而电子带负电,则$\boldsymbol{L}$与$\boldsymbol{m}$的方向相反.在外磁场$\boldsymbol{B}_0$的作用下,电子的轨道运动要受到一个力矩$\boldsymbol{M}=\boldsymbol{m}\times\boldsymbol{B}_0$作用,$\boldsymbol{M}$的方向如图 11.4(b)、(c) 所示,在此力矩作用下,电子将发生进动,其进动方向为$\boldsymbol{L}$端点在运动中所画出的圆圈中箭头的方向,由于电子的进动,就相当于附加了一个由虚线圆圈所示意的圆形电流,其电流方向与电子进动方向相反,如图 11.4(b) 所示,这个圆形电流产生一个附加的磁矩 $\Delta\boldsymbol{m}$,其方向与$\boldsymbol{B}_0$的方向相反。当电子反方向运动时,类似地分析可

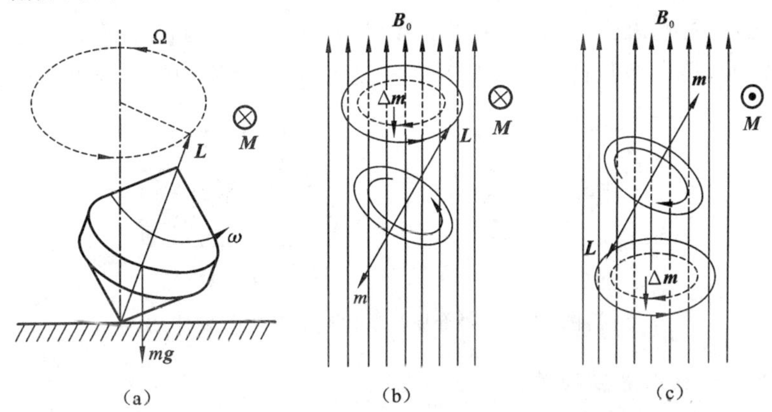


图 11.4　电子在外磁场中的进动和附加磁矩

知，电子进动产生的附加的磁矩 $\Delta \boldsymbol{m}$ 同样与$\boldsymbol{B}_0$ 的方向相反，如图 11.4(c) 所示。可见，不论电子轨道运动的方向如何，外磁场的力矩作用总是使它产生一个与外磁场相反的附加磁矩，因此，产生了一个与外磁场方向相反的附加磁场，从而使抗磁质的总磁场减弱。

有人会想道：照这样分析，顺磁质也应当有抗磁效应了。的确顺磁质也有抗磁效应，但是，由于顺磁质的分子固有磁矩较其附加磁矩大得多，所以总效果仍显出顺磁性。综上所述，顺磁质的顺磁效应来源于分子磁矩(固有磁矩)，而抗磁质的抗磁效应来源于附加磁矩。

## 11.2.3　磁化强度与磁化电流

1. 磁化强度

在外磁场的作用下，顺磁质分子磁矩定向排列或抗磁质分子中电子进动产生附加磁场的现象，统称为磁介质的磁化现象，为了定量地描述磁介质的磁化程度，引入磁化强度的概念。定义磁介质中单位体积内分子磁矩的矢量和为磁介质的**磁化强度**，用 $\boldsymbol{M}$ 表示，则

$$\boldsymbol{M} = \frac{\sum \boldsymbol{m}_i}{\Delta V} \tag{11.7}$$

式中：$\sum \boldsymbol{m}_i$ 表示宏观体积元 $\Delta V$ 中磁介质的所有分子磁矩(在顺磁质中)或者所有附加磁矩(在抗磁质中)的矢量和。对顺磁质，磁化强度 $\boldsymbol{M}$ 与外磁场$\boldsymbol{B}_0$ 方向一致；对抗磁质，磁化强度 $\boldsymbol{M}$ 与外磁场$\boldsymbol{B}_0$ 方向相反，当外磁场不存在时，$\boldsymbol{M}=0$。在国际单位制中，磁化强度的单位是安·米$^{-1}$($\mathrm{A \cdot m^{-1}}$)。

2. 磁化电流(或束缚电流)

磁介质在外磁场中进行磁化的一般情况比较复杂，在此仅讨论均匀磁化问题。考察在外磁场中均匀磁化的磁介质，可以发现在磁介质内部与分子磁矩(顺磁质)或附加磁矩(抗磁质)所对应的所有小圆电流的环绕方向是一致的，如图 11.5 所示；由于在任何两个相邻圆电流相互接触的部分，两个圆电流的方向正好相反，其效果相互抵消。然而，在磁介质的表面上，这些小圆电流靠近表面的一侧并未抵消，它们在磁介质表面沿着相同的方向流动，于是在磁介质的横截面内所有小圆电流总体等效为一个沿截面边缘的大环形电流，如图 11.5 中虚线所示，这种电流称为**磁化电流**，或称为**束缚电流**，其面电流密度用 $j'$ 表示，图 11.5(a)、(b) 分别为顺磁质和抗磁质的磁化示意图。磁化电流(或束缚电流)不同于金属中自由电子定向运动形成的传导电流，与电介质中束缚电荷与自由电荷情况进行类比，可将金属中的传导电流称为自由电流。

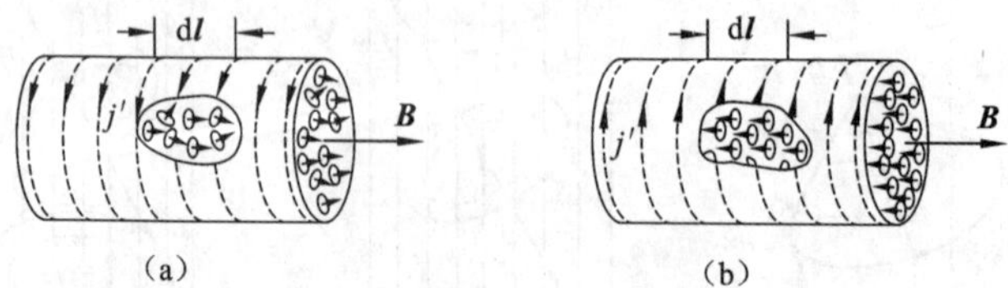


图 11.5　磁介质被磁化产生磁化电流

3. 磁化强度与磁化电流的关系

磁化电流是磁介质在外磁场中被磁化的产物，因此通过磁化电流可以对磁介质的磁化情

况进行描述。这里首先建立在均匀磁化情况下，磁化强度 $\boldsymbol{M}$ 与磁化电流 $I'$ 之间的关系，然后说明在非均匀磁化情况下，磁化强度与磁化电流的一般表示。

一个"无限长"载流圆柱形直螺线管，其内部充满均匀磁介质，电流在螺线管内产生匀强磁场 $\boldsymbol{B}_0$，因此对圆柱形磁介质进行均匀磁化，如图 11.6(a) 所示。注意到磁介质的磁化强度 $\boldsymbol{M}$ 方向与外磁场 $\boldsymbol{B}_0$ 的方向一致，并与磁介质圆柱体的轴线平行。

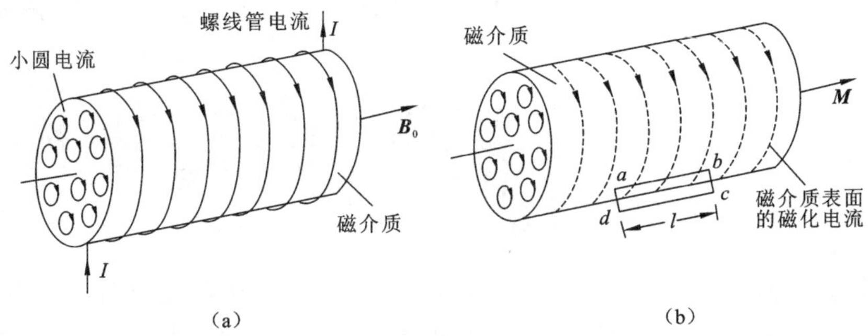


图 11.6　长直螺线管内磁介质表面的磁化电流

设圆柱形磁介质表面上磁化电流面电流密度为 $j'$（即通过磁介质表面上单位长度截线的电流），磁介质的横截面积为 $S$，选取一段长度为 $l$ 的磁介质，在磁介质侧表面一段长度为 $l$ 上的磁化面电流为 $I' = lj'$，如图 11.6(b) 所示，因此在这段体积为 $\Delta V = Sl$ 的磁介质中，包含的总磁矩为

$$\sum m = I'S = j'lS$$

这样，可得磁介质中的磁化强度

$$M = \frac{\sum m}{\Delta V} = \frac{j'lS}{lS} = j' \tag{11.8}$$

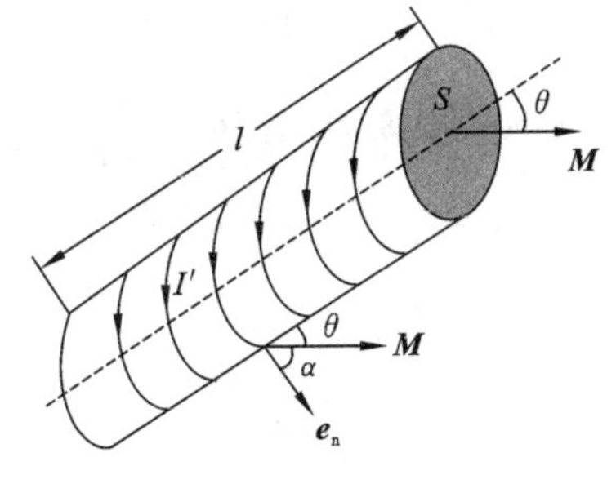


图 11.7　磁化强度与磁介质表面法线不平行时的磁化电流

式(11.8) 是从均匀磁介质沿轴线被均匀磁化的特例中得到的，一般情况下，磁化场和磁介质都是非均匀的。对于非均匀磁化情况，可在磁介质中取一个长度为 $l$、端面积为 $S$ 的微小斜柱体，并假设斜柱体的轴线与磁化强度 $\boldsymbol{M}$ 方向之间的夹角为 $\theta$，端面 $S$ 的法线与 $\boldsymbol{M}$ 平行，如图 11.7 所示，则式(11.8) 写成

$$M = \frac{\sum m}{\Delta V} = \frac{j'lS}{lS\cos\theta} = \frac{j'}{\cos\theta}$$

即

$$j' = M\cos\theta \tag{11.9}$$

式(11.9) 也可用柱面上任意处的表面法线矢量 $\boldsymbol{e}_n$ 表示

$$j' = M\cos\left(\frac{\pi}{2} - \alpha\right) = M\sin\alpha$$

磁化面电流密度的矢量表达式写成

$$\boldsymbol{j}' = \boldsymbol{M} \times \boldsymbol{e}_n$$

在非均匀磁化情况下，由于磁介质内部排列着的分子磁矩所对应的小圆电流不能像均匀

磁化情况互相抵消,因此磁介质内部各点都有磁化电流,即存在磁化电流的体分布。

式(11.8)和式(11.9)给出了磁介质表面上某点的磁化面电流与该点磁化强度的关系,即一定范围 d$l$ 内磁化电流与磁化强度的关系,将磁化强度 $\boldsymbol{M}$ 沿一闭合回路 $L$ 积分,如图 11.6(b)所示,选取长方形闭合回路 $abcd$,其中 $ab$ 边在磁介质的内部,它平行于柱体的轴线,长度为 $l$,而 $bc$ 和 $da$ 两边则垂直于柱面,$cd$ 边在柱体之外,由于在磁介质内部各点处,$\boldsymbol{M}$ 是均匀的,大小相等,方向沿 $ab$ 方向;在磁介质外各点处 $\boldsymbol{M}=0$,所以,在 $\boldsymbol{M}$ 沿闭合回路 $abcd$ 积分时,$bc$,$cd$ 和 $da$ 三段积分为零,有

$$\oint_L \boldsymbol{M}\cdot \mathrm{d}\boldsymbol{l}=\int_a^b \boldsymbol{M}\cdot \mathrm{d}\boldsymbol{l}=Ml$$

将式(11.8)代入,有

$$\oint_L \boldsymbol{M}\cdot \mathrm{d}\boldsymbol{l}=j'l=I' \tag{11.10}$$

式中:$I'$ 为穿过闭合回路 $L$(即 $abcda$)的磁化电流。式(11.10)说明:磁化强度 $\boldsymbol{M}$ 绕闭合回路 $L$ 的线积分(即 $\boldsymbol{M}$ 的环流)等于穿过该回路所包围面积内的总磁化电流(或束缚电流),虽然式(11.10)是通过一个特例导出的,但它是一个普遍成立的关系式。

**例 11.1** 氢原子中电子绕原子核旋转,证明:电子绕核转动的轨道角动量与轨道运动的磁矩有关系 $\boldsymbol{m}=-\dfrac{e}{2m_e}\boldsymbol{L}$,其中 $\boldsymbol{m}$ 和 $\boldsymbol{L}$ 分别为电子的轨道磁矩和角动量,$e$ 和 $m_e$ 是电子的电量和质量。若假设电子运动的半径为 $r=5.3\times10^{-11}$ m,求电子的轨道磁矩大小。

**证** (1)如图 11.8 所示,电子绕核做圆周运动的角动量为 $\boldsymbol{L}=\boldsymbol{r}\times m_e\boldsymbol{v}$,其大小为 $L=rm_e\omega r=m_e\omega r^2$,电子轨道运动的电流强度就是单位时间内通过轨道上任一给定处的电量,电流的方向与电子运动方向相反。

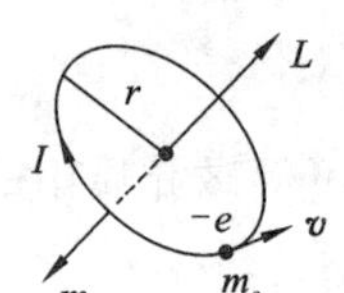

图 11.8 例 11.1 图

$$I=\frac{\mathrm{d}q}{\mathrm{d}t}=\frac{e}{\dfrac{2\pi}{\omega}}=e\frac{\omega}{2\pi}$$

式中:$\omega$ 为电子转动角速度。根据磁矩的定义 $\boldsymbol{m}=I\boldsymbol{S}$,电子轨道运动的磁矩大小为

$$m=I\pi r^2=e\frac{\omega r^2}{2}=\frac{e}{2m_e}m_e\omega r^2=\frac{e}{2m_e}L$$

$\boldsymbol{m}$ 方向与 $\boldsymbol{L}$ 方向相反,写成矢量形式,有

$$\boldsymbol{m}=-\frac{e}{2m_e}\boldsymbol{L}$$

(2)电子受到原子核的库仑力作用,绕核做匀速圆周运动,有

$$F=\frac{1}{4\pi\varepsilon_0}\frac{e^2}{r^2}=\frac{m_e v^2}{r}$$

$$\frac{e^2 r}{4\pi\varepsilon_0}=m_e v^2 r^2=\frac{1}{m_e}L^2$$

$$L=\sqrt{\frac{e^2 m_e r}{4\pi\varepsilon_0}}$$

电子轨道磁矩的大小为

$$m=\frac{e}{2m_e}L=\frac{e^2}{4}\sqrt{\frac{r}{\pi\varepsilon_0 m_e}}=9.1\times10^{-24}\ \mathrm{A\cdot m^2}$$

# 11.3　磁介质中的安培环路定理

## 11.3.1　磁场强度与磁介质中的安培环路定理

在传导电流产生的磁场$\boldsymbol{B}_0$中存在磁介质时，磁场将对磁介质进行磁化，产生磁化电流（或束缚电流），从而产生附加磁场$\boldsymbol{B}'$，此时，空间任意一点处的磁感应强度$\boldsymbol{B}$为以上两者的矢量叠加，即

$$\boldsymbol{B} = \boldsymbol{B}_0 + \boldsymbol{B}'$$

附加磁场$\boldsymbol{B}'$由磁化电流决定，而磁化电流的大小与磁介质的磁化程度有关，磁化程度又取决磁介质中的磁感应强度，因此，磁介质和磁场之间相互作用过程复杂，不易直接分析和求解。为简化对它们复杂过程的研究，可以仿照在研究电介质的电场时引入辅助物理量$\boldsymbol{D}$来回避计算束缚电荷产生电场$\boldsymbol{E}'$的方法，这里也引入一个辅助物理量来规避对束缚电流产生附加磁场$\boldsymbol{B}'$的直接计算，具体方法如下。

当磁场中存在磁介质时，安培环路定理应写成

$$\oint_L \boldsymbol{B} \cdot \mathrm{d}\boldsymbol{l} = \mu_0 \left( \sum_i I_i + I' \right) \tag{11.11}$$

此时穿过回路$L$所围面积的电流是传导电流$\sum I_i$和束缚电流（磁化电流）$I'$的代数和，由于$I'$是不能直接测量的，利用式(11.10)将$I'$用$\boldsymbol{M}$表示，有

$$\oint_L \boldsymbol{B} \cdot \mathrm{d}\boldsymbol{l} = \mu_0 \left( \sum_i I_i + \oint_L \boldsymbol{M} \cdot \mathrm{d}\boldsymbol{l} \right)$$

或

$$\oint_L \left( \frac{\boldsymbol{B}}{\mu_0} - \boldsymbol{M} \right) \cdot \mathrm{d}\boldsymbol{l} = \sum_i I_i \tag{11.12}$$

引入一个辅助物理量$\boldsymbol{H}$，定义

$$\boldsymbol{H} = \frac{\boldsymbol{B}}{\mu_0} - \boldsymbol{M} \tag{11.13}$$

式中：$\boldsymbol{H}$称为**磁场强度矢量**，代入式(11.12)，有

$$\oint_L \boldsymbol{H} \cdot \mathrm{d}\boldsymbol{l} = \sum_i I_i \tag{11.14}$$

由式(11.14)可见，等式右边只有传导电流，没有束缚电流（磁化电流），这说明磁场强度矢量$\boldsymbol{H}$沿任意闭合路径的线积分（即$\boldsymbol{H}$的环流）只与回路$L$所包围的传导电流有关，与束缚电流无关，这就是有**磁介质存在时的安培环路定理**。在国际单位制中，磁场强度矢量$\boldsymbol{H}$的单位是安培·米$^{-1}$（$\mathrm{A \cdot m^{-1}}$）。

由于引入了辅助物理量磁场强度矢量$\boldsymbol{H}$，不必直接考虑磁介质对磁场的影响，使计算有磁介质存在时的磁场问题大为简化。应该注意的是真正具有物理意义的、确定磁场中运动电荷或电流受力作用的是磁感应强度$\boldsymbol{B}$，而不是磁场强度$\boldsymbol{H}$。在磁学中，$\boldsymbol{H}$仅仅是一个辅助量，它与电学中的电位移矢量$\boldsymbol{D}$的作用相当，只是由于历史的原因，才仍然将它称为磁场强度。

## 11.3.2　磁化率

要确定磁介质中的总磁场，仅有式(11.13)和式(11.14)是不够的，因为它们只能确定磁场强度$\boldsymbol{H}$，而要知道具有实际意义的物理量磁感应强度$\boldsymbol{B}$，还必须知道磁化强度$\boldsymbol{M}$，因此，我们

需要进一步研究磁介质的磁化规律。

实验指出,对非铁磁质,磁介质中任一点磁化强度 $\boldsymbol{M}$ 与磁场强度 $\boldsymbol{H}$ 成正比,即

$$\boldsymbol{M} = \chi_{\mathrm{m}}\boldsymbol{H} \tag{11.15}$$

式中:比例常数 $\chi_{\mathrm{m}}$ 称为**磁化率**,它反映磁介质本身的性质。$\chi_{\mathrm{m}}$ 是一个无量纲的纯数,在真空中,$\boldsymbol{M}=0$,则 $\chi_{\mathrm{m}}=0$。

将式(11.15)代入式(11.13)得

$$\boldsymbol{B} = \mu_0(\boldsymbol{H}+\boldsymbol{M}) = \mu_0(1+\chi_{\mathrm{m}})\boldsymbol{H} \tag{11.16}$$

当磁介质不存在时,真空中的磁感应强度$\boldsymbol{B}_0$ 可表示为

$$\boldsymbol{B}_0 = \mu_0\boldsymbol{H} \tag{11.17}$$

把式(11.16)与式(11.17)相比,并考虑相对磁导率 $\mu_{\mathrm{r}}$ 的定义式(11.3),有

$$\mu_{\mathrm{r}} = \frac{B}{B_0} = 1+\chi_{\mathrm{m}} \tag{11.18a}$$

或

$$\chi_{\mathrm{m}} = \mu_{\mathrm{r}} - 1 \tag{11.18b}$$

式(11.18b)表示磁化率 $\chi_{\mathrm{m}}$ 与磁介质的相对磁导率 $\mu_{\mathrm{r}}$ 的关系。

这样可将式(11.16)写成

$$\boldsymbol{B} = \mu_0\mu_{\mathrm{r}}\boldsymbol{H} = \mu\boldsymbol{H} \tag{11.19}$$

磁介质的磁化率 $\chi_{\mathrm{m}}$、相对磁导率 $\mu_{\mathrm{r}}$ 都是描述磁介质磁化特性的物理量,只要知道其中一个量,就能够确定磁介质的磁性。在处理有磁介质存在的磁场问题时,通常先求磁场强度 $\boldsymbol{H}$,然后由式(11.19)求磁感应强度 $\boldsymbol{B}$。

**例 11.2**　在磁导率 $\mu = 5.0\times10^{-4}\ \mathrm{Wb\cdot A^{-1}\cdot m^{-1}}$ 的磁介质圆环上,均匀密绕线圈形成螺绕环,其单位长度的匝数 $n = 1\,000$ 匝 $\mathrm{m^{-1}}$,线圈中通有电流 $I = 2.0\ \mathrm{A}$,试计算磁介质圆环内的:

(1) 磁场强度大小 $H$;

(2) 磁感应强度大小 $B$;

(3) 磁介质的磁化强度大小 $M$;

(4) 磁化电流。

**解**　(1) 设磁介质的横截面的线度远小于螺绕环的半径,可以认为磁场在磁介质的截面内的分布是均匀的。

在线圈中(即磁介质圆环内)做一圆形环路,半径为 $r$,由安培环路定理

$$\oint \boldsymbol{H}\cdot\mathrm{d}\boldsymbol{l} = \sum I$$

有

$$H\cdot 2\pi r = n\cdot 2\pi r\cdot I$$

磁场强度为

$$H = nI = 1\,000\times2.0 = 2.0\times10^3(\mathrm{A\cdot m^{-1}})$$

(2) 由 $\boldsymbol{B}$ 与 $\boldsymbol{H}$ 的关系:$\boldsymbol{B}=\mu\boldsymbol{H}$,有磁感应强度的大小

$$\begin{aligned}B &= \mu H = \mu nI\\ &= 5.0\times10^{-4}\times2.0\times10^3 = 1.0\ (\mathrm{Wb\cdot m^{-2}})\end{aligned}$$

(3) 磁化强度的大小

$$M = \frac{B - \mu_0 H}{\mu_0} = \frac{1 - 4\pi \times 10^{-7} \times 2.0 \times 10^3}{4\pi \times 10^{-7}}$$
$$= 7.9 \times 10^5 (\text{A} \cdot \text{m}^{-1})$$

(4) 由于磁介质中的磁场是一个均匀场，磁介质只有表面磁化电流，且介质内处处磁化强度 $\boldsymbol{M}$ 的方向与介质表面法向 $\boldsymbol{e}_n$ 垂直，由 $\boldsymbol{j}' = \boldsymbol{M} \times \boldsymbol{e}_n$ 可知，磁化面电流为

$$j' = M = 7.9 \times 10^5 (\text{A} \cdot \text{m}^{-1})$$

**例 11.3**　在一根无限长圆柱形直导线外包一层磁导率为 $\mu$ 的圆筒形磁介质，导线半径为 $R_1$，磁介质的外半径为 $R_2$，导线内有电流 $I$ 通过，求：

(1) 磁介质内、外的磁场强度和磁感应强度分布，并画出 $H$-$r$ 和 $B$-$r$ 曲线（导线的磁导率可视为 $\mu_0$）；

(2) 磁介质内、外表面的束缚面电流密度 $j'$。

**解**　(1) 在导线内外三个区域分别取任意点 $P$，过 $P$ 点以导线轴线为中心取三个圆形回路，在图 11.9(a) 中只画了一个回路作为示意。

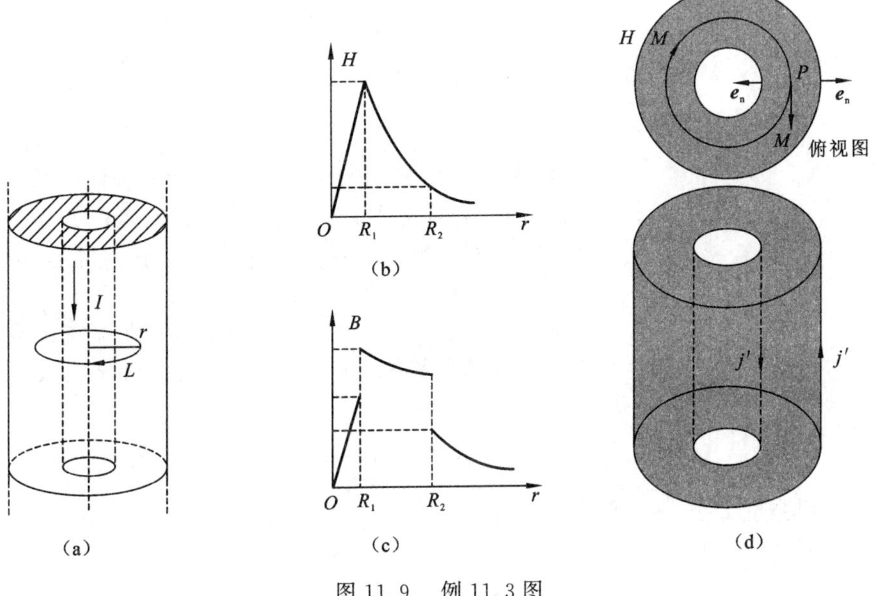


图 11.9　例 11.3 图

① 在 $r \leqslant R_1$ 的区域，回路中通过的电流为

$$I_1 = \frac{I}{\pi R_1^2} \pi r^2 = \frac{I}{R_1^2} r^2$$

由安培环路定理

$$\oint \boldsymbol{H} \cdot \mathrm{d}\boldsymbol{l} = H 2\pi r = I_1 = \frac{I}{R_1^2} r^2$$

磁场强度
$$H = \frac{Ir}{2\pi R_1^2}$$

磁感应强度
$$B = \mu_0 H = \frac{\mu_0 I r}{2\pi R_1^2}$$

② 在 $R_1 < r \leqslant R_2$ 的区域，由安培环路定理

$$\oint \boldsymbol{H} \cdot \mathrm{d}\boldsymbol{l} = H 2\pi r = I$$

$$H=\frac{I}{2\pi r},\quad B=\mu H=\frac{\mu I}{2\pi r}$$

③ 在 $r>R_2$ 的区域，与上面类似，有

$$H=\frac{I}{2\pi r},\quad B=\mu_0 I=\frac{\mu_0 I}{2\pi r}$$

$H$-$r$ 和 $B$-$r$ 曲线如图 11.9(b)、(c) 所示曲线。$\boldsymbol{H}$ 和 $\boldsymbol{B}$ 的方向绕电流 $I$ 服从右手螺旋定则。

(2) 若为顺磁质，$\mu_r=\dfrac{\mu}{\mu_0}>1$，介质中 $P$ 点的磁化强度 $\boldsymbol{M}$ 与 $\boldsymbol{H}$ 同向，在同轴圆柱形磁介质的内表面处 $(r=R_1)P$ 点的外法线方向 $\boldsymbol{e}_n$ 沿径向指向轴线，束缚电流的面电流密度为

$$\boldsymbol{j}'=\boldsymbol{M}\times\boldsymbol{e}_n$$

有

$$j'=M=\chi_m H=\frac{(\mu_r-1)I}{2\pi R_1}$$

在同轴圆柱形磁介质外表面处 $(r=R_2)P$ 点的外法线方向沿径向向外，束缚电流的面电流密度为

$$j'=-M=-\chi_m H=\frac{(1-\mu_r)I}{2\pi R_2}$$

同轴圆柱形磁介质的内外表面束缚电流密度方向如图 11.9(d) 中箭头所示，若为抗磁质，$\mu_r=\dfrac{\mu}{\mu_0}<1$，以上 $M$ 及磁化电流 $j'$ 的方向均反向。

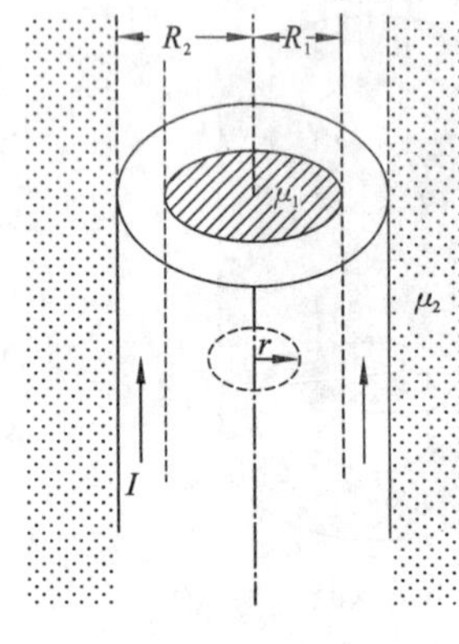


图 11.10　例 11.4 图

**例 11.4**　如图 11.10 所示，一根无限长同轴圆柱形导体直管，管的内外直径分别为 $R_1$、$R_2$，载有恒定电流 $I$，电流沿着轴向流动，并且均匀地分布在管的横截面上，管内外分别充满 $\mu_1$ 和 $\mu_2$ 的磁介质，求磁感应强度的分布。

**解**　由于直圆管为无限长，且具有轴对称性，所以磁场的分布也具有轴对称性，由安培环路定理，对于半径 $r$ 的圆周半径有

$$\oint \boldsymbol{H}\cdot d\boldsymbol{l}=\oint H dl=H\oint dl=H2\pi r=\sum_i I_i$$

磁场强度为

$$H=\frac{1}{2\pi r}\sum_i I_i$$

(1) 在导体管内 $(r\leqslant R_1)$，由于 $\sum_i I_i=0$，所以

$$H_1=0,\quad B_1=0$$

(2) 在导体管外 $(r>R_2)$，由于 $\sum_i I_i=I$，所以

$$H_3=\frac{I}{2\pi r},\quad B_3=\mu_2 H_3=\frac{\mu_2 I}{2\pi r}$$

(3) 在导体管内外壁之间 $(R_1<r\leqslant R_2)$，由于半径为 $r$ 的圆形回路所包围的电流为

$$\sum_i I_i=\frac{I}{\pi R_2^2-\pi R_1^2}\pi(r^2-R_1^2)=\frac{I}{R_2^2-R_1^2}(r^2-R_1^2)$$

所以

$$H_2=\frac{I(r^2-R_1^2)}{2\pi r(R_2^2-R_1^2)}$$

$$B_2=\frac{\mu_0 I(r^2-R_1^2)}{2\pi r(R_2^2-R_1^2)}$$

$H,B$ 的方向均与电流方向满足右手螺旋定则。

**例 11.5**　如图 11.11(a) 所示，一根半径为 $R_1$ 的无限长圆柱形导体内部存在一个无限长的圆柱形空腔，空腔半径为 $R_2$．空腔的轴线与导体柱的轴线相平行但不重合，两轴线之间距离为 $a$，且 $a > R_2$。现有电流 $I$ 沿导体轴线方向流动，电流均匀地分布在导体的截面上，求：

(1) 圆柱轴线上磁感应强度的大小；

(2) 空腔轴线上磁感应强度的大小；

(3) 空腔内任一点的磁感应强度。

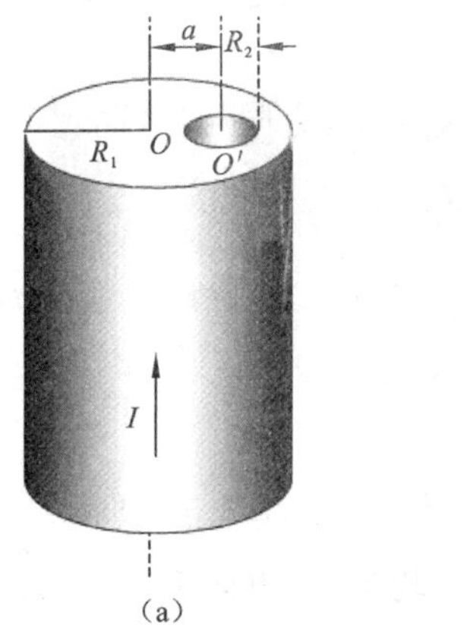


(a)

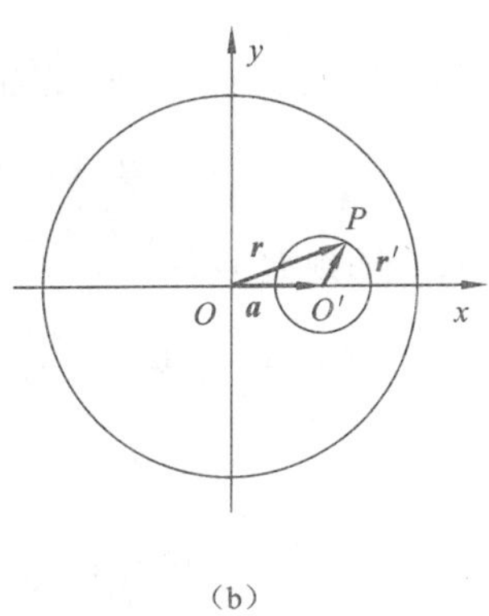


(b)

图 11.11　例 11.5 图

**解**　因导体内电流 $I$ 均匀地分布在其截面上，故导体内电流密度

$$j = \frac{I}{\pi(R_1^2 - R_2^2)}$$

这个具有空腔的导体柱可看成由一个均匀通有电流密度 $j$ 的大圆柱(半径 $R_1$) 和一个反向通有电流密度为 $j$ 的小圆柱(半径 $R_2$) 组成的。

(1) 半径为 $R_1$ 的实心柱体在 $O$ 轴上产生磁感应强度 $B_{1O} = 0$，半径为 $R_2$ 的实心柱体在 $O$ 轴上产生磁感应强度 $B_{2O}$，由安培环路定理，有

$$\oint \boldsymbol{H}_{2O} \cdot \mathrm{d}\boldsymbol{l} = \oint H_{2O}\mathrm{d}l = H_{2O}\oint \mathrm{d}l = H_{2O} 2\pi a = j\pi R_2^2$$

$$H_{2O} = \frac{jR_2^2}{2a},\quad B_{2O} = \frac{\mu_0 j}{2a}R_2^2$$

大圆柱轴线上的总磁感应强度，可由磁场的叠加原理得到。以电流 $I$ 的右手螺旋定则方向为正，即

$$B_O = B_{1O} - B_{2O} = -\frac{\mu_0 j}{2a}R_2^2 = -\frac{\mu_0 I R_2^2}{2\pi a(R_1^2 - R_2^2)}$$

(2) 半径 $R_2$ 的实心柱体在 $O'$ 轴上产生磁感应强度 $B'_{2O'} = 0$，半径 $R_1$ 的实心柱体在 $O'$ 轴上产生磁感应强度 $B'_{1O'}$，注意此时通过安培环路实心柱体的电流为穿过面积 $\pi a^2$ 的部分，因此，由安培环路定律，有

$$\oint \boldsymbol{H}'_{1O'} \cdot \mathrm{d}l = \oint H'_{1O'}\mathrm{d}l = H'_{1O'}\oint \mathrm{d}l = H'_{1O'} 2\pi a = j\pi a^2$$

$$H'_{1O'} = \frac{ja}{2},\quad B'_{1O'} = \frac{\mu_0 ja}{2} = \frac{\mu_0 Ia}{2\pi(R_1^2 - R_2^2)}$$

小圆柱空腔轴线上的总磁感应强度

$$B'_{O'} = B'_{1O'} + B'_{2O'} = \frac{\mu_0 Ia}{2\pi(R_1^2 - R_2^2)}$$

(3) 导体的截面如图 11.11(b) 所示,建立坐标系,$z$ 方向沿 $O$ 轴,从纸内向外穿出,由安培环路定理,半径 $R_1$ 的柱体在 $P$ 点产生的$\boldsymbol{B}_1$ 为

$$\oint \boldsymbol{H}_1 \cdot \mathrm{d}\boldsymbol{l} = H_1 2\pi r = j\pi r^2$$

$$H_1 = \frac{jr}{2},\quad B_1 = \frac{\mu_0 jr}{2}$$

考虑电流密度矢量 $\boldsymbol{j} = j\boldsymbol{e}_z$ 和$\boldsymbol{B}_1$ 的方向,写成矢量式$\boldsymbol{B}_1 = \frac{\mu_0 j}{2}\boldsymbol{e}_z \times \boldsymbol{r}$,式中 $\boldsymbol{e}_z$ 为 $z$ 轴方向的单位矢量,从纸内穿出。

半径$R_2$ 的柱体的电流方向与半径$R_1$ 的柱体的电流方向相反,同理可得,其在 $P$ 点的$\boldsymbol{B}_2$ 为

$$\boldsymbol{B}_2 = -\frac{\mu_0 j}{2}\boldsymbol{e}_z \times \boldsymbol{r}'$$

$\boldsymbol{r}$ 和 $\boldsymbol{r}'$ 分别为 $O$ 轴和 $O'$ 轴到 $P$ 点的位矢,空腔内 $P$ 点的总磁感应强度为

$$\boldsymbol{B} = \boldsymbol{B}_1 + \boldsymbol{B}_2 = \frac{\mu_0 j}{2}\boldsymbol{e}_z \times (\boldsymbol{r} - \boldsymbol{r}')$$

$$= \frac{\mu_0 I}{2\pi(R_1^2 - R_2^2)}\boldsymbol{e}_z \times \boldsymbol{a} = \frac{\mu_0 Ia}{2\pi(R_1^2 - R_2^2)}\boldsymbol{e}_y$$

$\boldsymbol{e}_y$ 是 $y$ 轴方向的单位矢量,可见,空腔中的磁场为均匀场,方向垂直于 $O$ 轴和 $O'$ 轴的连线沿 $y$ 轴方向。

# 11.4 铁 磁 质

## 11.4.1 铁磁质的磁化规律

铁磁质与顺磁质和抗磁质相比较,具有下面一些特殊的性质。

(1) 铁磁质的相对磁导率 $\mu_r$ 远大于 1(即 $\mu_r \gg 1$),它不是常数,随磁场的强弱而变化。

(2) 在外磁场作用撤去后,铁磁质仍保留部分磁性,即具有磁滞效应。

(3) 铁磁质存在一个临界温度,若温度升高,超过这个临界温度,铁磁质会突然转变成顺磁质,这个临界温度称为居里温度。例如,铁的居里温度为 1 040 K。

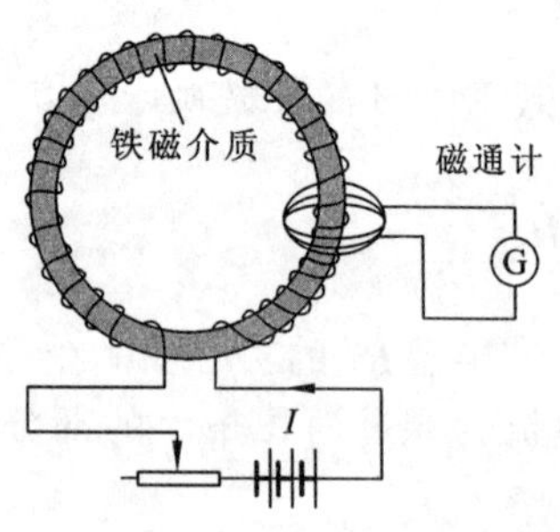


图 11.12 研究铁磁质磁化规律的实验装置

对铁磁质,$\chi_m$ 和 $\mu$ 不是常数,$M$-$H$ 和 $B$-$H$ 之间的线性关系不再成立,因此,研究铁磁质的磁化规律就是要寻求磁化场$\boldsymbol{H}$与铁磁质中磁化率$M$和磁感应强度$\boldsymbol{B}$之间非线性关系。采用如图 11.12 所示的实验装置进行研究。假设有一个带铁芯(铁磁质) 的螺绕环,通过线圈的电流为 $I$,线圈共有 $N$ 匝,螺绕环的平均半径为 $R$,若用 $n$ 表示平均周长单位长度上的匝数,即 $n = \frac{N}{2\pi R}$,则由安培环路定理可求得螺线管中的磁场强度 $H = nI$,已知电流 $I$ 可求出磁化场$\boldsymbol{H}$。另一方面,可以用一个副线圈连接到磁通计或冲击电流计上来测量螺绕环中的磁感应强度 $\boldsymbol{B}$,如图 11.12 所示。通过实验可以得到铁磁质内磁感应强度 $\boldsymbol{B}$ 与由电流 $I$ 产生的磁化场$\boldsymbol{H}$ 之间的关系曲线$B$-$H$,然后,根据关系式 $\boldsymbol{H} = \frac{\boldsymbol{B}}{\mu_0} - \boldsymbol{M}$,得到铁磁质磁化

强度 $\boldsymbol{M}$ 与磁化场 $\boldsymbol{H}$ 之间的关系曲线 $M$-$H$，这些曲线反映了铁磁质的磁化规律，被称为**磁化曲线**。

1. 起始磁化曲线

如果从铁芯完全没有磁化开始，逐渐增大电流 $I$，则铁芯中 $\boldsymbol{H}$ 逐渐增大，由此得到的磁化曲线（$M$-$H$ 和 $B$-$H$ 曲线）称为起始磁化曲线。如图 11.13(a)、(b) 所示。在图11.13(a) 中，随着 $\boldsymbol{H}$ 的增加，在 $OA$ 段 $M$ 增加缓慢，在 $AB$ 段 $\boldsymbol{M}$ 急剧地增加，而在 $BC$ 段 $\boldsymbol{M}$ 增加又变缓慢，在 $CS$ 段，$M$ 趋向于一个常数 $M_S$，$M_S$ 称为饱和磁化强度。$B$-$H$ 曲线与 $M$-$H$ 曲线形状相似。这是因为 $\mu_r \gg 1$，有 $B = \mu_0\mu_r H \gg \mu_0 H$，因此 $B = \mu_0 M + \mu_0 H \approx \mu_0 M$，即 $M$ 与 $B$ 相差一个常数 $\mu_0$，图 11.13(b) 中 $B_S$ 称为饱和磁感应强度。

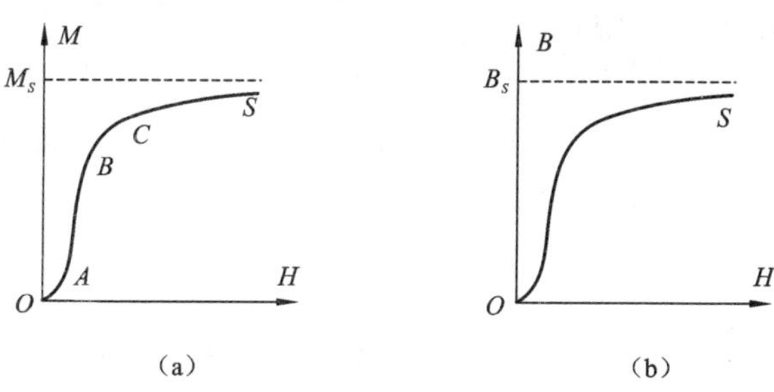


图 11.13　起始磁化曲线

(a) 为 $M$-$H$ 曲线；(b) 为 $B$-$H$ 曲线

由 $\mu = \dfrac{B}{H}$ 及 $B$ 与 $H$ 的关系，可以得到 $\mu$ 随 $H$ 变化的关系曲线，如图 11.14 所示。$\mu$ 不再是一个常数，它与 $H$ 的关系是非线性关系。进一步研究还发现铁磁质材料不仅具有非线性，而且还有非单值性，即一个 $H$ 可以对应几个不同的 $\mu$ 值，因而对应几个不同的 $M$ 和 $B$ 值，$\mu$ 的具体值与磁化过程有关。

2. 磁滞回线

铁磁物质的起始磁化曲线具有不可逆性。即上述螺绕环中的铁芯被初始磁化，达到磁饱和状态，如图 11.15 中曲线 $OS$ 部分，然后从 $S$ 点开始逐渐减小螺绕环中的电流以减小磁化场 $\boldsymbol{H}$ 的值，人们发现铁芯内的磁感应强度 $\boldsymbol{B}$ 并不沿起始磁化曲线 $OS$ 逆向返回，而是沿着在它上面的另一条曲线 $SR$ 减小。当线圈中的电流减小到零时，即磁化场为零，$H = 0$，铁芯中磁感应强

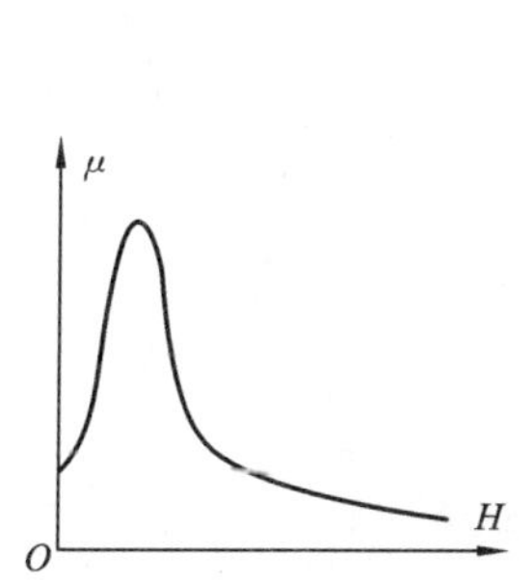


图 11.14　铁磁质的 $\mu$-$H$ 曲线

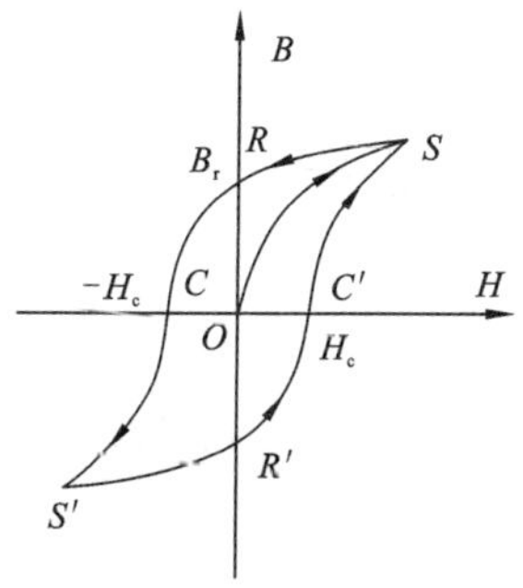


图 11.15　磁滞回线

度 $B$ 并不为零,而仍然保留一定的值 $B_r$,这种现象称为**磁滞效应**,$B_r$ 称为剩余磁感应强度(简称**剩磁**)。为消除剩磁,使铁芯中磁感应强度等于零,$B=0$,必须给铁芯施加一个反向磁场,这可以通过将线圈中电流反向来实现。随着反向磁场增加,铁芯被逐渐退磁,直到 $H=-H_c$ 时,$B$ 才等于零,剩磁被完全消除。从剩磁状态 $R$ 到完全退磁状态 $C$,这段曲线 $RC$ 称为退磁曲线,使铁磁材料完全退磁所需的磁场强度 $H_c$ 称为这种铁磁材料的**矫顽力**。

若继续增大线圈中的反向电流,即反向磁化场不断增加,铁芯被反向磁化同样也达到一个饱和点 $S'$,然后减小反向磁化场 $H$,则曲线将沿着 $S'\to R'\to C'\to S$ 变化,即最后又回到 $S$ 状态。磁化场变化一周,铁芯中的磁感应强度也随之变化一周,它们之间的变化曲线 $B$-$H$ 沿着一定的方向绕行一圈构成闭合曲线称为**磁滞回线**。磁滞的意思是铁磁物质磁化状态的变化总是落后于外磁场 $H$ 的变化。从磁滞回线可知,$B$-$H$ 的关系既不是线性的也不是单值的,铁磁物质中的磁感应强度 $B$ 的大小与磁化过程有关。

磁化过程需要消耗能量,由于铁磁材料在交变磁场中反复磁化,它将消耗一部分电磁能,这些能量最终将变成热能和其他形式的能量,这种能量的损耗称为**磁滞损耗**。可以证明:磁滞损耗与该磁性材料的磁滞回线所包围的面积成正比。

## 11.4.2　铁磁质的分类

铁磁质材料按其磁滞回线的形状可分为软磁材料和硬磁材料。

1. 软磁材料

软磁材料的特点是磁滞回线狭长,如图 11.16(a) 所示,矫顽力 $H_c$ 小,剩磁 $B_r$ 容易消除,磁滞特性不显著,磁滞损耗较小。硅钢、纯铁、坡莫合金等属于这类材料,它们多用于交流电路中的电感元件,如用于镇流器、变压器、电机的铁芯等。这种材料既可增加线圈中的磁场,又可在切断电流后其磁性会很快消除。

2. 硬磁材料

硬磁材料的特点是磁滞回线宽、粗,所包围的面积大,如图 11.16(b) 所示,矫顽力 $H_c$ 大,剩磁也大,磁滞特性非常显著。钨钢、碳钢、铁镍钴合金属于这类材料。将硬磁材料放在外磁场中磁化后,撤去外磁场,它仍能保留较强的磁性且不易消失,因此硬磁材料被用来作永久磁铁,用在电表、喇叭、录音机和计算机的记录元件之中。

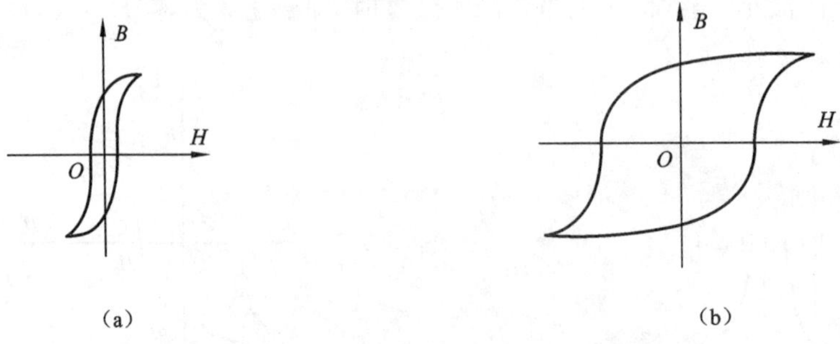


图 11.16　软磁材料和硬磁的磁滞回线

### 11.4.3　铁磁质的微观结构

铁磁质具有很大的磁导率，$\mu_r$ 远远大于 1，而顺磁质和抗磁质的相对磁导率基本上接近于 1，它们之间之所以有如此大的差别，主要原因是铁磁质具有磁畴结构。**磁畴**是指在无外场情况下，铁磁质内部存在的自发磁化的小区域，它的线度可大到毫米数量级，体积约为$10^{-8}$ $m^3$，如图 11.17 所示。铁磁质就是由许多磁畴组成的，磁畴与磁畴之间由磁畴壁隔开，各磁畴具有自己的磁矩，但是由于各磁畴的磁矩方向是杂乱无章的，铁磁质对外总的效应还是不显磁性，即磁矩的总和为零。

图 11.17　铁磁质内部磁畴的示意图

近代物理学理论和实验证明了磁畴的形成是由于电子自旋磁矩在一个小的区域中取向一致产生自发磁化。电子磁矩的自发排列和一致取向是由于铁磁质的原子之间存在一种“交换力”作用的结果，此时，电子自旋磁矩在小区域内平行排列，达到最稳定的状态，能量有最小值。铁磁质内的磁畴磁化过程可用一个简图来说明，如图 11.18 所示。图 11.18(a) 表示没有外磁场时，磁畴的磁矩杂乱排列，整体不显磁性。随着外磁场由零逐渐增加，铁磁质磁化分两步进行，首先，磁畴的体积将发生变化，磁矩方向与外磁场方向接近的磁畴体积将扩大，即磁畴壁移动，如图 11.18(b)、(c) 所示。其次，当外磁场增加到一定程度时，磁畴的磁矩方向转向外磁场方向，即磁畴转向，如图 11.18(d) 所示。当全部磁畴都转向外磁场方向时，铁磁质达到磁饱和状态，如图 11.18(e) 所示。

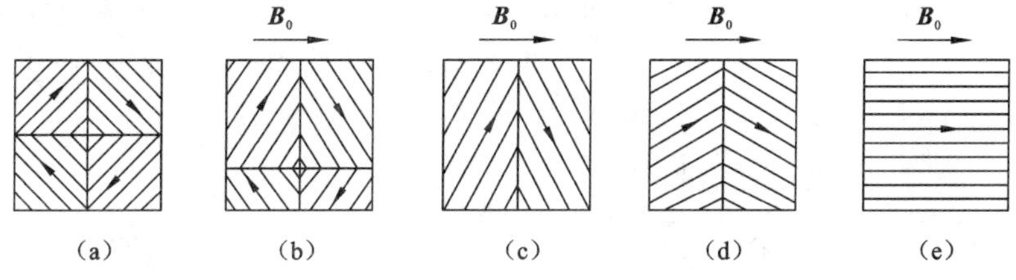


图 11.18　铁磁质内的磁畴磁化过程示意图

当铁磁质在外磁场中磁化时，由于存在着磁畴结构，通常铁磁介质产生的附加磁场 $\boldsymbol{B}'$ 比外磁场$\boldsymbol{B}_0$ 的值大几十倍甚至几千倍，从而对磁场强度的分布产生极大的影响。

## 内容提要

1. 三种磁介质：顺磁物质($\mu_r > 1$)，抗磁物质($\mu_r < 1$)，铁磁质($\mu_r \gg 1$)。

2. 分子磁矩：分子中各电子的轨道运动磁矩和自旋磁矩的矢量和。

3. 磁介质的磁化：在外磁场中磁介质中的分子磁矩沿磁场方向取向或产生与磁场方向相反的附加磁矩使磁介质的表面(或内部) 出现磁化电流(或束缚电流)。

磁化强度
$$\boldsymbol{M} = \frac{\sum \boldsymbol{m}_i}{\Delta V}$$

磁化强度与磁场强度的关系(在各向同性磁介质中，磁场不太强时)

$$\boldsymbol{M} = \chi_m \boldsymbol{H}$$

磁化率　　$\chi_m = \mu_r - 1$

磁化面电流密度　　$\boldsymbol{j}' = \boldsymbol{M} \times \boldsymbol{e}_n$

磁化电流　　$I' = \oint_L \boldsymbol{M} \cdot d\boldsymbol{l}$

4. 磁场强度矢量　　$\boldsymbol{H} = \dfrac{\boldsymbol{B}}{\mu_0} - \boldsymbol{M}$

对于各向同性磁介质　　$\boldsymbol{H} = \dfrac{\boldsymbol{B}}{\mu_0 \mu_r} = \dfrac{\boldsymbol{B}}{\mu}$

5. 磁介质中的安培环路定理　　$\oint_L \boldsymbol{H} \cdot d\boldsymbol{l} = \sum_i I_i$

6. 铁磁质:其磁导率 $\mu_r \gg 1$,非常数,随磁场变化;具有磁滞效应和居里温度。

铁磁质的分类:软磁材料、硬磁材料。

磁畴:无外磁场时,铁磁质内部的自发磁化的小区域,它是铁磁质磁化的基本结构。

## 思　考　题

**11.1**　恒定磁场中,若闭合曲线所包围的面积上没有任何电流穿过,则该曲线上的磁感应强度一定为零吗?若恒定磁场中任意闭合曲线上各点的磁场强度皆为零,则该曲线所包围的面积上穿过的传导电流的代数和必定为零吗?试回答并解释。

**11.2**　把两种不同的磁介质放在磁铁的两个不同名的磁极之间,磁化后也成为磁体,但两极的位置不同,如思 11.2 图(a)、(b) 所示。试指出哪一种是顺磁质,哪一种是抗磁质,为什么?

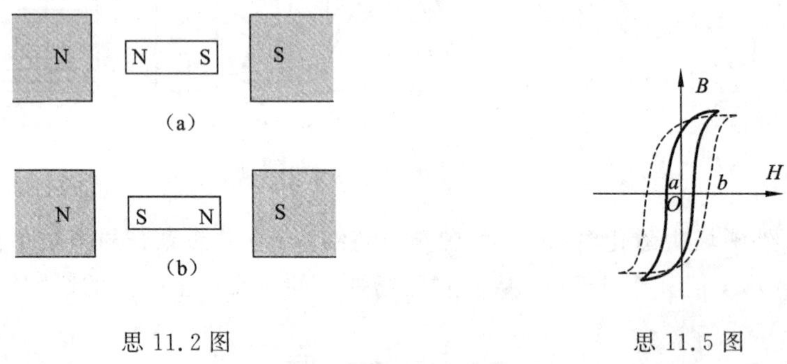


思 11.2 图　　思 11.5 图

**11.3**　有两根铁棒,其外形完全相同,其中一根是磁棒,另一根不是,你如何辨别它们?(不许悬挂,不许用任何其他物品或仪器。)

**11.4**　试指出 $\boldsymbol{B} = \mu_0 \mu_r \boldsymbol{H}$ 的适用范围。

**11.5**　如思 11.5 图所示的 $a$,$b$ 两种不同铁磁质的磁滞回线,试问:

(1) 哪一种适合制造永久磁铁?

(2) 哪一种适合制造便于调节吸引力的电磁铁?

**11.6**　一般电路在连通的一瞬间,电源的能量除消耗在电阻上(产生焦耳热),还消耗在哪里?

# 习　题

**11.1**　将两根介质棒在磁极之间悬挂，最终达到稳定状态，如题 11.1 图所示，试指出哪一根介质棒是顺磁质，哪一根介质棒是抗磁质。为什么？

**11.2**　如题 11.2 图所示的三条线分别表示三种不同的磁介质的 $B$-$H$ 曲线，试指出______表示顺磁质，________表示抗磁质，______表示铁磁质。

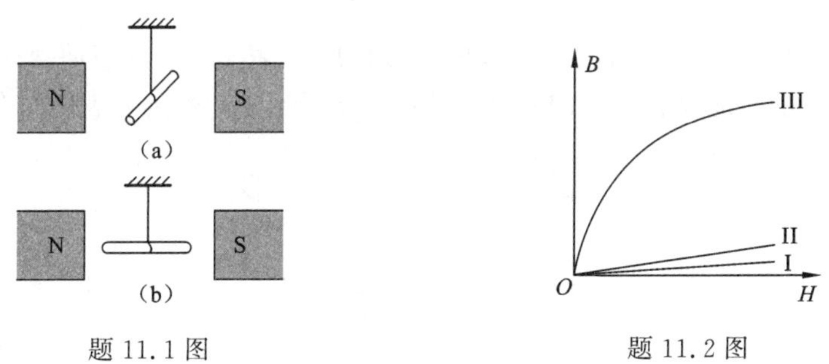


题 11.1 图　　　　题 11.2 图

**11.3**　证明：原子内电子的轨道运动磁矩 $\boldsymbol{m}$ 与轨道运动角动量 $\boldsymbol{L}$ 有下述关系

$$\boldsymbol{m}=-\frac{e}{2m_e}\boldsymbol{L}$$

**11.4**　一均匀磁化的介质棒，其直径为 0.01 m，长为 0.2 m，磁化强度为 1 000 $\mathrm{A\cdot m^{-1}}$。求磁棒的磁矩。

**11.5**　铁棒中的铁原子的磁矩是 $1.8\times10^{-23}$ $\mathrm{A\cdot m^{-2}}$，设长为 5 cm，截面积为 1 $\mathrm{cm^2}$ 的铁棒中所有的铁原子的磁矩都整齐排列，则：

(1) 铁棒的磁矩为多大？

(2) 如果要使这个磁棒与磁感应强度为 1.5 T 的外磁场正交，需用多大的力矩？已知铁的密度为 7.8 $\mathrm{g\cdot cm^{-3}}$，铁的相对原子量是 55.85。

**11.6**　根据测量，地球的磁矩为 $8.0\times10^{22}$ $\mathrm{A\cdot m^2}$。

(1) 如果在地球的赤道上绕一单匝导线的线圈，则导线上需通多大的电流才能产生如此大的磁矩？

(2) 此装置能否用来正好抵消地面上空远处各点的地磁场？

(3) 能否用来抵消地球表面处的磁场？

**11.7**　螺线环中心周长为 $l=10$ cm，环上所绕线圈匝数 $N=100$，线圈中通有电流 $I=0.1$ A。

(1) 求管内的磁感应强度$\boldsymbol{B}_0$ 和磁场强度$\boldsymbol{H}_0$。

(2) 若管内充满磁导率为 $\mu_r=4\ 200$ 的磁介质，则管内的 $\boldsymbol{B}$ 和 $\boldsymbol{H}$ 又是多少？

(3) 磁介质内由导线中电流产生的$\boldsymbol{B}_0$ 和磁化电流产生的 $\boldsymbol{B}'$ 各是多少？

**11.8**　在铁磁质磁化特性的测量实验中，设所用的环形螺线管上共有线圈 1 000 匝，环的平均半径为 15.0 cm，当线圈中通有电流 2.0 A 时，测得环内磁感应强度 $B=1.0$ T。求：

(1) 螺线环铁芯内的磁场强度；

(2) 该铁磁质的磁导率 $\mu$ 和相对磁导率 $\mu_r$；

(3) 已磁化的环形铁芯表面束缚电流的面电流密度。

**11.9**　具有矩形磁滞回线的铁磁材料称为矩形材料，如题 11.9(a) 图所示。当反向磁场一旦超过矫顽力，磁化的方向立刻反转。矩形材料用于制作电子计算机中的存储元件的环形磁芯，如题 11.9 图(b) 所示，磁芯的内、外直径分别为 0.5 mm 和 0.8 mm，高为 0.3 mm。这类磁芯由矩形铁氧材料制成。若磁芯原来已被磁化，方向如图中虚线所示，要使磁芯的磁化方向全部翻转，导线中脉冲电流 $i$ 的峰值 $i_m$ 至少应为多少？

设磁芯矩形材料的矫顽力为 $H_c = 100\ \mathrm{A \cdot m^{-1}}$。

(提示：电流 $i$ 在距导线 $r$ 处产生的磁场为 $H = \dfrac{i}{2\pi r}$，其方向与磁芯中的原磁化方向相反，由于磁芯的矫顽力 $H_c$ 一定，因此，当 $i$ 增加时，$r$ 也增加。这表示磁芯内表面处在电流增加的过程中最先达到 $H_c$，因此，磁芯材料的反向磁化是从内表面开始逐渐达到外表面而全部被磁化的)

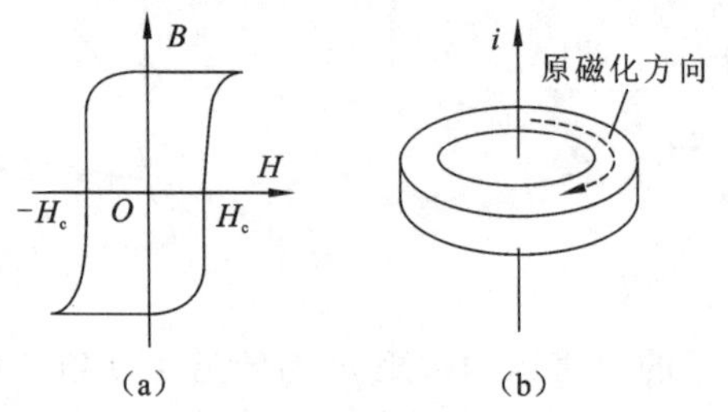


题 11.9 图

**11.10**　一些金属在低温下由于电阻为零而转变成超导体，超导体的重要特性是其内部的磁感应强度为零。如果增大超导体环绕组中的电流，使 $H$ 达到临界值 $H_c$，这时金属突然变成常态，磁化强度几乎为零。

(1) 在 $H = 0$ 到 $H = 2H_c$ 的范围内，画出 $\dfrac{B}{\mu_0}$ 作为 $H$ 的函数的关系曲线图；

(2) 在 $H$ 上述变化范围内，画出 $M$ 作为 $H$ 的函数的关系曲线图；

(3) 超导体是顺磁的、抗磁的还是铁磁的？

(4) 当你试图把一个小磁铁放在超导体板上时，将会发生什么现象？

**11.11**　一螺绕环有 500 匝导线，平均半径是 6.0 cm，电流为 0.25 A，相对的磁导率是 0.8。求磁场的分布。

**11.12**　一平行板电容器，两极是半径为 4.0 cm 的导体圆盘，现以 0.280 A 的电流充电，两导体板中间充满相对的磁导率是 0.7 的磁介质，求位移电流和两极之间的磁场分布。

【习题参考答案】

【阅读材料 1】

【阅读材料 2】

# 第 12 章　变化的磁场与电场

前几章介绍了电场和磁场的性质,本章则说明电场和磁场之间的联系,电磁感应现象就是变化的磁场产生电场的现象,它是电磁学中最重大的发现之一,它揭示了电场与磁场之间的相互联系与相互转化。

1820 年奥斯特通过实验发现了电流产生磁场的现象,后来不少的科学家从事其逆现象的研究,即如何利用磁场来产生电流。法拉第经过多年的实验研究,终于在 1831 年首次发现了电磁感应现象,并总结出电磁感应定律。

## 12.1　电磁感应

### 12.1.1　电磁感应现象

法拉第的电磁感应实验一般可分成两类:第一类实验如图 12.1 所示,当磁铁与线圈有相对运动时,电流计 $G$ 的指针将发生偏转,说明线圈中有电流通过;第二类实验如图 12.2 所示,当开关键 $K$ 闭合或断开时,电流计指针发生偏转,也就是说,当一个线圈中电流发生变化时,在另一个线圈中也产生了电流。法拉第将这些实验中产生电荷运动(电流)的现象与静电感应类比,称上述现象为电磁感应现象。

图 12.1　磁铁与线圈相对运动时产生感应电流　　图 12.2　开关键 $S$ 闭合或断开时产生感应电流

### 12.1.2　法拉第电磁感应定律

以上两类实验在线圈中产生的电流称为感应电流,而产生这种感应电流的电动势称为感应电动势。在电磁感应现象中,磁通量 $\Phi_m$ 的变化是关键。$\Phi_m$ 的变化可以通过许多方法来实现,如磁体与线圈之间做相对运动,或产生磁感应通量的电流(励磁电流)发生变化,或在恒定磁场中,导体回路中的面积增大或减小等,不论何种原因使导体回路中磁通量发生变化,回路中都会产生感应电动势。实验表明,闭合回路中的感应电动势 $\varepsilon$ 与通过回路的磁通量 $\Phi_m$ 变化率成正比,这就是**法拉第电磁感应定律**,在国际单位制中,法拉第电磁感应定律可表示为

$$\varepsilon = -\frac{d\Phi_m}{dt} \tag{12.1}$$

如果闭合导体回路的电阻为 $R$,则感应电流相应地为

$$I_i = -\frac{1}{R}\frac{\mathrm{d}\Phi_m}{\mathrm{d}t} \tag{12.2}$$

式(12.1)和式(12.2)中的负号反映感应电动势的方向与磁通量变化的关系。在确定感应电动势 $\varepsilon$ 的方向时,可参照图 12.3,采用如下步骤进行。

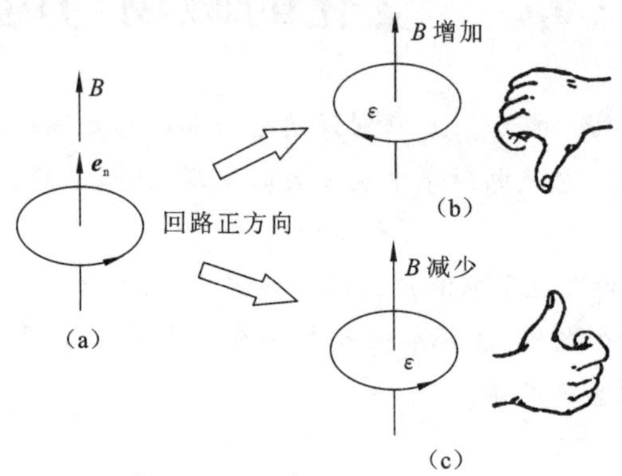


图12.3　回路中感应电动势的方向与磁通量变化的关系

(1) 任意选取回路的正方向,并根据右手螺旋定则决定出回路平面的法线 $\boldsymbol{e}_n$,如图 12.3(a) 所示;当回路中磁力线的方向与所规定的回路平面法线 $\boldsymbol{e}_n$ 的方向一致时,$\Phi_m > 0$,反之,$\Phi_m < 0$。

(2) 在 $\Phi_m > 0$ 的情况下,如果穿过回路的磁通量随时间增大,则 $\frac{\mathrm{d}\Phi_m}{\mathrm{d}t} > 0$,随时间减小,则 $\frac{\mathrm{d}\Phi_m}{\mathrm{d}t} < 0$;在 $\Phi_m < 0$ 的情况下,与上述情况正好相反。

(3) 由式(12.1)算出 $\varepsilon$,并由 $\varepsilon$ 的正负定出回路中感应电动势的具体方向;当 $\varepsilon < 0$ 时,其方向与所选取的回路正方向相反,如图 12.3(b) 所示,此时磁场随时间增加。当 $\varepsilon > 0$ 时,其方向与所选取的回路正方向相同,如图 12.3(c) 所示,此时磁场随时间减小。

以上讨论的都是单匝线圈的情况,如果线圈不是一匝,而是 $N$ 匝,且每一匝都通过相同的磁通量 $\Phi_m$,则当磁通量 $\Phi_m$ 变化时,每匝产生的感应电动势都相同,因此,整个线圈产生的电动势等于每匝感应电动势的 $N$ 倍,即

$$\varepsilon = -N\frac{\mathrm{d}\Phi_m}{\mathrm{d}t} = -\frac{\mathrm{d}N\Phi_m}{\mathrm{d}t} \tag{12.3}$$

习惯上,把 $N\Phi_m$ 称为**线圈的磁链**,它表示通过 $N$ 匝线圈中的磁通量。如果每匝中的磁通量不同,就应该用磁通量的总和 $\Psi = \sum \Phi_{mi}$ 来代替 $N\Phi_m$。

### 12.1.3　楞次定律

1833 年楞次(Lenz)通过大量实验,提出了另一种直接判断感应电流方向的方法,他在电磁感应实验中,发现如下规律:闭合回路中感应电流的方向,总是使感应电流自身所产生的通过回路面积的磁通量去阻止产生感应电流的原磁通量变化(增加或减少)。这个结论称为**楞次定律**。

例如,图 12.4(a) 表示线圈 $A$ 中的感应电流是由于永久磁铁的移动而产生的。当永久磁铁的 N 极向线圈移动时,通过线圈 $A$ 的磁通量增加,由楞次定律,感应电流所产生的磁场方向

(图中用虚线表示)应当和永久磁铁所产生的磁场方向(图中由实线表示)相反,从而反抗线圈中因永久磁铁运动产生的磁通量增加,根据右手螺旋定则,则感应电流的方向如图 12.4(a) 所示。如果永久磁铁离开线圈,则感应电流的方向如图 12.4(b) 所示。

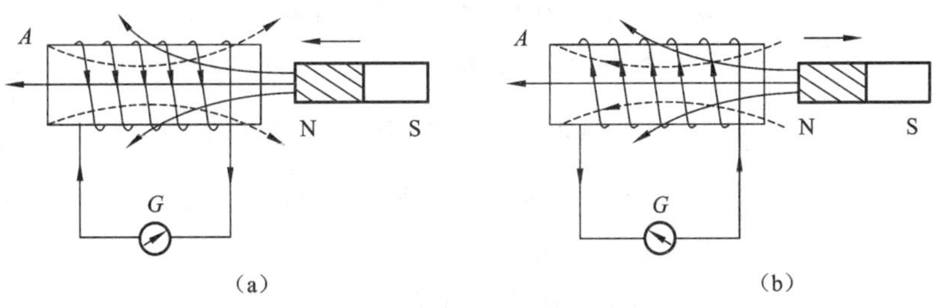


图 12.4　楞次定律应用

从图 12.4 中可见,当永久磁铁的 N 极向线圈 $A$ 移动时,线圈 $A$ 中产生感应电流,此时该线圈就相当于一个条形磁铁,它的 N 极与永久磁铁的 N 极相对。这样,两个 N 极要相互排斥。

从本质上,用来确定感应电流方向的楞次定律是能量守恒和转化定律的体现。在闭合回路中感应电流的方向有两种可能的取向:当磁场增强,闭合回路中磁通量增加时,感应电流或者取使其附加磁通量促进原磁通量增加的方向,或者取使其附加磁通量阻碍原磁通量增加的方向,显然,前一种取向与能量守恒定律相违背,因为如果按此取向,仅需消耗极小能量,引起原磁场微小变化,产生感应电流并使线圈中磁通量进一步增加,形成正向循环,从而在线圈中产生无限大的感应电流,这种情况是不可能发生的,所以,由楞次定律所确定的感应电流方向是符合能量守恒和转化定律的。

**例 12.1**　有一个空心螺绕环,单位长度匝数为 5 000 匝 · $\mathrm{m^{-1}}$,环的横截面 $S = 2\times10^{-3}\ \mathrm{m^2}$,在环上绕一个线圈 $A$,其匝数 $N = 5$ 匝,线圈 $A$ 的电阻 $R = 2\ \Omega$,螺绕环的电流可由一变阻器调节,使电流每秒减少 20 A,其装置如图 12.5 所示。求:

(1) 线圈 $A$ 中的感应电动势、感应电流;

(2) 2s 内通过线圈 $A$ 的感应电量。

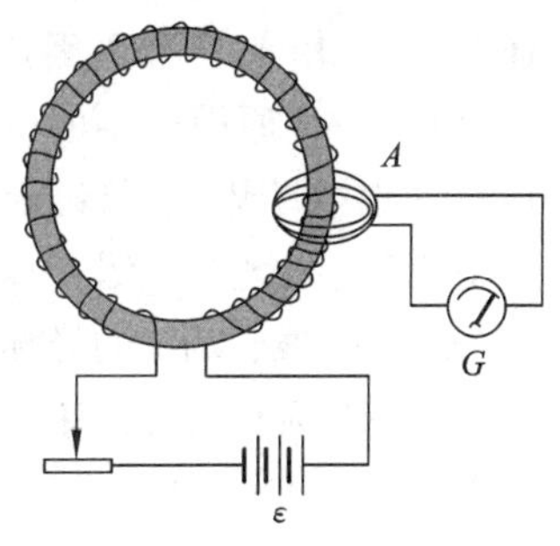


图 12.5　例 12.1 图

**解**　(1) 螺绕环内的磁感强度为

$$B = \mu_0 nI$$

因为磁场完全集中于环内,所以通过线圈 $A$ 的磁通量

$$\Phi_{\mathrm{m}} = N\mu_0 nIS$$

这样,线圈 $A$ 中感生电动势 $\varepsilon$ 的量值为

$$\varepsilon = \left| N\frac{\mathrm{d}\Phi_{\mathrm{m}}}{\mathrm{d}t} \right| = N\mu_0 nS\left|\frac{\mathrm{d}I}{\mathrm{d}t}\right|$$

将已知数值代入,得

$$\varepsilon = 4\pi\times10^{-7}\times5\,000\times2\times10^{-3}\times5\times20 = 1.26\times10^{-3}\ \mathrm{V}$$

感应电流为

$$I_i = \frac{\varepsilon}{R} = \frac{1.26\times10^{-3}}{2} = 6.30\times10^{-4}\ \mathrm{A}$$

(2) 在 2 s 内通过线圈 $A$ 的感应电量为

$$q = \int_{t_1}^{t_2} I_i\,\mathrm{d}t = 6.30\times10^{-4}\times2 = 1.26\times10^{-3}\ \mathrm{C}$$

**例 12.2**　一根长直导线中通有交变电流 $I = I_0\sin\omega t$,$I_0$ 和 $\omega$ 都是常量,在长直导线旁平

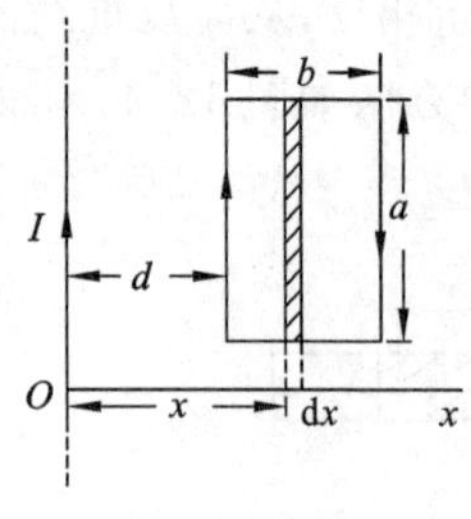

图 12.6　例 12.2 图

行放置一长为 $a$、宽为 $b$ 的矩形线圈，线圈平面与直导线共面，线圈靠近直导线的一边到直导线的距离为 $d$，如图 12.6 所示。求任一瞬时线圈中的感应电动势。

**解**　欲求电动势，必须先求得通过回路的磁通量。设回路的绕行正方向为顺时针方向，由右螺旋定则知回路所包围面积的法线方向垂直纸面向里。在距导线 $x$ 处，磁感应强度的大小为 $B=\dfrac{\mu_0 I}{2\pi x}$，取面积元 $\mathrm{d}S=a\mathrm{d}x$，$t$ 时刻通过小面积元的磁通量为 $\mathrm{d}\Phi_{\mathrm{m}}=\boldsymbol{B}\cdot\mathrm{d}\boldsymbol{S}$，通过整个矩形线圈的磁通量为

$$\Phi_{\mathrm{m}}=\iint_S \boldsymbol{B}\cdot\mathrm{d}\boldsymbol{S}=\iint_S B\,\mathrm{d}S=\int_d^{d+b}\frac{\mu_0 I}{2\pi x}a\,\mathrm{d}x=\frac{\mu_0 a I_0 \sin\omega t}{2\pi}\ln\frac{d+b}{d}$$

线圈回路中的感应电动势为

$$\varepsilon=-\frac{\mathrm{d}\Phi_{\mathrm{m}}}{\mathrm{d}t}=-\cos\omega t\cdot\frac{\mu_0 a I_0\omega}{2\pi}\cdot\ln\frac{d+b}{d}$$

上式说明线圈中的感应电动势随时间按余弦规律变化。当 $\cos\omega t>0$ 时，$\varepsilon<0$，电动势的方向与矩形线圈的绕行正方向相反，即为逆时针方向；当 $\cos\omega t<0$ 时，$\varepsilon>0$，电动势的方向与矩形线圈的绕行正方向相同，即为顺时针方向。

## 12.2　动生电动势

由上节介绍可知，一个闭合导体回路中的磁通量发生变化，在这个回路中将产生感应电动势。引起回路中磁通量变化的方式有：一种是磁场不变，导体与磁场之间存在相对运动，从而引起闭合导体回路中磁通量发生变化；另一种是导体相对磁场没有运动，磁场变化引起通过闭合导体回路中磁通量变化。由前一种原因产生的电动势称为动生电动势；由后一种原因产生的电动势称为感生电动势，本节讨论动生电动势，下节讨论感生电动势。

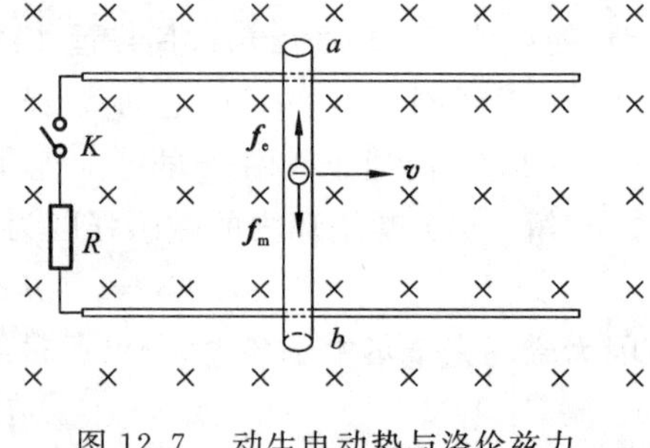

图 12.7　动生电动势与洛伦兹力

下面以一个具体例子来讨论动生电动势。如图 12.7 所示，一根长为 $l$ 的导体棒 $ab$ 在均匀磁场中以速度 $\boldsymbol{v}$ 运动，磁场 $\boldsymbol{B}$ 的方向垂直纸面向里，导体棒由导线通过开关 $K$ 与电阻 $R$ 构成闭合回路，在 $\mathrm{d}t$ 时间内，闭合回路的面积增量为 $lv\mathrm{d}t$，磁通量的增量为 $\mathrm{d}\Phi_{\mathrm{m}}=Blv\mathrm{d}t$，由法拉第电磁感应定律知，动生电动势的大小为

$$|\varepsilon|=\left|\frac{\mathrm{d}\Phi_{\mathrm{m}}}{\mathrm{d}t}\right|=Blv \tag{12.4}$$

$Blv$ 也就是导体棒在单位时间内所切割的磁力线数，因此可得结论：动生电动势在数值上就是单位时间内导体垂直切割过的磁力线的数目。

动生电动势实际上是由洛伦兹力引起的。在图 12.7 中，在开关 $K$ 的电键未闭合情况下，当导体棒 $ab$ 以速度 $\boldsymbol{v}$ 向右运动时，导体中的自由电子也以速度 $\boldsymbol{v}$ 跟随它向右运动。按洛伦兹力公式，自由电子受到的洛伦兹力为

$$\boldsymbol{F}_{\mathrm{m}}=-e(\boldsymbol{v}\times\boldsymbol{B}) \tag{12.5}$$

式中 $-e$ 是电子所带电量，故磁场对自由电子的作用力 $\boldsymbol{F}_m$ 的方向由 $a$ 指向 $b$，于是自由电子将移向 $b$ 端，$b$ 端出现负电荷积聚，而 $a$ 端将出现正电荷积聚。不过，这种正负电荷的分离过程很快就会停止，因为只要 $ab$ 两端出现正负电荷集聚，就会在导体棒内部 $ab$ 之间形成电场，电子受电场的作用力 $F_e=-eE$ 与洛伦兹力 $\boldsymbol{F}_m$ 的方向相反，当 $ab$ 两端的正负电荷积累到一定的程度时，电场力与洛伦兹力相等，$F_e=F_m$，这时电子受到的合力为零，它们将不再迁移，结果集聚于 $ab$ 两端的正负电荷在导体棒两端建立了一定的电势差。如果此时接通开关 $K$，导体棒通过导线与电阻 $R$ 形成一个闭合回路，导体棒上的自由电子将通过外电路从 $b$ 端流向 $a$ 端与正电荷中和，从而使运动导体棒内电场削弱，电子受力平衡的状态被破坏，洛伦兹力大于电场力，电子在合力的作用下又开始向 $b$ 端集聚，继续维持 $ab$ 两端的电势差。显然，这时运动导体棒相当于一个电源，而洛伦兹力恰好是电源内将正负电荷分离的非静电力。

电源的电动势 $\varepsilon$ 是电源内部的“非静电力 $\boldsymbol{F}_{ne}$”将单位正电荷从负极迁移到正极过程中所做的功，表示为

$$\varepsilon=\frac{W}{q}=\frac{\int_b^a \boldsymbol{F}_{ne}\cdot d\boldsymbol{l}}{e}=\int_b^a \boldsymbol{E}_{ne}\cdot d\boldsymbol{l} \tag{12.6}$$

在此非静电力就是洛伦兹力 $\boldsymbol{F}_m$，式(12.6)中的非静电力场 $\boldsymbol{E}_{ne}$ 为

$$\boldsymbol{E}_{ne}=\frac{\boldsymbol{F}_{ne}}{-e}=\frac{\boldsymbol{F}_m}{-e}=\boldsymbol{v}\times\boldsymbol{B} \tag{12.7}$$

故导体 $ab$ 中所产生的电动势为

$$\varepsilon_{ab}=\int_b^a \boldsymbol{E}_{ne}\cdot d\boldsymbol{l}=\int_b^a(\boldsymbol{v}\times\boldsymbol{B})\cdot d\boldsymbol{l} \tag{12.8}$$

由 $\boldsymbol{E}_{ne}=\boldsymbol{v}\times\boldsymbol{B}$ 可知，式(12.8)包括导体棒不一定垂直切割磁场的情况。从图 12.7 中可知 $\boldsymbol{v}$，$\boldsymbol{B}$ 和 $d\boldsymbol{l}$ 相互垂直，导体中的动生电动势写为

$$\varepsilon_{ab}=Blv \tag{12.9}$$

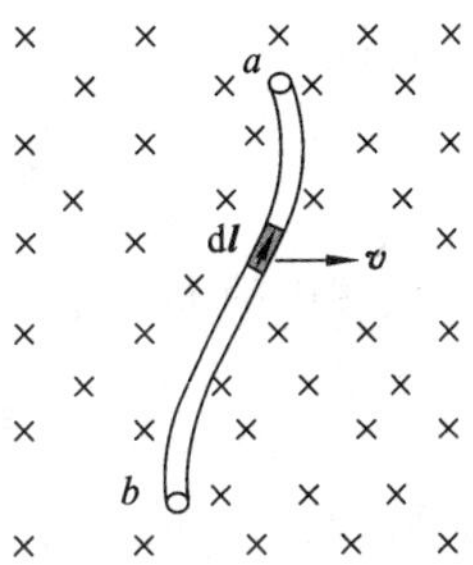

图 12.8　任意形状导线的动生电动势

以上讨论的是直导体棒在匀强磁场中运动产生动生电动势的情况。如果磁场在空间的分布是非均匀的，导体也不是直棒，而是任意形状的一段导线，设其两端点依然是 $a$，$b$，如图 12.8 所示，在非均匀情况下，通常采取分段计算与求和的方法来解决问题。首先，在这一段运动的导线上取一段线元 $d\boldsymbol{l}$，由于 $d\boldsymbol{l}$ 很小，可认为它们所在处的磁场是均匀的，即为 $\boldsymbol{B}$，若 $d\boldsymbol{l}$ 的速度为 $\boldsymbol{v}$，则同样在 $d\boldsymbol{l}$ 两端出现元电动势 $d\varepsilon=(\boldsymbol{v}\times\boldsymbol{B})\cdot d\boldsymbol{l}$，因此任意形状的导线 $ab$ 上产生的总电动势为

$$\varepsilon=\int d\varepsilon=\int_b^a(\boldsymbol{v}\times\boldsymbol{B})\cdot d\boldsymbol{l} \tag{12.10}$$

这与式(12.8)没有区别，可见式(12.8)是动生电动势的一般表达式。

如果在恒定磁场中运动导线是闭合的，则闭合回路 $L$ 中的动生电动势应该是回路上全部 $d\boldsymbol{l}$ 产生元电动势的叠加，即

$$\varepsilon=\oint_L d\varepsilon=\oint_L(\boldsymbol{v}\times\boldsymbol{B})\cdot d\boldsymbol{l} \tag{12.11}$$

在动生电动势中的非静电力是洛伦兹力，该电动势是洛伦兹力作用的结果。那么，洛伦兹力是否做功呢？导体棒在均匀磁场 $\boldsymbol{B}$ 中以速度 $\boldsymbol{v}_1$ 向右运动，与该速度对应的自由电子受到的洛伦兹力为 $\boldsymbol{f}_1=-e\boldsymbol{v}_1\times\boldsymbol{B}$，方向向下；在力 $\boldsymbol{f}_1$ 的作用下，自由电子将以速度 $\boldsymbol{v}_2$ 向下运动，与该

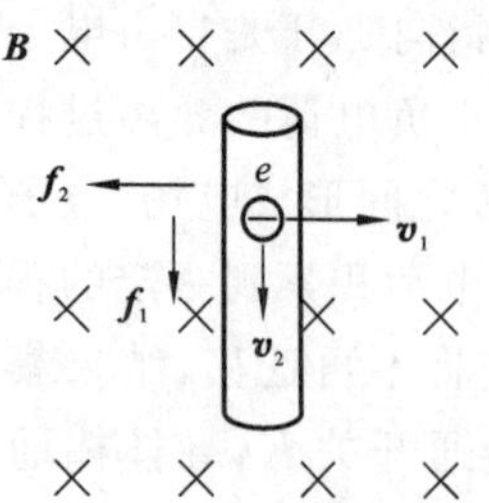

图 12.9　洛伦兹力不做功

速度对应的自由电子受到向左的洛伦兹力 $\boldsymbol{f}_2=-e\boldsymbol{v}_2\times\boldsymbol{B}$。则洛伦兹力做功的功率为

$$\begin{aligned}P&=(\boldsymbol{f}_1+\boldsymbol{f}_2)\cdot(\boldsymbol{v}_1+\boldsymbol{v}_2)\\&=(\boldsymbol{f}_1+\boldsymbol{f}_2)\cdot(\boldsymbol{v}_1+\boldsymbol{v}_2)\\&=\boldsymbol{f}_1\boldsymbol{v}_2-\boldsymbol{f}_2\boldsymbol{v}_{11}\\&=0\end{aligned}$$

所以洛伦兹力整体是不做功的,如图 12.9 所示。分析过程显示:洛伦兹力在竖直方向做正功,在水平方向做负功,正好互相抵消。

**例 12.3**　如图 12.10 所示,一根长直导线载有 5A 的恒定电流,附近有一个与它共面的矩形线圈,$l=20\text{ cm}$,$a=10\text{ cm}$,$b=20\text{ cm}$,线圈共有 $N=1\,000$ 匝,以 $v=2\text{ m}\cdot\text{s}^{-1}$ 的速度水平离开直导线。试求线圈里的感应电动势的大小和方向。

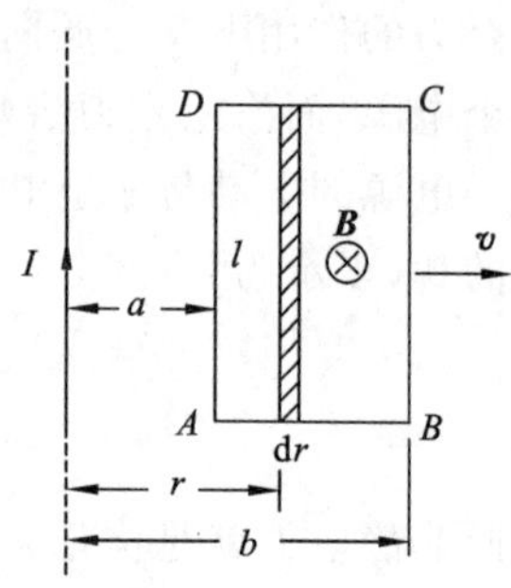

图 12.10　例 12.3 图

**解法一**　用法拉第电磁感应定律求解。

长直载流导线附近一点的磁感应强度 $\boldsymbol{B}$ 的大小为

$$B=\frac{\mu_0 I}{2\pi r}$$

根据电流的方向应用右手螺旋定则确定 $\boldsymbol{B}$ 的方向,如图 12.10 所示。

若取线圈平面法线方向与 $\boldsymbol{B}$ 的方向一致,任意时刻 $t$,线圈向右运动的距离是 $a+vt$,穿过线圈的磁通量为

$$\Phi_{\mathrm{m}}=\iint\boldsymbol{B}\cdot\mathrm{d}\boldsymbol{S}=\iint B\mathrm{d}s=\int_{a+vt}^{b+vt}\frac{\mu_0 Il}{2\pi r}\mathrm{d}r=\frac{\mu_0 Il}{2\pi}\ln\frac{b+vt}{a+vt}$$

因此,线圈中的电动势为

$$\varepsilon=-N\frac{\mathrm{d}\Phi_{\mathrm{m}}}{\mathrm{d}t}=\frac{NIl\mu_0 v(b-a)}{2\pi(a+vt)(b+vt)}$$

由于线圈平面向右移的过程中,通过线圈平面的磁通量逐渐减少,根据法拉第电磁感应定律,可知回路中的感应电动势为顺时针方向,即 $ADCBA$ 方向。

**解法二**　用动生电动势求解。

对于线圈中的每一匝可将其分为 4 段来计算,即

$$\varepsilon'=\int_A^D(\boldsymbol{v}\times\boldsymbol{B})\cdot\mathrm{d}l+\int_D^C(\boldsymbol{v}\times\boldsymbol{B})\cdot\mathrm{d}l+\int_C^B(\boldsymbol{v}\times\boldsymbol{B})\cdot\mathrm{d}l+\int_B^A(\boldsymbol{v}\times\boldsymbol{B})\cdot\mathrm{d}l$$

由于

$$\int_D^C(\boldsymbol{v}\times\boldsymbol{B})\cdot\mathrm{d}l=\int_B^A(\boldsymbol{v}\times\boldsymbol{B})\cdot\mathrm{d}l=0\quad(\text{因为 }\boldsymbol{v}\times\boldsymbol{B}\text{ 与 }\mathrm{d}l\text{ 垂直})$$

所以

$$\begin{aligned}\varepsilon'&=\int_A^D(\boldsymbol{v}\times\boldsymbol{B})\cdot\mathrm{d}\boldsymbol{l}+\int_C^B(\boldsymbol{v}\times\boldsymbol{B})\cdot\mathrm{d}\boldsymbol{l}=\int_A^D vB\,|_{r=a+vt}\cdot\mathrm{d}l+\int_B^C -vB\,|_{r=b+vt}\cdot\mathrm{d}l\\&=\int_A^D v\,\frac{\mu_0 I\mathrm{d}l}{2\pi(a+vt)}-\int_B^C v\,\frac{\mu_0 I\mathrm{d}l}{2\pi(b+vt)}=\frac{v\mu_0 Il}{2\pi}\left[\frac{1}{a+vt}-\frac{1}{b+vt}\right]\end{aligned}$$

实际上,某 $t$ 时刻线圈内的电动势就等于 $AD$ 和 $BC$ 两段导线在 $t$ 时刻切割磁力线产生的电动势之差,因此也可以直接写出

$$\varepsilon' = \varepsilon_{AD} - \varepsilon_{BC} = B_1 lv - B_2 lv = \frac{v\mu_0 Il}{2\pi}\left[\frac{1}{a+vt} - \frac{1}{b+vt}\right]$$

这与上面的计算结果一致。

对于 $N$ 匝线圈,产生的电动势为

$$\varepsilon = N\varepsilon' = \frac{NIl\mu_0 v(b-a)}{2\pi(a+vt)(b+vt)}$$

电动势的方向可得如下判断,由于 $AD$ 处磁感应强度大于 $BC$ 处磁感应强度,在 $AD$ 段产生的感应电动势较 $BC$ 段大,而 $AB$ 段和 $CD$ 段的感应电动势为零,所以 $\varepsilon$ 沿顺时针方向,即 $ADCBA$ 方向。

令 $t=0$,并代入数据,则线圈刚离开直导线时的感应电动势为

$$\varepsilon = \frac{10^3 \times 5.0 \times 0.2 \times 4\pi \times 10^{-7} \times 3.0 \times (0.2-0.1)}{2\pi \times 0.1 \times 0.2} = 3.0 \times 10^{-3}\ \text{V}$$

**例 12.4**　如图 12.11 所示,一长度为 $l$ 的金属细捧与一根长直电流 $I$ 处于同一平面,且相互垂直。当细捧以速度 $\boldsymbol{v}$ 沿长直电流方向运动时,问:此棒上的感应电动势为多少? 棒上哪一端电势高?

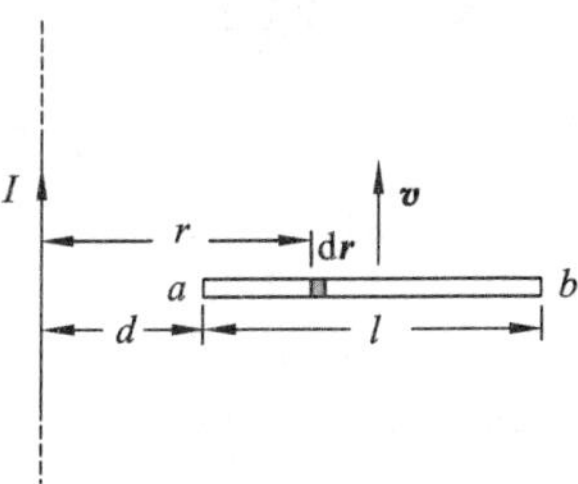

图 12.11　例 12.4(a) 图

**解法一**　用动生电动势定义求解。

在真空中"无限长"载流直导线附近 $r$ 处的磁感应强度为

$$B = \frac{\mu_0 I}{2\pi r}$$

在细棒 $ab$ 处,$\boldsymbol{B}$ 的方向垂直于纸面向里。在细棒上各点磁感应强度 $\boldsymbol{B}$ 的方向相同,然而各点到长直导线的距离 $r$ 不同,因此细棒在一个非均匀磁场中运动。

在细棒上取一个线元 $\mathrm{d}\boldsymbol{r}$,它在磁场中以速度 $\boldsymbol{v}$ 运动时产生的动生电动势为

$$\mathrm{d}\varepsilon = (\boldsymbol{v} \times \boldsymbol{B}) \cdot \mathrm{d}\boldsymbol{r}$$

若 $\boldsymbol{v}$ 垂直于 $\boldsymbol{B}$,而$(\boldsymbol{v} \times \boldsymbol{B})$ 与 $\mathrm{d}\boldsymbol{r}$ 方向相反,则 $\mathrm{d}\boldsymbol{r}$ 中的动生电动势为

$$\mathrm{d}\varepsilon = -Bv\mathrm{d}r = -\frac{\mu_0 Iv}{2\pi}\frac{\mathrm{d}r}{r}$$

将上式积分,可得细棒 $ab$ 两端的动生电动势

$$\varepsilon = -\int_d^{d+l} \frac{\mu_0 Iv}{2\pi}\frac{\mathrm{d}r}{r} = -\frac{\mu_0 Iv}{2\pi}\ln\left(1+\frac{l}{d}\right)$$

由于 $\boldsymbol{v} \times \boldsymbol{B}$ 的方向由 $b$ 指向 $a$,洛伦兹力 $\boldsymbol{F} = q\boldsymbol{v} \times \boldsymbol{B}$,把棒中的正电荷由 $b$ 端移向 $a$ 端,所以 $a$ 端的电势高于 $b$ 端的电势,动生电动势 $\varepsilon$ 的方向由 $b$ 指向 $a$。

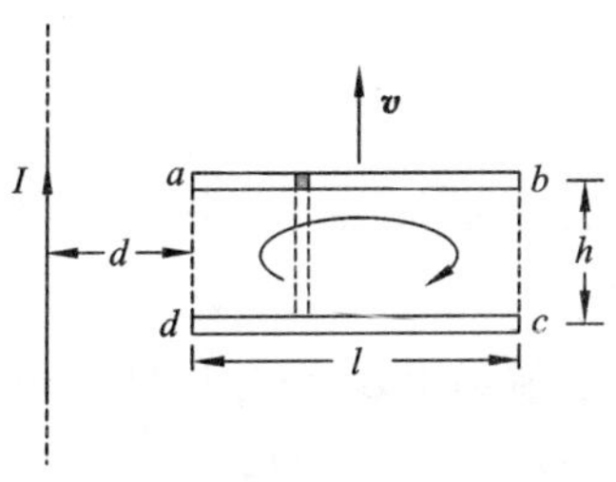

图 12.12　例 12.4(b) 图

**解法二**　用法拉第电磁感应定律求解。

如图 12.12 所示,设想有三个线段 $bc$, $cd$, $da$,且 $bc = da = h$,使它们与 $ab$ 构成一个矩形回路,当 $ab$ 棒以速度 $\boldsymbol{v}$ 运动时,矩形回路中的磁通量要发生变化。

假设回路的绕行方向为 $abcda$(顺时针方向),则回路的单位法线矢量方向 $\boldsymbol{e}_n$ 与电流 $I$ 在回路所在范围上产生的磁场 $\boldsymbol{B}$ 的方向相同,穿过矩形框 $abcd$ 中的磁通量为

$$\Phi_m = \int \boldsymbol{B} \cdot \mathrm{d}\boldsymbol{S} = \int Bh\,\mathrm{d}r = \int_d^{d+l} \frac{\mu_0 Ih}{2\pi r}\mathrm{d}r = \frac{\mu_0 Ih}{2\pi}\ln\left(1+\frac{l}{d}\right)$$

当细棒 $ab$ 以速度 $\boldsymbol{v}$ 运动时，磁通量随 $h$ 改变而发生变化，而运动速度为 $v=\dfrac{\mathrm{d}h}{\mathrm{d}t}$。由电磁感应定律，有

$$\varepsilon=-\frac{\mathrm{d}\Phi_{\mathrm{m}}}{\mathrm{d}t}=-\frac{\mu_0 I}{2\pi}\ln\left(1+\frac{l}{d}\right)\frac{\mathrm{d}h}{\mathrm{d}t}=-\frac{\mu_0 I v}{2\pi}\ln\left(1+\frac{l}{d}\right)$$

上述结果与解法一所得相同。式中的负号表示电动势的方向与假设的绕行方向 $abcda$ 相反。考虑到 $bc$，$cd$，$da$ 三个线段不运动并与 $\boldsymbol{B}$ 的方向垂直，既不产生动生电动势，也不产生感生电动势，因此电动势是金属棒 $ab$ 产生的，由 $b$ 指向 $a$。

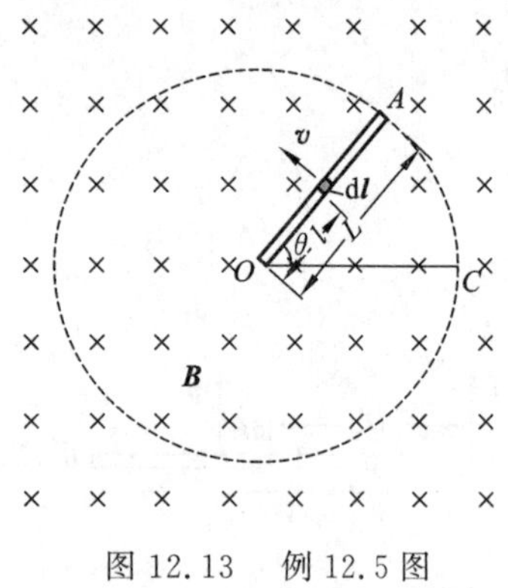

图 12.13 例 12.5 图

**例 12.5** 如图 12.13 所示，铜棒 $OA$ 长 $L=50\ \mathrm{cm}$，在方向垂直纸面向内的匀强磁场中($B=0.01\ \mathrm{T}$)，沿逆时针方向绕 $O$ 轴转动，角速度 $\omega$ 为 $50\ \mathrm{rad\cdot s^{-1}}$，求铜棒中动生电动势的大小和指向，如果是半径为 50 cm 的铜盘转动，求盘中心和边缘之间的电势差。

**解法一** 当铜棒做匀速转动时，铜棒上各小段切割磁力线而产生了动生电动势，由于铜棒上各点的速度不同，可将铜棒分成许多小段来考虑。在铜棒上距 $O$ 点为 $l$ 处，取线元为 $\mathrm{d}l$，其速度为 $v=\omega l$，在 $\mathrm{d}l$ 上产生的动生电动势为

$$\mathrm{d}\varepsilon=Bv\,\mathrm{d}l=B\omega l\,\mathrm{d}l$$

铜棒中总的电动势为

$$\varepsilon=\int_0^L B\omega l\,\mathrm{d}l=\frac{B\omega L^2}{2}=\frac{0.01\times2\pi\times50\times(0.5)^2}{2}=0.39\ \mathrm{V}$$

由洛伦兹力 $\boldsymbol{F}=q\boldsymbol{v}\times\boldsymbol{B}$ 可知 $\varepsilon$ 的指向为从 $A$ 到 $O$，$O$ 点的电势高，故 $O$ 点与 $A$ 点之间的电势差为

$$V_O-V_A=0.39\ \mathrm{V}>0$$

**解法二** 可以用法拉第电磁感应定律来计算动生电动势，设想由铜棒、导线 $OC$ 和 $CA$ 构成回路，铜棒在 $\mathrm{d}t$ 时间内所转过的角度为 $\mathrm{d}\theta$，则在这段时间内所切割的磁感应线数等于圆心角为 $\mathrm{d}\theta$，半径为 $L$ 的扇形面积所通过的磁通量，即

$$\mathrm{d}\Phi_{\mathrm{m}}=B\,\frac{1}{2}L\cdot L\mathrm{d}\theta=\frac{1}{2}BL^2\mathrm{d}\theta$$

由于 $OC$ 和 $CA$ 静止，且与 $\boldsymbol{B}$ 垂直，它们产生的电动势为零，所以铜棒中的动生电动势

$$\varepsilon=\frac{\mathrm{d}\Phi_{\mathrm{m}}}{\mathrm{d}t}=\frac{1}{2}BL^2\,\frac{\mathrm{d}\theta}{\mathrm{d}t}=\frac{1}{2}BL^2\omega$$

与解法一的结果相同。

如果是铜盘转动，可以把铜盘想象是由无数根并联的铜棒组合而成的，每根铜棒都类似于 $OA$，所以铜盘中心与边缘之间的电势差仍为每根铜棒的电势差 $V_O-V_A=0.39\ \mathrm{V}$。

**例 12.6** 如图 12.14 所示，直角三角形金属框 $DEF$ 放在匀强磁场中，$\boldsymbol{B}$ 平行与 $DF$，当框绕 $DF$ 边以 $\omega$ 转动时，求回路中动生电动势及各边的动生电动势。设 $FE=a$，$DE=l$。

**解法一** 利用法拉第电磁感应定律，有

$$\varepsilon=-\frac{\mathrm{d}\Phi_{\mathrm{m}}}{\mathrm{d}t}=-\frac{\mathrm{d}}{\mathrm{d}t}(BS\cos\theta)$$

由于磁场 $\boldsymbol{B}$、线圈面积 $S$ 均不随时间变化，虽然线圈绕 $DF$ 边转动，但线圈平面法线与 $\boldsymbol{B}$ 的夹角

始终为$\frac{\pi}{2}$，所以整个回路的动生电动势为零。

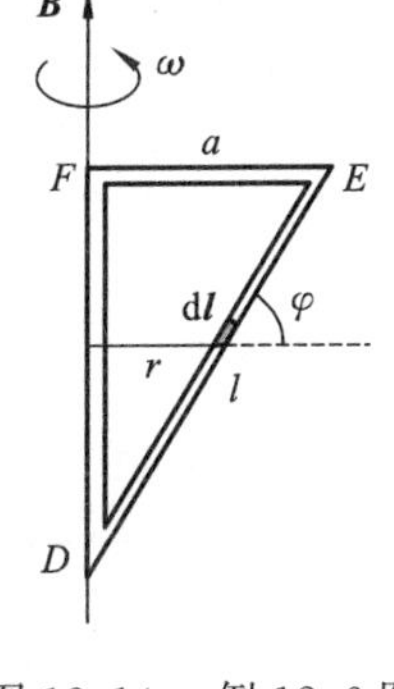


图 12.14　例 12.6 图

**解法二**　先计算各边的动生电动势，然后相加。

因 $DF$ 边不切割磁力线，故 $\varepsilon_{DF}=0$，对 $FE$ 边，有

$$\varepsilon_{FE}=\int_F^E(\boldsymbol{v}\times\boldsymbol{B})\cdot \mathrm{d}\boldsymbol{l}$$

在 $FE$ 上取一小段 $\mathrm{d}\boldsymbol{l}$，它距 $F$ 点的距离为 $r$，这一小段运动速度为 $v=r\omega$，$\boldsymbol{v}\perp\boldsymbol{B}$ 且$(\boldsymbol{v}\times\boldsymbol{B})$的方向与 $\mathrm{d}\boldsymbol{l}$ 同向，有

$$\varepsilon_{FE}=\int_0^a r\omega B\,\mathrm{d}r=\frac{1}{2}\omega Ba^2>0\quad(E\text{ 点电势较 }F\text{ 点高})$$

$DE$ 边的电动势为

$$\varepsilon_{DE}=\int_D^E(\boldsymbol{v}\times\boldsymbol{B})\cdot \mathrm{d}\boldsymbol{l}$$

在 $DE$ 上取一小段 $\mathrm{d}\boldsymbol{l}$，它距转轴的距离为 $r$，其运动速度为 $v=r\omega$，仍有 $\boldsymbol{v}\perp\boldsymbol{B}$，而$(\boldsymbol{v}\times\boldsymbol{B})$的方向与 $\mathrm{d}\boldsymbol{l}$ 的夹角为 $\varphi$，$r=l\cos\varphi$，有 $\mathrm{d}r=\mathrm{d}l\cos\varphi$，因此

$$\varepsilon_{DE}=\int_D^E vB\cos\varphi\mathrm{d}l=\int_D^E r\omega B\,\mathrm{d}r=\omega B\int_0^a r\mathrm{d}r=\frac{1}{2}\omega Ba^2\quad(E\text{ 点电势较 }D\text{ 点高})$$

因 $\varepsilon_{ED}=-\varepsilon_{DE}=-\frac{1}{2}\omega Ba^2$，故整个回路的电动势为

$$\varepsilon=\varepsilon_{FE}+\varepsilon_{ED}+\varepsilon_{DF}=\frac{1}{2}\omega Ba^2-\frac{1}{2}\omega Ba^2+0=0$$

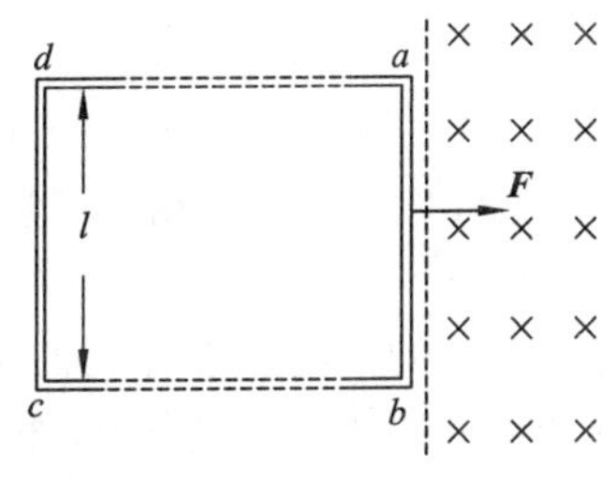


图 12.15　例 12.7(1) 图

**例 12.7**　一个电阻为 $R$，质量为 $m$，宽为 $l$ 的窄长矩形回路($da$ 很长)，从图 12.15 所示的静止位置开始受恒力 $\boldsymbol{F}$ 的作用，在图中虚线右方区域有磁感应强度为 $\boldsymbol{B}$ 且垂直于纸面向内的均匀磁场，求：

(1) 回路运动的末速度($dc$ 边始终在虚线的左边)；

(2) 任意时刻的速度。

**解**　(1) 当线圈进入均匀磁场后，将产生感应电流 $I$，设 $ab$ 边进入磁场距离为 $x$，则感应电流的大小为

$$I=\frac{1}{R}\frac{\mathrm{d}\Phi_{\mathrm{m}}}{\mathrm{d}t}=\frac{1}{R}\frac{\mathrm{d}}{\mathrm{d}t}(Blx)=\frac{Bl}{R}\frac{\mathrm{d}x}{\mathrm{d}t}=\frac{Blv}{R}$$

电流的方向为逆时针即 $adcba$ 方向，因此，这个通有电流的线圈将会受到一个磁力 $\boldsymbol{F}'$ 作用，方向向左

$$F'=IBl=\frac{1}{R}B^2l^2v$$

当 $\boldsymbol{F}'=-\boldsymbol{F}$ 时，线圈做匀速运动，此时 $v=v_0$，即

$$F=\frac{1}{R}B^2l^2v_0$$

因此回路运动的末速度为　$$v_0=\frac{FR}{B^2l^2}$$

(2) 当线圈进入均匀磁场后，在任意时刻，它受到恒力 $\boldsymbol{F}$ 与磁力 $\boldsymbol{F}'$ 的共同作用，其运动方程为 $F-F'=m\frac{\mathrm{d}v}{\mathrm{d}t}$，其中 $F'=\frac{B^2l^2}{R}v$，故

$$F-\frac{B^2l^2}{R}v=m\frac{\mathrm{d}v}{\mathrm{d}t}$$

分离变量并积分,有

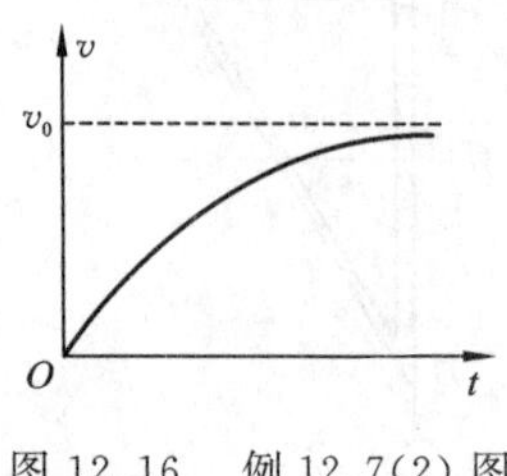

图 12.16　例 12.7(2) 图

$$\ln\left(\frac{F}{m}-\frac{B^2l^2}{Rm}v\right)=\frac{B^2l^2}{Rm}t+C$$

当 $t=0$ 时,$v=0$,积分常数 $C=\ln\frac{F}{m}$ 。

将 $C$ 代入上式,整理可得

$$v=\frac{FR}{B^2l^2}(1-\mathrm{e}^{-\frac{B^2l^2}{Rm}t})=v_0(1-\mathrm{e}^{-\frac{B^2l^2}{Rm}t})$$

回路运动速度随时间变化曲线如图 12.16 所示。

## 12.3　感生电动势　感应电场

上节讨论了磁场不变、导体回路相对磁场运动产生动生电动势的情况,本节考虑导体回路相对磁场静止,由于磁场随时间变化,导致通过导体回路磁通量变化产生感应电动势的情况,这样的感应电动势称为**感生电动势**,如图 12.17 所示。

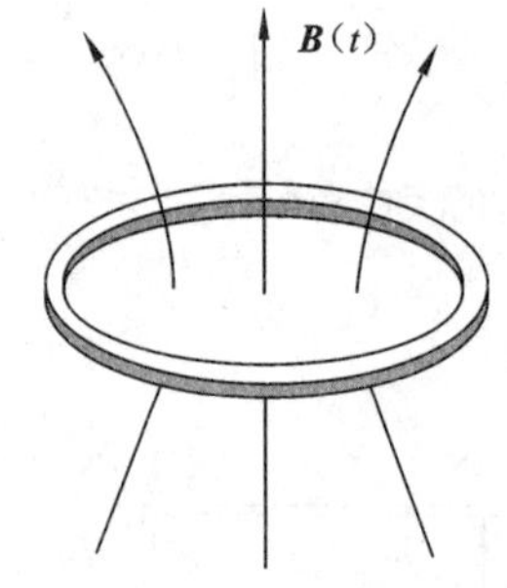

图 12.17　感生电动势的产生

导体在磁场中运动产生动生电动势,其非静电力是洛伦兹力;在磁场变化产生感生电动势的情形中,其非静电力又是什么呢?实验表明,感生电动势与导体的种类和性质无关。这说明感生电动势是由变化的磁场本身引起的,麦克斯韦在研究电场和磁场之间关系时,仔细地分析一些电磁感应现象后,敏锐地感觉到感生电动势现象预示着有关电磁场的新效应。他指出当磁场发生变化时,不仅会在导体回路中,而且会在变化磁场的区域及其周围空间激发一种电场,并称它为**感应电场**或**涡旋电场**。这种电场与静电场的共同特点是它们对电荷都有作用力,但是它与静电场也有一些不同的性质,感应电场是由变化的磁场所激发的,而不像静电场是由电荷激发的。另外,描述感应电场的电力线是闭合线,因此感应电场不是保守场。用$\boldsymbol{E}_{感}$ 表示感应电场强度,它沿闭合回路积分不等于零,即

$$\oint \boldsymbol{E}_{感}\cdot\mathrm{d}\boldsymbol{l}\neq 0$$

实际上,产生感生电动势的非静电力场 $\boldsymbol{E}_{\mathrm{ne}}$ 正是感应电场$\boldsymbol{E}_{感}$。当变化的磁场中存在导体回路时,如图 12.17 所示,回路中感生电动势就是由感应电场作用于导体回路中的自由电子所产生的。按照电动势的定义,感生电动势等于单位正电荷绕回路 $L$ 一周感应电场力所做的功,即

$$\varepsilon=\oint_L \boldsymbol{E}_{\mathrm{ne}}\cdot\mathrm{d}\boldsymbol{l}=\oint_L \boldsymbol{E}_{感}\cdot\mathrm{d}\boldsymbol{l} \tag{12.12}$$

将式(12.12) 带入法拉第电磁感应定律,有

$$\varepsilon=\oint_L \boldsymbol{E}_{感}\cdot\mathrm{d}\boldsymbol{l}=-\frac{\mathrm{d}\Phi_{\mathrm{m}}}{\mathrm{d}t} \tag{12.13}$$

用 $\boldsymbol{B}$ 表示磁感应强度,式(12.13) 可写成

$$\varepsilon=\oint_L \boldsymbol{E}_{感}\cdot\mathrm{d}\boldsymbol{l}=-\frac{\mathrm{d}}{\mathrm{d}t}\left[\int_S \boldsymbol{B}\cdot\mathrm{d}S\right]=-\int_S\frac{\partial\boldsymbol{B}}{\partial t}\cdot\mathrm{d}S \tag{12.14}$$

式中:$S$ 为静止回路$L$ 所限定的面积。式(12.14) 表示随时间变化的磁场将激发感应电场(涡旋

电场)。

在一般情况下，空间的总电场是静电场$\boldsymbol{E}_{静}$和感应电场$\boldsymbol{E}_{感}$的叠加，即

$$\boldsymbol{E} = \boldsymbol{E}_{静} + \boldsymbol{E}_{感}$$

总电场$\boldsymbol{E}$沿某一闭合回路$L$积分，有

$$\oint_L \boldsymbol{E} \cdot \mathrm{d}\boldsymbol{l} = \oint_L \boldsymbol{E}_{感} \cdot \mathrm{d}\boldsymbol{l} \tag{12.15}$$

由于静电场的闭合回路积分为零，即$\oint \boldsymbol{E}_{静} \cdot \mathrm{d}\boldsymbol{l} = 0$，所以式(12.15)表明，总电场$\boldsymbol{E}$的闭合回路积分就等于感应电场$\boldsymbol{E}_{感}$的闭合回路积分，利用式(12.14)，得

$$\oint_L \boldsymbol{E} \cdot \mathrm{d}\boldsymbol{l} = -\int_S \frac{\partial \boldsymbol{B}}{\partial t} \cdot \mathrm{d}\boldsymbol{S} \tag{12.16}$$

这是电磁学的一个基本方程。

**例 12.8**　如图12.18所示，一半径为$R$的圆柱形空间内存在垂直于纸面向内的均匀磁场$\boldsymbol{B}$，当磁场随时间增强时，求空间各处感应电场强度$\boldsymbol{E}_{感}$。

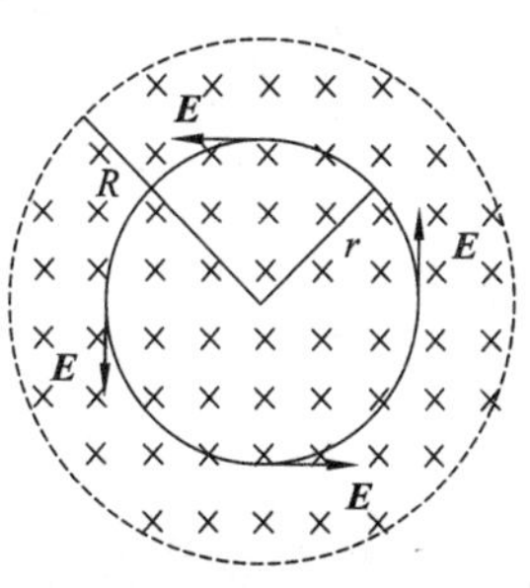

图12.18　例12.8图

**解**　首先分析这种感应电场的特点。如图12.18所示，对于$r<R$的区域，做一半径为$r$的圆形假想回路。该回路与圆柱形磁场共轴。由于回路内的磁通量$\Phi_{\mathrm{m}} = B\pi r^2$随时间增加，由楞次定律可知，回路上应存在逆时针旋转的感应电流，即存在逆时针方向的感应电场，电场线上某点的切线方向代表该点感应电场$\boldsymbol{E}_{感}$的方向。若将感应电场$\boldsymbol{E}_{感}$绕这一闭合回路积分，考虑$\boldsymbol{E}_{感}$的轴对称性，有

$$\oint_L \boldsymbol{E}_{感} \cdot \mathrm{d}l = \boldsymbol{E}_{感}(2\pi r)$$

由感生电动势公式：$\varepsilon = \oint_L \boldsymbol{E}_{感} \cdot \mathrm{d}l = -\frac{\mathrm{d}\Phi_{\mathrm{m}}}{\mathrm{d}t}$，得

$$E_{感}(2\pi r) = -\frac{\mathrm{d}}{\mathrm{d}t}(B\pi r^2)$$

$$E_{感} = -\frac{1}{2} r \frac{\mathrm{d}B}{\mathrm{d}t} \quad (r<R)$$

式中的负号表示当磁场增加时，$\boldsymbol{E}_{感}$的方向与右手螺旋定则所确定的方向刚好相反，即图中$\boldsymbol{E}_{感}$沿逆时针方向。

对$r>R$的区域，因不存在磁场，故对于任意的$r>R$的假想回路，磁通量$\Phi_{\mathrm{m}} = B\pi R^2$都相同，有

$$\varepsilon = E_{感}(2\pi r) = -\frac{\mathrm{d}}{\mathrm{d}t}(B\pi R^2)$$

$$E_{感} = -\frac{1}{2}\frac{R^2}{r}\frac{\mathrm{d}B}{\mathrm{d}t}$$

可见，在$r<R$区域，$\boldsymbol{E}_{感}$与$r$成正比；在$r>R$区域，$\boldsymbol{E}_{感}$与$r$成反比；在$r=R$处，两者所给出的结果相同

$$E_{感} = -\frac{1}{2} R \frac{\mathrm{d}B}{\mathrm{d}t}$$

**例 12.9**　如图12.19所示，均匀磁场$\boldsymbol{B}$被限制在半径$R$的无限长圆柱形空间，磁场按$\frac{\mathrm{d}B}{\mathrm{d}t}$

匀变率增加,现垂直于磁场放置长为 $l$ 的金属棒,求金属棒的感应电动势。

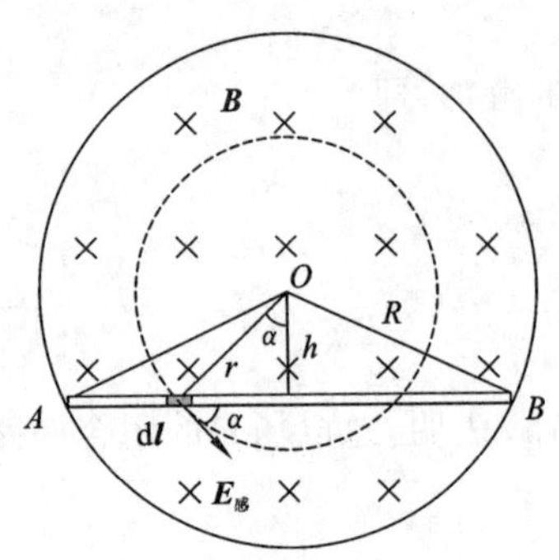


图 12.19 例 12.9 图

**解法一** 可以认为该均匀磁场是由一个无限长螺线管产生的,当磁场变化时,在周围产生感应电场,利用$\boldsymbol{E}_{感}$ 来求金属棒的感应电动势。

首先分析感应电动势的方向:因为$\boldsymbol{E}_{感}$ 沿圆周切向,而磁场的方向垂直纸面向内,且随时间增加,所以在假想的回路 $OAB$ 中,由楞次定律知,$\boldsymbol{E}_{感}$ 的电力线为逆时针方向,任一点 $\boldsymbol{E}_{感}$ 在棒 $AB$ 中的投影分量是由 $A$ 指向 $B$,即棒中电动势的方向从 $A$ 指向 $B$。

$$\varepsilon_{AB}=\int_A^B \boldsymbol{E}_{感}\cdot \mathrm{d}\boldsymbol{l}=\int_A^B E_{感}\cos\alpha \mathrm{d}l \qquad ①$$

由例 12.8 知

$$E_{感}=-\frac{1}{2}r\frac{\mathrm{d}B}{\mathrm{d}t} \qquad ②$$

而

$$\cos\alpha=\frac{h}{r} \qquad ③$$

将式 ② 和式 ③ 代入式 ①,有

$$\varepsilon_{AB}=-\int_A^B \frac{r}{2}\frac{\mathrm{d}B}{\mathrm{d}t}\frac{h}{r}\mathrm{d}t=-\frac{h}{2}\frac{\mathrm{d}B}{\mathrm{d}t}\int_A^B \mathrm{d}l=-\frac{1}{2}hl\frac{\mathrm{d}B}{\mathrm{d}t}$$

其中,可用已知量表示 $h=\sqrt{R^2-\left(\frac{l}{2}\right)^2}$

$$\varepsilon_{AB}=-\frac{1}{2}l\sqrt{R^2-\left(\frac{l}{2}\right)^2}\frac{\mathrm{d}B}{\mathrm{d}t}<0$$

即 $\varepsilon_A<\varepsilon_B$,$B$ 端电势高。

**解法二** 本例也可用另一种方法来求解,即用电磁感应定律求解。我们选择 $OAB$ 作为一个闭合回路,由于$\boldsymbol{E}_{感}$ 无径向分量,所以 $OA$ 和 $OB$ 段都没有感应电动势,只有 $AB$ 段有感应电动势。回路中产生的电动势

$$\begin{aligned}\varepsilon&=\oint_L \mathrm{d}\varepsilon=\int_A^B \mathrm{d}\varepsilon+\int_B^O \mathrm{d}\varepsilon+\int_O^A \mathrm{d}\varepsilon=\int_A^B \mathrm{d}\varepsilon=\varepsilon_{AB}\\&=-\frac{\mathrm{d}\Phi_{\mathrm{m}}}{\mathrm{d}t}=-\frac{\mathrm{d}}{\mathrm{d}t}\left(\int_S \boldsymbol{B}\cdot \mathrm{d}\boldsymbol{S}\right)=-\int_S \frac{\mathrm{d}B}{\mathrm{d}t}\mathrm{d}S=-\frac{\mathrm{d}B}{\mathrm{d}t}\int_S \mathrm{d}S\\&=-\frac{1}{2}\frac{\mathrm{d}B}{\mathrm{d}t}lh=-\frac{1}{2}l\sqrt{R^2-\left(\frac{l}{2}\right)^2}\frac{\mathrm{d}B}{\mathrm{d}t}\end{aligned}$$

即

$$\varepsilon=\varepsilon_{AB}=-\frac{1}{2}l\sqrt{R^2-\left(\frac{l}{2}\right)^2}\frac{\mathrm{d}B}{\mathrm{d}t}$$

与解法一的结果相同。

**例 12.10** 如图 12.20 所示,电子在电子感应加速器内沿半径为 0.4 m 的轨道做圆周运动,若每转一周动能增加160 eV,计算轨道内磁感应强度的平均变化率,又要获得16 MeV(兆电子伏) 的能量,电子需绕多少圈,走多长的路程。

**解**　(1) 电子在加速器中加速运动，是由于感应电场对电子施力的结果。电子每转一周，电场力做功使电子的动能增加，有

$$eE_{感} \cdot 2\pi r = \Delta E_k$$

$$E_{感} = \frac{\Delta E_k}{e2\pi r}$$

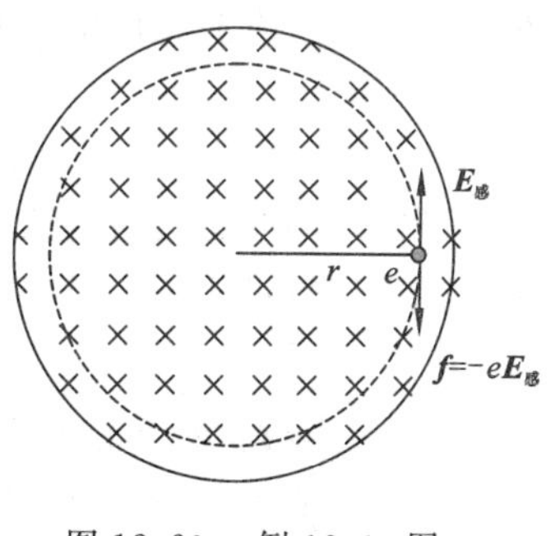

图 12.20　例 12.10 图

而感应电场$\boldsymbol{E}_{感}$则是由磁场的变化产生的，考虑磁感应强度在电子转一周内的平均变化率$\overline{\frac{dB}{dt}}$，根据例 12.8 的结果，有

$$E_{感} = \frac{1}{2}r\overline{\frac{dB}{dt}}$$

代入前一式，可得磁感应强度的平均变化率为

$$\overline{\frac{dB}{dt}} = \frac{\Delta E_k}{e\pi r^2} = \frac{160 \cdot e}{e\pi r^2} = \frac{160}{\pi(0.4)^2}\text{V} \cdot \text{m}^{-2} = 3.1 \times 10^9\ \text{T} \cdot \text{s}^{-1}$$

(2) 要获得 16MeV 的能量，电子需绕行的圈数为

$$N = \frac{16 \times 10^6}{160}\text{圈} = 10^5\ \text{圈}$$

(3) 走过的总路程为

$$S = N2\pi r = 2\pi r \times 10^5 = 2.5 \times 10^5\ \text{m} = 250\ \text{km}$$

## 12.4　自　感　应

当导体回路中通有电流时，该电流所产生的磁场将穿过其回路自身所围曲面形成一定的磁通量，当回路中的电流发生变化时，穿过该曲面的磁通量将发生变化，从而在回路中产生感应电动势。这种由于回路中电流产生的磁通量发生变化，而在自身回路中产生感应电动势的现象，称为**自感现象**，相应的电动势称为**自感电动势**。

自感电动势的方向可由楞次定律确定。如图 12.21(a) 所示，在开关 $K$ 接通瞬间，电路中电流增加，通过线圈中的磁通量也增加，为了阻碍磁通量的增加，自感电动势的方向与电流的方向相反。然而，在开关 $K$ 断开瞬间，如图 12.21(b) 所示，回路中电流减小，通过线圈的磁通量也减小，为了阻碍磁通量减小，自感电动势的方向与电流方向一致，可见，自感电动势总是阻止回路中电流的变化。

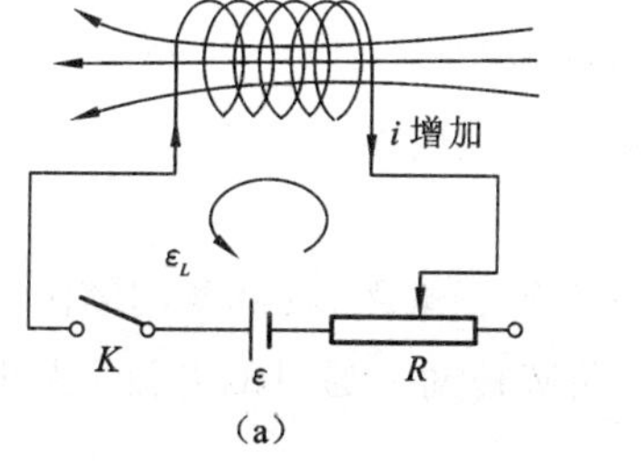


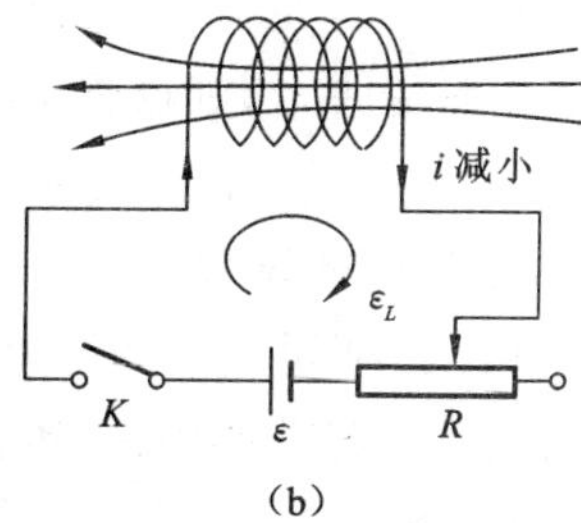


图 12.21　自感现象

下面进一步考察自感电动势与电流变化之间的定量关系。若通过每匝线圈的磁通量都是

$\Phi_m$,则 $N$ 匝线圈的感应电动势为

$$\varepsilon_L = -N\frac{\mathrm{d}\Phi_m}{\mathrm{d}t} = -\frac{\mathrm{d}}{\mathrm{d}t}(N\Phi_m)$$

由于通过线圈的磁通量与线圈中的磁感应强度成正比,而磁感应强度又与通过线圈的电流成正比,所以,通过线圈的总磁通量与线圈中的电流成正比,即

$$N\Phi_m = Li \tag{12.17}$$

式中:比例系数 $L$ 称为该线圈的**自感系数**,简称**自感或电感**。在无磁性物质的情况下,自感系数与线圈中电流无关,仅与线圈的大小、几何形状、匝数等因素有关(如果线圈中有磁介质,其自感系数与电流和磁介质的性质有关,见例 12.12),这样线圈中的感应电动势可写成

$$\varepsilon_L = -\frac{\mathrm{d}}{\mathrm{d}t}(Li) = -L\frac{\mathrm{d}i}{\mathrm{d}t} \tag{12.18}$$

式(12.18)说明,自感电动势与电流的变化率成正比。当电流的变化率 $\frac{di}{dt}$ 恒定时,自感系数 $L$ 越大,则线圈中引起的自感电动势越大,即自感作用越强。因此,自感系数是反映线圈自感应作用的物理量。

在国际单位制中,自感系数的单位是亨利(H)、毫亨(mH)和微亨($\mu$H)。

**例 12.11**　设有一空心细长直螺线管,长为 $l$,半径为 $R$,绕组的总匝数为 $N$,求其自感系数 $L$。

**解**　对细长的螺线管,当其中通有电流 $I$ 时,可近似地认为管内磁场均匀分布,螺线管单位长度的匝数是 $n=\frac{N}{l}$,其磁感应强度为

$$B = \mu_0 nI = \frac{\mu_0 NI}{l}$$

若用 $S$ 表示螺线管的横截面积,则穿过每匝线圈的磁通量为

$$\Phi_m = BS = \frac{\mu_0 NI}{l}\pi R^2$$

当电流 $I$ 变化时,长直螺线管内产生的感应电动势

$$\varepsilon_L = -N\frac{\mathrm{d}\Phi_m}{\mathrm{d}t} = -N\frac{\mathrm{d}}{\mathrm{d}t}\left(\frac{\mu_0 NI\pi R^2}{l}\right) = -\frac{\mu_0\pi R^2N^2}{l}\frac{\mathrm{d}I}{\mathrm{d}t}$$

因此长直螺线管的自感系数

$$L = -\frac{\varepsilon_L}{\mathrm{d}I/\mathrm{d}t} = \frac{\mu_0\pi R^2N^2}{l}$$

若用单位长度的匝数 $n$ 表示,则自感系数可写成

$$L = \mu_0 n^2(\pi R^2 l) = \mu_0 n^2 V$$

式中:$V$ 是长为 $l$ 的直螺线管的体积。

**例 12.12**　如图 12.22 所示,有一根"无限长"同轴电缆,在其两圆筒间充满磁导率为 $\mu$ 的介质,两导体圆筒的内、外半径分别为 $R_1$ 和 $R_2$,两圆柱面上通过的电流 $I$ 大小相等,方向相反,求电缆单位长度的自感系数。

**解**　由安培环路定理,可计算磁场的分布,磁场只局限在两圆柱面之间的范围内,在介质以外的空间中磁感应强度为零。

在内、外柱面之间,距轴线为 $r$ 处的磁感应强度为

$$B = \frac{\mu I}{2\pi r}$$

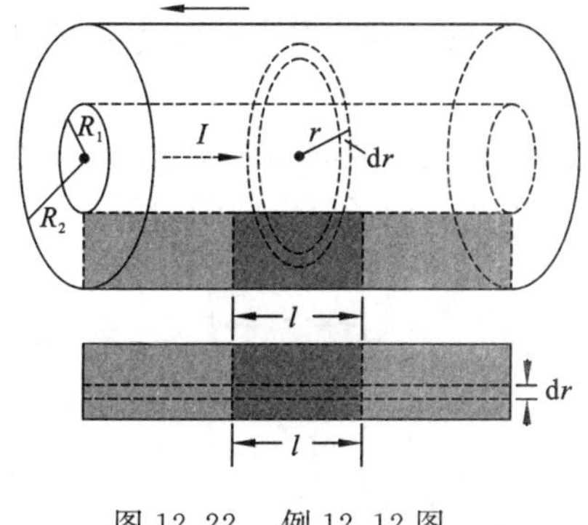

图 12.22　例 12.12 图

考虑长度为 $l$ 的部分电缆，通过阴影部分面积(见图12.22)的磁通量为

$$\Phi_m = \iint \boldsymbol{B} \cdot d\boldsymbol{S} = \int_{R_1}^{R_2} \frac{\mu I}{2\pi r} l\,dr$$

$$= \frac{\mu I l}{2\pi} \ln \frac{R_2}{R_1}$$

由自感系致定义 $\Phi_m = LI$，一段 $l$ 长度电缆的自感系数

$$L_l = \frac{\Phi_m}{I} = \frac{\mu l}{2\pi} \ln \frac{R_2}{R_1}$$

单位长度的自感系数为

$$L = \frac{L_l}{l} = \frac{\mu}{2\pi} \ln \frac{R_2}{R_1}$$

# 12.5　互　感　应

当一闭合导体回路中的电流发生变化时，它所产生的变化磁场将会在位于其附近另一个导体回路中产生感应电动势，这种电磁感应现象称为**互感现象**，由此产生的电动势称为**互感电动势**。

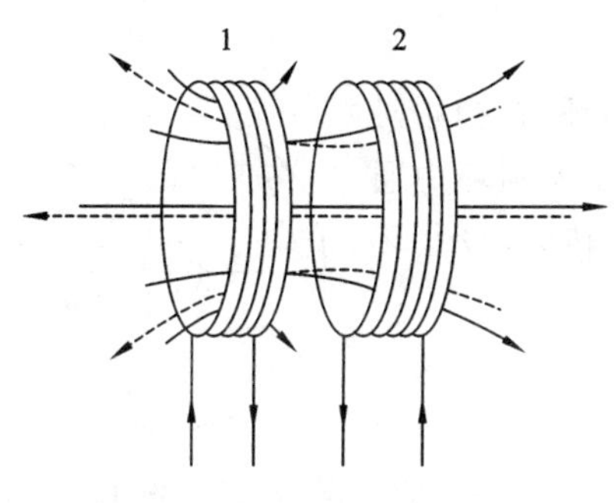

图 12.23　两线圈之间的互感

如图 12.23 所示，有两个线圈 1 和 2，其匝数分别为 $N_1$ 和 $N_2$。用 $\Phi_{m21}$ 表示由线圈 1 中的电流 $i_1$ 产生的，穿过线圈 2 中每一匝线圈的磁通量。若线圈 2 是绕得很密的短线圈，则穿过每匝线圈的 $\Phi_{m21}$ 都相等，因此由 $i_1$ 产生的，穿过线圈 2 的总磁通量为 $N_2\Phi_{m21}$。$N_2\Phi_{m21}$ 取决于电流 $i_1$ 的大小和线圈 1,2 的结构及它们之间的相对位置。类似前面的分析，总磁通量 $N_2\Phi_{m21}$ 与线圈 1 中的电流 $i_1$ 成正比。

$$N_2\Phi_{m21} = M_{21} i_1 \tag{12.19}$$

式中：比例系数 $M_{21}$ 称为线圈 1 对线圈 2 的**互感系数**，简称**互感**。它仅与两个线圈的几何形状、相对位置及其周围磁介质的分布情况有关。对于两个固定的线圈 1,2，互感系数是一个常数。

由电磁感应定律，当电流 $i_1$ 变化时，总磁通量 $N_2\Phi_{m21}$ 发生变化，在线圈 2 中将产生互感电动势

$$\varepsilon_{21} = -\frac{d(N_2\Phi_{m21})}{dt} = -\frac{d(M_{21}i_1)}{dt} = -M_{21}\frac{di_1}{dt} \tag{12.20}$$

可见，线圈 1 在线圈 2 中产生的互感电动势 $\varepsilon_{21}$ 与线圈 1 中电流的变化率成正比。

同样，如果用 $N_1\Phi_{m12}$ 表示线圈 2 中的电流 $i_2$ 所产生的穿过线圈 1 的总磁通量，则有

$$N_1\Phi_{m12} = M_{12} i_2 \tag{12.21}$$

当线圈 2 中的电流 $i_2$ 变化时，则在线圈 1 中也会产生感应电动势

$$\varepsilon_{12} = -M_{12}\frac{di_2}{dt} \tag{12.22}$$

式中比例系数 $M_{12}$ 称为线圈 2 对线圈 1 的互感系数。

可以证明,对于给定的一对线圈,有

$$M_{12} = M_{21} = M \tag{12.23}$$

$M$ 称为这两个线圈的**互感系数**,简称它们的**互感**。互感系数的单位与自感系数的单位相同,在国际单位制中,互感系数的单位也是亨利(H)、毫亨(mH) 和微亨($\mu$H)。

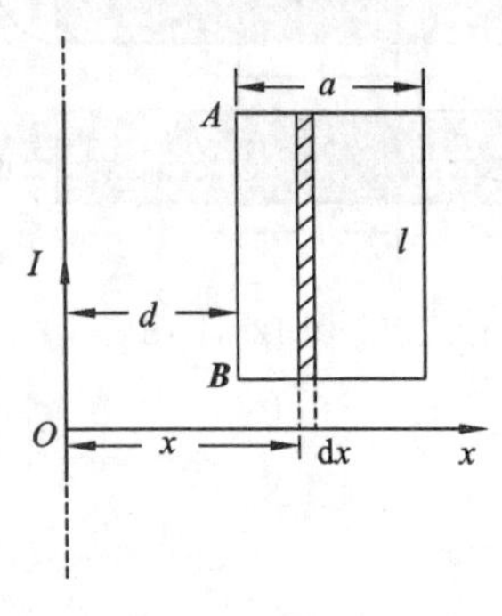


图 12.24　例 12.13 图

**例 12.13**　如图 12.24 所示,长直导线与矩形线圈处于同一平面内,求它们之间的互感系数(设矩形线圈的 $AB$ 边离长直导线的距离为 $d$,线圈宽为 $a$,高为 $l$)。

**解**　设长直导线中电流为 $I$,它在与直导线距离为 $x$ 处的磁感应强度为

$$B = \frac{\mu_0 I}{2\pi x}$$

$\boldsymbol{B}$ 的方向垂直纸面向内,通过面元 $l\mathrm{d}x$ 的磁通量为

$$\mathrm{d}\Phi_{\mathrm{m}} = \boldsymbol{B} \cdot \mathrm{d}\boldsymbol{S} = \frac{\mu_0 Il}{2\pi}\frac{\mathrm{d}x}{x}$$

所以,通过整个矩形线圈的磁通量为

$$\Phi_{\mathrm{m}} = \iint \boldsymbol{B} \cdot \mathrm{d}\boldsymbol{S} = \frac{\mu_0 Il}{2\pi}\int_d^{a+d}\frac{\mathrm{d}x}{x} = \frac{\mu_0 Il}{2\pi}\ln\frac{a+d}{d}$$

由互感系数的定义,得直导线与矩形线圈的互感系数为

$$M = \frac{\Phi_{\mathrm{m}}}{I} = \frac{\mu_0 l}{2\pi}\ln\frac{a+d}{d}$$

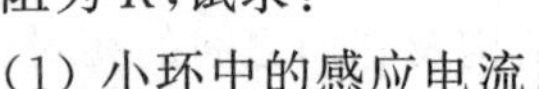

**例 12.14**　如图 12.25 所示,一个半径为 $r$ 的非常小圆环,在初始时刻与一个半径为 $r'$ $(r' \gg r)$ 的很大圆环共面而且同心,今在大圆环中通以恒定的电流 $I'$,而小圆环则以匀角速度 $\omega$ 绕着一条直径转动,设小环的电阻为 $R$,试求:

(1) 小环中的感应电流;

(2) 使小环做匀角速度转动时,须作用在其上的力矩;

(3) 小环在大环中产生的感应电动势(互感电动势)。

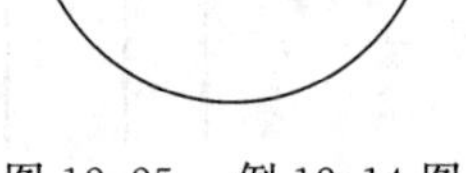

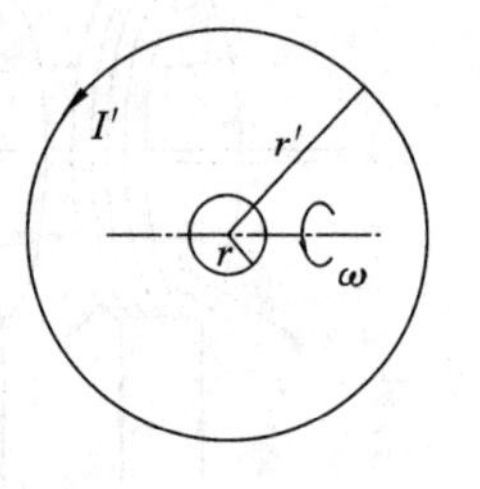

图 12.25　例 12.14 图

**解**　(1) 由于小环的半径很小,所以可以认为小环处在大环的环心的匀强磁场中做匀速转动。

当小环旋转时所产生的感应电动势为

$$\varepsilon = -\frac{\mathrm{d}\Phi_{\mathrm{m}}}{\mathrm{d}t}$$

而小环中任一时刻的磁通量为

$$\Phi_{\mathrm{m}}(t) = \iint \boldsymbol{B} \cdot \mathrm{d}\boldsymbol{S} = BS\cos\theta$$

式中:$B$ 为大环在环心处产生的磁感应强度,即 $B = \frac{\mu_0}{2r'}I'$;小环面积 $S = \pi r^2$;$\theta$ 为小环面法线方向与 $\boldsymbol{B}$ 之间的夹角,$\theta = \omega t$。

小环中感应电动势

$$\varepsilon = -\frac{\mathrm{d}}{\mathrm{d}t}(BS\cos\omega t) = -BS\frac{\mathrm{d}}{\mathrm{d}t}(\cos\omega t)$$

$$= BS\omega\sin\omega t = \omega\frac{\mu_0 I'}{2r'}\pi r^2\sin\omega t$$

小环中的感应电流为

$$i = \frac{\varepsilon}{R} = \frac{\mu_0\pi r^2\omega I'}{2r'R}\sin\omega t$$

(2) 要使小环能够维持匀角速度转动,必须要求加在其上的合力矩为零。因为小环中产生了感应电流,而载流线圈在磁场中转动时,必然受到阻碍小环转动的磁力矩作用,当所加的动力矩与阻力矩即磁力矩大小相等方向相反时,合外力矩为零,小环保持匀速转动,即$\boldsymbol{M}_{动} = -\boldsymbol{M}_{磁}$,磁力矩的大小可用磁矩 $\boldsymbol{p}_\mathrm{m}$ 与磁感应强度 $\boldsymbol{B}$ 的矢量积得到,即

$$M_{磁} = |\boldsymbol{M}_{磁}| = |\boldsymbol{p}_\mathrm{m}\times\boldsymbol{B}| = iSB\sin\theta$$

式中:$B = \frac{\mu_0 I'}{2r'}$;$S = \pi r^2$;$\theta = \omega t$;$i$ 为小环中的感应电流。

作用在小环上的动力矩

$$M_{动} = M_{磁} = \frac{\mu_0 I'}{2r'}\pi r^2\sin\omega t\cdot\frac{\mu_0\pi r^2\omega I'}{2r'R}\sin\omega t = \frac{\omega}{4R}\left(\frac{\mu_0\pi r^2 I'}{r'}\sin\omega t\right)^2$$

(3) 大环在小环处的磁场为

$$B = \frac{\mu_0 I'}{2r'}$$

当小环所在平面的法线与 $\boldsymbol{B}$ 的方向之间夹角为$\theta$,且 $\theta = \omega t$ 时,穿过小环的磁通量为

$$\Phi_\mathrm{m} = \boldsymbol{B}\cdot\boldsymbol{S} = BS\cos\omega t = \frac{\mu_0 I'}{2r'}\pi r^2\cos\omega t \quad ①$$

另一方面,由互感系数的定义,得到

$$\Phi_\mathrm{m} = MI' \quad (M\text{ 为互感系数}) \quad ②$$

将式 ①、式 ② 比较,得

$$M = \frac{\mu_0}{2r'}\pi r^2\cos\omega t$$

小环中的变化电流 $i$ 在大圆环中产生的互感电动势为

$$\varepsilon = -M\frac{\mathrm{d}i}{\mathrm{d}t} = -\left(\frac{\mu_0}{2r'}\pi r^2\cos\omega t\right)\frac{\mathrm{d}}{\mathrm{d}t}\left(\frac{\mu_0\pi r^2\omega I'}{2r'R}\sin\omega t\right)$$
$$= -\frac{I'}{4R}\left(\frac{\mu_0\pi r^2\omega}{r'}\cos\omega t\right)^2$$

## 12.6　磁场的能量

在第 8 章中我们已经知道电场具有能量,因为在一个系统带电过程中,外力必须克服静电场力做功,由功能原理可知,外界做功所消耗的能量最终转化为电荷系统或电场的能量,电场的能量密度是

$$w_\mathrm{e} = \frac{1}{2}\varepsilon E^2 = \frac{1}{2}\boldsymbol{D}\cdot\boldsymbol{E}$$

与此类似,磁场同样具有能量,因为在一个闭合的导体回路中通以电流,在其周围的空间就会建立磁场,在此过程中将产生的电磁感应,电源需要克服感应电动势做功;当磁场建立起来以后,电源做功的一部分转化为以能量形式储藏在磁场中。

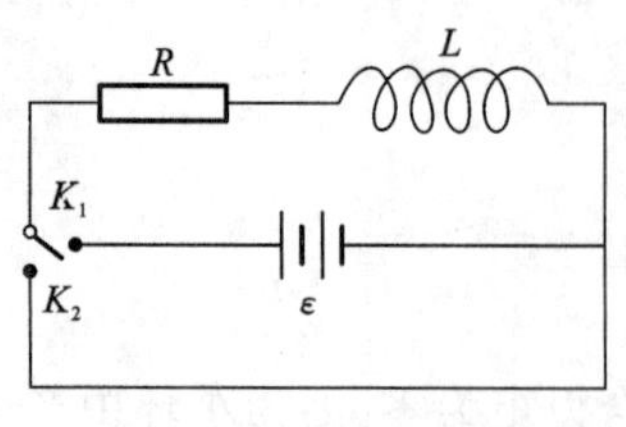

图 12.26　自感电路

图 12.26 是一个连有自感线圈的简单电路，当开关 $K_1$ 接通后，电路中电流由零增加达到稳定值，在这个过程中，线圈中出现自感电动势，电源所提供的能量可分为两部分，一部分转化为焦耳热；另一部分用来克服自感电动势做功，在线圈周围建立起一定能量分布的磁场，这部分能量就转化为磁场的能量。如果将开关 $K_1$ 断开并立即接通开关 $K_2$，此时电路中电流衰减，线圈中自感电动势的作用是维持电路中的电流，阻止其衰减，此时自感电动势的方向与电流方向相同，自感电动势在电路中做正功，向电路供应能量，实际上这些能量就是由线圈中磁场能量释放出来的。磁场能量的表示式可以从这个简单自感电路中电流的增长过程来推导。

在自感为 $L$ 的线圈中电流由零增加到稳定值 $I$ 的过程中，线圈中产生自感电动势

$$\varepsilon_L = -L\frac{\mathrm{d}i}{\mathrm{d}t}$$

式中：$i$ 是线圈中某时刻的电流。在 $\mathrm{d}t$ 时间内，电源电动势克服自感电动势而做功，即

$$\mathrm{d}A = -\varepsilon_L i\,\mathrm{d}t = Li\,\mathrm{d}i$$

由功能原理，电源的功 $\mathrm{d}A$ 转化为磁场能量 $\mathrm{d}W_\mathrm{m}$ 储藏起来，即

$$\mathrm{d}W_\mathrm{m} = \mathrm{d}A = Li\,\mathrm{d}i$$

当线圈中电流从零增加到稳定值 $I$ 时，线圈储藏的总磁能为

$$W_\mathrm{m} = \int \mathrm{d}W_\mathrm{m} = \int_0^I Li\,\mathrm{d}i = \frac{1}{2}LI^2 \tag{12.24}$$

式(12.24) 称为**自感磁能**公式。在电流衰减过程中，可以证明图 12.25 的电路中电阻 $R$ 所消耗的焦耳热正是磁场所储藏的能量 $\frac{1}{2}LI^2$。

磁场的能量遍及磁场所在空间，因此可以在磁场中引入能量密度的概念。为简单起见，采用一个特例导出磁场能量密度的公式。对一个很长的直螺线管，管内充满着磁导率为 $\mu$ 的均匀磁介质，近似地认为磁场全部集中在管内并且为均匀磁场。假设通过螺线管的电流为 $I$，则螺线管内的磁感应强度为 $B=\mu nI$，参考例 12.11 的结果可以得到长直螺线管的自感系数：$L=\mu n^2V$，其中 $n$ 为螺线管单位长度的匝数，$V$ 为螺线管内磁场空间的体积；将 $I=\frac{B}{\mu n}$ 和 $L=\mu n^2V$ 代入式(12.24)，可得通有电流 $I$ 的长直螺线管中磁场能量为

$$W_\mathrm{m} = \frac{1}{2}LI^2 = \frac{1}{2}\frac{B^2}{\mu}V = \frac{1}{2}BHV$$

故**磁场的能量密度**为

$$w_\mathrm{m} = \frac{W_\mathrm{m}}{V} = \frac{B^2}{2\mu} = \frac{1}{2}\boldsymbol{B}\cdot\boldsymbol{H} \tag{12.25}$$

此式虽然是从一个特例中推出的，但是可以证明它对各种类型磁场分布普遍适用，对于非均匀磁场，也可以利用它求出某空间中磁场的总能量，即

$$W_\mathrm{m} = \int w_\mathrm{m}\mathrm{d}V = \int_V \frac{1}{2}\boldsymbol{B}\cdot\boldsymbol{H}\mathrm{d}V \tag{12.26}$$

其中积分遍及整个磁场分布空间。

**例 12.15**　一根长直载流铜导线，通有电流 $I$，在导线的横截面上电流密度是处处均匀的，求此导线内部单位长度的磁场能量。

**解**　设此导线为无限长直导线，其半径为 $R$，由于导线无限长，且导线横截面上电流密度 $j$ 是均匀的，所以导线内部的磁场具有轴对称性，磁感应强度 $\boldsymbol{B}$ 的方向在以对称轴为圆心的圆环切线方向，并且与轴线垂直。以轴线上一点为圆心，以 $r\ (r < R)$ 为半径作一圆形回路。通过圆形回路中的电流为 $I' = j\pi r^2$，设铜导线的磁导率为 $\mu_0$，考虑磁场分布对称性，由安培环路定理

$$\oint \boldsymbol{B} \cdot \mathrm{d}\boldsymbol{l} = B \cdot 2\pi r = \mu_0 j \pi r^2$$

有

$$B = \frac{\mu_0 j r}{2}$$

因电流密度是均匀的，故

$$j = \frac{I}{\pi R^2}$$

则

$$B = \frac{\mu_0 r I}{2\pi R^2}$$

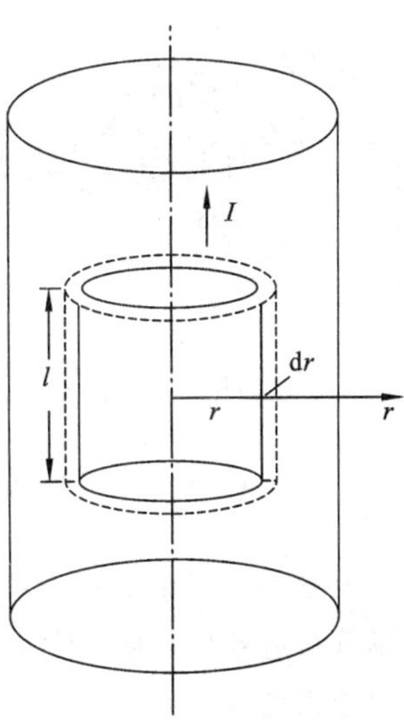


图 12.27　例 12.15 图

如图 12.27 所示，取一个长为 $l$，半径分别为 $r$ 和 $r + \mathrm{d}r$ 的共轴圆筒。在此圆筒内磁场能量为

$$\mathrm{d}W_{\mathrm{m}} = w_{\mathrm{m}} \mathrm{d}V = \frac{1}{2}\frac{B^2}{\mu_0}\mathrm{d}V = \frac{1}{2}\frac{B^2}{\mu_0} 2\pi r l\, \mathrm{d}r$$

将 $B$ 的表示式代入，得

$$\mathrm{d}W_{\mathrm{m}} = \frac{1}{2\mu_0}\left(\frac{\mu_0 I r}{2\pi R^2}\right)^2 2\pi r l\, \mathrm{d}r = \frac{\mu_0 l I^2}{4\pi R^4} r^3\, \mathrm{d}r$$

长为 $l$ 的导线内部磁场能量为

$$W_{\mathrm{m}} = \int \mathrm{d}W_{\mathrm{m}} = \frac{\mu_0 l I^2}{4\pi R^4}\int_0^R r^3\, \mathrm{d}r = \frac{\mu_0 l I^2}{16\pi}$$

于是单位长度导线内部磁场能量为

$$\frac{W_{\mathrm{m}}}{l} = \frac{\mu_0 I^2}{16\pi}$$

## 12.7　变化电场产生磁场

从电磁感应现象可知，变化的磁场能够激发电场（感应电场），这种电场与电荷周围的静电场一样对处于该场中的带电物体具有作用力。

既然变化的磁场可以激发电场，人们不禁会问，变化的电场是否能够激发磁场呢？这个问题首先是由麦克斯韦在 1961 年提出的，他大胆地假设：变化的电场可以激发磁场，这种磁场称为感应磁场，它与电流的磁场一样对于场中的运动电荷产生作用力。

考虑一个接有平板电容器的电路，如图 12.28 所示，在电容器充电的过程中，设某时刻导线中的电流为 $I$，导线周围存在磁场，磁场强度为 $\boldsymbol{H}$，由安培环路定理，磁场强度沿闭合回路 $L$ 的积分 $\oint_L \boldsymbol{H} \cdot \mathrm{d}\boldsymbol{l}$ 仅与穿过闭合回路所围面积中的电流有关。这个面积是以回路为周边的任何曲面的面积，如果取与导线相交的 $S_1$ 面，则通过该面的电流为 $I$，则

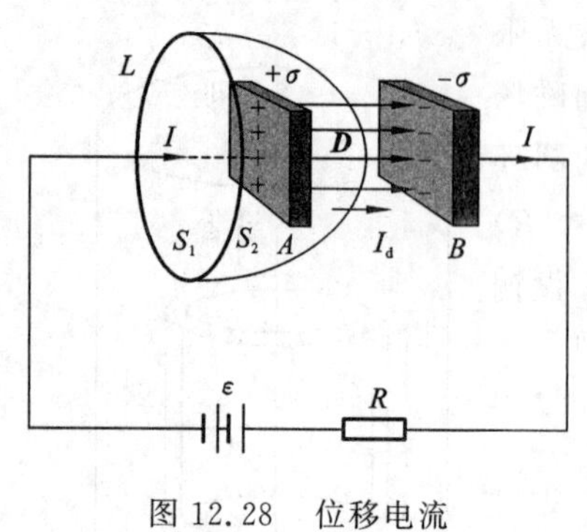


图 12.28　位移电流

$$\oint_L \boldsymbol{H}\cdot \mathrm{d}\boldsymbol{l} = I$$

但是如果我们取通过平行板电容器内部空间的 $S_2$ 面,它不与导线相交,通过该面的电流为零,则

$$\oint_L \boldsymbol{H}\cdot \mathrm{d}\boldsymbol{l} = 0$$

同一个回路积分出现两种不同的结果,显然这两个表达式不可能都是正确的。它们之间的这种矛盾的结果引起了麦克斯韦的注意,他认为前一个表达式是正确的,后一个表达式需要修正。

上述矛盾是由于仅考虑了导线中的电流激发的磁场,没有计入电场随时间变化对空间中磁场分布造成的影响。下面考虑在电容器充电的过程中,电路中的电流与电容器极板间电场和空间中磁场的关系。

如图 12.28 所示,导线中自由电子作定向漂移形成传导电流 $I$,它通过以闭合回路 $L$ 为边缘的曲面 $S_1$,但是它不能通过同样以闭合回路 $L$ 为边缘的曲面 $S_2$,因此,通过曲面 $S_2$ 的电流 $I$ 等于零。然而,在电容器充电过程中,两极板之间的电场随时间变化,由于曲面 $S_2$ 在电容器的两个极板之间,则穿过曲面 $S_2$ 的电位移通量 $\Phi_D$ 也随时间变化,可以证明,电位移通量对时间的变化率与电容器极板上电荷对时间的变化率相等。设电容器内电场强度为 $\boldsymbol{E}$,电容器极板面积为 $S$,极板上面电荷密度为 $\sigma$,则穿过曲面 $S$ 的电位移通量随时间变化率为

$$\Phi_D = DS = \varepsilon_0 ES = \sigma$$

$$\frac{\mathrm{d}\Phi_D}{\mathrm{d}t} = \frac{\mathrm{d}}{\mathrm{d}t}(\sigma S) = \frac{\mathrm{d}q}{\mathrm{d}t} \tag{12.27}$$

在电容器充电时,其极板上电荷的变化率 $\frac{\mathrm{d}q}{\mathrm{d}t}$ 与导线中的传导电流 $I$ 相等,即 $I=\frac{\mathrm{d}q}{\mathrm{d}t}$,所以式(12.27) 可写成

$$I_\mathrm{d} = \frac{\mathrm{d}\Phi_D}{\mathrm{d}t} = \frac{\mathrm{d}q}{\mathrm{d}t} = I \tag{12.28}$$

因此,在电容器的两板之间虽然没有传导电流 $I$,但是存在着与传导电流相等的电位移通量变化率 $I_\mathrm{d}=\frac{\mathrm{d}\Phi_D}{\mathrm{d}t}$,这里 $I_\mathrm{d}$ 被称为**位移电流**,电位移通量的变化率是由变化的电场所引起的,因此位移电流是与变化的电场相联系的。

在电容器充、放电过程中,电路中的传导电流是不连续的,即电流在两极板之间中断了,但是,如果把导体中的传导电流和极板间的位移电流作为一个整体来考虑,那么,上述电路中的电流仍然是处处连续的。在此基础上,麦克斯韦引入了**全电流**概念,通过某曲面的全电流是通过该曲面传导电流 $I$ 和位移电流 $I_\mathrm{d}$ 的代数和,全电流在电路中是连续的。

位移电流与传导电流作为一个整体保证了电流的连续性,同时位移电流与传导电流一样也在其周围空间激发磁场,因此可以把由恒定电流得到的安培环路定理推广到一般情况,写成更普遍的形式

$$\oint_L \boldsymbol{H}\cdot \mathrm{d}\boldsymbol{l} = \sum_i (I_i + I_{\mathrm{d}i}) = \sum_i I_i + \sum_i \frac{\mathrm{d}\Phi_{Di}}{\mathrm{d}t} \tag{12.29}$$

式(12.29) 右边第 1 项表示闭合回路中传导电流代数和,第 2 项表示闭合回路中总的位移电流(即电位移通量随时间变化) 的代数和,这个方程称为**全电流定律**,式(12.29) 说明磁场不仅可由传导电流激发,也可由变化的电场(位移电流) 激发。

**例 12.16**　半径 $R = 0.1\ \mathrm{m}$ 的两块圆形导体板,构成平行板电容器,对电容器两板以匀速充电,电场变化率为 $\frac{\mathrm{d}E}{\mathrm{d}t} = 10^3 (\mathrm{V \cdot m^{-1} \cdot s^{-1}})$。求:

(1) 电容器两板间的位移电流;

(2) 分别计算电容器内距离两板中心连线为 $r\ (r < R)$ 和 $r = R$ 处的磁感应强度。

**解**　(1) 当电容器两极板之间的电场发生变化时,其位移电流为

$$I_d = \frac{\mathrm{d}\Phi_D}{\mathrm{d}t} = S\frac{\mathrm{d}D}{\mathrm{d}t} = \pi R^2 \varepsilon_0 \frac{\mathrm{d}E}{\mathrm{d}t} = 3.14 \times (0.1)^2 \times 8.85 \times 10^{-12} \times 10^3 = 2.8\ \mathrm{A}$$

(2) 在电容器匀速充电过程中,位移电流在两极板之间产生感应磁场,该磁场的磁感应线是以两极板中心连线为轴的同心圆环,故距离中心连线为 $r\ (r < R)$ 处各点感应磁场大小相等,其方向与位移电流方向之间服从右手螺旋定则,取如图 12.29 所示半径为 $r$ 的圆形为积分回路,在此回路上磁感应强度为 $\boldsymbol{B}_r$,由全电流的安培环路定理,有

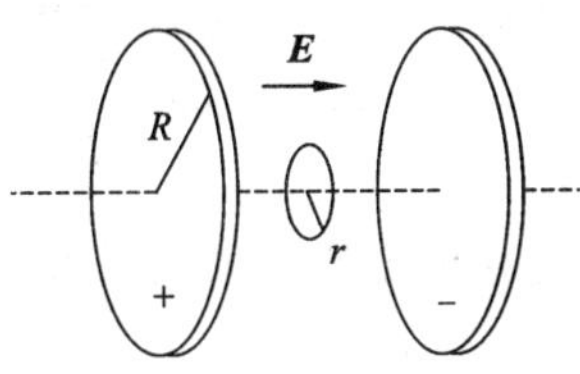

图 12.29　例 12.16 图

$$\oint \boldsymbol{H} \cdot \mathrm{d}\boldsymbol{l} = H 2\pi r = \frac{B_r}{\mu_0} 2\pi r = I'_d \qquad ①$$

穿过半径为 $r$ 的圆形回路的位移电流为

$$I'_d = \frac{\mathrm{d}\Phi_d}{\mathrm{d}t} = \varepsilon_0 \frac{\mathrm{d}}{\mathrm{d}t}\int_S \boldsymbol{E} \cdot \mathrm{d}\boldsymbol{S} = \varepsilon_0 \int_S \frac{\mathrm{d}\boldsymbol{E}}{\mathrm{d}t} \cdot \mathrm{d}\boldsymbol{S}$$

$$= \varepsilon_0 \frac{\mathrm{d}E}{\mathrm{d}t}\int_S \mathrm{d}S = \varepsilon_0 \frac{\mathrm{d}E}{\mathrm{d}t}\pi r^2 \qquad ②$$

将式 ② 代入式 ①,得到 $r$ 处磁感应强度为

$$B_r = \frac{\mu_0 \varepsilon_0}{2} r \frac{\mathrm{d}E}{\mathrm{d}t}$$

当 $r = R$ 时

$$B_R = \frac{\mu_0 \varepsilon_0}{2} R \frac{\mathrm{d}E}{\mathrm{d}t}$$

$$= \frac{1}{2} \times 4\pi \times 10^{-7} \times 8.85 \times 10^{-12} \times 0.1 \times 10^{13} = 5.6 \times 10^{-6}\ \mathrm{T}$$

**例 12.17**　如图 12.30 所示,电荷 $+q$ 以速度 $\boldsymbol{v}$ 向 $O$ 点运动,电荷 $+q$ 到 $O$ 点的距离用 $x$ 表示。在 $O$ 点处作一个半径为 $a$ 的圆,圆的平面与 $\boldsymbol{v}$ 垂直。

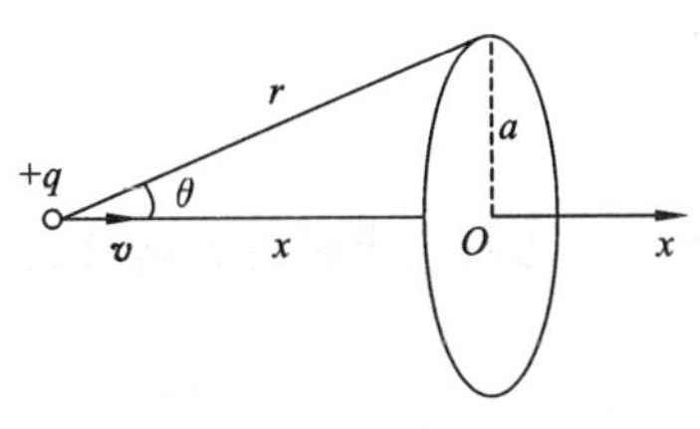

图 12.30　例 12.17 图

(1) 试计算通过此圆面的位移电流。

(2) 设圆周上各点磁场强度为 $\boldsymbol{H}$,试按全电流定律计算磁场强度 $\boldsymbol{H}$ 和磁感应强度 $\boldsymbol{B}$,并与第 10 章中运动电荷磁场公式(10.10) 进行比较。

**解**　如图 12.30 所示,以电荷 $+q$ 运动方向轴线上一点 $O$ 为圆心,做半径为 $a$ 的圆,此圆所在平面与 $\boldsymbol{v}$ 垂直,电荷 $+q$ 所产生的电位移线穿过圆平面的电位移通量,就是以 $+q$ 为

球心,以此圆面为底的球冠所通过的电位移通量,即

$$\Phi_D=\int_S \boldsymbol{D}\cdot \mathrm{d}\boldsymbol{S}=\int \frac{q}{4\pi r^2}\mathrm{d}S=\int_0^{2\pi}\frac{q}{4\pi r^2}r^2\int_0^{\theta}\sin\theta\,\mathrm{d}\theta\mathrm{d}\varphi=\frac{q}{2}(1-\cos\theta)$$

$$I_{\mathrm{d}}=\frac{\mathrm{d}\Phi_D}{\mathrm{d}t}=\frac{q}{2}\sin\theta\frac{\mathrm{d}\theta}{\mathrm{d}t}$$

由于 $x=a\,\mathrm{ctg}\theta$,对 $t$ 求导数,得

$$\frac{\mathrm{d}x}{\mathrm{d}t}=-\frac{a}{\sin^2\theta}\frac{\mathrm{d}\theta}{\mathrm{d}t}$$

因原点取在 $O$ 点,$x<0$,故

$$v=-\frac{\mathrm{d}x}{\mathrm{d}t}=\frac{a}{\sin^2\theta}\frac{\mathrm{d}\theta}{\mathrm{d}t}$$

$$\sin\theta\frac{\mathrm{d}\theta}{\mathrm{d}t}=\frac{v}{a}\sin^3\theta=\frac{v}{a}\frac{a^3}{(a^2+x^2)^{3/2}}=\frac{a^2v}{(a^2+x^2)^{3/2}}$$

$$I_{\mathrm{d}}=\frac{q}{2}\frac{a^2v}{(a^2+x^2)^{3/2}}$$

位移电流产生的磁场可根据全电流定律求得,即

$$\oint \boldsymbol{H}\cdot \mathrm{d}\boldsymbol{l}=I_{\mathrm{d}}$$

根据磁场的对称性,在半径为 $a$ 的平面圆周上 $H$ 值相同,则

$$2\pi a\cdot H=I_{\mathrm{d}}=\frac{q}{2}\cdot\frac{v}{a}\sin^3\theta$$

因 $a=r\sin\theta$,故

$$H=\frac{qv}{4\pi r^2}\sin\theta$$

磁感应强度

$$B=\mu_0 H=\frac{\mu_0}{4\pi}\frac{qv}{r^2}\sin\theta$$

写成矢量形式,有

$$\boldsymbol{B}=\frac{\mu_0}{4\pi}\frac{q\boldsymbol{v}\times\boldsymbol{r}}{r^3}$$

这就是以 $\boldsymbol{v}$ 运动的电荷在矢量 $\boldsymbol{r}$ 的末端所产生的磁感应强度,与式(9.10)$\boldsymbol{B}_1$ 的结果相同。

# 内容提要

1. 电磁感应定律 $\varepsilon=-\dfrac{\mathrm{d}\Phi_{\mathrm{m}}}{\mathrm{d}t}$

闭合导体回路中的感应电流 $I_i=-\dfrac{1}{R}\dfrac{\mathrm{d}\Phi_{\mathrm{m}}}{\mathrm{d}t}$

2. 楞次定律:闭合回路中感应电流的方向,总是使感应电流自己所产生的通过回路面积的磁通量去阻止产生感应电流的原磁通量变化(增加或减少)。

3. 动生电动势

$$\varepsilon_{ab}=\int_b^a \boldsymbol{E}_{\mathrm{ne}}\cdot \mathrm{d}\boldsymbol{l}=\int_b^a(\boldsymbol{v}\times\boldsymbol{B})\cdot \mathrm{d}\boldsymbol{l}$$

非静电力场 $\boldsymbol{E}_{\mathrm{ne}}$ 由洛伦兹力 $\boldsymbol{F}_{\mathrm{m}}$ 提供，

$$\boldsymbol{E}_{\mathrm{ne}}=\frac{\boldsymbol{F}_{\mathrm{ne}}}{-e}=\frac{\boldsymbol{F}_{\mathrm{m}}}{-e}=\boldsymbol{v}\times\boldsymbol{B}$$

4. 感生电动势

$$\varepsilon=\oint_L \boldsymbol{E}_{感}\cdot\mathrm{d}\boldsymbol{l}=\frac{\mathrm{d}\Phi_m}{dt}=-\frac{d}{dt}\left(\iint_S \boldsymbol{B}\cdot\mathrm{d}\boldsymbol{S}\right)$$

感生电动势的非静电力场 $\boldsymbol{E}_{\mathrm{ne}}$ 为感应电场。

5. 自感系数　$L=\dfrac{N\Phi_{\mathrm{m}}}{i}$　或　$L=\dfrac{\Psi_{\mathrm{m}}}{i}=\dfrac{N\Phi_{\mathrm{m}}}{i}$

自感电动势　$\varepsilon_L=-L\dfrac{\mathrm{d}i}{\mathrm{d}t}$

6. 互感系数　$M_{12}=\dfrac{N_1\Phi_{\mathrm{m}12}}{i_2}=M_{21}=\dfrac{N_2\Phi_{\mathrm{m}21}}{i_1}$

互感电动势　$\varepsilon_{21}=-M_{21}\dfrac{\mathrm{d}i_1}{\mathrm{d}t}$

7. 磁场的能量密度　$w_{\mathrm{m}}=\dfrac{W_{\mathrm{m}}}{V}=\dfrac{B^2}{2\mu}=\dfrac{1}{2}\boldsymbol{B}\cdot\boldsymbol{H}$

磁场的能量　$W_{\mathrm{m}}=\int w_{\mathrm{m}}\mathrm{d}V=\iiint_V \dfrac{1}{2}\boldsymbol{B}\cdot\boldsymbol{H}\mathrm{d}V$

8. 位移电流　$I_{\mathrm{d}}=\dfrac{\mathrm{d}\Phi_D}{\mathrm{d}t}$

位移电流与变化的电场相联系。

9. 全电流定律:安培环路定理的一般形式

$$\oint_L \boldsymbol{H}\cdot\mathrm{d}\boldsymbol{l}=\sum_i(I_i+I_{\mathrm{d}i})=\sum_i I_i+\sum_i\frac{\mathrm{d}\Phi_{Di}}{\mathrm{d}t}$$

# 思　考　题

**12.1**　试分析动生电动势和感生电动势产生的原因,并对它们进行比较。

**12.2**　什么叫位移电流？什么叫全电流？位移电流和传导电流有什么不同？位移电流和位移电流密度的表示式是怎样得到的？

**12.3**　怎样理解电磁场的物质性和电磁场与观察者的相对性？

**12.4**　在传导电流的积分式 $I=\iint_S \boldsymbol{j}\cdot\mathrm{d}\boldsymbol{S}$ 中,S 指什么面积？

**12.5**　位移电流可以在任何物质(如导体、介质)以及真空中通过吗？为什么？

**12.6**　一段导线切割磁力线产生的电动势是洛伦兹力做功的结果吗？试给出完整的解释。

**12.7**　如何绕制一个自感为零的线圈？是否需要密绕,试说明理由。

**12.8**　如思 12.8 图所示,把一个铜片垂直于磁场插入或拉出时,会感觉到一个与运动方向相反的磁场力阻碍铜片的插入或拉出,试解释这种现象。如果磁场力的方向与铜片运动方向相同,它将违反什么定律？试说明之。

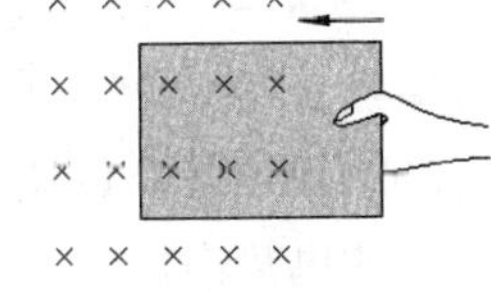

思 12.8 图

**12.9**　试从磁场变化的一个周期内解释电子感应加速器是如何加速电子以及维持电子的圆周运动的。

## 习　题

**12.1**　如题 12.1 图所示，长直导线 $AB$ 中的电流 $I$ 沿导线向上，并以 $\frac{\mathrm{d}I}{\mathrm{d}t}=2\ \mathrm{A}\cdot\mathrm{s}^{-1}$ 的变化率均匀增长，在导线附近放一个与之共面的直角三角形线框，它的一边与导线平行，求此线框中产生的感应电动势的大小和方向。

**12.2**　两根平行无限长直导线相距为 $d$，载有大小相等、方向相反的电流 $I$，电流变化率 $\frac{\mathrm{d}I}{\mathrm{d}t}=a>0$，一个边长为 $d$ 的正方形线圈位于导线平面内与一根导线相距 $d$，如题 12.2 图所示，求线圈中的感应电动势 $\varepsilon$，并说明线圈中的感应电流方向。

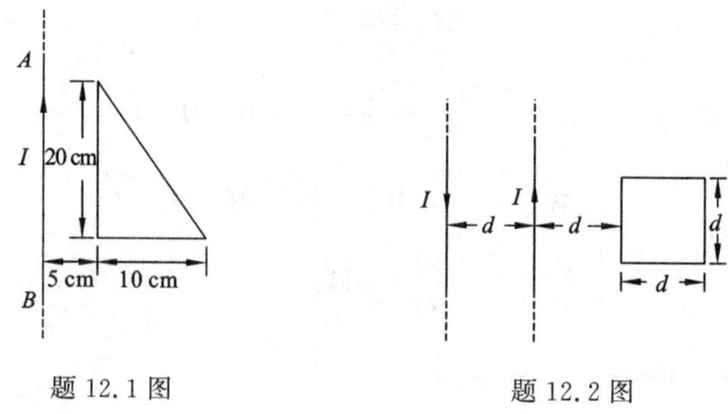


题 12.1 图　　　　题 12.2 图

**12.3**　$AB$ 和 $BC$ 两段导线，其长均为 10 cm，在 $B$ 处相接成 30°，若使导线在均匀磁场中以速度 $v=1.5\ \mathrm{m}\cdot\mathrm{s}^{-1}$ 运动，方向如题 12.3 图所示，磁场方向垂直纸面向内，磁感应强度 $B=2.5\times10^{-2}\ \mathrm{T}$。问 $A$，$C$ 两端之间的电势差为多少？哪一端电势高？

**12.4**　由导线弯成的宽为 $a$、高为 $b$ 的矩形线圈，以不变的速率 $v$ 平行于其宽度方向从无磁场空间垂直于边界进入一宽度为 $3a$ 的均匀磁场中，线圈平面与磁场方向垂直，如题 12.4 图所示，然后又从磁场中出来，继续在无磁场的空间运动，试在图中画出感应电流 $I$ 与时间的函数关系曲线，线圈的电阻为 $R$，取线圈刚进入磁场时感应电流的方向为正方向(忽略线圈自感)。

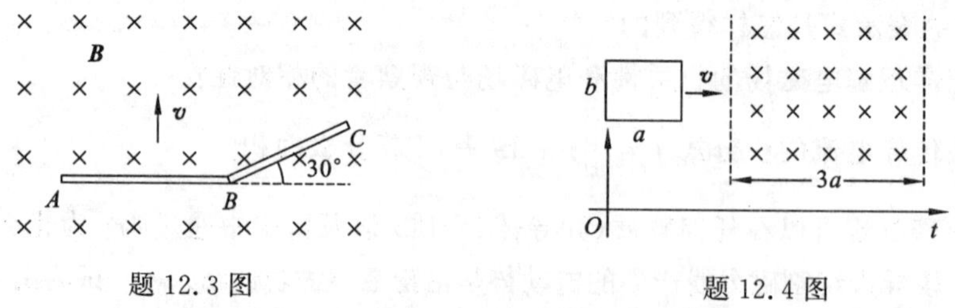


题 12.3 图　　　　题 12.4 图

**12.5**　长直导线中通有 3A 电流，在导线附近放置一个导体半圆环 $abc$ 与长直导线共面，且端点 $ac$ 的连线与长直导线垂直，如题 12.5 图所示。环的半径为 0.1 m，环心 $O$ 与导线相距 0.2 m。设半圆环以速度 $v=10\ \mathrm{m}\cdot\mathrm{s}^{-1}$ 平行导线移动，求半圆环中的电动势，并指出 $a$，$c$ 两端哪一端的电势高。

**12.6**　一根导线弯成抛物线形状 $y=\sigma x^2$，放在均匀磁场中，如题 12.6 图所示。$\boldsymbol{B}$ 与 $Oxy$

平面垂直，细杆 $CD$ 平行于 $x$ 轴并以加速度 $\boldsymbol{a}$ 从抛物线的底部向开口处做平动，求 $CD$ 距 $O$ 点为 $y$ 处时回路中产生的感应电动势。

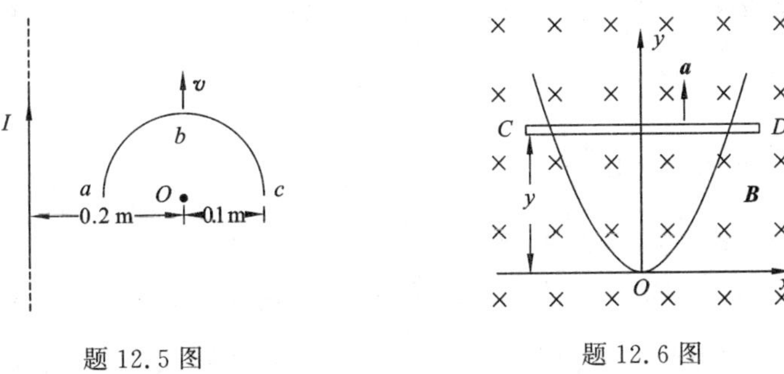


题 12.5 图　　题 12.6 图

**12.7**　斜面装置置于均匀磁场中，如题 12.7 图所示，$\boldsymbol{B}$ 的方向竖直向上，斜面倾角为 $\theta$，若长为 $l$ 的金属棒 $ab$ 从静止沿固定在斜面上的光滑轨道向下平移滑动。求在此过程中 $ab$ 棒内的电动势随时间变化的函数关系，并指出 $a$，$b$ 两端哪端电势高。

**12.8**　一个半径为 $R$ 的水平导体圆盘，在竖直方向上的匀强磁场 $\boldsymbol{B}$ 中以角速度 $\omega$ 绕通过圆盘中心的轴线转动，圆盘的轴线与磁场 $\boldsymbol{B}$ 平行，如题 12.8 图所示，求：

(1) 圆盘边缘与盘心之间的电势差；

(2) 圆盘边缘和盘心的电势哪个高？

(3) 当圆盘反转时，它们的电势高低如何？

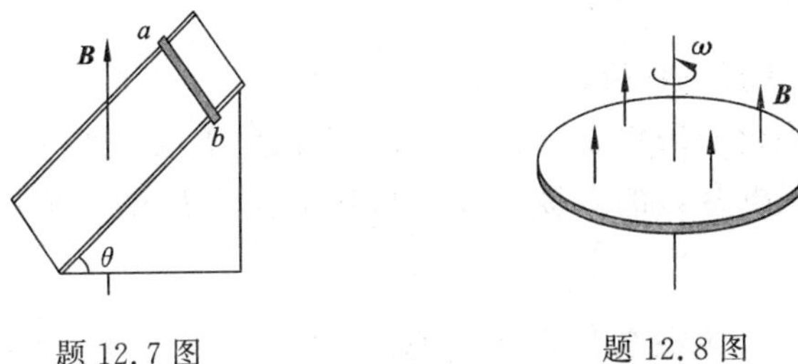


题 12.7 图　　题 12.8 图

**12.9**　一电磁"涡流"制动器由一电导率为 $\sigma$ 和厚度为 $d$ 的圆盘组成，此盘绕通过其中心的轴旋转，且有一覆盖面积为 $l^2$ 的磁场 $B$ 垂直于圆盘。如题 12.9 图所示，若面积 $l^2$ 在离轴 $r$ 处，当圆盘角速度为 $\omega$ 时，试说明使圆盘慢下来的道理。

**12.10**　均匀磁场被限制在半径为 $R = 0.10\text{m}$ 的无限长圆柱形空间，方向垂直于纸面向内。取一个固定的等腰梯形回路 $abcd$，此梯形所在平面法线与圆柱轴线平行，如题 12.10 图所示。设磁场以 $\dfrac{\mathrm{d}B}{\mathrm{d}t} = 1\ \text{T} \cdot \text{s}^{-1}$ 的速率增加，夹角 $\theta = \dfrac{1}{3}\pi$，$Oa = Ob = 0.06\ \text{m}$，求回路 $abcd$ 中的感应电动势。

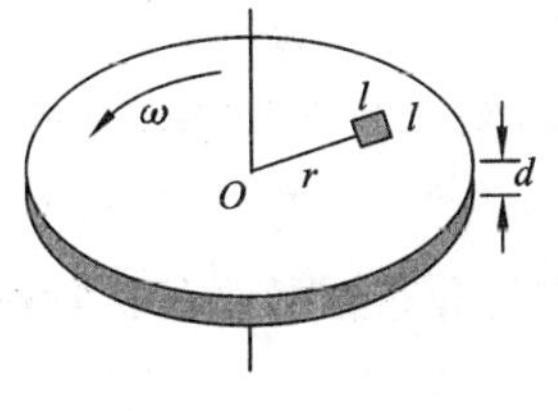


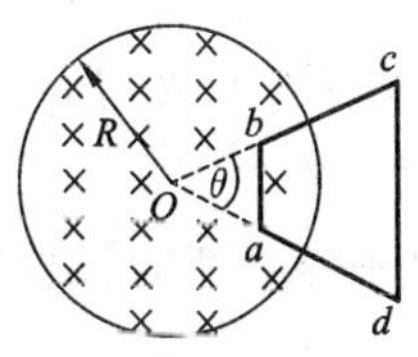


题 12.9 图　　题 12.10 图

**12.11**　一个等边三角形的导体框与长直导线共面,如题 12.11 图所示,求它们之间的互感系数。

**12.12**　矩形截面螺线环上绕有 $N$ 匝线圈,尺寸如题 12.12 图所示,若线圈中通有电流 $I$,则通过螺线环截面的磁通量为 $\Phi = \dfrac{\mu_0 NIh}{2\pi}$。

(1) 求螺线环内外直径之比 $\dfrac{D_2}{D_1}$;

(2) 若 $h = 0.01\ \text{m}, N = 100$ 匝,求螺线环的自感系数;

(3) 若线圈通以交变电流 $I = I_0 \cos\omega t$ ($I_0, \omega$ 为常数),求环内的感应电动势。

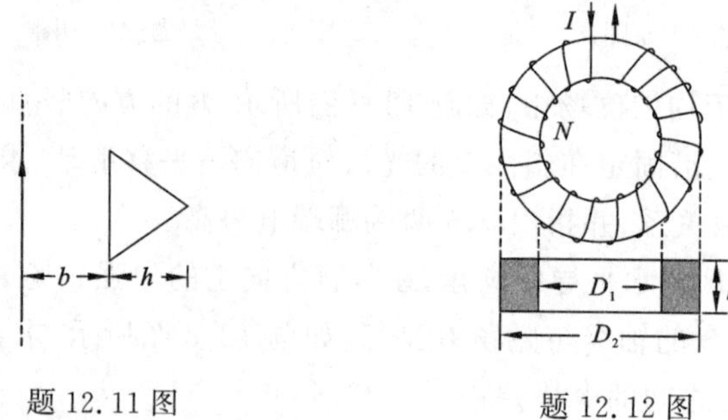


题 12.11 图　　　　题 12.12 图

**12.13**　一对同轴无限长空心薄壁圆筒,电流 $i$ 沿内筒流出,沿外筒流回,已知同轴空心圆筒单位长度的自感系数 $L = \dfrac{\mu_0}{2\pi}$,求:

(1) 同轴圆筒内、外半径的比值;

(2) 若电流随时间变化的函数是 $i = I_0 \cos\omega t$,求圆筒单位长度产生的感应电动势。

**12.14**　平行板空气电容器的两极板 $a$,$b$ 都是半径为 $R$ 的圆形导体片,如题 12.14 图所示。

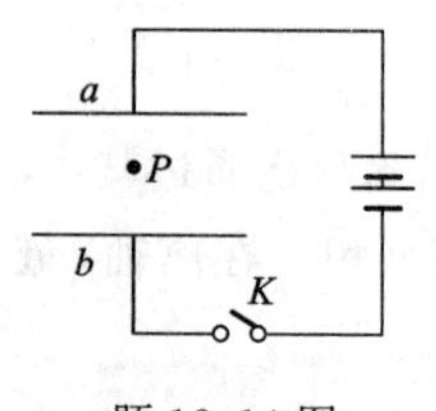


题 12.14 图

(1) 在充电时,极板间的电场强度变化率为 $\dfrac{\mathrm{d}E}{\mathrm{d}t}$,若略去边沿效应,求两极板之间的位移电流;

(2) 若两极板上电压的变化率为 $\dfrac{\mathrm{d}V}{\mathrm{d}t}$,略去边沿效应,求两极板之间的位移电流。

**12.15**　平行板电容器两极板 $a$,$b$ 的面积均为 $S$,相距为 $d$,其中充满介电常数为 $\varepsilon$ 的电介质,如题 12.14 图所示,合上电键 $K$ 时,极板上的电量 $Q$ 成指数增加,有 $Q = Q_0(1 - \mathrm{e}^{-t/\tau})$,式中 $Q_0$,$\tau$ 均为常数。求极板间位移电流密度、位移电流的方向以及极板间某一点 $P$ 的电场强度和磁场强度的方向(绘图表示)。

**12.16**　如题 12.16 图所示,密绕螺线管的自感系数为 $L$,线圈单位长度的匝数为 $n$,体积为 $V$,其自感系数是多少?如果切成两个半环形的螺线管,这两个半环形螺线管的自感系数是原来的一半吗?为什么?

**12.17**　一根载有电流 $I$ 的长直导线,设电流均匀分布在导线的横截面积上,磁导率 $\mu = \mu_0$,证明:单位长度导线内所储存的磁能为 $\dfrac{\mu_0 I^2}{16\pi}$。

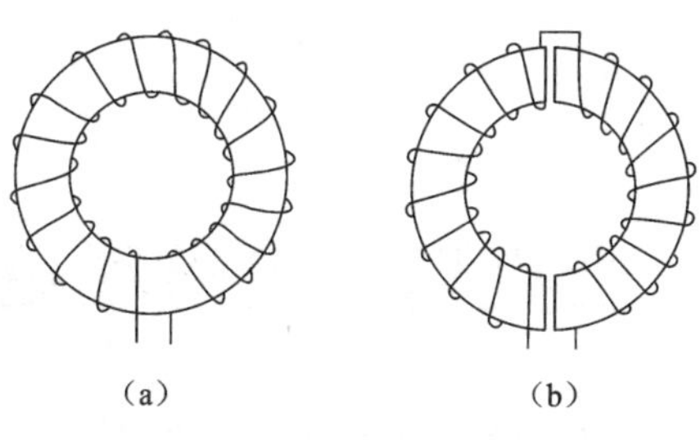


题 12.16 图

**12.18**　假设地面到海拔 $6\times10^{6}$ m 的范围内，地磁场为 $0.5\times10^{-4}$ T，试粗略计算在此区域内地磁场的总磁能。

**12.19**　如题 12.19 图所示，导体杆运动的速度是 $2.5\ \mathrm{m\cdot s^{-1}}$，回路的总电阻为 0.030 Ω，均匀的磁场是 0.8T，求电动势和回路的电流。

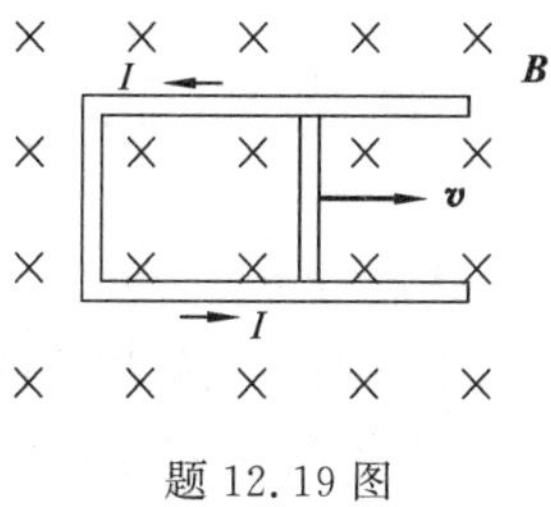


题 12.19 图

**12.20**　一长直螺线管每米绕的导线匝数是 $900\ \mathrm{m^{-1}}$，螺线管的半径是 2.50 cm，导线上的电流以 $60\ \mathrm{A\cdot s^{-1}}$ 增加，求变化的磁场诱导的电场分布。

【习题参考答案】

【阅读材料】

# 第13章　麦克斯韦电磁理论　电磁波

变化的电场能够激发磁场，变化的磁场也能够激发电场，这说明电现象与磁现象之间存在着密切联系。麦克斯韦假设如果在空间某一区域存在变化的磁场，相应地在其周围空间将会激发感应电场，而这个变化的感应电场又会激发感应磁场，如此下去不断循环，从而在空间形成自该区域向外传播的电磁场，即电磁波。电磁波可以脱离激发它的场源（电荷或电流）而存在。1888年赫兹(Hertz)用实验证实了电磁波的存在。如今的电视、无线电、广播、雷达、移动通信等都是以电磁波理论为基础发展起来的。

## 13.1　麦克斯韦方程组

麦克斯韦将电场、磁场作为一个整体进行考虑，用4个方程来描述电磁场的运动规律，这4个方程被称为麦克斯韦方程组，它们是麦克斯韦电磁理论的核心。

下面通过总结和分析前面所讨论的电场和磁场的基本性质和规律，写出描述这些规律的麦克斯韦方程组。

### 13.1.1　麦克斯韦方程组的积分形式

1. 电场的性质及其规律

电场可由电荷产生，也可由变化的磁场产生。

**1）静止电荷产生的电场**

静止电荷产生的静电场$\boldsymbol{E}_{静}$是一个无旋场，其电力线不闭合，在此电场中，通过任意闭合曲面的电通量与曲面中包含的电荷有关，即

$$\oiint_S \boldsymbol{E}_{静} \cdot \mathrm{d}\boldsymbol{S} = \sum_{(S内)} q_{自由} \tag{13.1}$$

这就是静电场的高斯定理。另外由于这种场是保守力场，静电场强度$\boldsymbol{E}_{静}$，沿任意闭合路径积分等于零，即

$$\oint_L \boldsymbol{E}_{静} \cdot \mathrm{d}\boldsymbol{l} = 0 \tag{13.2}$$

这是静电场的环路定律。

**2）变化的磁场产生的电场**

由变化的磁场产生的感应电场$\boldsymbol{E}_{感}$是一个涡旋场（有旋场），其电力线是闭合线，在此电场中，穿过任意闭合曲面的电通量为零，即

$$\oiint_S \boldsymbol{E}_{感} \cdot \mathrm{d}\boldsymbol{S} = 0 \tag{13.3}$$

另一方面，由电磁感应定律，感应电场强度$\boldsymbol{E}_{感}$沿任意闭合路径的积分为

$$\oint_L \boldsymbol{E}_{感} \cdot \mathrm{d}\boldsymbol{l} = -\frac{\mathrm{d}\Phi_{\mathrm{m}}}{\mathrm{d}t} \tag{13.4}$$

可见，感应电场沿任意闭合路径的积分不等于零，它不是保守力场。

空间中的总电场是上述两种场的叠加，即$\boldsymbol{E} = \boldsymbol{E}_{静} + \boldsymbol{E}_{感}$。综合式(13.1) ～ 式(13.4)，所以$\oiint \boldsymbol{E}_{感} \cdot \mathrm{d}\boldsymbol{S} = 0$，则有

$$\oiint \boldsymbol{D} \cdot \mathrm{d}\boldsymbol{S} = \sum_{(S内)} q_{自由} \tag{13.5}$$

$$\oint_L \boldsymbol{E} \cdot \mathrm{d}\boldsymbol{l} = \oint_L (\boldsymbol{E}_{静} + \boldsymbol{E}_{感}) \cdot \mathrm{d}\boldsymbol{l} = -\frac{\mathrm{d}\Phi_{\mathrm{m}}}{\mathrm{d}t} \tag{13.6}$$

式(13.5) 和式(13.6) 分别为总电场的高斯定理和环路定理。

2. 磁场的性质及其规律

磁场可由电流产生，也可由变化的电场产生。

不管是恒定电流产生的磁场$\boldsymbol{B}_{恒}$，还是由变化的电场产生的磁场$\boldsymbol{B}_{感}$，它们的磁感应线都是闭合的，所以在磁场中穿过任意闭合曲面的总磁通量恒为零，即

$$\oiint_S \boldsymbol{B} \cdot \mathrm{d}\boldsymbol{S} = \oiint_S (\boldsymbol{B}_{恒} + \boldsymbol{B}_{感}) \cdot \mathrm{d}\boldsymbol{S} = 0 \tag{13.7}$$

由全电流定律可得总磁场强度 $\boldsymbol{H}$ 沿任意闭合路径积分

$$\oint_L \boldsymbol{H} \cdot \mathrm{d}\boldsymbol{l} = \sum_i I_i + \sum_i \frac{\mathrm{d}\Phi_{Di}}{\mathrm{d}t} \tag{13.8}$$

式(13.7) 和式(13.8) 分别为总磁场的高斯定理和环路定理。

式(13.5) ～ 式(13.8) 是以数学形式概括电磁场的基本性质和规律，它构成了电磁场系统完整的方程组，即**麦克斯韦方程组**。式(13.5) ～ 式(13.8) 称为麦克斯韦方程组的积分形式，并将它们重写如下

$$\oiint_S \boldsymbol{D} \cdot \mathrm{d}\boldsymbol{S} = \sum_{(S内)} q_{自由} \tag{13.9}$$

$$\oint_L \boldsymbol{E} \cdot \mathrm{d}\boldsymbol{l} = -\frac{\mathrm{d}\Phi_{\mathrm{m}}}{\mathrm{d}t} \tag{13.10}$$

$$\oiint_S \boldsymbol{B} \cdot \mathrm{d}\boldsymbol{S} = 0 \tag{13.11}$$

$$\oint_L \boldsymbol{H} \cdot \mathrm{d}\boldsymbol{l} = \sum_i I_i + \sum_i \frac{\mathrm{d}\Phi_{Di}}{\mathrm{d}t} \tag{13.12}$$

应该说明的是静止电荷和恒定电流所产生的电场和磁场 $\boldsymbol{E}$，$\boldsymbol{D}$，$\boldsymbol{B}$，$\boldsymbol{H}$ 等只是空间坐标的函数，与时间 $t$ 无关；但是，在一般情况下，式(13.9) ～ 式(13.12) 中的相关量都是空间坐标和时间的函数，因此，麦克斯韦方程组对于运动电荷和非恒定电流产生的电磁场也是成立的。

### 13.1.2　麦克斯韦方程组的微分形式

上面讨论麦克斯韦方程组的积分形式适合于一定范围内(例如：一个闭合回路或者一个闭合曲面内) 的电磁场，但是，它们不能适用于某一个点上的电磁场。在实际应用中，常常需要知道电磁场中各点的电场强度或磁感应强度，要描述电磁场中各点场量之间的关系，需要用到高

等数学中矢量分析的方法,将积分式(13.9) ~ 式(13.12)变换成相应的微分方程(可参考高等数学中的场论部分),所得到的结果就是麦克斯韦方程组的微分形式。

$$\nabla \cdot \boldsymbol{D} = \rho \tag{13.13}$$

$$\nabla \times \boldsymbol{E} = -\frac{\partial \boldsymbol{B}}{\partial t} \tag{13.14}$$

$$\nabla \cdot \boldsymbol{B} = 0 \tag{13.15}$$

$$\nabla \times \boldsymbol{H} = \boldsymbol{j} + \frac{\partial \boldsymbol{D}}{\partial t} \tag{13.16}$$

如果考虑到电场和磁场与介质的相互作用,则麦克斯韦方程组中还应包括另外三个方程,即反映介质对场矢量影响的物性方程。在各向同性介质中,有

$$\boldsymbol{D} = \varepsilon \boldsymbol{E} \tag{13.17}$$

$$\boldsymbol{B} = \mu \boldsymbol{H} \tag{13.18}$$

$$\boldsymbol{j} = \sigma \boldsymbol{E} \tag{13.19}$$

式中:$\varepsilon$ 是介质的介电常数;$\mu$ 是介质的磁导率;$\sigma$ 是导体的电导率。麦克斯韦方程组和物性方程[即式(13.13) ~ 式(13.19)]构成完整的说明电磁场性质的方程组。

应用麦克斯韦方程组和物性方程,根据 $\boldsymbol{E}$ 和 $\boldsymbol{H}$ 满足的边界条件和具体问题所给定的 $\boldsymbol{E}$ 和 $\boldsymbol{H}$ 的初始条件,就可以定量的计算出在给定条件下所产生的电磁场分布,从而解决电磁波的传播、反射、折射、干涉和衍射等问题。

## 13.2 电磁波简介

1865 年,麦克斯韦指出随时间变化的电场和磁场在空间中相互激励产生,并由电场和磁场强度服从的微分方程推算出电磁场在真空中以有限的速度$\left(c = \dfrac{1}{\sqrt{\varepsilon_0 \mu_0}}\right)$由近及远地传播,从而预言了电磁波的存在,这是电磁场理论最惊人的成果。1888 年,德国物理学家赫兹在实验室发射并接收到电磁波,首次用振荡偶极子实验直接证实了麦克斯韦的预言。同时,赫兹还测定了电磁波在真空中的传播速度等于光速,证明了电磁波与光波的性质相同(能产生折射、反射、干涉、衍射、偏振等现象),从而产生基于电磁场理论的波动光学。

本节简单介绍电磁波的辐射,电磁波的波动方程,平面电磁波的传播,电磁波谱等。

### 13.2.1 电磁波的辐射和传播

#### 1. 电磁波的产生

变化的电场能够激发涡旋磁场,变化的磁场又能够激发涡旋电场。

如果在空间某一区域存在变化的电场或电流,即存在电磁振源,它必然会在自身周围激发涡旋磁场;而所激发的电场也是交变的,该电场就在自身周围再激发涡旋磁场,这样的过程周而复始、连续不断的继续下去,它们闭合的电场线和磁感应线就像链条那样一环套一环,由近及远以有限的速度传播。变化的电磁场在空间的传播就是电磁波,如图 13.1 所示。应注意到此图只是表示了电磁振荡在某一直线方向的传播过程,实际的电磁波向空间各个方向传播,且形态复杂,此处不详细描述。

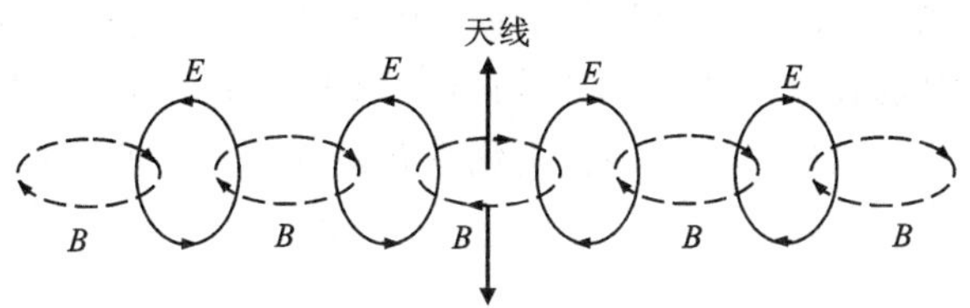


图 13.1　交变的电场和磁场 —— 电磁波的传播

### 2. 从 LC 电路到振荡偶极子电路

任何能够使电场和磁场随时间变化的装置都可构成能够辐射电磁波的波源。例如由电容和电感线圈构成的 LC 振荡电路(见图 13.2)。电容器和电感线圈之间往复进行的充放电过程,使得极板成为一个发射电磁波的振源。

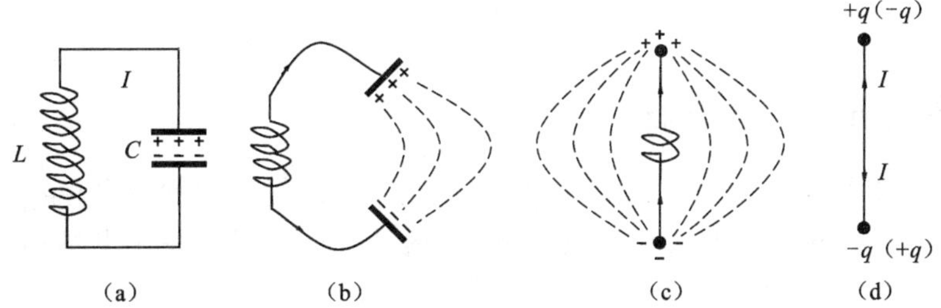


图 13.2　提高 LC 电路振荡电流的频率并开放电磁场的方法

#### 1) LC 振荡电路

图 13.2(a) 装置是一个闭合的 LC 振荡电路,其振荡频率低辐射功率小,而且电磁场只限制在电容和电感线圈内,不利于有效地发射电磁波。由振荡频率 $f=\dfrac{1}{2\pi\sqrt{LC}}$ 可知,用减小电容和电感的方法,可以提高电磁波的频率。因此若减小极板的面积,或拉开两极板之间的距离,就可以减小电容;若减小电感线圈的匝数,就可以减小电感,从而提高频率。如果将两极板之间"封闭的电场"变成全方位的电场,则能够更有效地发射电磁波。于是设想把封闭的 LC 振荡电路"开放",即将原来的两极板拉开,并把两个极板简化为一段导线的两个端点,电感线圈简化为一根直导线,如图 13.2(b)、(c) 所示;此时电流在导线中往复振荡,它的两端出现正负交替的等量异号电荷,这种简化为一条直导线的振荡电路就是振荡偶极子,如图 13.2(d) 所示。由于振荡电流元在空间激发变化的电磁场,从而全方位的辐射电磁波。实际应用中,电视台、广播电台的天线,都可看成是这一类振荡偶极子。

#### 2) 振荡偶极子实验

麦克斯韦在 1865 年预言了电磁波,赫兹在 1888 年利用振荡器和谐振器,证实了电磁波的存在。这就是著名的赫兹振荡偶极子实验,如图 13.3 所示,感应圈与两根共轴的黄铜杆连接成一个回路,黄铜杆焊有铜球的两端相对,并且留有合适的间隙。此处感应圈可以对回路提供高频高压交变电动势(即振荡器),使得两小球上的电荷也正负交替的变化,两个小球如同一对正负交变的电偶极子,所以称为振荡偶极子。赫兹的装置其实就是一个开口的 LC 振荡电路。赫兹又设计了一个两端焊接有金属球的开口金属圆环,作为接收装置(称为谐振器)。他试着将谐振器放在振子附近合适的距离上,并且调整谐振器的方位,终于发现当振子间隙之间有电火花跳动时,谐振器的间隙中也有电火花跳动,谐振器与振子之间达到了谐振,说明谐振器接收到了电磁波。赫兹在这个振荡偶极子实验中首次观察并证实了电磁波的存在。

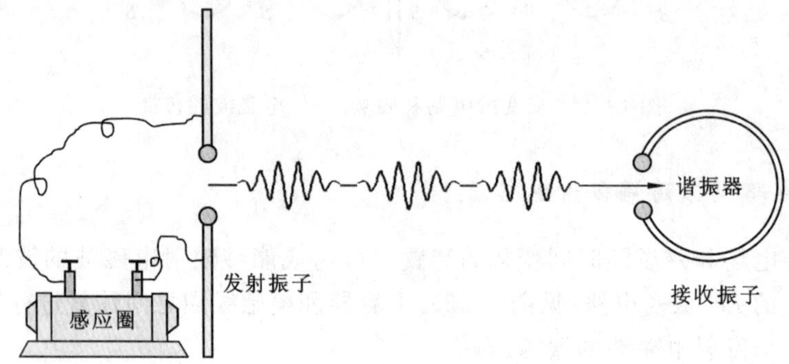


图 13.3　振荡偶极子实验

## 13.2.2　电磁波的波动方程

设变化的电磁场在无限大的各向同性且均匀的介质中传播,空间既没有电荷也没有电流,利用麦克斯韦方程组的微分形式和矢量分析中的运算,可以得到关于电场和磁场的偏微分方程

$$\nabla^2 \boldsymbol{E} - \mu\varepsilon \frac{\partial^2 \boldsymbol{E}}{\partial t^2} = 0 \tag{13.20a}$$

$$\nabla^2 \boldsymbol{H} - \mu\varepsilon \frac{\partial^2 \boldsymbol{H}}{\partial t^2} = 0 \tag{13.20b}$$

令系数

$$v = \frac{1}{\sqrt{\varepsilon\mu}} \tag{13.21}$$

上述两方程变为

$$\begin{cases} \nabla^2 \boldsymbol{E} - \dfrac{1}{v^2} \dfrac{\partial^2 \boldsymbol{E}}{\partial t^2} = 0 & (13.22\text{a}) \\ \nabla^2 \boldsymbol{H} - \dfrac{1}{v^2} \dfrac{\partial^2 \boldsymbol{H}}{\partial t^2} = 0 & (13.22\text{b}) \end{cases}$$

上式即电磁波的波动微分方程,简称波动方程。$\boldsymbol{E}$ 和 $\boldsymbol{H}$ 分别代表电振动和磁振动矢量;$\nabla^2$ 是拉普拉斯算子,$v = \dfrac{1}{\sqrt{\varepsilon\mu}}$ 即电磁波的传播速度。若电磁波在真空中传播,可以得到真空中电磁波的传播速度是

$$c = \frac{1}{\sqrt{\varepsilon_0 \mu_0}} = 2.997\,924\,58 \times 10^8 \ \text{m} \cdot \text{s}^{-1} \approx 3 \times 10^8 \ \text{m} \cdot \text{s}^{-1} \tag{13.23}$$

式中:$\varepsilon_0$ 和 $\mu_0$ 分别是真空的介电常数和真空的磁导率。电磁波的波速与光速精确一致,所以麦克斯韦断定光是电磁波的一部分,从而揭示了光的电磁本质。

对仅沿 $x$ 方向传播的一维平面电磁波,波动方程是

$$\frac{\partial^2 \boldsymbol{E}}{\partial t^2} = \frac{1}{v^2} \frac{\partial^2 \boldsymbol{E}}{\partial x^2} \tag{13.24a}$$

$$\frac{\partial^2 \boldsymbol{H}}{\partial t^2} = \frac{1}{v^2}\frac{\partial^2 \boldsymbol{H}}{\partial x^2} \tag{13.24b}$$

这两个方程的解为

$$\boldsymbol{E} = \boldsymbol{E}_{\mathrm{m}}\cos\left[\omega\left(t - \frac{x}{v}\right) + \varphi_0\right] \tag{13.25}$$

$$\boldsymbol{H} = \boldsymbol{H}_{\mathrm{m}}\cos\left[\omega\left(t - \frac{x}{v}\right) + \varphi_0\right] \tag{13.26}$$

以上两式为真空中沿 $x$ 正向传播的单色平面电磁波的波函数。式中 $\boldsymbol{E}$ 和 $\boldsymbol{H}$ 分别表示 $t$ 时刻任意 $x$ 处的电场振动和磁场振动矢量，$\boldsymbol{E}_{\mathrm{m}}$ 和 $\boldsymbol{H}_{\mathrm{m}}$ 分别代表电振动和磁振动的振幅矢量。

## 13.2.3　平面电磁波

理论和实验都表明，电磁波的传播不需要媒质。通常，振荡偶极子以球面波的形式辐射电磁波，其振幅与距离 $r$ 成反比；由于电磁波的传送范围很广，在远离偶极子的地方（$r \gg l$，$l$ 为偶极子的线度），可以近似认为电磁波是平面波，所以振幅 $\boldsymbol{E}_{\mathrm{m}}$，$\boldsymbol{H}_{\mathrm{m}}$ 可看成恒定不变。

在没有电荷和电流存在的自由空间中，沿 $x$ 正方向传播的平面电磁波的基本性质如下。

1. 电磁波是横波

电磁波传播的 $\boldsymbol{E}$ 振动和 $\boldsymbol{H}$ 振动（也常分别称为电矢量和磁矢量）分别与传播速度 $\boldsymbol{v}$ 垂直，$\boldsymbol{E}$，$\boldsymbol{H}$ 之间也相互垂直，所以电磁波是横波；$\boldsymbol{E}$，$\boldsymbol{H}$ 在各自的平面内振动，所以电磁波具有偏振性。在任何时刻任何地点，$\boldsymbol{E}$，$\boldsymbol{H}$，$\boldsymbol{v}$ 三个矢量都构成右手螺旋关系。如图 13.4 所示，$\boldsymbol{E}\times\boldsymbol{H}$ 的方向就是传播速度 $\boldsymbol{v}$ 的方向。$\boldsymbol{E}$ 振动和 $\boldsymbol{H}$ 振动同相位，即在传播过程中任意某处，它们同时达到最大，同时达到最小。

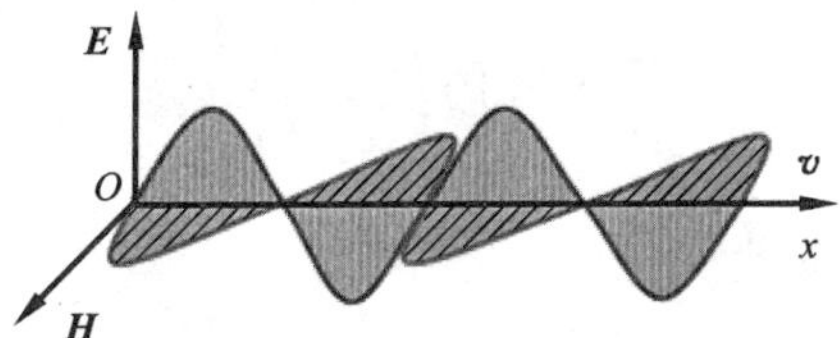


图 13.4　平面电磁波的传播（$\boldsymbol{v}$ 的方向沿 $\boldsymbol{E}\times\boldsymbol{H}$ 方向）

沿 $x$ 正向传播的一维平面电磁波的波函数即式(13.25) 和式(13.26)

$$\boldsymbol{E} = \boldsymbol{E}_{\mathrm{m}}\cos\left[\omega\left(t - \frac{x}{v}\right) + \varphi_0\right],\quad \boldsymbol{H} = \boldsymbol{H}_{\mathrm{m}}\cos\left[\omega\left(t - \frac{x}{v}\right) + \varphi_0\right]$$

2. 电磁波的传播速度

前面已经得到，在真空中，电磁波的传播速度大小为

$$c = \frac{1}{\sqrt{\varepsilon_0 \mu_0}} = 2.99792458\times10^8\ \mathrm{m\cdot s^{-1}} \approx 3\times10^8\ \mathrm{m\cdot s^{-1}}$$

在介质中，电磁波的传播速度大小为

$$v = \frac{1}{\sqrt{\varepsilon\mu}} = \frac{1}{\sqrt{\varepsilon_0\varepsilon_{\mathrm{r}}\mu_0\mu_{\mathrm{r}}}} = \frac{c}{\sqrt{\varepsilon_{\mathrm{r}}\mu_{\mathrm{r}}}} \tag{13.27}$$

式中：$\varepsilon_{\mathrm{r}}$ 和 $\mu_{\mathrm{r}}$ 分别是介质的相对介电常数和相对磁导率。波速 $\boldsymbol{v}$ 的方向即 $\boldsymbol{E}\times\boldsymbol{H}$ 的方向。

3. 电矢量 $\boldsymbol{E}$ 与磁矢量 $\boldsymbol{H}$ 的关系

考虑电磁波同时传播着电场能量和磁场能量,根据电场和磁场能量的体密度公式,在电磁波传播的空间中某处的**能量(体)密度**应是电场能量密度 $w_e$ 和磁场能量密度 $w_m$ 的和,即

$$w = w_e + w_m = \frac{1}{2}\varepsilon E^2 + \frac{1}{2}\mu H^2 \tag{13.28}$$

理论计算表明,$w_e = w_m$,所以对于电磁场中同一点,有

$$\sqrt{\varepsilon}E = \sqrt{\mu}H \tag{13.29}$$

式(13.29)说明 $\boldsymbol{E}$,$\boldsymbol{H}$ 之间具有正比例关系。

4. 坡印亭矢量

电磁波传播能量,称为**电磁辐射**或**辐射**,所以也称电磁波的能量为辐射能。单位时间内通过与传播方向垂直的单位面积辐射能称为电磁波的**能流密度**,用 $S$ 表示,按照定义有 $S = wv$,式中 $w$ 即电磁能体密度,见公式(13.28),$v$ 是波速。故

$$S = wv = \frac{v}{2}(\varepsilon E^2 + \mu H^2) = \frac{1}{2\sqrt{\varepsilon\mu}}(\sqrt{\varepsilon}E\sqrt{\mu}H + \sqrt{\mu}H\sqrt{\varepsilon}E) = EH$$

即

$$S = EH \tag{13.30}$$

考虑传播方向后,能流密度可用矢量 $\boldsymbol{S}$ 表示,称为**坡印亭矢量**。$\boldsymbol{S}$ 的方向与波的传播方向即波速 $\boldsymbol{v}$ 的方向一致,亦即 $\boldsymbol{E}\times\boldsymbol{H}$ 的方向,写成矢量式为

$$\boldsymbol{S} = \boldsymbol{E}\times\boldsymbol{H} \tag{13.31}$$

式(13.31)即坡印亭矢量。能流密度的平均值为波的强度,用 $I$ 表示

$$I = \overline{S} = \overline{EH} = \sqrt{\frac{\varepsilon}{\mu}}E^2 \tag{13.32}$$

5. 光的电磁理论——光是电磁波

如前所述,麦克斯韦不仅从理论上将电学和磁学结合起来,预言了电磁波的存在,同时,判定了光是电磁波,从而得出光的电磁理论。1868 年,麦克斯韦在关于光的电磁理论中指出,光和电磁波"是同一实体的属性的表现""光是一种按照电磁定律在场内传播的电磁扰动"。1888 年赫兹不仅在实验室获得了电磁波,还测出光的传播速度就是电磁波的传播速度 $c$;光的直线传播、折射、反射规律,以及干涉、衍射、偏振等波动特性都和电磁波一样。因此,光的电磁理论得到证实。

光具有电磁波所具有的基本性质,包括横波性,波速 $c$,波动方程、波函数、波的强度等描述。

### 13.2.4 电磁波谱 电磁波的应用

电磁波在真空中的波速都是 $c$,设其频率为 $f$,波长为 $\lambda$,有 $c = \lambda f$,因此,频率与波长呈反比关系。把电磁波的波长按从大到小(或将其频率从小到大)的规律排列,得到电磁波谱如图 13.5 所示。

我们从电磁波谱上可见,从短波到长波,电磁波的范围依次有 $\gamma$ 射线、X 射线、紫外线、可

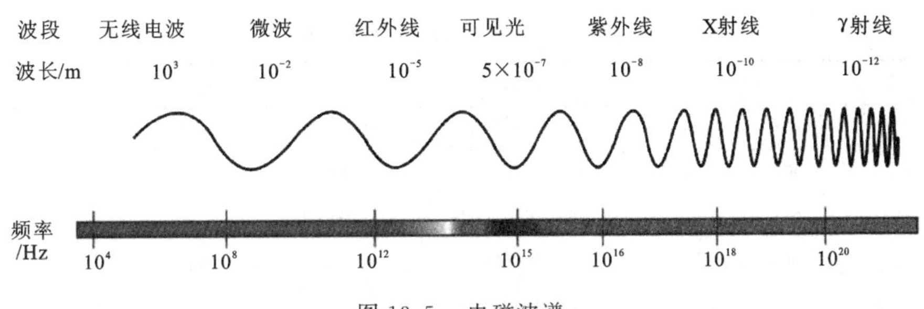


图 13.5　电磁波谱

见光、红外线、微波、无线电波等。γ 射线是某些放射性元素衰变过程中发射出来的波长极短的电磁波，是一种高能射线，可用于探测原子核结构。γ 射线、X 射线、紫外线在医疗上有广泛应用；可见光是自然界中动植物赖以生存的电磁波。正常人眼所能分辨的可见光波长范围是 $(3.9\sim7.6)\times10^{-7}$ m，相应的频率范围是 $(0.52\sim7.7)\times10^{14}$ Hz；微波的波长范围在 $0.001\sim1$ m，相应的频率范围是 $3\times10^{11}$ Hz $\sim3\times10^{8}$ Hz。微波在生活、医疗、卫星信号传播中有都有很多应用。无线电波的波长范围较大，若把微波算在内，无线电波的波长范围从 $10^{-3}\sim10^{4}$ m，跨越了 7 个数量级。波长较长的无线电波，能够绕过山脉和房屋传播，较短的无线电波则可以通过反射实现远距离传播，是科学研究和生产生活中应用最广泛的电磁波。

*__无线电波的发展__　赫兹发现电磁波后大约 6 年，电磁波(无线电波) 就投入了应用。意大利工程师马可尼(Marconi)、俄国波波夫(Poprv) 率先引领无线电应用的潮流，分别设计发明并实现无线电的远距离传播。从电磁波的发现到应用，短短的一个世纪左右，人类就从初步进入电子技术时代，迅速跨入到广泛应用通讯技术的 21 世纪信息时代。目前电磁波的应用不仅深入到各个科技领域、各个学科、各个部门，同时也深入到生产、生活中。从无线电遥控，遥感、遥测，到卫星通信，及至网络等，正是电磁波，给 21 世纪人类的工作和生活建立了新的运转秩序。法拉第、麦克斯韦、赫兹等科学巨匠对现代人类文明所作出的贡献是无与伦比的。

20 世纪开始 30 余年，无线电波的应用和发展迅猛，按照时间顺序，其应用发展大致是

1894 年　无线电报
1906 年　无线电广播
1911 年　导航
1916 年　无线电话
1921 年　短波通讯
1923 年　传真
1929 年　电视
1933 年　微波通讯
1935 年　雷达
……

不同波长的无线电波用途各有不同，如表 13.1 所示。

表 13.1　各种无线电波的应用

| 波段 | 波长 | 频率 | 主要用途 |
|---|---|---|---|
| 长波 | 30 000 ～ 3 000 m | 10 ～ 100 kHz | 越洋长距离通讯、导航 |
| 中波 | 3 000 ～ 200 m | 100 ～ 1 500 kHz | 无线电广播 |
| 中短波 | 200 ～ 50 m | 1.5 ～ 6.0 MHz | 电报通讯 |
| 短波 | 50 ～ 10 m | 6 ～ 30 MHz | 无线电广播、电报通讯 |
| 超短波 | 10 ～ 1 m | 30 ～ 300 MHz | 调频无线电广播、电视、广播、无线电导航 |
| 微波 | 1 ～ 0.001 m | 30 000 ～ 300 000 MHz | 雷达、无线电导航等 |

# 内容提要

1. 麦克斯韦方程组的积分形式

$$\oiint_S \boldsymbol{E}\cdot \mathrm{d}\boldsymbol{S}=\frac{1}{\varepsilon_0}\sum_{\substack{i=1\\(S内)}} q_i$$

$$\oint_L \boldsymbol{E}\cdot \mathrm{d}\boldsymbol{l}=-\frac{\mathrm{d}\Phi_{\mathrm{m}}}{\mathrm{d}t}$$

$$\oiint_S \boldsymbol{B}\cdot \mathrm{d}\boldsymbol{S}=0$$

$$\oint_L \boldsymbol{H}\cdot \mathrm{d}\boldsymbol{l}=\sum_i I_i+\sum_i \frac{\mathrm{d}\Phi_{Di}}{\mathrm{d}t}$$

2. 麦克斯韦方程组的微分形式

$$\nabla\cdot\boldsymbol{D}=\rho$$

$$\nabla\times\boldsymbol{E}=-\frac{\partial \boldsymbol{B}}{\partial t}$$

$$\nabla\cdot\boldsymbol{B}=0$$

$$\nabla\times\boldsymbol{H}=\boldsymbol{j}+\frac{\partial \boldsymbol{D}}{\partial t}$$

3. 物性方程:在各向同性介质中

$$\boldsymbol{D}=\varepsilon\boldsymbol{E},\quad \boldsymbol{B}=\mu\boldsymbol{H}$$

$$\boldsymbol{j}=\sigma\boldsymbol{E}$$

4. 电磁波的波动微分方程

$$\nabla^2\boldsymbol{E}-\frac{1}{v^2}\frac{\partial^2\boldsymbol{E}}{\partial t^2}=0,\quad \nabla^2\boldsymbol{H}-\frac{1}{v^2}\frac{\partial^2\boldsymbol{H}}{\partial t^2}=0$$

电磁波的传播速度
$$v=\frac{1}{\sqrt{\varepsilon\mu}}$$

真空中电磁波的传播速度

$$c=\frac{1}{\sqrt{\varepsilon_0\mu_0}}=2.997\,924\,58\times10^8\ \mathrm{m\cdot s^{-1}}\approx3\times10^8\ \mathrm{m\cdot s^{-1}}$$

一维平面电磁波的波函数

$$\boldsymbol{E}=\boldsymbol{E}_{\mathrm{m}}\cos\left[\omega\left(t-\frac{x}{v}\right)+\varphi_0\right],\quad \boldsymbol{H}=\boldsymbol{H}_{\mathrm{m}}\cos\left[\omega\left(t-\frac{x}{v}\right)+\varphi_0\right]$$

# 思　考　题

**13.1**　真空中静电场的高斯定理$\oiint_S \boldsymbol{D} \cdot \mathrm{d}\boldsymbol{S} = \oiint_S \varepsilon_0 \boldsymbol{E} \cdot \mathrm{d}\boldsymbol{S} = \sum_{i=1} q_{自由}$和用于真空中电磁场时的高斯定理$\oiint_S \boldsymbol{D} \cdot \mathrm{d}\boldsymbol{S} = \oiint_S \varepsilon_0 \boldsymbol{E} \cdot \mathrm{d}\boldsymbol{S} = \sum q_{自由}$在形式上是相同的，但在理解上述两式时有何区别？

**13.2**　对于真空中恒定电流的磁场的高斯定理$\oiint_S \boldsymbol{B} \cdot \mathrm{d}\boldsymbol{S} = 0$和对于一般电磁场中的高斯定理$\oiint_S \boldsymbol{B} \cdot \mathrm{d}\boldsymbol{S} = 0$，在这两种情况下，在$\boldsymbol{B}$矢量的理解上有哪些区别？

**13.3**　在一个水平放置的震荡电偶极子的附近有一个线圈，线圈与一个小灯泡连接成闭合回路，线圈轴线与$AB$连线垂直，如思 13.3 图所示。

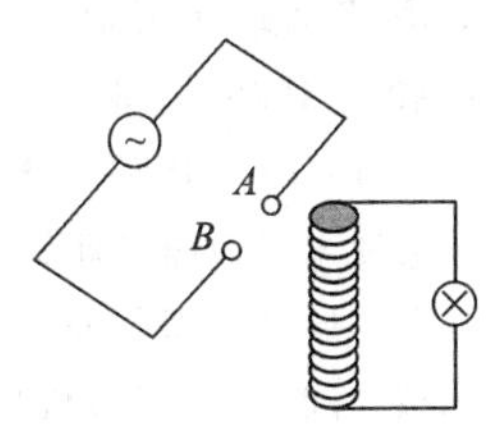

思 13.3 图

(1) 当电偶极子的两端与一个交流电源相连接时，灯泡会是否会亮起来，为什么？

(2) 如果电偶极子与直流电源相连接时，灯泡是否会亮？

(3) 如果把线圈平面转过90°，使线圈平行于$AB$连线，情况又如何？

**13.4**　试回答关于麦克斯韦方程组的一些问题：

(1) 方程组中的某个式子是否能由其余三个式子推导出来？

(2) 为什么说积分形式和微分形式等效？

(3) 为什么要写成两种形式？

**13.5**　一个匀速直线运动的点电荷，能在周围空间产生那些场？

# 参考文献


程永进,姜大华,2008.大学物理.下.武汉:华中科技大学出版社.

郭凤歧,姜大华,张琳,2012.大学物理.上册.北京:科学出版社.

郭龙,罗中杰,魏有峰,2015.大学物理学习指导与题解.北京:清华大学出版社.

GRIFFITH W T,BROSING J W,2015. The physics of everyday phenomena(Eigth Edition).物理学与生活(原书第8版).秦克诚,译.北京:电子工业出版社

姜大华,程永进,2008.大学物理.上.武汉:华中科技大学出版社.

姜大华,郭凤歧,张琳,2012.大学物理.下册.北京:科学出版社.

S. P.帕克,1996.物理百科全书.《物理百科全书》翻译组,译.北京:科学出版社.

NORDLING C,OESTERMAN J,1989.简明物理学手册.韦秀清,等,译.北京:科学出版社.

上海交通大学物理教研室,2014.大学物理教程.2版.上海:上海交通大学出版社.

YOUNG H D,FREEDMAN R A,2009.西尔斯当代大学物理:英文改编版(原书第11版).邓铁如,孟大敏,徐元英,等改编.北京:机械工业出版社.张汉壮,倪牟翠,王磊,2020.物理学导论.3版.北京:高等教育出版社.

张汉壮,王文全,2015.力学.3版.北京:高等教育出版社.

张三慧,2015.大学物理学.上册.3版.北京:清华大学出版社.

赵凯华,陈熙谋,2006.新概念物理教程.电磁学.2版.北京:高等教育出版社.

中国大百科全书编委会,1987.中国大百科全书.物理学I.北京:中国大百科全书出版社.

中国大百科全书编委会,1987.中国大百科全书.物理学II.北京:中国大百科全书出版社.

FEYNMAN R P,LEIGHTON R B,SANDS,1971. Feynman lectures on physics. Hoboken:Addison Wesley Longman.

HALLIDAY D,RESNICK R,WALKER J,1997. Fundamentals of physics (Extended),5th Edition. John Wiley & Sons,Inc.

SERWAY R A,BEICHNER R J,2000. Physics for scentists and engineers with modern physics. 5th Edition. Philadelphia:Saunders Colleage Publishing.

# 附　录　1

## 国际单位制和物理量的量纲

物理学的定律是观察和实验结果的概括，它们表述了诸如长度、时间、质量、电荷和温度等物理量之间的关系。由于各物理量之间存在着规律性的联系，所以不必对每个物理量的单位都独立地予以规定。我们可以选定一些物理量，例如，长度、时间、质量等作为基本量，并为每个基本量规定一个基本单位。其他物理量的单位，则可以按照它们与基本量之间的关系比(定义或定律)导出来，称为**导出单位**。这样制定的一套单位，就构成了一定的单位制(system of units)。

**国际单位制**(system of international units，国际缩写符号 SI)是国际上公认的最先进的单位制，它是 1960 年第十一届国际计量大会提出并建议世界各国采用的单位制。在国际单位制中，对质量(单位 kg)、长度(单位 m)、时间(单位 s)等基本物理量都严格地规定了一个基本单位。国际单位制是目前世界各国通常采用的单位制。我国法定计量单位是以国际单位制的单位为基础，同时选用了一些非国际单位制单位。本书使用我国法定计量单位。

如前所述，由于物理量之间有着规律性的联系，因此在选定了一个单位制的基本量之后，其他物理量都可以通过一定的物理关系与基本量联系起来。为了定性地描述物理量，特别是定性地给出导出量与基本量之间的关系，我们引入量纲的概念。在不考虑数字因素时，表示一个物理量是由哪些基本量导出的以及如何导出的式子，称为该物理址的**量纲**(dimension)或**量纲式**。

若以 L，M，T 分别表示基本量长度、质量和时间的量纲，则对每个力学量 $Q$ 可写出下列量纲式

$$\dim Q = [Q] = \mathrm{L}^{\alpha}\mathrm{M}^{\beta}\mathrm{T}^{\gamma}$$

式中：$\dim Q$ 或$[Q]$表示物理量 $Q$ 在国际单位制中的量纲，指数 $\alpha$，$\beta$ 和 $\gamma$ 称为量纲指数。例如，速度、加速度、力和动量的量纲分别表示为

$$\dim v = [v] = \mathrm{LT}^{-1} \qquad \dim a = [a] = \mathrm{LT}^{-2}$$

$$\dim F = [F] = \mathrm{MLT}^{-2} \qquad \dim p = [p] = \mathrm{MLT}^{-1}$$

量纲的概念在物理学中很重要。由于只有量纲相同的项才能进行加减或用等式连接，所以它的一个简单而重要的应用是检验计算结果的正误。例如，如果得出了一个结果是 $F = mv^2$，则左边的量纲为 $\mathrm{MLT}^{-2}$，右边的量纲为 $\mathrm{ML}^2\mathrm{T}^{-2}$，由于二者量纲不相符合，所以可以判定这一结果一定是错误的。当然，只是量纲正确，并不能保证结果就一定正确，因为还可能出现数字运算的错误。

# 国际单位制的单位定义

## 一、国际单位制的基本单位

| 量 | 单位名称 | 单位符号 | 定义 |
|---|---|---|---|
| 长度 | 米 | m | 1 m是光在真空中(1/299 792 458)s时间间隔内所经路径的长度 |
| 质量 | 千克 | kg | 1 kg等于国际千克原器的质量 |
| 时间 | 秒 | s | 1 s是铯-133原子基态的两个超精细能级之间跃迁所对应的辐射的9 192 631 770个周期的持续时间 |
| 电流 | 安(培) | A | 在真空中,截面积可忽略的两根相距1 m的无限长平行圆直导线内通以等量恒定电流时,若导线间相互作用力在每米长度上为 $2\times10^{7}$ N,则每根导线中的电流为1 A |
| 热力学温度 | 开(尔文) | K | 1开(尔文)是水三相点热力学温度的1/273.16 |
| 物质的量 | 摩(尔) | mol | 1 mol是一个系统包含的物质的量,该系统中所包含的基本单元数与0.012 kg碳-12的原子数目相等,在使用摩尔时,应予指明基本单元是原子、分子、离子、电子及其他粒子,或是这些粒子的特定组合 |
| 发光强度 | 坎(德拉) | cd | 1 cd是一个光源在给定方向上的发光强度,该光源发出频率为 $540\times10^{12}$ Hz的单色辐射,且在此方向上的辐射强度为(1/683)W/sr |

## 二、国际单位制的辅助单位

| 量 | 单位名称 | 单位符号 | 定义 |
|---|---|---|---|
| (平面)角 | 弧度 | rad | 弧度是一圆内两条半径之间的平面角,这两条半径在圆周上截取的弧长与半径相等 |
| 立体角 | 球面角 | sr | 球面度是一立体角,其顶点位于球心,而它在球面上所截取的面积等于以球半径为边长的正方形面积 |

## 三、国际单位制中具有专门名称的导出单位

| 量 | 名称 | 符号 | 用其他 SI 单位表示的表示式 | 用 SI 单位表示的表示式 |
| --- | --- | --- | --- | --- |
| 频率 | 赫(兹) | Hz | | $s^{-1}$ |
| 力 | 牛(顿) | N | | $m \cdot kg \cdot s^{-2}$ |
| 压强,应力 | 帕(斯卡) | Pa | $N \cdot m^{-2}$ | $m^{-1} \cdot kg \cdot s^{-2}$ |
| 能(量),功,热量 | 焦(耳) | J | $N \cdot m$ | $m^2 \cdot kg \cdot s^{-2}$ |
| 功率,辐(射能)通量 | 瓦(特) | W | $J \cdot s^{-1}$ | $m^2 \cdot kg \cdot s^{-3}$ |
| 电荷(量) | 库(仑) | C | | $s \cdot A$ |
| 电势,电压,电动势 | 伏(特) | V | $W \cdot A^{-1}$ | $m^2 \cdot kg \cdot s^{-3} \cdot A^{-1}$ |
| 电容 | 法(拉) | F | $C \cdot V^{-1}$ | $m^{-2} \cdot kg^{-1} \cdot s^4 \cdot A^2$ |
| 电阻 | 欧(姆) | Ω | $V \cdot A^{-1}$ | $m^2 \cdot kg \cdot s^{-3} \cdot A^{-2}$ |
| 电导 | 西(门子) | S | $A \cdot V^{-1}$ | $m^{-2} \cdot kg^{-1} \cdot s^3 \cdot A^2$ |
| 磁通(量) | 韦(伯) | Wb | $V \cdot s$ | $m^2 \cdot kg \cdot s^{-2} \cdot A^{-1}$ |
| 磁感应强度 | 特(斯拉) | T | $Wb \cdot m^{-2}$ | $kg \cdot s^{-2} \cdot A^{-1}$ |
| 电感 | 亨(利) | H | $Wb \cdot A^{-1}$ | $m^2 \cdot kg \cdot s^{-2} \cdot A^{-2}$ |
| 摄氏温度 | 摄氏度 | ℃ | | K |
| 光通量 | 流(明) | lm | | $cd \cdot sr$ |

# 几个保留单位和换算关系

| 名称 | 符号 | 计算用值 | 1998 最佳值 |
| --- | --- | --- | --- |
| [标准]大气压 | atm | $1\ atm = 1.013 \times 10^5\ Pa$ | $1.013\ 250 \times 10^5$ |
| 埃 | Å | $1\ Å = 1 \times 10^{-10}\ m$ | (精确) |
| 光年 | l. y. | $1\ l.y. = 9.46 \times 10^{12}\ m$ | |
| 电子伏 | eV | $1\ eV = 1.602 \times 10^{-19}\ J$ | 1.602 176 462(63) |
| 特[斯拉] | T | $1\ T = 1 \times 10^4\ G$ | (精确) |
| 原子质量单位 | u | $1\ u = 1.66 \times 10^{-27}\ kg$ | 1.660 538 73(13) |
| | | $= 931.5\ MeV \cdot c^{-2}$ | 931.494 013(37) |
| 居里 | Ci | $1\ Ci = 3.70 \times 10^{10}\ Bq$ | (精确) |

# 附 录 2

## 基本物理常数表

| 名称 | 符号 | 计算用值 | 2006 最佳值① |
| --- | --- | --- | --- |
| 真空中的光速 | $c$ | $3.00 \times 10^{8}$ m/s | 2.997 924 58(精确) |
| 普朗克常量 | $h$ | $6.63 \times 10^{-34}$ J·s | 6.626 068 96(33) |
|  | $\hbar$ | $1.05 \times 10^{-34}$ J·s | 1.054 571 628(53) |
| 玻耳兹曼常量 | $k$ | $1.38 \times 10^{-23}$ J·K$^{-1}$ | 1.380 650 4(24) |
| 真空磁导率 | $\mu_0$ | $1.26 \times 10^{-6}$ N·A$^{-2}$ | 1.256 637 061… |
| 真空介电常量 | $\varepsilon_0$ | $8.85 \times 10^{-12}$ F·m$^{-1}$ | 8.854 187 817 |
| 引力常量 | $G$ | $6.67 \times 10^{-11}$ N·m$^{2}$·kg$^{-2}$ | 6.674 28(67) |
| 阿伏伽德罗常量 | $N_A$ | $6.02 \times 10^{23}$ mol$^{-1}$ | 6.022 141 79(30) |
| 元电荷 | $e$ | $1.60 \times 10^{-19}$ C | 1.602 176 487(40) |
| 电子静质量 | $m_r$ | $9.11 \times 10^{-31}$ kg | 9.109 382 15(45) |
|  |  | $5.49 \times 10^{-4}$ u | 5.485 799 094 3(23) |
|  |  | 0.511 0 MeV·c$^{2}$ | 0.510 998 910(13) |
| 质子静质量 | $m_p$ | $1.67 \times 10^{-27}$ kg | 1.672 621 637(83) |
|  |  | 1.007 3 u | 1.007 276 466 77(10) |
|  |  | 938.3 MeV·c$^{2}$ | 938.272 013(23) |
| 中子静质量 | $m_n$ | $1.67 \times 10^{-27}$ kg | 1.674 927 211(84) |
|  |  | 1.008 7 u | 1.008 664 915 97(43) |
|  |  | 939.6 MeV/c$^{2}$ | 939.565 364(23) |
| $\alpha$ 粒子静质量 | $m_\alpha$ | 4.002 6 u | 4.001 506 179 127(62) |
| 玻尔磁子 | $\mu_B$ | $9.27 \times 10^{-24}$ J·T$^{-1}$ | 9.274 009 15(23) |
| 电子磁矩 | $\mu_e$ | $-9.28 \times 10^{-24}$ J·T$^{-1}$ | −9.284 763 77(23) |
| 核磁子 | $\mu_S$ | $5.05 \times 10^{-27}$ J·T$^{-1}$ | 5.050 783 24(13) |
| 质子磁矩 | $\mu_p$ | $1.41 \times 10^{-26}$ J·T$^{-1}$ | 1.410 606 662(37) |
| 中子磁矩 | $\mu_n$ | $-0.966 \times 10^{-26}$ J·T$^{-1}$ | −0.966 236 41(23) |
| 里德伯常量 | $R$ | $1.10 \times 10^{7}$ m$^{-1}$ | 1.097 373 156 852 7(73) |
| 玻尔半径 | $a_0$ | $5.29 \times 10^{-11}$ m | 5.291 772 085 9(36) |
| 经典电子半径 | $r_n$ | $2.82 \times 10^{-15}$ m | 2.817 940 289 4(58) |
| 电子康普顿波长 | $\lambda_{C\cdot c}$ | $2.43 \times 10^{-12}$ m | 2.426 310 217 5(33) |
| 斯特藩-玻耳兹曼常量 | $\sigma$ | $5.67 \times 10^{-8}$ W·m$^{-2}$·K$^{-4}$ | 5.670 400(40) |

① 最佳值摘自《2006 Codata Internationally Recommended values of the Fundamental Physical Constants》(www.Physics.nist.gov)。